2016

更好的社区生活

BETTER COMMUNITY BETTER LIFE

重庆渝中区下半城
城市更新规划

城市规划专业六校联合毕业设计

SIX-SCHOOL JOINT GRADUATION PROJECT
OF URBAN PLANNING & DESIGN

重庆大学建筑城规学院
天津大学建筑学院
东南大学建筑学院
西安建筑科技大学建筑学院
同济大学建筑与城市规划学院
清华大学建筑学院
编

中国城市规划学会学术成果

· 中国城市规划学会低碳生态城市大学联盟资助
· 国家高等学校特色专业建设东南大学城市规划专业项目资助
· 国家“985 工程”三期天津大学人才培养建设项目资助
· 国家高等学校特色专业、国家高等学校专业综合改革试点
· 西安建筑科技大学城市规划专业建设项目资助
· 国家“985 工程”三期同济大学人才培养建设项目资助
· 国家“985 工程”三期重庆大学人才培养建设项目资助
· 教育部卓越工程师教育培养计划
· 国家“985 工程”三期清华大学人才培养建设项目资助

中国建筑工业出版社

图书在版编目（CIP）数据

更好的社区生活　重庆渝中区下半城城市更新规划——2016年城市规划专业六校联合毕业设计/重庆大学建筑城规学院等编. —北京：中国建筑工业出版社，2016.9
ISBN 978-7-112-19800-9

Ⅰ.①更…　Ⅱ.①重…　Ⅲ.①城市规划-重庆市　Ⅳ.①TU984.271.9

中国版本图书馆CIP数据核字（2016）第210064号

责任编辑：杨　虹
责任校对：王宇枢　李欣慰

更好的社区生活　重庆渝中区下半城城市更新规划
——2016年城市规划专业六校联合毕业设计
重庆大学建筑城规学院
天津大学建筑学院
东南大学建筑学院
西安建筑科技大学建筑学院
同济大学建筑与城市规划学院
清华大学建筑学院
编
*
中国建筑工业出版社出版、发行（北京西郊百万庄）
各地新华书店、建筑书店经销
北京嘉泰利德公司制版
北京方嘉彩色印刷有限责任公司印刷
*
开本：880×1230毫米　1/16　印张：14½　字数：420千字
2016年9月第一版　　2016年9月第一次印刷
定价：**98.00**元
ISBN 978-7-112-19800-9
(29373)

编委会

BETTER COMMUNITY BETTER LIFE

2016 SIX-SCHOOL JOINT GRADUATION PROJECT OF URBAN PLANNING & DESIGN

目 录
Contents

序言 1

六校联合毕业设计进入第四个年头，继清华大学、东南大学和西安建筑科技大学之后，这次由重庆大学负责组织。

今年的活动可谓渐入佳境。各方面的组织工作进入规范化、程序化的境界，从设计选题到场地选择，从教学计划书的制订，到教学资料的准备，从前期研究、现场踏勘，到中期交流、终期汇报，各方面的协调工作有条不紊，井然有序。

另一方面，经历了三年教学实践与交流，联合毕业设计在六所大学的老师和同学中，乃至在更大的范围内，开始形成良好的口碑，如果说前几次参加的学生多少还有些组织安排的意味，今年不仅学生主动报名的多了，而且还有建筑学等其他相关专业的学生参与进来。

今年的选题非常有价值：更好的城市社区生活——重庆渝中区下半城片区城市更新规划。这个选题既具有一定的代表性，又具有综合性和复杂性。从教学角度来看，这样一个选题，非常有利于对学生五年学习的效果进行全面检阅。学生必须具有全面深入的调查研究与分析能力，不仅要有城市总体规划等宏观的知识背景，也要有城市综合交通规划、历史文化遗产保护规划等主要专项规划的知识，而且必须具有编制控制性详细规划、城市设计方案的能力。

在这个选题的背后，除了一般的空间设计，以及山城重庆特有的地形高差带来的竖向设计难度外，更重要的是“城市更新与产业发展的关系、历史文化保护与利用的关系、建设需求与城市形态的关系、功能演替与市井生活的关系、基础设施与开发红利的关系、城市发展与低碳生态的关系”等一系列需要研究和很好地平衡的关系。因而，妥善把握这个题目，融会贯通地运用五年学习的知识特别重要。

从职业实践角度而言，这样的选题非常具有时代感，对即将毕业走入职业生涯的同学们，是一个很有挑战性的项目。教学任务书提出，同学们要在战略规划及控制性详细规划的指导下，研究确定重庆市渝中区下半城片区城市更新目标与规划路径，构建“尊重更好的城市社区生活”的日常空间营造、文化遗产保护与更新、景观形象和环境品质提升的总体设想，提出富有重庆山水特色和社区生活的城市景观、空间形态格局的城市设计方案。

完美破解这样的难题，五年本科学到的只能算是一些基础性的知识和技能。职业实践的锤炼恐怕才是更为关键的，这种锤炼远非学校教学实践那样纯粹。从一名职业规划师的角度来理解这样的要求，在现行的五年制本科规划教育的基础上，还需要不少其他的知识和技能，比如，有关规划管理和规划实施方面的知识，包括怎样从法律法规、体制机制的角度去看待这个地区的更新问题；怎样从产权、经济社会等方面去看待方案的合理性；怎样从投资、项目策划等角度去研究规划的可行性，等等。再比如，如何更好地与住户、业主方、管理者进行沟通；如何协调各利益相关方以达成共识；怎样巧妙地避免在政治决策与经济决策的选择中，技术合理成为无谓的牺牲品；如何考虑社区层面的社会管理需求进行空间组织与布局，等等。

五年制的城乡规划专业教育是规划师职业生涯的起点，这六所全国最优秀的高校的规划专业，为他们的毕业生们提供了系统全面的规划专业教育，而且通过联合毕业设计这种教学组织形式的创新，推动了校际交流，增强了毕业生的职业意识。中国城市规划学会作为学术支持单位，发挥其联系政府主管部门、规划行业以及规划教育领域的优势，聘请了一流的行业专家作为点评嘉宾，让参加这一活动的师生们受益良多。

另一方面，从全国城乡规划行业发展和城乡规划工作的需求来看，已经发生了巨大的变化。过去，城市规划主要体现为各式各样的建设行为，修马路、盖房子、铺管子、建公园，“建造”是最主要的活动。在哪儿建？建多大？各种建设之间怎样保持合理关系？是我们的看家本领。伴随着城镇化进入快速增长时期，城镇化带来的经济、社会、文化等诸多领域的挑战，给规划学科和规划教育带来很大压力，学科之间的交叉融合比以往任何时候都活跃，学科的领域不断拓展，逐步形成了以城乡土地与空间资源合理利用为核心的知识体系，规划学科也水到渠成地升格为一级学科。

如今，城乡规划学科的知识体系在不断外延、日臻丰满的同时，关注的重点也在不断调整。从过去重点关注总体，转向同时重视微观；从重点关注目标，转向同时关注过程；从重点关注物质环境，转向同时关注社会生活。

从这个角度来讲，以“社区生活”为规划设计的重要任务，是规划教学适应学科转型的一种象征。同时，真正从设计空间转向设计生活，需要大学教学体系进行重大变革，目前仍然按照建筑学门类下的“城乡规划专业”，来安排“城乡规划一级学科”知识体系的传统，应该进行必要的反思。城乡规划学不断拓展日已相当庞杂的知识体系、日渐丰富的沟通与表达技能要求、还有价值与伦理教育，这些早已超出了一般的大学本科专业的范畴，犹如巨人的身躯蜷缩在襁褓的约束下，无法施展其功底，也使得学生在承受巨大课时与学分压力的同时，难免对一些课程囫囵吞枣，难求甚解。

本次联合教学取得成功的同时，也反映出一些问题。比如，规划管理知识未得到充分运用，理论教学与设计成果表达之间存在脱节，社会过程方面的思考相对薄弱，便于社区管理的空间组织形式有待深入研究，历史文化的传承与发展仍未摆脱“文保”与“打造”的思维定式，等等。这些情况看似出现在个别院校的方案中，带有很大的偶然性，但实际上并非本次活动特有，在近年来大学城乡规划专业评估及规划专指委的研讨中，均或多或少地涉及过这类现象，只不过没有得到大家的足够重视。

问题的本质是，社会需求已经与以往大为不同。这种需求来源于城镇化、全球化、市场化的发展，各种矛盾逐渐累积，本土文化面临威胁，利益多元化已成常态，而服务型政府建设方兴未艾，社会治理的矛盾和压力很大。与此同时，城乡规划行业在应对需求方面已经进行了积极的开拓，各种新的规划类型、规划技术、规划服务、规划理念应运而生，而这些职业实践上升到学科建设的理论高度尚需时日。因此，虽然城乡规划学科升格到一级学科了，知识体系的框架也已经有了雏形，构建了六个二级学科，但是，在此框架下的理论、技术与价值观体系还有赖深入梳理、提炼和充实。同理，城乡规划学下设的六个二级学科并没有像建筑学、土木工程等一样，设立相应的六个大学专业，相反，仍然按照一级学科设立统一的城乡规划专业。这客观上造成了城乡规划专业五年的学习内容多、压力大，影响了教学效果，有些知识难以达到理想的学习深度，有的技能无法达到足够的实践效果，而价值观培养则远没有得到充分重视。

从联合毕业设计的实际情况，折射出我国城乡规划学学科建设的状况，这里讨论的话题，并非联合毕业设计自身的问题。事实上这是六所全国最优秀的院校，一批最出色的团队，圆满地完成了毕业设计的教学任务。同时，他们在开展联合教学交流时，敏锐地揭示了目前城乡规划学学科建设面临的新挑战，引发大家对联合毕业设计教学任务以外的思考，如果这能够成为联合毕业设计的额外收获，我们中国城市学会和这六所高校搭建的这个教学平台，一定会成为学科建设历史上有影响力的事件。

借此机会，我谨代表中国城市规划学会，感谢重庆大学、天津大学等六所高校师生的共同努力，更要感谢参与交流和点评的行业专家，期待 2017 年度的联合毕业设计取得更多收获。

中国城市规划学会副理事长兼秘书长

2016 年 7 月

序言 2

“城乡规划专业本科六校联合毕业设计”是由中国城市规划学会组织和指导，国内主要规划院校联合发起的大规模、持续性的教学实验与交流活动，由天津大学、东南大学、西安建筑科技大学、同济大学、重庆大学、清华大学六所高校轮流召集承办，为各院校师生提供一个相互学习和交流的教学平台。从 2013 年北京宋庄、2014 年南京老城南，到 2015 年西安古城，通过之前三届联合毕业设计的交流，来自大江南北的六校师生们在调研、分析、设计、展示的过程中都感受到了来自不同地域的风格与特色之间的碰撞，激发出了思想的火花，拓展了专业的视界，既收获了丰硕的教学成果，也建立了深厚的院际友谊。这一联合教学活动对推动当前我国城乡规划专业的教育教学改革具有重要的示范价值，并在全国城乡规划院校产生了广泛的影响。

今年，六校联合毕业设计来到重庆。在当前我国城市发展转型、规划学科转型以及专业教育转型的大背景下，我们以“更好的社区生活（Better Community, Better Life）”为题，聚焦重庆渝中区下半城片区的更新发展问题，引导学生从承载地域人居生活的基本单元——社区的角度去理解城市与社会的发展，关注那些真正塑造、影响城市物质空间形态的内在因素与内生动力。设计基地——重庆渝中区下半城片区，既保持着原生的山地自然环境特征，又承载重庆人历史记忆的“母城”，还与作为金融中心的上半城有着千丝万缕的联系。其空间属性中蕴含着复杂的地形关系、文脉关系、社会关系和经济关系，其更新改造是极具挑战性的工作。但从六校同学们所呈现出的答卷来看，显然都把握到了基地所面临的核心问题，并提出了具有创造性的设计方案，体现了扎实的专业素养。三个多月来，在各校教师的精心指导下，六校同学们各施所长、各显神通，以不同的设计理念、应对策略和技术手法将渝中区下半城自然、历史、文脉的传承与当前城市转型发展以及社区居民的现实需求有机地整合起来，共同为这座地方文化的“母城”开辟出异彩纷呈的复兴路径，充分展示出了六校师生的专业底蕴与责任情怀。

如今，联合毕业设计的方式已逐渐成为各高校教学探索与交流的一种范式，它能使各校师生从中汲取到丰沛的养分。在此，特别感谢中国城市规划学会搭建了这个意义深远的交流平台，也感谢历次参与六校联合毕业设计的老师们的辛勤指导、同学们的热情投入以及专家们的精彩点评！衷心祝愿六校联合毕业设计越办越好！

重庆大学建筑城规学院副院长

2016 年 7 月

一、设计选题：更好的社区生活（Better Community, Better Life）——重庆渝中区下半城片区城市更新规划

重庆市渝中区地处长江、嘉陵江交汇处，两江环抱、形似半岛。全区水陆域面积 23.71 平方公里，其中陆地面积 18.54 平方公里，辖 11 个街道办事处、77 个社区居委会，常住人口 65 万，日均流动人口 30 万人次以上。渝中是重庆发展演变的“母城”，3000 年江州城、800 年重庆府、100 年解放碑，积淀了巴渝文化、抗战文化、红岩精神等厚重的人文底蕴，孕育了重庆的“根”和“源”，浓缩了山城、江城、不夜城的精华。渝中区同时也是重庆的金融、商贸和文化中心。

本次毕业设计以“更好的城市社区生活”为主题，选取重庆市渝中区下半城片区为研究对象，引导各校学生主动认知、理解并体验该历史地段的社会变迁过程，通过城市诊断，分析其发展滞后成因，基于地方诉求，运用前沿理念和方法，提出治疗方案，从而探究适合渝中区下半城的城市更新之道。

二、教学目的

针对城乡规划专业本科毕业班学生的设计专业课，在已完成的四年理论知识及城市规划相关专题训练的基础上，重点训练学生独立发现城市问题、分析问题，并运用先进理念大胆提出城市更新策略的综合能力。本次设计课题选取兼具重庆山水自然特征与文化历史特征的城市区域——“渝中区下半城片区”作为认知城市和社区的空间切入点；强调在尊重和深入理解重庆城市历史文化变迁的基础上，大胆构想与其社会、经济、文化、生态相匹配的当代城市社区生活愿景与整体规划策略，重塑渝中区下半城昨天 - 今天 - 明天的时空链接。

目的一：学习城市社会 - 空间分析与城市问题诊断的综合能力；

目的二：系统掌握城市更新理论与城市设计实践结合的能力；

目的三：培养体察社区生活，独立设计研究与团队协作的工作能力。

三、教学计划及组织安排

1. 第一阶段（No. 1-2 周）：前期研究

（1）教学内容：

介绍选题及课程要求；讲授城市设计相关课程，讲授相关城市问题诊断与分析方法；学习和巩固城市规划与设计的现场调研方法；

对选题及相关案例进行调研；对重庆市渝中区发展历史、上位规划、城市特色、发展问题等进行梳理；提出规划设计地段的选址、规模报告，及其拟进行的设计理念和专题研究方向。

(2) 成果要求：

初步报告，包括文献综述、实地调研、选址报告三个部分，要求有涉及规划背景以及相关案例收集与分析的文献综述，对拟处理的城市空间环境特点和问题进行梳理与归纳，提出准备进行规划设计研究的地段选址和专题研究方向，及其规划设计理念。

(3) 教学组织：

2016年3月2日之前：各校课程教师指导各自学生进行选题的背景文献及相关案例收集与分析，做现场调研准备。3月2日在重庆集结。

2016年3月3日－6日：全体课程教师和学生在重庆现场调研。所有教师与学生混合分组进行调研；期间安排部分讲授课程，包括重庆大学教师介绍选题、各校教师针对相关城市问题（主题：历史保护、城市更新、社区规划等）进行专题授课，以及重庆当地规划院或规划局专家讲授上位规划等规划背景。3月6日，以设计小组为单位，进行现场调研成果交流及可能研究方向的讨论。

2016年3月7日－3月9日：各设计小组在本校课程教师指导下，完成第一阶段成果，3月9日24:00之前上传成果至公共邮箱。

2. 第二阶段（No. 3-6周）：规划研究、概念性设计

(1) 教学内容：

各校教师指导学生根据第一阶段的成果，完善调研报告，研究解决规划设计地段的选址、功能布局、交通等规划问题，并提出拟进行重点城市设计处理的项目内容及其概念性设计方案。

(2) 成果要求：

概念性设计方案——结合专题，利用文字、图表、草图等形式，充分表达设计概念。

(3) 教学组织：

各校课程教师指导学生进行专题研究和概念性设计方案。

3. 第三阶段（No. 7周）：中期交流

(1) 教学内容：

针对选址报告和概念性设计方案进行点评，并组织补充调研，确定设计地段及每个学生的设计内容。

(2) 教学组织：各校课程教师指导学生进行专题研究和概念性设计方案。

2016年4月4日：重庆第二次集结。

2016年4月5日：中国城市规划学会专家、全体教师和当地规划专家对学生的选址报告和概念设计方案（两部分合并，PPT形式）进行分组点评。

2016年4月6日：教师与学生进行补充调研。4月10日24:00之前上传选址报告和概念设计方案成果至公共邮箱。

4. 第四阶段（No. 8-14周）：深化设计

(1) 教学内容：

指导学生根据概念设计方案、补充调研成果及中期交流成果，调整概念方案，完善规划设计，并针对不同重点地段进行详细设计，探讨建设引导等相关政策，进行完整的规划设计成果编制。

(2) 成果要求：

a. 片区：总体层面的城市设计（1平方公里左右）；

b. 重点地段：详细层面的规划设计（10~40公顷）。

(3) 教学组织：

各校课程教师根据各自学校规定指导学生进行深化设计，以小组为单位编制规划设计成果。

5. 第五阶段（No.15周）：成果汇报与交流

(1) 教学内容：针对学生的规划设计成果进行交流、点评和展示。

(2) 教学组织：

2016年6月2日：下一轮召集学校（天津大学）集结。

2016年6月3－4日：中国城市规划学会专家及全体教师对规划设计成果进行点评。

6. 后续工作：成果展示及出版

召集院校：重庆大学建筑城规学院

参加院校师生名单

天津大学建筑学院

教师：运迎霞　陈　天　李津莉　许熙巍　左　进　张　赫
学生：安秉飞　陈学璐　董宏杰　杜孟鸽　龚一丹　刘潇雨　唐冠蓝　王美介　王艺霖
王　禹　许宁婧　张李纯一

东南大学建筑学院

教师：吴　晓　巢耀明　殷　铭
学生：吴泽宇　金探花　廖　航　王孛丽　谢湘怡　米　雪

西安建筑科技大学建筑学院

教师：任云英　李小龙　李欣鹏　朱　玲
学生：韩会东　朱　乐　吴倩宜　张　琳　吴　哲　任瑞瑶　林之鸿　孙佳伟　张淑慎
李晨黎　肖宇泽　王瑞楠

同济大学建筑与城市规划学院

教师：张　松　黄建中　王　骏
学生：朱明明　胡　淼　廖　航　任熙元　王雅桐　周笑贞　胡鹏宇　蒋凡东　解李烜
李海雄

重庆大学建筑城规学院

教师：李和平　黄　瓴　肖　竞
学生：吴礼维　廖自然　周丹妮　李洁源　龙　香　陶　影　张岚珂　欧小丽　何　博
李　伟　赵春雨　余海慧

清华大学建筑学院

教师：吴唯佳　刘佳燕　周政旭
学生：裴　昱　常　浩　邢　霄　王川小雨　聂　聪　罗哲焜　张雅静　刘梦瑶　张恒源

学术支持：中国城市规划学会

天津大学建筑学院释题

面临城市发展模式转型的大背景，城市内生式发展的城市更新研究，成为城乡规划学科必须给以更多关注的课题。选题以重庆渝中区下半城片区为具体对象，以实现更好的社区生活（Better Community, Better Life）为目标切入点，进行城市更新规划方法、思路的训练，可以说给出了极佳的研究样本，同时也提出了高难度的要求，具体表现在以下三个方面：

一是，体现在基地的复杂性，渝中区下半城片区是兼具重庆山水自然特征与文化历史特征的城市区域，虽然基地仅 180 公顷，但它的发展脉络与发展趋势却关联着重庆城市的定位、功能、空间、历史、文化等方面的变迁，加之复杂的竖向高程变化的处理，需要建立历史观与区域观进行全面而深刻的认知。

二是，体现在城市更新主题的高难度，城市更新规划，涉及社会、经济、文化、生态、管理、运作等诸多方面，要求学生综合运用四年城市规划相关训练所得的知识、技能及理论，独立发现城市更新问题、分析可持续发展需求，并展现出运用先进理念大胆提出城市更新策略的综合能力。

三是，体现在切入点选择的多元复合性，在城市更新研究应关注的各个方面中，选择更好的城市社区生活作为目标切入点，就意味着必须更多的关注人，关注与人们日常生活息息相关的社区，即立足于将基本空间设计作为服务于社区、服务于城市、服务于人的载体，寻求更好的城市社区生活的需求和标准，落实为优良独特的空间设计方案。

正是这些难题令人兴奋，鼓动着师生们迎接挑战的热情和激情。一方面，学生们从开始就应该跳出基地，来考察三千年来重庆的演变，研究 5000 平方公里中心城市的结构框架，再通过反复上下梯坎儿，深切感受下半城的矛盾问题，探访生活其间各色人群的内心渴望，从而寻求让下半城承载更好的城市社区生活的答案。 另一方面，应该大胆构想技术框架与更新规划策略，探索构建更好的城市社区要素，匹配当代城市社区生活愿景，通过模型推敲熟悉掌握竖向变化，从社区治理、政策制定、管理运作、空间营造等多角度多学科入手，进行综合创新，通过模型推敲熟悉掌握竖向变化，加以巧妙利用，比较多种城市设计解决方案，落实到物质载体的空间设计表达中。通过这些手段的共同作用，构建一个在空间上充满特色、活力、吸引力，在政策制度上可行，能够合理引导城市更新发展、包容诸多可能性的旧城中心源地实现活化复兴的计划。

东南大学建筑学院释题

存量规划时代，社区规划如何编制？ 这对城市规划的本科教学提出了什么样的新要求？更好的社区生活——重庆下半城片区城市更新规划这一选题给六校的师生们带来了充分的发挥空间，也带来多了巨大的挑战。

位于渝中半岛的下半城是重庆的母城，积淀了丰厚的历史遗存；是重庆“社区”生活的源点，流淌着传统的基因。历史的沧桑、文化的厚重、生活的多样在下半城展现得淋漓尽致。但是，下半城的荣光在城市高速发展中面临着物质空间老化、城市传统侵蚀、社区生活凋敝等严重问题。与此同时，传统的以物质空间为主体的规划手段在解决这类问题时往往束手无策。社区更新中的社会、经济、环境等问题的复杂性与其他类型的规划相比也不可同日而语，其背后的社会、经济等深层问题需要系统挖掘。

基于此，东南大学团队以传统物质空间规划为载体，综合经济、社会等诸多线索，对重庆下半城展开了深入的调研，从历史沿革、社会分异、产业规划、触媒策划、用地潜力、慢行组织和山地应对七个方面展开研究，并一以贯之，探索人文传承、经济发展和环境提升的策略，并建构下半城的整体系统。

回到主题，社区是城市的基本单元。更好的社区生活，是城市更新的目标，也是实现城市整体更新的载体和路径。因此，东大团队提出了“社区 +”的规划概念，将社区和城市有机统一起来。为具体阐述这一理念，选择了具有四种不同类型的社区，分别以通江绿廊为基础的人民公园至滨江社区；以市井生活为基础的十八梯社区；以微更新为主体融创白象街片区；以文化复兴为主体的湖广会馆社区。从不同类型的社区，结合社区周边不同的资源，贯以社会、经济和文化三条主线，融入时间线索，探索不同类型社区的更新方式与策略，从而实现下半城整体更新的发展目标。

社会性、经济性、空间性三性并重，综合规划；分时阶，多情境，渐进分期；菜单式，模块化，谱系支撑。东南大学团队通过一系列的技术手段尝试探索社区更新的规划方法。这种尝试，对同学们的系统思维和知识储备提出了更高的要求，这也将进一步促进新常态下城市规划专业的本科人才培养的思考。

西安建筑科技大学建筑学院释题

渝中区下半城是重庆这座老城历史最悠久的地段，似乎有关重庆所有最厚重的记忆，都或多或少的和这里有关，巴渝旧迹、抗战故址、红岩精神以及那世俗而又充满风韵的市井生活都以一种别样的魅力感染着我们，正如指导书中所言—“城市即人”，下半城就是这样一个饱经沧桑，深沉睿智，而眉宇间英气又未散尽的老人，我们似乎敬畏着她，但又想亲近她，更想深深地拥抱她。无论是街头巷尾的嬉笑吵闹，还是老宅旧院里的古木青翠，在这我们似乎总是能读到一丝老重庆的味道，即使她破败、混乱，甚至贫困，我们却又不自觉地沉醉于她那份别样的气质，我想，这也许是今年重庆大学以此为题的原因吧。

“重庆渝中区下半城片区城市更新规划”，从字面上来看，我们所要关注的是一个复杂的旧城问题，但从其“更好的社区生活”的主标题来看，我们似乎更需要从人居生活的本质去思考这个题目的内涵。这其中我们可能体察到的方方面面，都有着更为深层次的内在联系，而我们所发现的，极有可能是最细碎，最支根末节，最贴近人日常生活的点点滴滴。所以面对这样一个题目，我们的学生更应当怀着一颗谦卑而又充满好奇的心，细细地去品读下半城，去对话下半城，去理解下半城，以一种包容的心态，延续一种独属于这里的生活，这里的品位，这里的情怀。回归到规划设计本身，学生们所要做的不仅仅是单纯地空间设计，更是对这里居民生活网络的重构，对社区归属感的重建，对历史人文脉络的传承，以及对城市精神的重塑。

而面对这样一个复杂而又充满挑战和多种可能性的题目，六所学校的学生所最终交付的那份有关“下半城”的答卷，一定是不同的，因为其中夹杂着各学校师生对这座古老城市多样而复杂的情感，但又一定是殊途同归的，因为我们追求美好人居生活的本质目的又是一样的。感谢重庆大学能给予我们这样一个可以了解重庆、阅读重庆、思考重庆的机会，我想我们所收获的不仅仅是一份共同守望的事业，更是一份此生难忘的羁绊。

同济大学建筑与城市规划学院释题

2016 年城市规划专业六校联合毕业设计由重庆大学承办，毕设项目选取具有自然山水环境与历史文化特色，又极具各种矛盾与现实困境的重庆渝中区下半城为对象，以“更好的社区生活——重庆渝中区下半城片区城市更新规划”为主题，无疑是一个极具时代性和挑战性的很好的城市设计命题。

关注城市社区居民，关注日常生活空间，已成为当今城市转型发展的基本理念和价值标准。更好的城市社区生活，可理解为是本次城市更新规划的价值取向和核心目标。什么是更好的社区生活？这是我们面对这一命题时首先要思考的问题。在西方经典社会学理论中，“社区”是与“社会”相对的概念，社区以地域范围内的价值认同和情感纽带为基础，而非以现代的契约关系为基础。今天我们所提及的“城市社区”，已不再是斐迪南·滕尼斯最初基于古典类型学基础上所定义的理想型“社区”，而是介于这两者之间的一种建立在某一地域和价值认同基础上的社会单元。因此，营造更好的社区生活，无疑是应当从寻求这一地域的价值认同和情感纽带入手。渝中区是重庆历史发展演变的源头，也是重庆历史文化名城保护的重点地区——历史城区。3000 年江州城、800 年重庆府、100 年解放碑，呈现着巴渝文化、抗战文化、红岩精神等厚重的人文底蕴的景观，是重庆的“根”和“源”。“渝味”是我们对这一地区所蕴含的情感价值的一种理解，也是我们认知和研究这一地区的着眼点。从山水、人文、下城和社区四个维度展开的分析，表明伴随着大拆大建方式的旧改，这一地区“渝味”渐失，尤其是历史文化特质和空间环境品质，正在逐渐消失和衰败。如何将渝中区下半城的历史文化保护利用与城市发展转型及人的需求结合起来，探索提升城市环境品质的创新规划理念与符合地方实际的更新路径，是本地区城市设计的核心课题。因此，同济毕设小组提出将“协同城市文化传承与环境品质提升的可持续生活社区”作为社区营造的主要目标。在“激活渝味、复兴下城”总体策略下，制订了“保持空间的多样性、增强文脉的延续性、促进下城的包容性、提升社区的宜居性”的空间设计策略，通过空间更新设计、重点地段方案设计和不同类型社区环境提升等方案，实现更好的社区规划。

显然，更好的城市社区生活，不是仅依靠提出一些规划理念和设计策略就能实现的。除了物质环境与基础设施的改善，还有赖于社区成员的参与、社区共同意识的培育以及社区组织机制的完善等。从发掘一定地域范围内的价值认同和情感纽带入手，强调历史文化的传承与环境品质的提升，是引导学生体察社区生活、关注人的需求，培养城市社会 - 空间分析与城市问题诊断等综合能力，并运用所学到的专业理论和设计知识进行更新实践尝试。真正的实践和进一步的探索，还有待于同学们走向社会之后深入参与并发挥作用。

重庆大学建筑城规学院释题

很荣幸，今年的六校毕设由我校承办和出题。面临日益复杂的城市问题，“如何应对我国当下城市发展转型需求，并使规划教育转型与之匹配？”是此次选题的基本出发点。依据国家新型城镇化和强调内涵式发展战略，关怀到人的日常生活空间，落实到城市的基本社会构成单元——社区，成为出题的空间尺度切入点。同时，作为重庆三千年的母城发源地，渝中区下半城经历了由盛到衰的社会变迁过程，其现状所显示出的产业失衡、文化断裂、空间破碎、社会隔离、交通不畅等问题已成为整个渝中区发展的瓶颈。但下半城因其所具备的地理区位、山水格局、街巷特色及大量熟识邻里等资源禀赋，潜藏着新的发展动力和历史机遇。

基于此，我们提出以“更好的社区生活——重庆渝中区下半城片区城市更新规划”为今年的毕设选题，旨在引导各校学生通过主动认知、理解并体验该片区的历史过程，进行城市诊断和价值重塑，分析其发展滞后成因，基于地方诉求，运用前沿理念和方法，提出规划策略和城市设计方案，从而探究适合渝中区下半城的城市更新之道。正如现实中的困惑，此题尚无解，希望是一个开放选题，等待各校智慧求解。

什么是好的更新规划？什么是更好的社区生活？规划只是手段，生活才是目的。社区作为孕育人们日常生活的基本母体，承接着地方与全球的生命联系。由此，在当今全球反思 better city, better life 的共识下，立足地方实际，找到并打通这种关联，也就找到了破解渝中下半城难题的钥匙。

面对如此复杂的选题，此次毕设训练的重点不求完美的答案，而是更偏重于训练学生们将五年所学的知识运用到梳理更新规划的逻辑过程中，更侧重于培养学生们尊重人、尊重地方文化和应有的敬畏心，从而做一名脚踏实地的具有社会责任感的规划师。

清华大学建筑学院释题

“片叶沉浮巴子国，两江襟带浮图关”。从城门九开八闭、巴渝十二景，到缆车索道、十八梯，渝中区下半城蕴含了重庆这座城市最富有代表性的气质和韵味，在这样一片土地上如何营造“更好的社区生活”，着实耐人寻味。面对下半城复杂的现状特点，我们选择首先对其价值体系进行梳理，在此基础之上再对地段进行多角度深入具体的审视，挖掘其核心问题并针对这些问题提出目标策略，由此再生成对应的空间规划和设计方案，以激活带动起下半城潜在的生命力，走向“更好”。

重庆独有的山江城市特色、历史遗存建成环境和市井风味人文余韵，是我们进行价值梳理的出发点。由此，我们归纳出三个主要的视角：文化视角、人居视角和发展视角，深入地段进行问题审视，继而基于不同视角所发掘的核心问题分别提出对应的目标和解决策略。如何从现状的历史文化传承断裂走向价值承续，从山水人居相对隔离走向有机共生，从经济社会分异极化走向和谐演进，结合下半城的自然资源、人文资源、发展潜力，我们从宏观和中微观两个层次的空间应对方案做出解答。

在形成具体目标策略的基础上，同学们首先从宏观层面入手建立起整体的更新规划空间结构。分别从“融·整合”、“容·重塑”和“荣·激活”三方面进行剖析，即构建空间骨架整合历史文化资源、调整建筑空间重塑山水景观格局、激活空间节点再造活力生态社区，构建起三个层面的空间规划控制导则。

基于宏观层面确定的空间导则及特色导向，在地段中划分出滨江园、十八梯、白象街、巴县署和望龙门这五大具有不同定位特色的、需要进行重点设计的中微观片区，9 位同学分别负责不同片区的详细规划和城市设计，并且继续贯彻“融·整合”、“容·重塑”和“荣·激活”的核心理念与设计思路，将宏观导则和构想细化、落实，形成具备“山城”特色的城市与社区空间。此外，还在设计中尝试融入了生态城市、低碳健康和众创空间等理念，结合因地制宜、绿色可持续的技术手段，助力营造“更好的社区生活”。

貌转千载久弥新，改续百年山水城；新貌重塑如诗诉，风味犹存若画中。重庆渝中区下半城会有更加美好的未来！

汲上涵下·源地新生

ABSORB & NOURISH · REBIRTH OF MOTHERLAND

天津大学建筑学院

安秉飞　陈学璐　董宏杰　杜孟鸽　龚一丹　刘潇雨

唐冠蓝　王美介　王艺霖　王　禹　许宁婧　张李纯一

指导教师：运迎霞　陈　天　李津莉　许熙巍　左　进　张　赫

重庆，三千年来一直在长江与嘉陵江交汇之处见证了中国改朝换代的沧桑历史。在这里，山城、水景，交相辉映。于长江之上，繁华的码头迎来送去了世界各地的人们，棒棒们强壮的身体扛起了母城的繁荣。筑城、开门、开埠、陪都，这片土地在沧桑的岁月里承载了重庆人太多太多的光荣与梦想。而如今，走下梯坎儿，进入下半城。我们看到的是城市空间的萧条，看到的是历史与文化的消逝。这片昔日的热土究竟该何去何从？如何让下半城承载更好的城市社区生活？对于我们，这是一个令人兴奋而充满挑战的议题。

在宏观层面上，规划通过对下半城衰败的成因分析，对其全新发展机遇的把握提出了“汲上涵下”的总体策略，并在其框架下，对基地提出了“解放碑—下半城 CAZ 的文化活力核心”的总体定位。在微观层面上，通过对基地范围内社区的深入研究，我们提出了将下半城构建为“与时俱进、特色纷繁的城市社区组群”的目标。二者融合，在“汲上涵下”的规划手段下，通过对下半城的本体蕴活和对社区的深入修治，梳理四条纵向叠落的活力梯道轴线、横向穿越下半城的文旅路径以及开放可达的滨江景观带。不仅从空间上串联起了 9 个特色纷繁的社区，更为社区生活提供了丰富的文化与物质相互交融和发展的契机。在此背景下，每个社区都将拥有自己的个性，适合自身的发展；每个居民都能够产生对社区的归属感和其文化的认同感。

最终，我们希望通过对更好的城市社区生活的营造，达到下半城源地新生的终极目标。

Chongqing, the city lay at the meet point of Yangtze River and the Jialing River for about 3,000 years, witnessed the vicissitudes of Chinese dynasties in history. Here, mountain, water and daily lifes reached a great harmony in this city. On the Yangtze River, The bustling ports on the river are always greeting to passengers and seeing them off. The strong bodies of Bangbangs have raised up the entire prosperity of their mother town. Building the city, opening the gates, establishing ports and being the second capital of China... this land have burdened a lot glorious dreams of Chongqing's people. However, when we walk down to Lower Town along the stairs and platforms, what we saw was its bleak and decreasing present situation, in both city space, culture and history. What should happen on this land? How can we bring better city and community life into this space? To us, it does be an exciting and challenging topic.

At the macro level, we make plan through the analyzing the causes of decline of Lower Town and the grasping of the new opportunities for it. In this way, the overall strategy, "Absorb & Nourish" come up to us. Under this framework, Lower Town will be defined "the culture & vitality core of Jiefangbei-Lower Town CAZ" as its overall position. At the micro level, through in-depth studies of the base within the community, we came up with the aim "continuously upgrading, features numerous community groups" as its goal. The two, under the planning strategy, "Absorb & Nourish" , will work coherently on activing and renovating the communities. We reorganized four lengthwise activation ladder lines, horizontal culture & travel paths, and a openning riverside landscape line. Not only they link the 9 characteristicly numerous communities together, but offer more culture exchanging and developing opportunities to communities. In this context, each community will have its own personality, for its own development; every resident is able to produce to the community a sense of belonging and a sense of their cultural identity.

Eventually, by creating a better urban community life, we hope to achieve our ultimate goal, rebirth of the motherland, Lower Town.

1 研究与设计框架

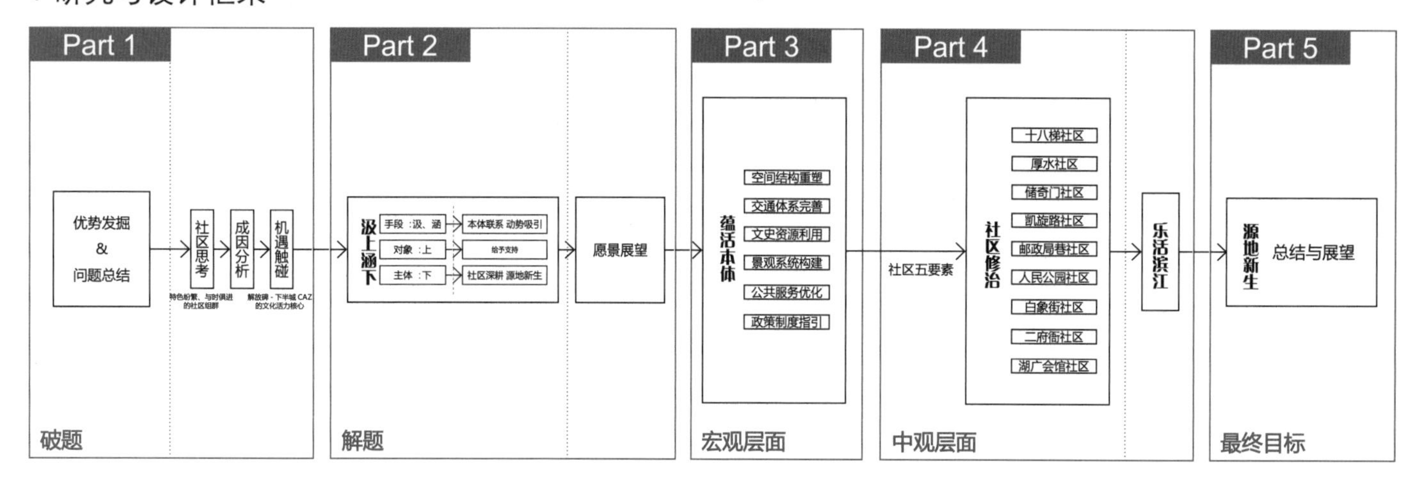

从题目——城墙内外：生活、网络、体验出发，基于对现实条件的宏观分析和现状问题分析，得出将城河体系作为人文纽带的目标。通过原因分析，得到打造活力慢城的目标。基于目标，推出策略，并将策略通过生活空间、文化空间和绿色空间的角度进行空间落实。接着，基于问题导向性的分析将不同空间类型问题集中点作为各自的研究对象并从中得出选地，进行详细的空间设计。

2 现状调研与分析

经过第一阶段的详细现状调研，第二阶段中分别针对整个渝中半岛和下半城范围的深入研究，对下半城的现状有了详细的归纳——一方面，我们看到了下半城丰富多元的空间层次、山城文化等优势；另一方面，我们也同时见证了其失衡与匮乏的功能结构、公共服务设施等不足。

为了达到“更好的城市社区生活”这一目标，我们针对下半城现状的不足方面进行深入的探讨与研究，以得到致其衰败的诱因。

3 成因分析

3.1 地形地貌原因

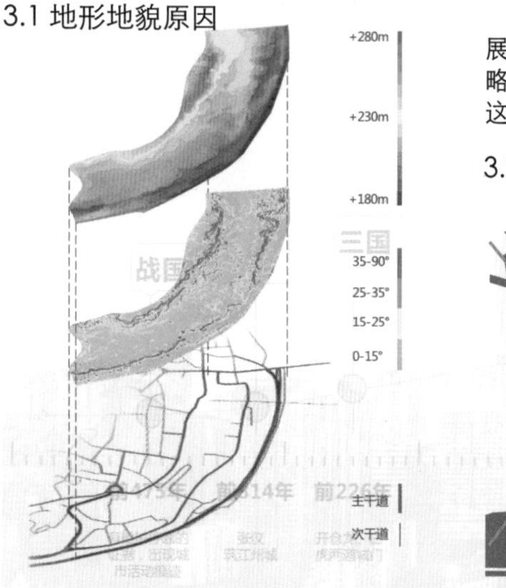

在漫长的历史演变中，下半城一直处于稳步发展的进程中。然而从陪都时期之后，由于城市发展战略的变更，重庆的城市中心逐渐向上半城转移，造成这种现象的原因主要有二：

3.2 生产运输方式的转变

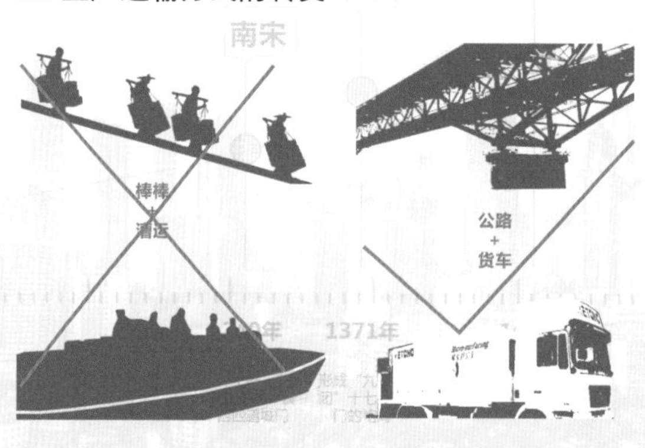

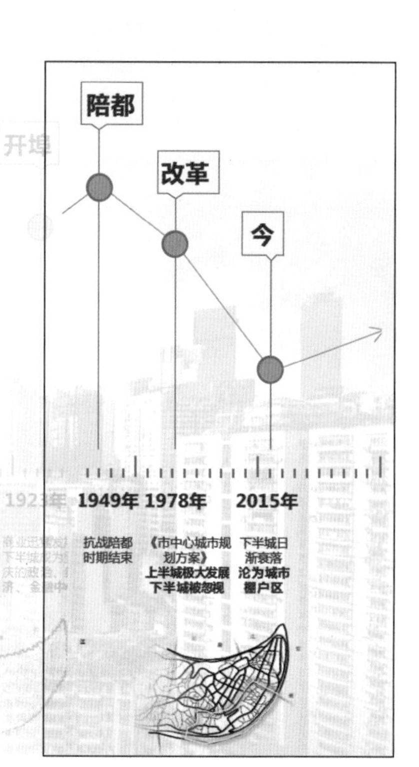

其一，相比于上半城，下半城复杂的地形和陡峭的坡度极大地限制了城市道路与建筑的建造与升级，这也是下半城衰败的主要原因之一。

其二，下半城赖以生存的码头漕运产业早已被更加便捷的陆路运输方式所取代。这导致了下半城传统产业模式的崩塌，而与此同时，下半城并没有能力及时发展出新兴的、适合自己的产业结构，从而造成了产业功能上的凋敝。

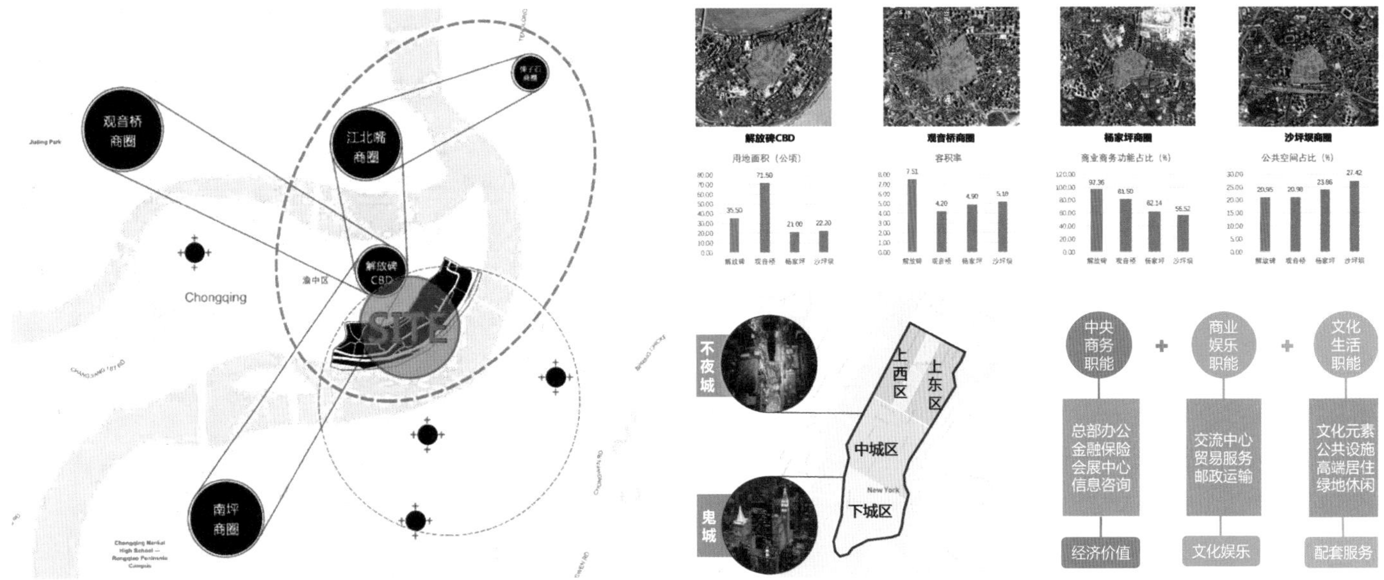

5 下半城定位与策略

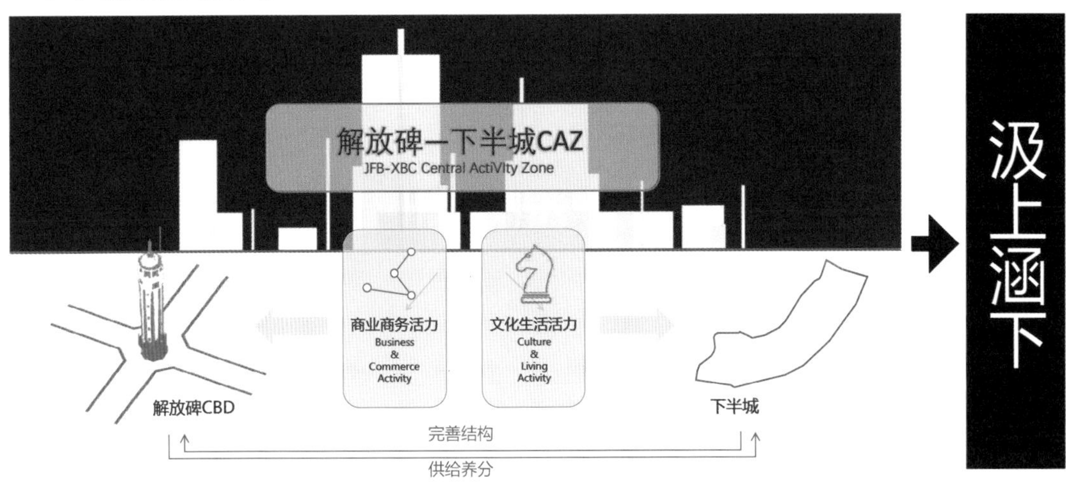

通过横向比较重庆市其他繁华商圈以及世界各地的著名CBD，得出的结论为：具有活力的城市商圈应该在一定程度上融合文化与居住功能。这是传统CBD向新型CAZ转型的一条出路。

对于解放碑CBD，其紧邻的下半城恰恰是一个可以提供充分的文化和活力的地区；而下半城也正需要借助解放碑CBD的力量来进行升级改造。据此，“汲上涵下”的总体发展策略应运而生。

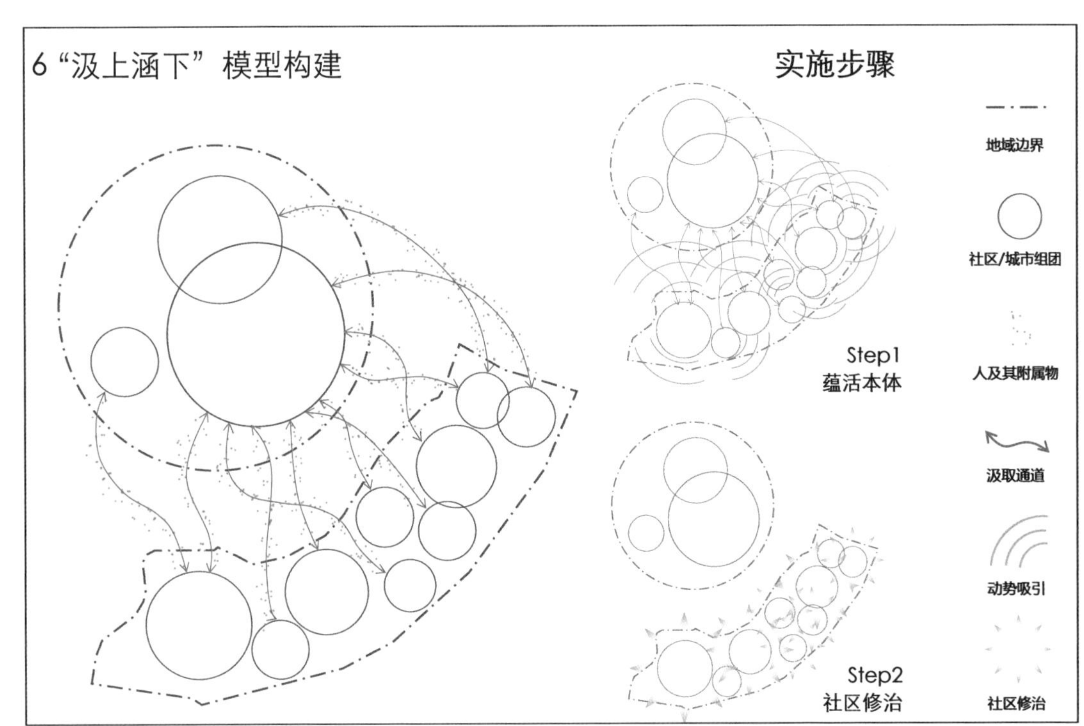

6.1 模型构建

以上半城、解放碑CBD为代表的城市其他区域。

以下半城为代表的发展较为落后的渝中区社区。

汲取人群本身和人群所创造的活力、文化、财富等附属价值。

涵养、发展、孕育人群本身及其附属价值。

6.2 实施步骤

蕴活本体：由本体联系和动势吸引两方面组成。

社区修治：针对社区特色、问题进行深入修治。

交通体系完善

1）疏通车行道路系统，增加城市支路，解决之前纵向联系不足的问题；在滨江路增设圆形环岛，缓解道路交口拥堵状况。

2）打造山城漫步体系，结合山城特色交通方式，重点构建四条步行景观廊道。

3）设置滨江骑行游线，结合滨江休闲带较为平坦的地势，在滨江设置自行车游线，并分段设置自行车租赁点和接驳点。

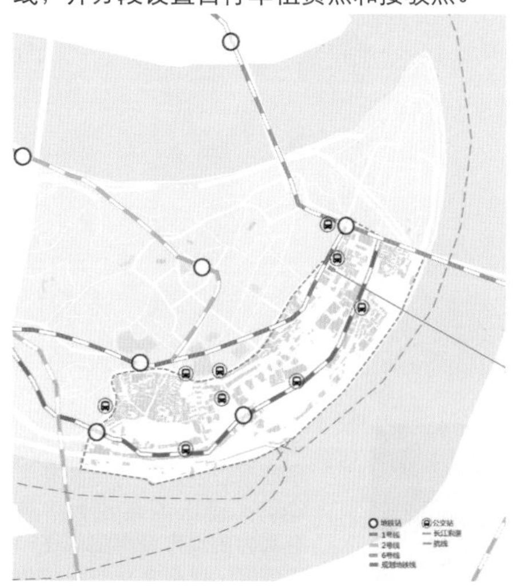

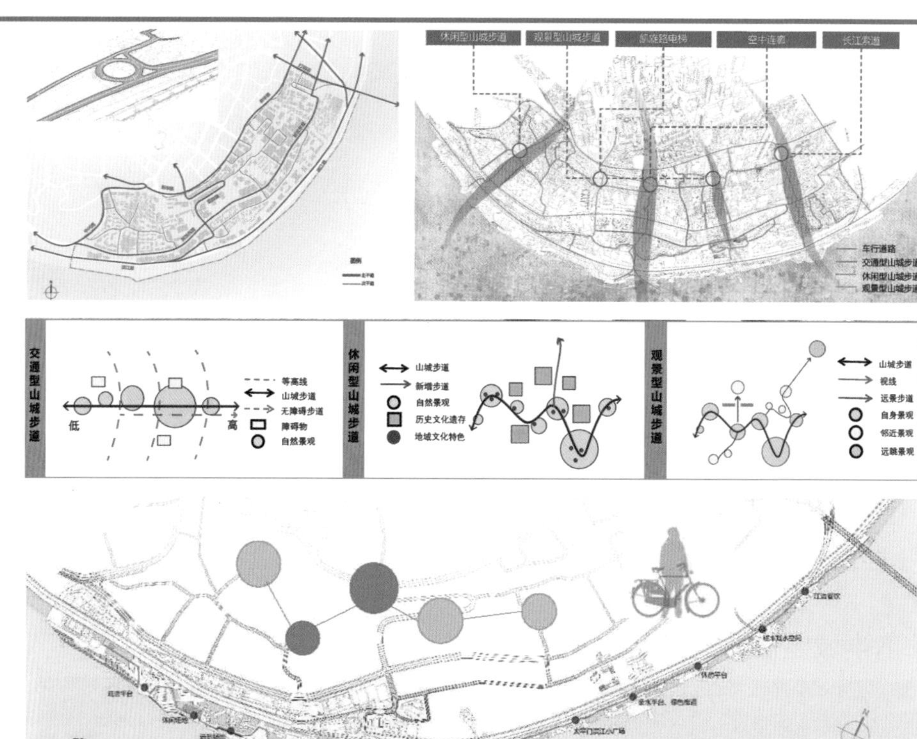

文史资源利用

上下半城对比

上半城	商业和服务业	**解放碑CBD** **范围**：东起小什字，北至沧白路、临江路、民生路，西至金汤街，南至和平路、新华路等构成的"十字金街"。 **定位**：商务区核心组成部分的商贸中心，承担以商贸为主的功能，同时也包括一部分商务办公的职能。	**朝天门** **范围**：重庆渝中区渝中半岛的嘉陵江与长江交汇处。 **定位**：发展电子商务，打造朝天门电子商务平台。 	**洪崖洞—魁星楼传统风貌区** **范围**：洪崖洞、吊脚楼、魁星楼。 **定位**：以"巴渝民俗风情"为特色，成为集文化娱乐、观光休闲、商业餐饮于一体的综合商业区和历史民俗、人文风情的集中展示地。 
下半城 	民俗文化展示 休闲居住	**十八梯传统风貌区** **范围**：十八梯老街、厚慈街、守备街、凤凰台、响水桥街。 **定位**：最具老重庆地貌特征的民俗文化风貌区，国际化水准的时尚休闲基地。	**白象街传统风貌区** **范围**：中共重庆市委地方工作委员会、巴县衙门、国民党左派四川省党部旧址、白象街开埠时期重要历史建筑。 **定位**：以开埠文化、遗址公园为主题的高品质居住和文化休闲街区。	**湖广会馆—东水门历史文化街区** **范围**：东水门城门城墙、东水门上巷、东正街、下洪学巷、太华楼巷、石灰仓及打锣巷地带民居区。 **定位**：展现巴渝文化、移民文化、码头文化、会馆文化，具有地标性的传统历史街区。

历史风貌片区

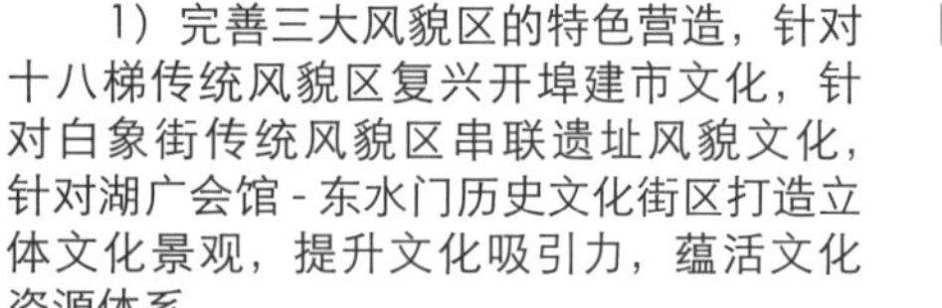

1）完善三大风貌区的特色营造，针对十八梯传统风貌区复兴开埠建市文化，针对白象街传统风貌区串联遗址风貌文化，针对湖广会馆-东水门历史文化街区打造立体文化景观，提升文化吸引力，蕴活文化资源体系。

2）通过对比渝中半岛主要历史遗存点的旅游热度，发现基地内的热度普遍较低，而认知度较高的传统巴渝文化分布于东西两侧，但在中部形成断层。为了还原下城文化空间，重点缝合中部历史遗迹点。

3）并在空间结构上依照三带四廊的趋势，完善整体历史遗迹体系的构建，串联整个文旅路径。

4）针对单个文化遗址点，将从功能置换、空间再造、景观优化、认知度提升这四个方面进行改造，并针对典型的遗址进行重点规划。

问题探究及激活策略

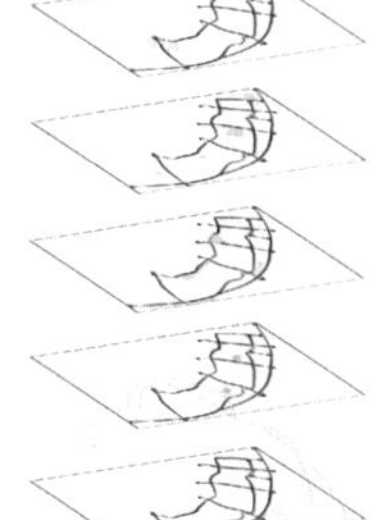

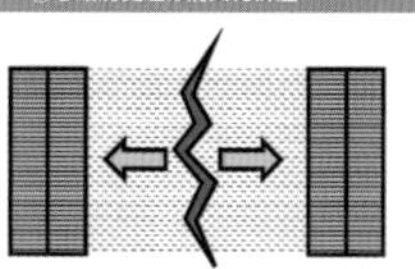

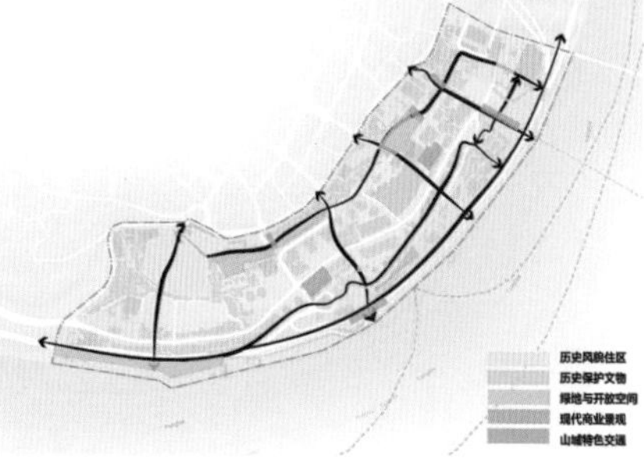

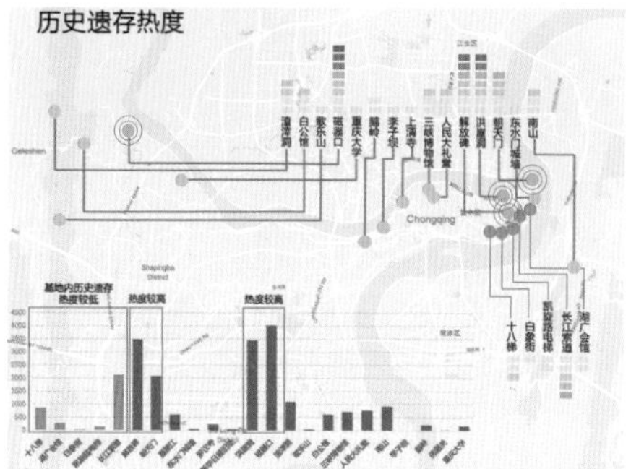

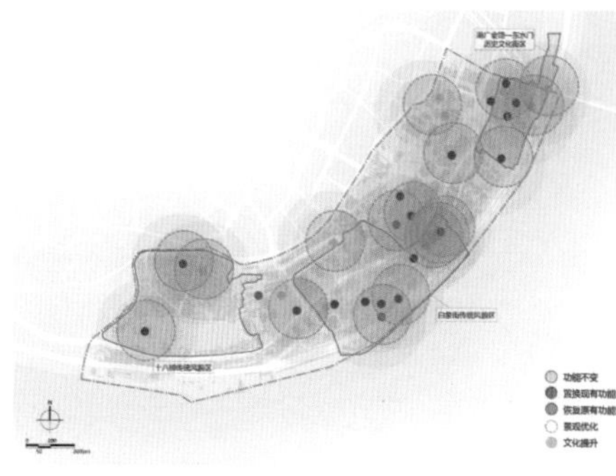

景观系统构建

1）景观视廊构建

纵向视线通廊主要在于基地上下高差的视线连接，由于横向分布的建筑肌理和道路，这种连接通常被较高的建筑或者交通设施等阻挡。

打通纵向通道，则需要拆除或改造滨江建筑，使江景“渗透”进来；改善步行阶梯的设施和环境，增强上下半城联系。进而形成四条贯通上下的景观视廊。

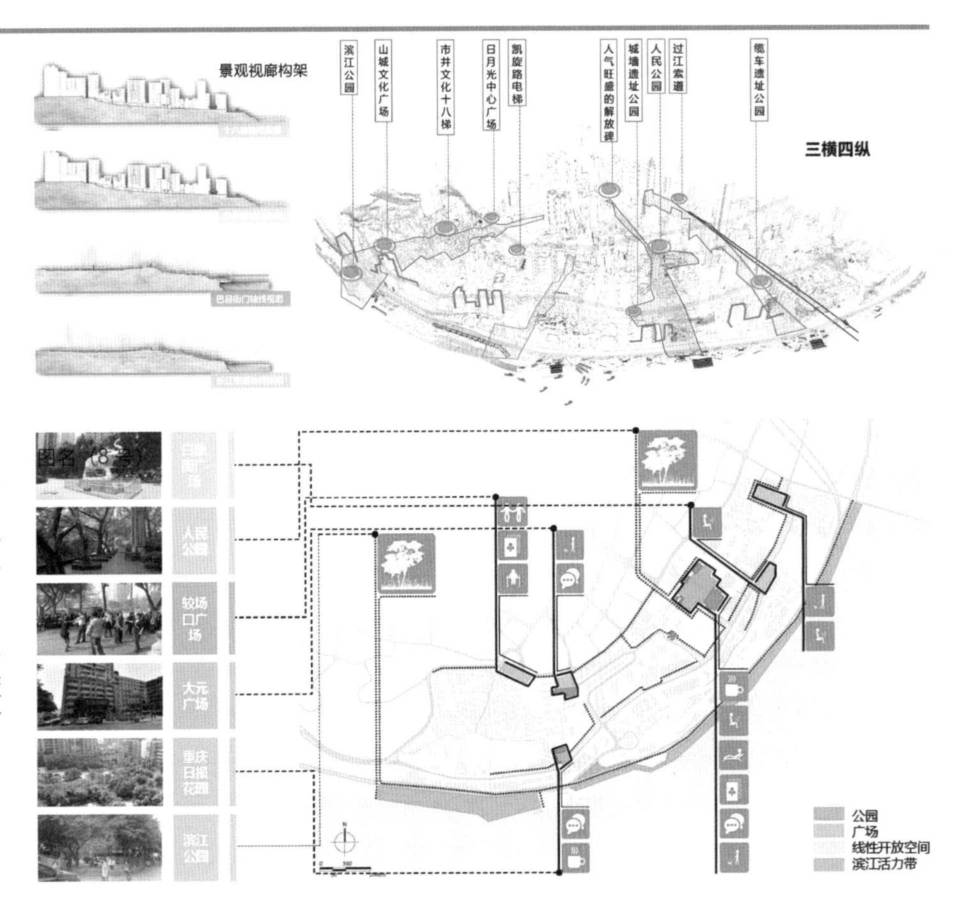

2）开放空间营造

依据基地内现存的开放空间状况，选取6个典型的空间进行分析；对比它们各自的活力影响因素，分别针对其特点，通过提高可达性、增加配套设施、改善环境品质、植入文化职能进行优化。

同时应注重生活氛围的营造和特色业态的改造。根据现状开放空间分布及各类活动人群的聚集特点，新增开放空间，蕴活失活的场所来构建多样活力点。

政策制度指引

为了避免开发商大块拿地，提出微模块化更新的模式，以现状肌理及原有肌理为依据进行模块划分，并将其交于不同的开发商或个人进行开发，以市场为导向，提供更多可能性。根据地块自身的特点，会产生不同的功能分布。

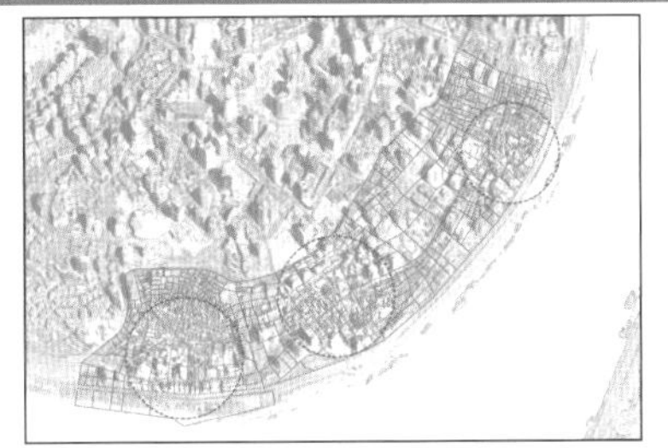
模块划分示意

依据现状卫星图所示建筑及道路，结合大规模拆迁前的肌理，划定为微模块分割界限。

多样开发联动

由多样开发主体联动开发关联地块，为空间使用者提供更多可能性。

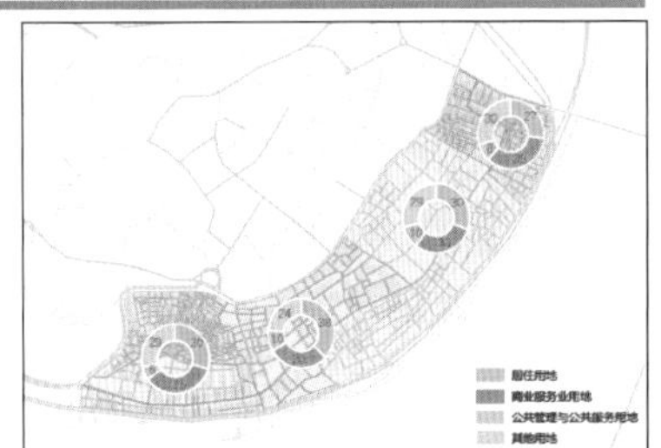
微模块叠加功能区

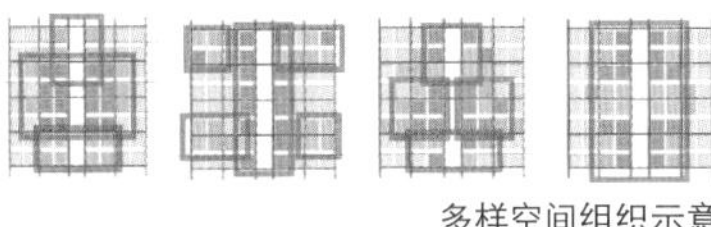
多样空间组织示意

公共服务优化

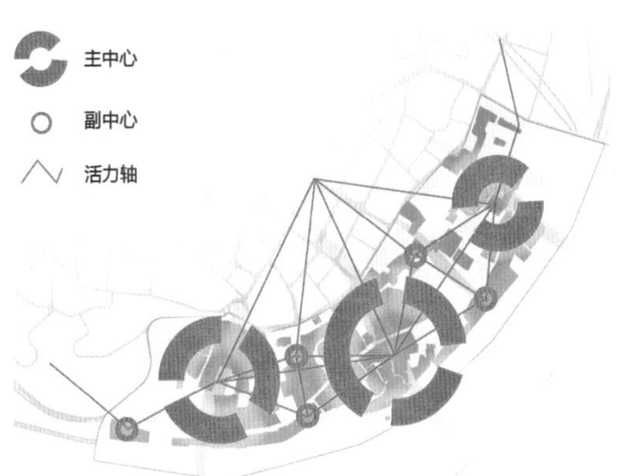

针对公共服务设施不完善的地块进行优化，实现地块内全覆盖。

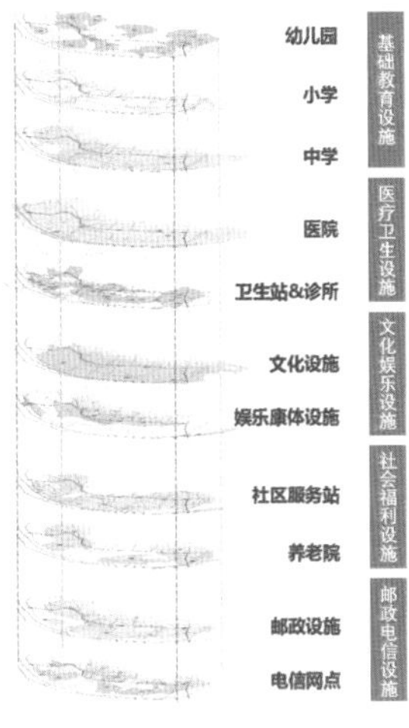

策略叠加

通过策略叠加，根据人口规模、聚集特点等将基地重新划分为九个社区。

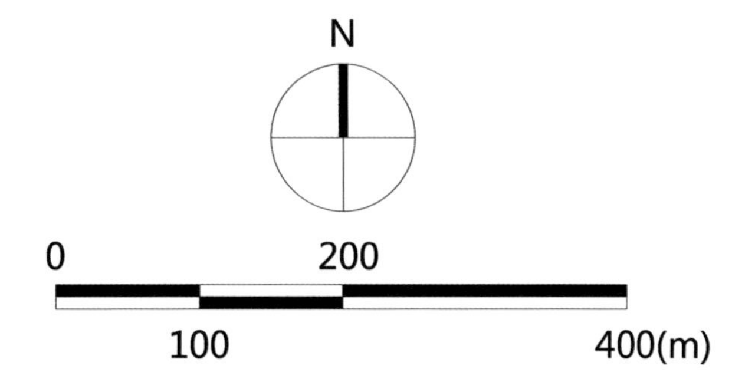
N
0
200
100
400(m)

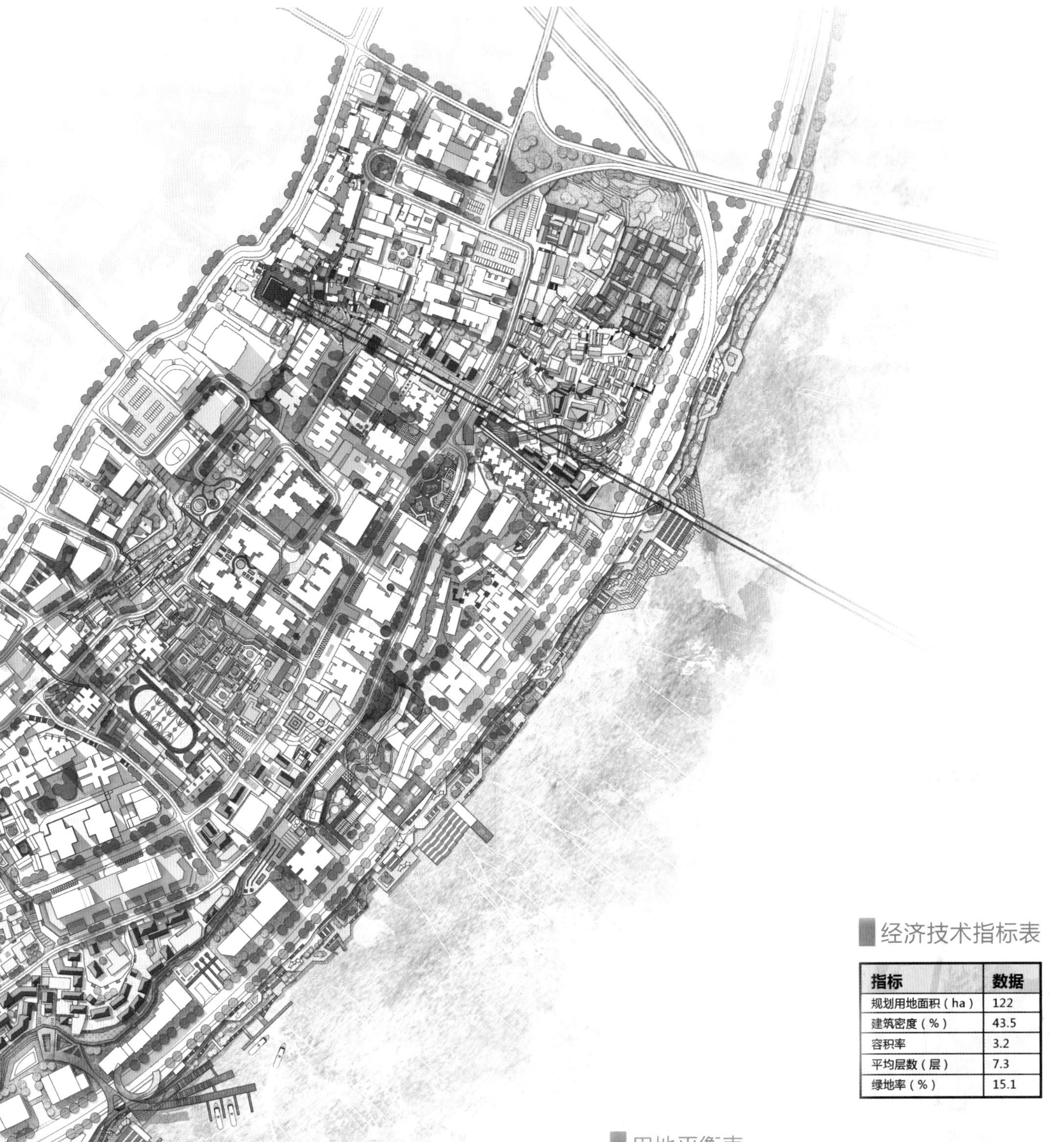

经济技术指标表

指标	数据
规划用地面积（ha）	122
建筑密度（%）	43.5
容积率	3.2
平均层数（层）	7.3
绿地率（%）	15.1

用地平衡表

类别名称	用地代码	用地性质	用地面积（ha）	用地比例（%）
城市建设用地	R	居住用地	0.44	36.3
	A	公共管理与公共服务用地	0.18	14.5
	B	商业商务设施用地	0.3	24.3
	S	交通设施用地	0.12	9.8
	G	绿地与广场用地	0.18	15.1
小计			1.22	100.0
非建设用地	E	非建设用地	0.61	
合计			1.83	

十八梯社区

1 社区概况

1.1 社区简介与居民采访

1. 社区简介

大面积拆迁进程中，涉及拆迁区域占辖区总面积的 2/3，涉及拆迁居民达 3500 多户。

2. 居民采访

1）不愿搬迁的原居住居民："我的儿子女儿住楼房的，我不愿意去跟他们一起住，这边买菜、看病都方便，我住了 50 年了，不愿意走，就是好多老邻居都搬走了，说话的人少了。"

2）外来租客："这里租金只有 200 块，每天走 10 分钟去上班，买东西什么的都方便。"

3）其他租客："我在附近工作，原来住在这，干什么都很方便，但是还迁后我还是经常回到老屋住，因为这里有以前的邻居还有便利的交通。"

1.2 社区现状分析

社区物质环境分析

与上半城的都市繁华相比，这里更加弥漫着市井的气息、生活的气息。然而与之相对应的是破败的生活环境以及空置的传统建筑，显示出十八梯已经成为都市发展边缘，成为城市边缘自生型社区。造成这一现象的主要原因是，产业功能的支持不足和管理机构的缺失。

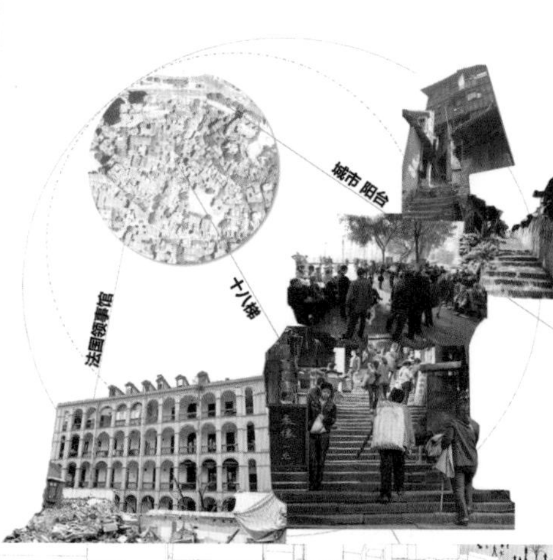

建筑质量分析图

2 更新手法

2.1 更新时序

十八梯社区通过复兴主街混合商业模块、完善居住模块、添补模块间隙、串联多元人群活动路线四个步骤，完成对十八梯社区的更新。

2.2 微模块更新

1）复兴混合功能模块

打造动力轴，重塑十八梯风貌街，以文化消费为产业核心，在山城文化的整体基调下，引入特色小商铺、工作室、餐厅咖啡吧、文化展览等功能，完成功能混合，吸引青年创业者创业。

通过优化环境品质、美化建筑立面、修缮破损房屋等五个步骤恢复主街风貌。

主轴功能轴测图

重庆山城文化

十八梯是重庆最为有名的梯坎，是品味老重庆山城文化的载体。结合市井文化，营造具有重庆风味的梯坎，留存住山城的记忆。

还原市井文化

还原梯坎的街边文化，为拔罐、理发、打麻将、卖手工艺品等生活气息浓厚的市井文化提供适宜的场所服务居民、吸引游客。

民居体验

富有特色的十八梯传统民居成为现代都市中一抹独特的体验，错叠、架空的木屋让都市人的心灵返璞归真。

创意工作室

远离现代的高楼，独栋的山地小屋成为艺术家、创客、创业青年实现自我的乌托邦。

展览馆

展示老重庆山城文化的窗口。

文化消费

在历史文化传统的步行空间体验，多样个性的临街铺面，为文化消费提供窗口。除了艺术品、工艺品的日常消费，民俗文化节、淘宝市场成为风貌街必不可少的大型活动

主轴混合功能图

主轴风貌改造

十八梯社区经济技术指标表	
规划用地面积（ha）	10.52
建筑密度	0.83
容积率	1.80
平均层数（层）	3
地下停车位（个）	300

总平面图

2）完善居住模块

结合十八梯台地的特点营造新型建筑单元，连通的平顶层、吊层作为公共空间，成为居住组团中居民活动的立体化场地。

3）添补模块间隙

十八梯的鱼骨状道路网及立体的梯坎串联各模块，开放式院落在巷道中形成小的活动空间，在立体曲折的梯道拐角增加平台，提供居民休憩场所，同时为商贩提供遮雨棚，保持活跃的市井氛围。

4）串联多元模块

物质空间优化及产业功能的再生后，十八梯的人群将摆脱现状的老龄化，成为各年龄段、各种工作者以及游客的混合开放社区。其中，活动以主街为主，而游客活动在主街、山城步道、台地公园，串接整个社区。

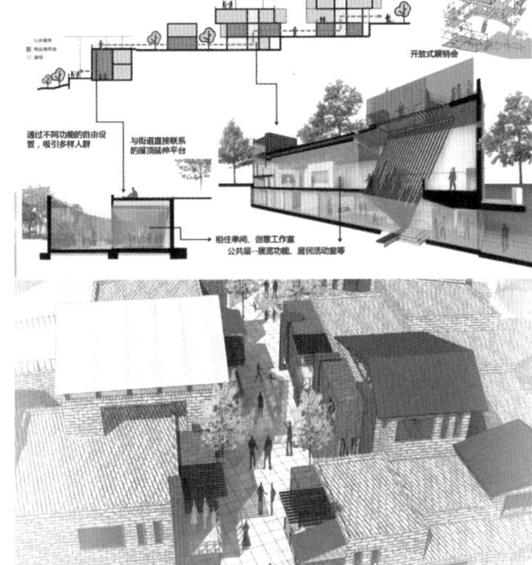

居住模块街道效果图

工作室

台地公园

多元活动场所

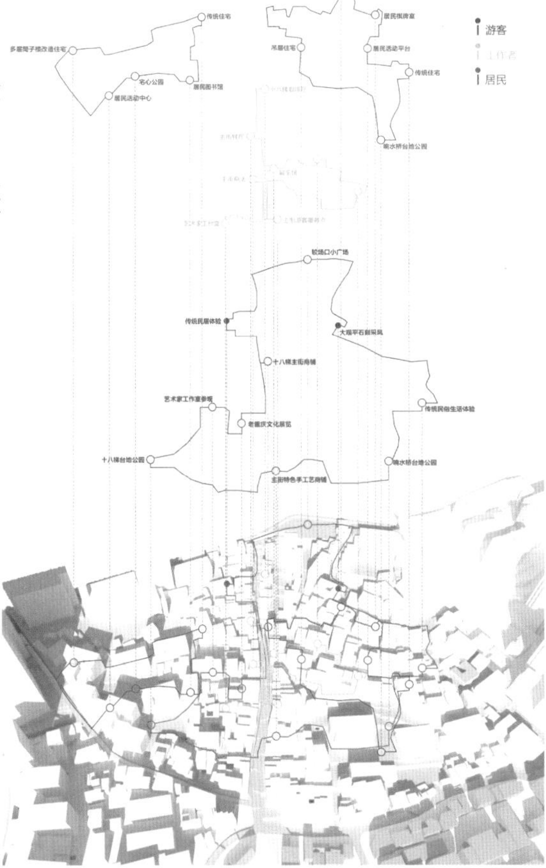

串联多元模块——游览路径

同时陪都具新颜 梯南风貌延江滨

厚水社区

1 社区概况——现状分析

厚水社区位于十八梯社区的南部，处于十八梯风貌协调区范围内，与十八梯的空间、产业关系成为我们需要思考的问题。

为了控制整体风貌，维护历史风貌街区，在空间上，我们首先完成对十八梯功能的承接，形成中央商业街的节点同时延续建筑风格与高度控制。

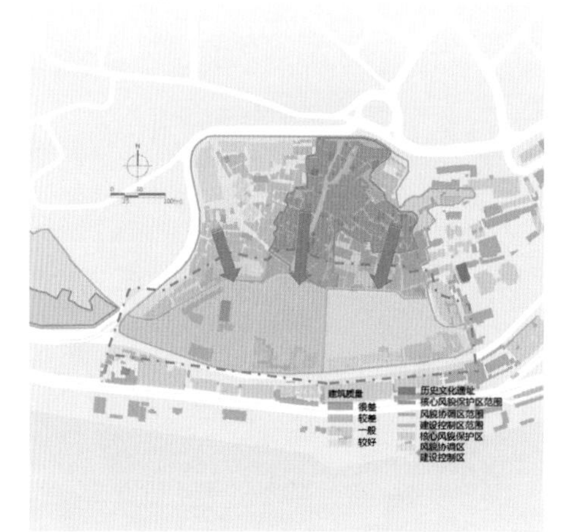

2 延续性更新

2.1 延续性更新——空间结构与制度设计

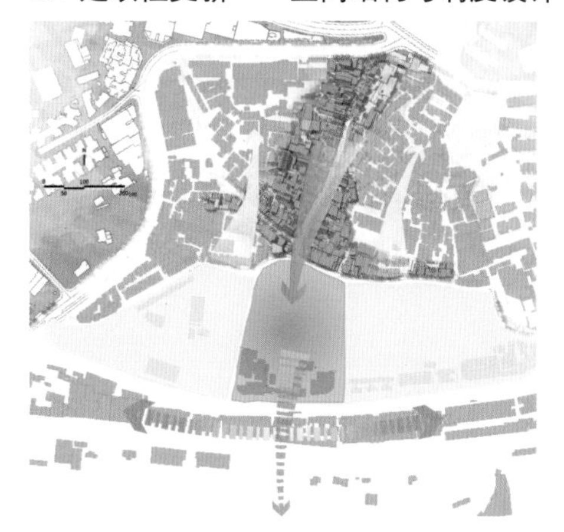

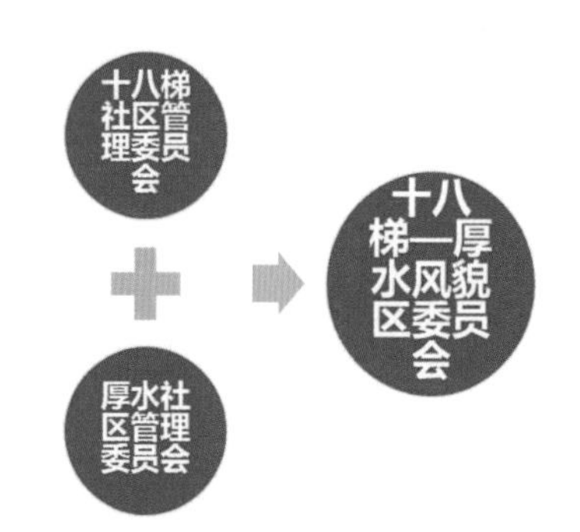

为了促进风貌核心区与风貌协调区的共同发展，所属两个社区共同纳入风貌区委员会的管理，各自下设业主大会与居委会，进行日常管理。

其中，风貌区委员会的日常工作包括：风貌协调片区的维护与发展，协调区内的居住、服务业的配套完善。

十八梯功能承接  打通景观廊道  打造风貌住区

2.2 延续性更新——功能承接

中心商业街——完成主轴线的延续，在社区中心形成商业节点

2.3 延续性更新——景观廊道

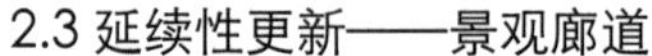

拆除主轴线上沿江阻挡视线的高层建筑，打通从较场口、十八梯到滨江的景观视廊

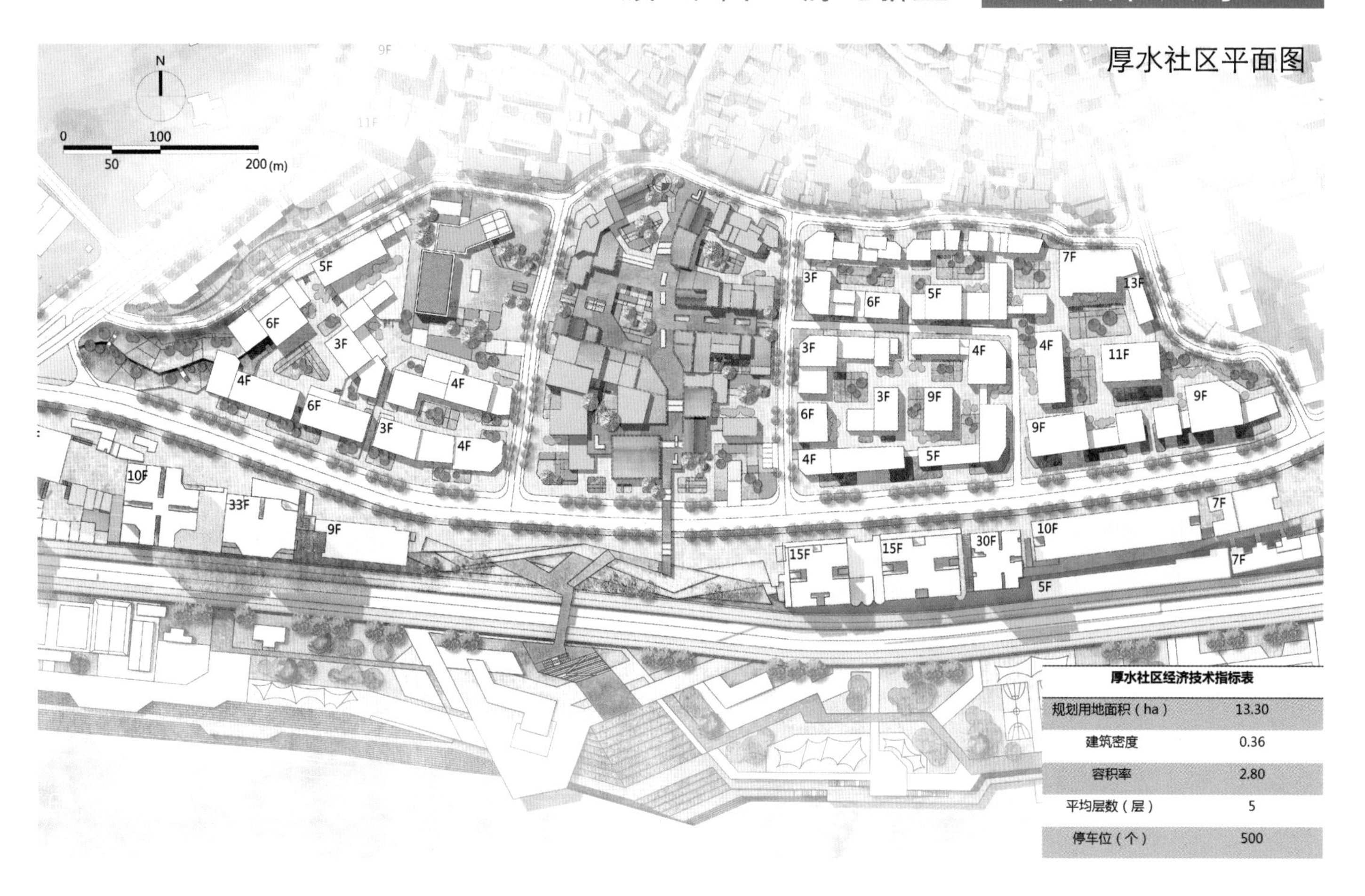

厚水社区经济技术指标表	
规划用地面积（ha）	13.30
建筑密度	0.36
容积率	2.80
平均层数（层）	5
停车位（个）	500

2.4 延续性更新——平面功能分区与居民活动路线

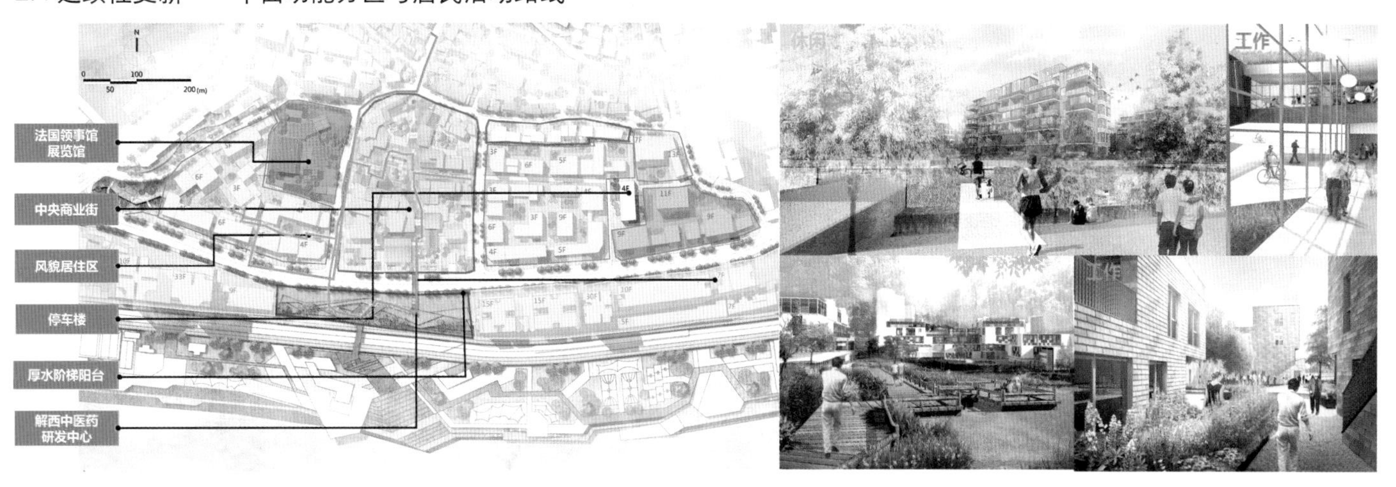

2.5 延续性更新——风貌居住

配合十八梯风貌营造，新建风貌住区

储奇门社区经济技术指标表

规划用地面积（ha）	753
总建筑面积（m²）	229386
建筑密度	0.28
容积率	3.0
平均层数（层）	10.9
停车位（个）	3100

平面图

1 社区概况

西邻十八梯、东接凯旋路，储奇门社区将由现有的解放西路社区更名、调整边界而来。“储奇门，药材行，医治百病。”储奇，寓有富足昌盛之意。古时，储奇门一带就聚集了大宗的药材山货出口生意；如今，这里依然是重庆市药材行业集中的地方。

故时的记忆早已化作重庆血脉和精神的一部分。“储奇”二字于今日被赋予了全新的定义，国民政府军事委员会礼堂、复旦中学、重庆日报、虹桥公园……当下存在的、即将浮现的奇人、奇物、奇事将共同被孕育在这一阳光、多元、充满人文气息的储奇门社区，而这一切的元素，将共同为我们展示她所承载的更好的城市社区生活。

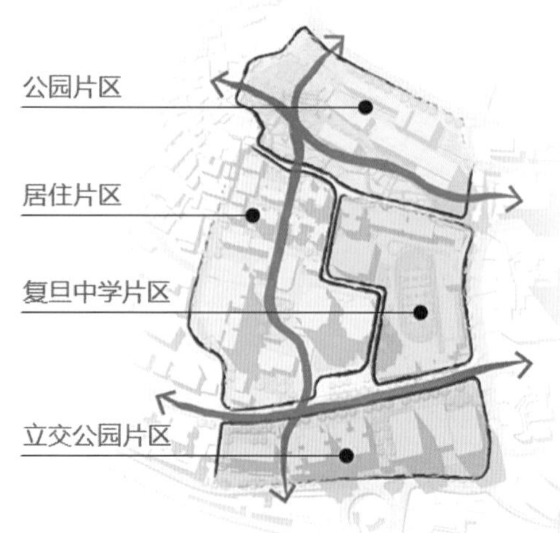

结构图

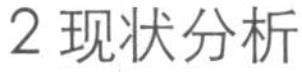

2 现状分析

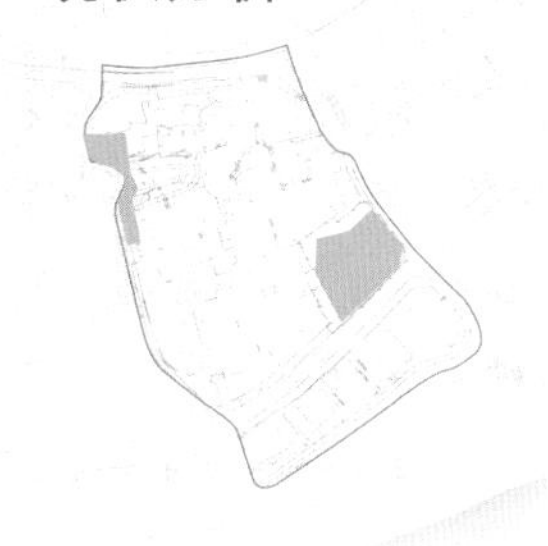

闲置用地面积大

绿地不足

上下交通不畅

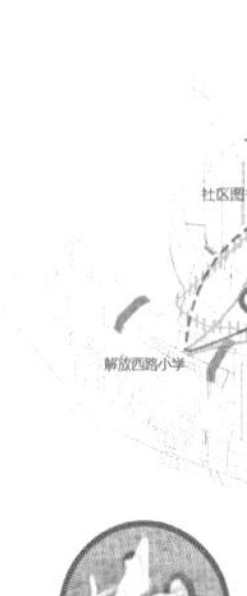

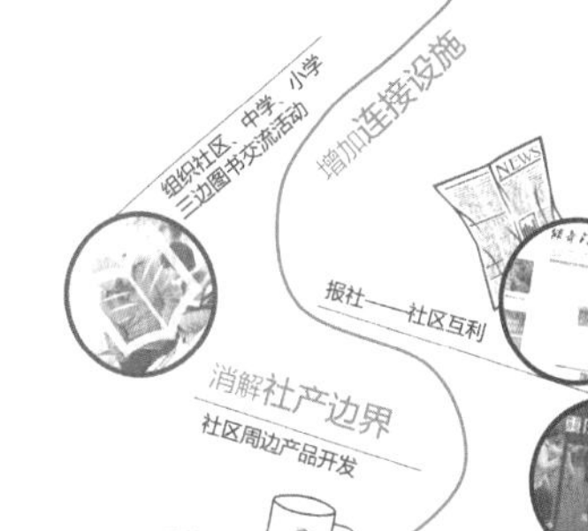

地块封闭性强

社区服务散布

共同意识缺失

社区修治示意图

3 书卷储奇营造

打破单位大院、开放活动场地，完成空间上的交流，以图书交流、文化互助突破文化的阻隔，最终达到书卷储奇门的社区氛围。

虹桥绿野山地公园效果图

社区活动中心效果图

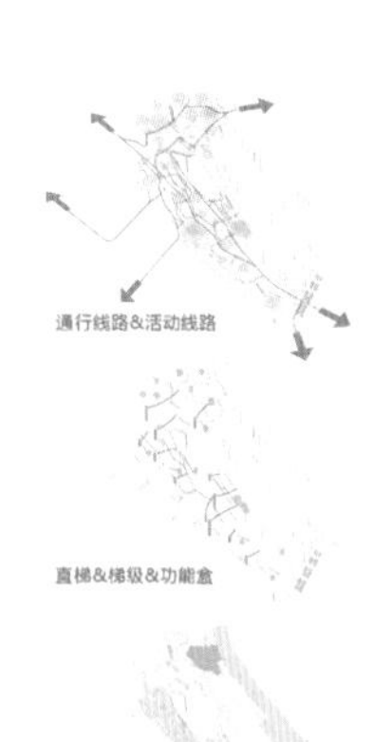

社区修治分析图

1 社区概况

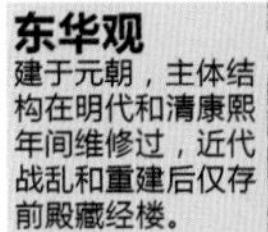

凯旋路石桥
1942年建成，9跨，桥洞直径8米，全长近80米桥面全宽14.3米，是目前主城最大的石拱桥。

凯旋路电梯
1986年3月30日建成使用，电梯高11层，是国内首次将电梯用于城市公共交通。

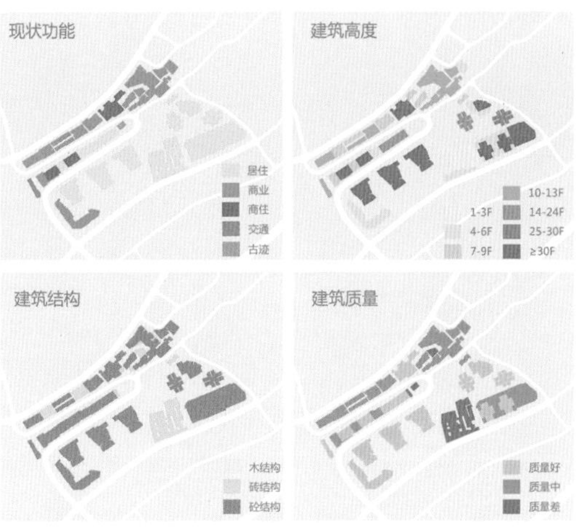

设计说明

西邻解放西路社区、东接巴县衙门社区，凯旋路社区是由现有的凯旋路社区和邮政局巷社区调整边界而来。凯旋路正对储奇门码头，江对岸是海棠溪，也是川黔公路和川湘公路起点。凯旋路建于20世纪30年代末，是在悬崖峭壁间垒建起石砌高墙以承载路面，修筑十分艰难，于1942年4月10日正式通车。凯旋路上下相对高度超过50米，是重庆抗战第一次大扩城的缩影，也是重庆作为抗战陪都的重要见证。

在凯旋路社区，沿着凯旋路盘旋而下，东华观、凯旋路石桥、凯旋路电梯这些历史的记忆和符号点缀在社区中的林立高楼间。居住功能是凯旋路社区的主体，高层建筑多为居住和商住混合。由于地势高程差异悬殊，使得道路蜿蜒，社区被天然的分割为三层台地，同时高耸的建筑阻挡了视线。新旧建筑和小区在社区内差异化明显，共享空间也比较有限。商业服务业沿新华路聚集，但活力不足。

最终希望经过改造的凯旋路社区能够重现昔日风采，得以"旋路高低衔华观，广厦千间庆安居"。

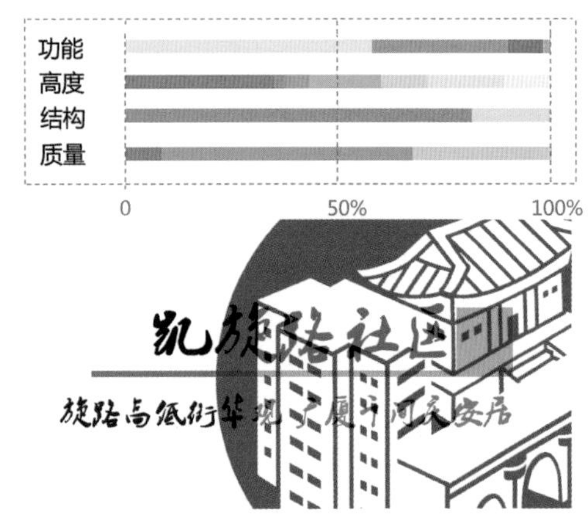

2 总平面图

凯旋路社区经济技术指标表	
规划用地面积（ha）	9.73
总建筑面积（m²）	473900
建筑密度	0.38
容积率	4.8
平均层数（层）	12.6
停车位（个）	7500

0 25 50 100

3 要素解析

高差大 上下联系不畅

凯旋路陡坎地形高差大
社区内地形呈三级阶梯状
高差32m，坡度34°

大体量的高层建筑

沿道路的剖面可以看出建筑高度逐渐升高，体量巨大又遮挡视线

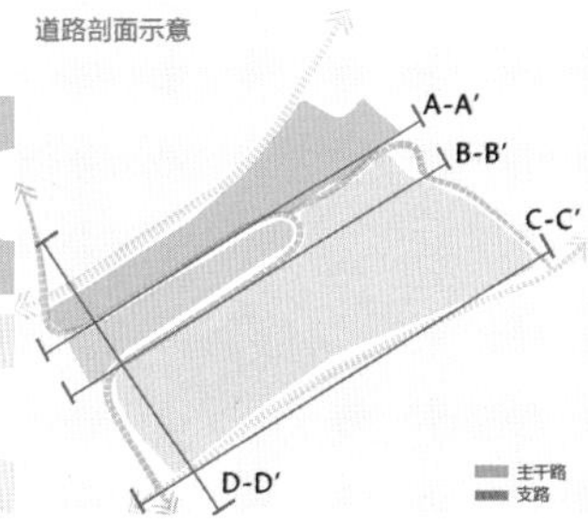

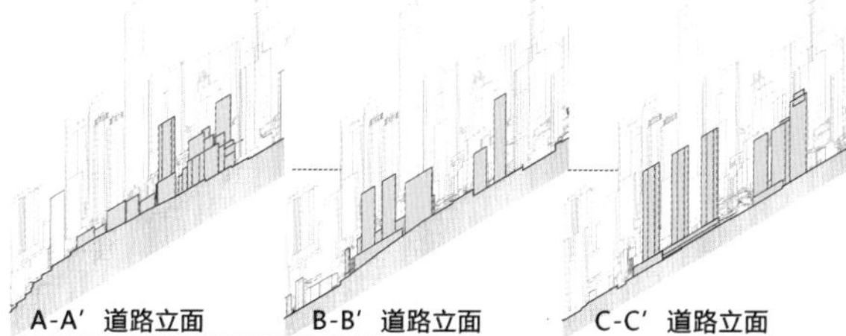

A-A′ 道路立面　B-B′ 道路立面　C-C′ 道路立面

凯旋路道路纵向剖面D-D′

新旧交替 社区差异化

凯旋路社区居住建筑多为高层住宅，新老社区差异化明显，高层住宅缺少活动空间

商业服务业 活力不足

沿新华路现状形成灯具五金家电商业集群，商业等级不高活力不足

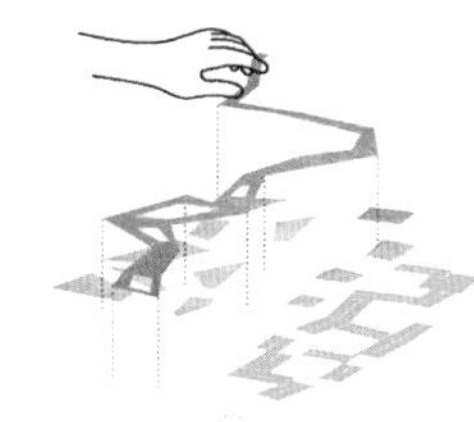

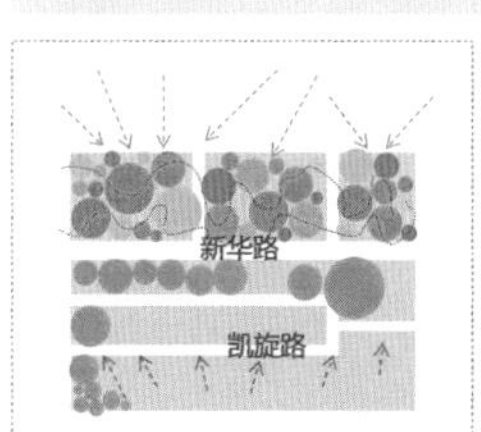

新华路以北商业服务业业态丰富

凯旋路沿路高差大步行可达性差，人群活动不丰富

廊道衔接高层住宅裙房和城市特色商业街，联系社区居民

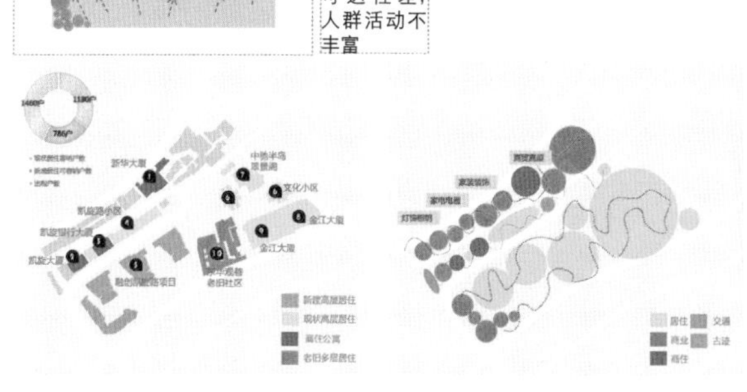

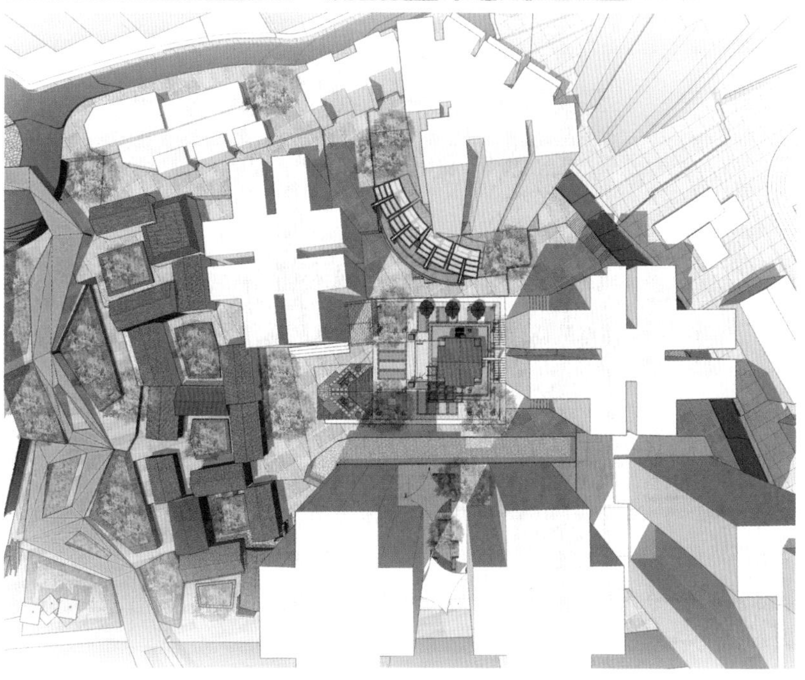

通过对历史遗存的更新修复，对居住组团的再组织和对高差衔接的山地特色设计使社区突破山地地形的阻隔，沟通更加密切，整体更加融合。在凯旋路，电梯、高架廊道的链接、立体绿化的植入。在东华观，景观廊道衔接至下部邮政局巷社区，廊道两侧商业街带来新的业态，提升社区活力。东华观和景观廊道是文旅路径上一个重要的景观节点和链接。

文化生活风尚汇 时光倒流民国风

邮政局巷社区

1 社区现状资源分析

北邻凯旋路社区，南临滨江，邮政局巷社区由原邮政局巷社区向西扩大范围而来。老白象街曾经是重庆的政治中心，改变世界进程；白象街曾是重庆经济中心，影响世界经济格局；它还是文化巨擘聚集地和传统顶级富人区。社区内有大量开埠时期和民国时期的历史建筑。

滨江高层阻挡景观廊道视线，规划降低两座高层高度。老旧住宅片区整体改造更新，人群活动统一协调，促进人群交往。

海关办公楼　江全泰号　卜凤居
太平门城墙遗址　山西会馆　药材工会

海关总署
药材公会
新华私立小学
江全泰号
大清邮局
海关办公楼
反省院
卜凤居

1.1 规划功能分析

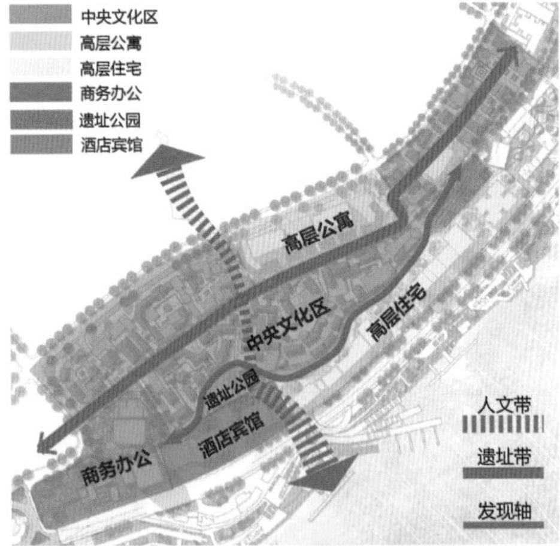

1.2 社区现街巷空间分析

多样人群共荣

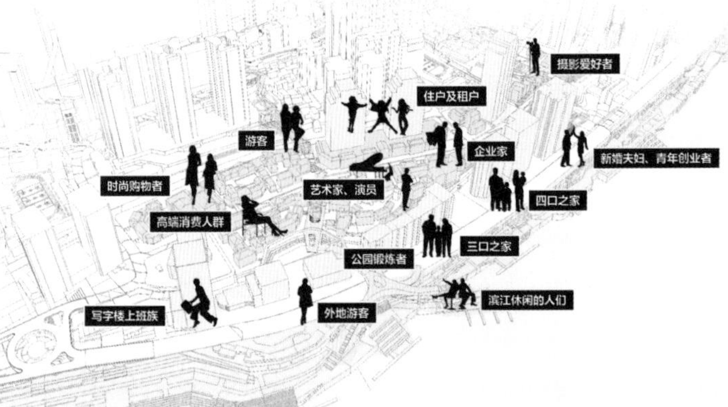

邮政局巷社区经济技术指标表

规划用地面积（ha）	12.54
建筑密度	0.30
容积率	2.99
平均层数（层）	9.78
停车位（个）	3600

总平面图

2 社区五要素分析

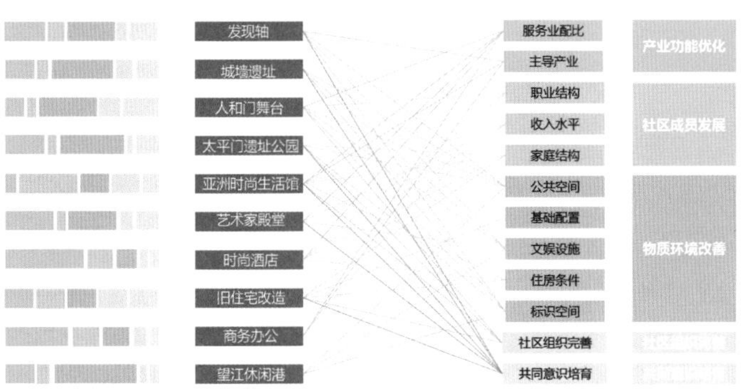

城墙遗址

3 节点分析

选取三个典型节点作为促进人群交往的空间设计手段。

3.1 城墙遗址

第一个是利用人和门城门遗址和城墙遗址设计人和门舞台，用透明的玻璃作为看台台阶，人们一方面可以就坐，另一方面可以看到古城墙遗址，高架步道以及酒店的屋顶花园提供了不同层次的交往空间，促进人们视线交流与共享。

3.2 城墙陡坎

第二个节点是把阻碍滨江视线的高层进行局部层掏空、植绿、与城墙连接，从而打破地形高差的限制促进中央文化区域周边高层住宅之间的联系与交往，并且人们可以在城墙上可以直接看到滨江的景色。第三个节点是传承白象街的传统街巷肌理设计的中央文化区商业街区。

城墙陡坎

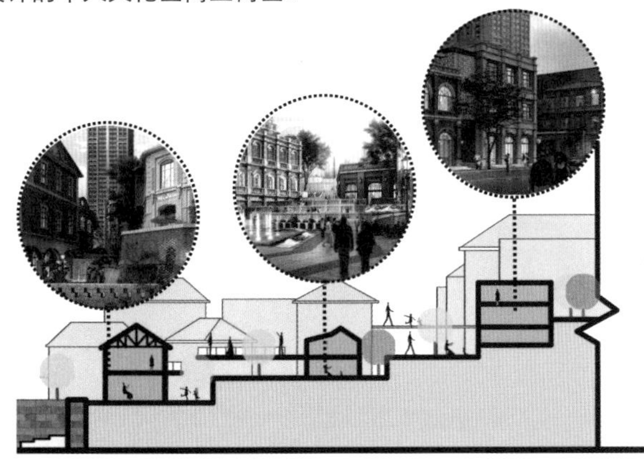

中央文化区

4 中央文化区竖向分析

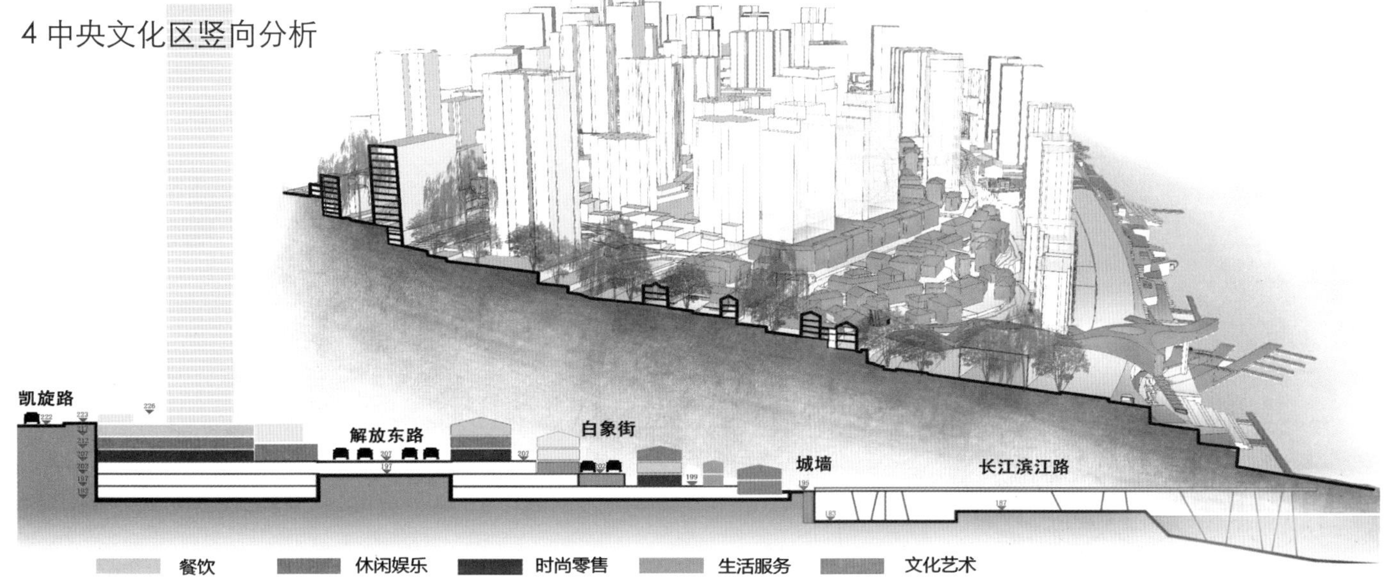

1 社区简介

承接上位空间结构划分，基地内有一条主要廊道通过，串联两个开放空间节点。因此该片区未来将呈现出一轴两核多中心的发展结构。打造人民公园和把县衙门两个潜在触媒点新建商务片区和小学，注入社区活力，带动周边片区打造把县衙门，创造社区特色修治人民公园，提升开放空间的舒适度，为周边人群休闲需求和交流沟通提供物质载体。通过功能和空间的重新整合和改善，促进人群多元化最终实现成为服务解放碑地区的生活服务核心，促进人群的沟通。在多样缤纷的生活服务核心里，人群将更加多样化、功能更加复合，呈现出朝气蓬勃的生活气息。

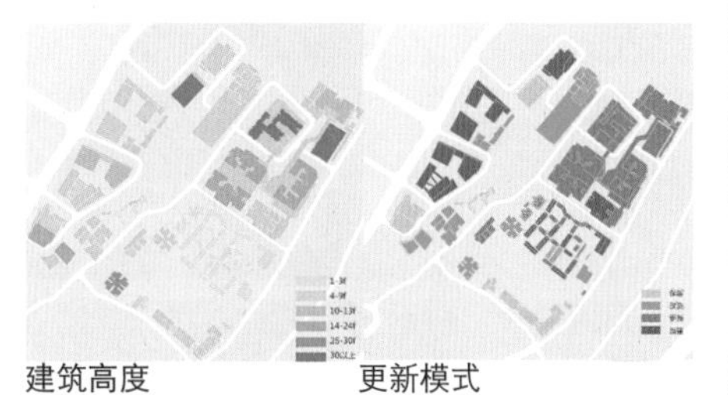

建筑高度　　更新模式

1.人民公园
2.巴县衙门
3.人和街小学
4.鑫隆文化小区
5.花鸟鱼虫市场
6.西三街水产市场
7.白领青年公寓
8.商务soho
9.社区文化中心(原国民政府外交部旧址)
10.社区居委会
11.游客接待中心
12.宋代高台建筑遗址
13.屋顶花园
14.衙署茶楼（原国民党四川省部及重庆高中旧址）
15.社区幼儿园
16.人民休憩中心
17.重庆市消防人员殉职纪念碑
18.乒乓球台
19.九三学社成立旧址纪念碑

人民公园社区经济技术指标表	
规划用地面积（ha）	12.12
建筑密度	0.31
容积率	3.86
绿化率	28%
平均层数（层）	12.45
户数	2200

N　0　50　100m

总平面图

2 巴县衙门更新

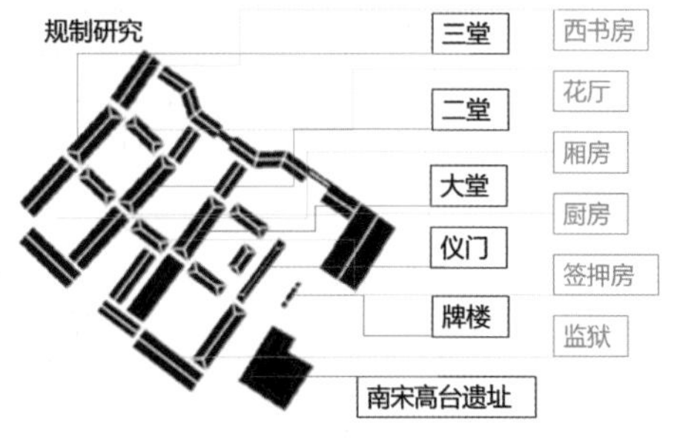

头门三间，仪门五间，左右角门三间，科房十八间。大堂三间，卷棚三间。二堂三间，两厢房六间，左厅四间，对厅三间。三堂五间，两厢房四间，西书房上下八间，厨房五间。"
——乾隆《巴县志·廨署》

巴县衙门效果图

3 人民公园修治

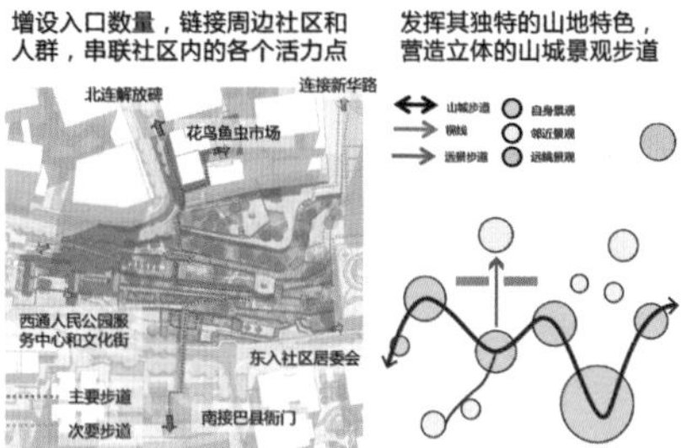

增加服务设施，改善空间品质，创造多元社区生活。

社区学习　烧烤聚会　观光休闲　遛狗逗鸟　散步操课　体育锻炼

人民公园改造手法

人民公园效果图

4 西三街农副水产品市场改造

水产市场 ➡ 综合市场 ＋ 社区食堂

西三街农副水产品市场改造 营造方法

- 功能植入
- 空间重新分割
- 合理分区
- 定期管理

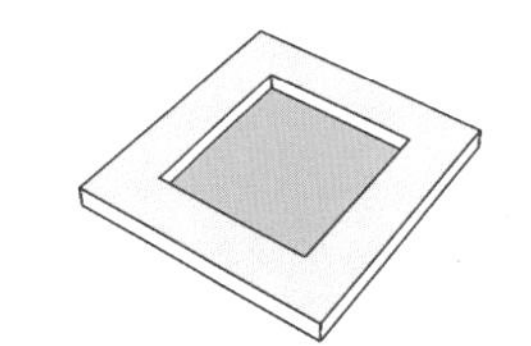

原始格局杂乱无章
内部垃圾乱堆乱放

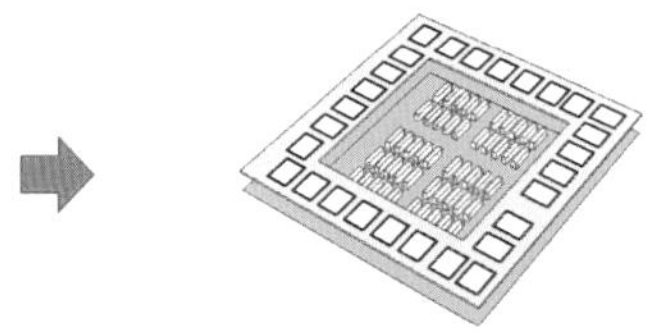

打破原始格局,除过原始的水产业态，新增原料、佐料、加工副食品、餐饮等功能

重新分割空间，将一层作为瓜果生鲜售卖区，二层作为加工餐饮区，创造社区食堂

构建居民楼的多维交往平台 营造方法

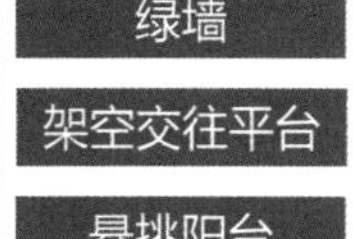

- 绿墙
- 架空交往平台
- 悬挑阳台
- 邻里公园

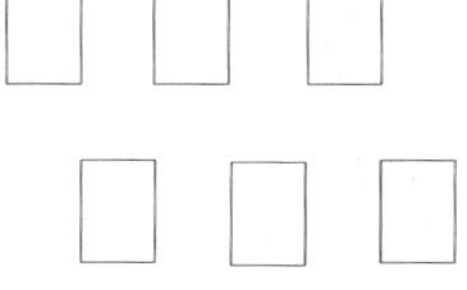

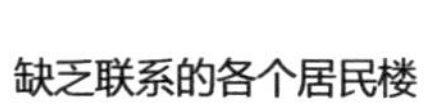

缺乏联系的各个居民楼

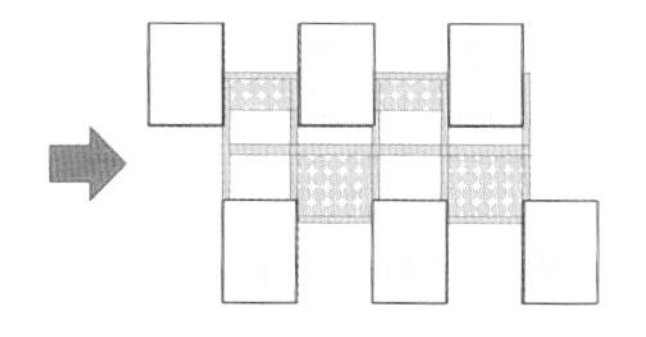

以底商屋顶和二层平台为连接，建立社区邻里交往公园

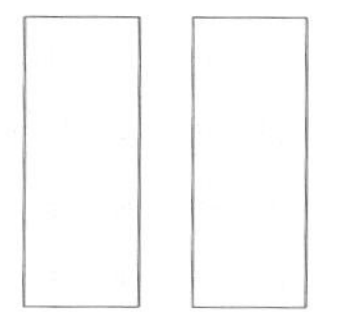

集的高楼遮挡视线

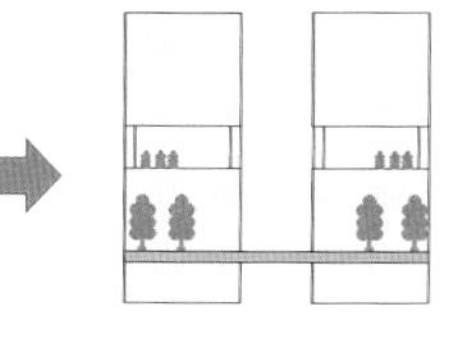

建立中间架空层，打通视线廊道

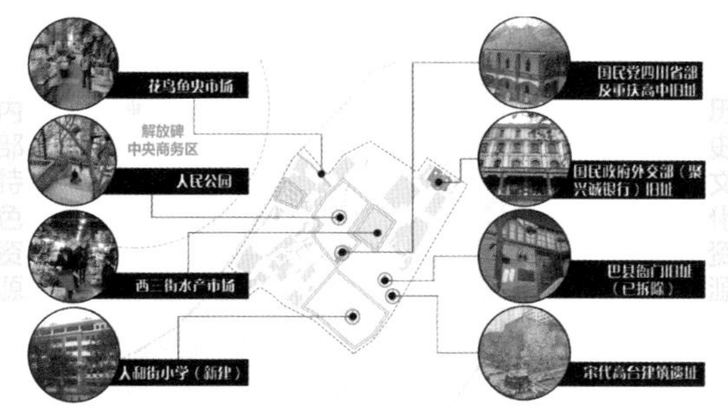

社区现状资源

白领青年公寓效果图

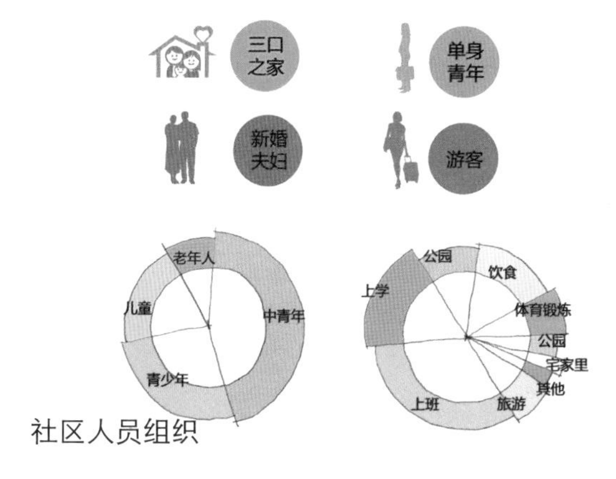

社区人员组织

花鸟鱼虫市场效果图

功能结构

鑫隆文化花园学区房效果图

1 社区现状资源分析

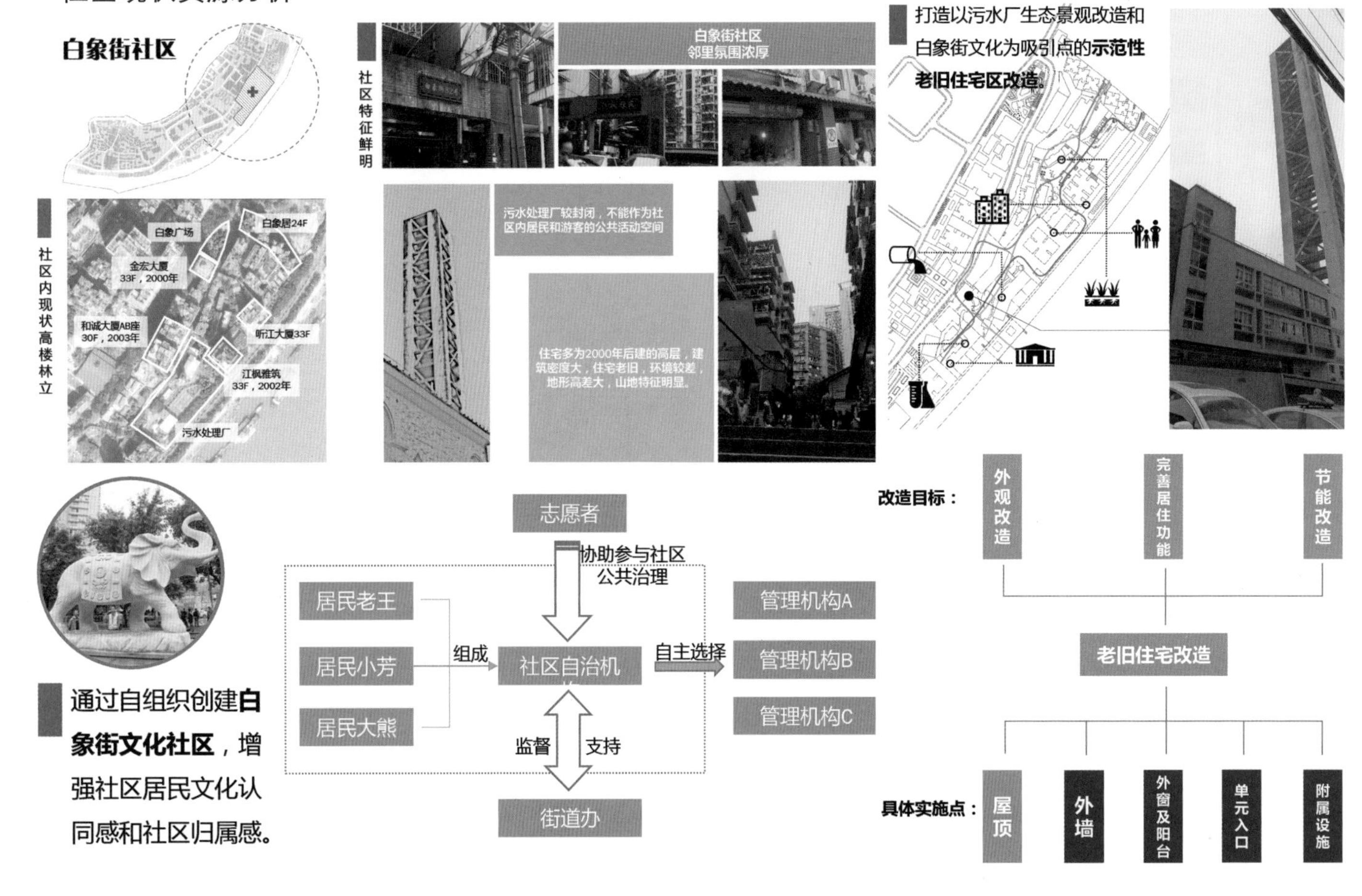

通过自组织创建**白象街文化社区**，增强社区居民文化认同感和社区归属感。

生态净水利万代 白象佑福安一方

白象街社区

白象街社区拥有浓厚的社区文化氛围，白象广场一个白象雕塑凝聚了全体社区成员的共同意识。规划打造白象街老旧住宅改造更新示范性社区，以外观改造、完善居住功能、节能改造为目标。

社区内有一污水处理厂，将其生态改造成生态水循环净化系统，以及污水处理科研基地和教育科普展示区，以社区环境改造和污水改造生态科普宣传为吸引点。

白象街社区经济技术指标表

规划用地面积（ha）	7.46
建筑密度	0.24
容积率	3.80
平均层数（层）	15.29
停车位（个）	2800

总平面图

2 老旧住宅改造

住宅改造内容：

1. 屋顶绿化
2. 平屋顶架构架
3. 屋面铺设保温层
4. 外墙饰面更新与立面构图
5. 绿色表皮的植入——垂直绿化
6. 外墙的保温改造
7. 外窗的节能改造
8. 阳台的室内化
9. 入口扩建门厅
10. 空调机的改造

环境整治内容：

1. 道路整治
2. 停车场（库）整治
3. 环境绿化
4. 堡坎、护栏维护和建设
5. 垃圾房（站）、环卫建设
6. 部分地区新建或修缮围墙

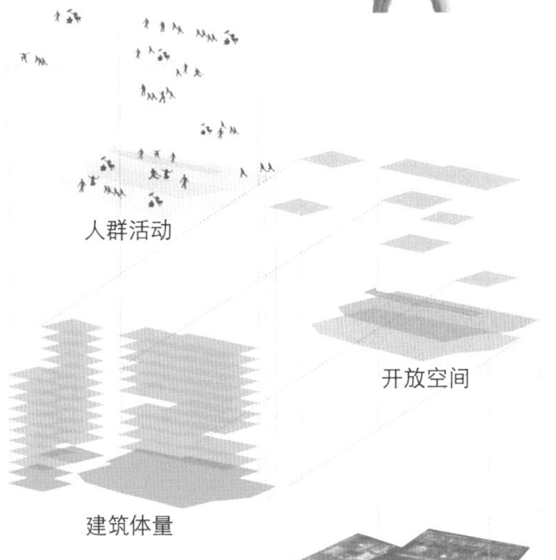

原始地形

3 污水处理厂改造

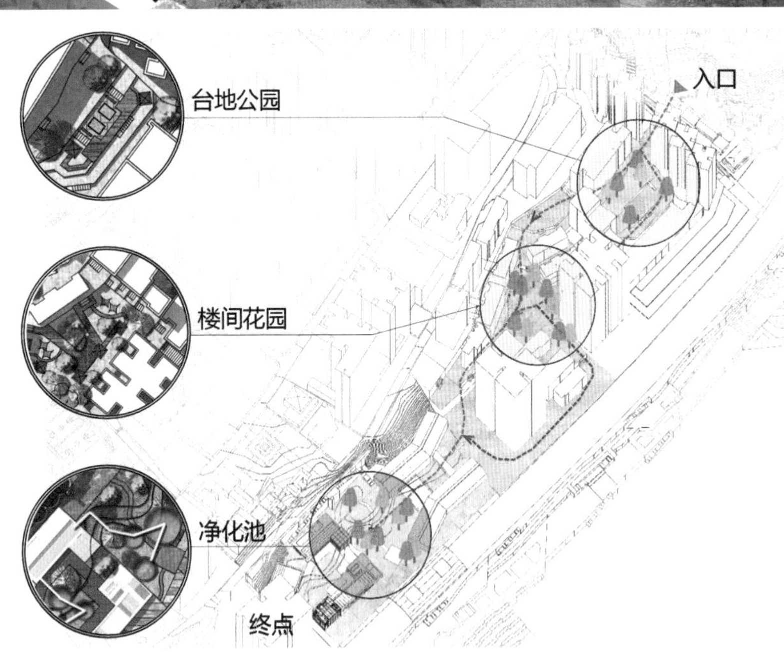

山水乐人欣谈聚 纵览飞韵起长虹

二府街社区

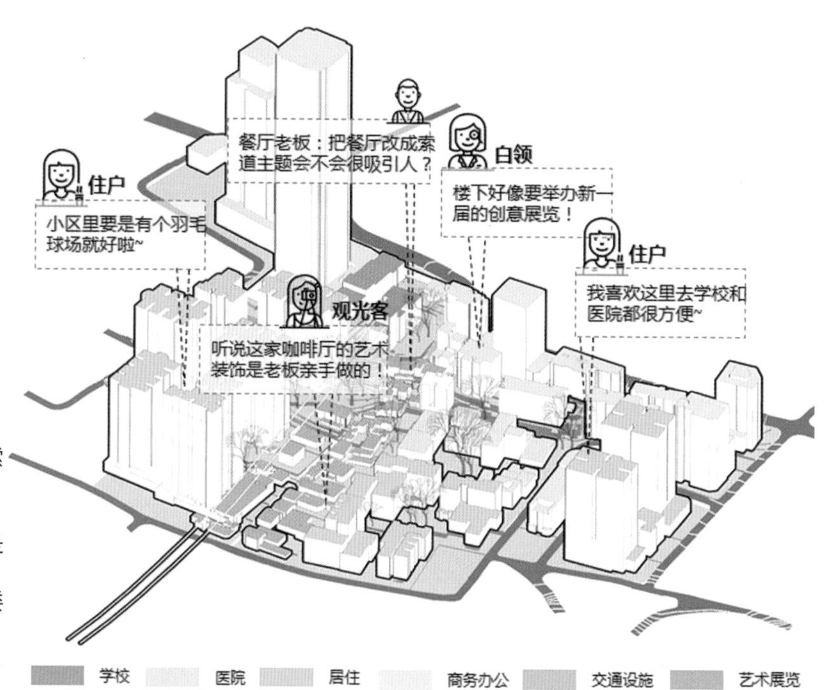

1 社区概况

1.1 社区简介与居民采访

1. 社区简介

社区整体氛围较好，但是空间特色不突出，长江索道为社区内比较重要的景观节点。

2. 居民采访

1）住户："社区附近有学校和医院，很方便；但是社区里面缺乏运动场地。"

2）工作白领："我公司就在这个社区，但是公司楼下缺乏餐厅、电影院等娱乐设施。"

3）观光客："我之所以来这儿是为了坐长江索道，其他的没什么吸引力。"

生命力 ➡ 族群共融

居民委员会

社区工作促进中心　游客工作管理中心　街道义工协会

社区大学　康体训练营　社区宣传站　文艺活动站　国际交流中心　志愿者服务站

社区居民　社区体育爱好者　社会组织参与者　社区活动参与者　社区文艺爱好者　社区大学生群体　国际游客　社区义工　社区艺术爱好者

社区活动　文艺展览　在地居民　外来游客

社区自文化

1.2 社区现状分析

1. 社区物质环境分析

由于整个社区紧邻上半场商业中心，所以社区人群活力较为充足。

社区内部商业建筑、办公建筑较多，吸引了大批的白领来此上；社区内部有一片特色的历史建筑群，现状保存完好，可以改造利用；长江索道作为社区里面特色的交通工具之一，也为社区活力的提升提供了更多可能性。

2. 社区组织方式

由于二府衙社区的居民类型较为多远，我们采取了居民委员会的管理来促进社区的族群共融。社区居委会承担的功能是社区工作促进与游客管理。

为了促进社区居委会的良性发展，我们提倡居民参加街道义工协会，来帮助社区组织社区在地居民开展社区活动。通过这样的社区自理，希望以社区文艺展览吸引更多外来游客，让社区更加繁荣。

现状资源及其规划引导作用

商业+办公

保留商办为主的功能，拆除或改建质量不佳、功能不适的建筑，完善设施，与解放碑片区功能衔接

长江索道站

新华路

轴线

长江索道站与基地轴线和重要交通线路的关系，对人流的吸引和集散作用

特色建筑

利用特色老建筑打造轴线，植入新的功能，结合山城特色设计屋顶步行路径等。

保留住区

优化——现状住区质量较好，但是存在活动场地缺乏等问题

空地

新建建筑的功能、肌理、体量依照整体结构规划和周边现状。

医院、学校等

不同功能区块之间的隔离与联系。

2 屋顶开放空间链接

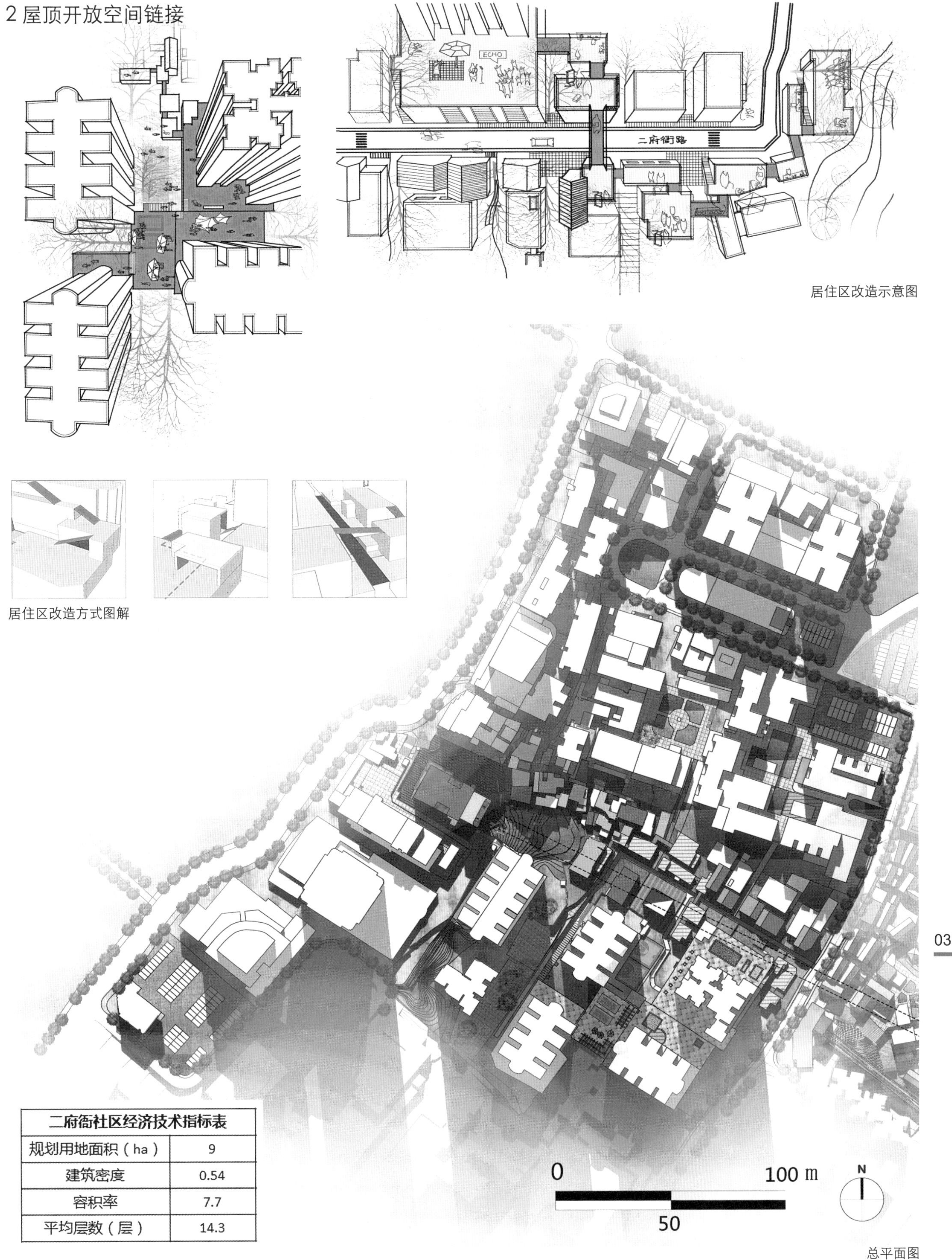

居住区改造示意图

居住区改造方式图解

二府衙社区经济技术指标表	
规划用地面积（ha）	9
建筑密度	0.54
容积率	7.7
平均层数（层）	14.3

总平面图

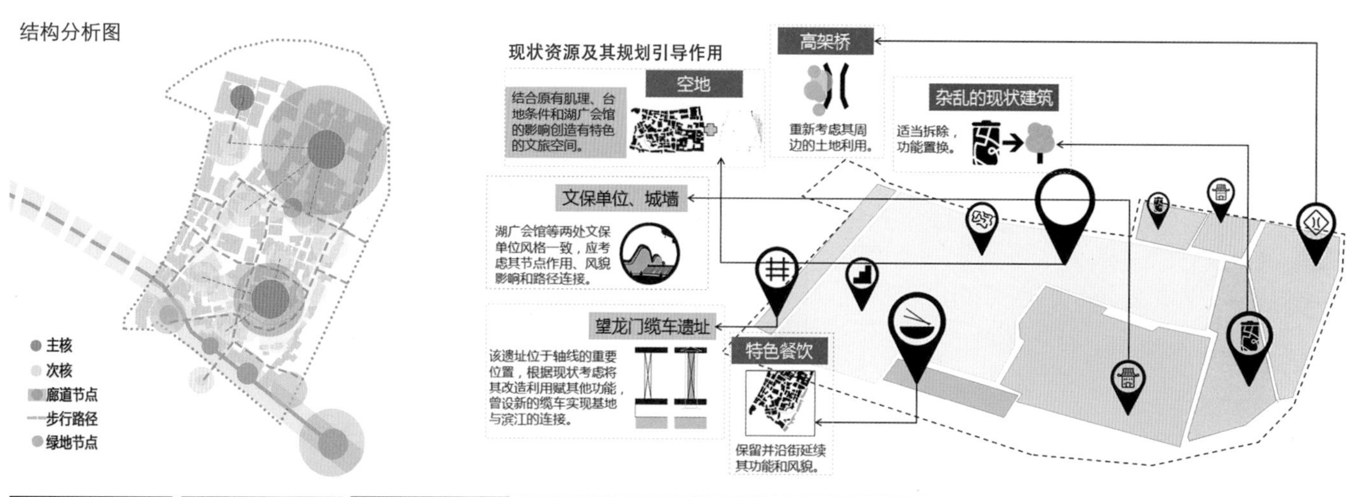

A 文保单位　B 文化酒店　C 湖广会馆　D 青旅　E 美术馆　F 活动广场
G 小商业　H 艺术家工作室　I 城墙艺术活动中心及广场　J 空中小缆车
K 缆车遗址公园+亲子乐园　L 小戏苑　M 民宿　N 展览馆　O 特色餐饮

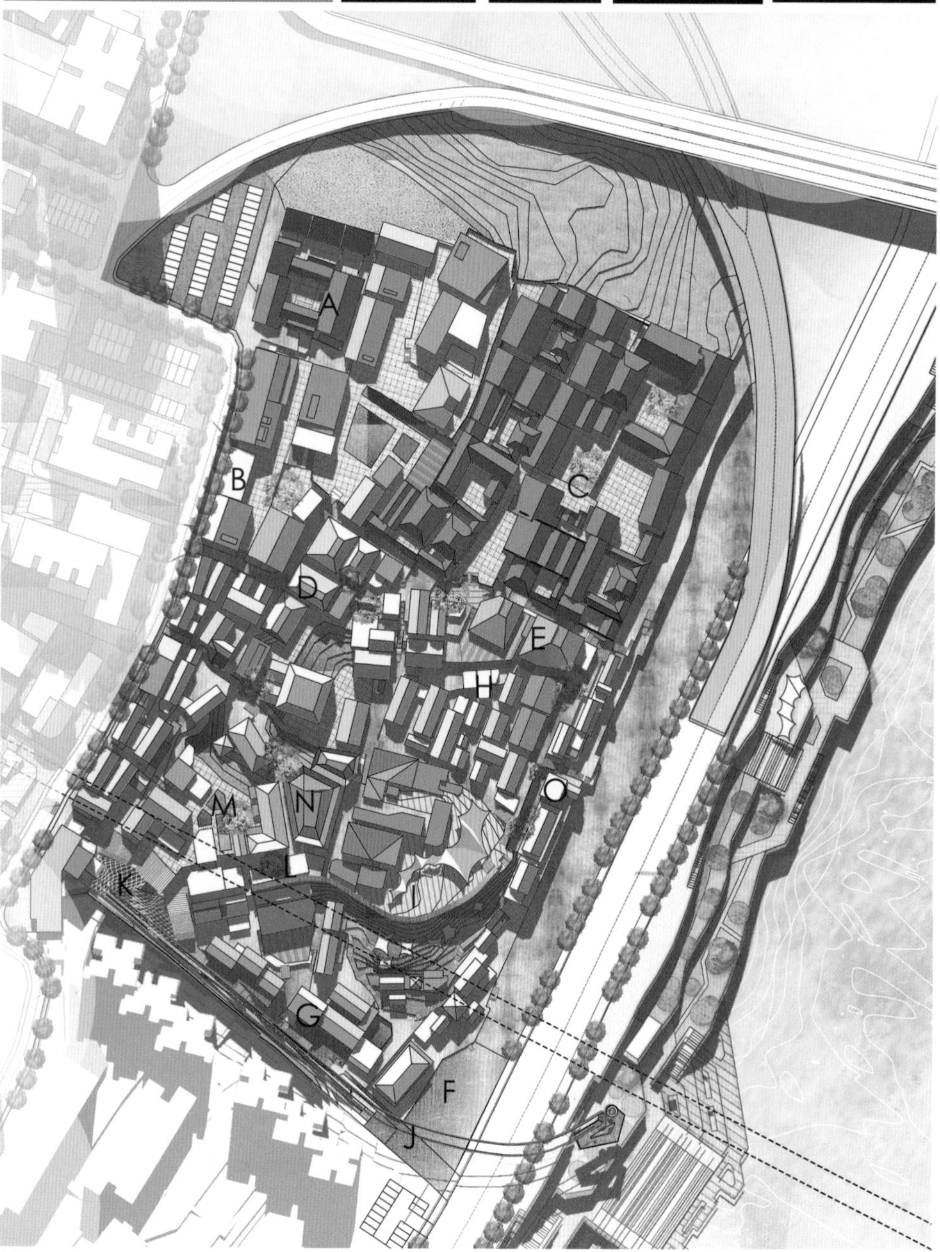

总平面图

1 方案简介

湖广会馆社区现状虽已拆迁成为大片的空地，但是其丰富的历史元素——包括两处文保单位、老城墙、望龙门缆车遗址，以及拆迁后清晰可见的台地条件和固有的肌理，都在讲述其曾经的繁荣与深厚底蕴。回应山城风貌体验的组团定位将开发为体验式的文旅空间，新的湖广会馆社区将遵循原始肌理和文保单位的风貌控制，以城墙遗址和湖广会馆为两个文化旅游核，在周边植入艺术、展览、住宿等功能形成 6 个小中心，串联组团绿地形成两核六心一个绿带以及望龙门缆车遗址改造成为的一轴的功能结构。

湖广会馆社区经济技术指标表	
规划用地面积（ha）	15
建筑密度	0.52
容积率	1.4
平均层数（层）	2.7

文保单位
酒店青旅
居住民宿
艺术家工作室及展览区
餐饮
商业
交通设施

陶艺师：最新作品今天展出啦！
时来风雨不稍停，且喜今朝得初晴~~~
拍客：这里是拍湖广会馆的最佳视角！
餐厅老板：o(∩_∩)o哪对夫妇会拒绝在等待孩子做游戏的时候来喝杯咖啡呢？
贩江湖：挨着马路生意不愁！

功能分区和族群分布

2 遗址改造

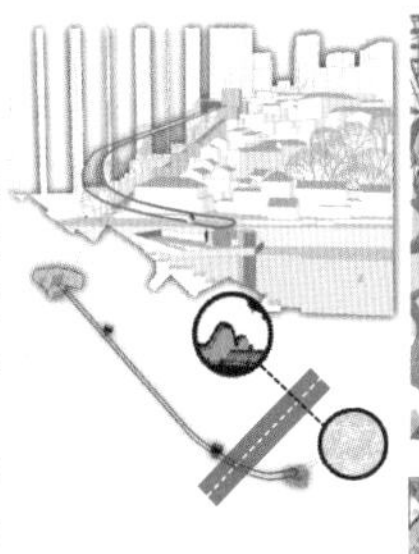

将望龙门缆车遗址改造成半露天的亲子绿色空间。在原址上方高架新的脚踏小缆车，横跨滨江路，连接湖广会馆社区与水岸空间。在连接马路的开放区域利用地形开放区域，利用地形开辟一个儿童乐园，与亲子绿廊相连。

儿童乐园和亲子绿廊效果图

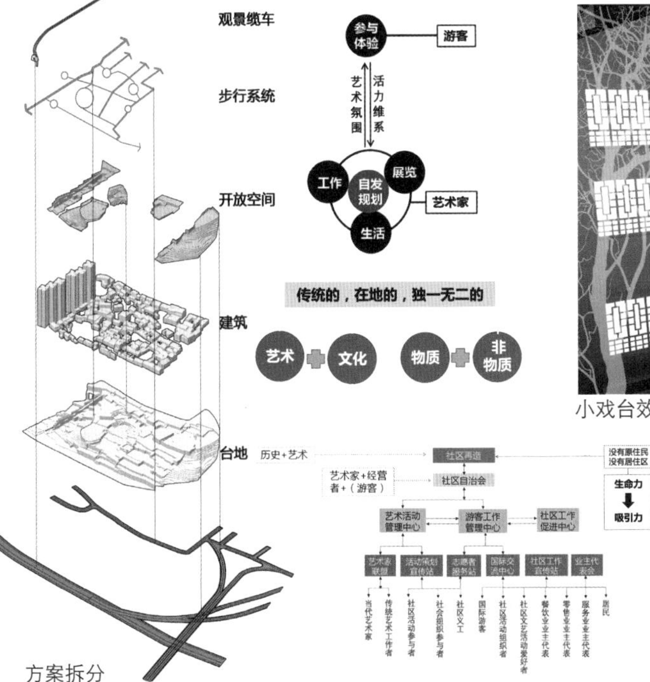

方案拆分

小戏台效果图

3 社区再造

分布族群以各种艺术家，在地的私产持有者和零售、餐饮经营者为主，以社区自治的形式共同经营社区。对于这样一个原居住民很少、没有传统意义上居住区的社区来说，社区生命力维系的关键就是对于各个族群的吸引力，以历史与艺术元素为基础，吸引以青中年群体为主的观光客来此体验、观光，甚至参与社区规划，实现社区再造。

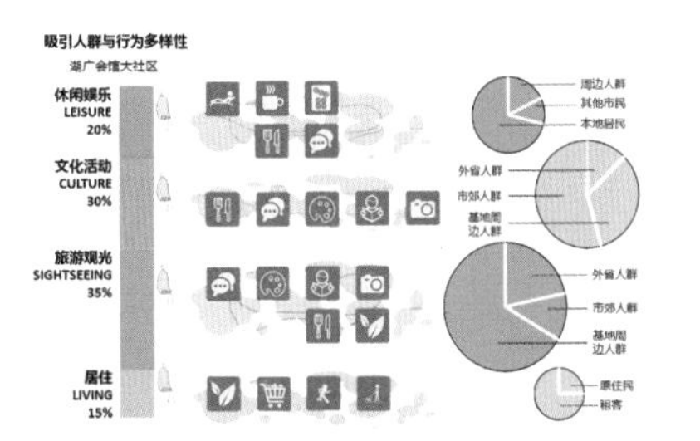

4 设计理念

湖广会馆社区的自治，是希望以艺术家为主的群体在此工作、展览和居住，用自己的情怀去改善设施、去创造空间，以自由的艺术氛围鼓励观光客的体验和参与。同时，以台地改造成的露天戏台为中心的传统艺术区传承着当地的、独一无二的文化特色。

湖广酒店效果图

城墙艺术中心效果图

1 滨江现状问题分析与策略

1.1 滨江现状问题

1）滨江功能不合理、利用不完全。

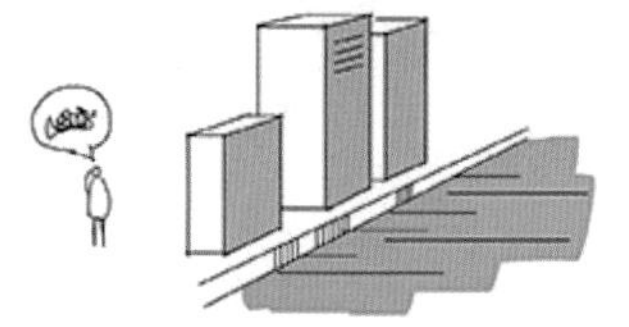

2）视线空间被阻隔。

3）滨江与周边区域联系不足，可达性差。

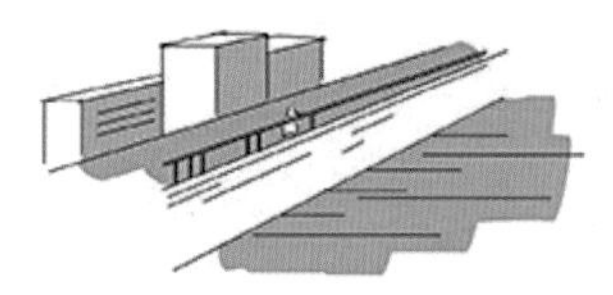

4）亲水空间设计单调。

1.2 措施手段

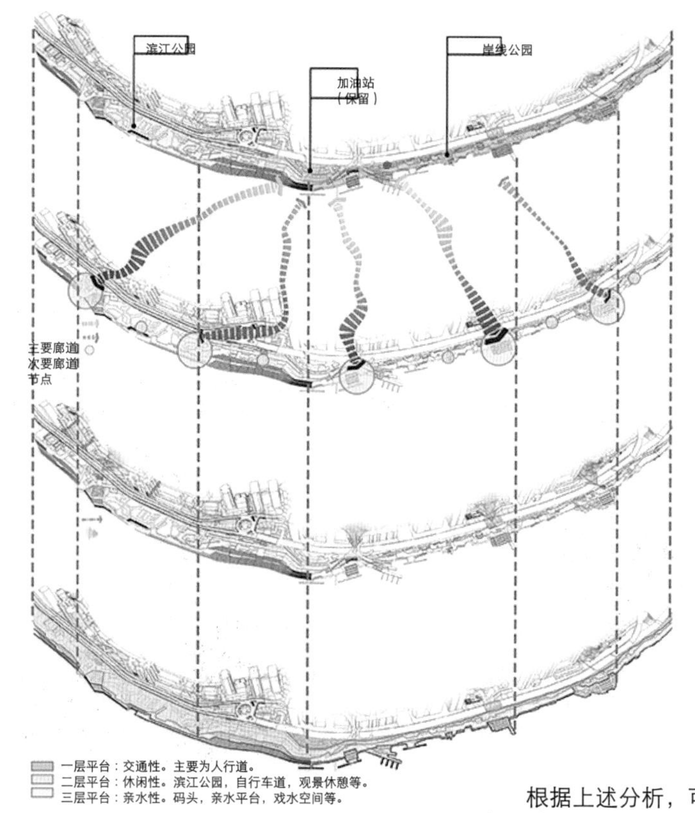

1.3 解决策略

1）功能分区，增设岸线公园，与滨江公园一起打造连续的滨江界面。

2）打造滨江特色景观节点，串联景观廊道。

3）增设楼梯等设施，增加内部与滨江联系。

4）进行多层空间设计，增加亲水性。

根据上述分析，可以总结出滨水空间应当承担的主要功能为：滨江空间与内外联系；防灾疏散；承担下半城居民活动需求；串联五条廊道的尽端节点。

3 节点设计

3.1 滨江空间与内外的联系

将码头与融创白象街的轴线结合，进行相关设计，通过码头将内陆与水路相联系，增加可达性。

3.2 滨江空间防灾、疏散措施

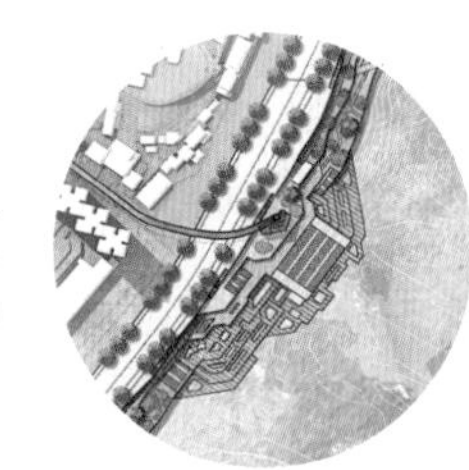

因此，规划在原来的基础上设计了岸线公园，进行了多层空间设计，增加了亲水空间的趣味性。而潮起潮落也给空间增加了更多的可能。

轴线与码头节点设计

戏水空间潮涨潮落

2 滨江城市设计

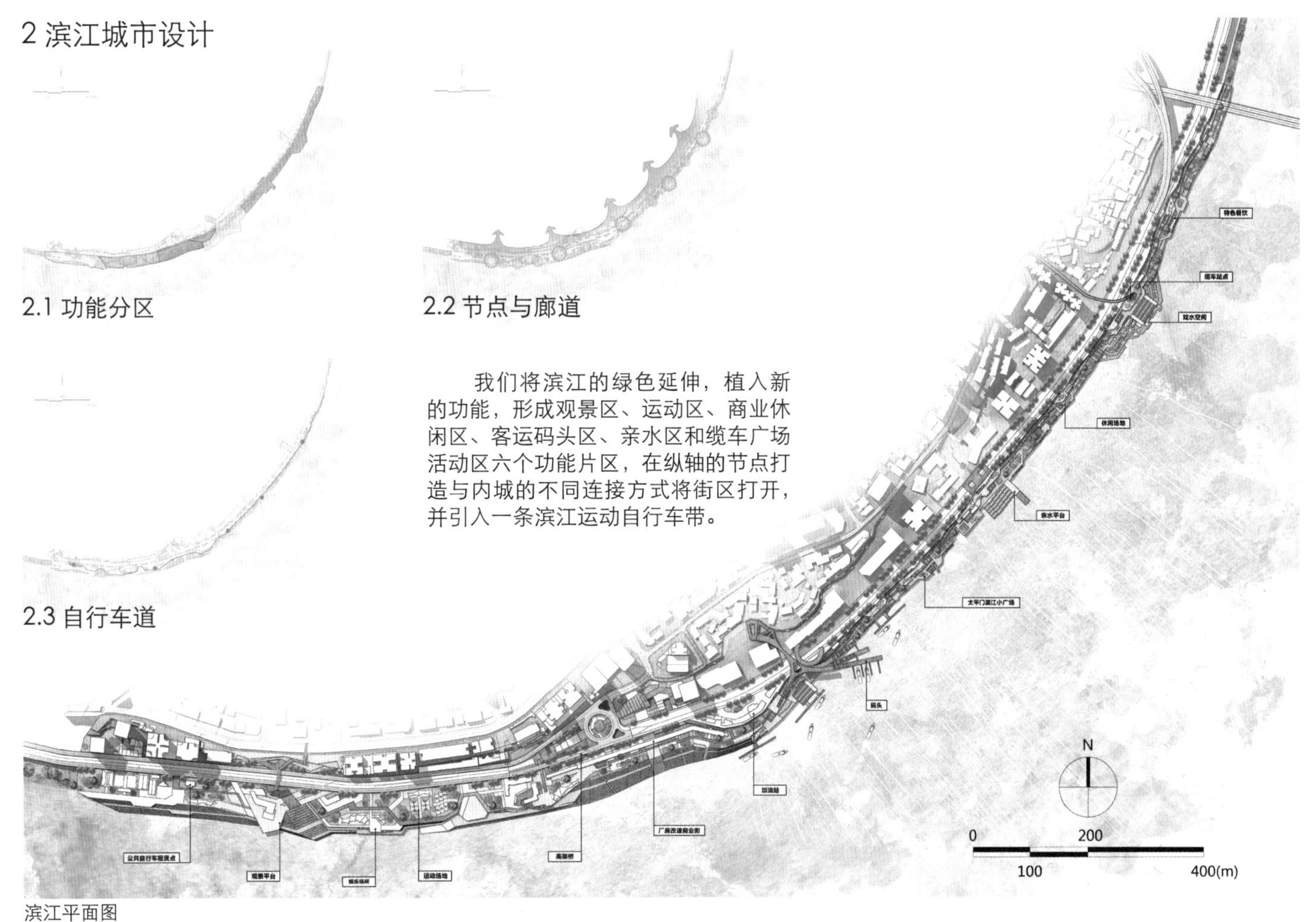

2.1 功能分区

2.2 节点与廊道

我们将滨江的绿色延伸，植入新的功能，形成观景区、运动区、商业休闲区、客运码头区、亲水区和缆车广场活动区六个功能片区，在纵轴的节点打造与内城的不同连接方式将街区打开，并引入一条滨江运动自行车带。

2.3 自行车道

滨江平面图

3.3 滨江空间与人的需求活动

滨江空间还应满足人们的运动、休闲、购物等多种需求。

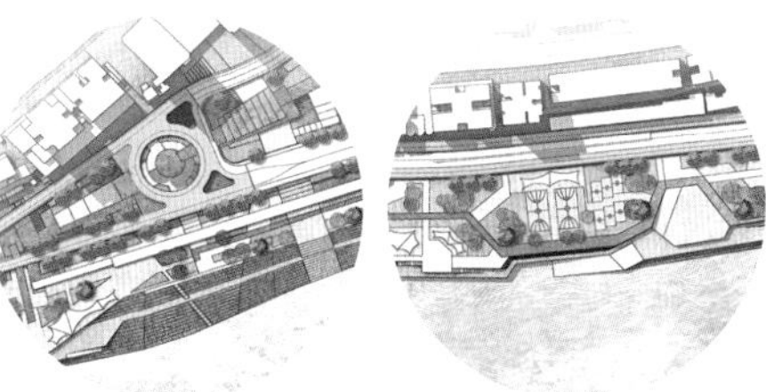

3.4 增加设施和绿化，满足不同人的需求，丰富景观层次

滨江空间同时还具有观景作用。

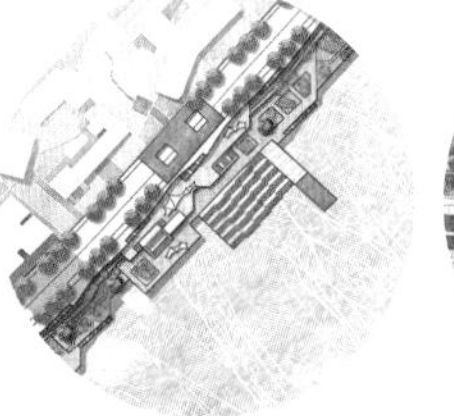

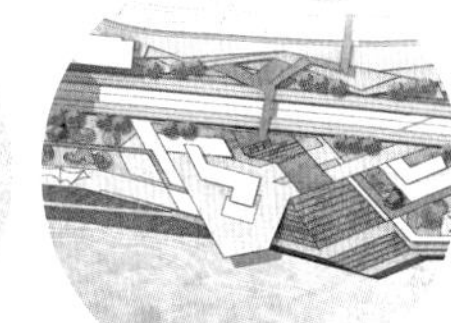

厂房改造商业街意向图、运动休闲场地设计

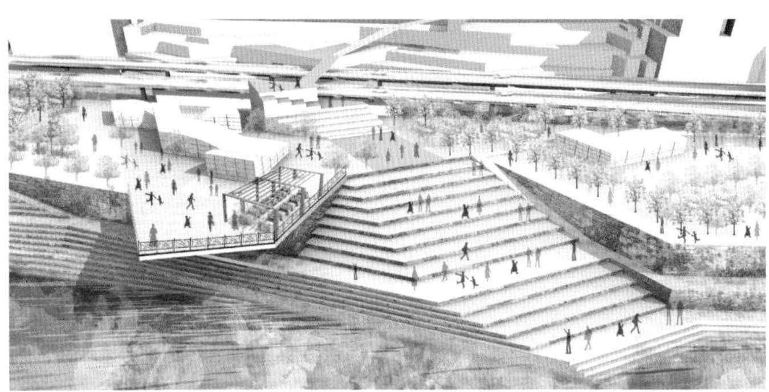

亲水平台、观景平台设计

鸟瞰图

青色层叠接天际，山城放阳复嘉年。
旧时陪都具新颜，杨南风貌延江滨。

虹桥绿野纷飞处，书香巷气储奇人。
旋路高低衔华现，广厦千间庆安居。

文化生活风

下城上江图

流民国风。
巴县仁和聚荟萃，碧翠流香造万家。
生态净水利万代，白象佑福安一方。
艺苑游廊道逶迤，宁馨故府待娉容。
山水乐人欣谈聚，纵览飞韵赴长虹。

社区 +
——重庆渝中区下半城片区城市更新规划

Community+

东南大学建筑学院
吴泽宇　金探花　米　雪　廖　航　王李丽　谢相怡
指导教师：吴　晓　巢耀明　殷　铭

重庆是地势高低错落的山上之城，三谷四脉，构成自然生态屏障，两江磅礴交汇的江边之城，两江合抱，双泓夹城抱远气，一叶浮江翻微澜。未来的渝中区将成为山上之城，江畔之城，金融之城，商贸之城，巴渝文化之城。然而，上下半城现状割裂，可以看出解放碑 CBD 金融商贸区和下半城沿江老城区的清晰分界线，上半城功能定位明确，发展态势良好，下半城则现状形势复杂，文化资源丰富，物质空间破败。下半城的基地价值正待发掘。为了更全面的揭示和解决下半城复杂的城市问题，更好地进行旧城存量更新，本课题组从下半城的社会属性、经济属性以及空间属性三方面入手，基于对应的关键问题进行了细致严谨的专题研究，力图首先从宏观层面自上而下的构建一个完整的城市系统。同时，结合存量规划的特点，以及各类需要更新地区的不同特征，提出了“社区 +”的总体设计理念，希望待更新社区与其周边的优势特性相互协同发展。通过对于开发更新路径的探索，自下而上的回应城市问题，达到共荣进阶的社区更新目的。

Chongqing is located on the mountain terrain. Two rivers pass through the city and constitute a natural ecological barrier. Yuzhong district in the future will become the financial center, business center and cultural center of Chongqing. However, the upper and lower half split status. We can see that there is a clear dividing line between the upper and lower half of the urban. The upper city has a good development situation while the lower city is under complex issues . The material space of lower city is broken and the value of it remains to be excavated.

In order to reveal and solve the complex city issue in Xiabancheng and better perform the renewal of old district in city, our program started from three aspects: social, economic and special quality. And based on corresponding critical problems we carry out detailed and rigorous research, trying to form a complete city system from a macro level first. At the same time, combining the characteristic of stock plan and different characteristics of the districts need to be renewed, we proposed the concept of “community +”, hoping the development of the communities to be renewed coordinate with the advantages of their surroundings. Through the exploration of the route of development and renewal and answering city problems from bottom to top, the aim of a common prosperity and development community will be realized.

研究框架

1. 基地印象

由重庆渝中区这个重庆的文化母城的城市区位、战略作用、城市特色以及上位规划等诸多方面入手，对渝中半岛以及下半城地区进行初步认知，并通过现状调研、走访原居住民、问卷发放以及与当地政府部门的交流，通过社会属性、经济属性、空间属性三个层面，较为全面的剖析基地现状，描述基地特征，形成对于场地的初步印象。

2. 主线系统

经过前期的现状梳理，总结出为应对下半城复杂的城市问题，需要通过人文传承、经济发展以及环境提升三个层面全面入手进行更新。因此，我们针对三个层面的具体问题进行了相应的专题研究。通过历史沿革、社区分异、产业策划、触媒策划、用地潜力、慢行组织以及山地应对这七大专题分别提出其规划策略，并建构起对应的城市系统，最终自上而下的在城市层面完善下半城的城市系统。

3. 重点地段

在完整的城市结构基础上，为应对具体的城市问题，因地制宜地进行片区设计，我们在“社区+”的主要设计理念下遴选了四个不同类型的典型地段进行深化设计，分别是社区+市井生活、社区+山江通廊、社区+文化复兴、社区+社区规划师这四大主导地段，从更新步骤、开发要点等方面对社区更新路径进行了深入探讨。

4. 实施策略

为保证详细设计的可实施性，我们在实施策略层面提出针对性的高度分区控制建议、详细地段的图则导控，制定了总体策略，进一步的探讨了其相应的更新机制。

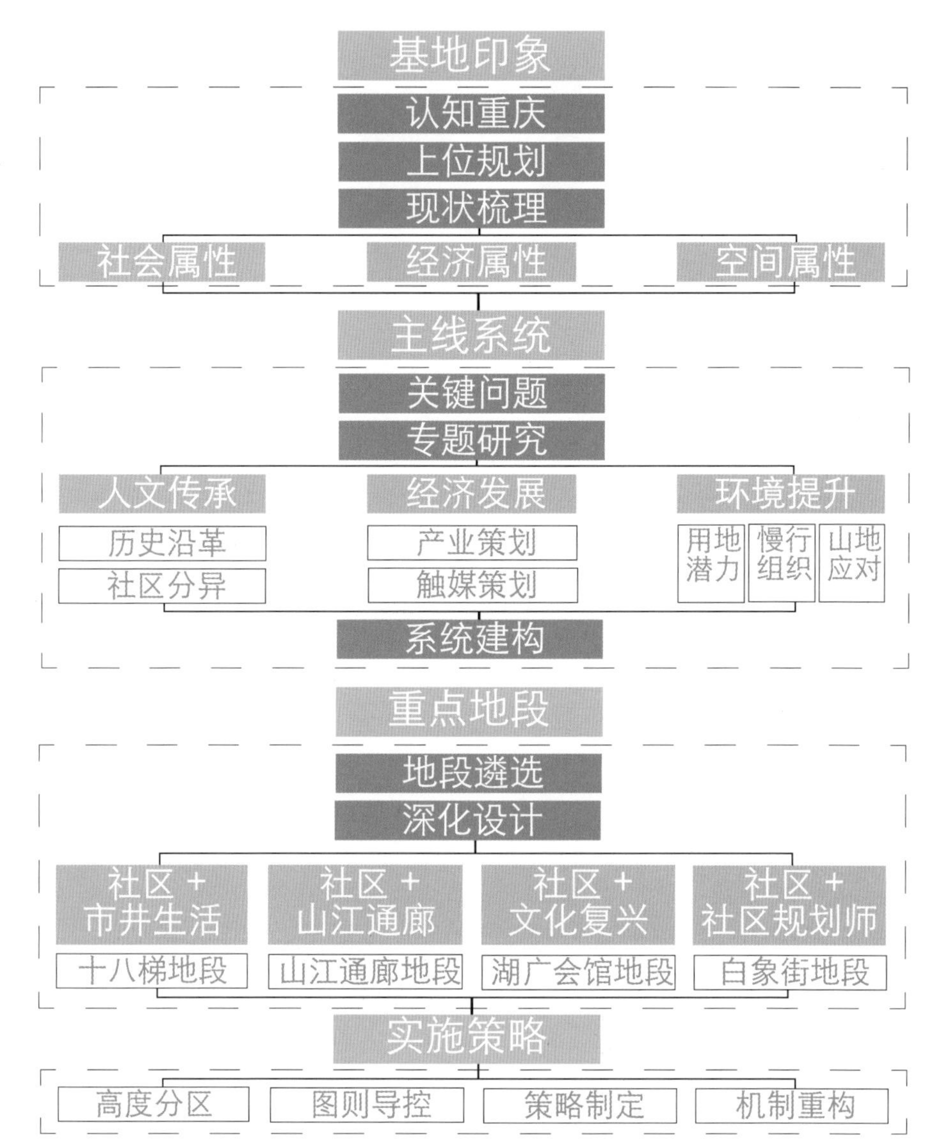

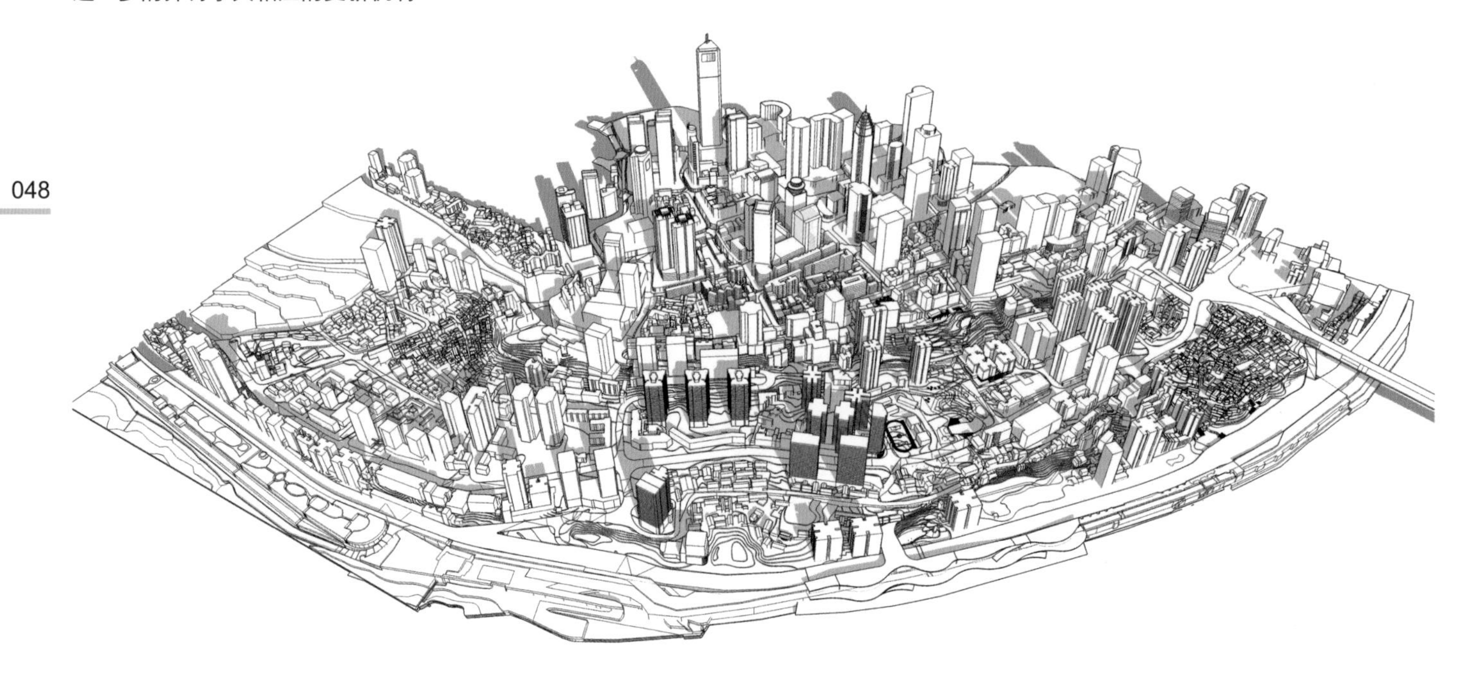

观象于半岛，建微而知著；问道于半城，殊途而同归

在这里，我们——“建微”所要建构的是具体而微的“社区 +”视角；“知著”所要探知的是跨越 3000 年沧海桑田的渝中岛城；“殊途”所要依托的是和多元功能载体相耦合的“社区 +”差异化路径；“同归”所要求索的则是“更和谐的生活、更活力的产业经济，更优质的空间环境”的“社区 +”至同目标。

十八梯市井生活圈

商务服务轴

湖广会馆文化展示圈

市井生活轴

白象街金融商务住圈

滨江生态轴

“轴带纵横，三圈并置”

1 下半城社区现状梳理

1.1 调研框架

在梳理过重庆整体的资源价值以及对于下半城进行初步的价值意象研判后，我们对下半城社区现状进行调研。

1）提炼核心要素：分三条主线社会性、空间性、经济性。分别就人群构成、利益相关方诉求、用地建筑空间使用情况、山地交通、公共空间系统、历史资源及经济产业分布和对各大产业发展评估等对下半城进行调研情况梳理。

2）提出关键问题：将主线叠合，从复合的角度来看社会-空间、经济-空间属性两两叠合，运用波士顿矩阵，分四类对其进行居住空间网络梳理、产业空间网络梳理，并提出改造意象，对改造中的难点进行剖析，指导下一阶段工作。

3）得出研究方向：在现状梳理阶段初步得到研究方向，即对于社会空间层面进行社区更新方面的专题研究，并对于具体公共空间营造和经济产业空间策划方面进行相关研究。

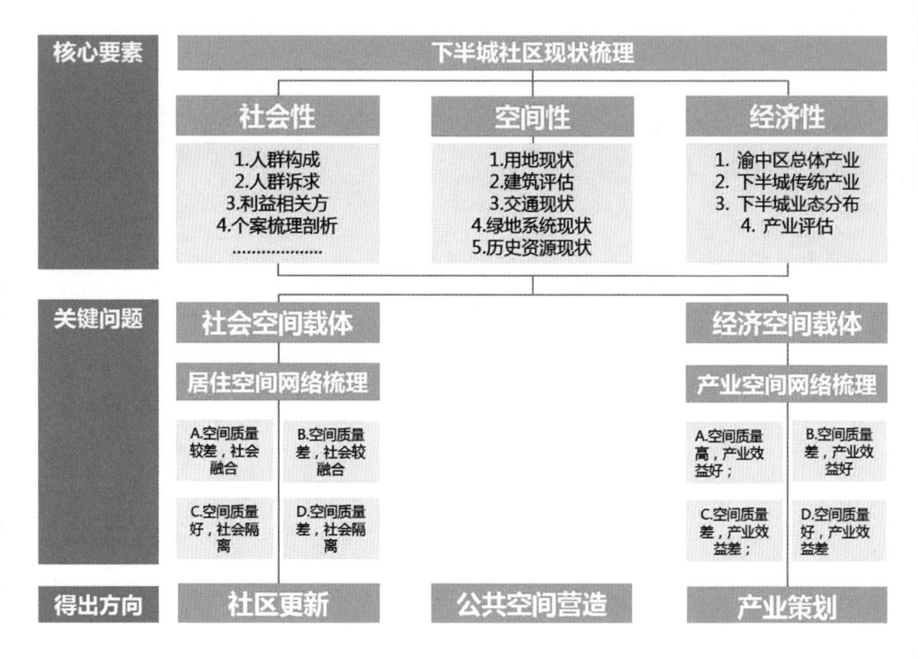

1.2 社会属性调研

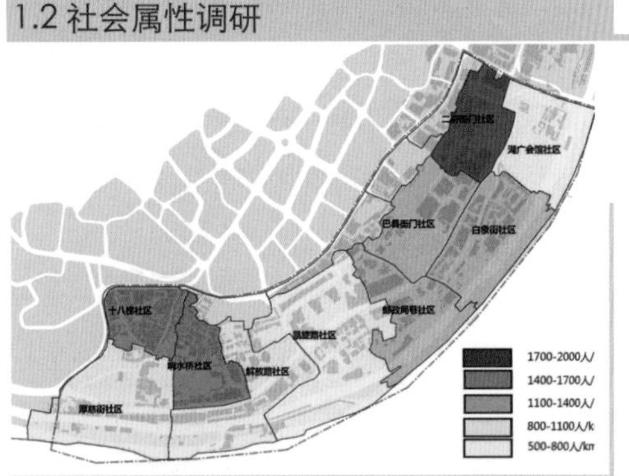

下半城人口密度分布图

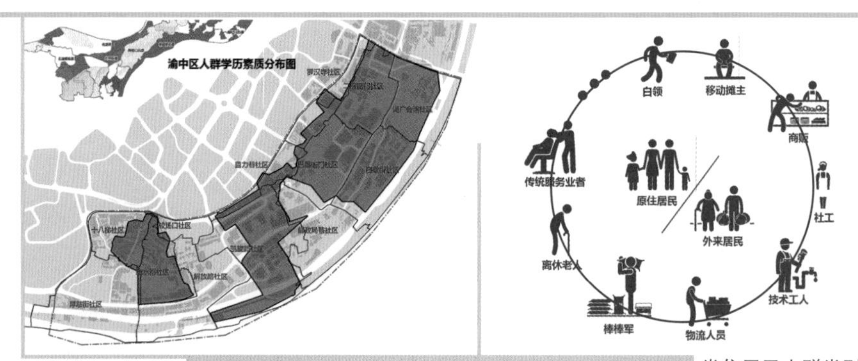

下半城人口构成图

常住居民人群类别

外来务工人员及家属

活动特征：以工作为主，基本无休闲活动，流动性强；

人群诉求：生活环境被排挤，希望提高收入，改善居住环境。

传统服务业者

活动特征：经营地点多变，服务对象也为中低收入者，活动较少，一般以街边闲聊为主。

人群诉求：在本地维持生计，生活水平可以得到提升，有渝中情节。

白领

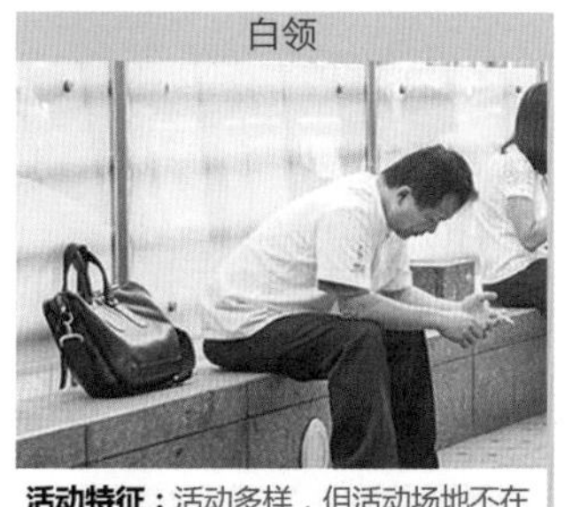

活动特征：活动多样，但活动场地不在下半城，活动对象也较少为邻里居民；

人群诉求：提升居住环境，丰富业余活动。

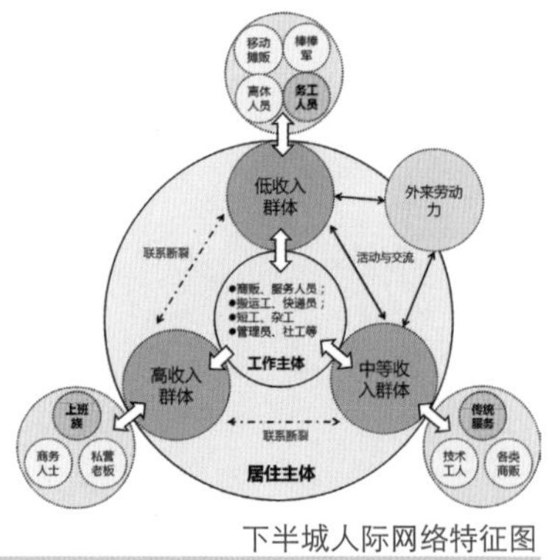

下半城人际网络特征图

1.3 经济属性调研

渝中总体经济特点：

2014 年，全年渝中区生产总值 GDP868.7 亿元，按可比价格计算，比上年增长 10.9%，占都市功能核心区生产总值的 29.5%。

2014 年第三产业占渝中区生产总值 96.3%。

主导产业——金融业——占渝中区生产总值 31.8%，解放北中心商务区增加值达 444 亿元，产业增加值率高位 10.1%，仍低于全国平均水平。

新兴产业——旅游产业发展迅速——旅游人次和总收入增长快，高于全国平均水平。

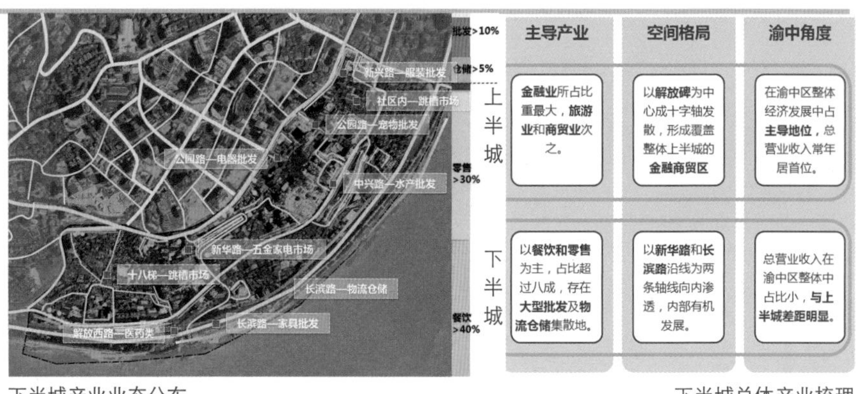

下半城产业业态分布

下半城总体产业梳理

1.4 空间属性调研

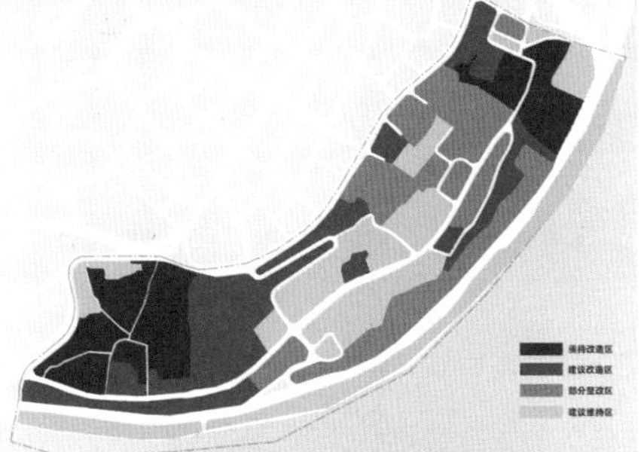

下半城建筑拆改留评估

下半城历史资源现状分布

下半城交通现状评估

下半城土地利用现状图

序号	用地代码		用地性质	面积（公顷）	所占比例（%）
1	R		居住用地	52.83	45
	其中	R2	二类居住用地	49.19	41.9
		RB	商住用地	3.64	3.1
2	A		公共管理与服务设施	9.72	8.28
	其中	A1	行政办公用地	0.23	0.2
		A2	文化设施用地	0.23	0.2
		A3	教育科研用地	7.17	6.11
		A5	医疗卫生用地	1.20	1.02
		A7	文物古迹用地	0.88	0.75
3	B		商业服务设施用地	11.51	9.8
	其中	B1	商业设施用地	4.70	4
		B2	商务设施用地	6.46	5.5
		B3	娱乐康体设施用地	0.35	0.3
4	S		道路与交通设施用地	22.31	19
	其中	S1	城市道路用地	21.60	18.4
		S3	交通枢纽用地	0.12	0.1
		S4	交通站场用地	0.59	0.5
5	U		公共设施用地	0.82	0.7
	其中	U1	供应设施用地	0.06	0.05
		U2	环境设施用地	0.53	0.45
		U3	安全设施用地	0.23	0.2
6	G		绿地与广场用地	9.63	8.2
	其中	G1	公园绿地	6.34	5.4
		G2	防护绿地	1.06	0.9
		G3	广场用地	2.23	1.9
7	K		待建设用地	4.72	4.02
城市建设用地				111.53	95.00
7	E		非建设用地		
		E1	水域	5.87	5.00
城市总用地				117.40	100.00

1.5 “社会 - 空间”叠合（人群 - 空间）

叠合空间分类	产业分布	空间质量	难点与重点
Ⅰ 产业效益好，空间质量高。	生产性服务类 金融业	分布在主次干道的两侧，建筑年代均为2010年后，20层以上，空间质量好。	分布分散，且服务质量低，需考虑金融产业的发展方向与本地就业存在不匹配。
Ⅱ 产业效益好，社会质量差。	生活服务类 餐饮业、零售业、批发业	分布在生活性道路两侧，整体质量低下，对周围造成不良影响。	空间质量低，涉及人群复杂之前缺乏规范化管理，乱象丛生。
Ⅲ 产业效益差，空间质量差。	流通性服务类 物流仓储业、交通运输业	分布在长滨路两侧，整体质量低下，用地资源紧张，成本高。	搬迁难度较大。
Ⅳ 产业效益差，空间质量好。	公共管理服务类	在主次干道的两侧，建筑年代均为2010年后，空间质量高。	提高现有公共管理的整体服务和空间品质。

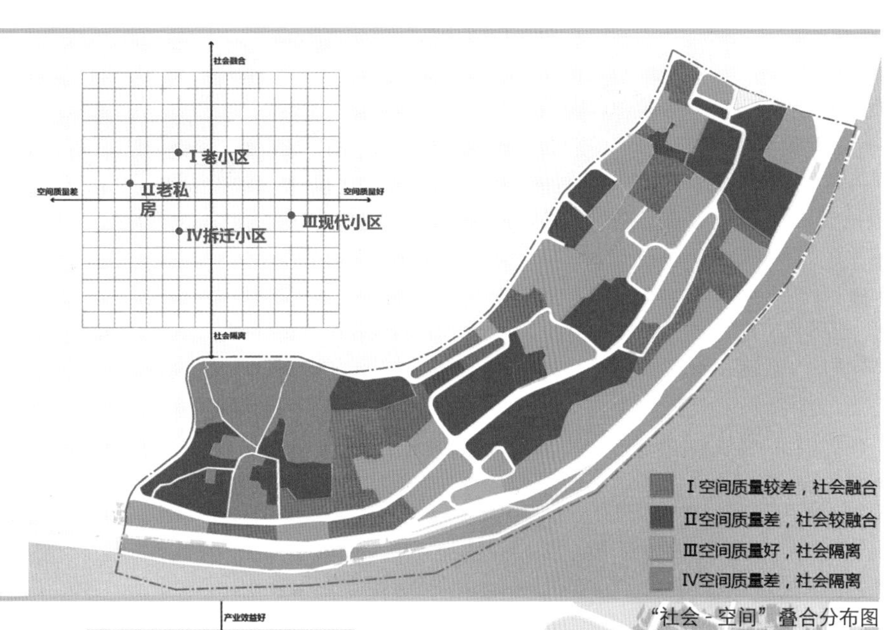

“社会 - 空间”叠合分布图

1.6 “经济 - 空间”叠合（产业 - 空间）

叠合空间分类	产业分布	改造意象	难点与重点
Ⅰ空间质量较差，社会融合。	社会关系良好，形成较强的社会联系。	保留原有社会网络，改善住宅空间为主。	老旧的住宅建筑，部分不完善的设施，匮乏的公共空间。
Ⅱ空间质量差，社会隔离。	片区内的原住民绝大多数已经安置，社会属性缺失严重。	原有空间肌理的留存，原有居民的回迁新兴社群的加入。	居民回迁问题，破败住宅的修缮与改造。
Ⅲ 空间质量差，社会较融合。	由被低廉租金吸引的外来务工者构成，存在一定的社会联系。	保留原有社会网络，整治居住空间为主。	破败的住宅建筑，多数不完善的设施，匮乏的公共空间。
Ⅳ空间质量好，社会隔离。	巨构住宅以及公共活动空间的匮乏，社会交往并不紧密。	重构小区住户社会网络。	竖向住宅空间的联系纽带如何建立。

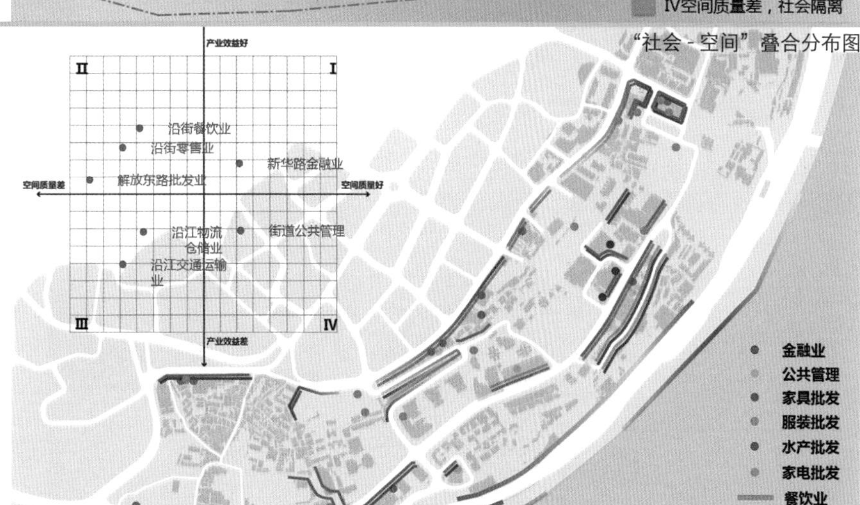

“经济 - 空间”叠合分布图

1 历史沿革专题

1.1 研究背景和技术框架

针对化断裂的现状出发，思考破碎的城市文脉与历史资源如何织补？本专题横向以 3 条线索（经济 + 空间 + 社会）为主线线索，纵向从 5 个阶段（春秋至当代）进行历史要素交织分析。

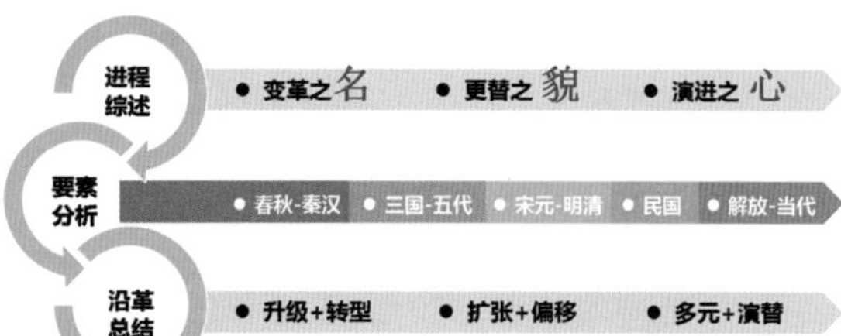

1.2 历史进程综述

重庆母城经历了三次建都、三次开放、四次筑城、六次移民的历史背景。

1.3 历史要素研究

研究自春秋到新中国成立后重庆渝中母城其经济产业，城市空间，社会文化的空间要素，进行图则式的落位。

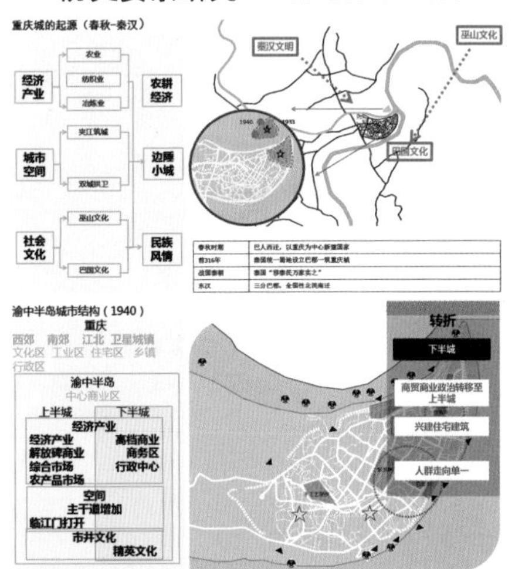

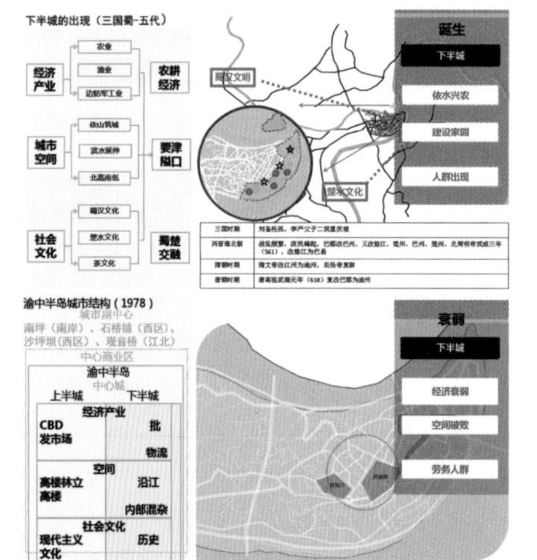

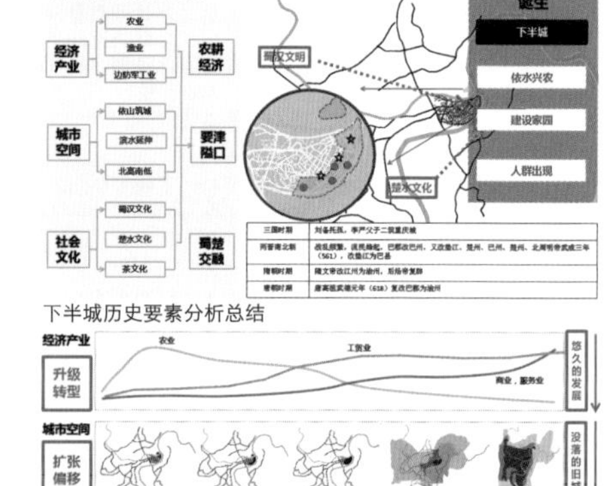

1.4 系统建构

以下半城原有文物建筑为基底，结合专题研究新增文化项目，点、线、面结合的文化空间展示体系，打造重庆母城文化“博览园”。

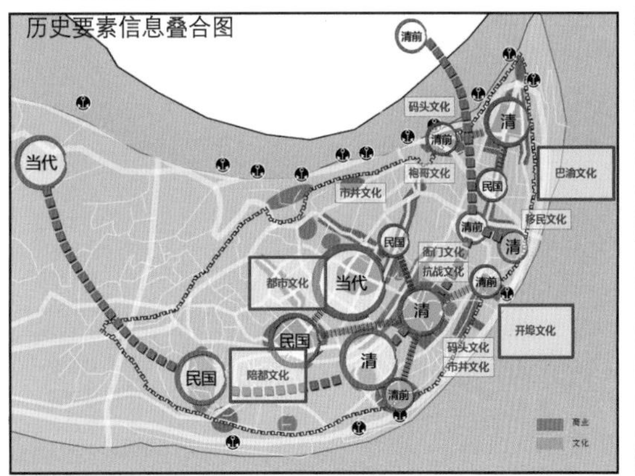

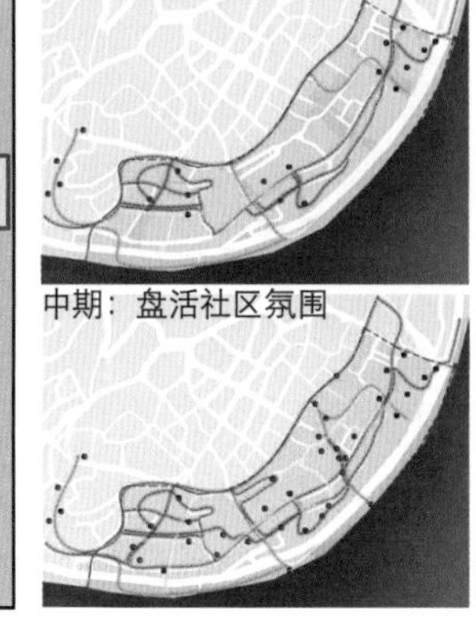

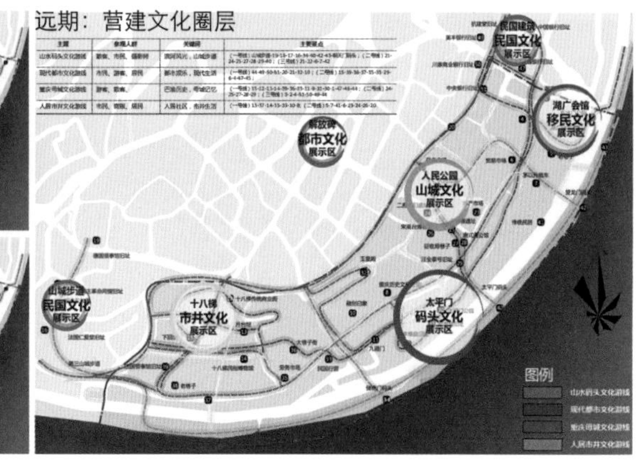

2 社会分异专题

2.1 研究背景和技术框架

针对下半城社会人群众多，社群结构复杂的情况，引入评价打分，聚类分析等，对场地社会情况进行剖析。其中对10个社区的16个单因子进行打分，在归纳出主因子的基础上，进行聚类分析，得出特征，并针对不同的特征区提出不同的优化模式。

STEP1 单因子评价 → STEP2 主因子分析 → STEP3 聚类分析 → STEP4 优化模式

2.2 单因子评价

针对社会分异的两个重要方面——物质空间和社会关系；其中的物质空间的单因子包括：无厕所住户比重、无厨房住户比重、无电梯比重、住房结构情况；公共空间质量、基础设施质量、公园绿地数量、沿街环境质量。社会关系的单因子包括：65岁及以上人口比重、外来人口比重、大众劳务者人口比重、家庭收入；社区满意度、社区归属感、社区活动数量、实际参与程度。

住房情况得分最低的是十八梯社区，社区内大部分住房均为老私房，质量较差；其次是厚慈街社区和响水桥社区，存在部分老私房和部分老小区；巴县衙门社区等则是以老小区占多数；得分最高的是凯旋门社区等，现代小区较多。

社区环境得分得分最低的是十八梯社区和响水桥社区，外部环境较差；得分最高的是解放西路社区和巴县衙门社区，公共设施齐全，空间质量较高。

社会构成得分最高的是解放西路社区、凯旋社区和二府衙社区，本地居民较多；得分较差的是响水桥社区、厚慈街社区，外地居民多，收入偏低。

社区融合得分最高的是白象街社区，社区融合度高，社会网络完整；其次是响水桥和巴县衙门社区，社区融合，人群构成较丰富。

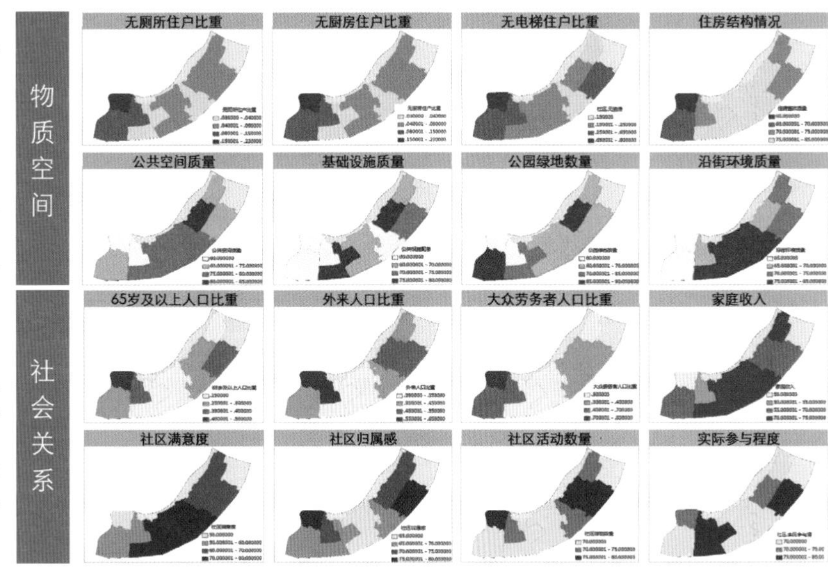

2.3 主因子分析

对基地内16个单因子进行总结归纳，得出4大主因子，其中分别是住房情况、社区环境、社会构成、社会融合，并得出10个社区的得分情况。

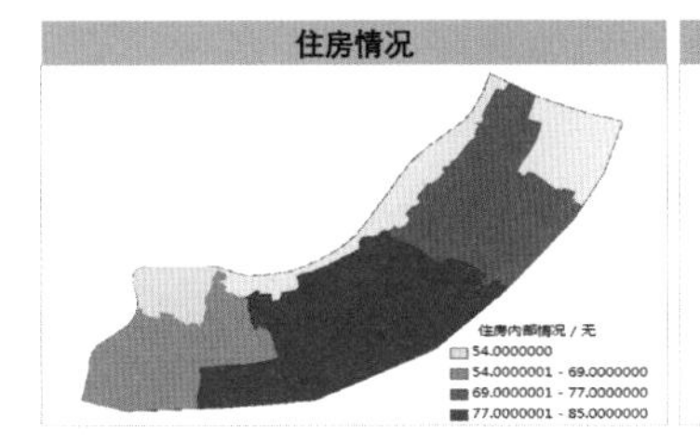

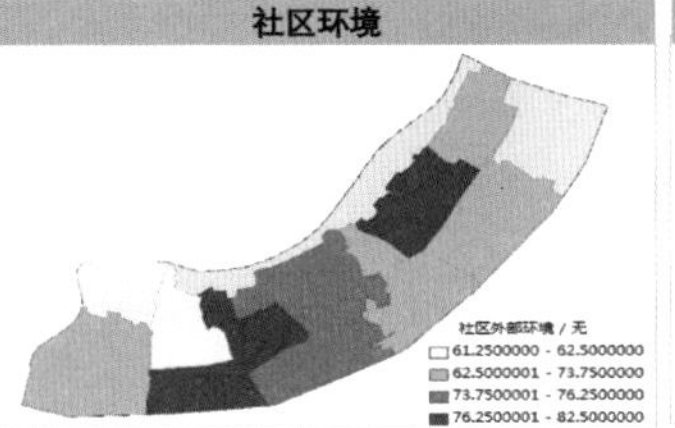

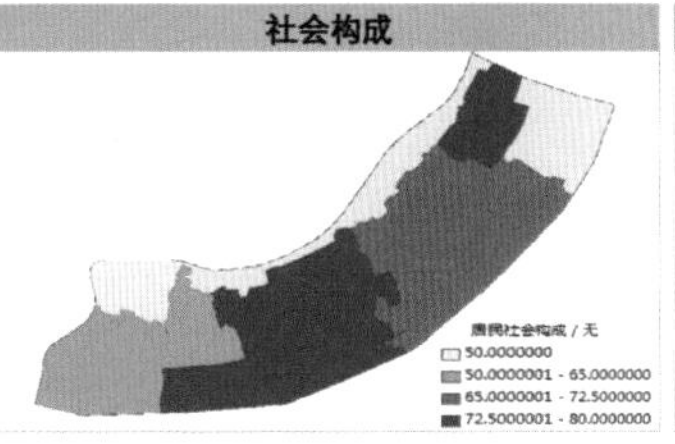

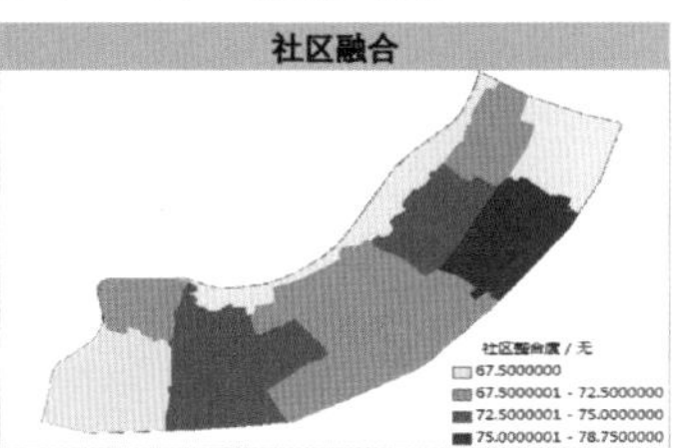

2.4 聚类分析

通过SPSS聚类分析四大主因子，归纳四大居住空间类型，分别为：发展-融合社区，更新-冲突社区，老旧-稳定社区，破败-退化社区。其中，发展-融合社区有解放西路社区，巴县衙门社区；更新-冲突社区有凯旋路社区，邮政局社区，二府衙社区；老旧-稳定社区有白象街社区；破败-退化社区有十八梯社区、响水桥社区、厚慈街社区，并分别针对这四种社区特征区，提出四种社区整治模式，分别为：环境整治型模式、社区重构型模式、综合改造型模式、开发更新型模式。

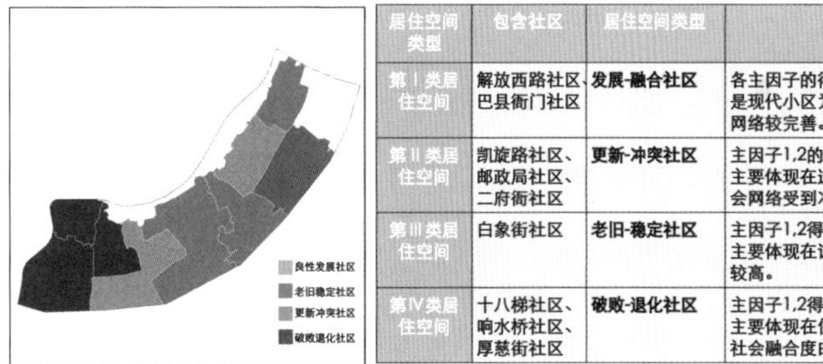

居住空间类型	包含社区	居住空间类型	居住空间特征
第Ⅰ类居住空间	解放西路社区、巴县衙门社区	**发展-融合社区**	各主因子的得分均较高，主要体现在这类社区是现代小区为主，且居民居住时间较差，社会网络较完善。
第Ⅱ类居住空间	凯旋路社区、邮政局社区、二府衙社区	**更新-冲突社区**	主因子1,2的得分较好，主因子3,4的得分不高。主要体现在这类社区由于城市更新的原因，社会网络受到冲击，趋于不稳定。
第Ⅲ类居住空间	白象街社区	**老旧-稳定社区**	主因子1,2得分一般，主因子3,4的得分较好。主要体现在该社区本地居民较多，社会融合度较高。
第Ⅳ类居住空间	十八梯社区、响水桥社区、厚慈街社区	**破败-退化社区**	主因子1,2得分较低；主因子3,4的得分不高。主要体现在住房质量差，使得居民趋于低端化，社会融合度由良性趋于退化。

2.5 系统建构

人群类型	人群特征	人群类型	人群特征
原住民	社会网络关系完善人群	外来务工者	经济能力较弱，为其他人群提供各类服务
迁入住户	经济能力较好的人群，努力融入社群	白领	在本地进行工作，与其他人群交流较少
匠人	拥有特殊技艺的人群，形成集聚社群	游客	参观当地风俗人情，以参观者身份参与社群
专业从业人员	传统文化等的推广者	消费群体	在本地进行消费，以消费者身份参与社群

在社会分异专题研究的基础上，综合下半城社群实际情况，提出社会圈层三圈并置、多阶相融的规划策略，并结合开发更新、社区重构、综合改造等多种手段，建构下半城的社会圈层系统。

梳理下半城原有社群要素并划分不同社群分区，结合专题研究进行分区社区整治；并通过近期典型社区整治，中期社区模式推广，最终实现远期下半城多阶社区共荣的美好情景。

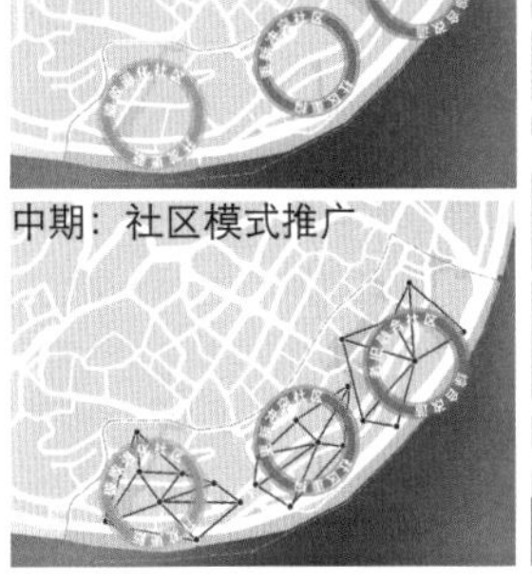

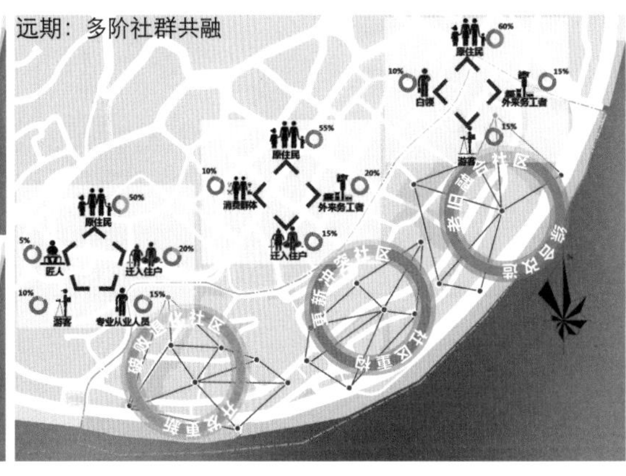

3 产业规划专题

3.1 研究背景和技术框架

针对下半城低效的传统服务业不能满足片区发展的情况，从供给侧和需求侧两方面综合考虑现状的产业评估以及新兴的产业置入；实现现状产业的升级和新兴产业的引入。

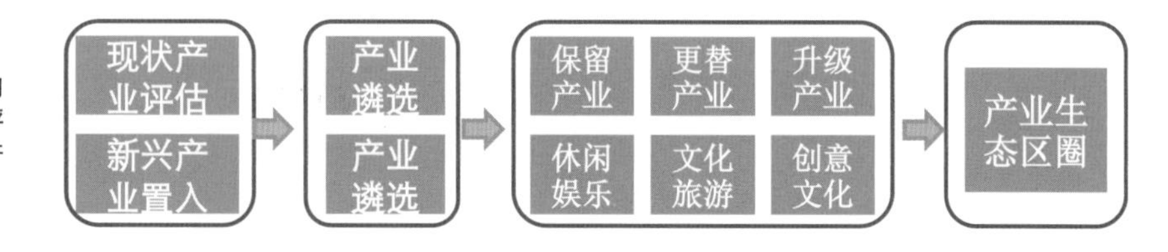

3.2 现状产业评估

一方面，评估现有产业的产业规模，产业效益以及产业环境，进行产业遴选，确定更替、升级和保留产业。其中，更替产业是交通运输产业，物流仓储产业，批发产业；升级产业是批发产业；保留产业是零售产业，餐饮产业。金融产业，公共管理产业。

3.3 新兴产业置入

1. 产业粗选——产业发展条件

基于“三个中心”错位竞合，上下半城联动互赢，内部资源禀赋彰显等发展条件，粗选得下半城应新引入休闲娱乐、文化旅游以及创意文化产业

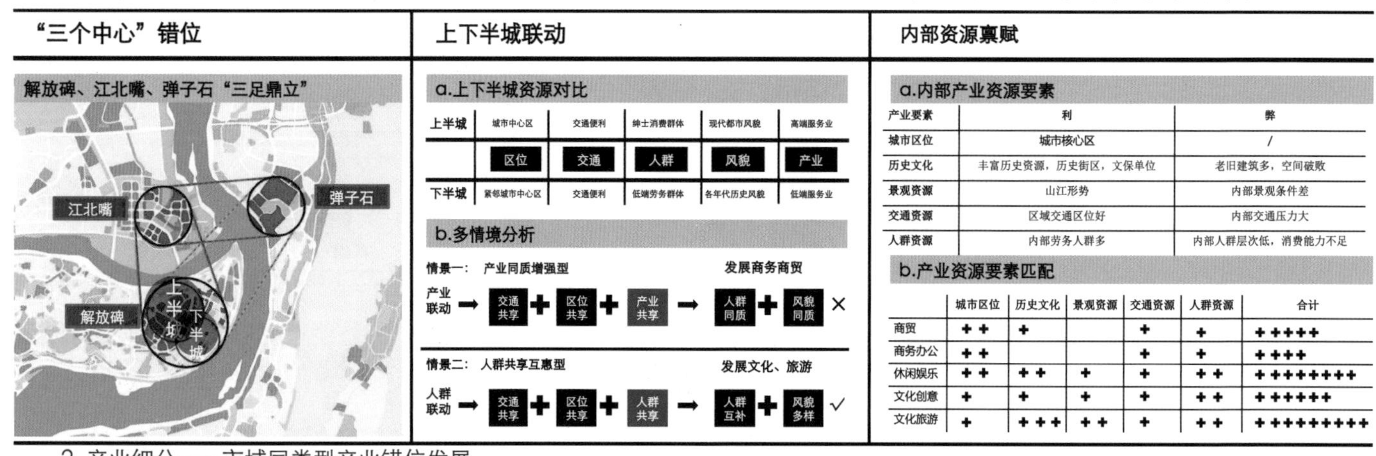

产业要素	利	弊
城市区位	城市核心区	/
历史文化	丰富历史资源，历史街区，文保单位	老旧建筑多，空间破败
景观资源	山江形势	内部景观条件差
交通资源	区域交通区位好	内部交通压力大
人群资源	内部劳务人群多	内部人群层次低，消费能力不足

	城市区位	历史文化	景观资源	交通资源	人群资源	合计
商贸	++	+		+	+	+++++
商务办公	++			+	+	++++
休闲娱乐	++	++	+	+	++	++++++++
文化创意	+	+	+	+	++	++++++
文化旅游	+	+++	++	+	++	+++++++++

2. 产业细分——市域同类型产业错位发展

进一步分析市域范围内的同类型产业，考虑其错位发展，对粗选产业进行进一步的细分和综合策划。

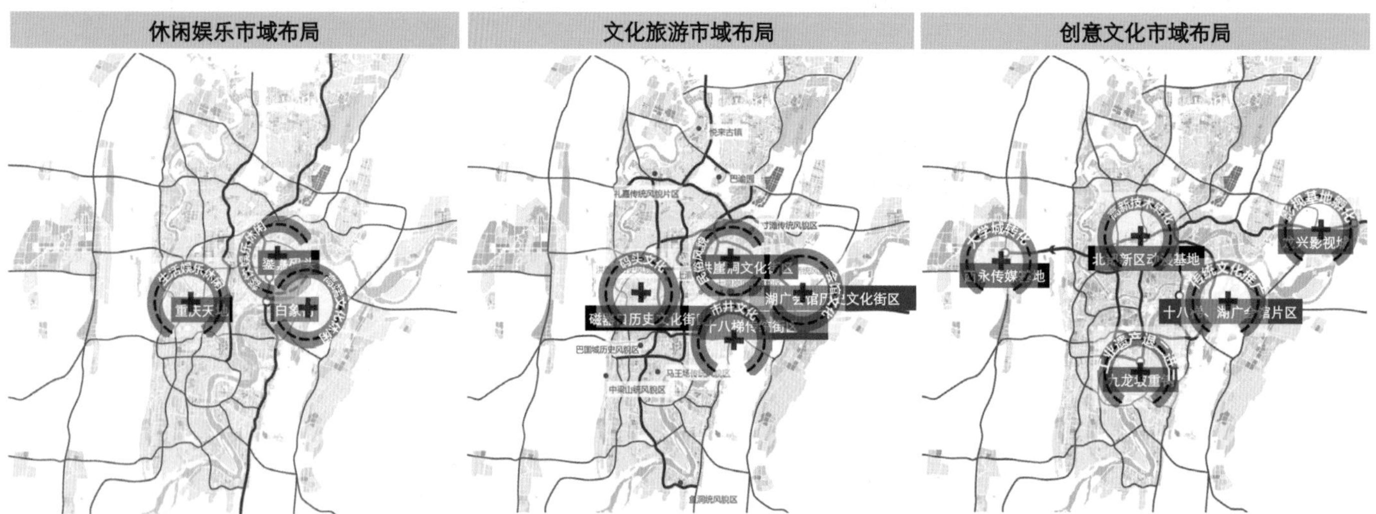

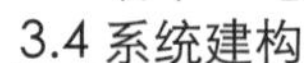

3.4 系统建构

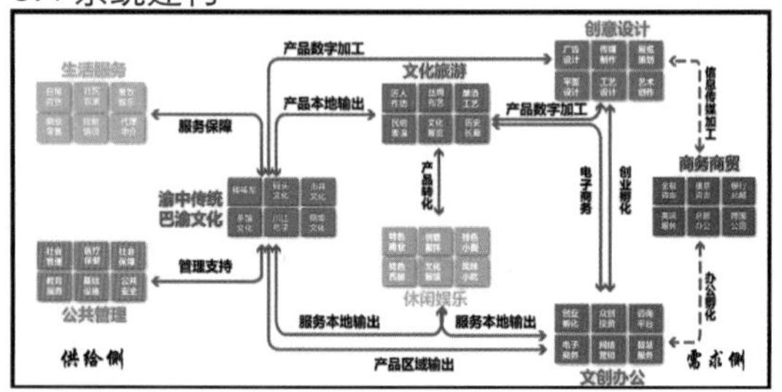

通过巩固更新现有的供给侧产业，引进新型的需求侧产业，最终实现基地的产业生态圈构建。进一步得出产业布局：三带连横、集聚升级的规划策略，建构下半城的产业布局结构。通过近期焕活供给产业。中期补入需求产业，最终实现多阶产业联动。

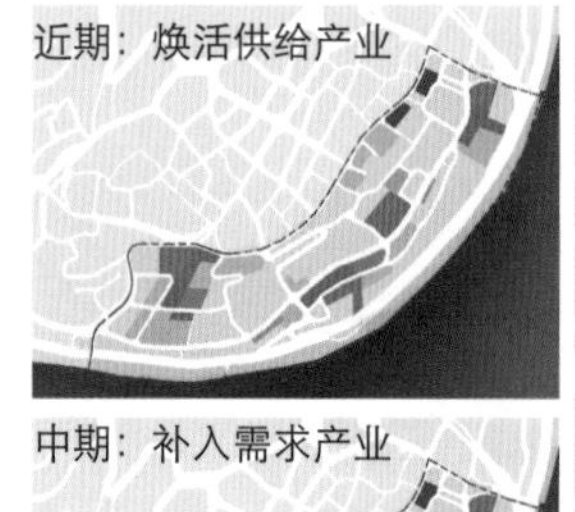

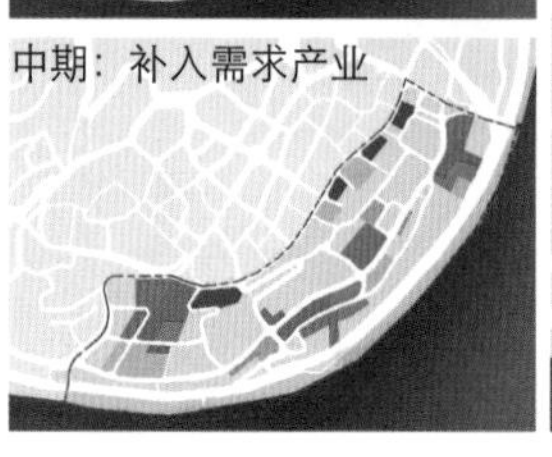

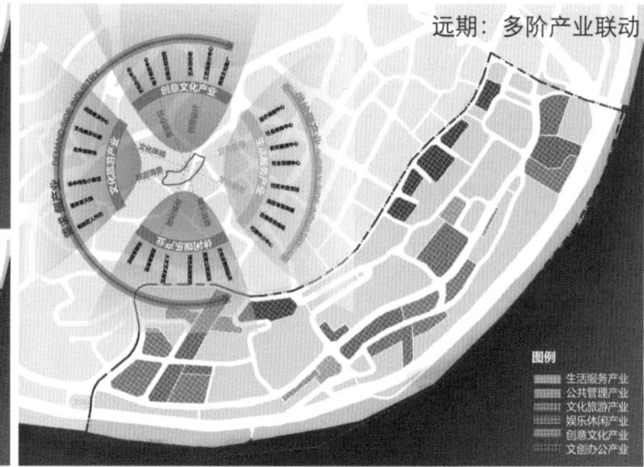

4 触媒策划专题

本专题通过三大多元视角建构项目库，并依照六大关键问题指引项目库分类，引入分时序策略，进行分期实施。

第一步，建构项目库，根据居民需求，市场引导，政府意愿，梳理社区文化触媒点，经济产业触媒点，城市空间触媒点。
第二步，项目库分类，依据触媒项目的文化历史价值，产权归属，持续时间等对项目进行评分，在确定项目实施难度的基础之上。
确定大中小更新项目
第三步，项目库分期，考虑存量规划的过程性，给出近期特色引领 + 微量更新；中期辐射周边 + 风貌塑造，远期网络建构 + 品质升级的实施时序。
落实触媒项目的有效实施
在此基础上，总结触媒项目分期推进，有机更新的规划策略，确定下半城的项目实施时序通过近期龙头带动转型，中期轴带辐射周边，最终实现远期片区的联动升级。

项目库分类——评判原则

对应评分	社会影响力		空间适应性		经济可行性	
	文化历史价值	产权归属	物质性改造难度	持续时间	资金数量	组织机构
3分	重要	复杂	难度大	1-3年	1000万以上	商业机构
2分	普通	私有	难度一般	3-5年	100-1000万	原有业主
1分	很小	公有	难度小	5-14年	100万以下	政府

- 我们从项目的资金数量、持续时间、责任方所获利益，以及对居民生活的影响等因素进行评分，根据项目得分依次分为小更新、中更新和大更新三类。这样的分类在一定程度上反映了项目实施的难度。
- 评分列表如下：

项目分类	小更新	中更新	大更新
得分情况	5~10	10~13	13~15

- 以**宅间绿地更新**为例，详细说明评分过程，如下表所示。该更新项目最终得分为4分，属于**小更新**项目

项目	更新方式/总计得分	责任方	利益方	需要资金	持续时间
宅间绿地更新改造	学生参与设计，居民和学生共同更新，市绿化维护队提供技术支持和必要帮助	居委会居民	居民	20万元	3个月左右
对应得分	4分	2分		1分	1分

项目大中小分布图

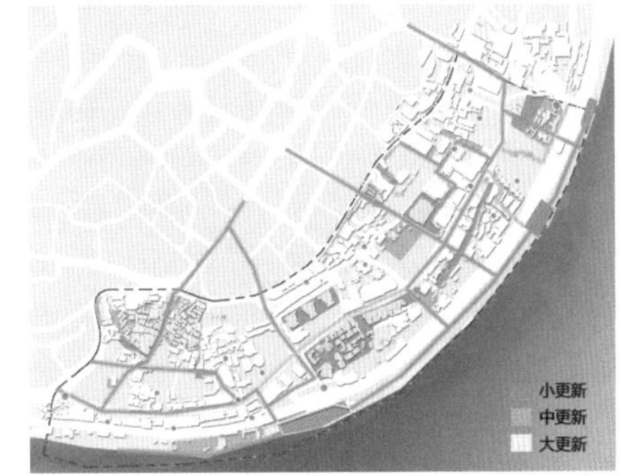

项目库

近期项目	中期项目	远期项目
拆除违章街巷建筑	公园路部分建筑拆改为公共绿地、咖啡店、书店等设施	中兴路古董交易市场
白象公园以及川字边台阶提升	地铁站连接（环境设计）	社区养老服务中心
西三街水产市场社区化改造	望龙门缆车	社会务工人员实践基地
居住环境提升，通过优化阳台，增加换气管道等改善采光通风	公园路花鸟市场	储奇门大巷子、月台坝等遗迹修复以及街巷空间整理
设置卫生间垃圾房等卫生设施	社区旧服装买卖市场	储奇门码头
十八梯防空洞	街巷历史介绍牌等当地文化宣传系统	望龙门码头
手工艺商业街	清理占道杂物，设计邻里活动空间	劳工市场+散工搬移
东水门城门公园	白象街工艺品中心	建筑间立体步道
白象居住区	“重庆老巷子”风貌展现	旧宅改造(二府衙东升楼）
新华路广告传媒中心	太华楼高档居住区	宋高台、太平门遗址博物馆
十八梯部分居民回迁居住以及工作安排	西大街商业复兴	物流集散搬移（长滨路物流中心）
湖广会馆复建、特色民宿、公共娱乐	原望龙门巷、元通寺巷、芭蕉园民国意象恢复	
巴县署重庆历史馆	山城步道	
	拓宽绿地范围、露天剧场	
	增加支路	

● 居住改善 ● 滨水建设 ● 绿地建设 ● 商业地产
● 街巷意向改善 ● 十八梯相关 ● 湖广会馆相关

项目库分期原则

- 存量更新是一个漫长持续的过程，因此更新时序是一个不可回避的问题。
- 如何确定项目更新顺序不仅仅要考虑项目资金情况，还要考虑责任方利益、之前更新项目产生的影响、相关利益方反馈以及对后续更新的影响等多个方面。

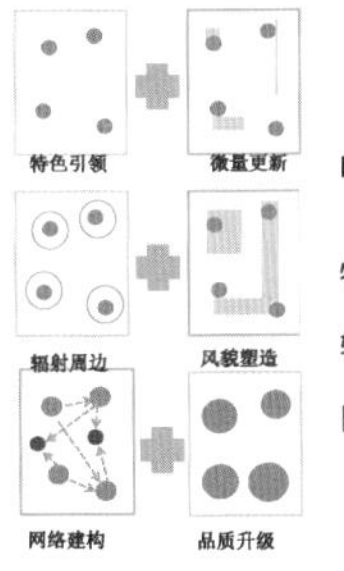

- 本次渝中区下半城更新从时间上大致分为近期、中期、远期三个时间段。
  近期更新：第一阶段（2016-2018年）特色引领+微量更新
  中期更新：第二阶段（2018-2020年）辐射周边+风貌塑造
  远期更新：第三阶段（2020-2030年）网络建构+品质升级

项目近中远分布图

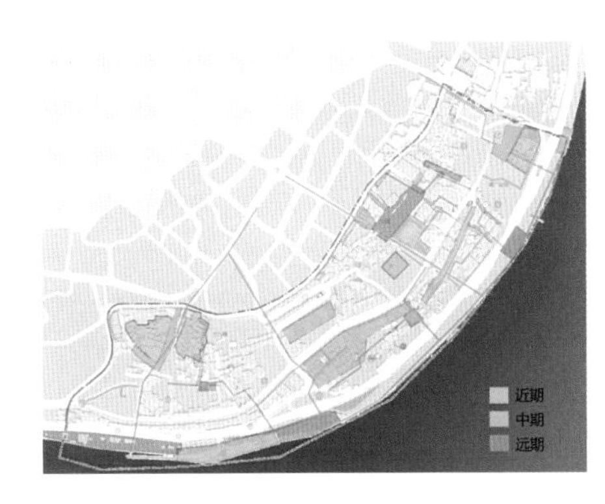

依据本土资源、规划和需求三方面整理出下半城不同类型和大小的触媒点。

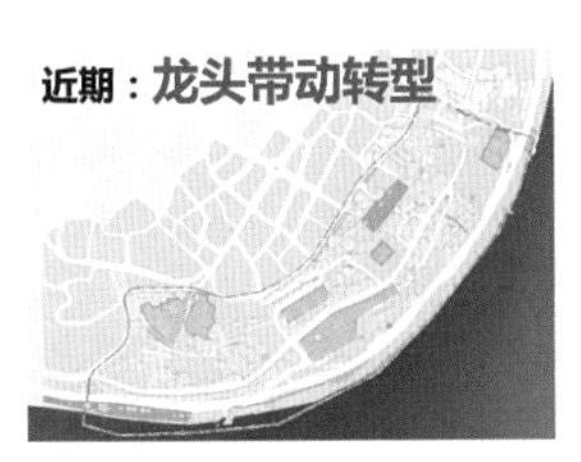

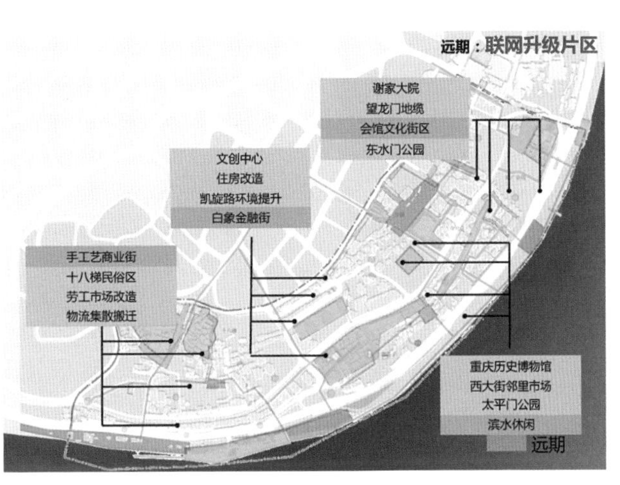

5 用地潜力专题

5.1 研究背景和技术框架

随着下半城进入存量更新阶段，其土地利用结构的不合理性也逐渐凸显。下半城地区内多为居住用地，其余公共服务、商业零售用地分布较为杂乱，不成体系，不利于下半城的整体发展以及未来此地居民对于其生活功能的需求。

而面对近在咫尺的上半城解放碑CBD，下半城的部分用地逐渐向商务服务类用地转变的趋势日益明显。如何合理且具有前瞻性的对场地中的用地进行调整成为本次专题研究需要解决的主要问题。

为科学合理的建构其下半城的土地利用结构，我们基于GIS平台进行了其用地潜力的分析。通过土地价值因子、交通因子、生态因子、历史保护因子以及改造难度因子五大单因子，对下半城的土地属性进行客观的表述。再根据不同价值趋向获得每个因子的不同权重进而叠合，分别得到经济效益优先导向、宜居性优先导向、生态优先导向这三种不同价值导向下的同地布局方式。通过观察其特征，二次遴选出公共性质用地、居住用地以及商业服务类用地的适宜布局地区，总结出下半城地区的理想化用地布局模型。

根据其理想化用地布局特征与实际存量土地用地性质相互校核，形成最终的土地利用结构。

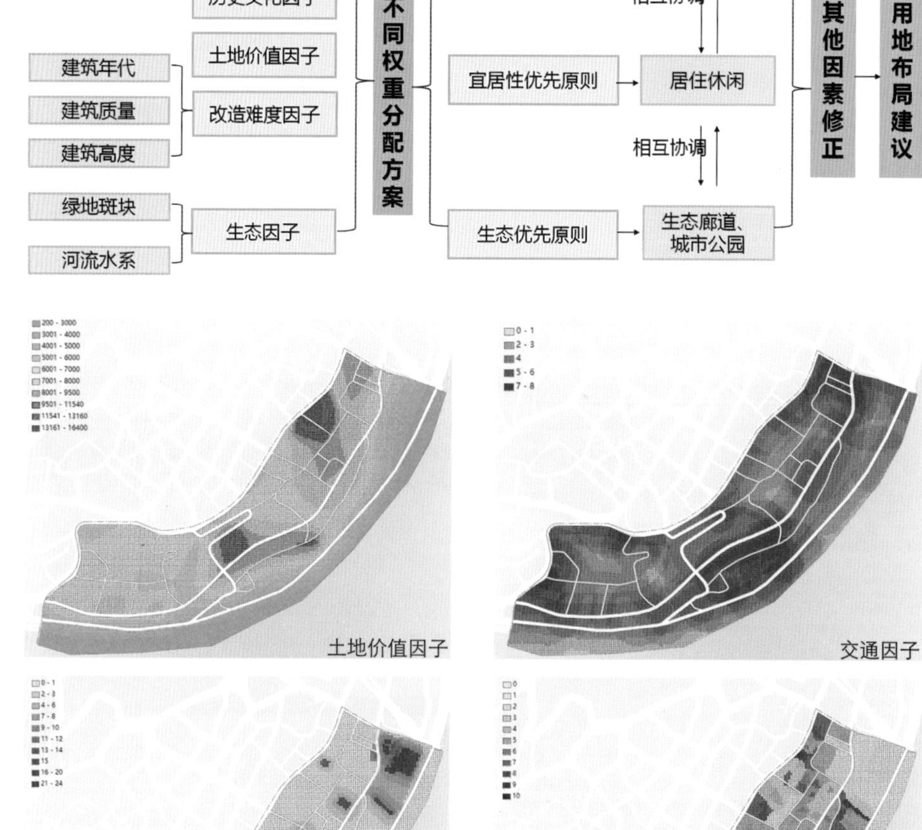

土地价值因子　交通因子

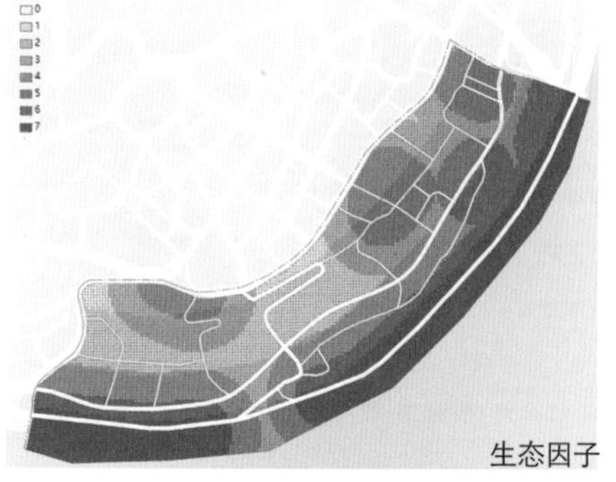

生态因子　历史保护因子　改造难度因子

5.2 土地利用结构

城市用地的不同用地潜力决定了该用地的使用价值，当城市重视经济发展时，交通可达性高且土地价值高的地区则较为适宜开发；相反的，当城市重视生态建设时，位于滨江或绿地周边的土地使用价值则更为突出，即所谓的用地潜力。因此，根据不同价值导向下的不同土地自然属性的权重，我们分别得到了效益优先导向、生态优先导向以及居住优先导向这三类价值导向下的用地布局情况。以下以效益优先导向为例。最终通过校核形成土地利用结构。

因子	权重
交通因子	0.4
地价因子	0.2
改造难度	-0.05
历史因子	-0.15
生态因子	-0.2

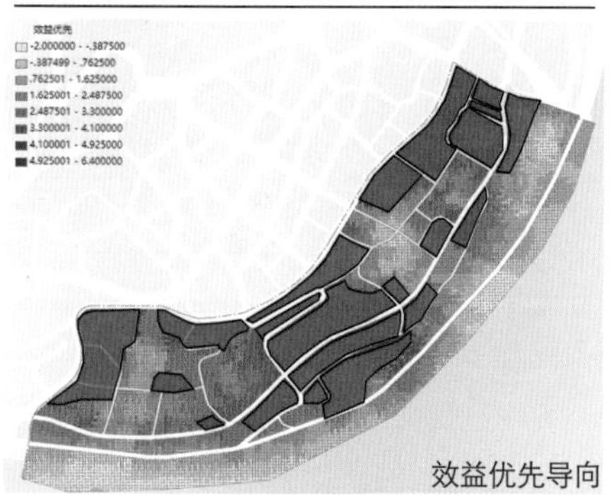

效益优先导向

近期：重点地段盘活

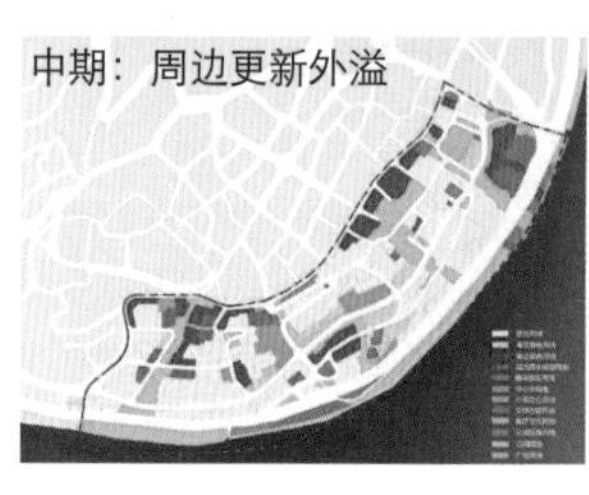

中期：周边更新外溢

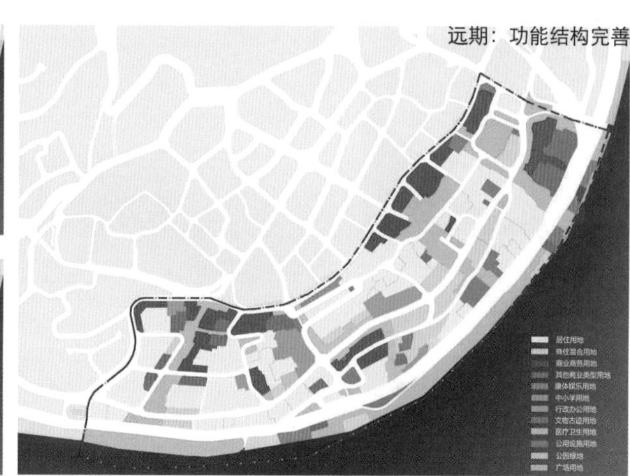

远期：功能结构完善

6 慢行组织专题

6.1 研究框架

山城重庆由于特殊的地理地形和历史沿革，有上半城和下半城之说。上半城就是渝中区以繁华的解放碑 CBD 为核心，基本处于山城山顶位置的现代化城区。下半城则是渝中半岛处于山腰，直至两江沿岸山脚位置的旧城区，下半城地形较为复杂，成大陡坎，交通组织现状较为混乱。

对下半城慢性组织进行系统研究分类，分为垂直交通联系的“山之径”，与岸线互动密切的“江之道”，和城中承载市井生活的“城之巷”三类。

分别就滨江可达可观性、垂直交通的现存模式和通达情况以及城中巷道进行现状存在问题提炼，充分研究并提炼现状组织模式的地域特色和优势所在，指出存在弊端，如垂直交通的不可识别性和宅间通道的私人化和公共性混乱，有部分联系路径是私有楼梯，隐蔽且不可识别，此类问题。

并具体改造建设意象梳理，并最终进行组织策略研究谱系化入库整理。

“山之径”	“江之道”	“城之巷”
“幽静的烦恼，难通达上下”	“面江不达江，临江不见江”	“活力的市井，杂乱的街巷”
1. 公共通道数量少——联系新华路到解放路的公共路径共3处，解放路到长滨路的公共路径共2处。 2. 台阶的私人化及不可识别性——另有部分联系路径是私有楼梯，隐蔽且不可识别。	1. 可达点少一外部公用的达长滨路通道仅有2处；长滨路斑马线仅有三处。 2. 视野遮挡严重——长滨路人行道，视野被沿线集装箱遮挡。 拥有滨江公园，过街通道少，且在长滨路上无法感知长江。	1. 街巷充满活力，各类市井活动丰富——内部街巷充满着丰富多样的各类活动，是承载人们公共活动的重要场所。 2. 街巷杂乱机非混杂，环境品质较差一街巷的环境品质较差，存在机非混杂的交通安全问题。

“山之径”	“江之道”	“城之巷”
“幽静的烦恼，难通达上下”	“面江不达江，临江不见江”	“活力的市井，杂乱的街巷”
高差疏通建筑化	达江路径梳理	改善街巷品质
公共私密分流	滨江步道构建	宁静化街道
特色立体循环	滨江消极空间改造	机非分流明确

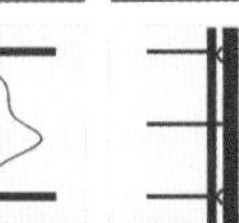

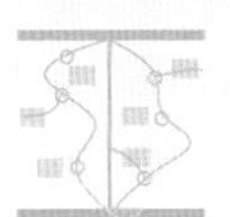

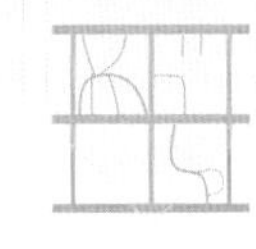

6.2 下半城慢行体系现状评估

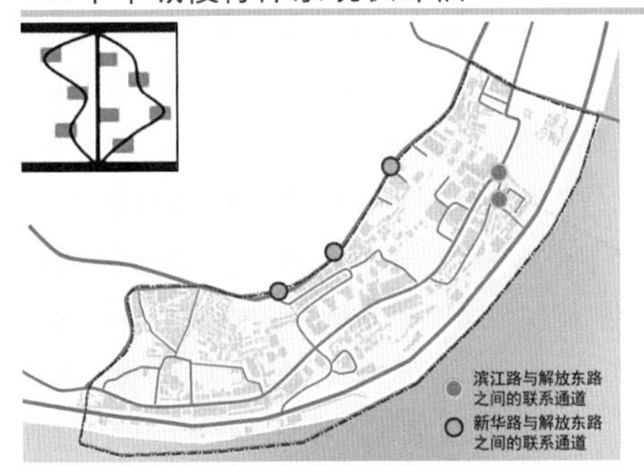

山之径——“幽静的烦恼，难通达上下”

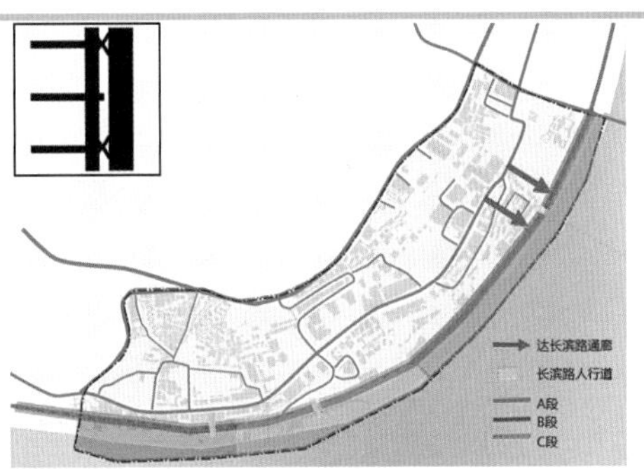

江之道——“面江不达江，临江不见江”

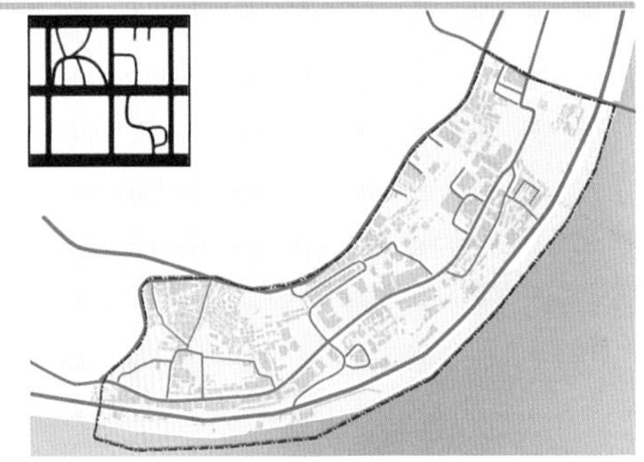

城之巷——“活力的市井，杂乱的街巷”

6.3 步行系统组织策略——山之径

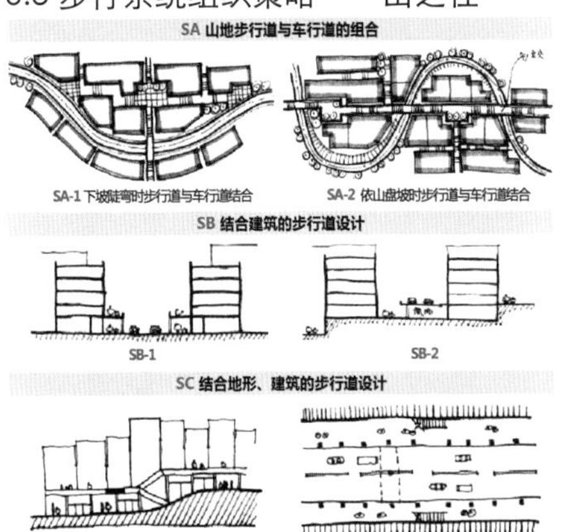

6.3 步行系统组织策略——江之道

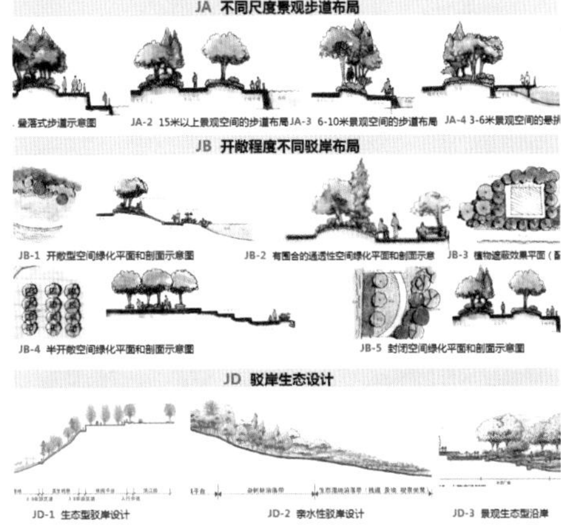

6.3 步行系统组织策略——城之巷

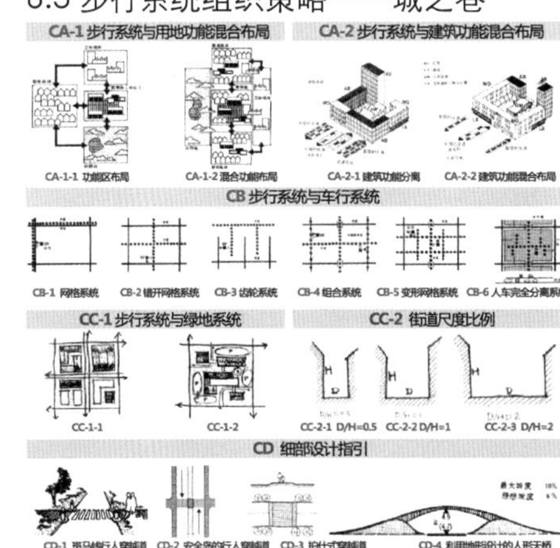

6.4 系统建构

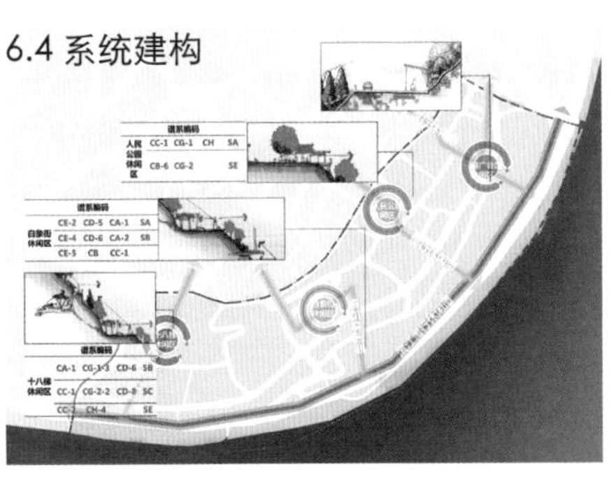

通过系统研究，结合潜在的生态廊道，挖掘出下半城潜在的四轴合纵，一带串联的慢行结构，并以此深化慢行体系。

近期：打通达江廊道

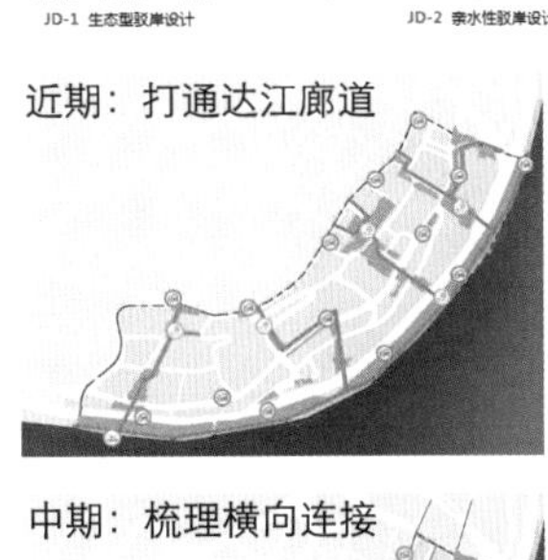

中期：梳理横向连接

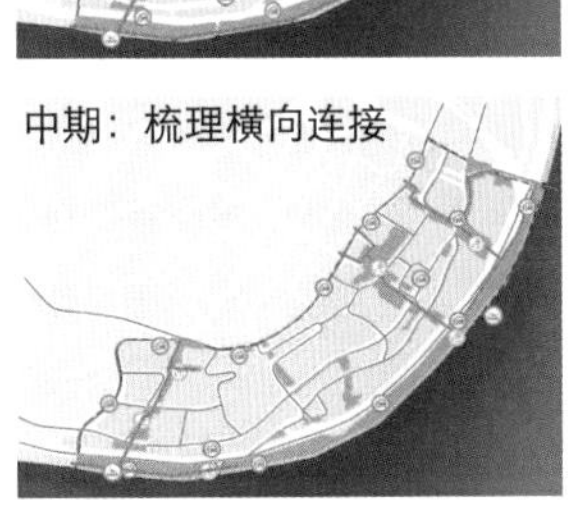

远期：整合慢行设施

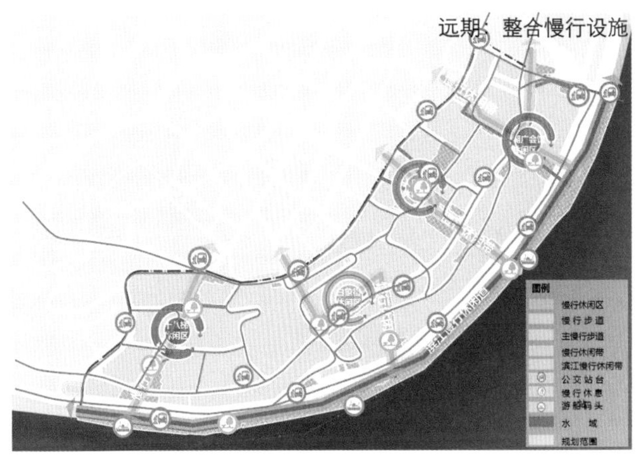

1 山地应对专题

1.1 研究背景和技术框架

面对纵向高差上百米的下半城地区，研究从建筑群体布局、外部空间组织、建筑接地方式三个方面进行分析，总结出场地内部现状山地应对问题，并提供针对性策略。

1.2 现状问题

将基地内部高差、坡度等要素进行梳理，结合调研分析，总结出场地内布局手法以行列式、鱼骨式为主的特点，以及外部空间景观性较差且联系性不足、接地方式负空间利用不足的问题。

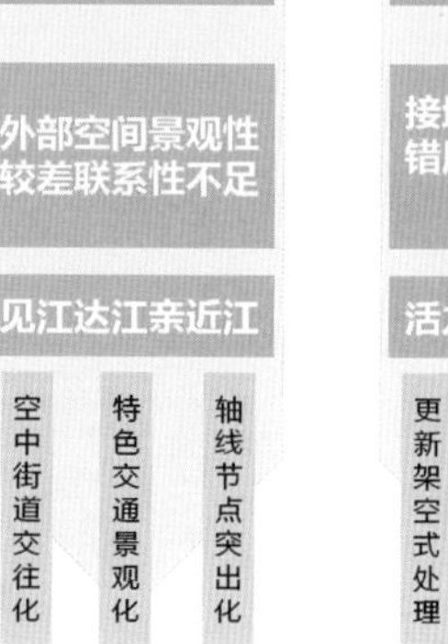

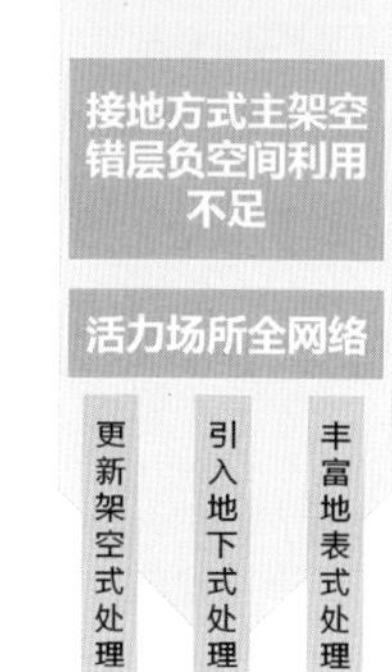

1.3 建筑群体布局

从组合方式、平面组织、竖向组织、立面组织四个方面进行分析，并给出谱系性成果。

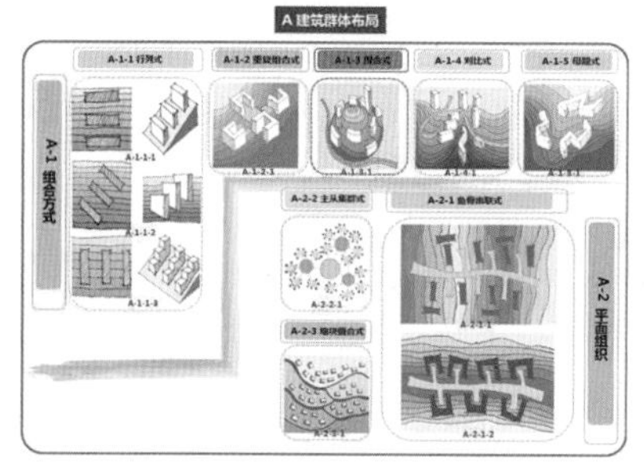

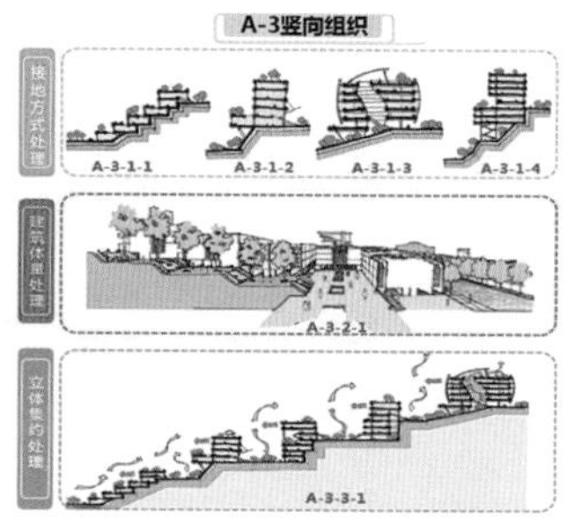

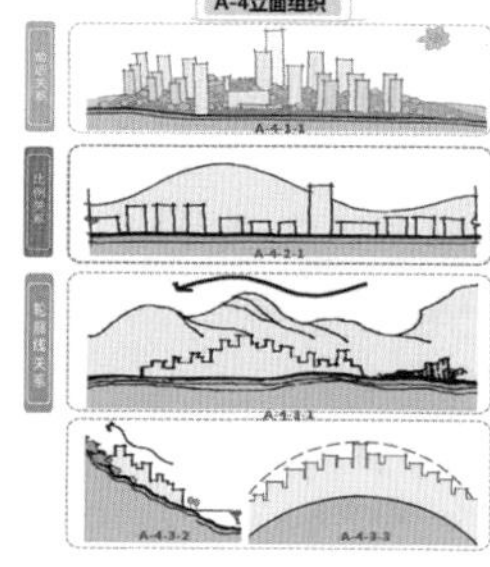

1.4 建筑接地方式

将其总结为地表式、地下式、架空式三种，并详尽分类编码成图谱。

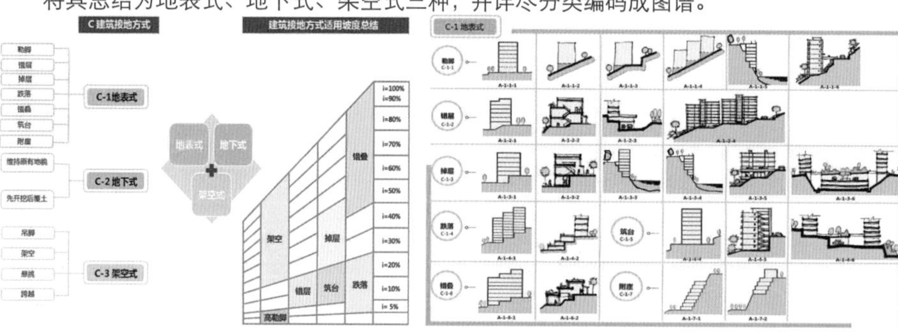

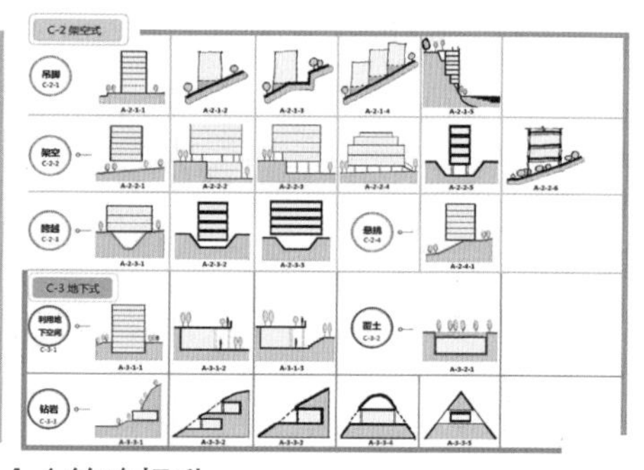

1.5 外部空间组织

由节点空间和街巷空间两个方面分析，并提供谱系参考。

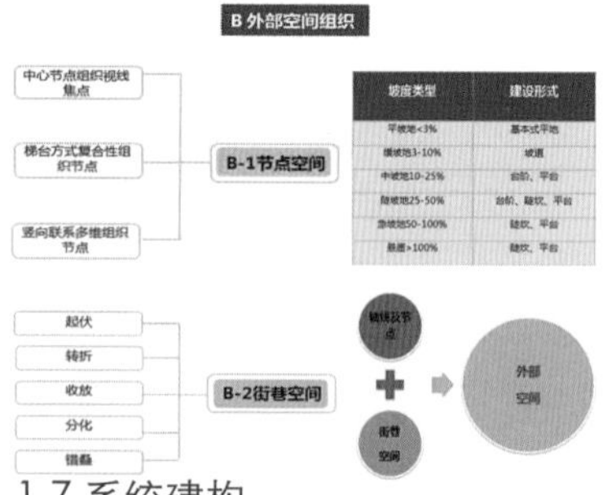

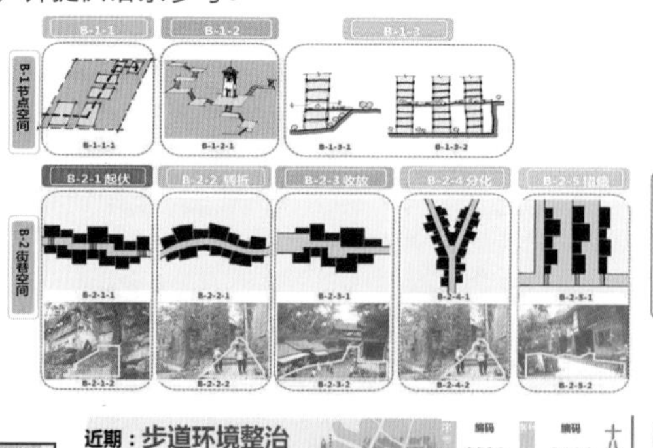

1.6 策略提升

综合上述三大分析给出九大提升策略。

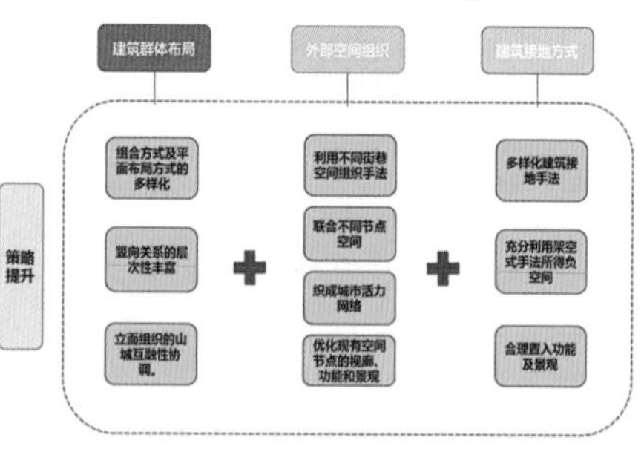

1.7 系统建构

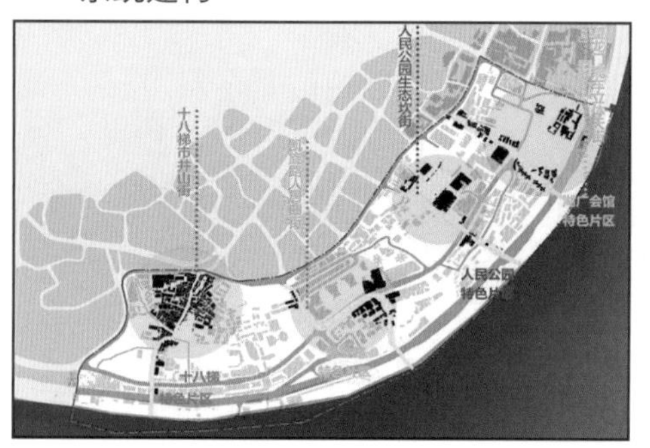

对总结出的四大地形特征区域进行谱系性筛选，结合触媒策划的分期项目建设时序，分阶段对基地内的四大特征地形区进行山地景观类型的打造。

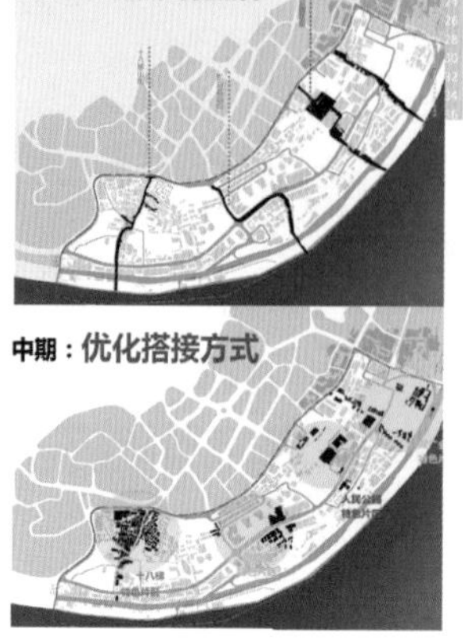

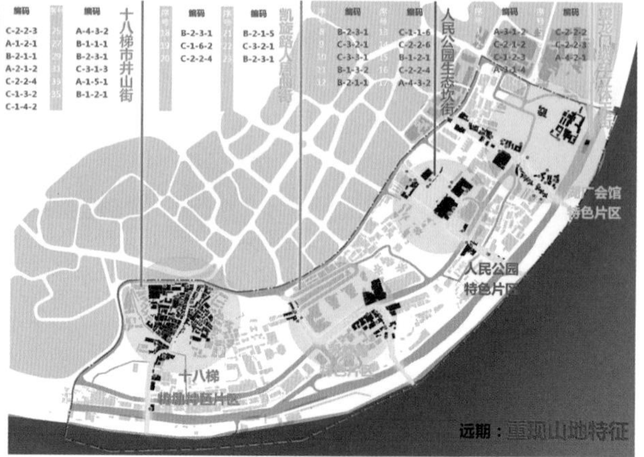

1 规划理念与原则

1.1 提出“社区 +”的规划理念

经过这三个月充分系统的研究和梳理，结合下半程的调研，我们小组“社区 +”的规划理念，其内涵是——以社区更新为载体，最终实现多种功能更新。

“社区 +”——实际上是对社区更新目标与路径的统一，并最终通过各大系统渐进式分序达到预期。

1）社区更新目标——在社区更新目标层面，希望实现更好的社区生活。

A. 在人文传承层面，阶融：社会更和谐

在社会方面，使不同社会阶层，具有不同社会经济地位的社群彼此相容相融，原有的社会关系不遭受破坏，新老居民可以和谐共处；在文化方面，社会文化得到传承，历史要素可以得到回溯，从而实现社群重构。

B. 在经济发展层面，阶合：经济更发展

在经济方面，与上半城协同错位，带动经济复苏，大力保护和发展传统产业，延续当地产业文化和地方特色；不同层次的产业，通过不同经营业态和经济模式，改善下半城地区经济发展现状，促进经济复苏。

C. 在环境提升层面，阶连：环境更提升

根据城市发展以及当地居民的需求对于城市物质空间进行改造，通过灵活多样的山地应对模式，串联外部空间，整合建筑聚落、建筑接地模式，实现物质空间与使用功能需求的相互匹配。

2）社区更新路径——在路径层面，通过面向社区更新的多功能叠合，从而实现更好的城市社区生活，通过延续三条主线，进行如社区 + 市井，社区 + 创意，社区 + 养老，社区 + 文化展示等多功能叠合；并在将各个功能具体落实分时序实施。

3）规划理念核心策略和技术步骤——

落点——七大专题要素；

起线——要素路径串联；

织面——特色网络建立；

成网——山地空间三维化；

分序——近中远分期建设。

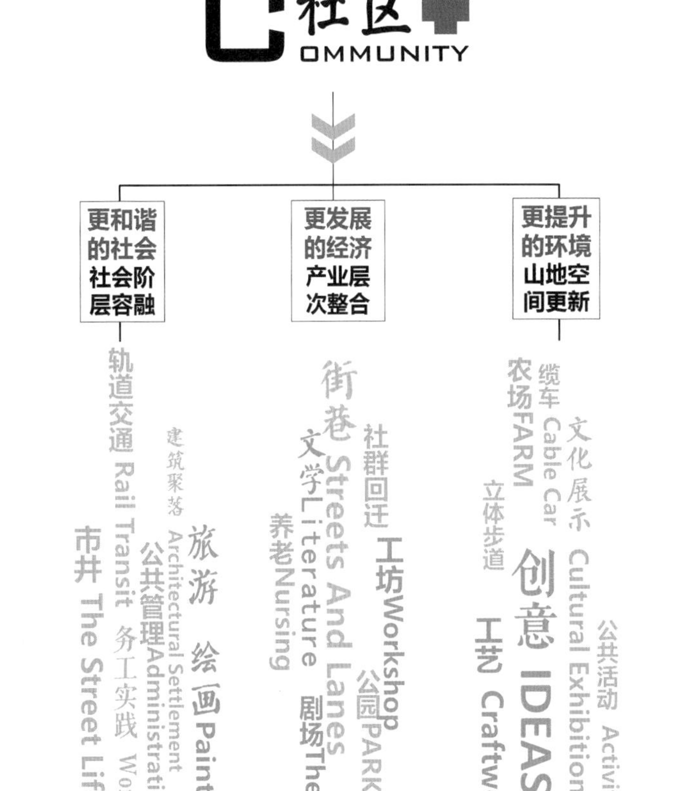

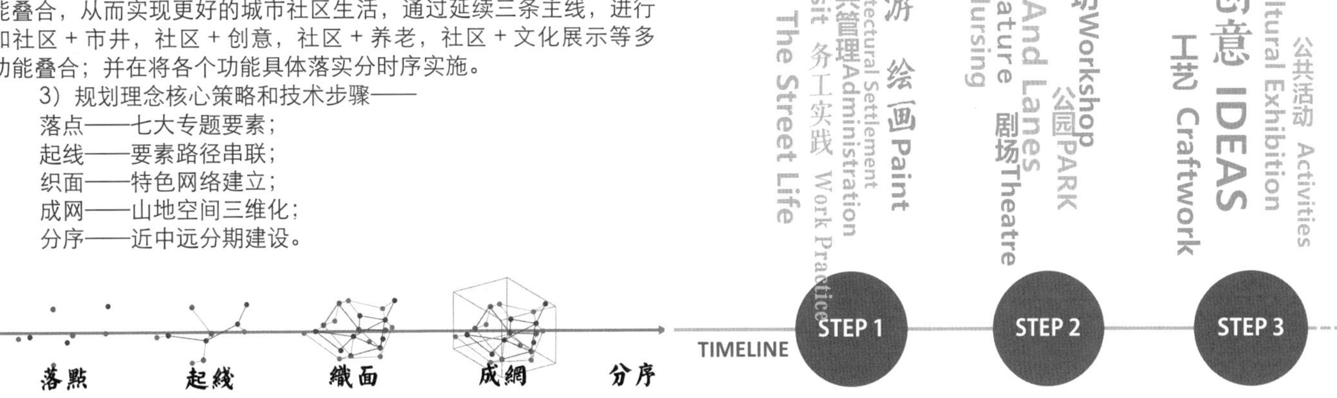

1.2 规划原则与功能定位

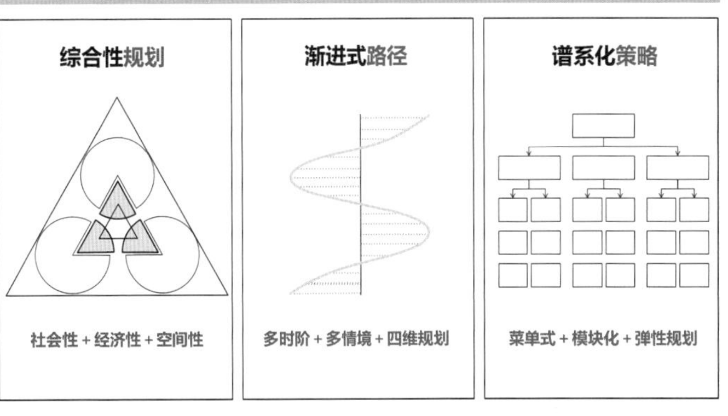

1）功能定位

在规划理念和原则的指导下——

最终打造重庆母城历史文化展示区，在十八梯街区实现市井生活风貌体验功能，在湖广会馆街区实现文化展示功能。

引入特色文化休闲娱乐功能，形成解放东路高端金融休闲街区，湖广会馆高端文化休闲历史街区。

推广解放碑传统文化创意功能，引进传统手工作坊创意园，并在解放东路创立创意设计街区，并在新华路设置文创办公 SOHO 片区。

最终实现下半城巴渝市井生活，在响水桥对于具体触媒项目进行更新，建设十八梯传统巴渝市井社区。

2）规划原则

在根据 规划理念“社区 +”进行具体项目更新的基础上，通过遵循以下规划原则：

在规划设计过程中，希望社会性经济性空间性三个层面并重，遵循综合性规划原则。

在具体实施方面，希望分时阶，通过多情境，以及加入时间线的四维规划，将渐进式原则贯穿跨越不同时段的分期规划。

将具体规划设计方法，以及触媒项目，进行菜单式入库，通过模块化以及弹性规划，进行具体的运用和实施，遵循谱系化的规划原则。

1 十八梯方案设计

1.1 设计背景

十八梯位于重庆渝中区下半城，是老重庆的代表，目前的状况是市井传统逐步缺失，空间风貌日益破败，社群结构逐渐单一。

1.2 设计理念

方案的框架要点是以十八梯主街为核心，衍生三大特色产业区，以传统街巷为框架的同时，辐射多元住区，最终形成焕活的十八梯市井。

1.3 组织架构

提供旧城发展理事会，环境整治委员会，社区营造工作坊分别确保经济、空间、社会的有序发展。

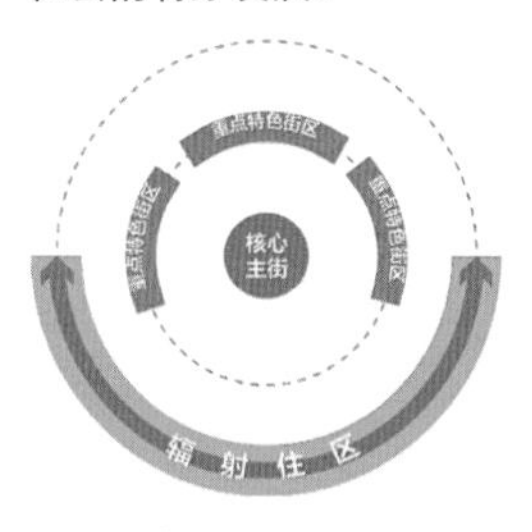

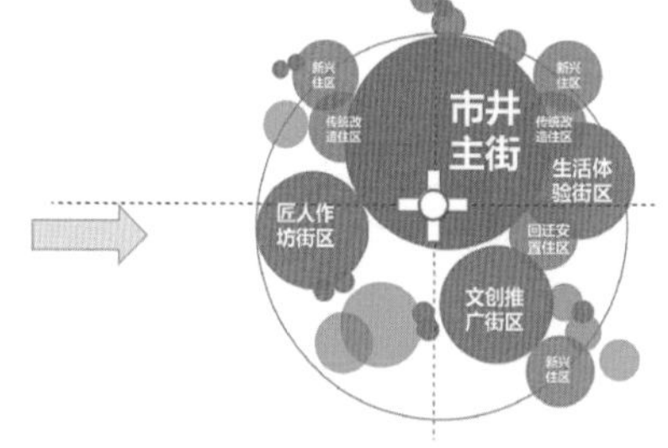

2 设计出发点

颓势：自1946年《陪都十年建设计划》以来，下半城被规划为普通住宅区，十八梯在此期间兴建了众多私房，成为密度极高的城市地区，时至今日，十八梯正经历市井传统逐步缺失，空间风貌日益破败，社群逐渐退化单一的现状。

优势：十八梯作为老重庆的名片，历史资源丰富，在历史上曾经是重庆市井生活的体现，街巷繁盛，码头文化发达；现今仍然保有大观平石刻，法国领事馆，中兴路旧货集邮市场等诸多历史要素。

3 设计目标

溯源市井邻里，重构多元社区

再现传统商市，联动多阶产业

复兴历史街巷，重塑风貌肌理

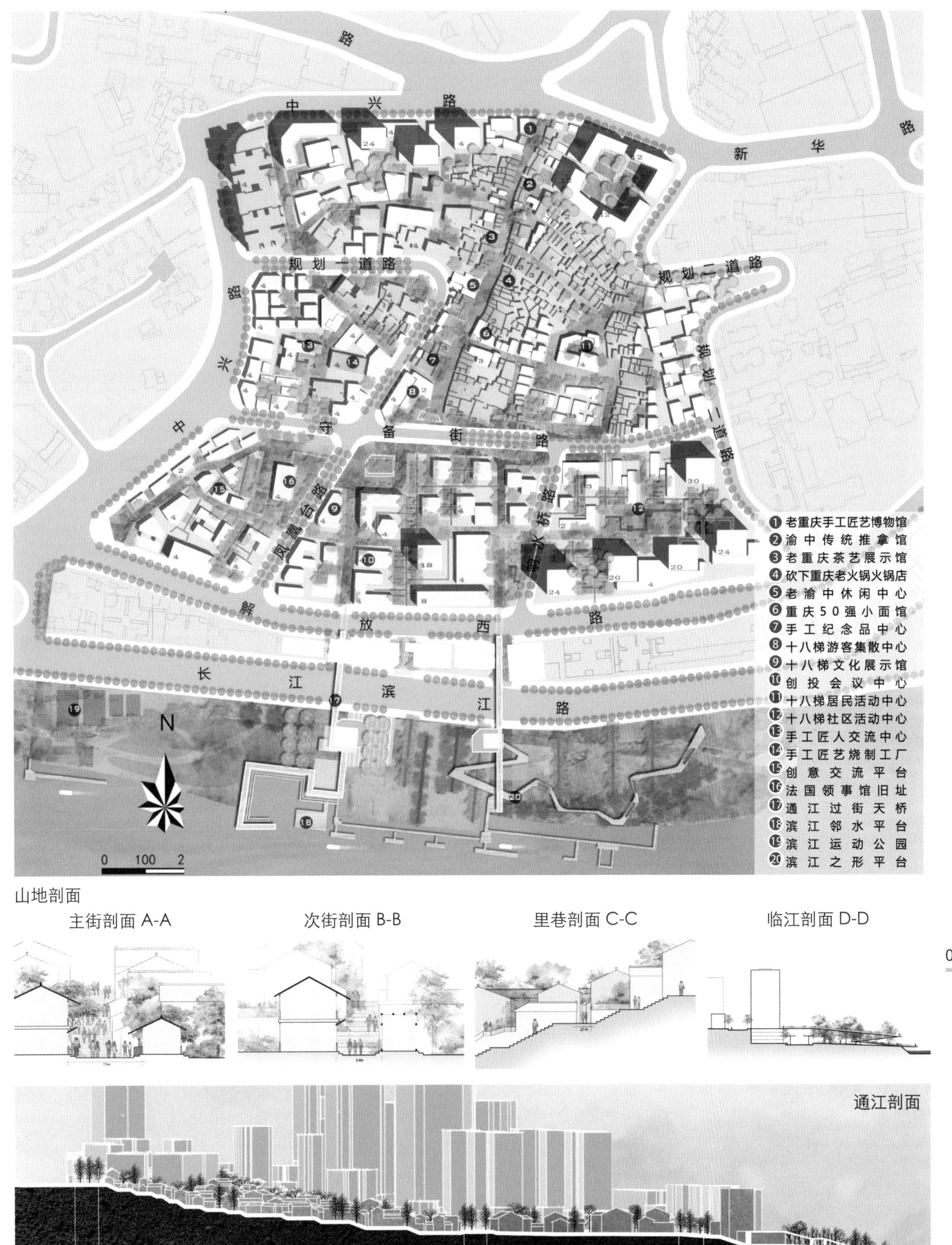
中兴路
新华路
规划一道路
规划二道路
守备街路
凤凰台路
响水桥路
解放西路
长江滨江路
N
0 100 2
1 老重庆手工匠艺博物馆
2 渝中传统推拿馆
3 老重庆茶艺展示馆
4 砍下重庆老火锅火锅店
5 老渝中休闲中心
6 重庆50强小面馆
7 手工纪念品中心
8 十八梯游客集散中心
9 十八梯文化展示馆
10 创投会议中心
11 十八梯居民活动中心
12 十八梯社区活动中心
13 手工匠人交流中心
14 手工匠艺烧制工厂
15 创意交流平台
16 法国领事馆旧址
17 通江过街天桥
18 滨江邻水平台
19 滨江运动公园
20 滨江之形平台
山地剖面
主街剖面 A-A
次街剖面 B-B
里巷剖面 C-C
临江剖面 D-D
通江剖面
中兴路
守备街
解放西路
长江滨江路

设计策略

溯源市井传统
再现传统商市产业

开发组织模式

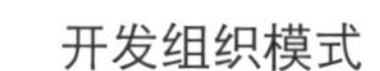

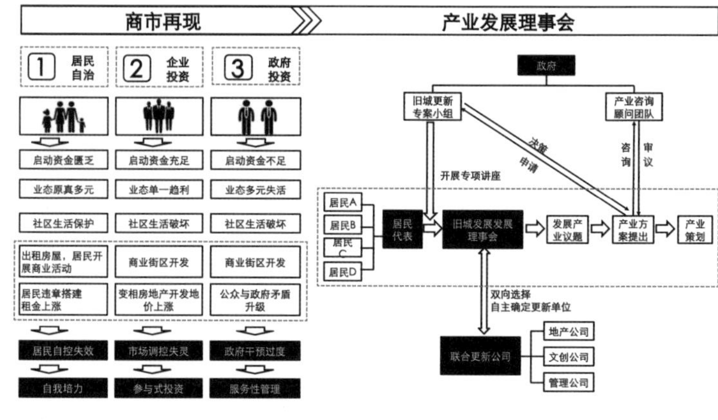

梳理历史风貌
复兴传统街巷肌理

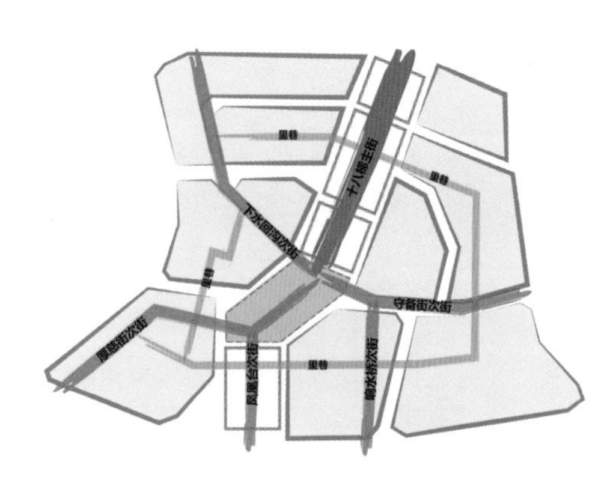

街巷复兴 》 环境监管委员会

	整治内容	主街	次街	里巷
界面	地面铺装	+	+	○
	建筑立面	+	+	—
	建筑立面构筑物	+	○	○
节点	街巷连接的入口处	+	+	+
	街巷间的结合处	○	○	—
	住宅楼的入口处	○	○	—
	街巷转折处	○	○	—
细部设施	实用性：路栅、路障、路灯、坐椅、垃圾筒、健康设施等；	+	○	—
	美观性：行道树、花坛、喷泉、雕塑等文化艺术品、地面艺术铺装等；	+	○	—
	标识性：交通标志、路标、路牌、宣传栏等；	+	○	—
景观	树种配置、树木搭配	+	+	+

+ 重点整治　○ 一般整治　— 着重控制

1 整治项目收集：座椅损坏、路牌缺失、空调外露、铺地损坏、立面混杂、……

2 整治项目筛选：环境监管意见栏——线上平台APP、委员会公示栏、监管意见箱

3 整治项目策划：环境监管委员会——管理人员（常驻）、住户代表（志愿）、商户代表（志愿）、公司代表（志愿）＋环境监管专项基金——政府补助（每年）、企业缴纳（每年）、住户缴纳（每月）、商户缴纳（每月）

4 整治项目实施：环境整治工程队——外包建筑工程公司、居民自治改造小队、志愿设计师

多种人群策略
重构多元设计结构

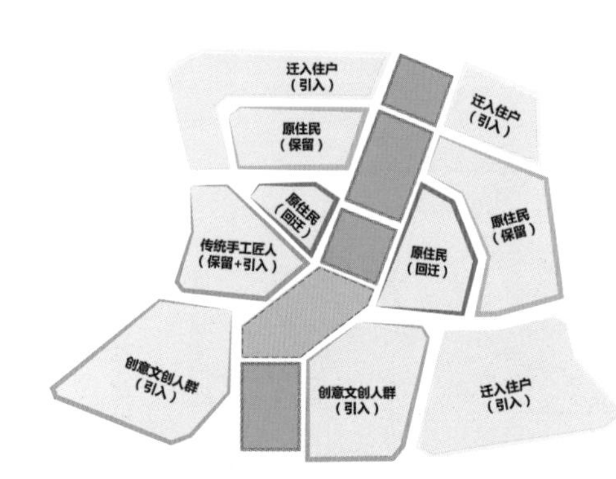

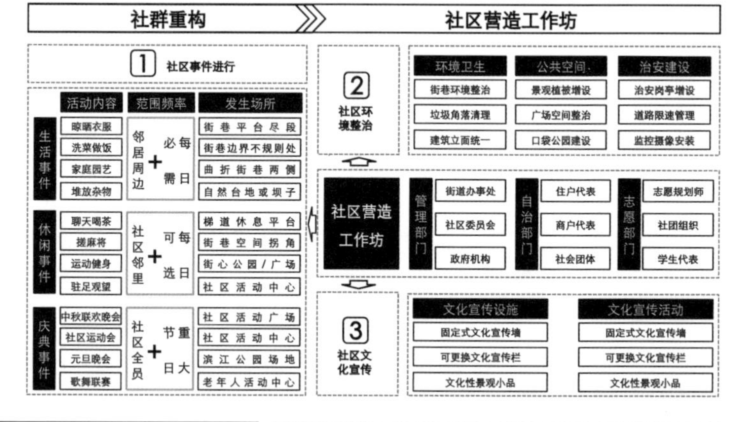

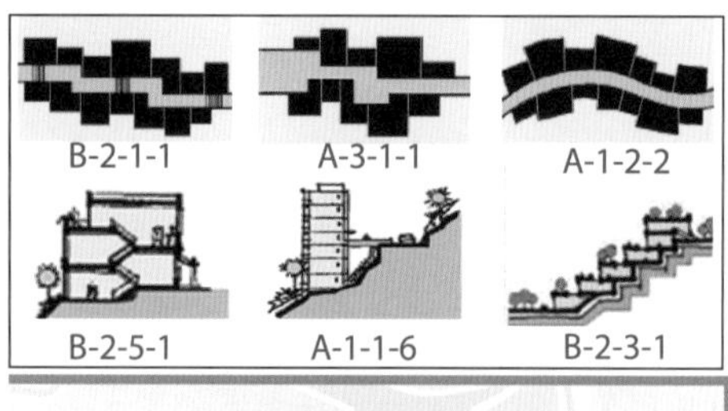

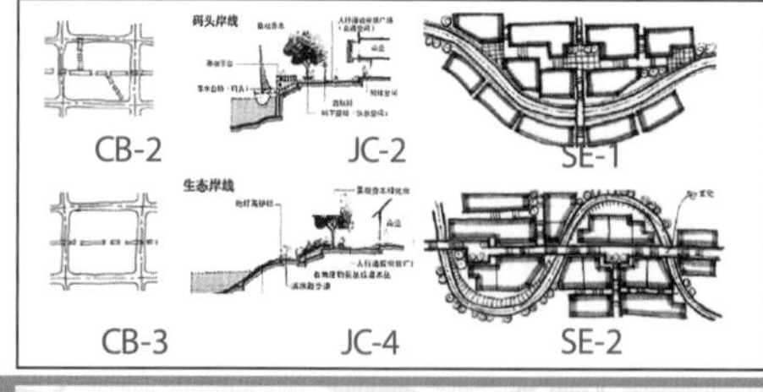

山地应对

慢行组织

产业布局

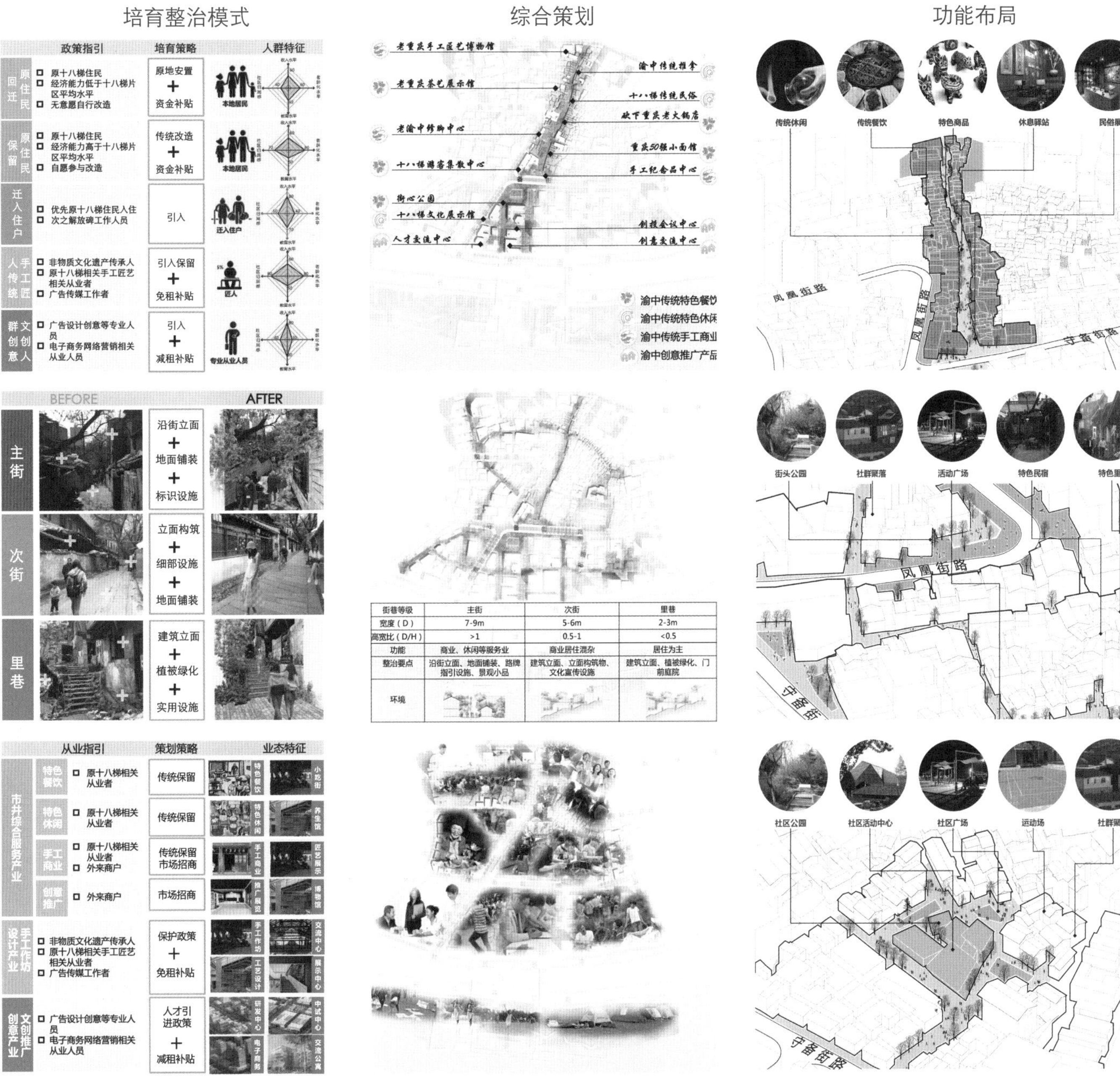

街巷等级	主街	次街	里巷
宽度（D）	7-9m	5-6m	2-3m
高宽比（D/H）	>1	0.5-1	<0.5
功能	商业、休闲等服务业	商业居住混杂	居住为主
整治要点	沿街立面、地面铺装、路牌指引设施、景观小品	建筑立面、立面构筑物、文化宣传设施	建筑立面、植被绿化、门前庭院
环境			

1 设计背景

社区 + 山江通廊地块连接解放碑核心，下半城以及江边地段，正对南岸的南滨公园。包括新华路以南，长滨路以北条带状用地。规划中的绿道位置经过场地。

现状步道环境的可达性和可视性都较差。我们通过扩大观察范围，发现场地中主要的触媒点是人民公园，另外还有各类集聚市场等资源，以及埋没杂草中的巴县衙门遗迹，闲置脏乱的垃圾、水管场地，生存不良的沿街小家电等有待提升的潜力。

2 设计出发点

这块用地选取一系列城市空地，将它变为兼具休闲性和生态性的城市花园。总结现状场地问题主要有绿地破碎缺乏品质，产业系统单一杂乱，品质较低，居民缺少多元的公共活动。

通过社区加公共空间为主要手段，以及产业升级，增加文化设施等，实现以绿廊空间为凭依演变为活动的通廊和人际的通廊。

现场照片

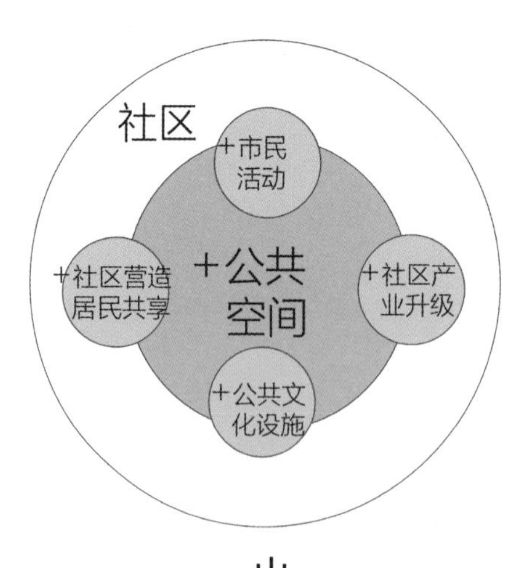

3 设计目标

从建立一个联系山城江面的连续绿廊为契机，在其中设立新型休闲产业，更新社区商业，进而促进社区融合，打造社区特色。最终实现充满外在吸引力和内在活力的绿色更新地带。

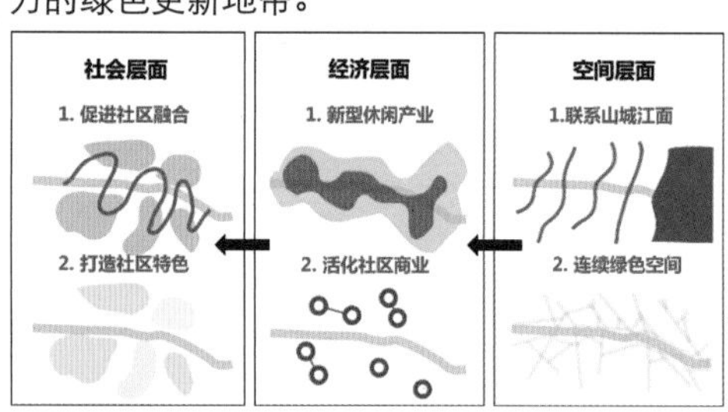

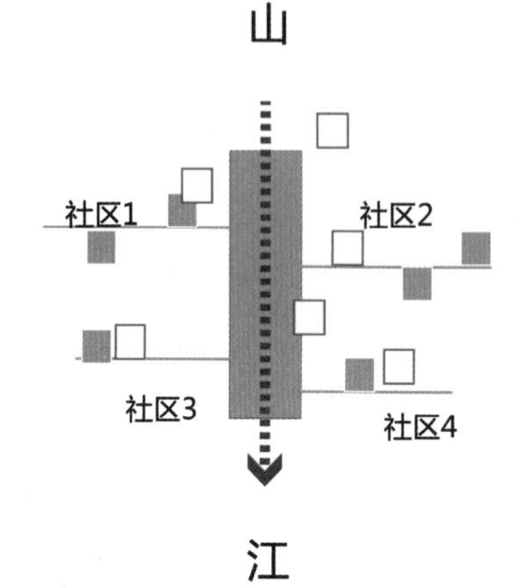

4 设计步骤

绿廊
联通

市场
转型

社区
活化

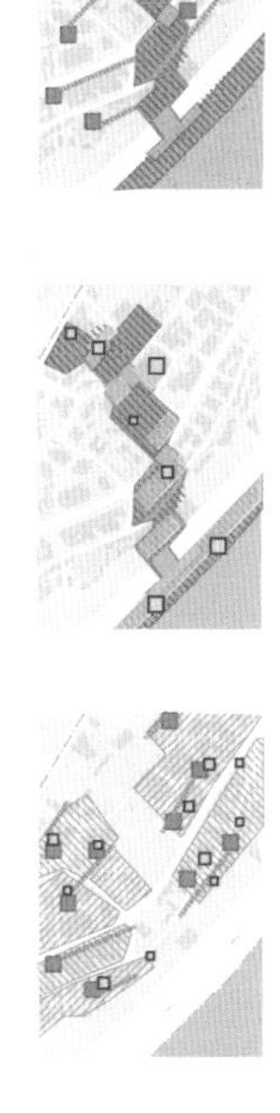

总平面图

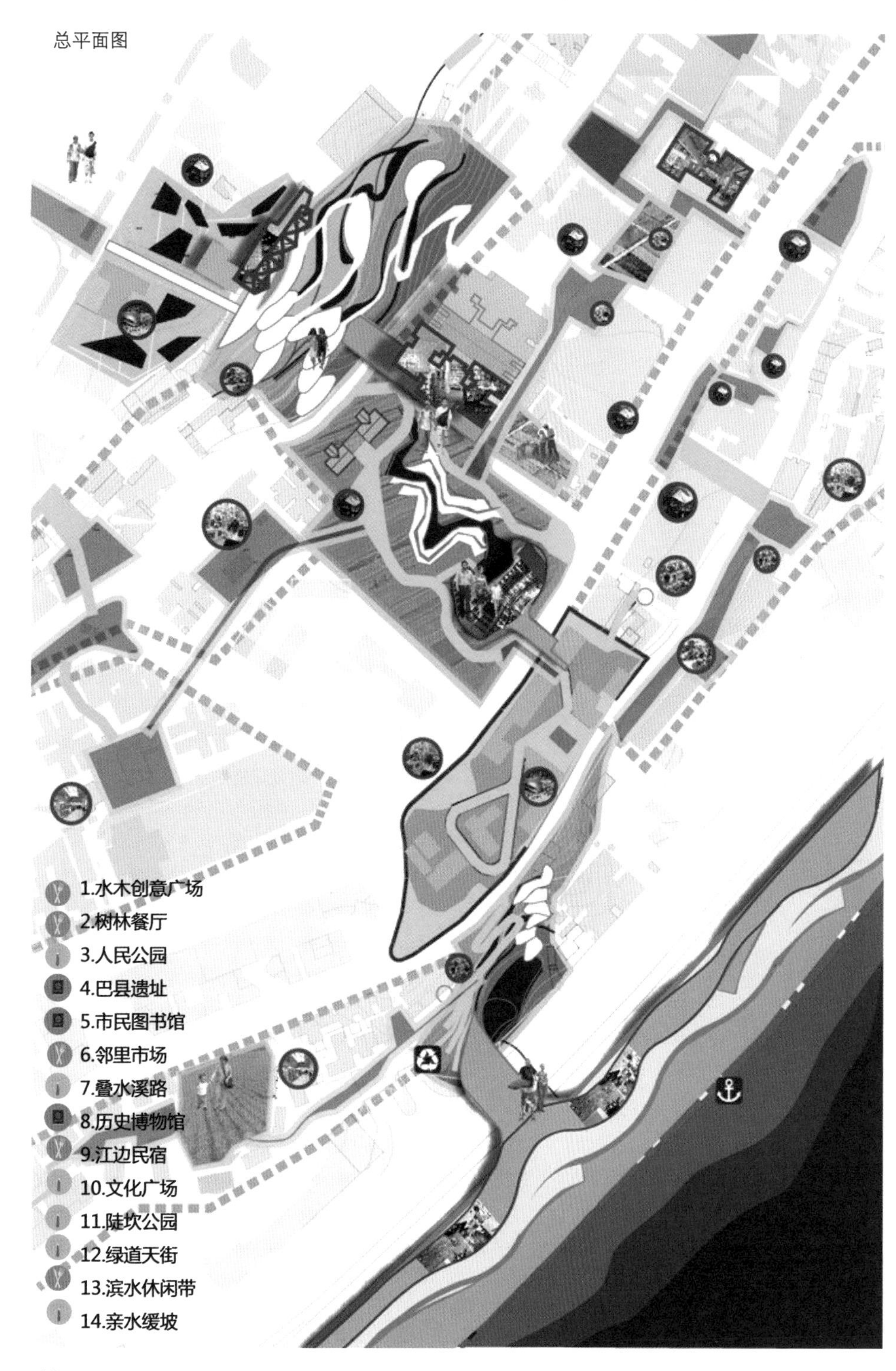

现场照片

剖面图

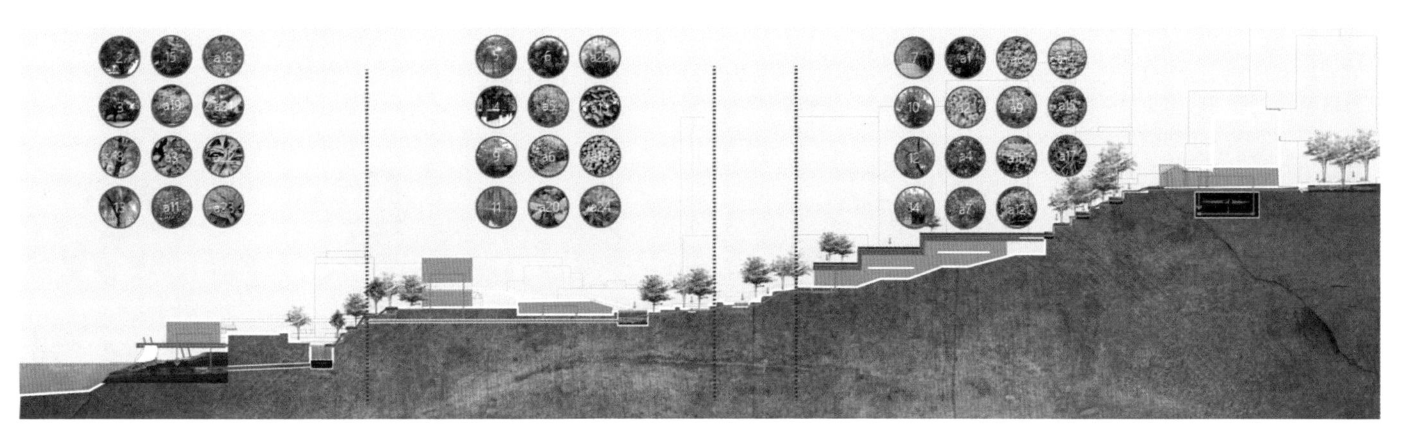

待改建、新建用地
原有空地
生态净水
滤管净水
循环用水
立体植被
土壤修复
垃圾处理
自然河岸

评估新增绿地　2 联通各类绿地　3 完善景观设施

评估现有市场　2 市场环境整治　3 功能整合升级

绿廊联通社区　2 市场带动社区　3 内生激活社区

山江通廊实现分为绿廊联通、市场转型和社区活化三个阶段。其中，绿廊联通是指整治主要绿廊并联通社区绿地。首先，将绿地分为原有空地和待改建用地进行新增绿地的评估，之后用不同设计手法联通绿地，最后增加生态设施等完善景观环境。评估绿地的机制由政府主导，分保留提升、置换利用和不可置换三类进行规划和反馈调整，再进行补偿、设计等完成绿地系统的基础准备。自然景观为主的自然休闲区，结合净水等生态设施，延续了游客遛鸟、散步等休憩活动。第二阶段市场转型指通过重要触媒点，比如邻里市场、社区农田、博物馆等激发场地的文化、经济活力，进行资源的叠加放大。首先，评估场地内丰富等市场种类，比如花鸟市场，旧服装市场，水产市场等，之后对现状市场进行规划调整分配。再对其进行功能整合提升，增加其服务范围，变为和公共空间结合的文化和生活休闲产业。产业更新机制分为行业协会、政府和居民协作社三种主导类型，由开发商主导的行业协会，打造的现代休闲区在南北两端，具有环境品质商业地块，提供餐饮、购物、艺术等活动，公共空间结合公共艺术展览等。政府和社区主导的居民协作社进行的中心活力区不仅有良好的环境，在潺潺叠水声中，游客还能进入博物馆、邻里市场等文化休闲设施。 实现地块的产业构建，并帮助居民参与市场经济活动。第三阶段社区活化，深入社区营造，激发社区活力，比如民宿、跳蚤市场、社区教室等。首先，将绿廊引入社区绿地，再将文化或商业设施带来的资源协助进行社区商业和活动建设，最后达成社区的自发生力。社区营造的要点在于主要参与者是社区成员，他们在专业人士和政府的帮助下成为创业者或社区就业者。在社区市场，多元群体和自治体系的带领下，实现增加就业、资金循环和可持续的社区生活。

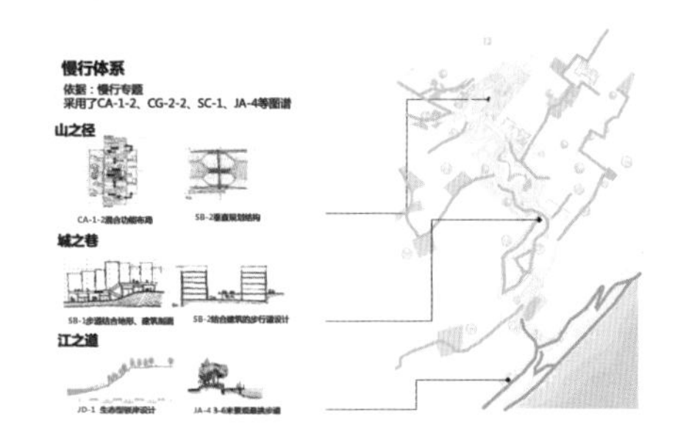

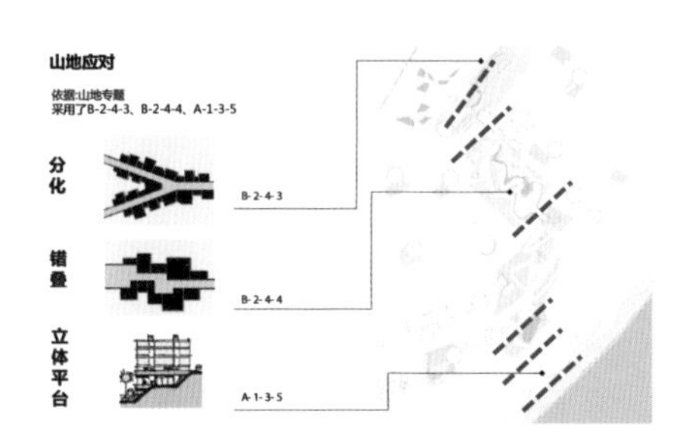

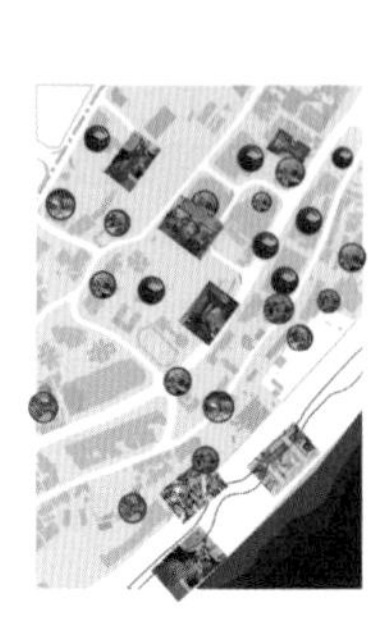

空间提升要点：
基础投资
工程建设
参与策划
补贴政策
减租政策
政府 + 开发商 + 原住民
原住民
原市场人员
保留提升
再设计
绿地开发意向
规划评估
反馈修改
置换利用
土地征收安置补偿
项目设计
工程实施
绿地系统
植被体系
根据重庆地方植被、不同地形以及防污功能选择配置树种
自然休闲区
公园 PARK
社区农田 Farmland
净水 water purification
立体步道

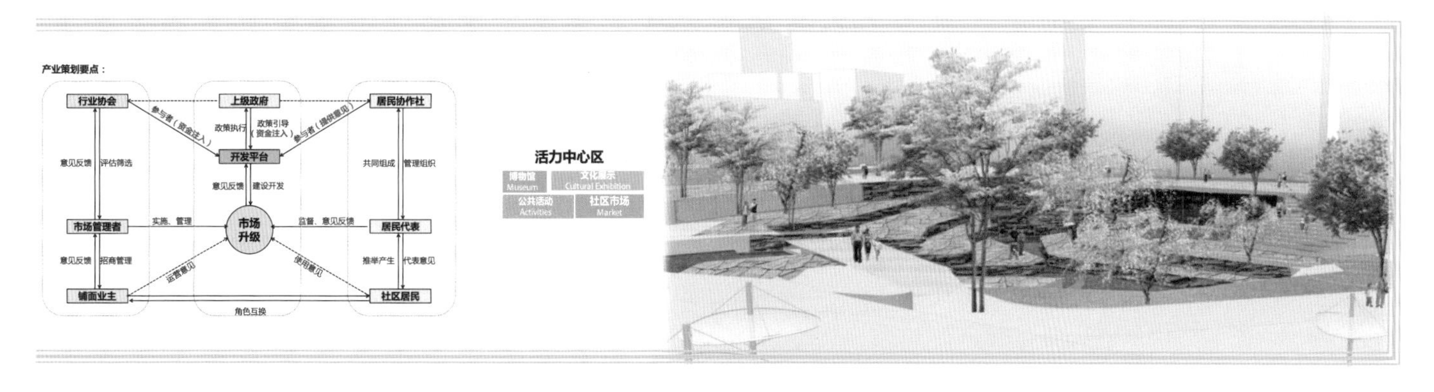

产业策划要点：
行业协会
上级政府
居民协作社
参与者（资金注入）
政策执行
政策引导（资金注入）
参与者（提供意见）
开发平台
意见反馈
评估筛选
意见反馈
建设开发
共同组成
管理组织
市场管理者
实施、管理
市场升级
监督、意见反馈
居民代表
意见反馈
招商管理
运营意见
使用意见
推举产生
代表意见
铺面业主
社区居民
角色互换
活力中心区
博物馆 Museum
文化展示 Cultural Exhibition
公共活动 Activities
社区市场 Market

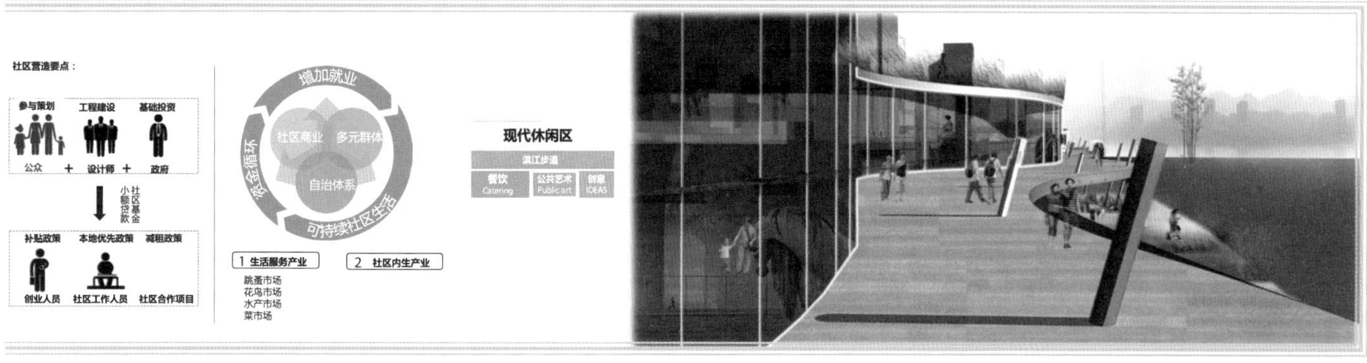

社区营造要点：
参与策划
工程建设
基础投资
公众 + 设计师 + 政府
小额贷款
社区基金
补贴政策
本地优先政策
减租政策
创业人员
社区工作人员
社区合作项目
增加就业
社区商业
多元群体
资金循环
自治体系
可持续社区生活
1 生活服务产业
2 社区内生产业
跳蚤市场
花鸟市场
水产市场
菜市场
现代休闲区
滨江步道
餐饮 Catering
公共艺术 Public art
创意 IDEAS

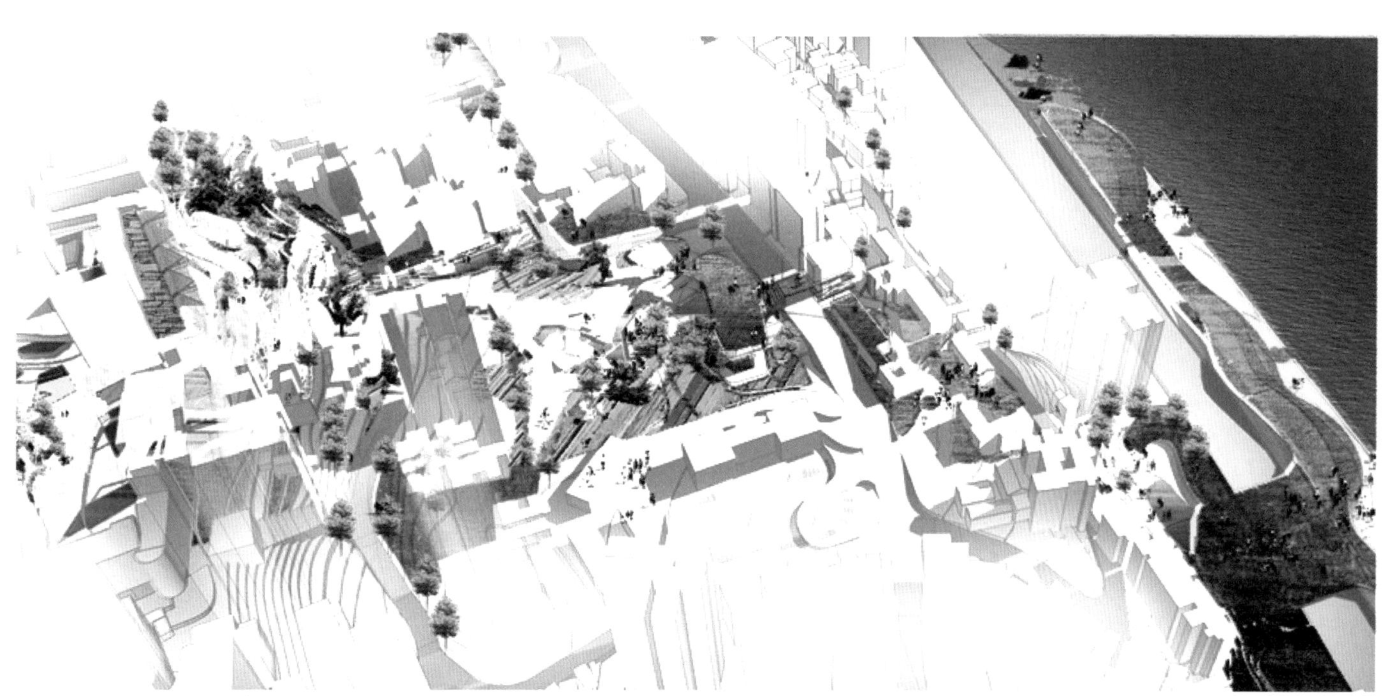

1 湖广会馆片区方案设计

1.1 设计背景

湖广会馆是老重庆的“解放碑”，如今周边建筑已被大拆大建，传统商埠街市、文化氛围、兴盛码头等都已消失不见，文化活力丧失，只剩湖广会馆被周边现代建筑包围。

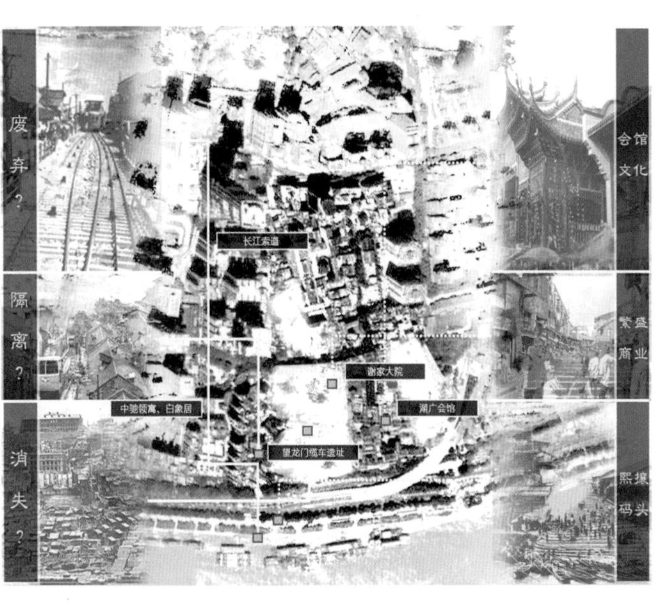

1.2 设计理念

基于整体框架及基地自身资源禀赋，我们的设计理念是“文化复兴·复合联系·社区唤活”。设计将以湖广会馆为核心文化资源点，通过三个圈层的辐射更新，实现文化复兴，重现传统商埠，唤活周边社区。

1.3 设计目标

通过梳理场地内要素，我们总结出其三大主要问题分别为：文化资源利用不充分、开放空间破碎、社区活力不足。基于此，我们希望通过：复兴历史文化、整合开放空间、唤醒社区活力这三大策略来达到以文化资源唤醒社区生活的目标。

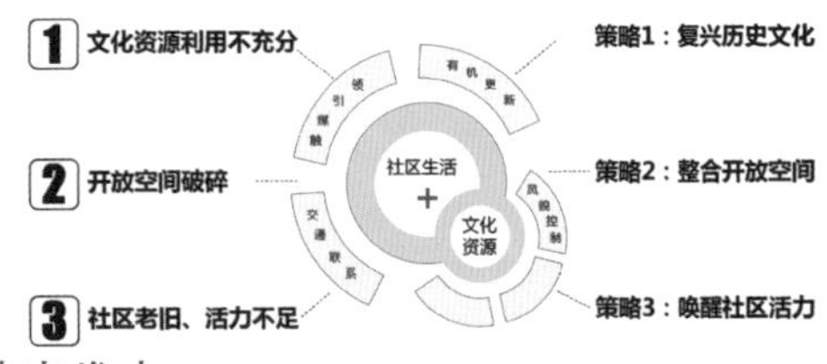

2 设计出发点

劣势：场地内建筑已被大拆大建，只剩下湖广会馆、白象居和望龙门缆车遗址。原本商埠文化、会馆文化等正在丧失活力，原有建筑肌理也逐渐被现代模式取代，传统的、历史的踪迹在这里逐渐走向消亡。

优势：湖广会馆是重庆作为繁华商阜的历史见证，也是清代前期到民国初年重庆的移民文化、商业文化和建筑文化的重要标志，是重庆市重要的历史文化核心资源，并且政府正大力投入其复兴计划。

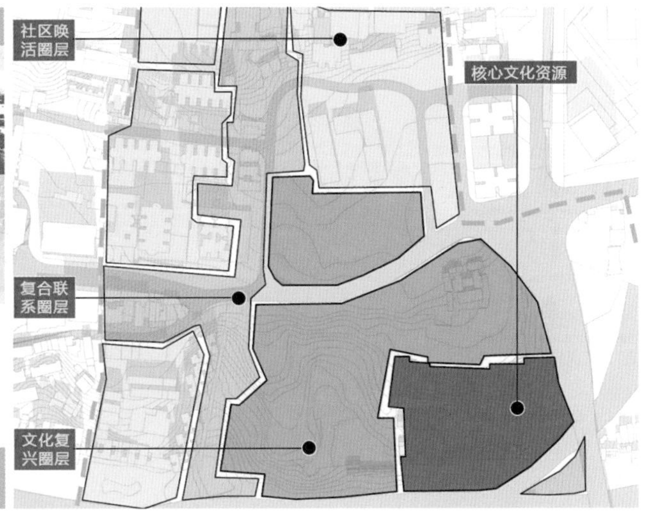

3 设计愿景

实现文化复兴　　重现传统商埠　　唤活周边社区

新
华
路
打
铜
街
N
路
西
放
解
东
水
门
大
桥
滨
江
路
①湖广会馆正门
②谢家大院
③游客服务中心
④会馆展示中心
⑤民俗艺术表演馆
⑥重庆老茶馆
⑦文创工作作坊
⑧休闲餐饮区
⑨望龙门缆车
⑩滨江下穿广场
⑪望龙门复建码头
⑫社区服务中心
⑬社区活动中心
⑭重庆第一医院
⑮室外电扶梯
⑯长江索道
⑰游客服务中心

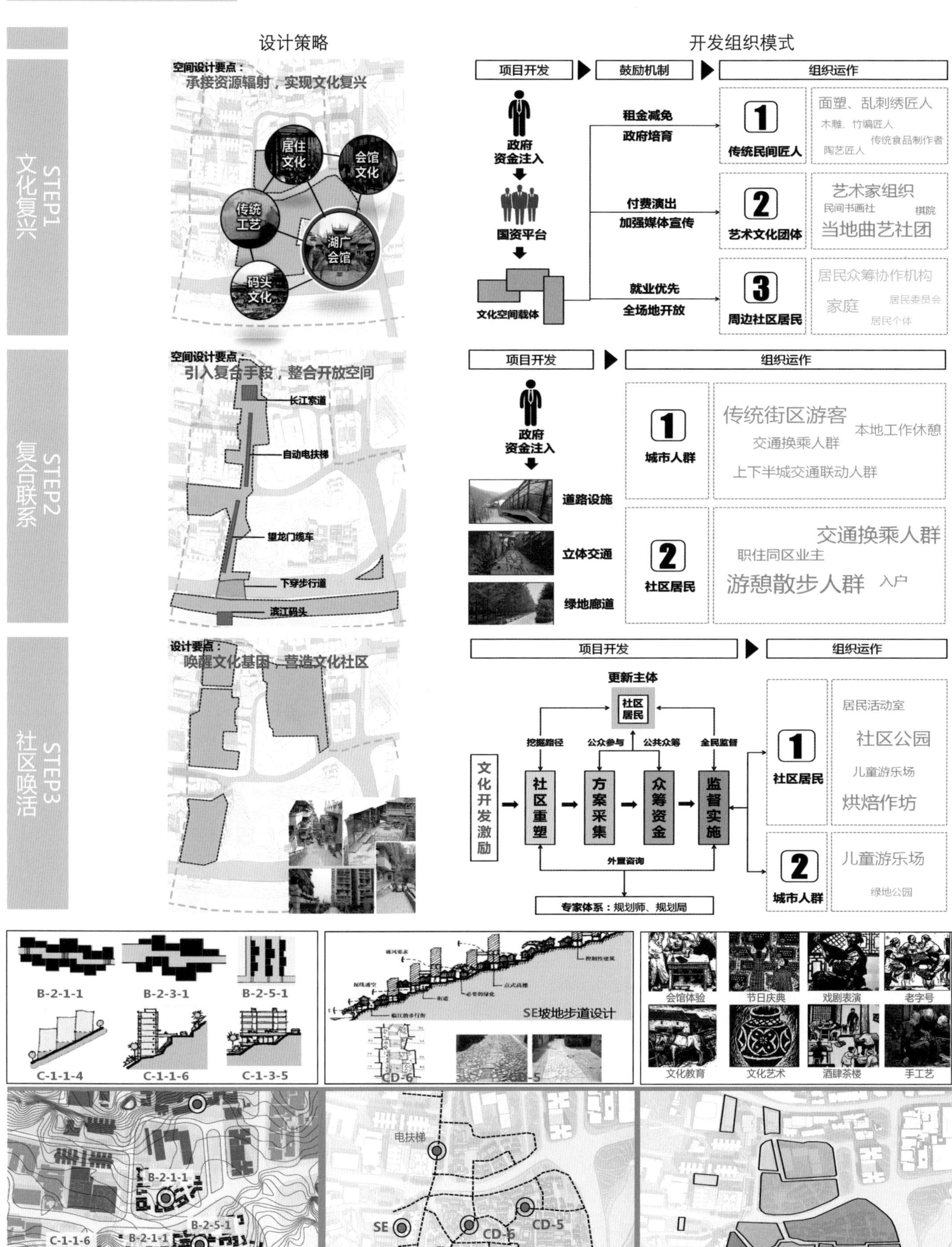
设计策略
开发组织模式
STEP1 文化复兴
空间设计要点：
承接资源辐射，实现文化复兴
居住文化
会馆文化
传统工艺
湖广会馆
码头文化
项目开发
鼓励机制
组织运作
政府资金注入
国资平台
文化空间载体
租金减免
政府培育
付费演出
加强媒体宣传
就业优先
全场地开放
1 传统民间匠人
2 艺术文化团体
3 周边社区居民
面塑、乱刺绣匠人
木雕、竹编匠人
传统食品制作者
陶艺匠人
艺术家组织
民间书画社
棋院
当地曲艺社团
居民众筹协作机构
家庭
居民委员会
居民个体
STEP2 复合联系
空间设计要点：
引入复合手段，整合开放空间
长江索道
自动电扶梯
望龙门缆车
下穿步行道
滨江码头
项目开发
组织运作
政府资金注入
道路设施
立体交通
绿地廊道
1 城市人群
2 社区居民
传统街区游客
本地工作休憩
交通换乘人群
上下半城交通联动人群
交通换乘人群
职住同区业主
游憩散步人群
入户
STEP3 社区唤活
设计要点：
唤醒文化基因，营造文化社区
项目开发
组织运作
更新主体
社区居民
挖掘路径
公众参与
公共众筹
全民监督
文化开发激励
社区重塑
方案采集
众筹资金
监督实施
外置咨询
专家体系：规划师、规划局
1 社区居民
2 城市人群
居民活动室
社区公园
儿童游乐场
烘焙作坊
儿童游乐场
绿地公园
B-2-1-1
B-2-3-1
B-2-5-1
C-1-1-4
C-1-1-6
C-1-3-5
SE坡地步道设计
CD-6
CD-5
会馆体验
节日庆典
戏剧表演
老字号
文化教育
文化艺术
酒肆茶楼
手工艺
B-2-1-1
B-2-5-1
C-1-1-6
B-2-1-1
B-2-3-1
C-1-1-4
山地应对
电扶梯
SE
CD-6
CD-5
望龙门缆车
景观电梯
慢行组织
产业布局

东南大学

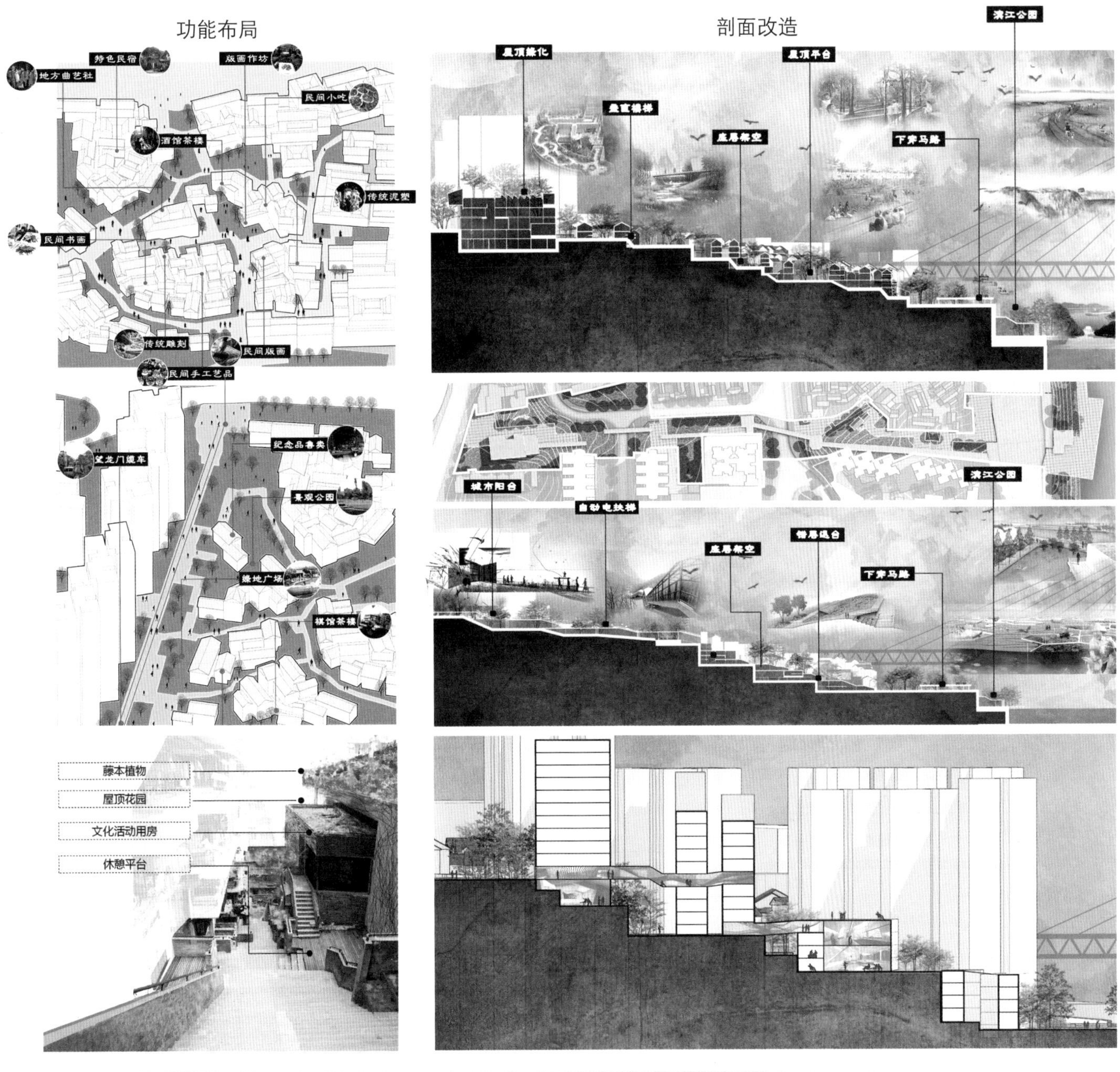
功能布局
剖面改造
特色民宿
版画作坊
地方曲艺社
民间小吃
酒馆茶楼
传统泥塑
民间书画
传统雕刻
民间版画
民间手工艺品
望龙门缆车
纪念品售卖
景观公园
绿地广场
棋馆茶楼
藤本植物
屋顶花园
文化活动用房
休憩平台
屋顶绿化
屋顶平台
滨江公园
底层架空
下穿马路
城市阳台
自动电扶梯
错层退台
底层架空
下穿马路
滨江公园

山上层层桃李花，云间烟火是人家
银钏金钗来负水，长刀短笠去烧畲

1 凯旋路方案设计

1.1 设计背景

凯旋路片区位于重庆渝中区下半城中段，该地块原有社区肌理破碎，作为下半城中心地段，已经与解放碑发展渐行渐远，融创白象街项目接手后对这一地段进行上大面积的商业开发。

同时存在未改造社区人口密度高，高层为主；社区差异大，类型丰富。

1.2 设计理念

思考城市新环境对原本社区秩序的破坏，社区结构，人群分隔，单向流动。如何保护原有重庆母城记忆？原生的社区文化的取舍？人居环境的更新如何开展？

1.3 设计视角

本次设计以社区规划师为核心视角，关注不同人的需求，重塑社区新秩序。

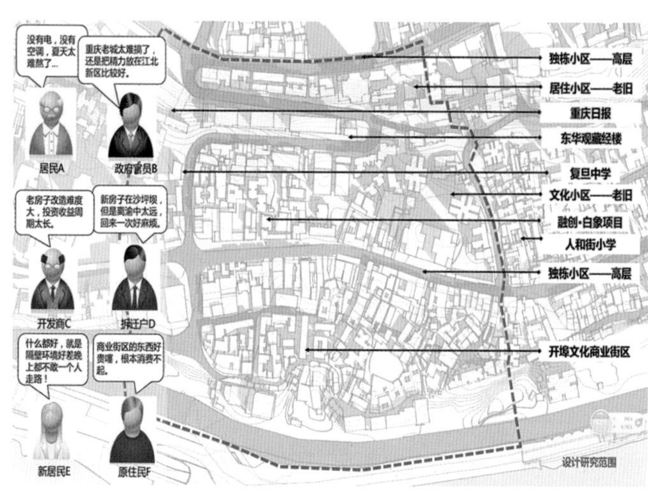

2 设计出发点

颓势：场地内已经没有了大片面积用地可以更新，同时解放碑CBD和开埠文化展示区之间有着诸多类型的小区，由于渐渐缺乏更新手段，原有社区肌理走向破碎，作为下半城中心地段，已经与解放碑发展渐行渐远。渐渐地传统人文遗存逐渐失效，生活服务业态走向低端，人居环境慢慢老旧，该如何拯救他们的社区，还是说等待30年之后推倒新建成为下一个融创白象街。

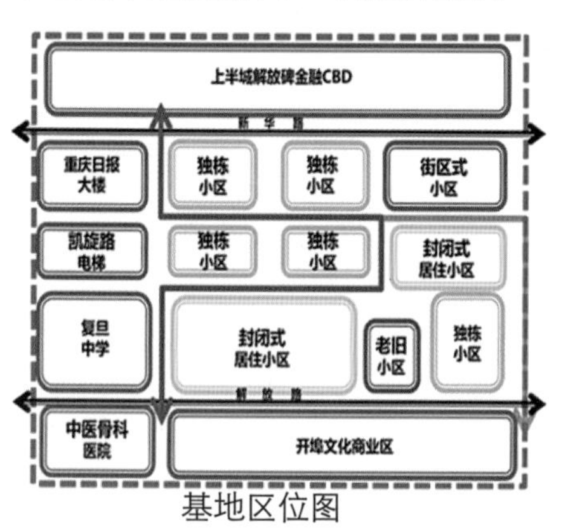

基地区位图

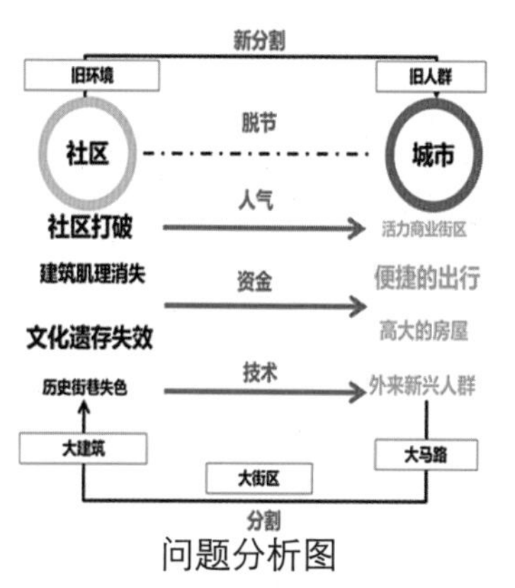

问题分析图

顺势：存量规划视角下，大拆大建式的开发已经渐渐减少，同时相对于西方国家较为成熟的社区规划师体制，我国社区规划师研究已经是当下发展的热点话题。是照搬西方先进模式，还是形成我国特色的中国社区规划师？在重庆下半城高密度人居的环境的基础上，社区作为一个不可忽视的城市要素，社区规划师是解决问题方向之一。

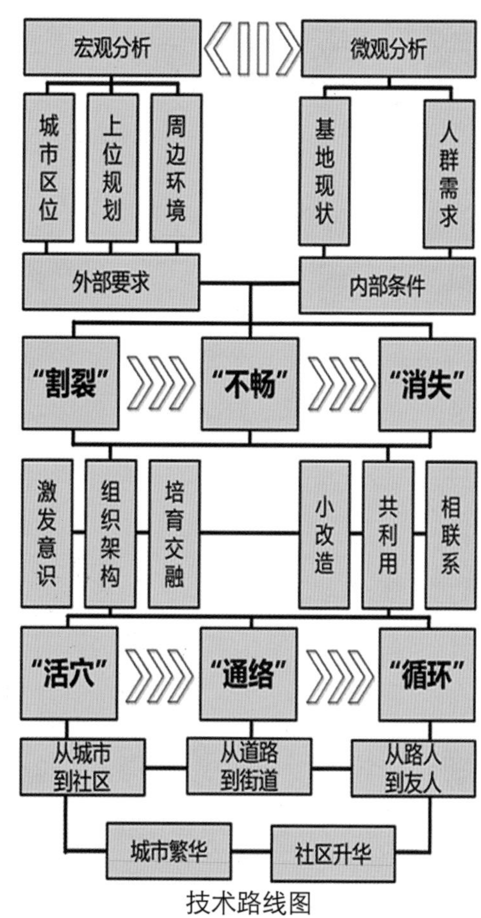

技术路线图

3 设计目标

利用社区联系平台+空间更新计划双重侧重式设计目标，实现由问题到策略落实。

问题①置入项目空间隔离	策略①激发交往空间
问题②上下半城通达不畅	策略②链接开放空间
问题③社区老旧活力不再	策略③融合社区空间

设计目标——以社区规划师视角重塑社区新秩序

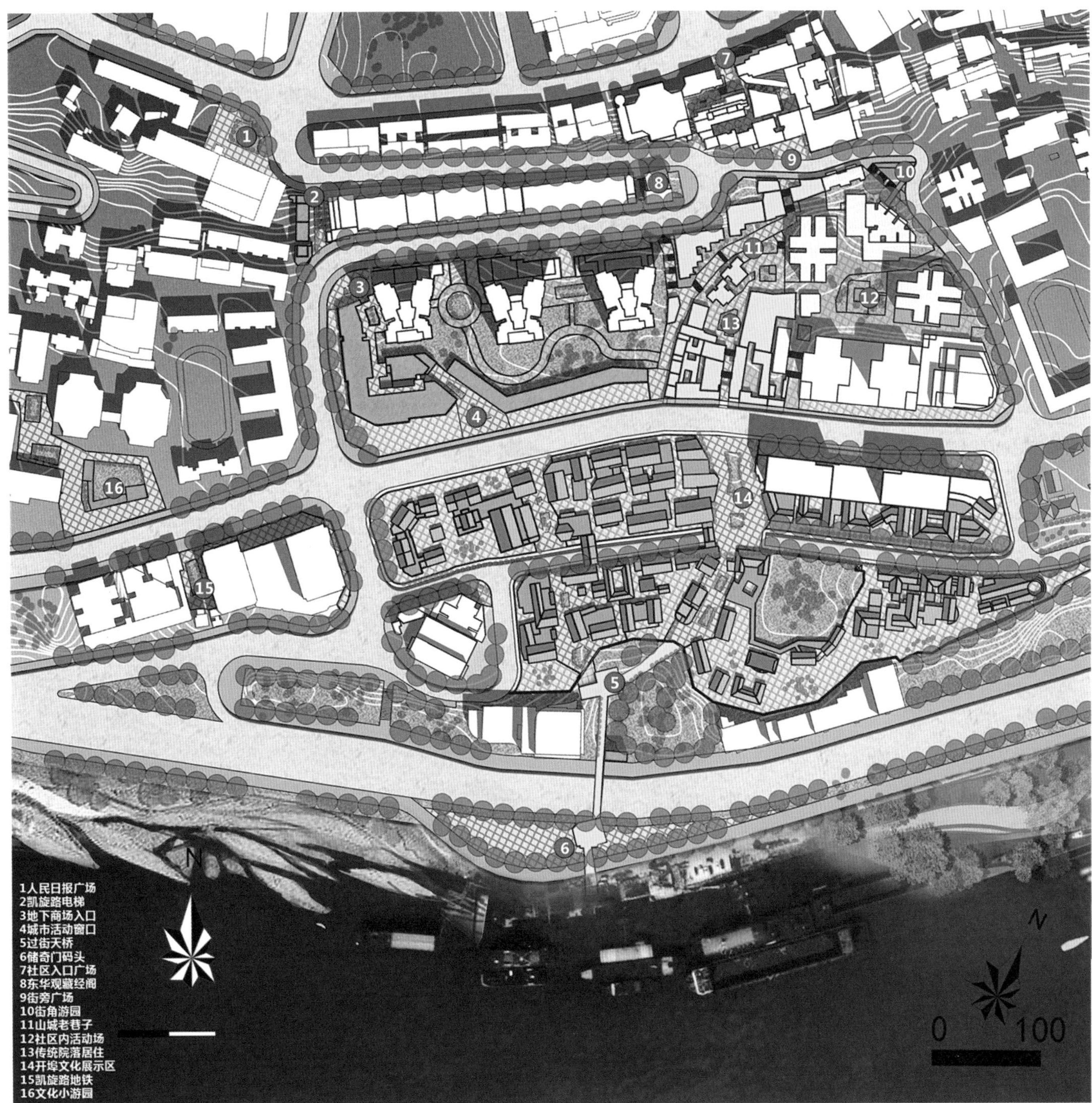

4 城市设计总平面图

5 社区规划师模式研究及设计构思框架

欧美台社区规划师制度——自下而上式的服务型规划师

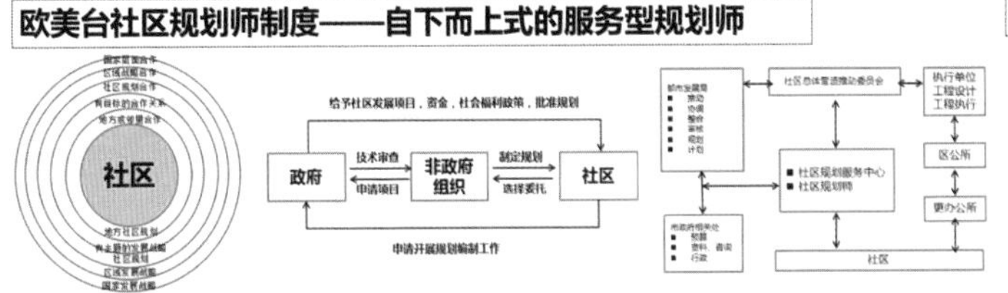

服务型社区规划师

社区规划师的工作内容较为宽泛，从物质环境到经济民生，除物质规划所必需的内容外，还重点关注以下4个部分的内容：

一是经济规划（帮助社区确定有发展潜力的地块，策划适当的项目，引进适宜发展的社区企业；举办就业培训班；协助企业和社区建立关系，以提供就业机会；修整、建造商业网点，以振兴社区经济和活跃商业氛围等）

二是住房规划（包括调查居住现状、收入状况，促进社区和政府、开发商合作，建造经济型住宅提供给低收入人群）

三是环境规划（从保护自然环境、修缮历史建筑到增添绿地、文化地标和游戏场）

四是社会发展规划（包括教学改革、申请学校设施和改善社会治安等内容。）

社区规划师模式①

深圳成都社区规划师制度——自上而下式的推动型规划师

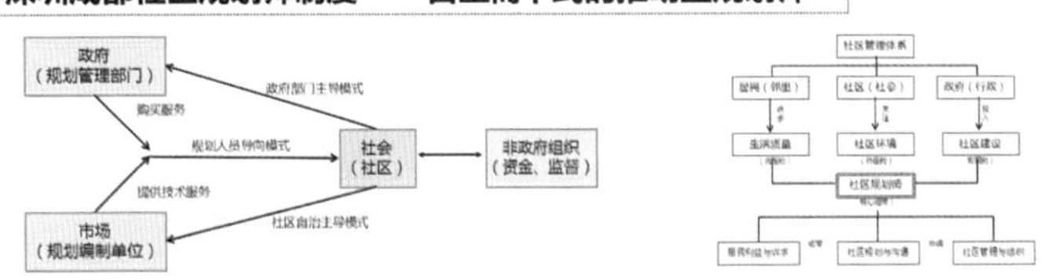

推动型社区规划师

主要由城市规划主管部门推动,将行政系统内部力量派驻到各社区担任社区规划师,自上而下地向社区提供规划服务：

一是专职社区规划师（建立了社区规划师领导小组,直接由科室负责人担当社区规划师,通过定期与临时会议制,运行和推广社区规划师制度）

二是兼职社区规划师（市规划主管部门开始在全市推行社区规划师制度,将所有副处级以上干部人派驻至原农村社区担任社区规划师,规划师保证每月至少一次下社区提供规划服务）

社区规划师模式②

①激活点穴
目标：复兴即将被遗忘的记忆

②舒经通络
目标：再生即将被边缘的生活

③循环共生
目标：挽救即将被拆除的空间

A 空间设计要点

阶段一：激活点穴，就是激活这些遗忘在社区角落的交往空间，丰富我的社区生活的内涵。

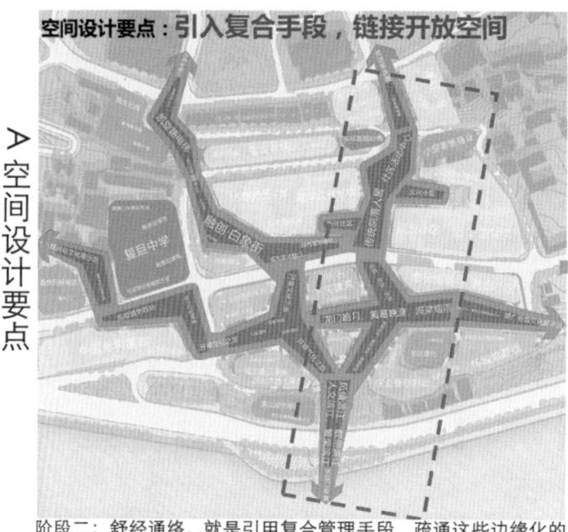

阶段二：舒经通络，就是引用复合管理手段，疏通这些边缘化的生活空间，链接城市与社区关系

阶段三：循环共生，就是融合社区里的多样人群，让他们参与进来，培育起来，共享将来。

B 社会联系平台

利用手机APP，构建沟通平台，平衡需求指导建设

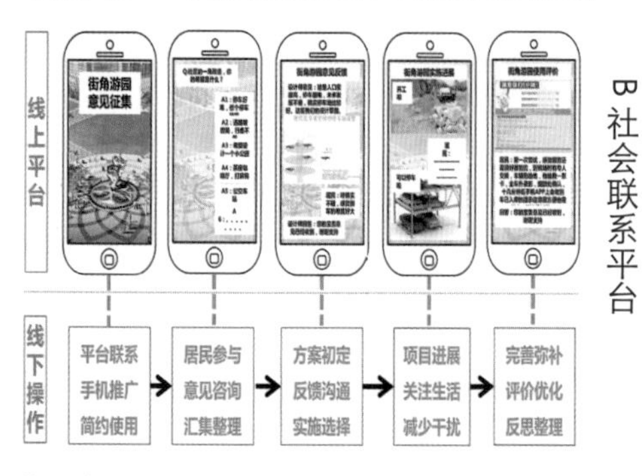

使用手机APP，通过前期推广，居民意见参与，中期我们再讨论比选多方案，后期借助平台实时接受居民意见完成更新。

1.沟通平台引入项目设计库，自主选择
2.引入社区街巷合作公约，划归经营范围

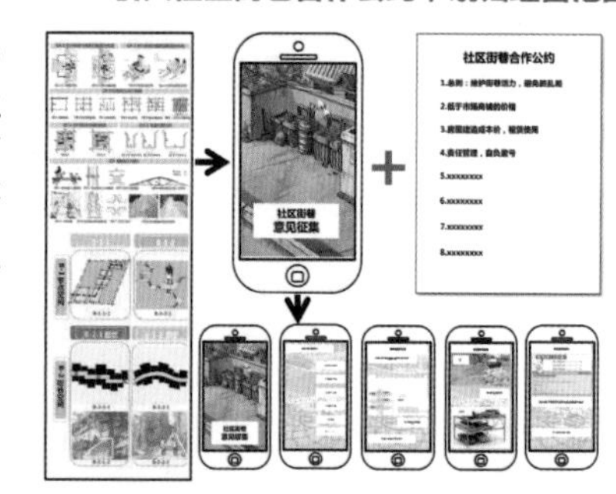

加入平台项目设计库，自主选择建设类型，有控制地进行建设，同时引入社区街巷合作公约，划归经营范围，保持街巷的活力。

1.通过平台，自主设计，自主参与
2.引入平台监督管理系统，创造“家的社区”

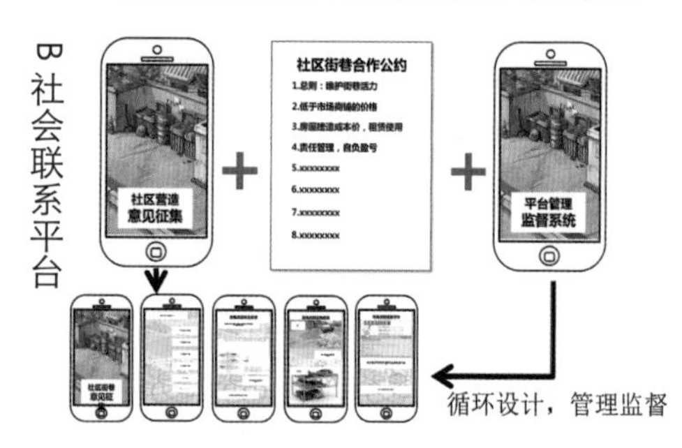

前两阶段的基础上，引入手机平台监督管理系统，创造一个“家的社区”

C 空间更新计划

利用手机APP整合抉择出保持场地人流过街，沟通南北社区，设置环岛绿洲等要素。

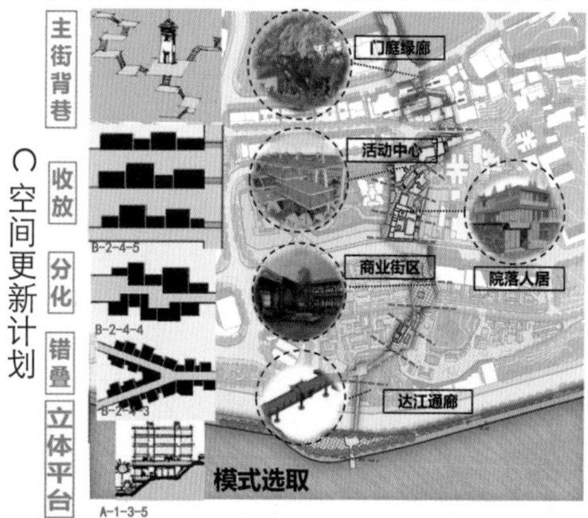

通过资料整理，开发商团体自主选择，采用主街背巷子等5类模式，链接了门厅绿廊等开放空间。

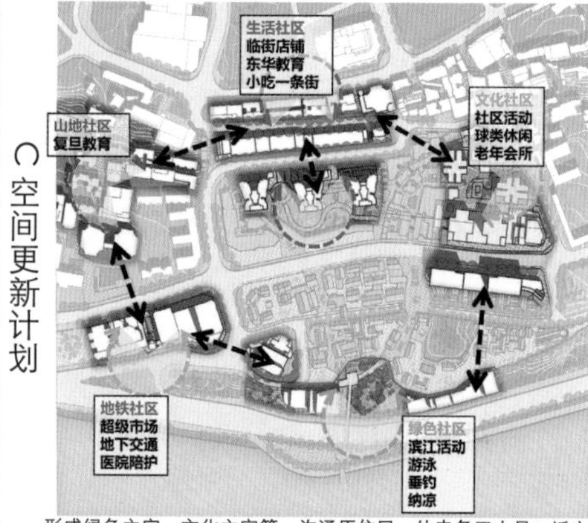

形成绿色之家，文化之家等，沟通原住民，外来务工人员、迁入新居民、消费群体，实现社区人群重构这一社会目标。

D 轴测鸟瞰图

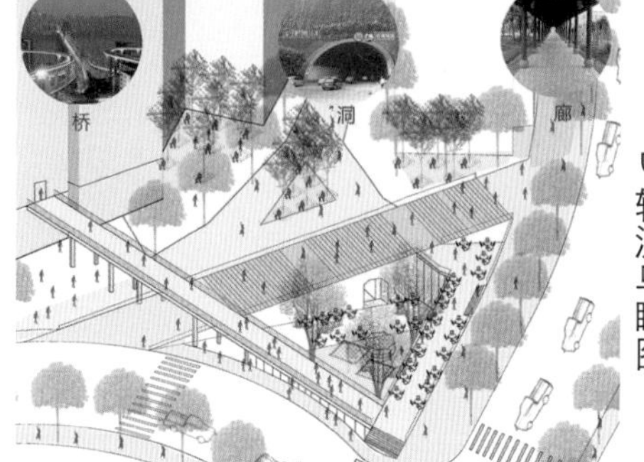

设计参考重庆地方特色，以桥、洞、廊为设计意向对街角进行小型建筑空间设计。

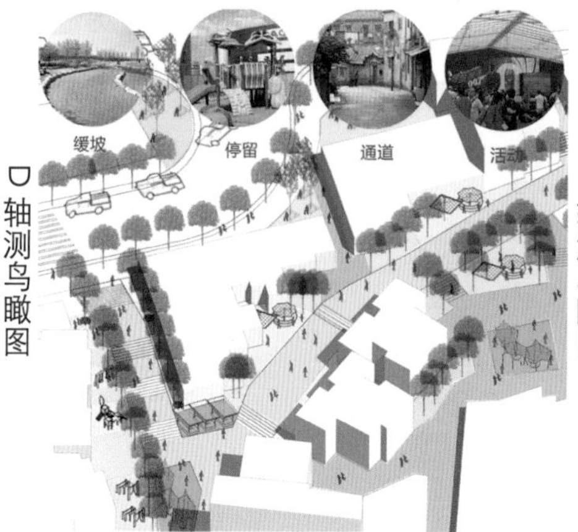

设计进一步利用山地，设置步行缓坡，增加停留空间，打通社区通道，添加街角活动等等。

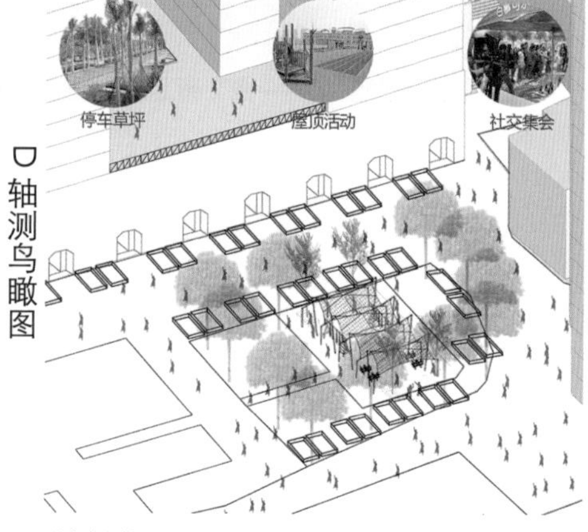

联合文化社区居民 增设草坪绿化停车，加强屋顶活动，开展社交集会。

①激活点穴
内涵：激发个体关注度

激活点穴完成空间微改造激发个体关注度，此时的社区规划师：通过利用手机APP沟通交流，联合政府开发商将资金有效投入，或许成为一个小型建筑设计师。

②舒经通络
内涵：群体协作共享

舒经通络拉近城市与社区的距离形成共利用的群体协作，此刻的社区规划师：利用手机APP平台管理，引导群体投资，或许是一个制定控制导则框架的风貌规划师。

③循环共生
内涵：社群联系相融

循环共生通过组织架构将生活在社区中的社群相联系，此情景下的社区规划师：成为一个社区的培育者。麻雀虽小五脏俱全，社区规划师身份虽小也能联系社区内各项建设，完成内涵式提升。

E 场景透视图

F 培育整治模式

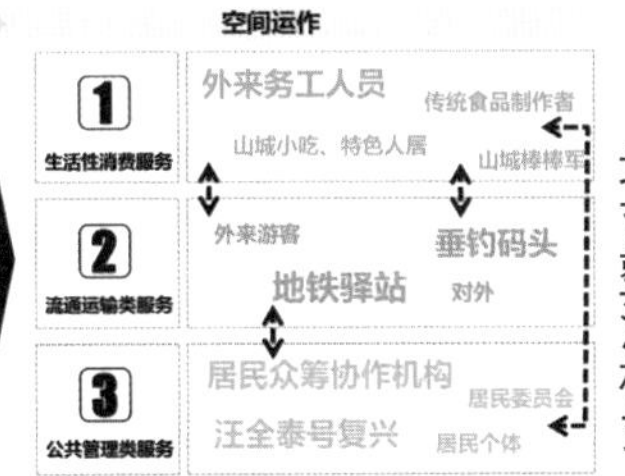

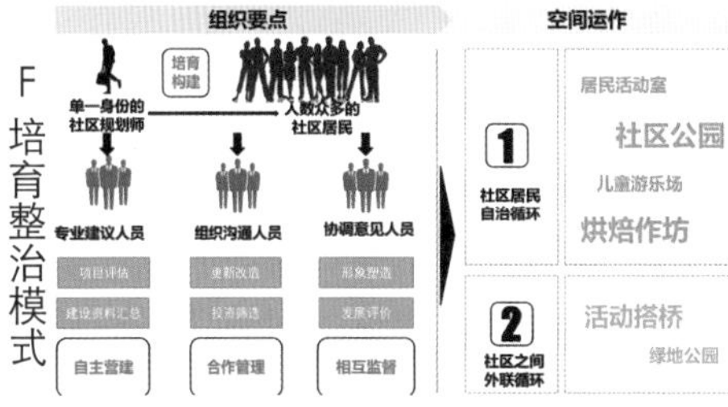

G 结构系统建构

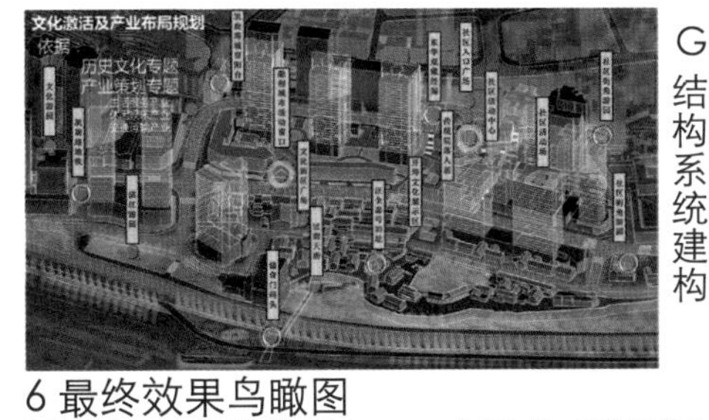

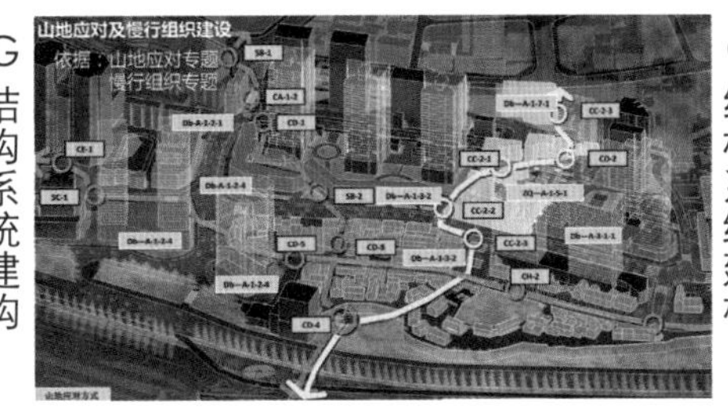

6 最终效果鸟瞰图

PEACE

包容之城

CITY OF CONTAINMENT

西安建筑科技大学建筑学院
韩会东　朱　乐　吴　哲　张　琳　孙佳伟　林之鸿
王瑞楠　吴倩怡　李晨黎　任瑞瑶　张淑慎　肖宇泽
指导教师：任云英　李小龙　李欣鹏　朱　玲

针对“更好的社区生活”的课题，我们从五个问题导向出发，分别为：丰富文化记忆与历史遗存贫瘠的冲突；复杂地形条件与便捷交通需求的冲突；有限增量空间与多样空间需求的冲突；近城市核心区位与低下人居环境的冲突和城市更新需求与落后更新机制的冲突。我们希望通过深挖历史底蕴，彰显文化记忆的方式以应对历史遗存贫瘠的现状，建设文化下半城。通过实现多方共建，保证良性循环的方式来提升旧城更新效益，建设永续下半城。通过构建交通网络，便利居民出行以减弱复杂地形消极影响——建设畅达下半城。通过优化公共环境，响应各方需求，给予游客宜人的展示空间和居民良好的活动环境——建设活力下半城。通过改善居民生活构建多元社区以彰显人文关怀、缩小贫富差距——建设宜居下半城。在如此多元的定位下，我们希望下半城可以包容历史与当下、现实与梦想、机遇与挑战，成为一座包容之城。

For “Better city,Better community life”, our guide starting from five questions are: rich cultural memory and historical remains barren conflict; conflict and complex terrain conditions and convenient transportation demand; limited conflict incremental space and diverse space requirements; near the city core location and poor living environmental conflicts and urban renewal conflict behind demand and updating mechanism. We hope to dig deep historical background, highlighting the cultural memory of the way to deal with historical remains barren situation, building a culture of half of the city. By implementing multi-build, the way to ensure that a virtuous circle of Urban Renewal to improve efficiency, sustainable building half of the city. By building a transportation network to facilitate the residents travel to attenuate the negative effects of complex terrain - Building accessibility half of the city. By optimizing the public environment, respond to the needs of the parties, to give tourists a pleasant exhibition space and a good resident activities Environment - Building a Dynamic half of the city. By improving the living construct pluralistic community to highlight the humane care, to narrow the gap between rich and poor - half of the city building livable. In such a diverse positioning, we hope that the next half of the city can accommodate the history and present, reality and dreams, opportunities and challenges to become an “city of containment”.

下半城之识

半城感知

基地概况

下半城位于重庆市渝中区，地处长江、嘉陵江交汇处，两江环抱、形似半岛。渝中是重庆发展演变的“母城”，3000 年江州城、800 年重庆府、100 年解放碑，积淀了巴渝文化、抗战文化、红岩精神等厚重的人文底蕴，孕育了重庆的“根”和“源”，浓缩了山城、江城、不夜城的精华。渝中区同时也是重庆的金融、商贸和文化中心。下半城片区是渝中半岛东部门户，背靠半岛山脊、依傍长江、远眺南山，紧邻解放碑中央商务区，具有核心的区位条件和优越的山水地貌。片区内拥有大量的历史文化资源，共有国家级文保单位 6 处、市级文保单位 10 处、区级文保单位 2 处，形成深厚文化底蕴，是重庆母城中的母城。本次规划基地范围面积约 120 公顷，包含十个完整社区。

建设历程

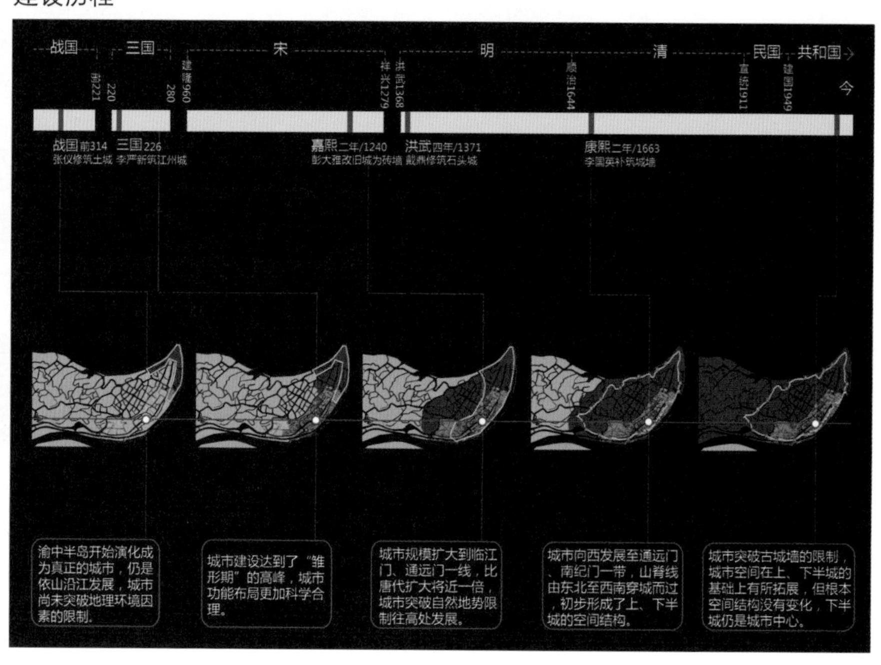

上位规划

中央商务区定位

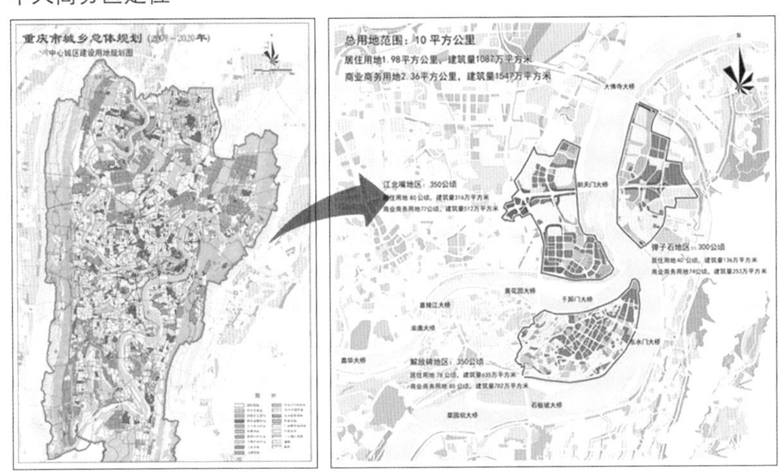

主城区形成十大商务集聚区，重点开发位于长江与嘉陵江交汇处，由解放碑—江北城—弹子石构成的中央商务区。以发达的现代服务业为基础，以金融、商贸、商务、总部经济、文化创意等专业服务为支柱，着力打造中国西部地区的总部经济集聚区、高端商业承载区、高尚生活服务功能区和国际化都市风貌展示区。

新型城镇化格局

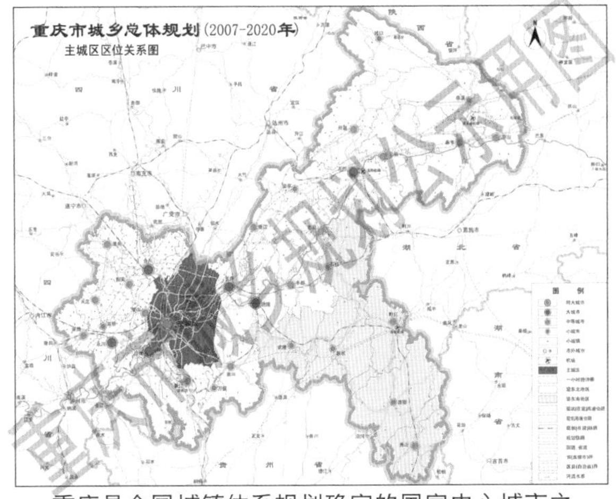

重庆是全国城镇体系规划确定的国家中心城市之一，位于国家“两横三纵”城镇化战略格局中沿长江和包昆通道的接合点，是丝绸之路经济带、长江经济带的战略支点，是西部开发的重要支撑、长江经济带的西部中心枢纽、成渝城市群的重要极核，是全国城乡统筹综合配套改革试验区。

“一带一路”战略

重庆位于丝绸之路经济带、中国—中南半岛经济走廊与长江经济带“Y”字形大通道的连接点上，是“一带一路”和长江经济带的重要节点。重庆在“一带一路”战略中定位为西部开放平台、重要产业基地、西部中心枢纽、西部金融高地。重庆将建成西部开放开发的重要支撑。

价值判断

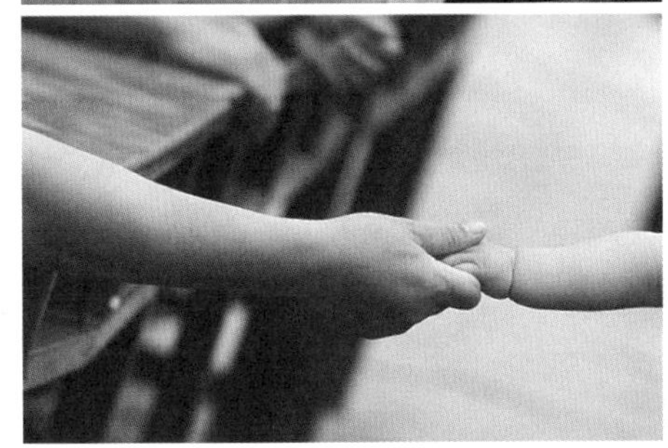

当楼房的样式和市民的生活越来越趋于类似的时候，这座城市的文化性格与城市品质就变得像空气和水一样重要和宝贵。

——《老重庆影像志》

城市社区在城市生活中发挥着不可低估的作用，要不断致力于社区服务能力的建设和完善，为市民提供人性化、亲情化的服务。

——《重庆宣言》

整体框架

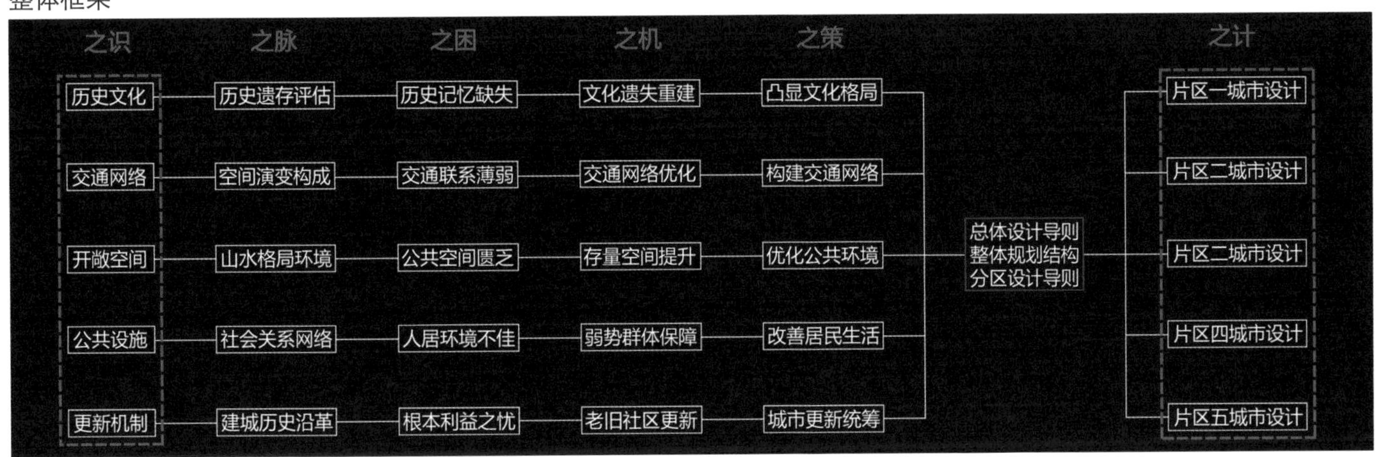

历史沿革之脉

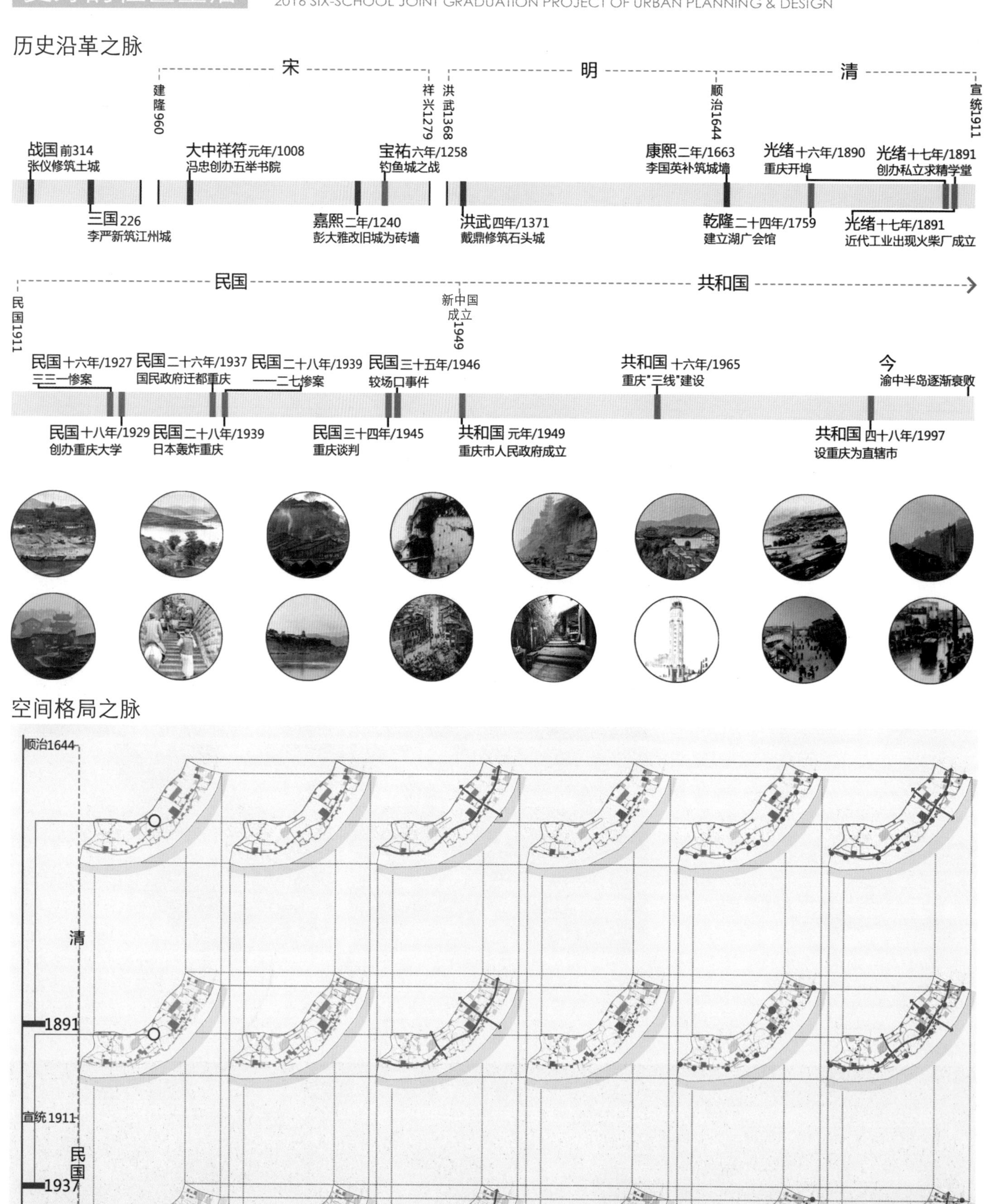
宋
明
清
建隆960
祥兴1279
洪武1368
顺治1644
宣统1911
战国 前314
张仪修筑土城
三国 226
李严新筑江州城
大中祥符 元年/1008
冯忠创办五举书院
嘉熙 二年/1240
彭大雅改旧城为砖墙
宝祐 六年/1258
钓鱼城之战
洪武 四年/1371
戴鼎修筑石头城
康熙 二年/1663
李国英补筑城墙
乾隆 二十四年/1759
建立湖广会馆
光绪 十六年/1890
重庆开埠
光绪 十七年/1891
创办私立求精学堂
光绪 十七年/1891
近代工业出现火柴厂成立
民国
共和国
民国1911
新中国成立
1949
民国 十六年/1927
三三一惨案
民国 十八年/1929
创办重庆大学
民国 二十六年/1937
国民政府迁都重庆
民国 二十八年/1939
日本轰炸重庆
民国 二十八年/1939
一二七惨案
民国 三十四年/1945
重庆谈判
民国 三十五年/1946
较场口事件
共和国 元年/1949
重庆市人民政府成立
共和国 十六年/1965
重庆"三线"建设
共和国 四十八年/1997
设重庆为直辖市
今
渝中半岛逐渐衰败
空间格局之脉
顺治1644
清
1891
宣统 1911
民国
1937
建国1949
1951
共和国
时间轴
边界
骨架
轴线
节点
景致
结构
空间轴

山水格局之脉

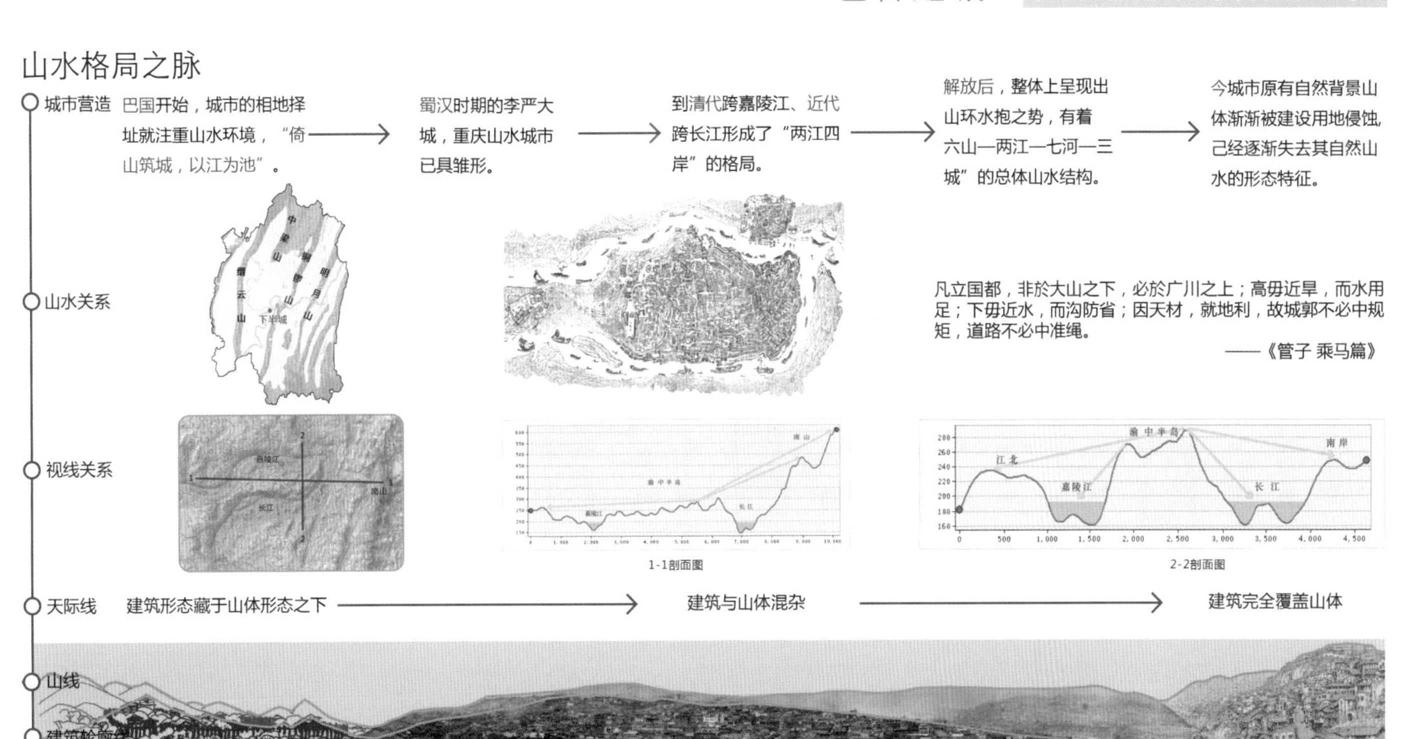

社会关系之脉

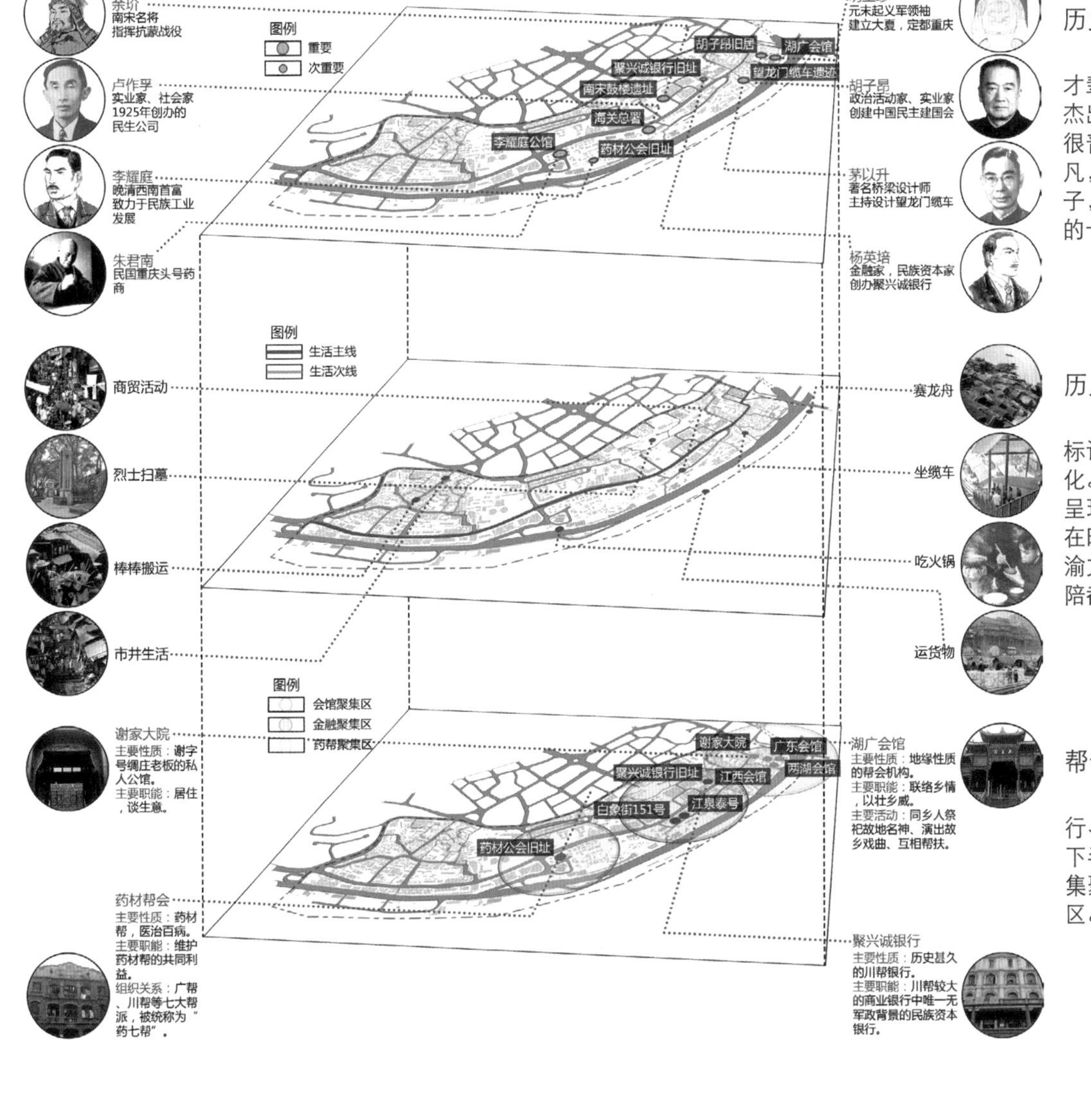

历史人物探寻

重庆自古以来集天地灵秀人才辈出。有诸多在自己领域十分杰出的人物。但与此同时，也有很普通的老百姓，虽然他们很平凡，但是他们也是下半城的一分子，是构成下半城全部社会关系的一部分。

历史生活网络

我们通过对历史生活网络的标识来挖掘这片土地所蕴含的文化。历史生活网络在空间层面上，呈现出一种鱼骨式的线性结构。在时间层面上，则依次产生了巴渝文化、移民文化、开埠文化和陪都文化。

帮会圈层关系

我们通过对历史上商会、银行、帮会的标识。可以大致看出下半城由东向西依次分布着会馆集聚区、金融集聚区和药帮集聚区。

下半城之困

下半城之困从现状遗存评估、现实环境分析和现行运行机制三个方面入手，得出下半城在历史文化、道路交通、公共空间、人居环境和运行机制五个方面面临的窘境。

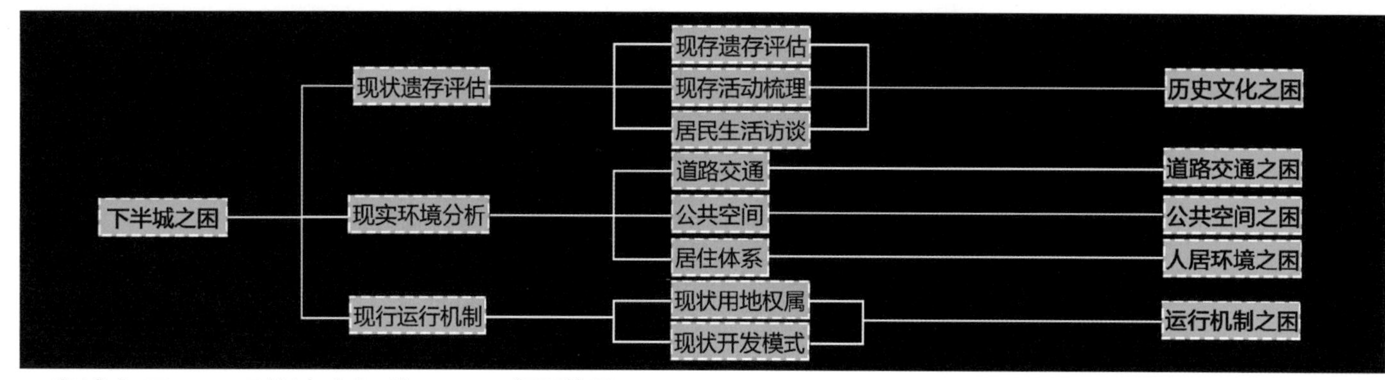

下半城之困——现状遗存评估

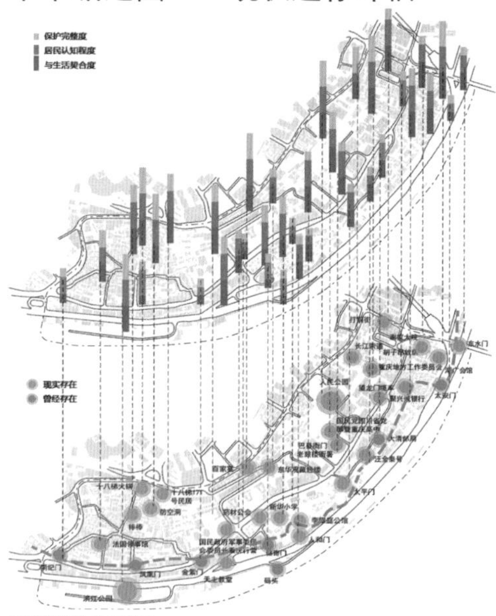

现状遗存评估图

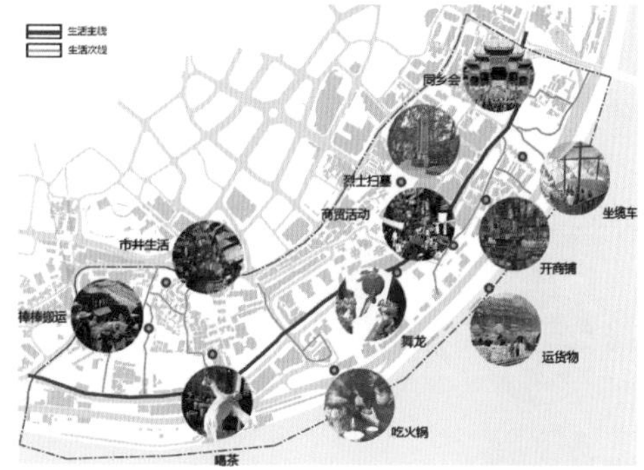

传统文化活动分布图

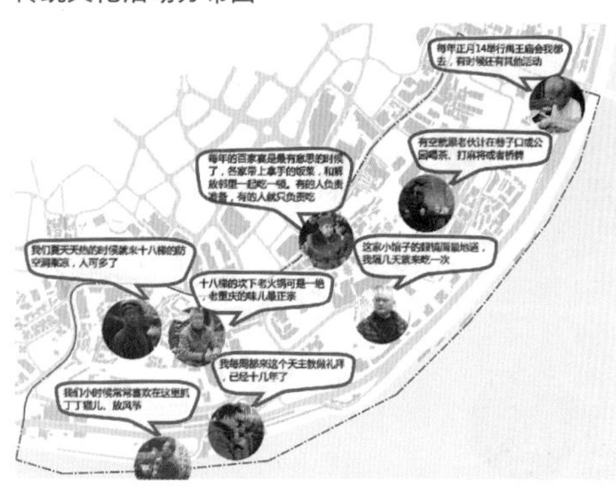

访谈居民分布图

问题梳理：

1. 文化资源保护表象化。多以围墙包围的单一保护为主，缺乏对历史文化价值的深入挖掘与展现。

2. 文化资源缺乏整合。多元文化遗存小而分散，未建立完整的文化结构体系和完整的文化产业链。

3. 文化资源发展机制单一。管理、保护与发展由政府单一主体主导，企业、非营利性组织和居民的参与度低。

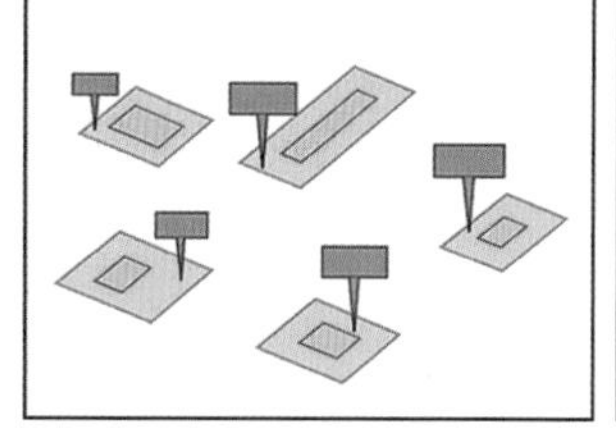

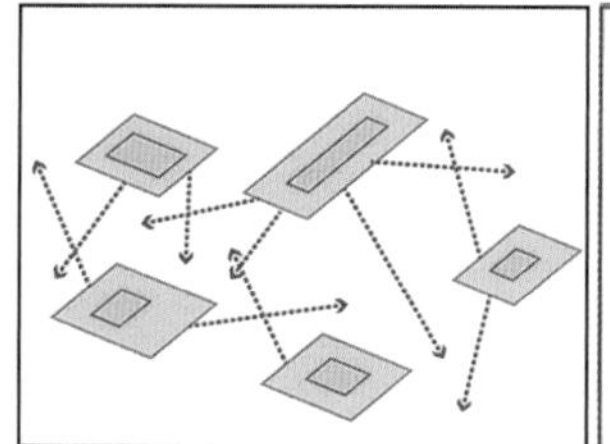

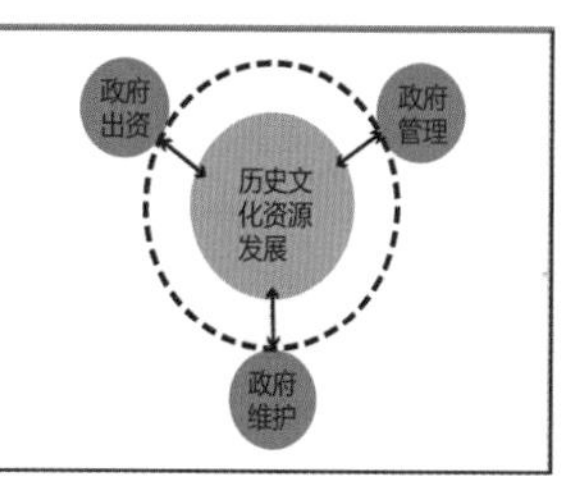

现状遗存梳理

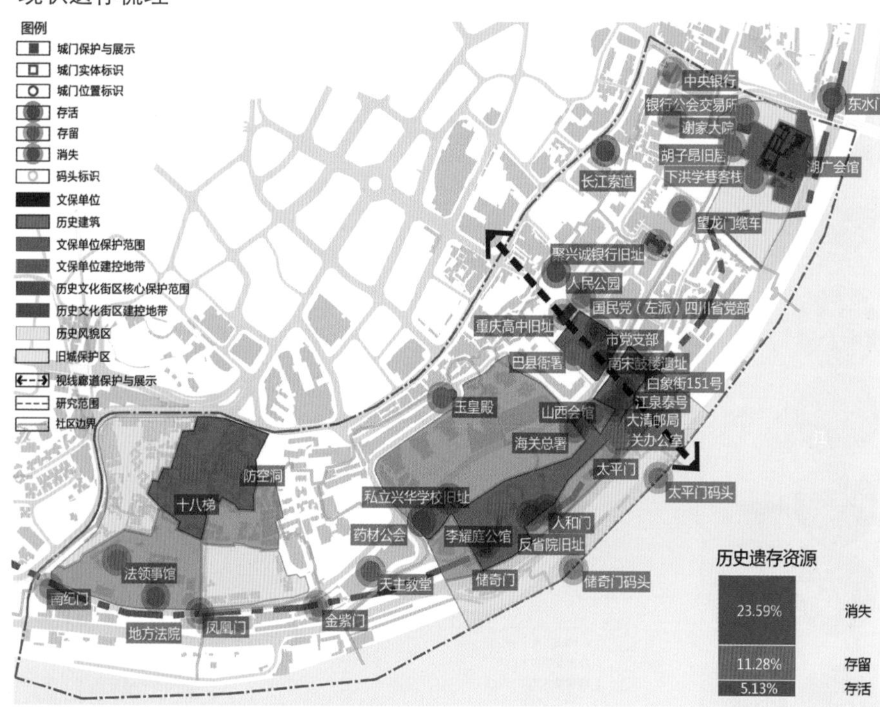

现状遗存分布图

历史文化问题根源

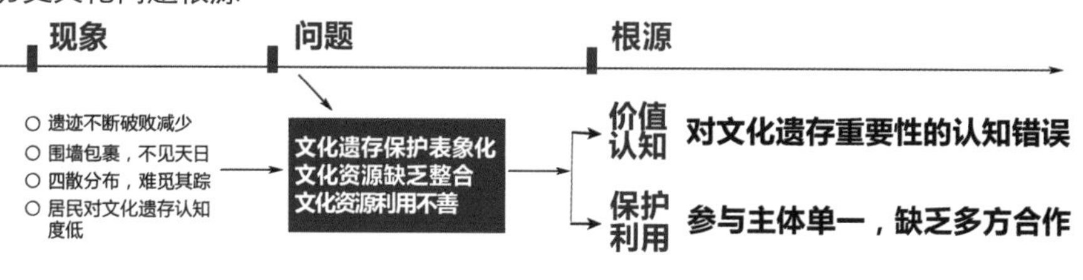

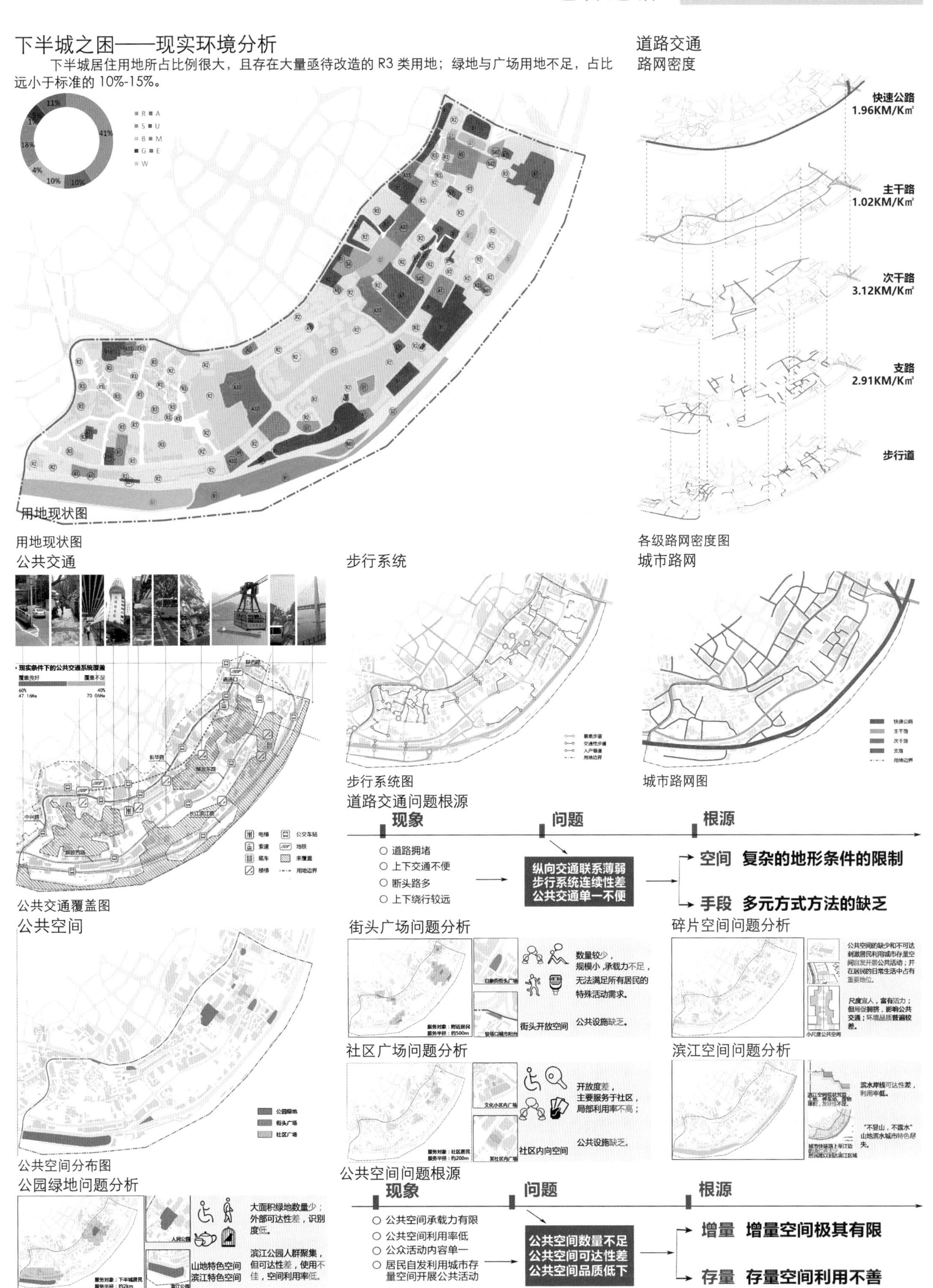
下半城之困——现实环境分析
下半城居住用地所占比例很大，且存在大量亟待改造的 R3 类用地；绿地与广场用地不足，占比远小于标准的 10%-15%。
11%
41%
18%
4%
10%
10%
R A
S U
B M
G E
W
用地现状图
道路交通
路网密度
快速公路
1.96KM/Km²
主干路
1.02KM/Km²
次干路
3.12KM/Km²
支路
2.91KM/Km²
步行道
各级路网密度图
公共交通
现实条件下的公共交通系统覆盖
覆盖良好
覆盖不足
60%
40%
47.16Ha
70.06Ha
新华路
解放东路
中兴路
长江滨江路
解放西路
电梯
公交车站
索道
地铁
缆车
未覆盖
梯梯
用地边界
公共交通覆盖图
步行系统
步行系统图
城市路网
快速公路
主干路
次干路
支路
用地边界
城市路网图
道路交通问题根源
现象
问题
根源
道路拥堵
上下交通不便
断头路多
上下绕行较远
纵向交通联系薄弱
步行系统连续性差
公共交通单一不便
空间 复杂的地形条件的限制
手段 多元方式方法的缺乏
公共空间
公园绿地
街头广场
社区广场
公共空间分布图
街头广场问题分析
数量较少，
规模小，承载力不足，
无法满足所有居民的特殊活动需求。
街头开放空间
公共设施缺乏。
服务对象：附近居民
服务半径：约500m
碎片空间问题分析
公共空间的缺少和不可达刺激居民利用城市存量空间自发开展公共活动；并在居民的日常生活中占有重要地位。
尺度宜人，富有活力；但局促拥挤，影响公共交通；环境品质普遍较差。
小尺度公共空间
社区广场问题分析
开放度差，
主要服务于社区，
局部利用率不高；
社区内向空间
公共设施缺乏。
服务对象：社区居民
服务半径：约200m
滨江空间问题分析
滨水岸线可达性差，利用率低。
"不显山，不露水"
山地滨水城市特色尽失。
公园绿地问题分析
大面积绿地数量少；
外部可达性差，识别度低。
滨江公园人群聚集，但可达性差，使用不佳，空间利用率低。
山地特色空间
滨江特色空间
服务对象：下半城居民
服务半径：约2km
公共空间问题根源
现象
问题
根源
公共空间承载力有限
公共空间利用率低
公众活动内容单一
居民自发利用城市存量空间开展公共活动
公共空间数量不足
公共空间可达性差
公共空间品质低下
增量 增量空间极其有限
存量 存量空间利用不善

居住体系

人口分析

建筑质量分析

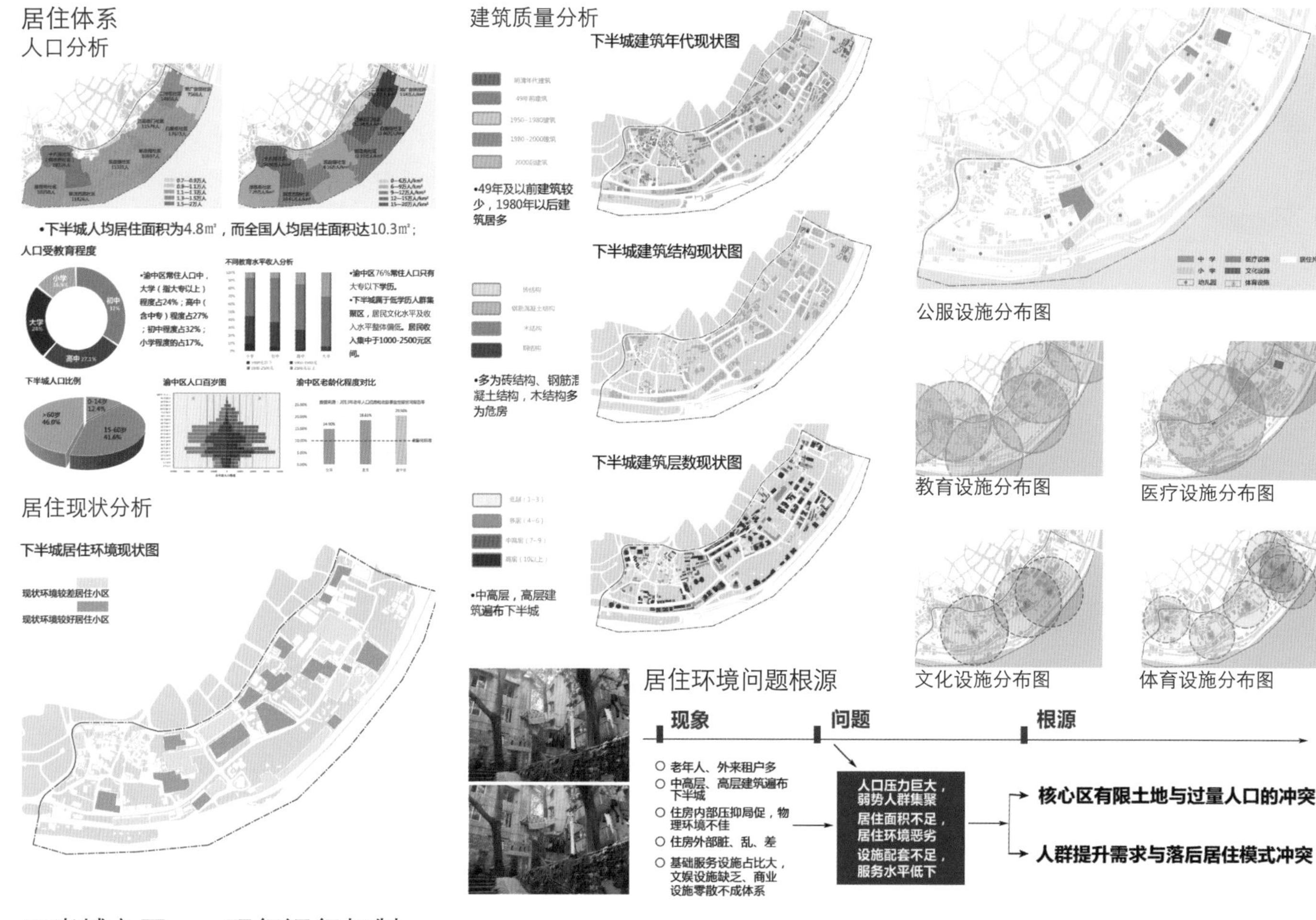

下半城之困——现行运行机制

现状用地权属

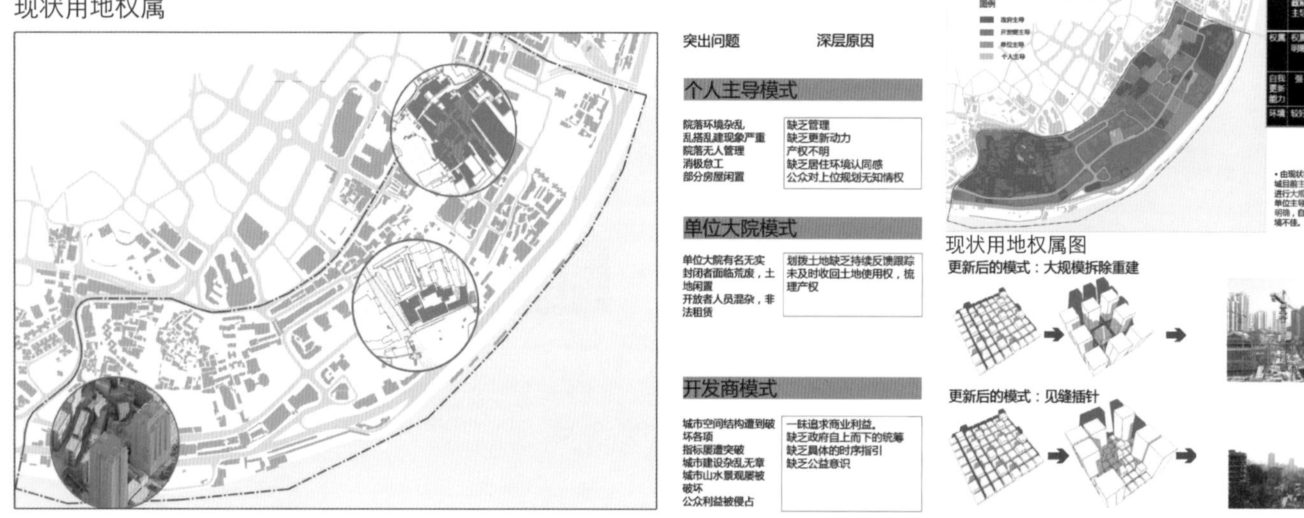

现状开发模式

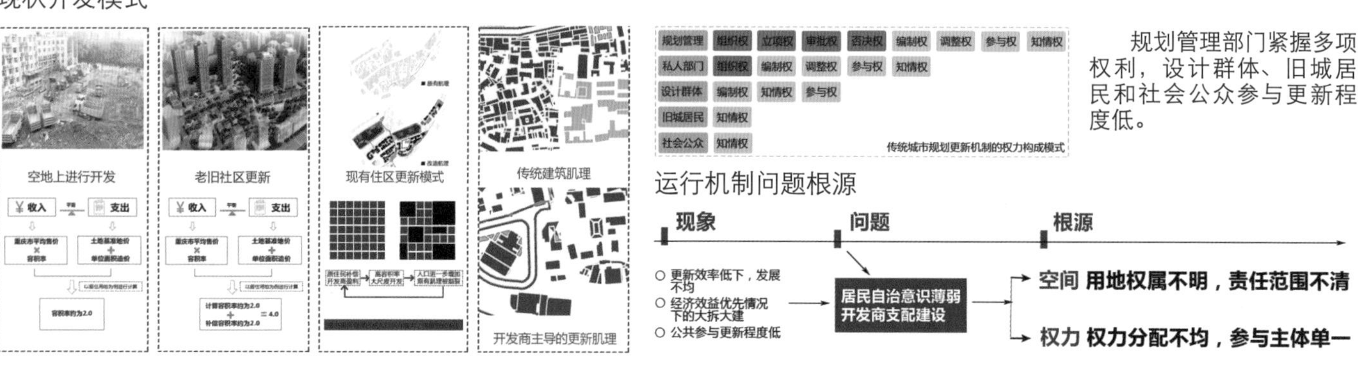

规划管理部门紧握多项权利，设计群体、旧城居民和社会公众参与更新程度低。

运行机制问题根源

下半城之机

文化遗失重塑之机

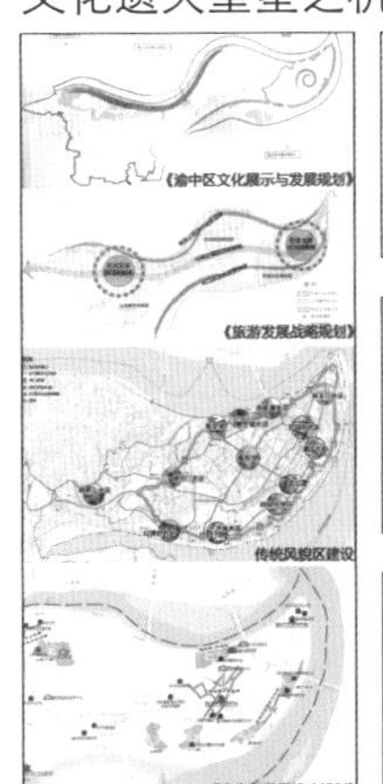

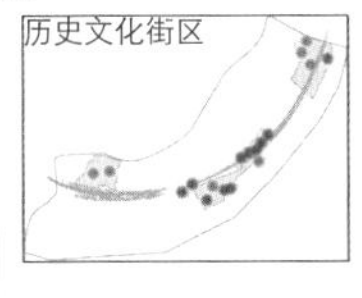

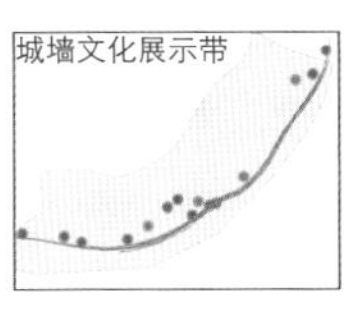

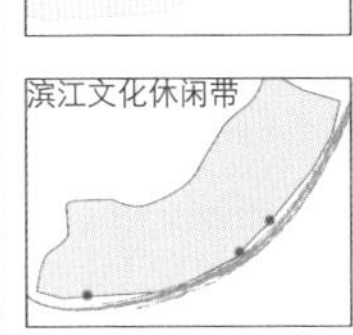

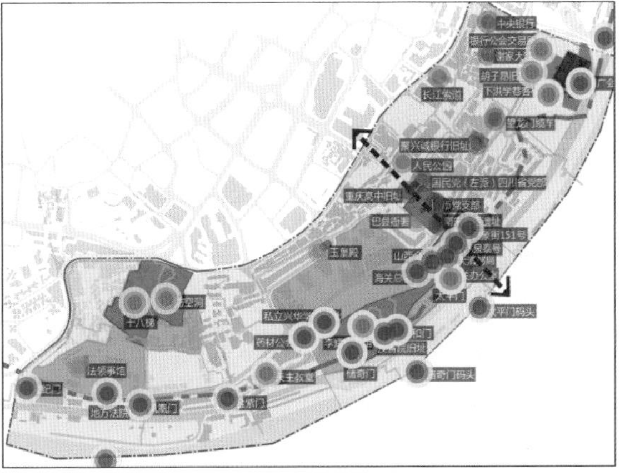

[十八梯]

[乌镇]

借鉴乌镇的模式，空间上秉持“整旧如故，以存其真”的原则，政府与开发商通过成立公司，买断原有住房产权，吸纳原住居民作为工作人员，通过统一管理控制恶性竞争，鼓励店铺的创意性保证业态的最优组合状态。

交通网络优化之机

地下环线出口

凯旋路高架桥

人民公园下穿道路

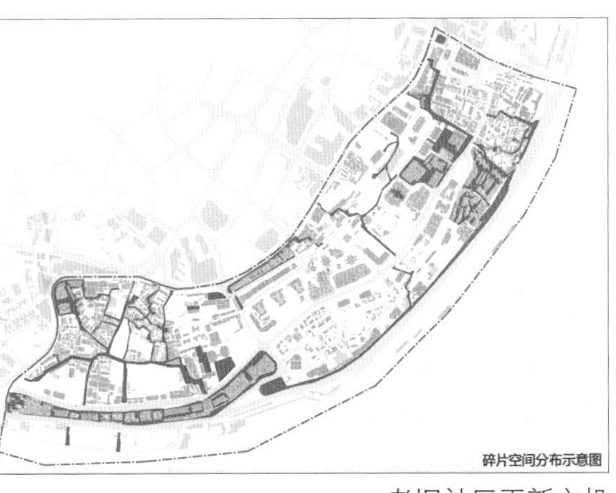

[人行步道]

[中环自动扶梯系统]

面对下半城地势复杂，部分区域可达性差，缺乏无障碍人行交通设施的现状，借鉴香港中环至半山的自动扶梯系统，通过连接半山居民区和中环商业区，缓解交通压力，同时增加人们的选择性。

存量空间提升之机

碎片空间分布示意图

[消极空间]

[口袋公园]

以美国口袋公园为例，将原始的自然环境引入城市，提供人与自然亲近的机会，寻找城市的消极空间并激活，建立小尺度的公园体系。对下半城类似的空间具有很强的借鉴作用。

弱势群体保障之机

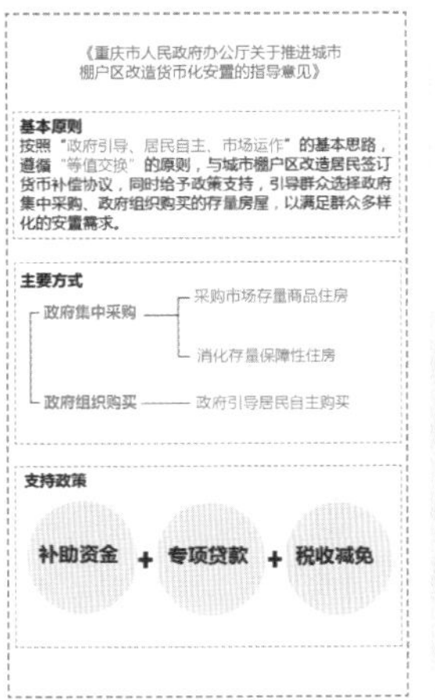
《重庆市人民政府办公厅关于推进城市棚户区改造货币化安置的指导意见》

基本原则
按照“政府引导、居民自主、市场运作”的基本思路，遵循“等值交换”的原则，与城市棚户区改造居民签订货币补偿协议，同时给予政策支持，引导群众选择政府集中采购、政府组织购买的存量房屋，以满足群众多样化的安置需求。

主要方式
- 政府集中采购
  - 采购市场存量商品住房
  - 消化存量保障性住房
- 政府组织购买 —— 政府引导居民自主购买

支持政策
补助资金 + 专项贷款 + 税收减免

老旧社区更新之机

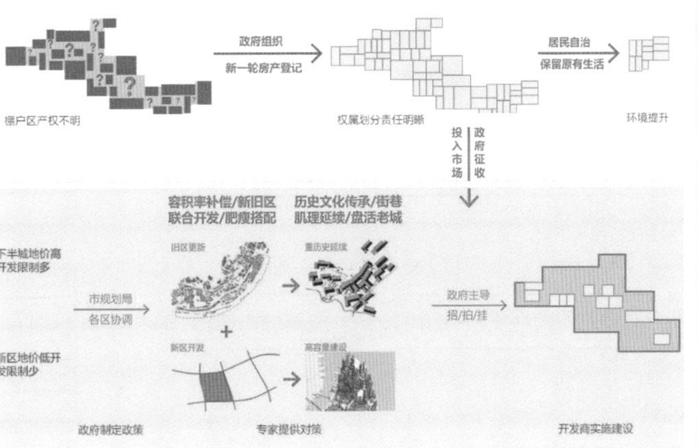

[社区自循环]　[技能交换平台]

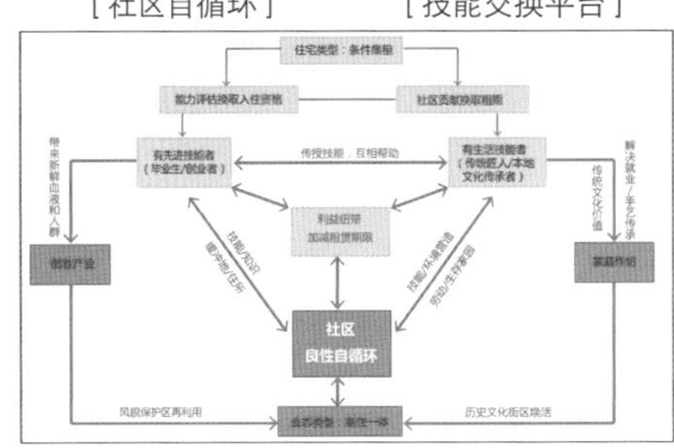

下半城之策

框架梳理

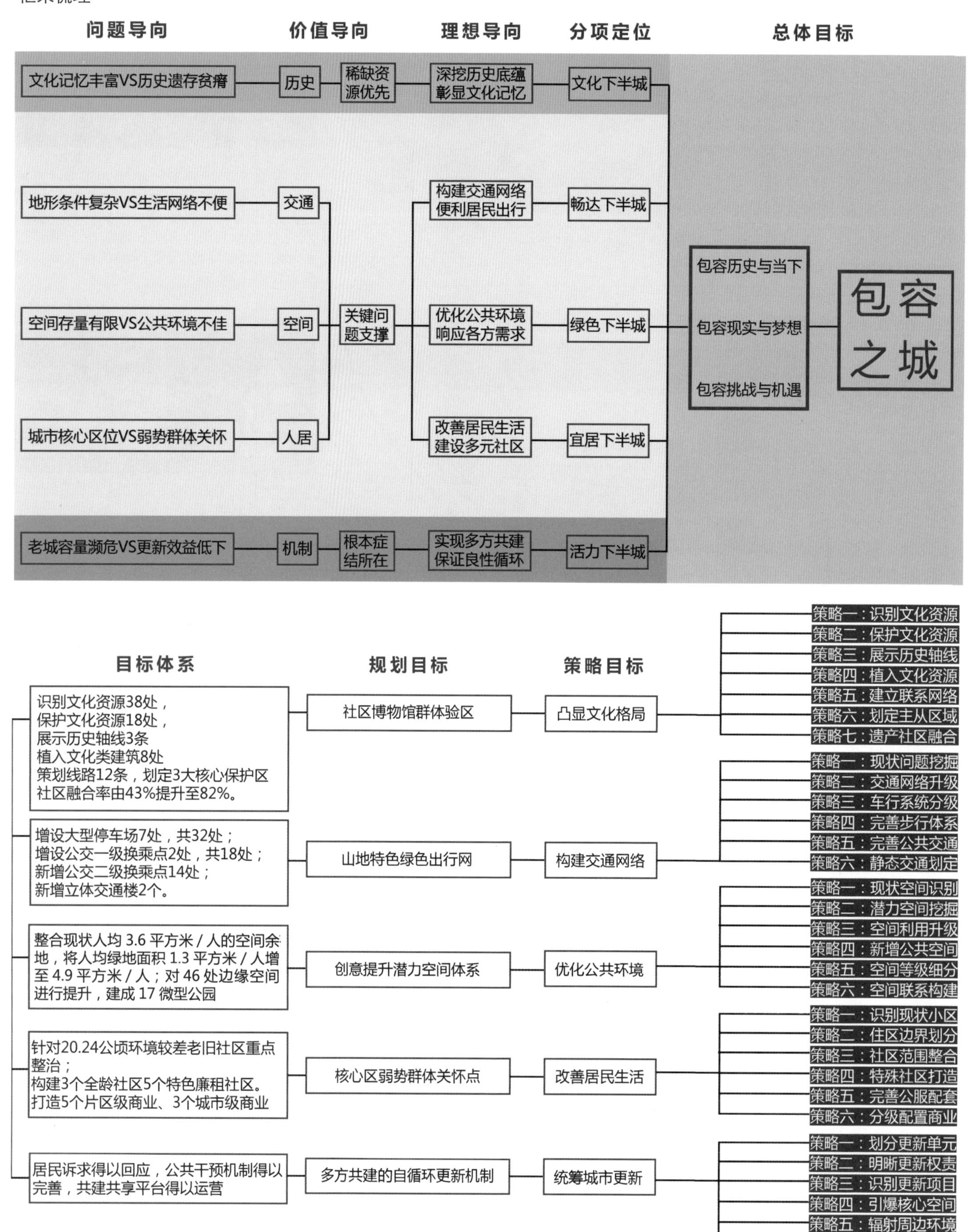
问题导向
价值导向
理想导向
分项定位
总体目标
文化记忆丰富VS历史遗存贫瘠
历史
稀缺资源优先
深挖历史底蕴彰显文化记忆
文化下半城
地形条件复杂VS生活网络不便
交通
构建交通网络便利居民出行
畅达下半城
空间存量有限VS公共环境不佳
空间
关键问题支撑
优化公共环境响应各方需求
绿色下半城
城市核心区位VS弱势群体关怀
人居
改善居民生活建设多元社区
宜居下半城
老城容量濒危VS更新效益低下
机制
根本症结所在
实现多方共建保证良性循环
活力下半城
包容历史与当下
包容现实与梦想
包容挑战与机遇
包容之城
目标体系
规划目标
策略目标
识别文化资源38处，
保护文化资源18处，
展示历史轴线3条
植入文化类建筑8处
策划线路12条，划定3大核心保护区
社区融合率由43%提升至82%。
社区博物馆群体验区
凸显文化格局
策略一：识别文化资源
策略二：保护文化资源
策略三：展示历史轴线
策略四：植入文化资源
策略五：建立联系网络
策略六：划定主从区域
策略七：遗产社区融合
增设大型停车场7处，共32处；
增设公交一级换乘点2处，共18处；
新增公交二级换乘点14处；
新增立体交通楼2个。
山地特色绿色出行网
构建交通网络
策略一：现状问题挖掘
策略二：交通网络升级
策略三：车行系统分级
策略四：完善步行体系
策略五：完善公共交通
策略六：静态交通划定
整合现状人均 3.6 平方米 / 人的空间余地，将人均绿地面积 1.3 平方米 / 人增至 4.9 平方米 / 人；对 46 处边缘空间进行提升，建成 17 微型公园
创意提升潜力空间体系
优化公共环境
策略一：现状空间识别
策略二：潜力空间挖掘
策略三：空间利用升级
策略四：新增公共空间
策略五：空间等级细分
策略六：空间联系构建
针对20.24公顷环境较差老旧社区重点整治；
构建3个全龄社区5个特色廉租社区。
打造5个片区级商业、3个城市级商业
核心区弱势群体关怀点
改善居民生活
策略一：识别现状小区
策略二：住区边界划分
策略三：社区范围整合
策略四：特殊社区打造
策略五：完善公服配套
策略六：分级配置商业
居民诉求得以回应，公共干预机制得以完善，共建共享平台得以运营
多方共建的自循环更新机制
统筹城市更新
策略一：划分更新单元
策略二：明晰更新权责
策略三：识别更新项目
策略四：引爆核心空间
策略五：辐射周边环境
策略六：构建循环网络

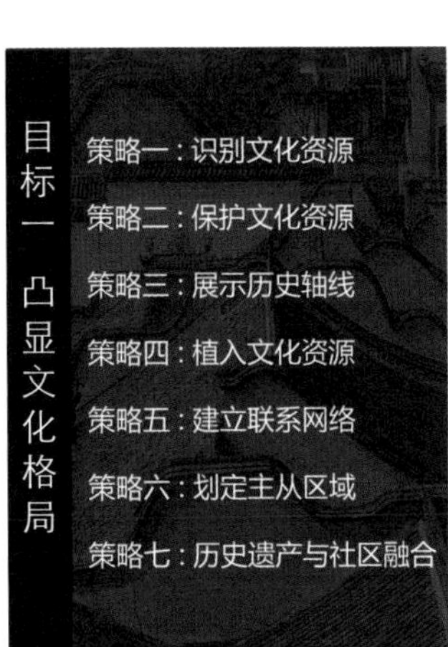

将通过识别文化资源38处、保护文化资源18处、展示历史轴线3条、植入文化类建筑8处、策划文化线路12处、划定核心保护区3个、历史遗存与社区的融合度由43%提升至82%。

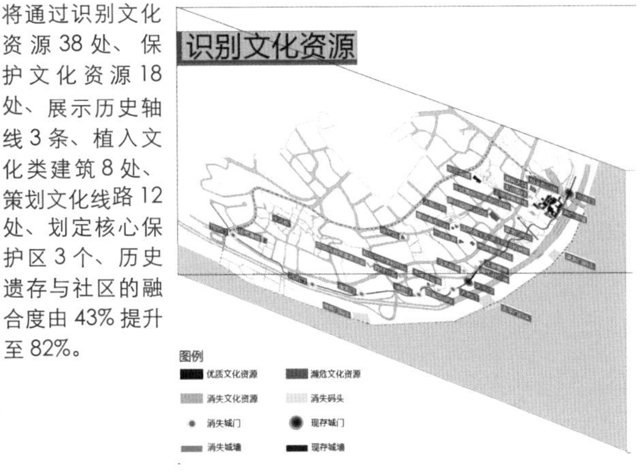

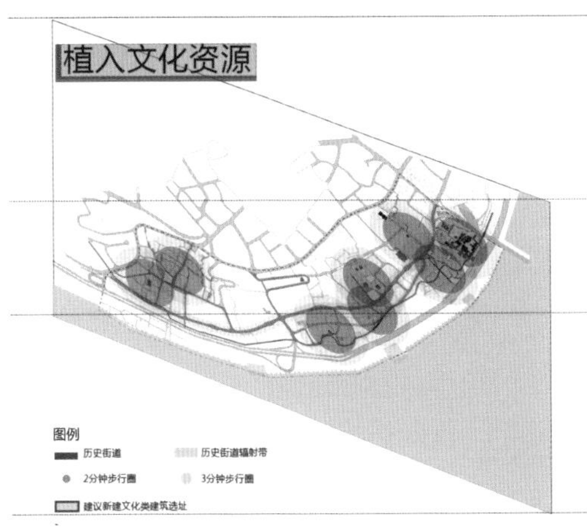

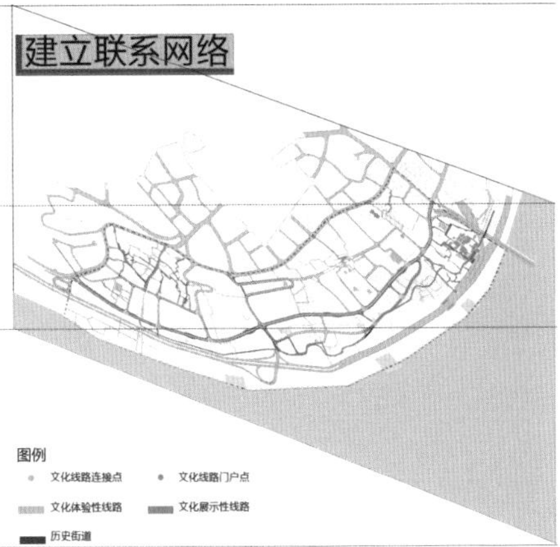

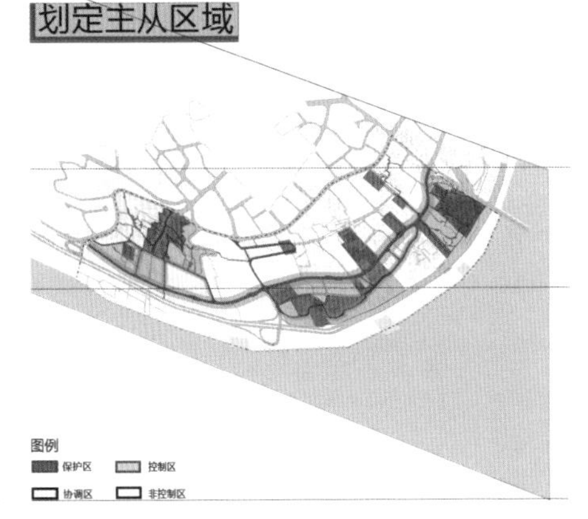

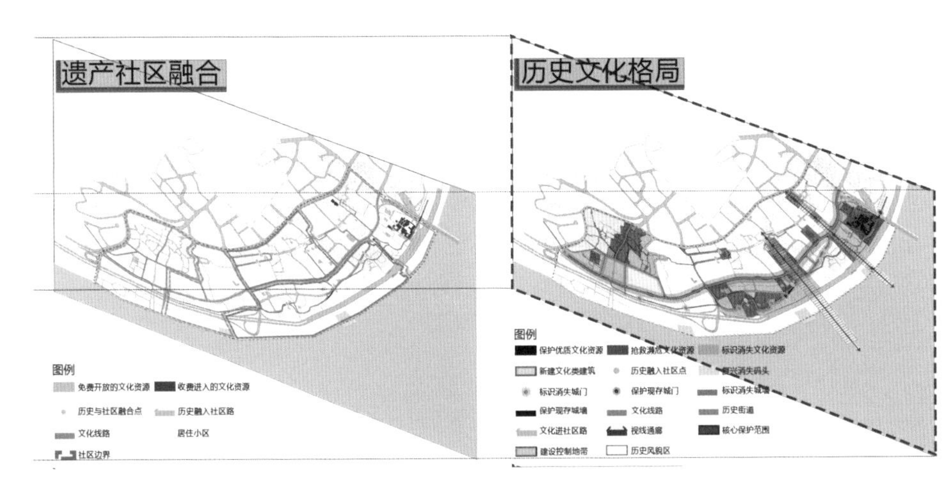

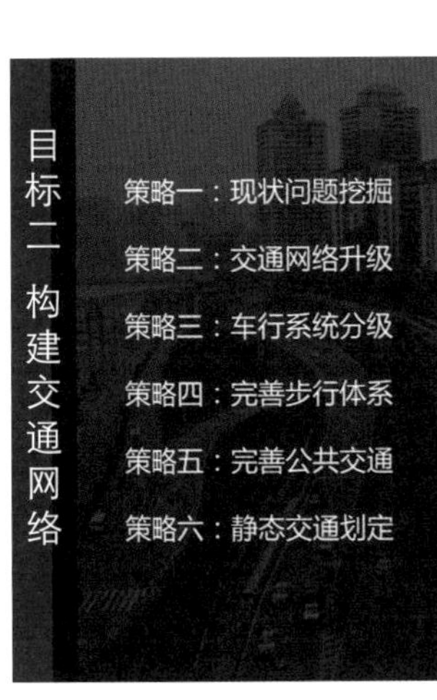

通过增设大型停车场7处、公交一级换乘点两处，立体交通楼两个，实现在山城步道服务范围全覆盖，来建立山地特色绿色出行网。

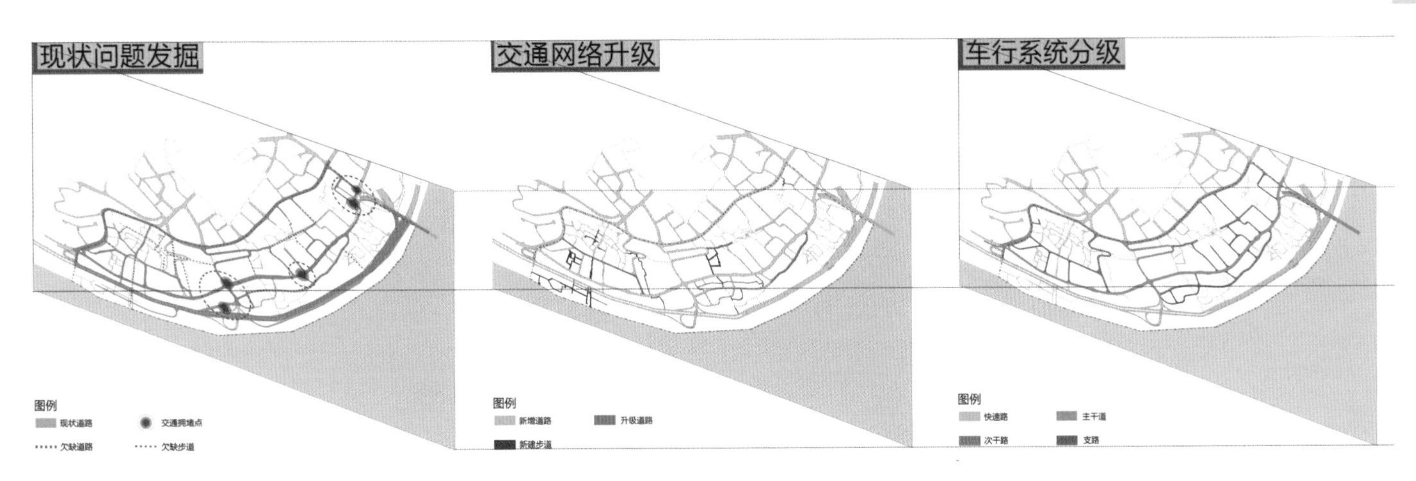

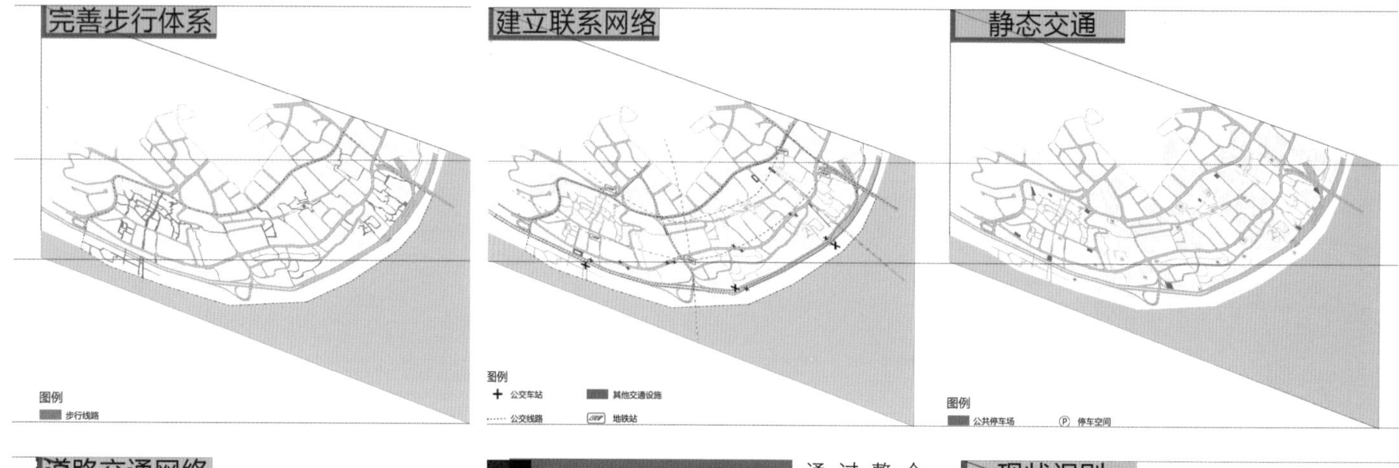

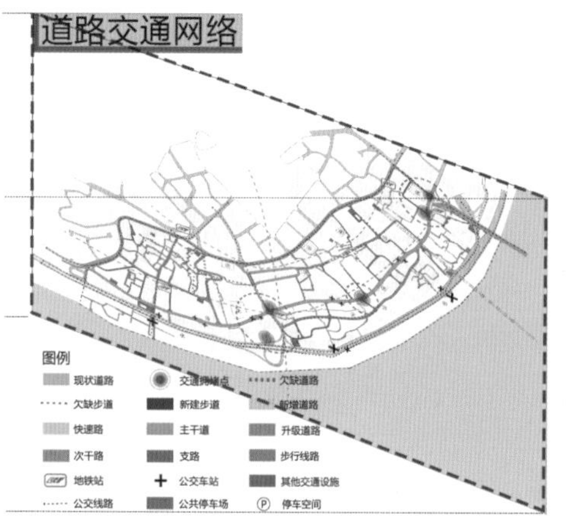

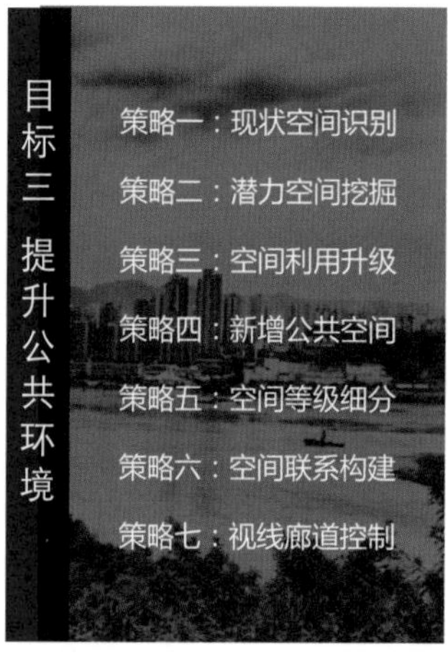

通过整合现状人均 $3.6m^2$ 的空间余地，将人均绿地面积由 $1.3m^2$ 增至 $4.9m^2$，建成 17 处微型公园，从而完善创意提升潜力空间体系。

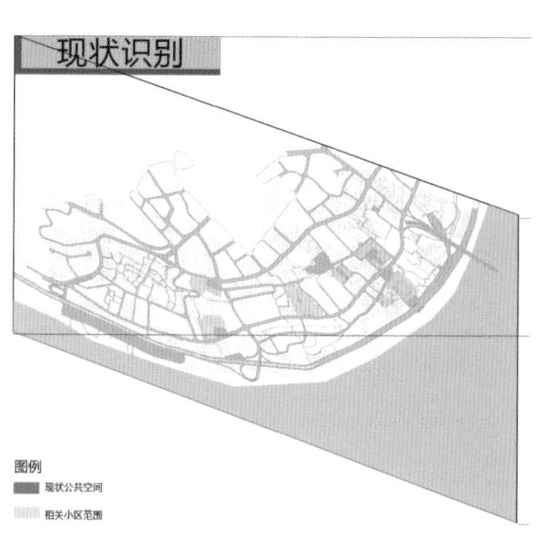

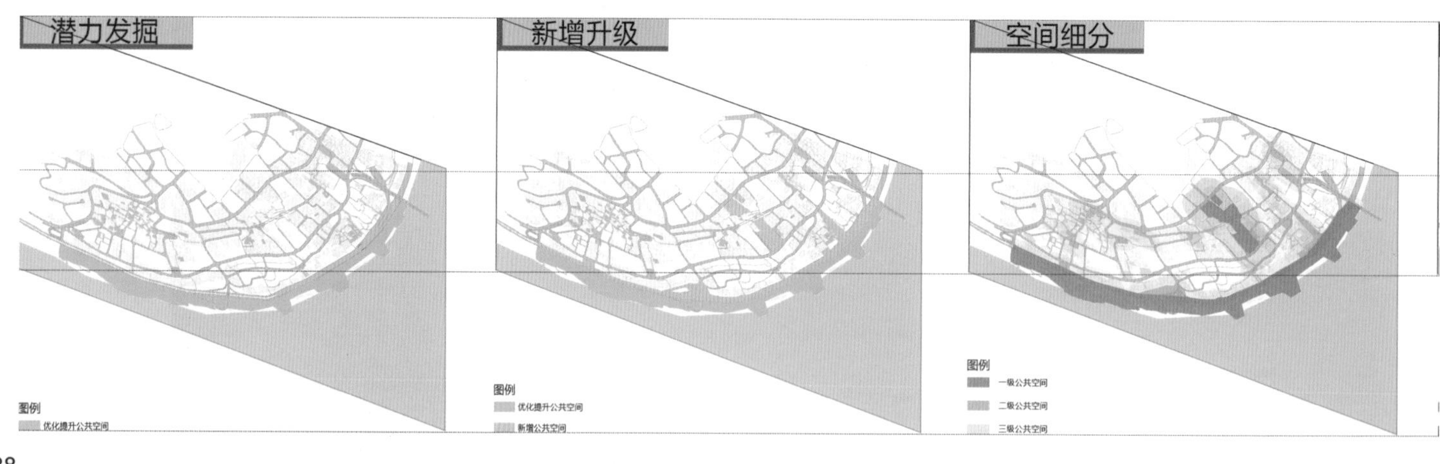

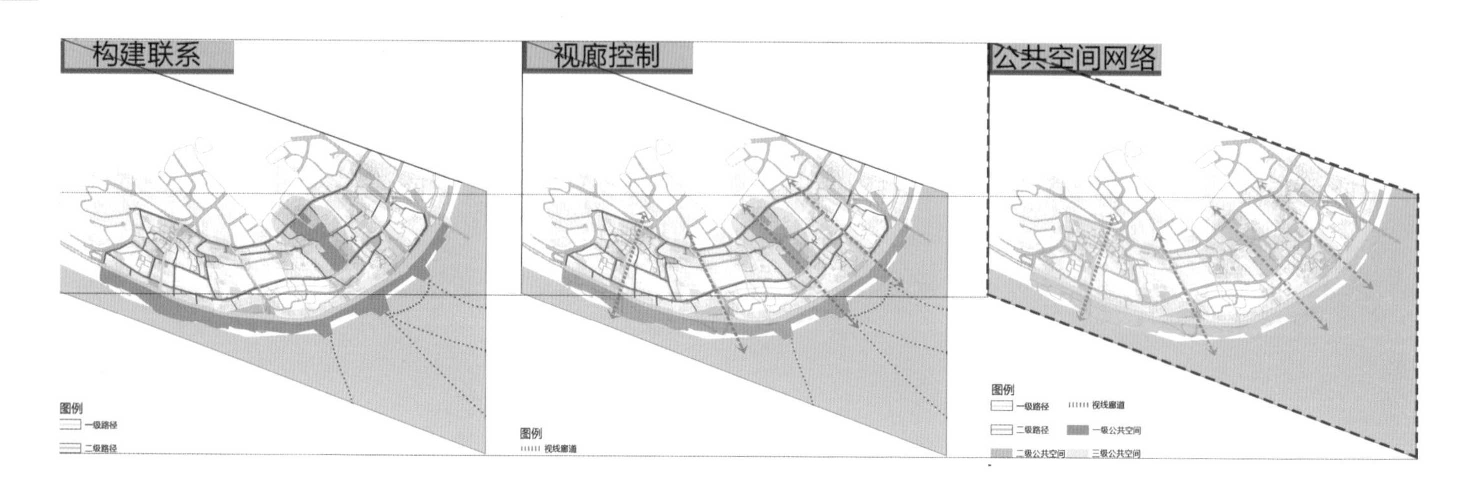

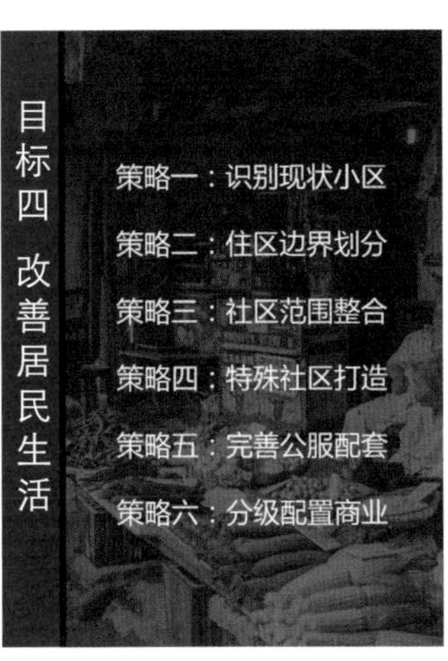

针对20.24公顷环境较差的老旧社区进行重点整治，构建3个全龄社区，5个特色廉租社区，形成5个片区级商业，3个城市级商业。

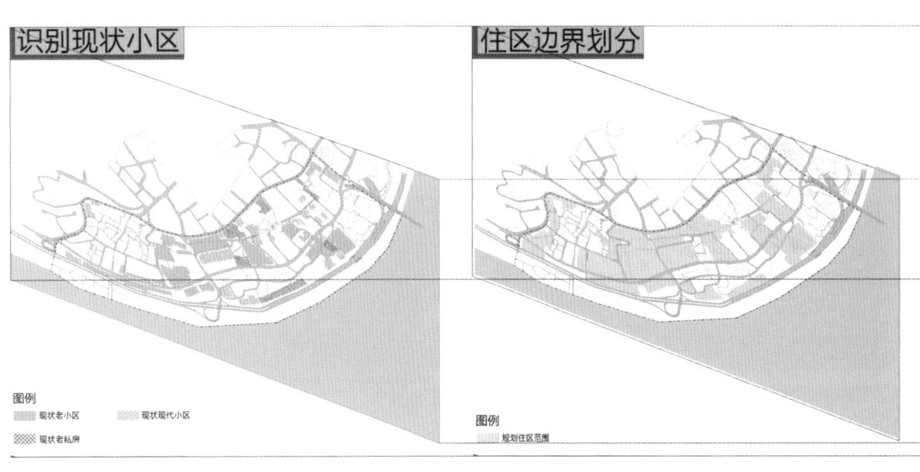

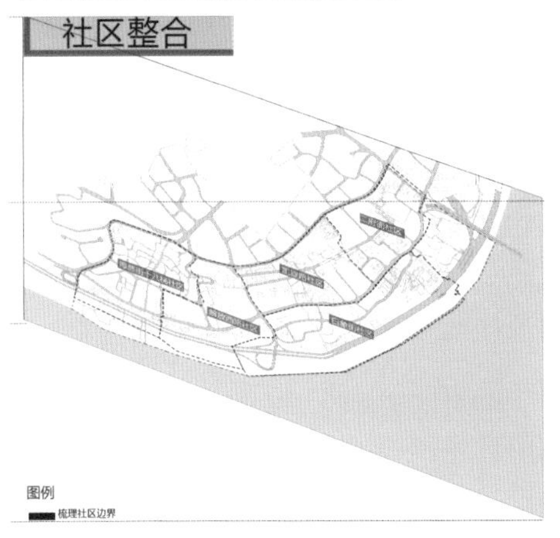

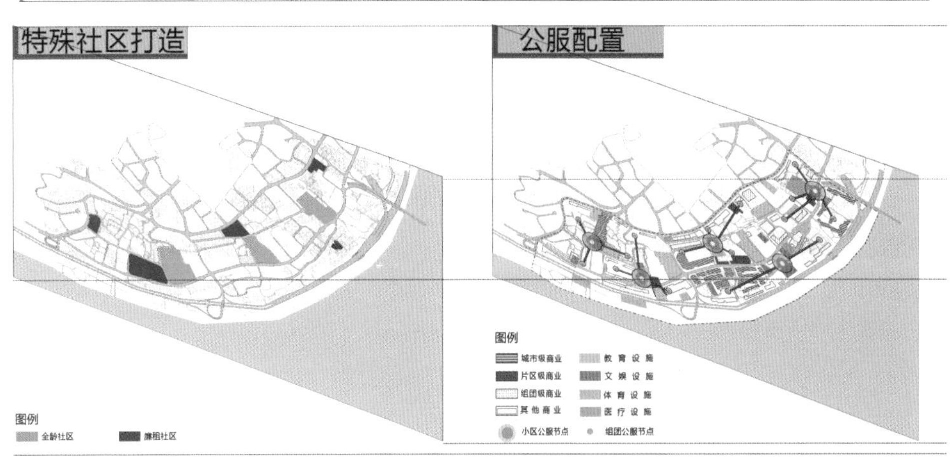

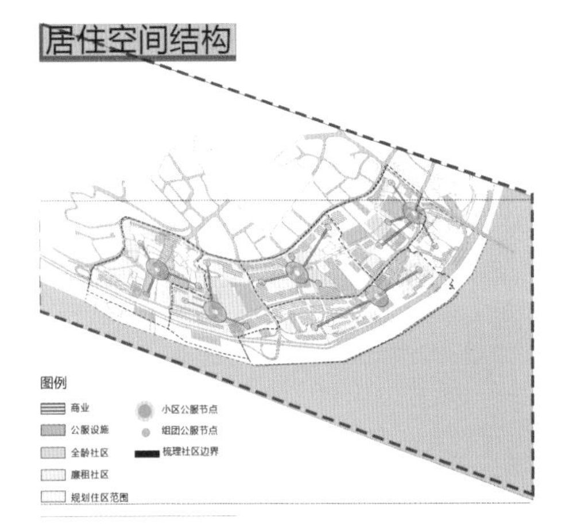

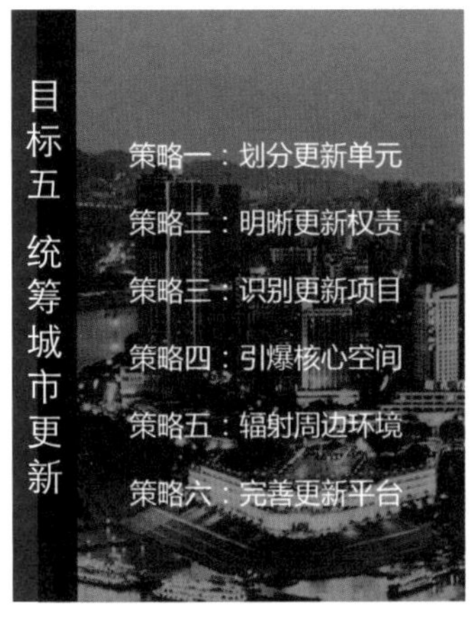

追求多方共建的自循环更新，使居民诉求得以回应、公共干预机制得以完善、共建共享平台得以运营、可持续发展得以实现。

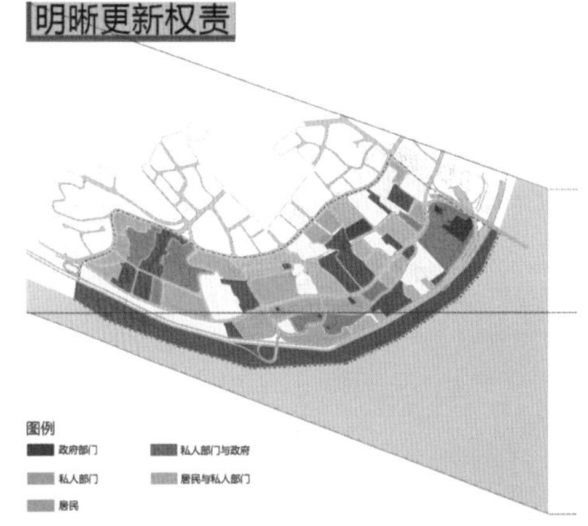

更新模式建议

图例

文化会展型　休闲活动型

人居活动型　商贸商务型

交通市政型　可兼容项目范围

推荐更新方法　自主更新范围

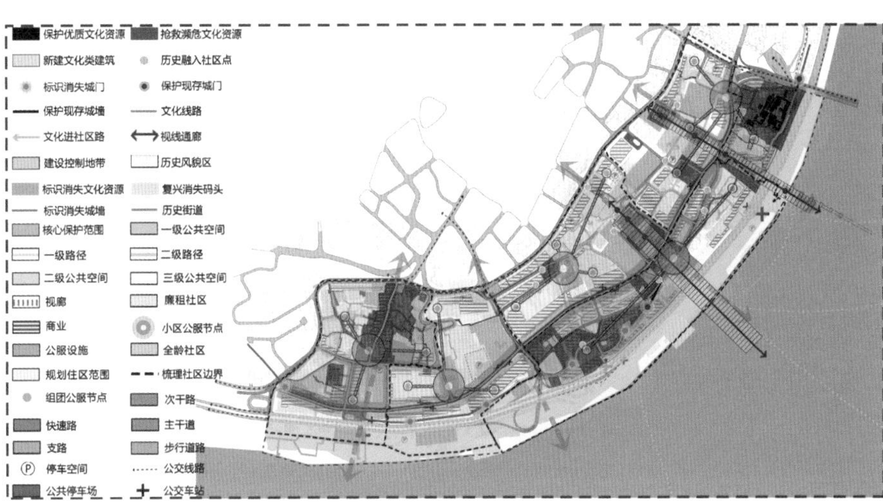

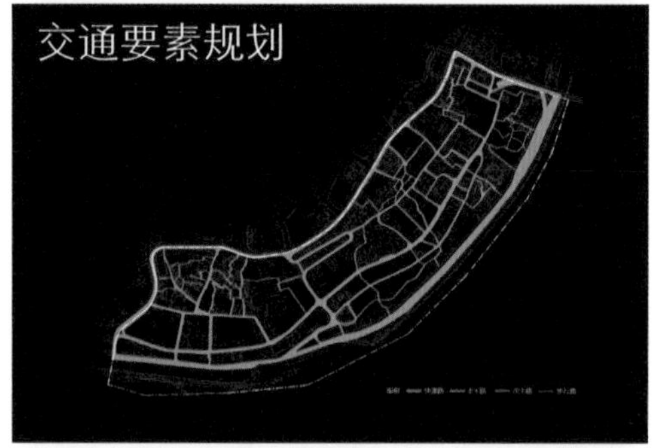

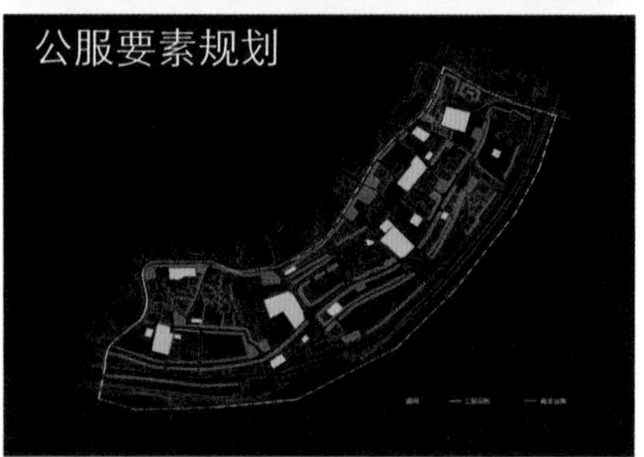

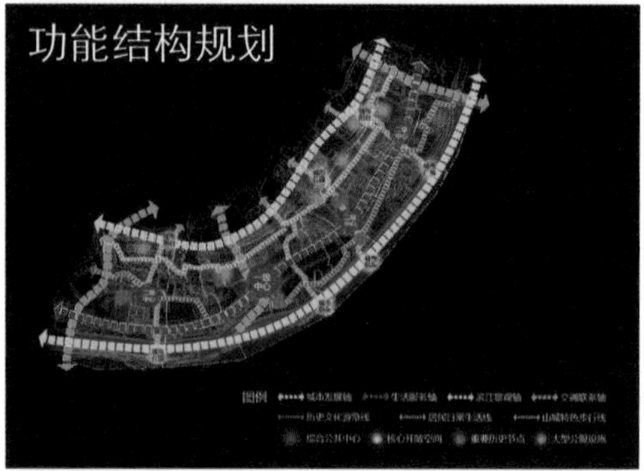

功能结构规划

总体方案设计

基于叠合的设计要素结构图，以道路边界，限制要素等为依据进行片区划分。形成了五个片区，并依据策略叠加的设计要素进行了具体片区的城市设计。 分别是以湖广会馆为核心的历史文化展示区，以白象街为核心的开埠文化商业区，以人民公园为核心的居住生活活力区，以十八梯为核心的传统风貌体验区和以长滨路为依托的滨江娱乐休闲区。

我们整体的愿景：

雾笼上城山，江绘下城边。灯走十八盘，繁华入朝天。

文书千家馆，富缀万户帆。墨洒百里案，浮生若梦，醒，

一画半城缘！

总平面 Master Plan

湖广会馆片区：

一桥以内，两江襟汇，三四里青砖碧瓦，四五海风云齐聚，东水门桥，桥畔朱雀翔舞；六尺巷里，七里街外，八九处高轩低绮，九十步长亭漫步，望龙故墙，墙边芒鞋踱步。

白象街片区：

四方街上声漫漫，八面来风 商号连绵，走街串巷忽深浅，故馆旧址 思忆缱绻；一阶一步趋南山，碧树清烟 老君洞殿，太平码头水潋滟，舳舻相接 帆樯连天。

人民公园片区：

大道直来知古事，旧坊今人欲重拾。城垣内外张登彩，民富业兴未曾迟。

凯旋路片区：

小儿书声老翁闻，七贤故里忆忠魂，民国往事随风过，顺城故道有故人。

十八梯片区：

唐梦今夕几多晴，莲池古道意难平，药王鼓会众人拜，书生才子辈常新。

基地概况

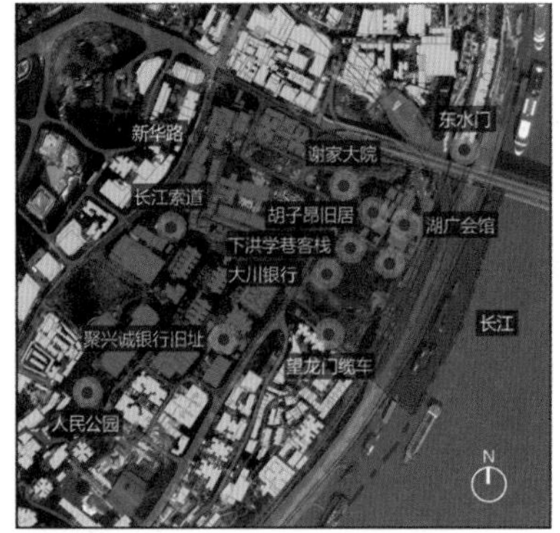

基地定位

湖广会馆片区内包含2个社区，且拥有以湖广会馆为首的众多历史文化遗产。因此，将此片区定位为历史文化展示片区，打造成为城市的文化名片。通过全方位的改造，最终实现历史遗产与社区生活融合。

问题综述

a. 保护手法单一　a. 空间分布不均　a. 设施配置差异　a. 纵向联系薄弱　a. 居民缺乏自建

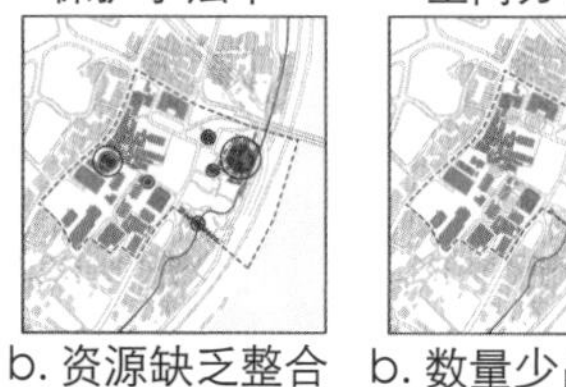

b. 资源缺乏整合　b. 数量少品质差　b. 居住压力巨大　b. 步行连续性差　b. 政府缺乏主导

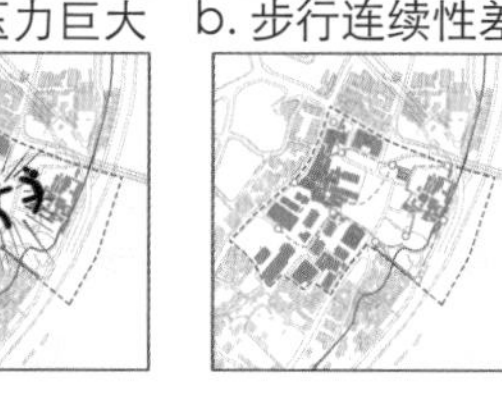

现状评价

建筑结构　建筑质量　建筑层数　建筑权属　建筑性质

系统分析

空间结构

功能布局

交通组织

公共中心组织

流线组织

景观结构

人群分析

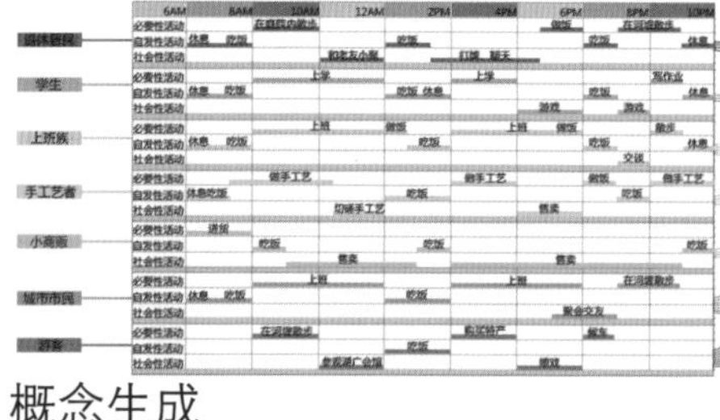
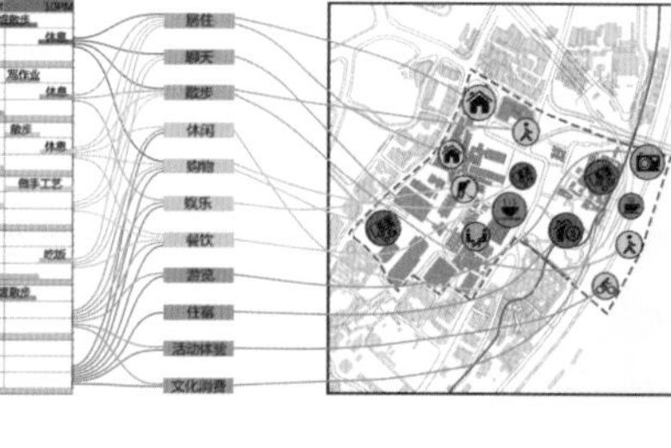

概念生成

挖掘历史　保护遗产　构建网络　融入社区　全面激活

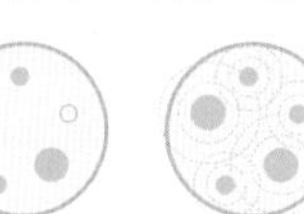
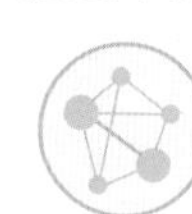
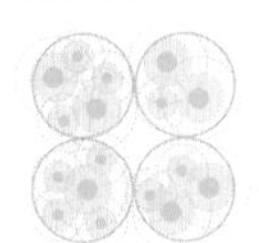

以传承文化脉络为核心，保护、标识、恢复文化遗产，通过文化活动的策划，线路的组织，将历史文化与社区生活融合。

城市设计导则

传承文化脉络 + 优化公共空间 + 改善居住环境 + 构建交通网络 →

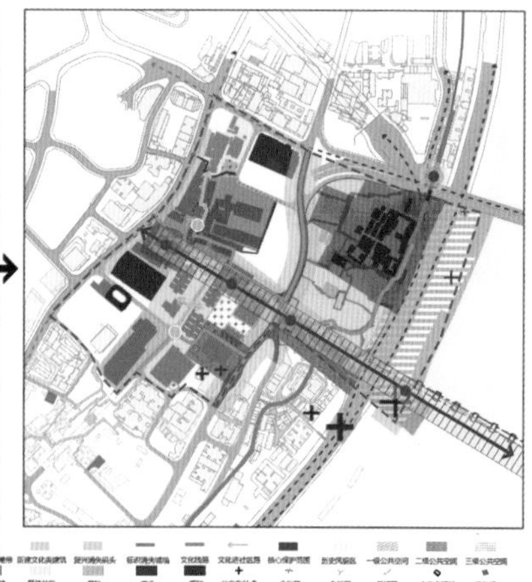

政策策略

多方参与，有机更新

Step1:政府组织，专家领衔　政府扶持，自上而下

Step2:政府组织，居民参与　公众参与，自下而上

Step3:项目运营，资金为先　SRB机制（综合更新预算基金）

Step4:多种渠道，公众参与　数据共享，及时反馈。

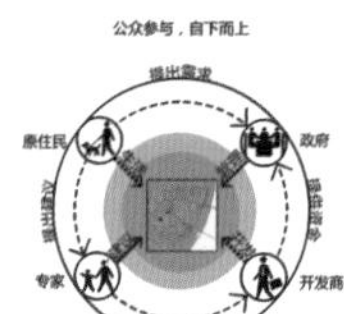

总平面

设计说明

本次下半城片区更新改造，以构建更好的社区生活为核心目标，以目标为导向进行城市设计。湖广会馆片区作为重庆文化母城的文化内核，基地内拥有丰富的历史文化资源，且包含两个社区，将历史文化与社区生活融合是本次规划的核心理念。运用保护历史文化资源、编织城市生活网络设计手法与策略研究，对当今中国城市核心区中的老城的更新改造模式进行探究，最终将下半城改造为城市的门户空间。

效果展示

湖广会馆片区城墙龙门段建筑环境设计

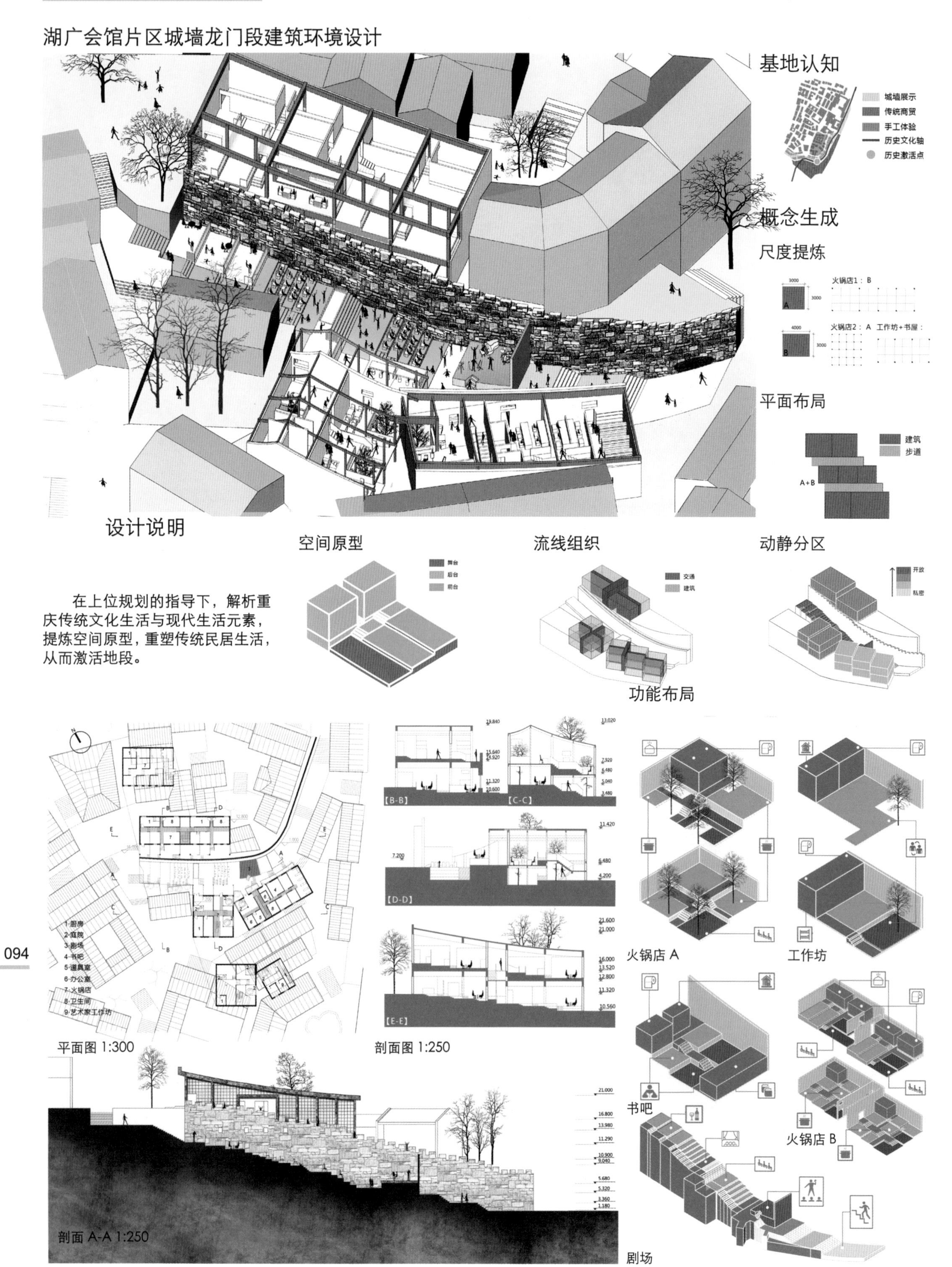

在上位规划的指导下，解析重庆传统文化生活与现代生活元素，提炼空间原型，重塑传统民居生活，从而激活地段。

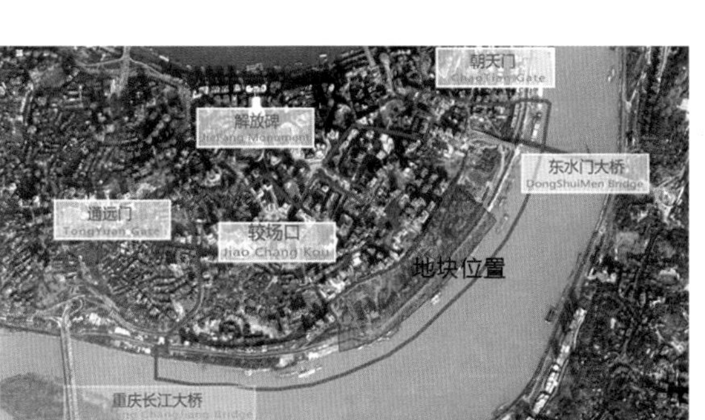

基地定位

地块原为下半城开埠时期发展核心片区，基地内尚存几处遗址和历史建筑。具有非常宝贵的文化价值。基于此将该地块定位为：开埠印象商业文化街区、以高端商业业态为主。

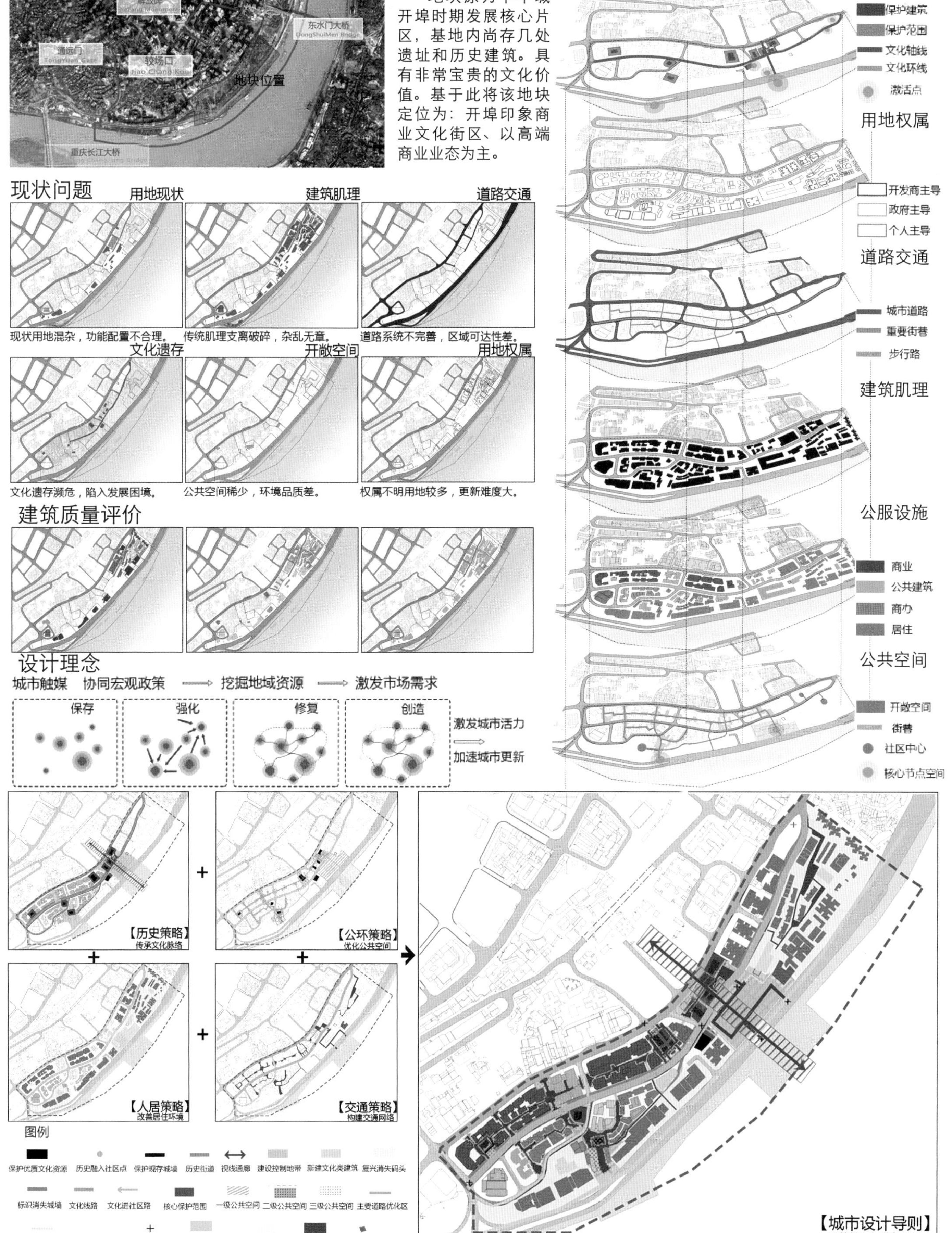

效果图

节点透视图

储奇门广场

白象步行街

白象活动中心

总平面图

中国民主建国会成立旧址
江全泰号
白象街151号
大清邮局
白象博物馆
海关总署旧址
白象公馆
白象中心
白象设计创意区
药材公会
游客服务中心

圆通寺公园
青年驿站
全龄社区
社区活动中心
开埠城市阳台
观光塔
渝中图书馆
太平门遗址公园
太平门码头观演台
城墙遗址步道
滨河公园
李耀庭公馆
城墙工作室
白象街传统手工设计中心
储奇门花园广场
开埠印象

N

0 10m 30m 60m

效果图

分析图

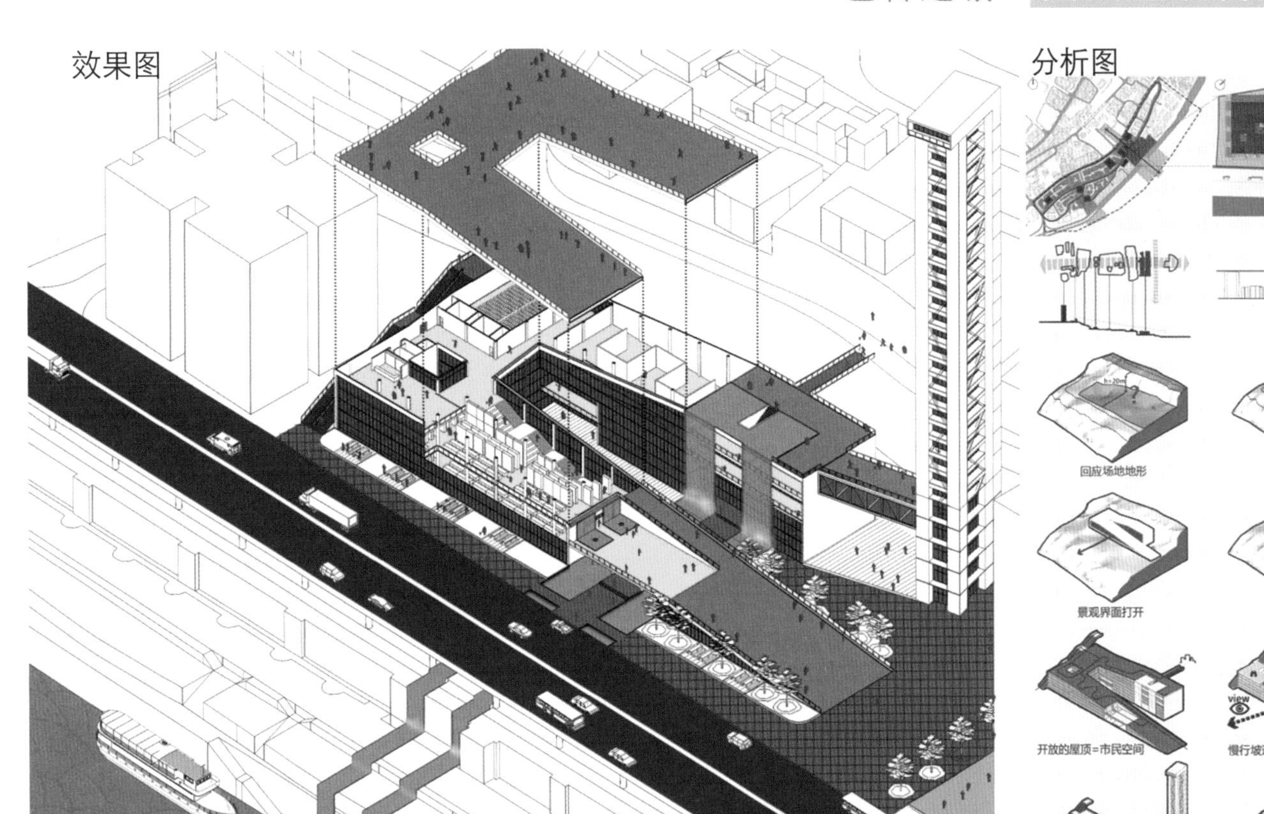

设计说明：

基地位于：白象街东南侧江岸，人民公园轴线与滨江景观轴相交的节点处，场地地形的限制为一道具有重庆地域特色的陡坎，形成了 20 米的高差。将建筑屋顶设计成自由漫步坡道来解决高差，承接上方人流的同时延续轴线，连接人民公园、巴县衙门和太平门码头（承上启下、衔接的作用）。建筑本体也是以一个低调的姿态消隐在地形当中，融入自然。设计希望建筑以开放的状态，成为“还给市民的城市空间”，让公共建筑和城市空间共同营造自由、积极、包容的城市精神。使整个场地成为一个开放的市民公园。

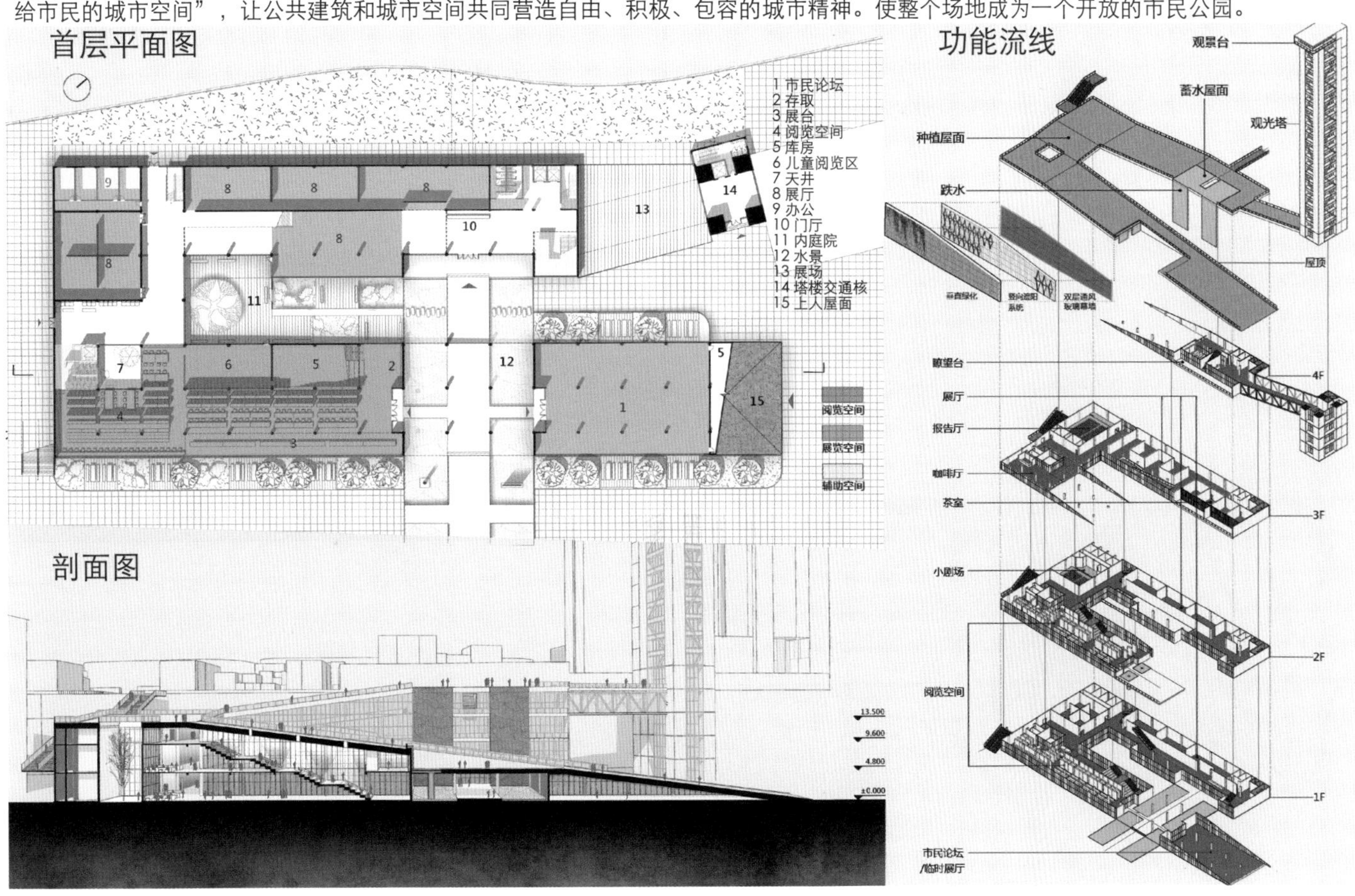

基地综述

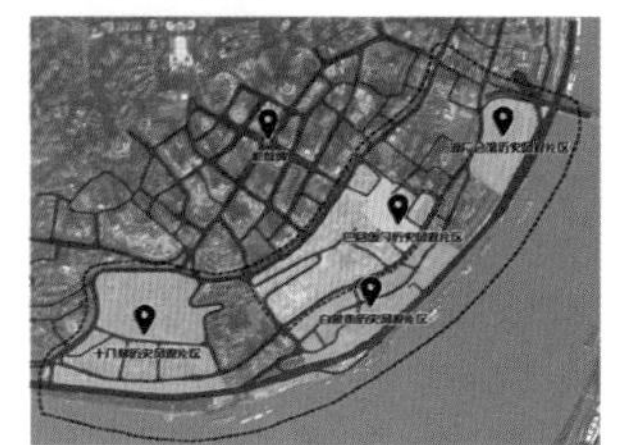

本次设计基地位于重庆文化母城——下半城，北邻解放碑商圈，南接开埠文化风貌区，西至凯旋路，东至望龙门小学，占地 19 公顷。

问题聚焦

【历史记忆】

a.文化资源保护表象化　b.文化资源缺乏整合　c.利用方式粗放单一

【公共空间】

a.增量空间极度有限　b.存量空间利用不佳　c.绿化通廊未被打通

【人居环境】

a.人口压力巨大　b.居住环境恶劣　c.配套服务低下

【道路交通】

a.纵向交通联系薄弱　b.步行系统连续性差　c.公共交通单一不变

【运行机制】

a.用地权属不明　b.权力分配不均　c.参与主体单一

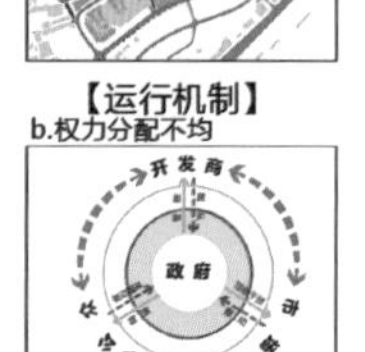

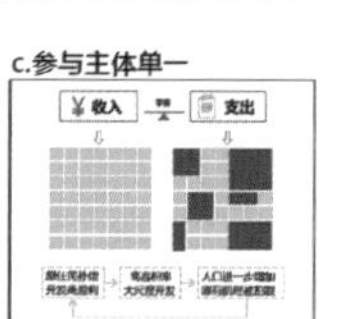

策略综述

依托良好的自然资源和文化资源，标识激活存留的历史文化，组织居民生活流线，激活片区活力，实现自然环境与人居环境的良好互动。

分项导则

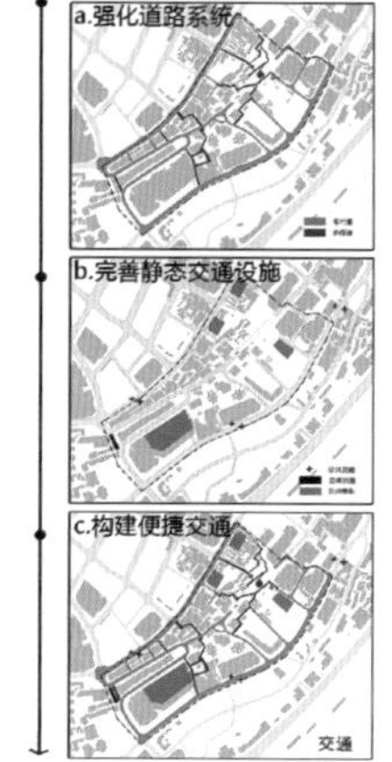

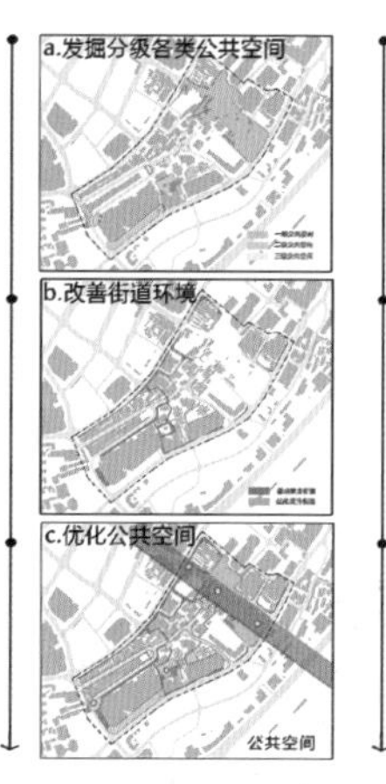

分项导则

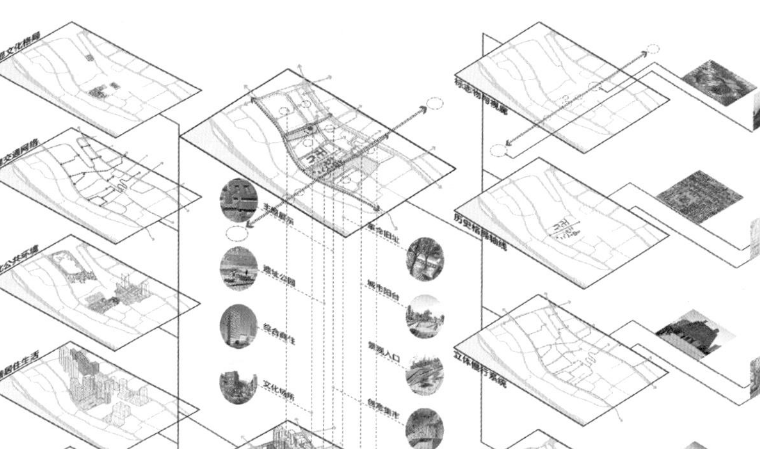

人群活动

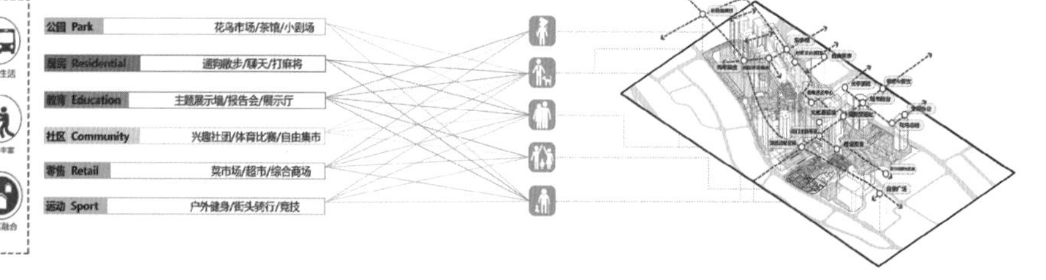

片区导则

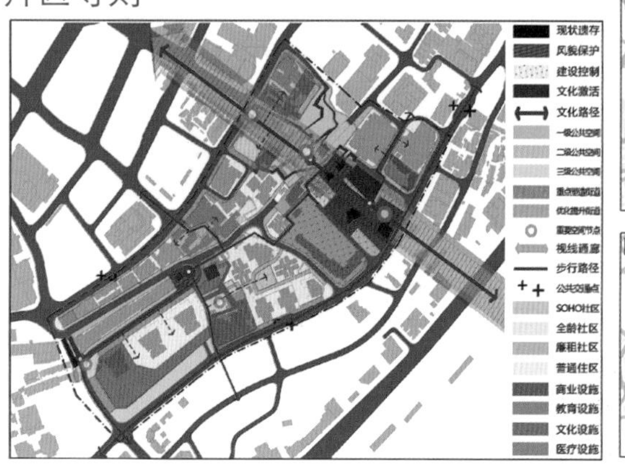

【功能分区】

【标识系统】

【交通分析】

【规划结构】

【人流分析】

【绿化渗透】

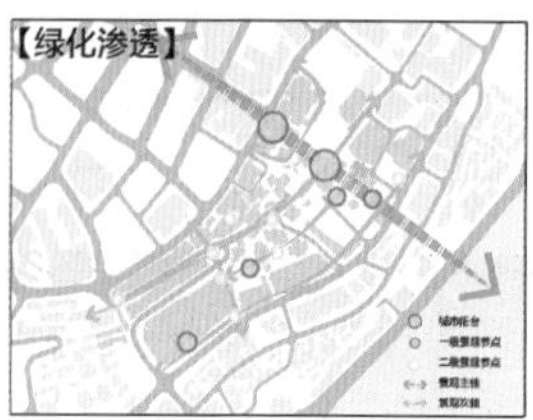

总平面图

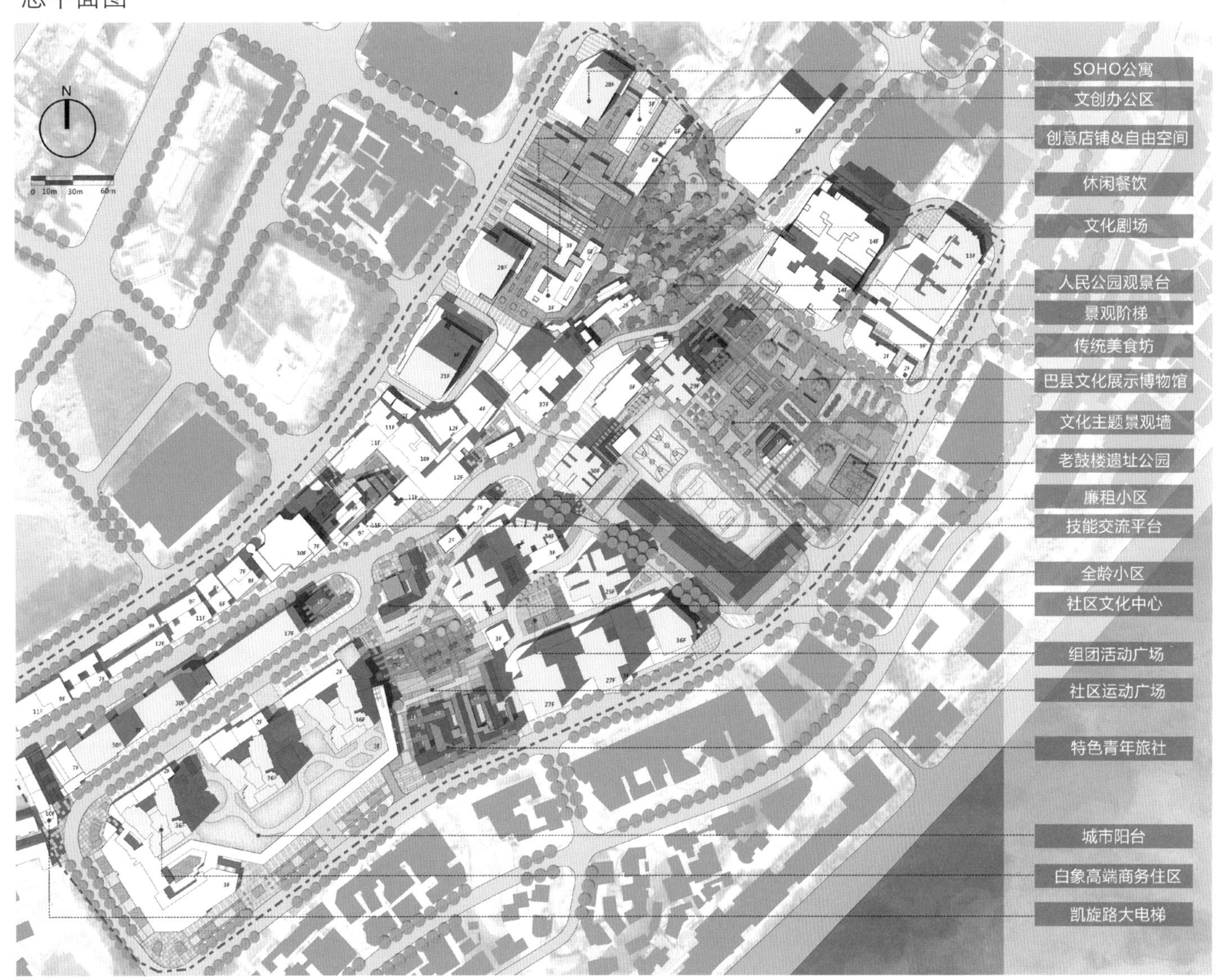
N
0 10m 30m 60m
SOHO公寓
文创办公区
创意店铺&自由空间
休闲餐饮
文化剧场
人民公园观景台
景观阶梯
传统美食坊
巴县文化展示博物馆
文化主题景观墙
老鼓楼遗址公园
廉租小区
技能交流平台
全龄小区
社区文化中心
组团活动广场
社区运动广场
特色青年旅社
城市阳台
白象高端商务住区
凯旋路大电梯

效果图

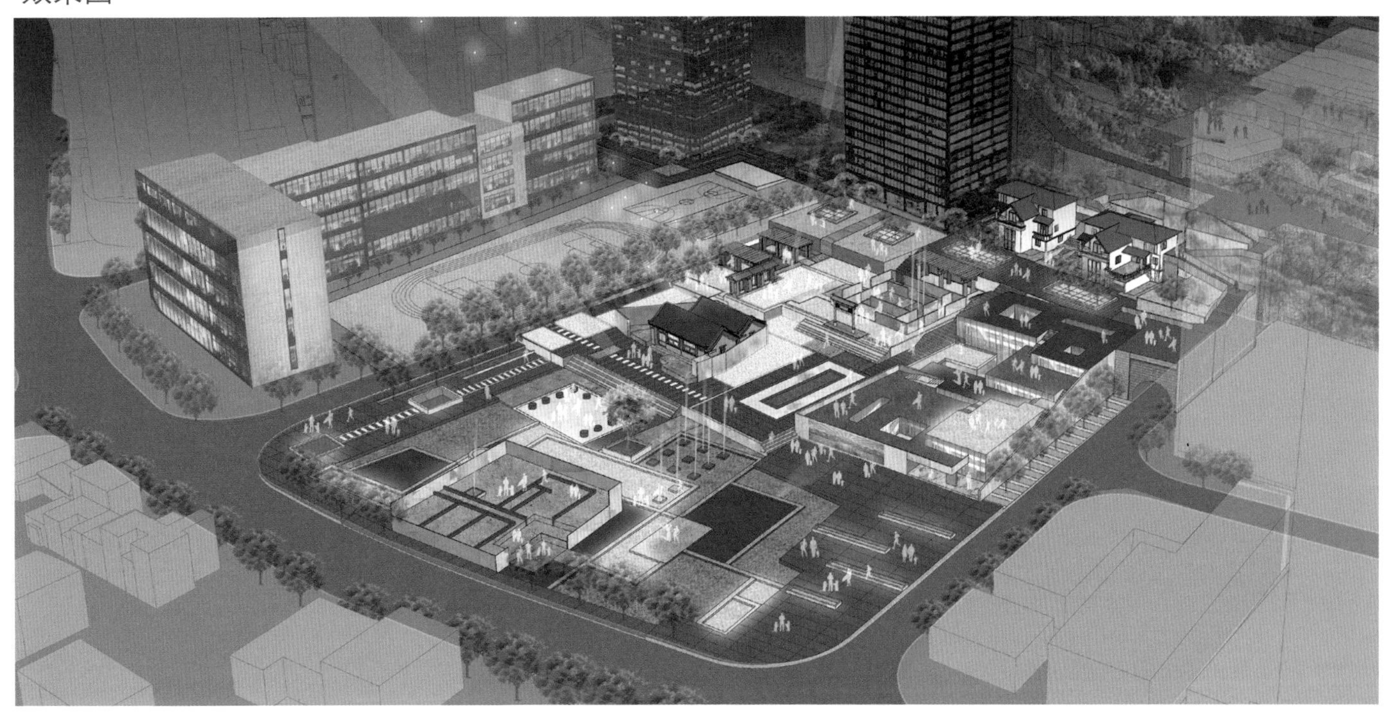

基地综述

基地区位

基地位于重庆市渝中区下半城片区，坐落于长江北岸，紧邻十八梯片区，与解放碑商圈，距解放碑直线距离600米。现状用地以居住为主，包含部分商业。

现状地形

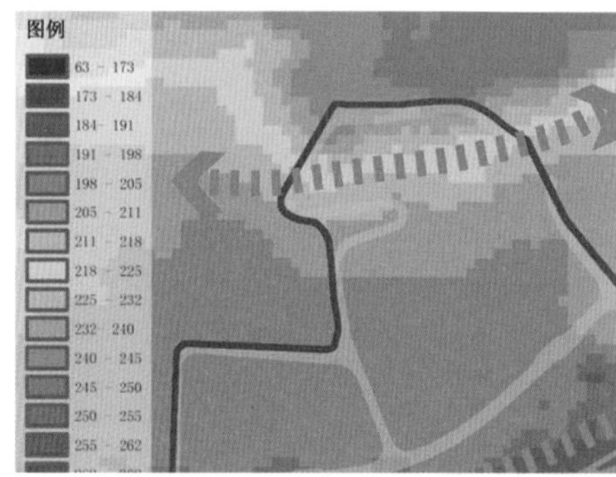

选地内具有较大高差，地势北高南低，中部相对较为平坦，南北最大高差约为60米。总体坡度约为10.7%，形成了3个高差带，设计需注重基地南北向联系。

问题分析

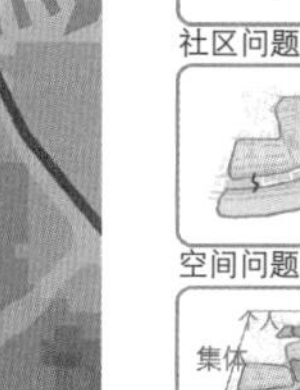

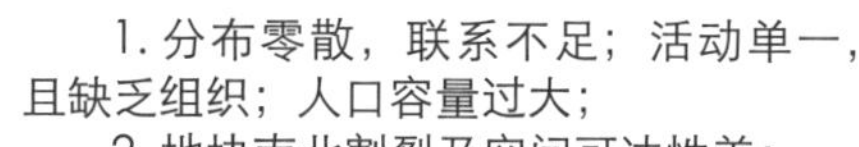

1. 分布零散，联系不足；活动单一，且缺乏组织；人口容量过大；
2. 地块南北割裂及空间可达性差；
3. 产权复杂，多种补偿纠纷。

方案生成

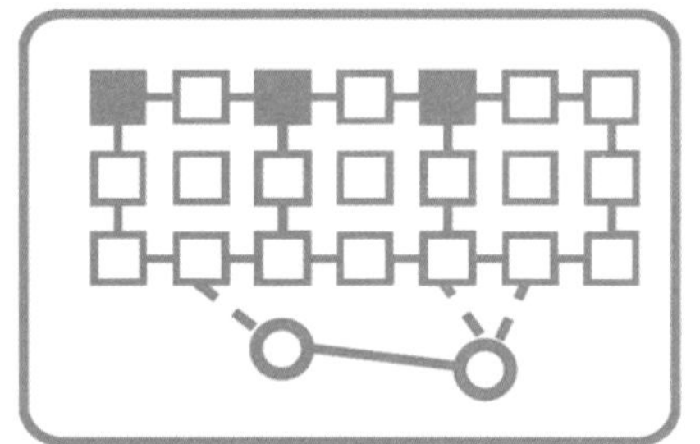

1. 梳理现状各个系统特征

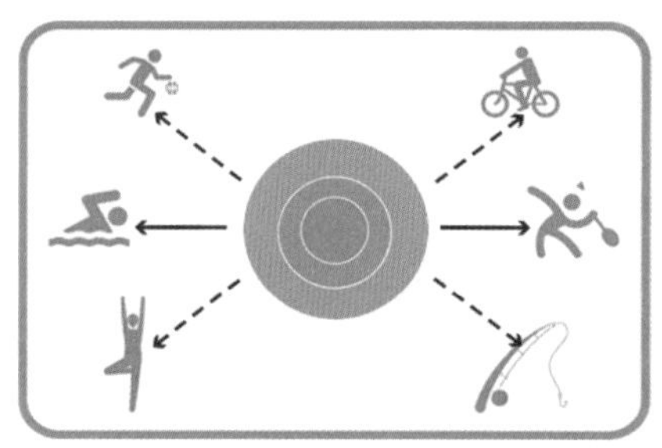

2. 置入激活点激活地块潜力

3. 老住区更新及多元住区打造

公共空间系统

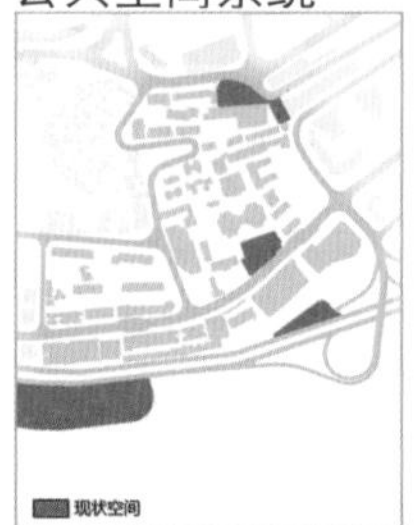

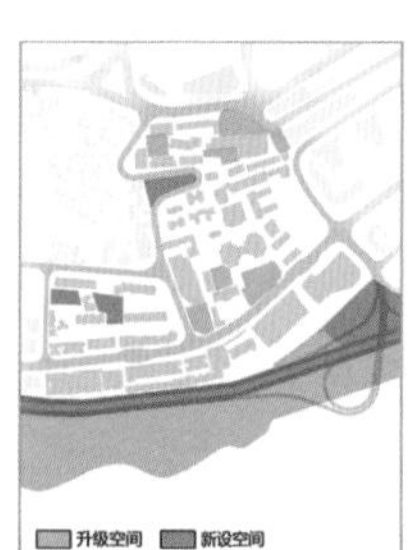

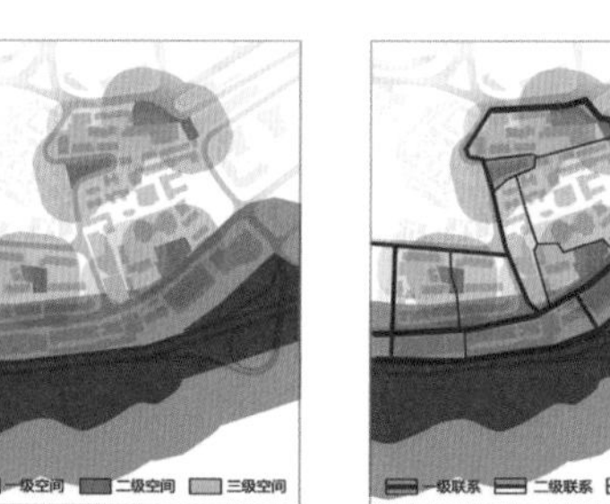

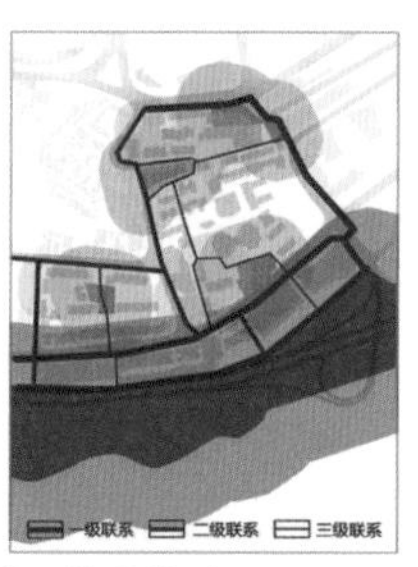

1. 现状识别 2. 潜力发掘 3. 升级完善 4. 空间细分 5. 联系构建 6. 视线控制

居住空间系统

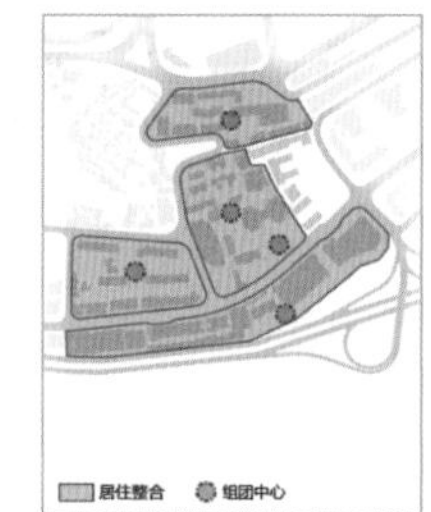

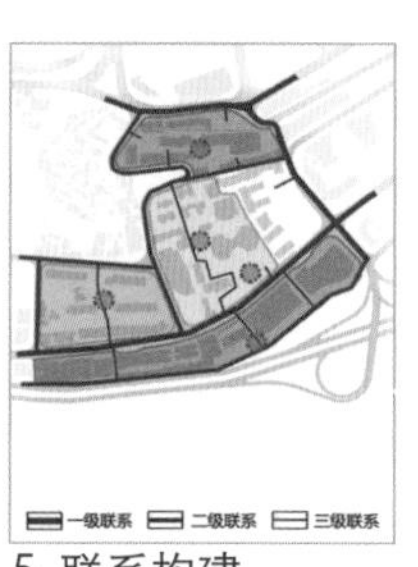

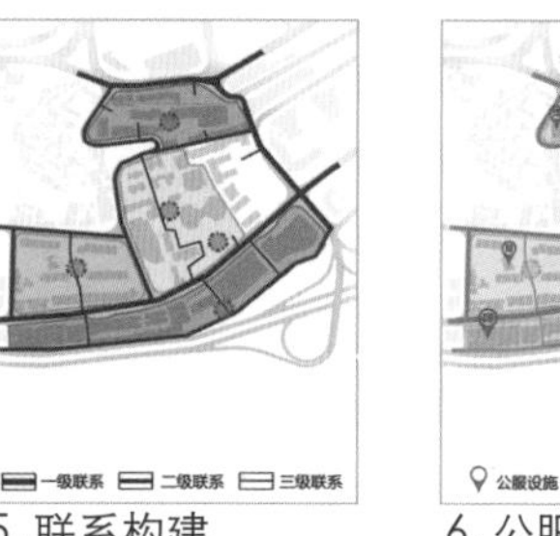

1. 现状识别 2. 升级完善 3. 社区整合 4. 社区定位 5. 联系构建 6. 公服配套

道路交通系统

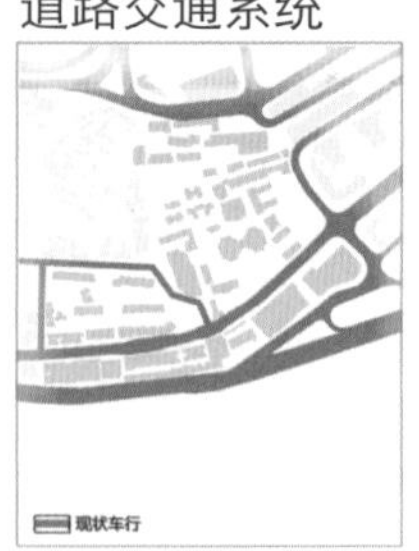

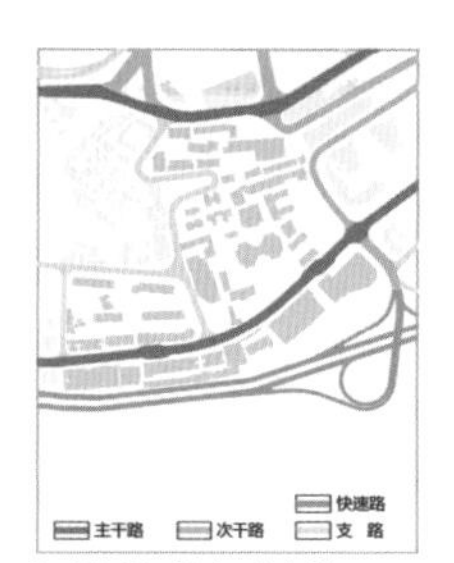

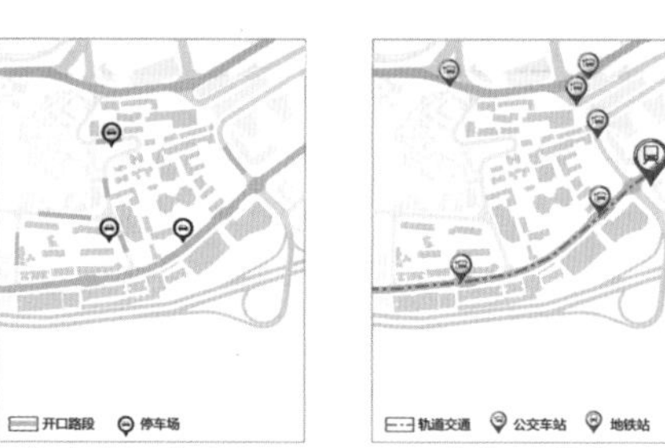

1. 现状路网识别 2. 车行交通完善 3. 道路等级划分 4. 静态交通组织 5. 公共交通整合 6. 步行系统组织

导则控制

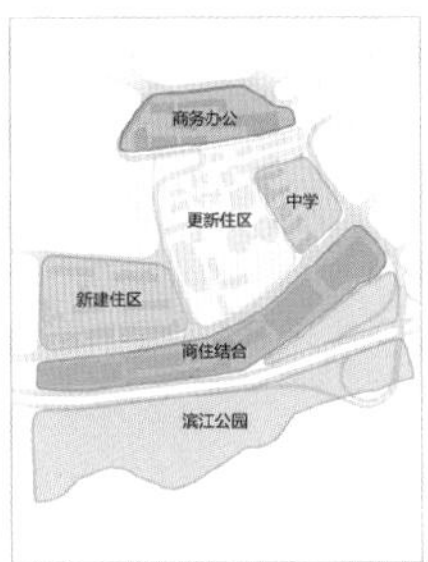

功能分区

道路交通

视线控制

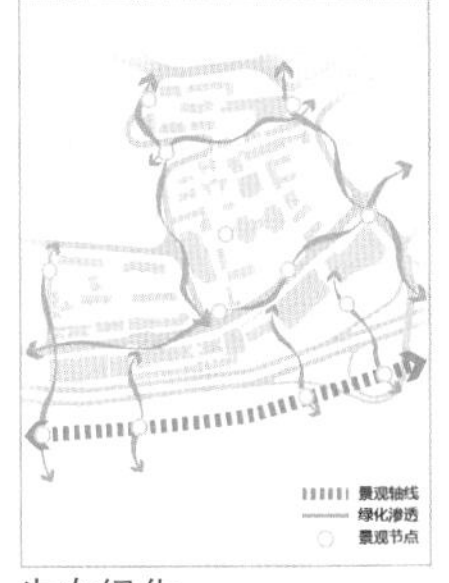

生态绿化

高度控制

建筑年代

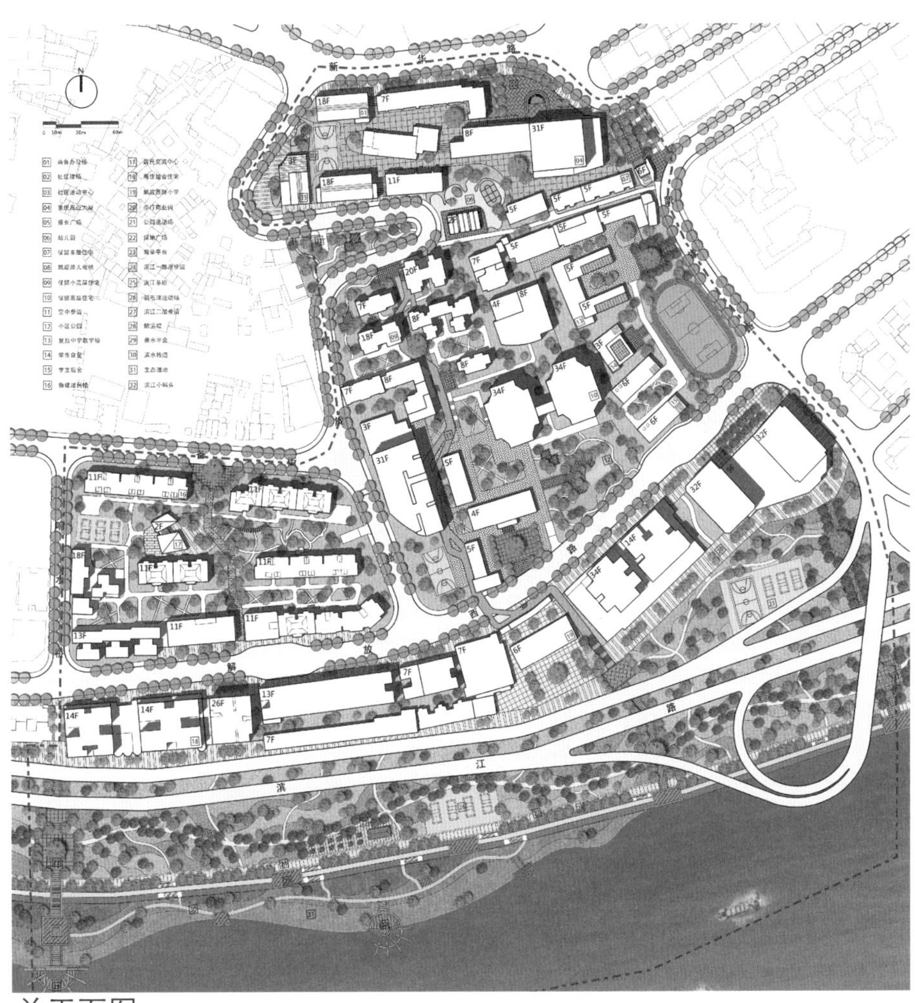
总平面图

节点效果图

慢行长廊

幼儿园

宅间绿地

滨江效果图

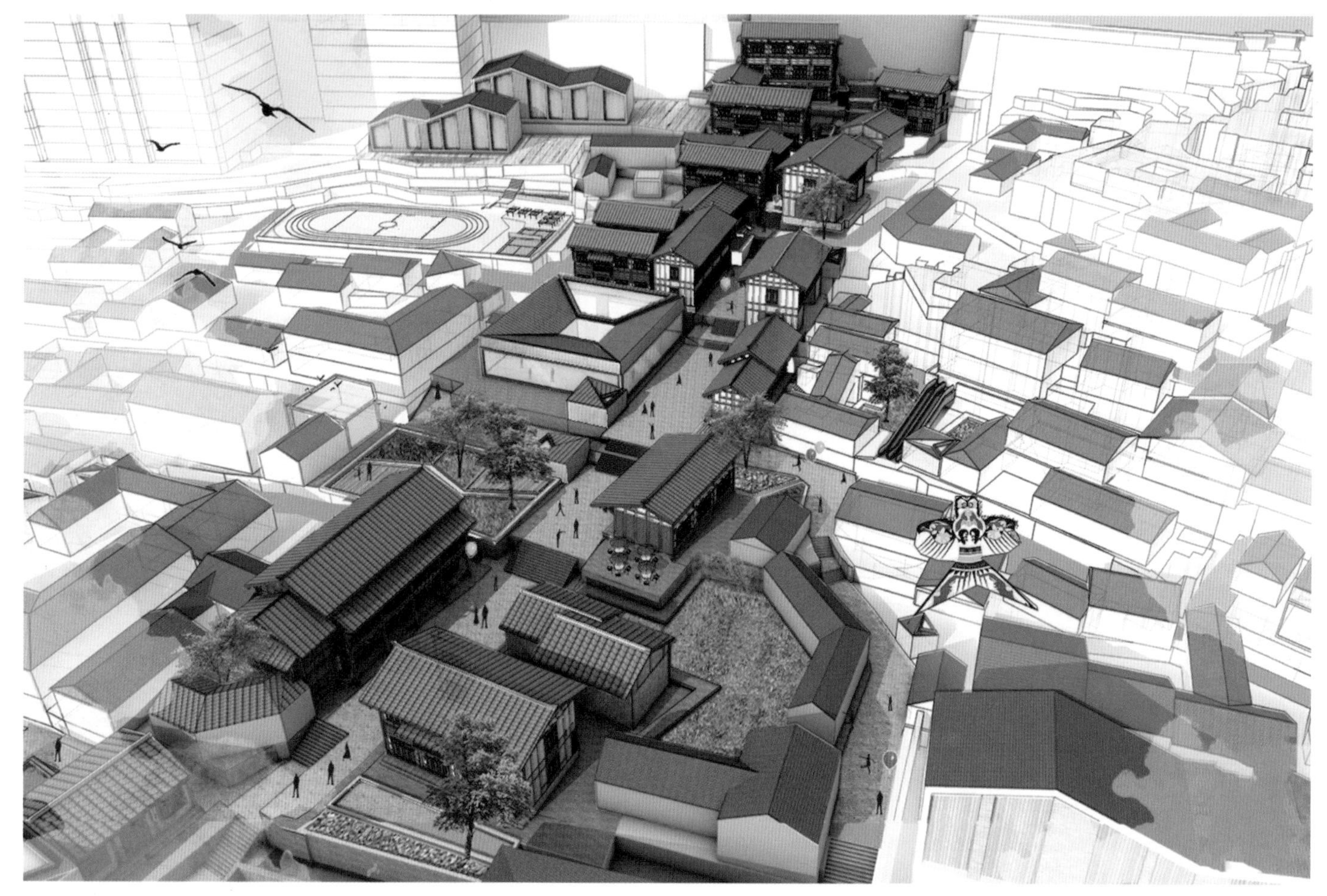

设计框架

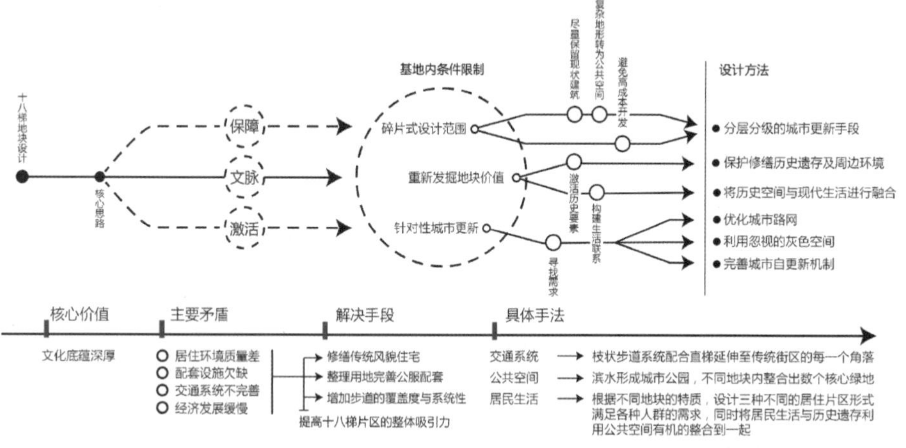

概念说明

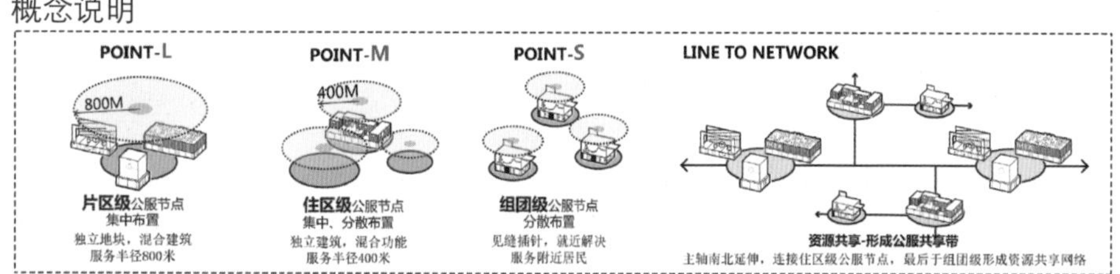

人群分析

设计说明

本次设计的选址位于下半城西段，为老重庆中的十八梯片区，毗邻较场口上半城商业中心。通过调研可以发现这里是下半城居住条件最为困难的地方，同时也是下半城中机遇最多的地块。本次设计的主题是包容之城。

宏观层面在规划策略和要素结构的纲领下，有依据的进行五个片区城市设计与更新规划，使得每个片区能够充分发挥自身的特色，促进社会经济良好发展，营造出优质的居住环境。

中观和微观层面，我们以慢行交通为导向，通过对公共交通的重新梳理，将慢行步道建立和完善，将每个片区内存在的优质资源点链接成线，从而扩散到城内的各个角落。同时改变以往规划的操控手段，结合重庆作为山城的特色，将大量难以利用的地块与产权不明的灰色地块转化为公共空间，在人口如此高密度的片区内创造出优良的社区生活环境。

在宏观和中微观层面的指导下，我们对十八梯坡地与滨江地块进行详细设计，植入了体验式文化和 LOFT 公寓的等功能。以保留街道肌理与路网为前提，通过建筑、场地和道路之间有机的空间组合关系，构建当地居民新型的游览、体验、生活中心和信息互换场所。通过先期城市设计的手段达到有机更新目的。

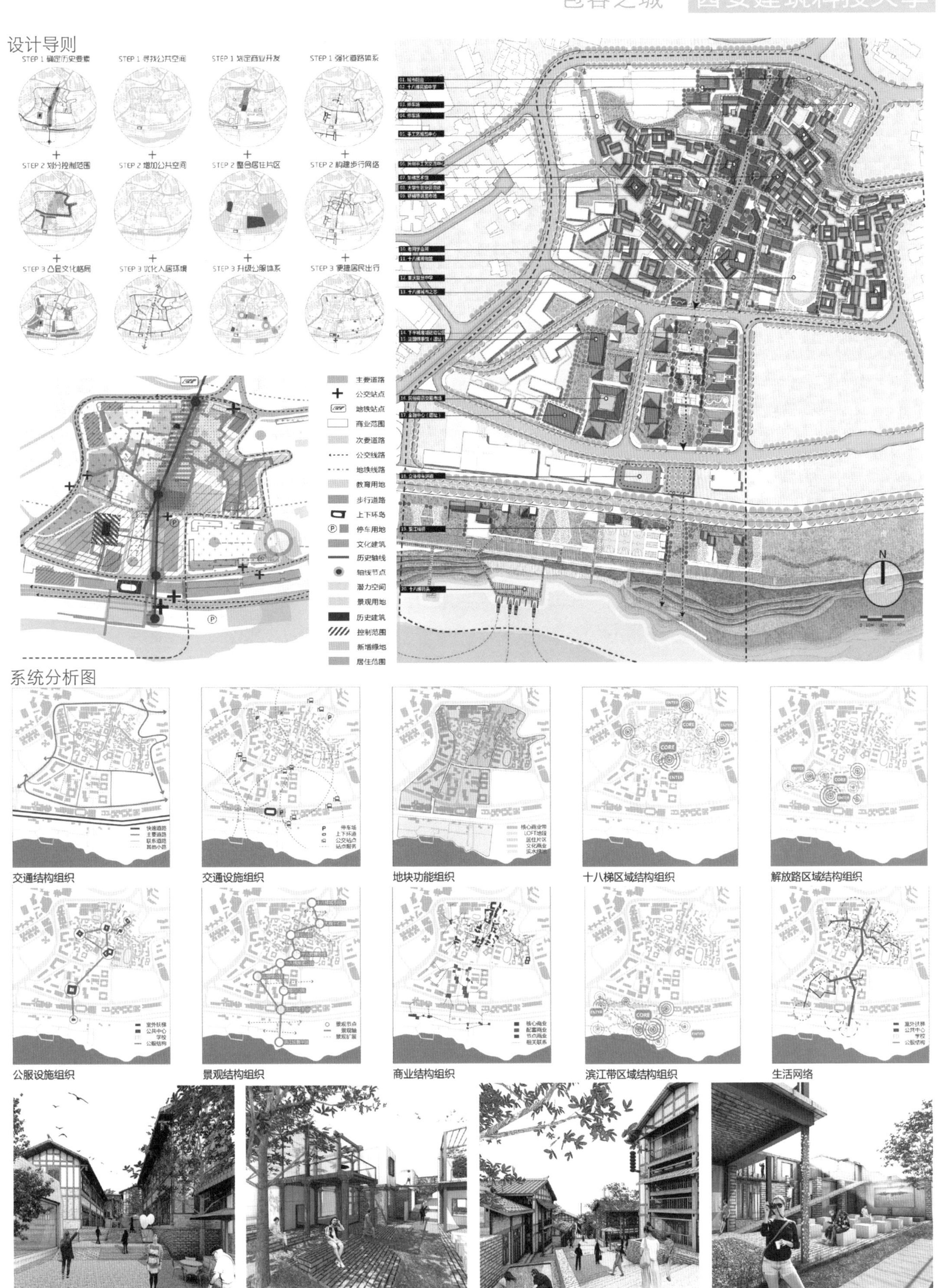
设计导则
STEP 1 确定历史要素
STEP 1 寻找公共空间
STEP 1 划定商业开发
STEP 1 强化道路体系
STEP 2 划分控制范围
STEP 2 增加公共空间
STEP 2 整合居住片区
STEP 2 构建步行网络
STEP 3 凸显文化格局
STEP 3 优化人居环境
STEP 3 升级公服体系
STEP 3 便捷居民出行
主要道路
公交站点
地铁站点
商业范围
次要道路
公交线路
地铁线路
教育用地
步行道路
上下环岛
停车用地
文化建筑
历史轴线
轴线节点
潜力空间
景观用地
历史建筑
控制范围
新增绿地
居住范围
N
系统分析图
交通结构组织
交通设施组织
地块功能组织
十八梯区域结构组织
解放路区域结构组织
公服设施组织
景观结构组织
商业结构组织
滨江带区域结构组织
生活网络

包容之城

《半城规画》

雾笼上城山
江绘下城边
灯走十八盘
繁华入朝天
文书千家馆
富缀万户帆
墨洒百里案
浮生若梦醒
一画半城缘

重庆大学建筑学部

渝味 · 下城

Spice your community for modern living

同济大学建筑与城市规划学院

朱明明　胡　淼　廖　航　任熙元　王雅桐

周笑贞　胡鹏宇　蒋凡东　解李烜　李海雄

指导教师：张　松　王　骏　黄健中

毕业设计小组深入调研了渝中区 1.1 平方公里范围内的 10 个社区，从中发现社区生活的现实状况与未来困境、人居环境的有机更新与大规模拆建、历史文化资源的整体保护与合理利用、高密度城区的生态环境、地方民俗文化与生活方式的传承等诸多层面的问题，由此总结对该地区的认知和理解，并组织开展社区活力提升、社区商业设施布局、都市旅游、绿色交通等专题研究，提炼总体框架和设计理念。

设计组紧扣“更好的社区生活”主题，从山水、人文、下城和社区四个层面入手，尝试恢复和突出重庆下半城的地方特色——渝味。规划设计从四个方面切入：继承原有的多样化公共空间，突显其山地特征，并赋予其更为丰富和当代的生活内涵；严格保护历史资源，并将其与都市观光旅游、社区文化活动有机融合起来；引导形成多元化的产业业态，重塑多样化的绿色交通体系，从而提高下半城的包容性；以社区公共中心和特色街巷为核心，完善网络化的配套服务设施，为多层次人群提供宜居宜业的生活环境。此外，在十八阶、白象街、凯旋路、湖广会馆等不同地段的节点设计方案中，分别在延续传统街巷风貌、防止旧城更新中的“绅士化”现象、建构多元绿色的交通出行体系、促进城市文化观光等不同视角上进一步探索。

The graduating design group had the site survey on 10 communities which covers 1.1 km^2 of Chongqing lower city, Yuzhong. They discovered the complex problems, such as the existing conditions and future embarrassment, the rehabilitation and huge amount of removal, historic resources preservation and reasonable use, ecology in high-density urban space, inheritance of folk culture and living style. With the conclusion on the deep understanding of above, the group continued on the master structure and formed the main idea, especially on community vividness improvement, commercial facilities layout, urban tourism and green transportation.

With the theme of “Better Community, Better Life”, the group was trying to recover and emphasize the local feature “Spicy and Hot” through river- mountain geographic feature, local culture, lower city, and characteristic communities. The master plan was involved in four directions: strictly preserve the historic resources and merge them with urban sightseeing, community activity organically; guide the multi-industries; reform the green transportation; improve the facility network with the core of community center and feature streets; provide livable environment for various people. In addition, the nodes design, such as Shibajie, Baixiang Street, Kaixuan Road, Huguang Huiguan District, followed the local feature style and traditions, while prevented the gentrification trend, got more green circulation system and explore more on urban sightseeing with various views.

渝味解读

如何将渝中下半城的历史文化精髓传承与当下城市转型发展及人的需求结合起来，如何促进传统空间与现代生活相融合，实现旧城区居住环境的全面改善与提升，是本次设计的讨论核心。

针对下半城的建成空间特征与自然人文要素，我们从空间、时间、功能与社会四个维度进行基地分析，解读最具重庆“味道”的要素特征，提出城市更新的相应策略。

雾都 火锅 热情好客 人民公园 爬坡 山城 十八梯 串串 索道 火炉 下 棒棒军 江城 打麻将 小面 市井生活 坎 巴渝文化 吊脚楼 开埠文化 抗战文化 缆车 湖广会馆 白象街 巴山夜雨 摆龙门阵 不夜城 多才多艺

何谓渝味？

山水渝味
人文渝味
下城渝味
社区渝味

区位分析

下半城基地具有优越的地理区位，在重庆市层面，处于五大城市功能区中的都市功能核心区，承接长江上游金融核心区、总部聚集地等。在渝中半岛层面，下半城紧邻“解放碑 - 江北嘴 - 弹子石”中央商务圈，并且作为渝中半岛东部门户，是重要的交通枢纽，倚靠东水门大桥、长滨路快速路等形成完整的区域交通体系。

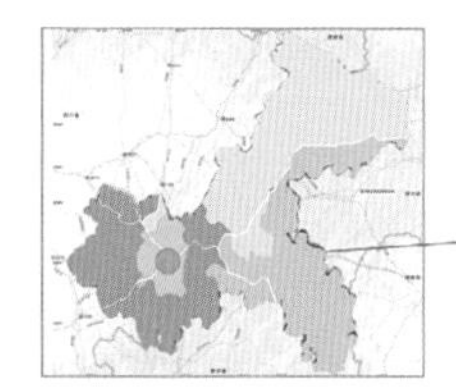
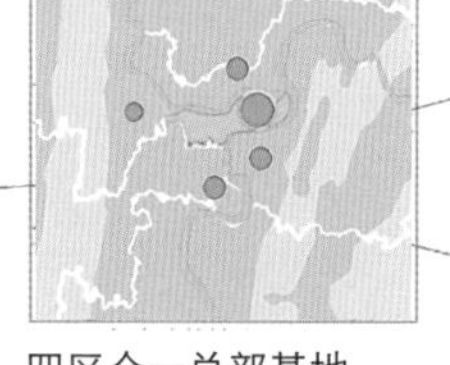
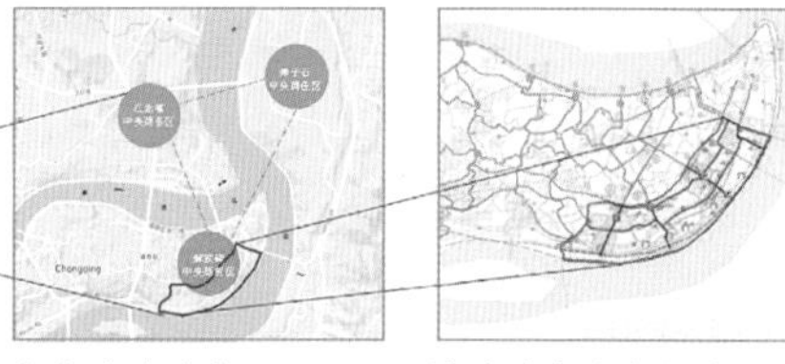

重庆都市核心功能区　四区合一总部基地　紧邻中央商务区　渝中半岛东部门户

历史沿革

重庆是中国著名的历史文化名城，具有3000 多年的悠久历史，以重庆为中心的古巴渝地区是巴渝文化的发祥地，而渝中是重庆发展演变的“母城”，3000 年江州城、800 年重庆府、100 年解放碑，积淀了巴渝文化、抗战文化、红岩精神等厚重的人文底蕴，其城市发展大致可以分为四个时期：

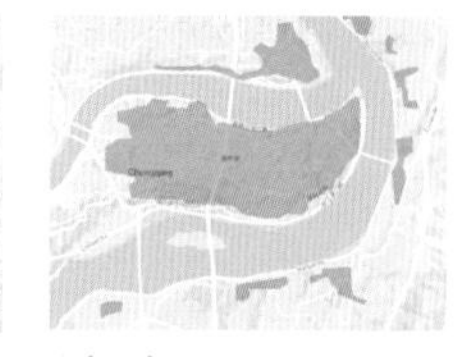

蜀汉时期　北宋时期　明清时期　陪都时期

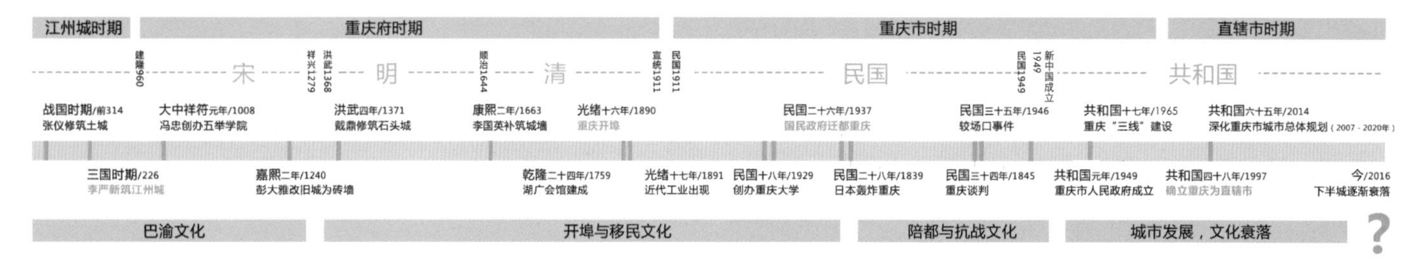

基地综合现状分析

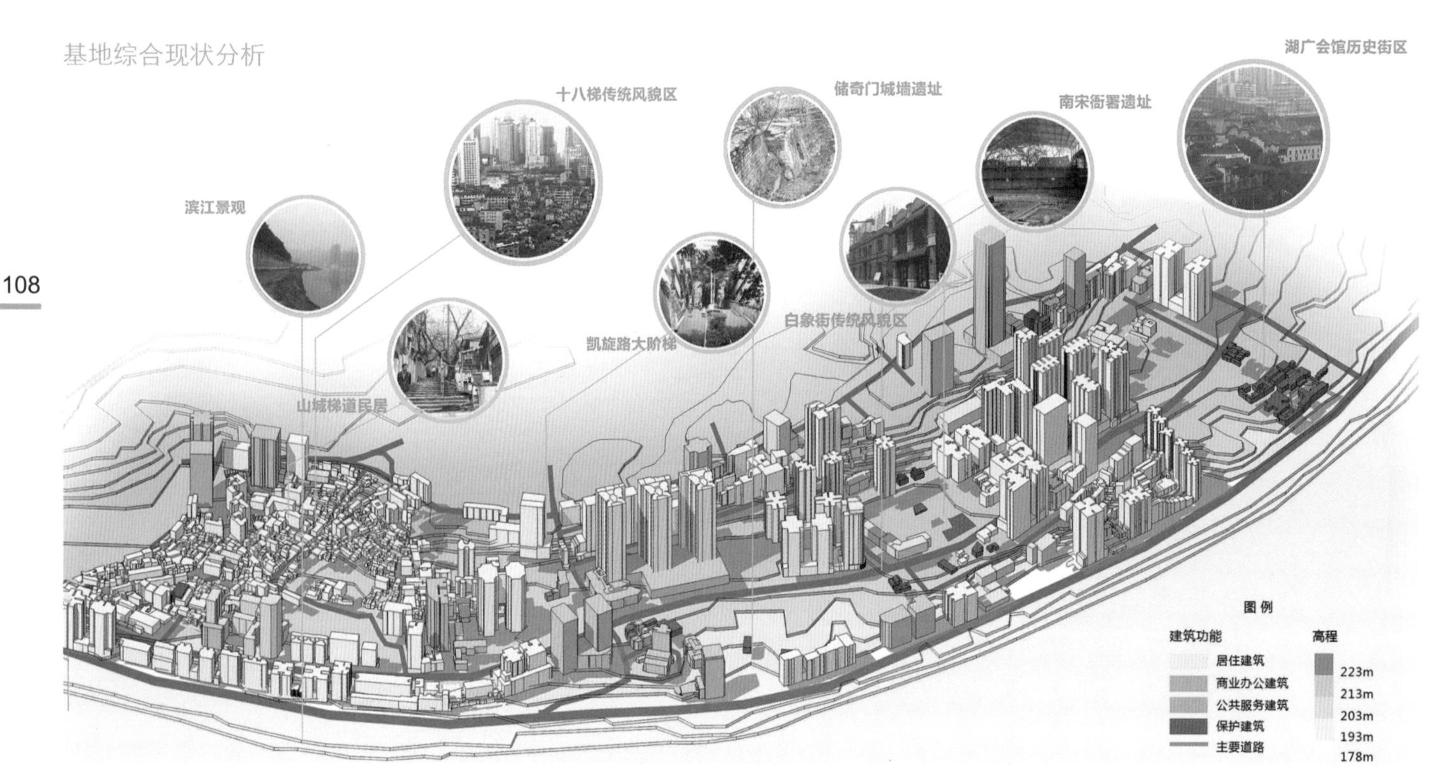

山水渝味——山地景观独特，但空间环境衰败

独特自然地理特征与山城空间格局

基地属典型夏热冬冷气候。夏季酷热，静风率高，空气湿度达 80%，素有“火炉”之称。冬季多雾且浓，日照严重不足，气温低，又有“雾都”之称。年降雨量较大，多集中于 5-9 月，且以夜雨出现，此即古诗中的“巴山夜雨”。

地形南低北高，高差形成多处陡坎与台地，最高处与最低处的高差达 100 米，平均坡度 15 度，形成丰富陡坎景观。

同时地形造就了特色的线性道路线型与山地特色交通方式，如索道、空中连廊等；同时坡、坎、梯等地形与建筑形成多样的空间组合方式。

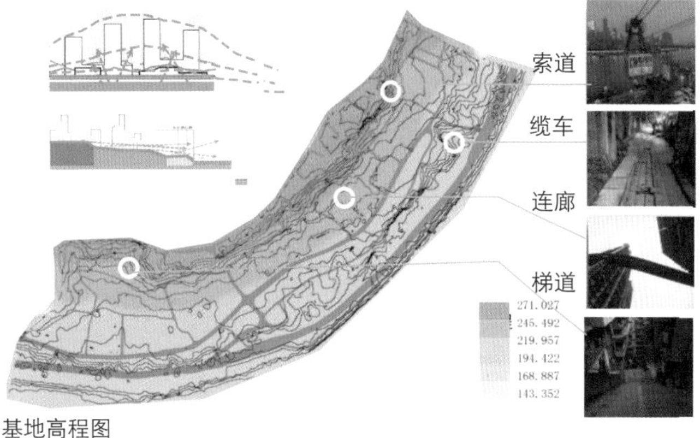

基地高程图

建筑空间类型图

空间环境衰败，城市格局割裂

近期“大拆大建”的开发模式导致了城市空间格局的割裂，基地内涉及拆迁、建设的区域约占基地面积 32%，影响城市空间布局。此外，滨江快速路阻碍滨江可达性，物流仓储用地占据滨江景观空间；沿滨江路的高层建筑阻碍城市阳台的观景视线。

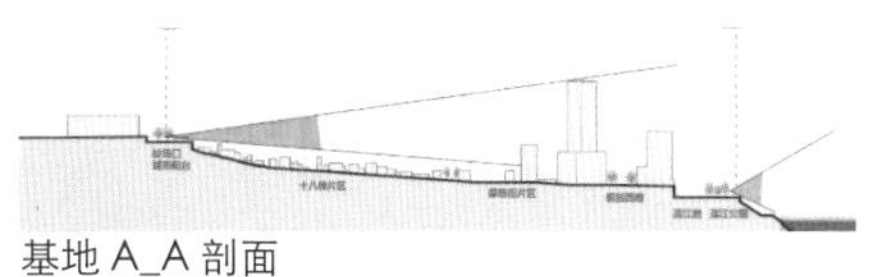
基地 A_A 剖面

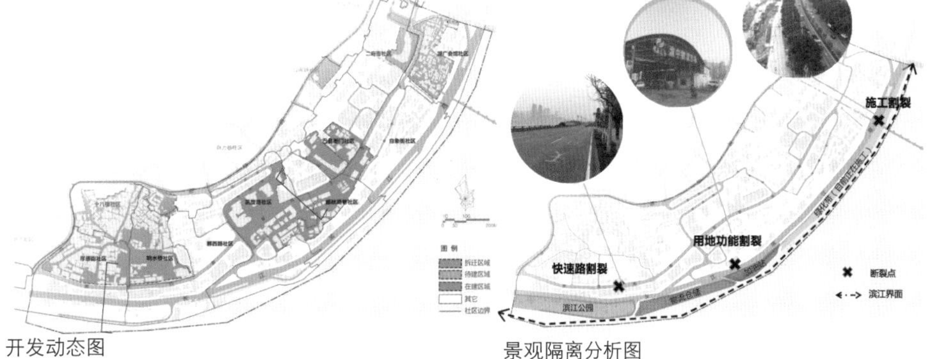

开发动态图

景观隔离分析图

人文渝味——历史资源丰富，但保护利用不佳

丰富历史文化资源与城市风貌遗存

全国重点文物保护单位 6 处，市级文物保护单位 11 处，区级文物保护单位 2 处，其他多处遗迹及有特色建筑。展现封建时期、开埠时期、陪都时期以及新中国成立后时期的文化记忆。同时，基地内包含三处历史文化街区与传统风貌区，分别为：十八梯巴渝风貌区、湖广会馆及东水门历史文化街区以及重庆 1891 开埠历史风貌区。

同时，基地内具有丰富的建筑肌理，从平面形状有机化、建筑体量小型化、建筑空间组群化传统街区肌理，到大尺度、一体化的现代城市肌理，包容并蓄。

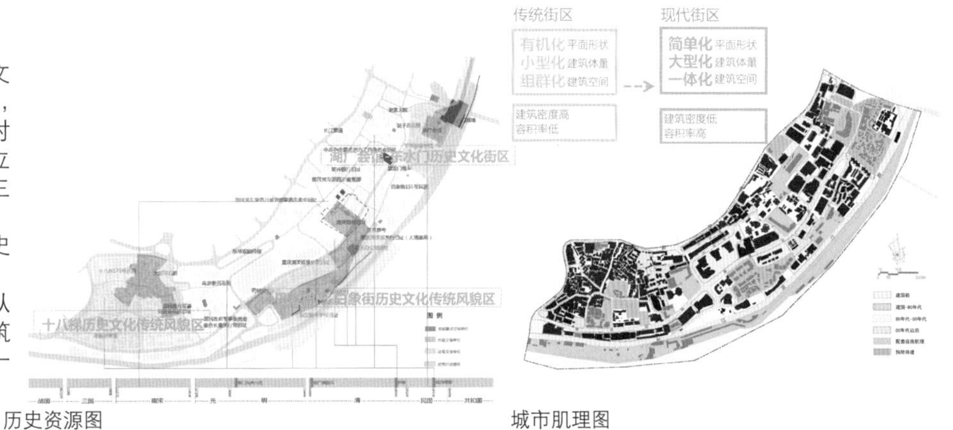

历史资源图

城市肌理图

历史文化资源保护利用不佳

基地内文保单位与历史建筑空间分布零散；建筑质量普遍差；闲置待整治比例高，利用低效，近 60% 的历史建筑目前处于闲置状态，此外与社区生活结合较弱，以展览办公功能为主；开放性较差，历史资源作为城市记忆的感知性低。

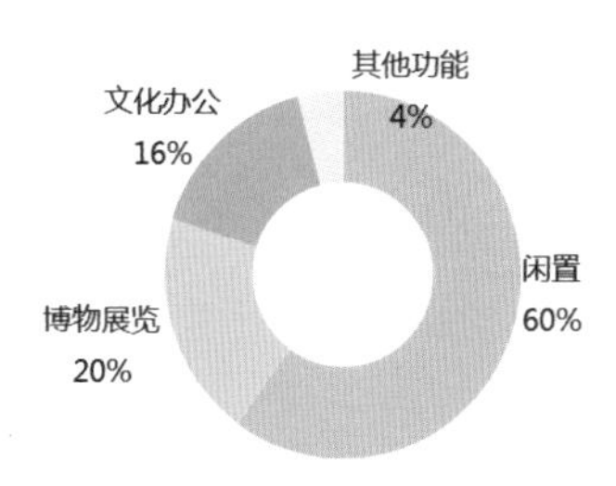

历史建筑利用情况

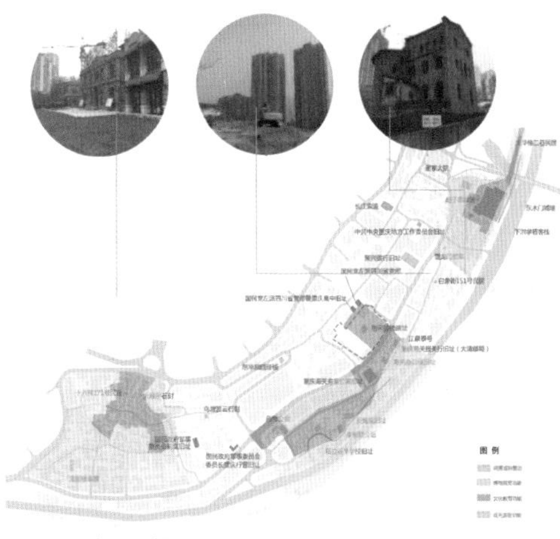
历史资源利用现状图

针对历史风街区与传统风貌区，历史建筑拆迁破坏街区风貌，周边城市开发与历史街区反差鲜明。

部分历史建筑与风貌区利用现状

下城渝味——区域定位优越，但功能结构失衡

都市核心区中显著的文化生活功能

在高强度开发的渝中区中央商务区内，下半城基地目前仍保持传统居住与生活服务功能以及传统空间格局，使其在区域发展中具有独特的功能定位，避免同质化发展与竞争。

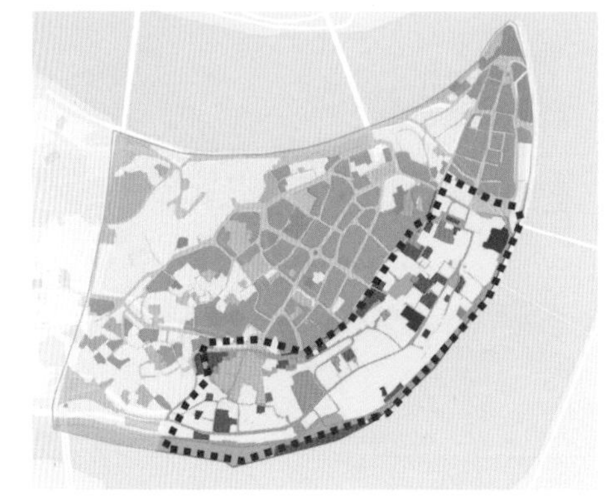

上下半城用地现状图

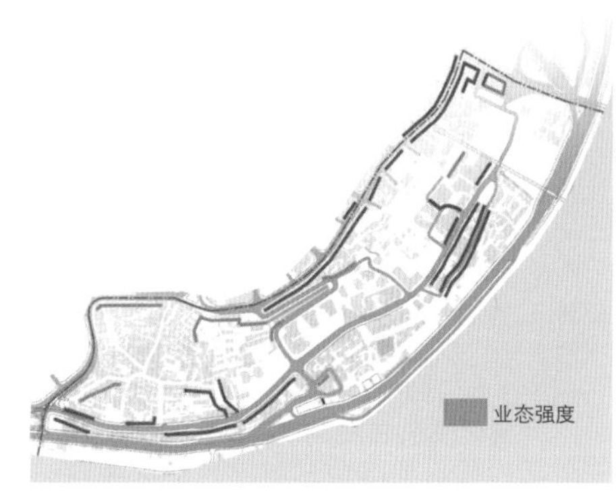

业态布局图

城市发展滞后，功能结构失衡

下半城独守居住与传统服务功能，近几十年来发展较慢，与上下半城未能形成良好协作关系，目前在各方面均差距显著，同时长久的缓慢发展也引发下半城功能结构失衡等一系列问题。

居住用地比重高，达 48.9%，公服、绿地、道路各项用地明显不足，用地资源紧张。路网系统不完善，南北向道路少，路网级配不合理，支路少，局部路段道路线型设计不合理。

上半城	金融商务功能为主	GDP贡献超过90%	城市环境良好	就业消费旅游人群为主 中青年为主 高学历高收入
VS				
下半城	生活居住功能为主	GDP贡献少于10%	城市环境较差	常住人口多，人口密度高 老龄化显著 低学历低收入

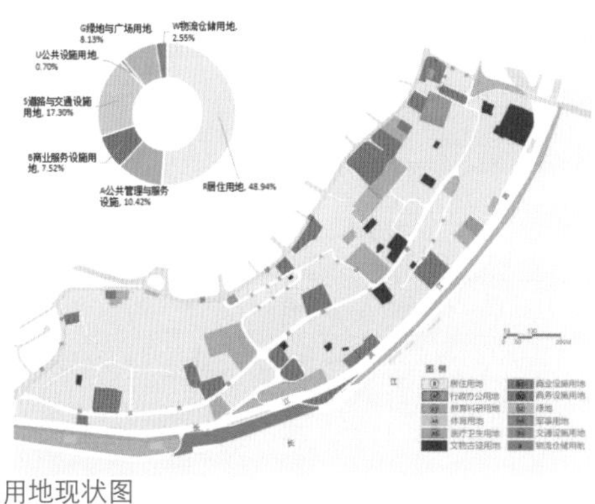

用地现状图

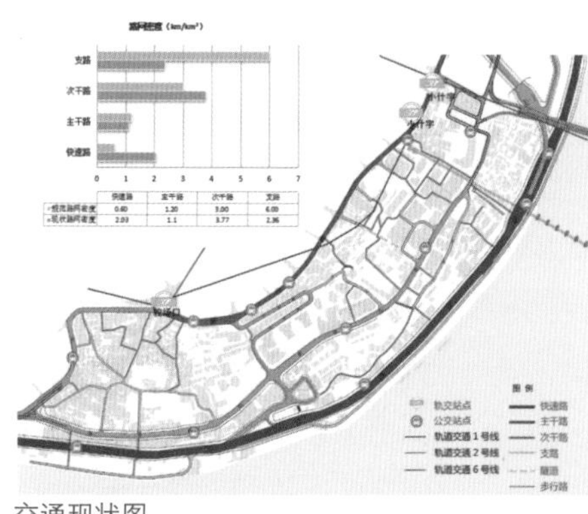

交通现状图

社区渝味——历史资源丰富，但保护利用不佳

浓郁生活气息与活力市井民俗

下半城基地具有浓郁的生活氛围，市民日常休闲生活方式多元，有摆龙门阵，饮茶，街头美食，麻将棋牌，推拿火罐，广场舞等。

此外，居民自发组织的空间多样混合：自建住宅的按需调节，商铺空间的迫切生长，公共休闲空间的自觉形成，传统功能空间的有机延续等均凸显出日常生活中的居民自发性行为与地域特色。

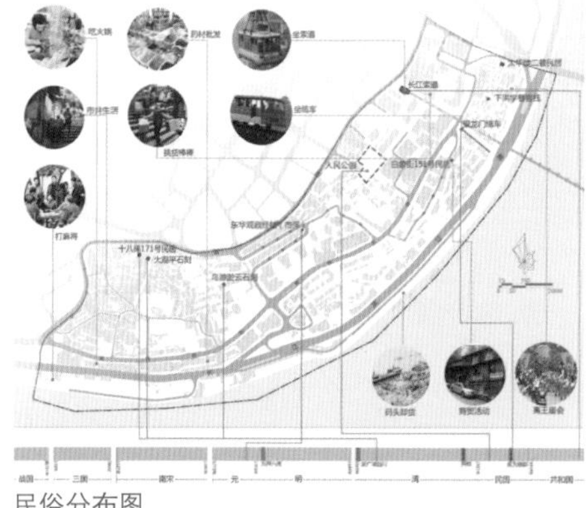

民俗分布图

生活行为外溢

商业空间蔓延

下半城居民日常休闲活动

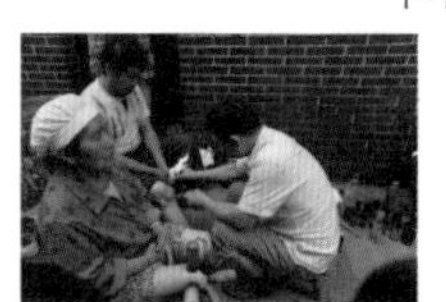

人口压力显著，居住环境较差

下半城面临较为突出的人口压力，老龄化显著，60 岁以上老年人比重超过 25%，并有高龄化趋势；同时基地内低学历低收入群体集中，在一定程度上影响了城市的发展活力。

同时居住条件整体不理想，现状人均住房面积为 18.58 平方米远低于相关标准。部分住宅（区）住房条件较差，社区配套设施不够完善，文化体育设施明显缺乏，现代商业设施不发达；同时社区配套设施与居民需求不相符。

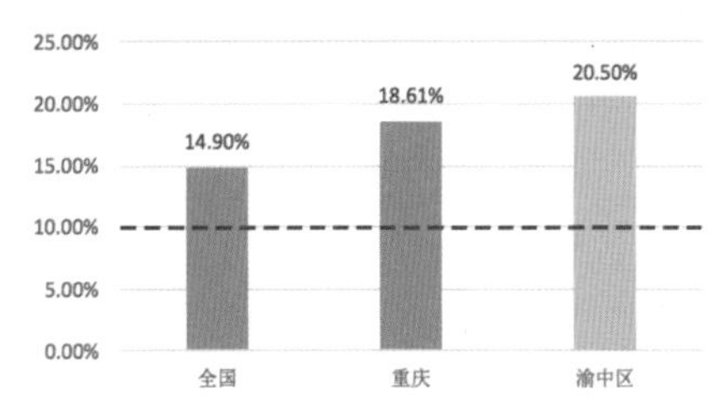

60 岁以上人口占总人口比例

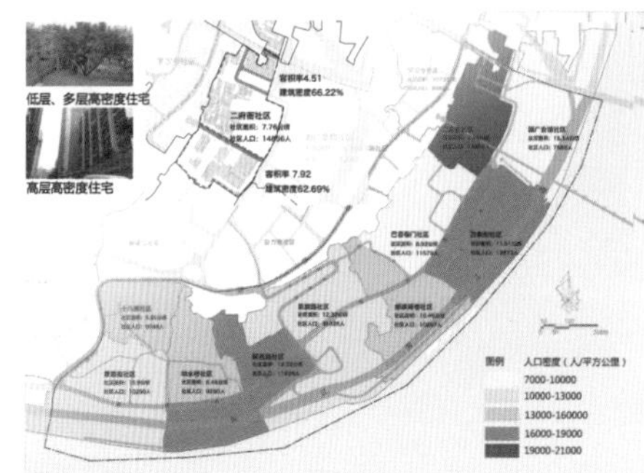

社区人口密度图

配套服务设施现状图

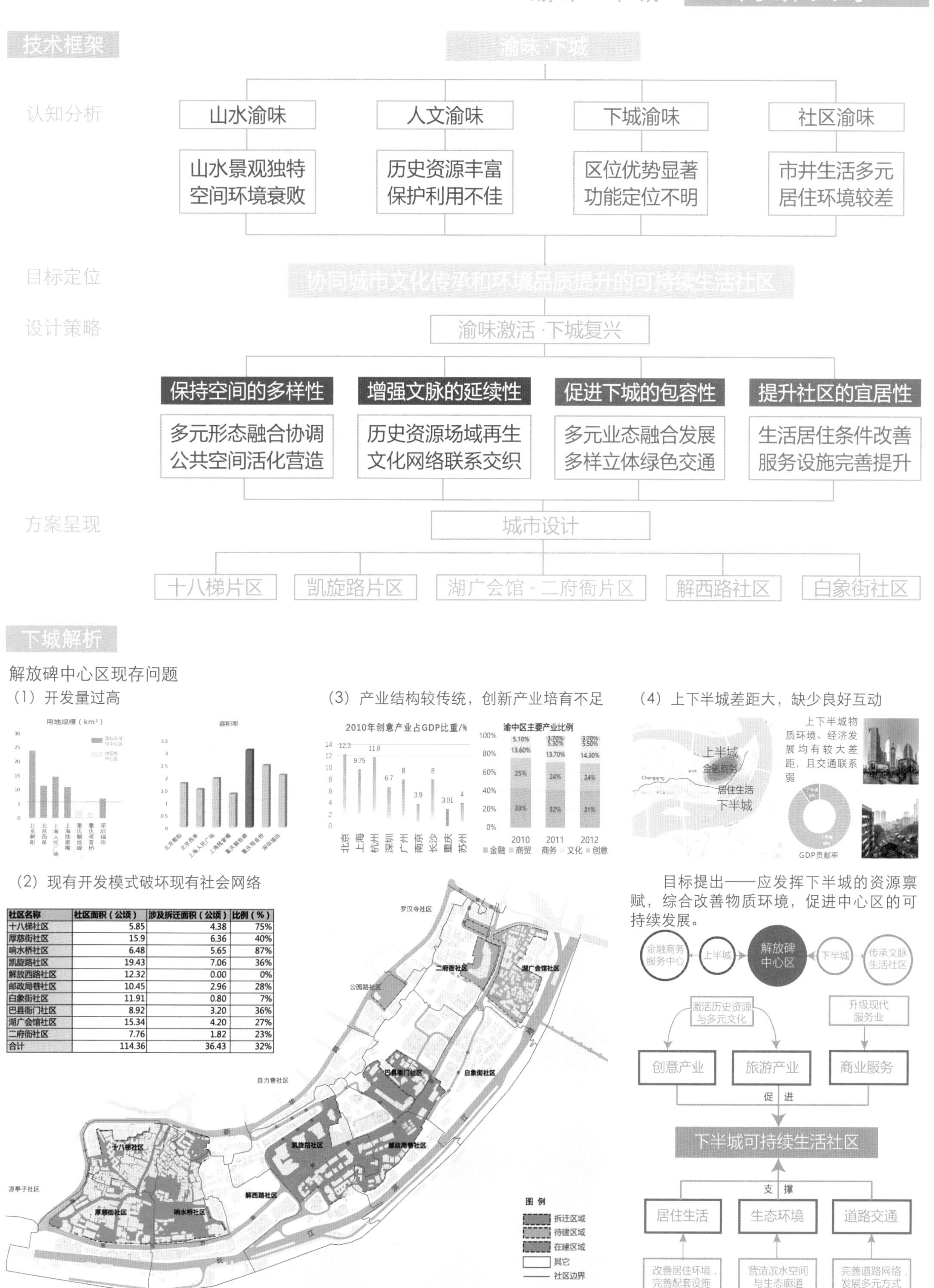

社区名称	社区面积（公顷）	涉及拆迁面积（公顷）	比例（%）
十八梯社区	5.85	4.38	75%
厚慈街社区	15.9	6.36	40%
响水桥社区	6.48	5.65	87%
凯旋路社区	19.43	7.06	36%
解放西路社区	12.32	0.00	0%
邮政局巷社区	10.45	2.96	28%
白象街社区	11.91	0.80	7%
巴县衙门社区	8.92	3.20	36%
湖广会馆社区	15.34	4.20	27%
二府衙社区	7.76	1.82	23%
合计	114.36	36.43	32%

开发动态图

设计策略 （一）保持空间的多样性——多元形态融合协调，公共空间活化营造

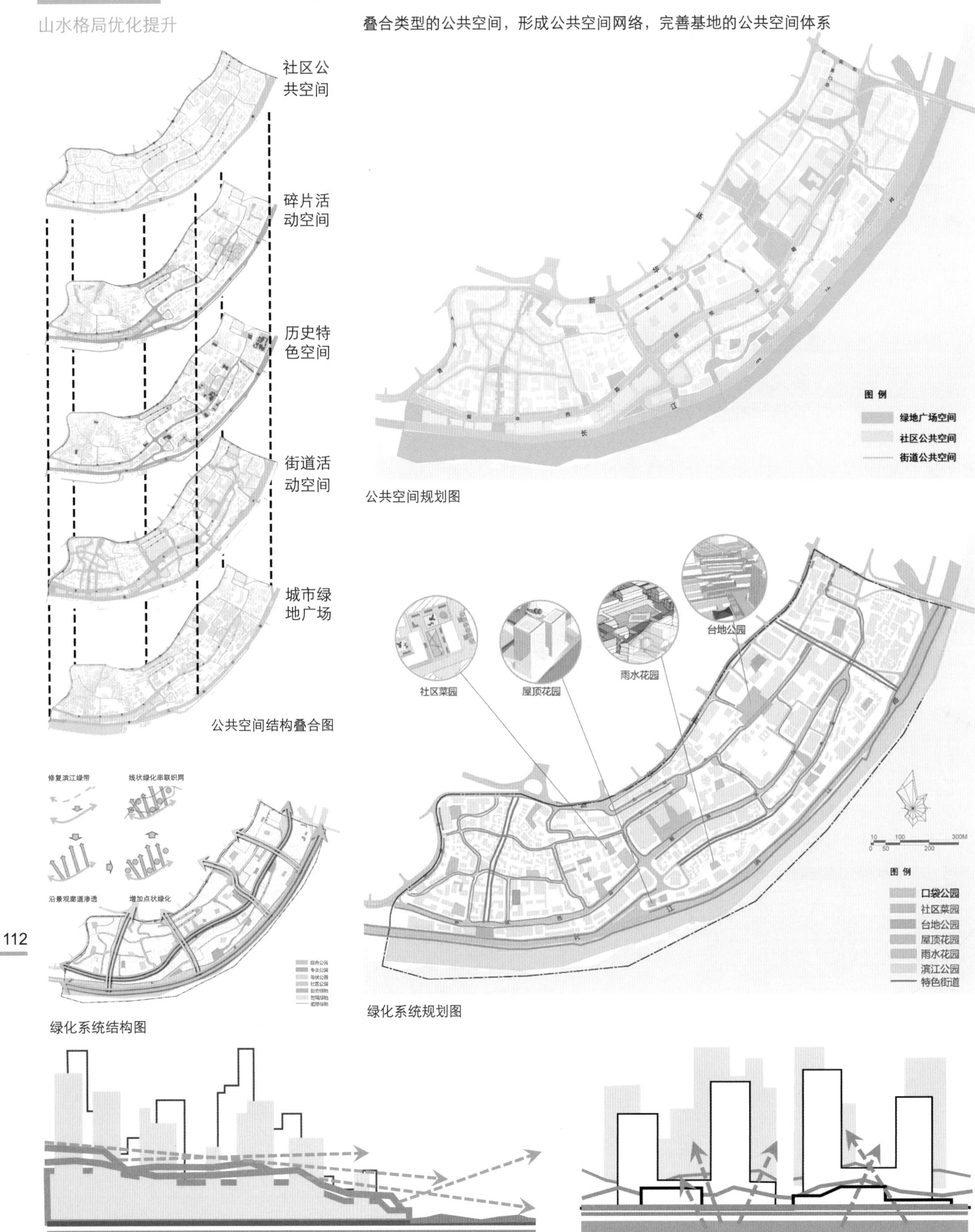

公共空间结构叠合图

公共空间规划图

绿化系统结构图

绿化系统规划图

结合城市阳台，梳理视线通廊

组织滨江天际线，凸显山城特色

设计策略 （二）增强文脉的延续性——历史资源场域再生，文化网络延续交织

历史建筑功能激活

（1）功能置换

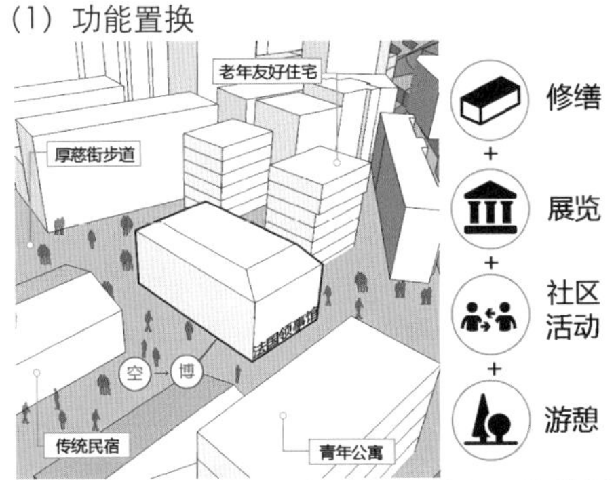

法国领事馆将原行政办公功能置换为社区服务功能，结合面前场地为社区提供公共活动空间，兼以文化展示和旅游问询功能。

（2）功能外溢

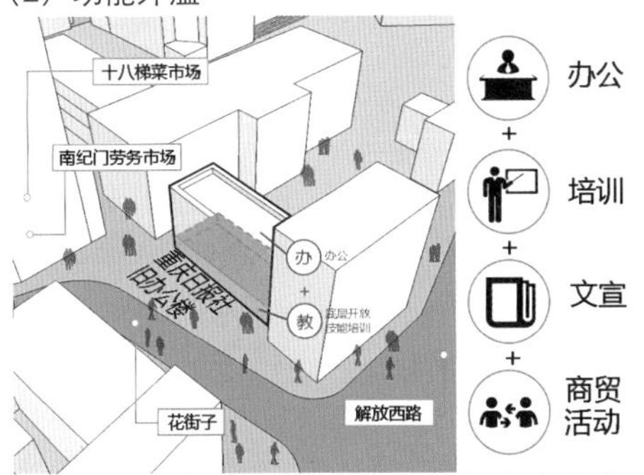

重庆日报社旧办公楼上部保留文化办公功能，底层界面打开，用作技能培训，与劳务市场结合，成为社区人才培训中心。

（3）功能转换

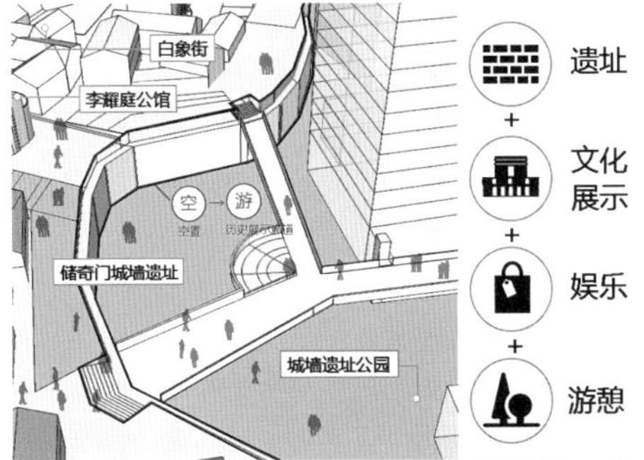

储奇门城墙位于储奇门顺城街沿线，目前仅作为楼宇背后入户小路使用，规划建设成为带状遗址公园。

（4）功能重置

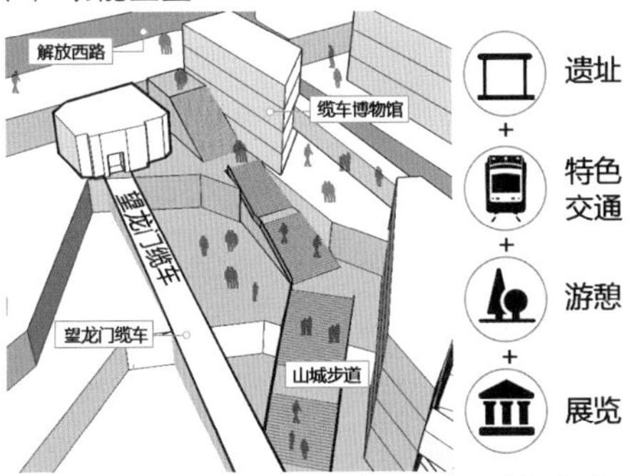

望龙门缆车现废弃空置，规划在旁边另建一条新的缆车线路，南至滨江岸线，北延伸至洪崖洞，原线路和停靠站则作为城市记忆进行展示，从而实现交通功能的重置。

下半城中丰富的历史资源，根据其所处区位的功能定位、居民需求等方面的情况，应采取差异化的利用方式：遗址公园、博物展览、文化办公、休闲娱乐和其他功能。采取的手段有功能置换、功能外溢、功能转换和功能重置四种。

历史资源功能激活图

传统肌理修补

除了保护各级文保单位和历史建筑以外，还要对梯道、街巷、城门城墙等重要城市格局进行保护，对两片历史文化传统风貌区和一片历史文化街区进行传统肌理的修补。

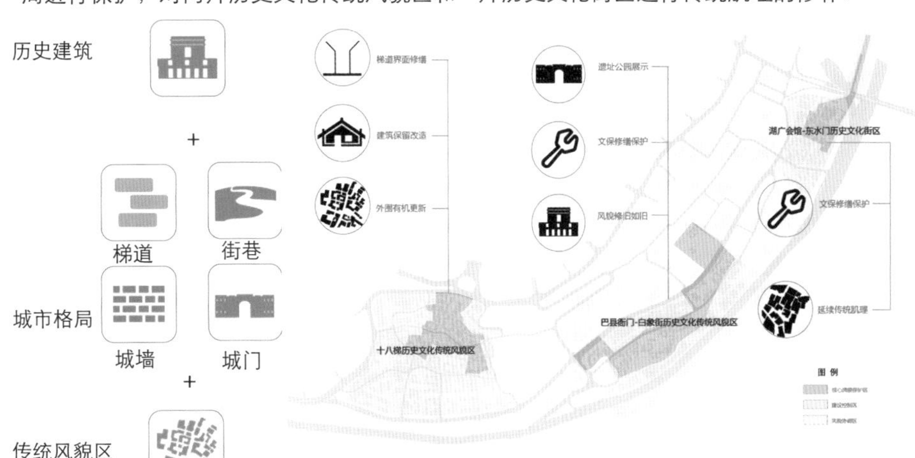

传统风貌区肌理修补图

十八梯历史文化传统风貌区	巴县衙门—白象街历史文化传统风貌区	湖广会馆—东水门历史文化街区
十八梯梯道两侧界面开始修缮，小体量建筑应适当保留改建。 建设控制区和风貌协调区大量拆除，应进行有机更新，修补传统风貌肌理。	现行方案采取大拆大建，北侧为高档住区，南侧为会所式商业区，原貌修建。规划应增加街区的市民开放性。	湖广会馆西侧历史街区内大量历史建筑已被拆除，规划设计应充分考虑历史脉络的延续。

周边场域再生

通过步行路径穿接这些生态游憩、社区生活、文化展示、商业休闲场域，彼此协同发展。

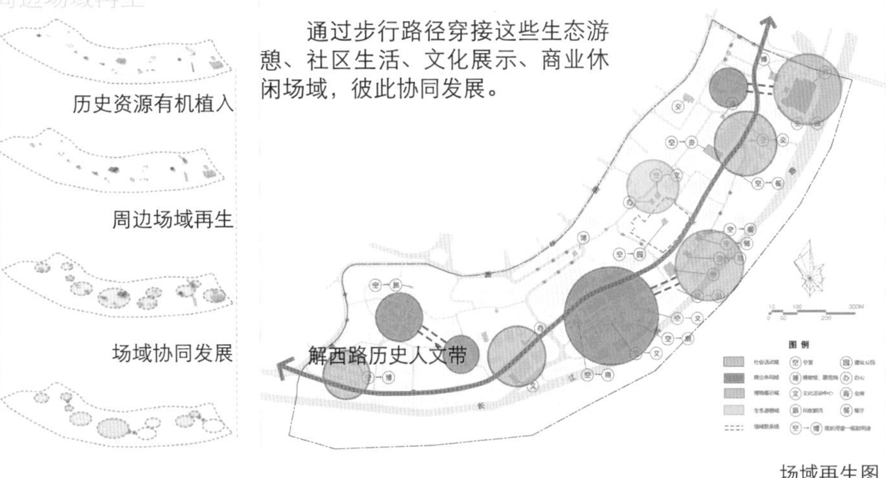

场域再生图

设计策略 （三）促进下城的包容性——多元业态融合发展 多样立体绿色交通

多元业态融合发展

发展文化旅游产业，开发文创产业，延续传统商贸业，引入现代服务业，提供多种人群就业岗位。

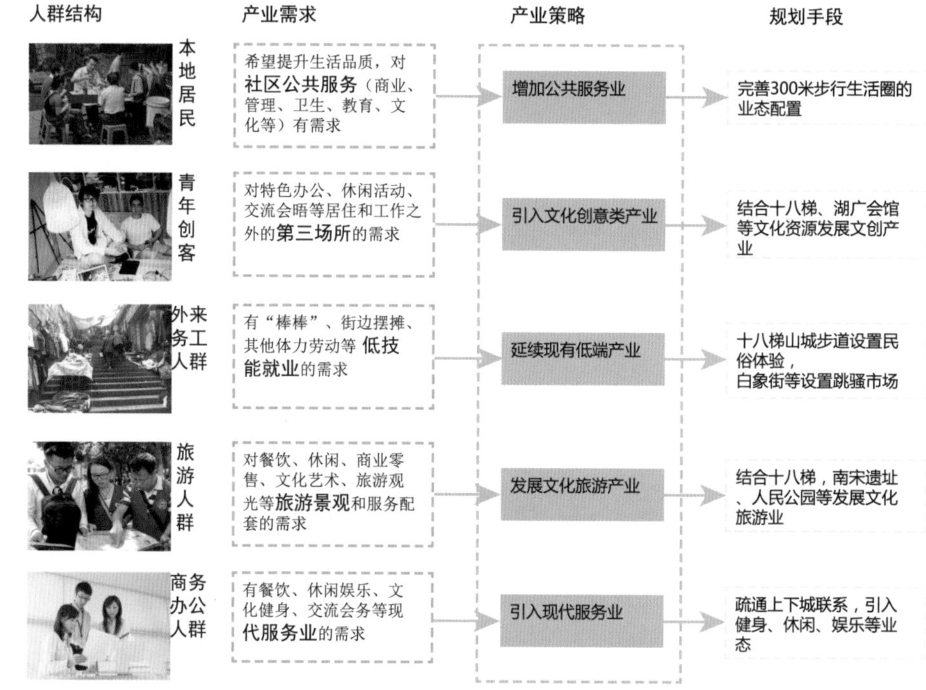

多样立体绿色交通

构建生活步行圈

步行圈内细分地块，以步道连接日常生活设施、公共服务设施、公共交通设施和公共开放空间，形成慢行共享网络，同时满足居民、游客、工作者的不同需求。

生态步行轴意向图

生活步行轴意向图

共享街道意向图

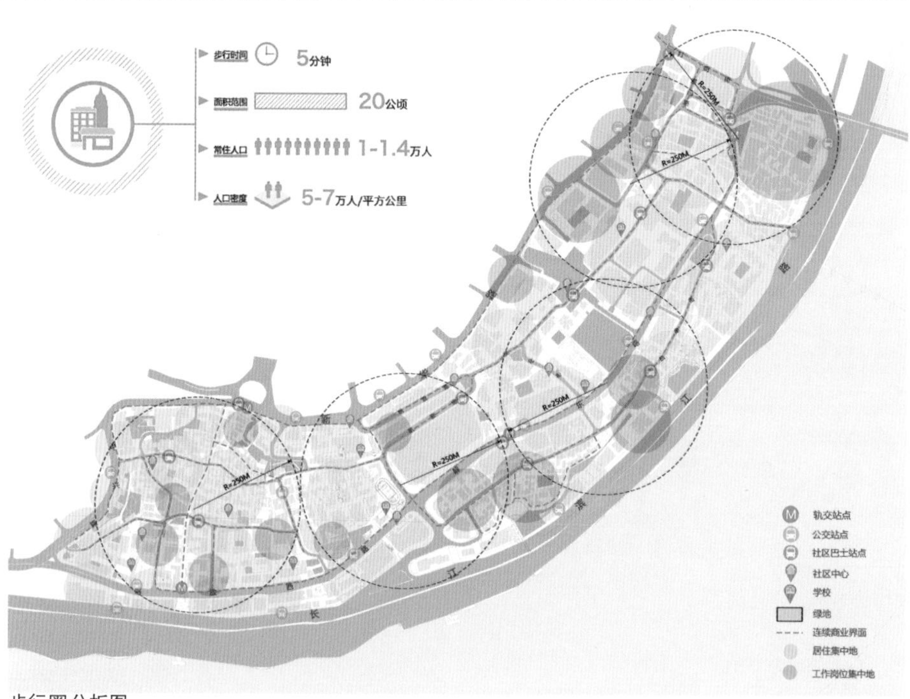

步行圈分析图

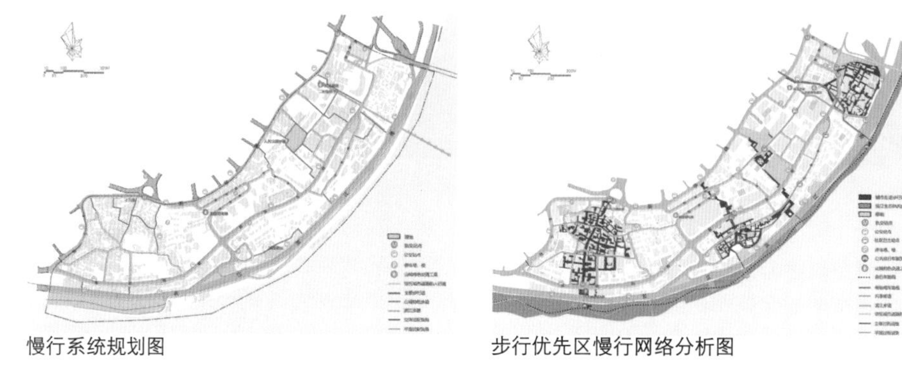

慢行系统规划图

步行优先区慢行网络分析图

设计策略　（四）提升社区的宜居性——居住环境质量提升，社区配套设施完善

社区更新重点梳理

■ 1970 年及以前低、中层住区
对有价值的地块进行保护；
增加宜老及无障碍设施；
引入商业与创意产业，混合开发，积极发展社区旅游

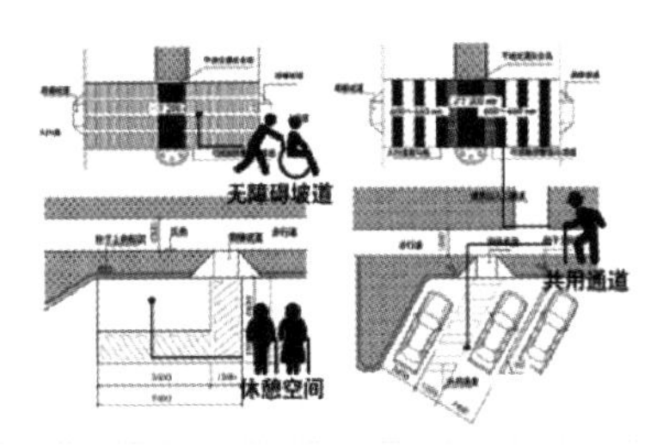

■ 1970-1990 年中高层、高层住区
改善住房条件；
增加宜老及无障碍设施；
营造开放空间；
建筑局部开放，引入公共活动，提升活力

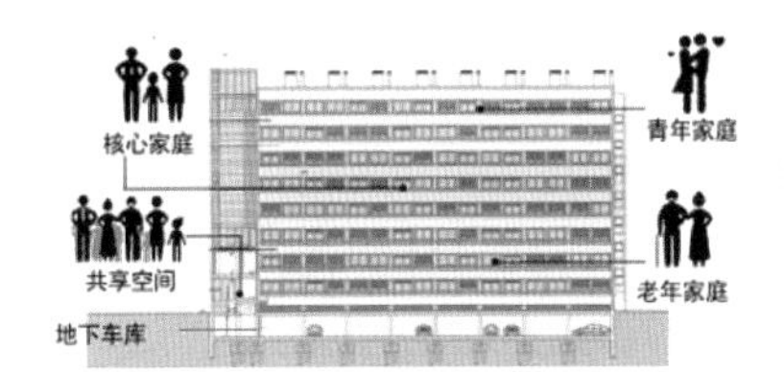

■ 1990-2000 年中高层、高层住区及 2000-2010 年高层、超高层住区
提升居住品质，鼓励混合居住模式；
增加绿地、社区公共空间与设施配套；
引入中小规模商业服务设施与其他公共服务设施，营造连续的商业界面，提升活力

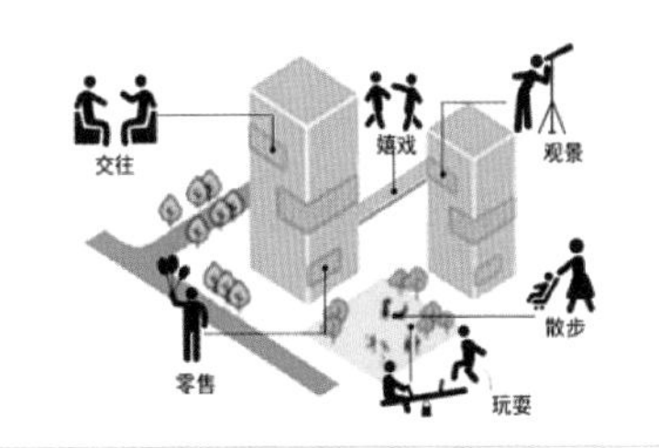

■ 2010 年之后超高层住区
建设高品质垂直住区；
设置较大规模现代商业、休闲娱乐设施；
引入创新创意产业与现代服务业

社区发展总体目标

1. 改善居住条件，完善配套设施。
2. 满足不同人群生活需求。
3. 为不同人群提供多样活动的机会。
4. 促进不同人群交往融合。

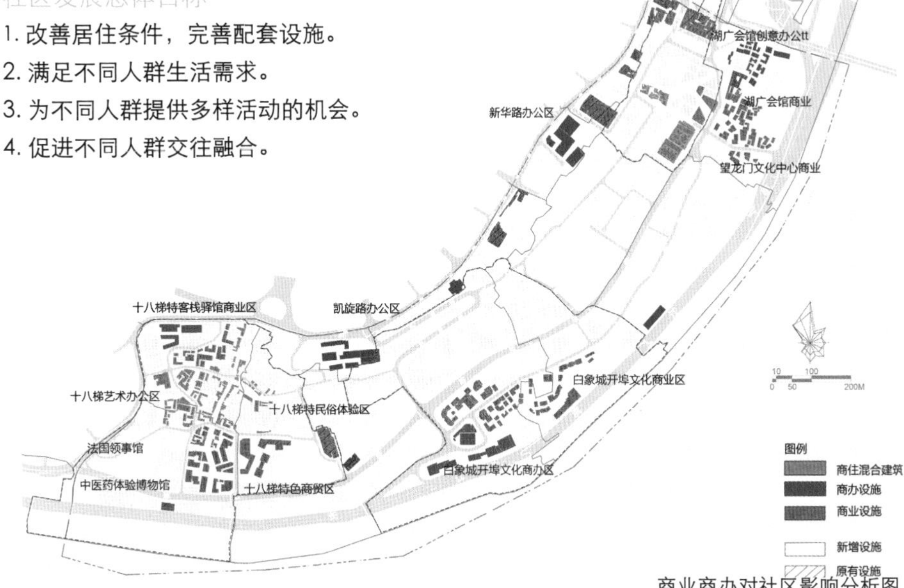

商业商办对社区影响分析图

社区营造：

■十八梯、厚慈街、响水桥社区营造：
①共同组成十八梯历史民俗体验区；
②商业、艺术办公、博物馆增加地块旅游吸引力。

■凯旋路、邮政局巷社区营造：
共同组成白象城开埠文化商业区。

■二府衙社区营造：
①依托湖广会馆形成创意文化办公区；
②新增地铁站提升社区地段价值。

		二府衙社区	
现状人口		14856	
社区面积		7.76	
用地特征		居住用地容积率增加	
5 年后人口参考		16000	
人口特征		中青年居多	
配套设施	发挥特色	体育活动中心	1
		商业设施	
	增补缺乏	绿地	5
		活动广场	2
		幼儿园	1
		日间照料中心	1
		社区文化活动中心	1
		社区卫生服务站	1

		白象街社区	
现状人口		12673	
社区面积		11.91	
用地特征		用地性质基本不变	
5 年后人口参考		12419	
人口特征		人群层次丰富	
配套设施	发挥特色	多功能运动场	1
		绿地	1
	增补缺乏	日间照料中心	1
		社区文化活动中心	1
		社区卫生服务站	1

二府衙社区营造分析：

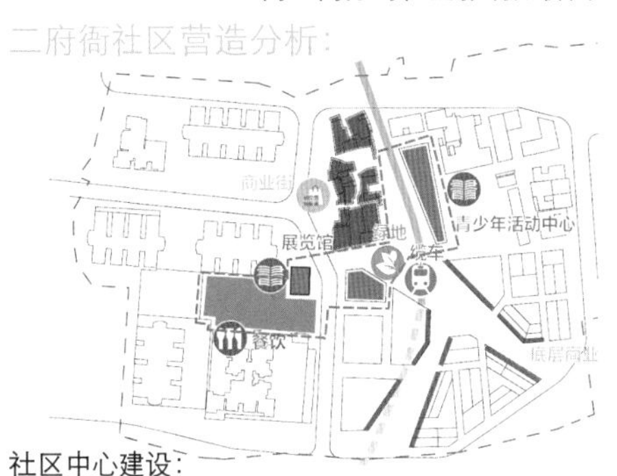

社区中心建设：
结合公交站点；增设公共空间；协同展览馆、餐饮设施；

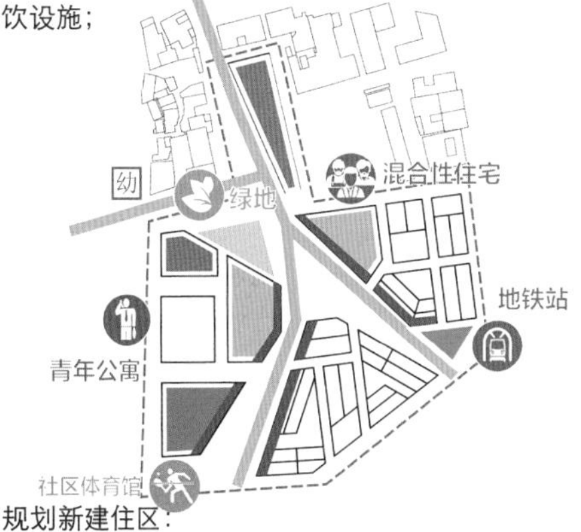

规划新建住区：
建设青年公寓；设置混合性住房；设置社区体育活动中心；

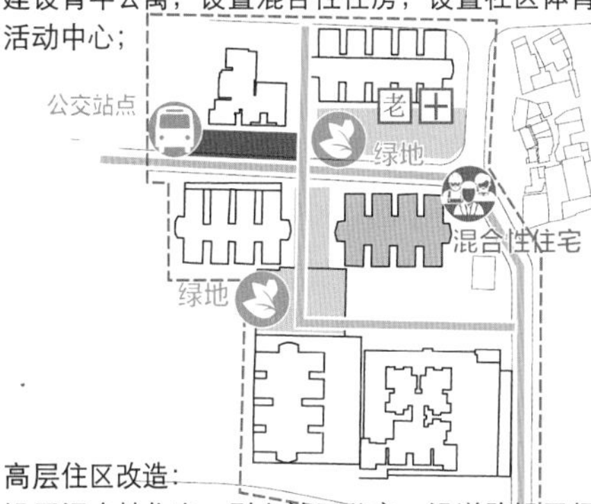

高层住区改造：
设置混合性住房；引入社区公交；沿道路设置绿地；围绕绿地配套设施；

		解西路社区	
现状人口		11826	
社区面积		12.32	
用地特征		用地性质基本不变	
5 年后人口参考		11600	
人口特征		人群层次丰富	
配套设施	发挥特色	绿地	3
		基础教育设施	2
	增补缺乏	日间照料中心	1
		社区文化活动中心	1
		社区图书馆	1

		巴县衙门社区	
现状人口		10697	
社区面积		10.45	
用地特征		商业设施增多	
5 年后人口参考		6500	
人口特征		人群层次丰富	
配套设施	发挥特色	商业、娱乐设施	
		绿地	1
	增补缺乏	活动广场	1
		社区文化活动中心	1

公共服务设施规划统计表

设施名称		原有	新增
基础教育设施	幼儿园	9	2
	小学	3	1
	初中	0	1
	高中	1	0
	完中	2	0
文化设施	社区图书馆	0	3
	社区文化活动中心	1	4
	青少年活动中心	0	1
体育设施	多功能运动场	2	5
	健身活动中心	0	2
老年人设施	老年活动中心	1	1
	日间照料中心	0	4
医疗卫生设施	社区卫生服务站	1	3

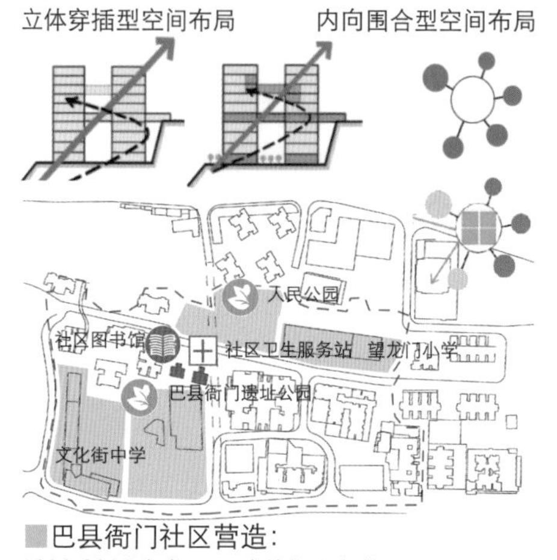

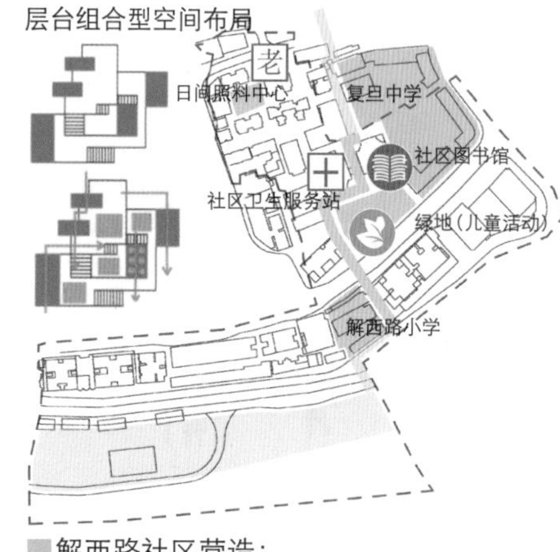

■巴县衙门社区营造：

1990-2000 年住区：改善住房条件；

1960 年代之前住区：利用历史建筑设置社区图书馆、社区卫生站。

■解西路社区营造：

1970-1990 年住区为主：

①增加老年人设施，进行适老化社区更新；

②改造现有开放场地设置多种社区生活空间，容纳多样活动，提升社区活力。

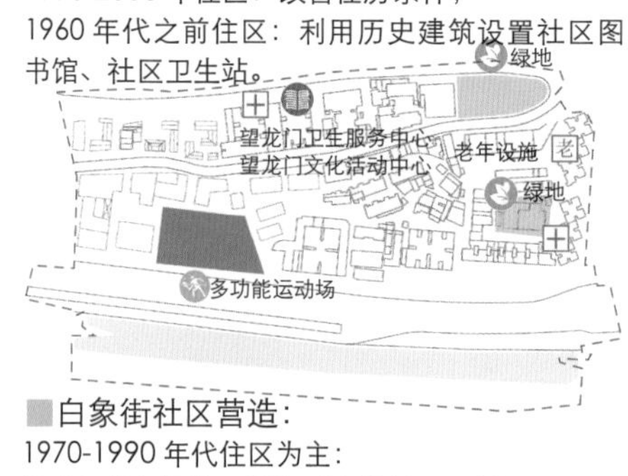

■白象街社区营造：

1970-1990 年代住区为主：

①增加老年设施，进行适老化社区更新；

②建筑局部开放引入配套设施，增加屋顶绿化。

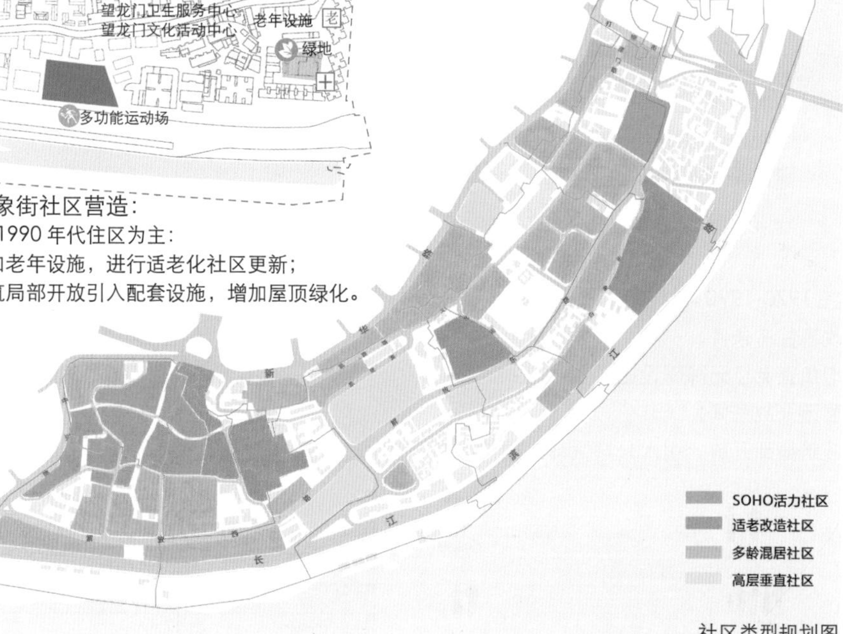

社区类型规划图

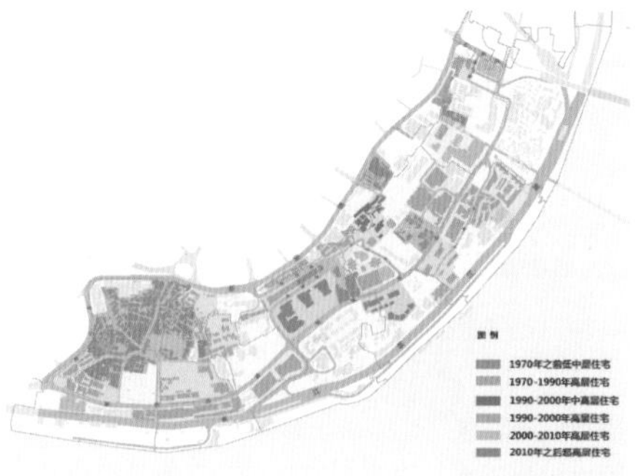

住房类型现状图

社区中心规划图

公共服务设施规划图

下半城城市设计总平面图

图例

保护建筑
保留坡顶建筑
保留普通建筑
新建坡顶建筑
新建普通建筑

幼 幼儿园
小 小学
中 中学
医 医院
社 社区中心
游 游客中心
M 地铁站

① 较场口事件纪念馆
② 古玩市场
③ 跳蚤市场
④ 创意集市
⑤ 非遗展示馆
⑥ 特色小吃街
⑦ 凯旋路电梯
⑧ 重庆日报社
⑨ 储奇门广场
⑩ 文化广场
⑪ 青年公寓
⑫ 非遗文化传承中心
⑬ 南宋遗址博物馆
⑭ 青少年活动中心
⑮ 青年公寓
⑯ 滨江运动场
⑰ 凤凰台码头公园
⑱ 观景坡
⑲ 市民活动广场
⑳ 河鲜餐饮长廊
㉑ 亲水公园
㉒ 观景台

N

0 5 25 50 100M

技术经济指标

基地面积		117.54ha
总建筑面积		3531150m²
其中	新建建筑面积	928707m²
	保留建筑面积	2558532m²
	文保单位建筑面积	43909m²
容积率		3.2
建筑密度		31.9%
公共绿地率		11.5%

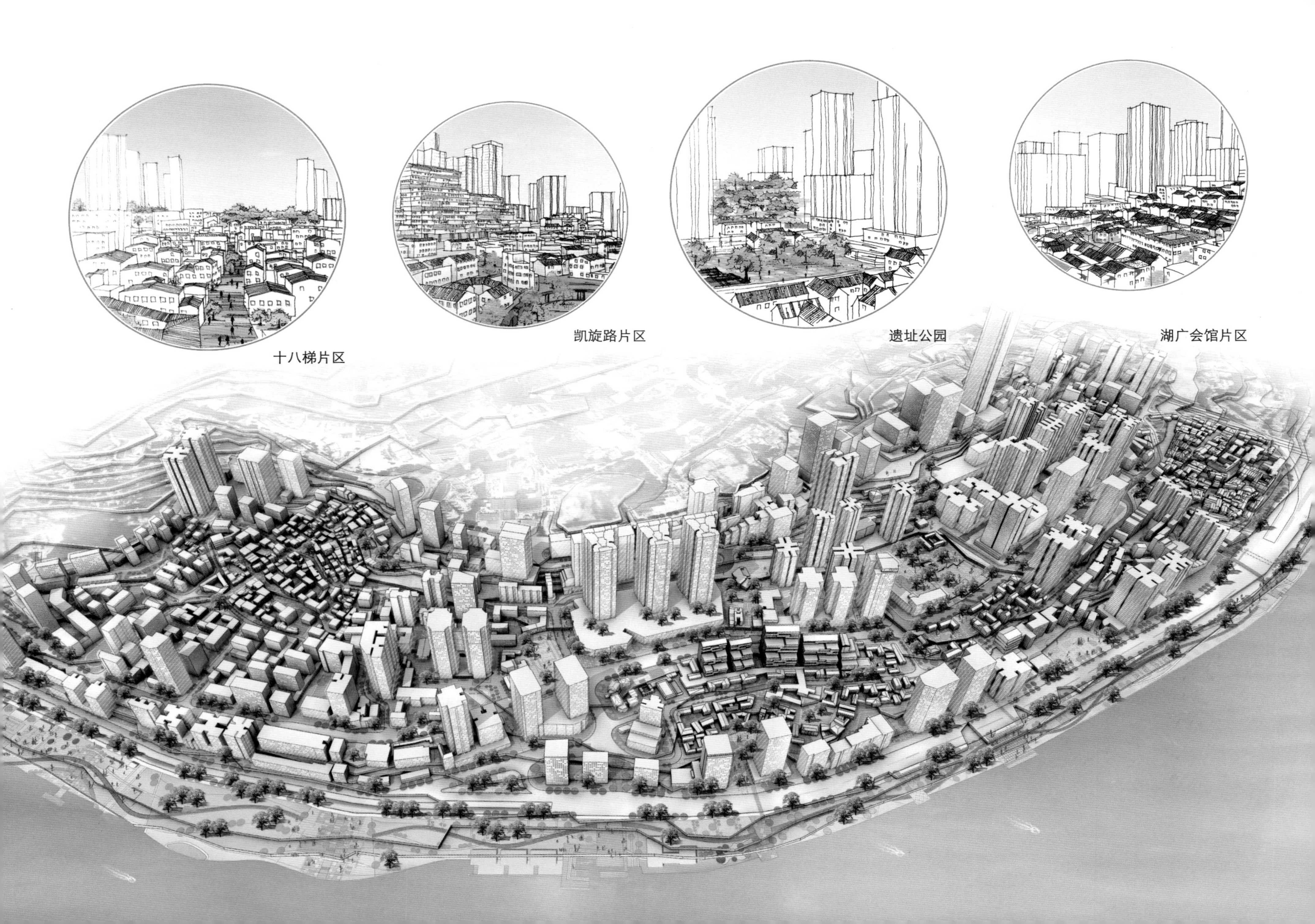
十八梯片区
凯旋路片区
遗址公园
湖广会馆片区

用地规划图
图例
居住用地
商住混合用地
行政办公用地
文化设施用地
教育科研用地
体育用地
医疗卫生用地
文物古迹用地
商业设施用地
商务设施用地
绿地
交通设施用地
长江
长江滨江路
解放西路
解放东路
0 10 50 100 200M
空间结构示意图
道路网规划图
图例
快速路
主干路
次干路
支路
桥梁
隧道
高度控制图
图例
超高层（>100m）
高层（24-100m）
多层、低层（<24m）
公园绿地
城市意象图

文化旅游规划设计

建立文化网络

建立“二横四纵”的文化网络，串联各历史建筑和三片主要游览区，同时承载各类民俗文化活动，包括非物质文化遗产项目和市井生活。

延续民俗文化

市级	33
国家级	9

渝中区申报非遗项目

将非物质文化遗产项目植入到下半城当中，根据各类非遗特征，分别采取主题公园开放、旅游商品开发和建立保护基地的利用方式。

主题公园开发

车灯 重庆糖画 ……

旅游商品开发

蜀绣 漆器 丘二馆

……

建立保护基地

扬琴 巴渝木偶 ……

蜀绣 重庆漆器 扬琴 刘氏刺熨 陆稿推卤菜 重庆糖画 王鸭子

湖广会馆游览区 白象街—巴县衙门游览区 十八梯游览区

图例：旅游主线 旅游次线 历史建筑 游览区

文化网络结构图

游览路径串联

统筹体现重庆各历史阶段内涵的旅游资源，同时与渝中区其他区域的旅游资源进行协同发展，进行巴渝古都游、近代名城游和山水都市游三个主要旅游产品的开发。同时，打造望龙门—洪崖洞的缆车线路，新建东水门码头和凤凰门码头，完善水上巴士线路。

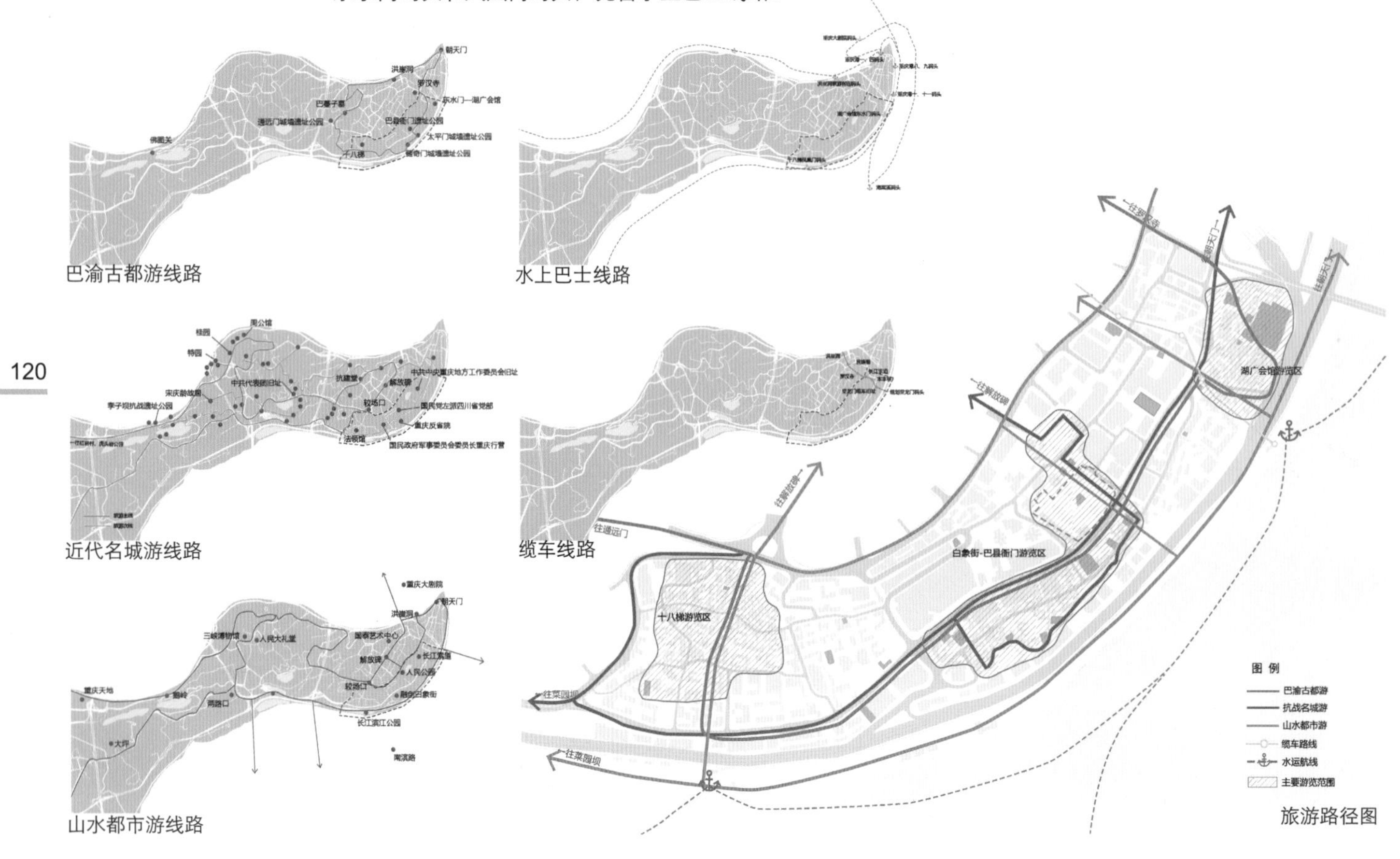

旅游路径图

优化车行道路和静态交通

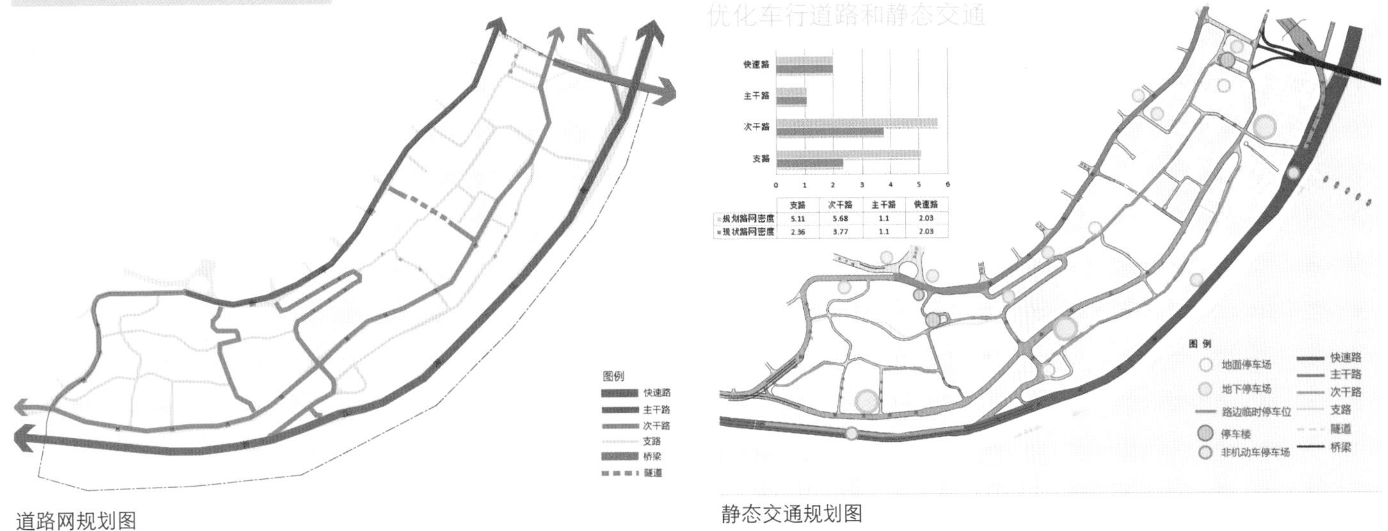

	支路	次干路	主干路	快速路
规划路网密度	5.11	5.68	1.1	2.03
现状路网密度	2.36	3.77	1.1	2.03

道路网规划图

静态交通规划图

完善山城多样公共交通

通过恢复望龙门缆车、水上巴士，完善常规公交，在主要道路上增加分时公交专用道；增加社区巴士，结合社区中心布置站点；在陡坎处增加电梯扶梯，完善公共交通体系。

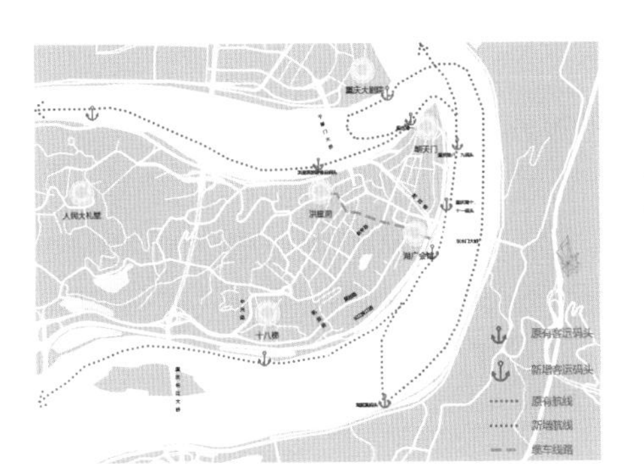

缆车、水上巴士规划图

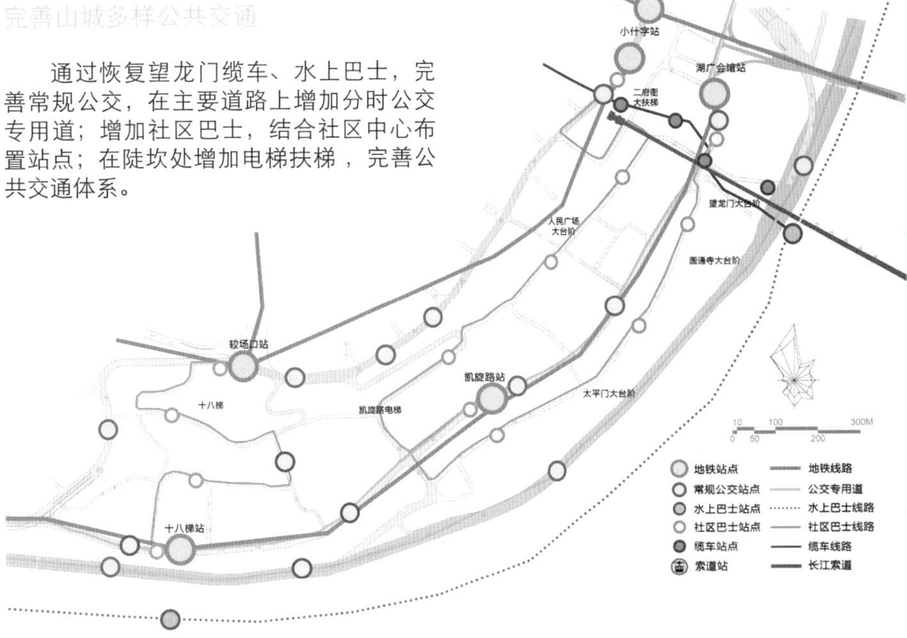

公共交通规划图

开设社区巴士

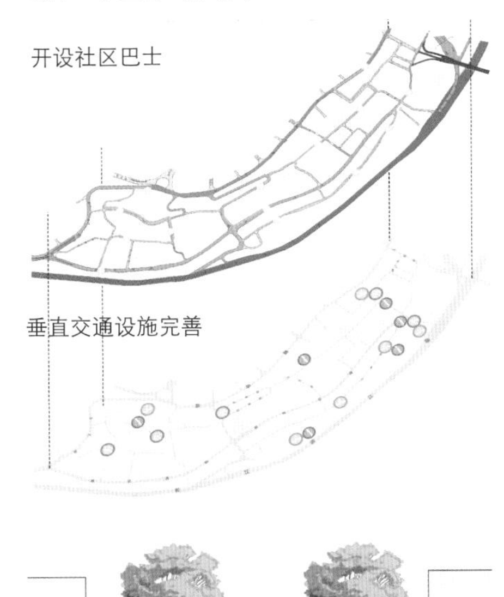

垂直交通设施完善

便捷的交通换乘

小汽车 - 步行 - 公共交通

地铁 - 常规公交 - 长江索道 - 新望龙门缆车 - 大扶梯 - 电梯 - 水上巴士 - 社区巴士

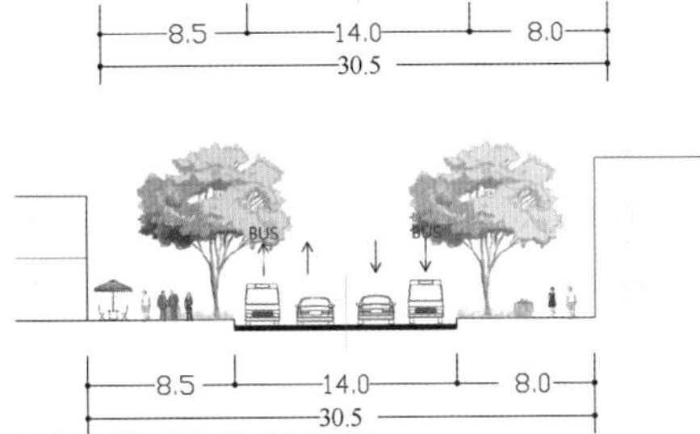

解放西路改造前后剖面图

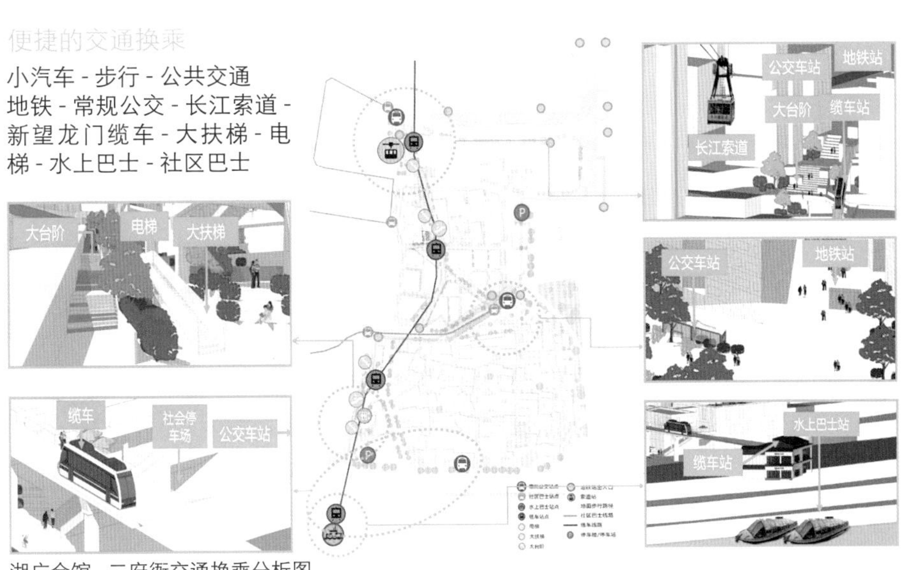

湖广会馆 - 二府衙交通换乘分析图

公共空间设计

小微空间活化营造

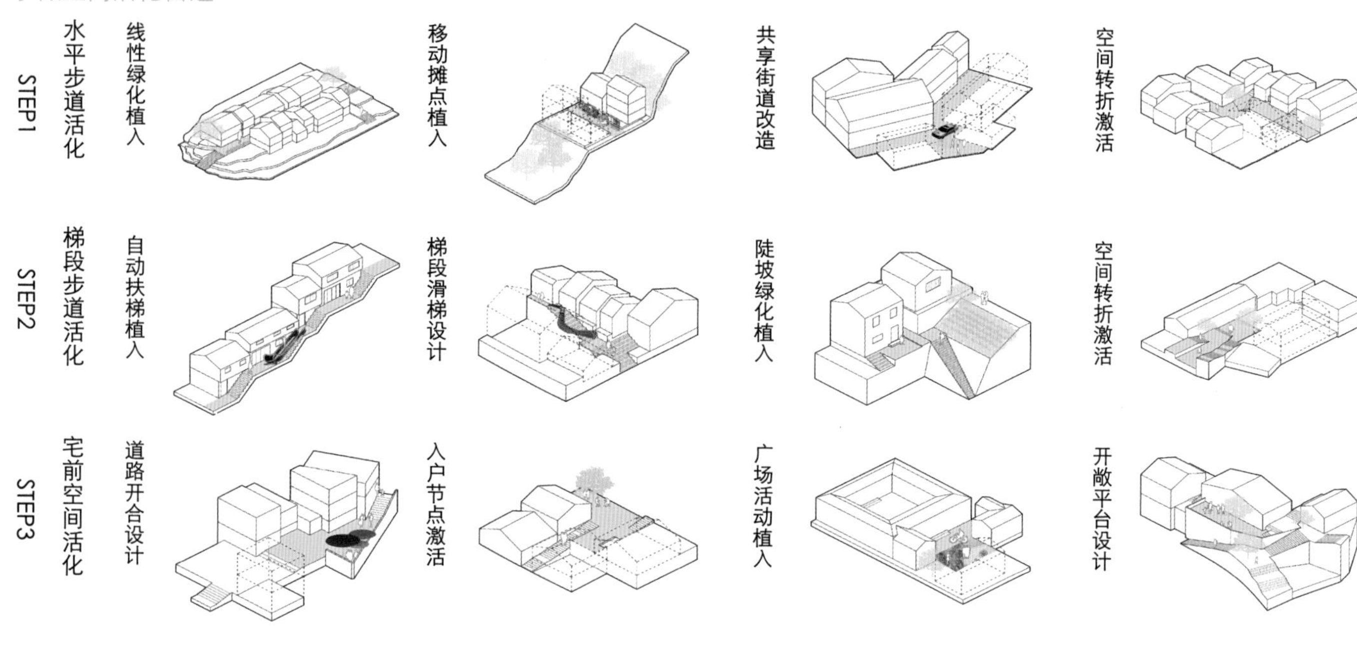

街道空间重塑焕活

STEP1：水平界面焕活

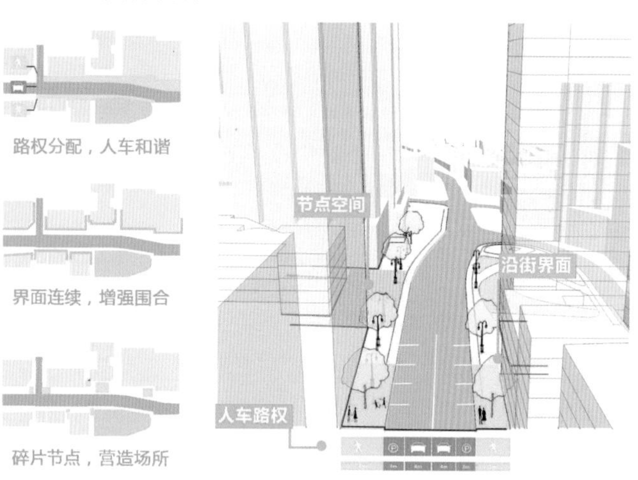

STEP2：垂直界面更新

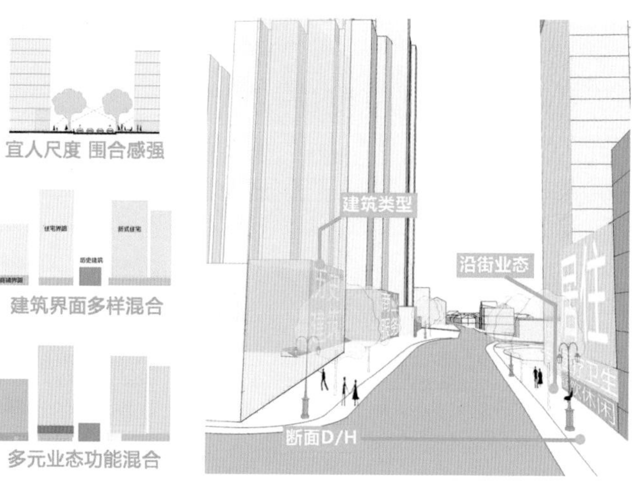

STEP3：物质设施完善

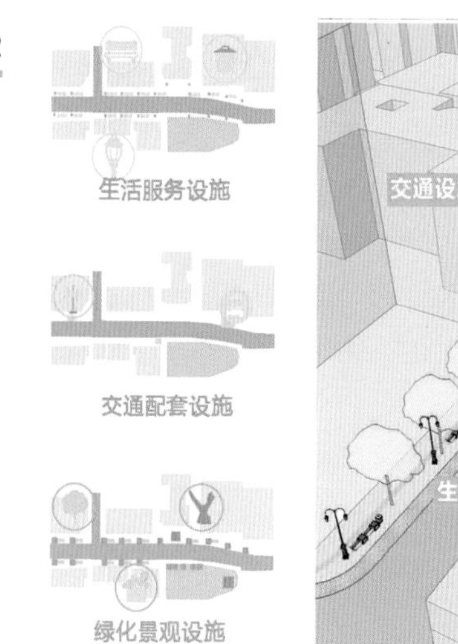

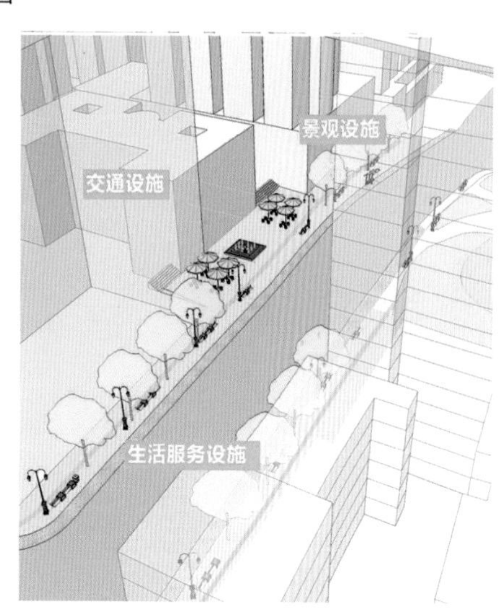

STEP4：街道特色塑造

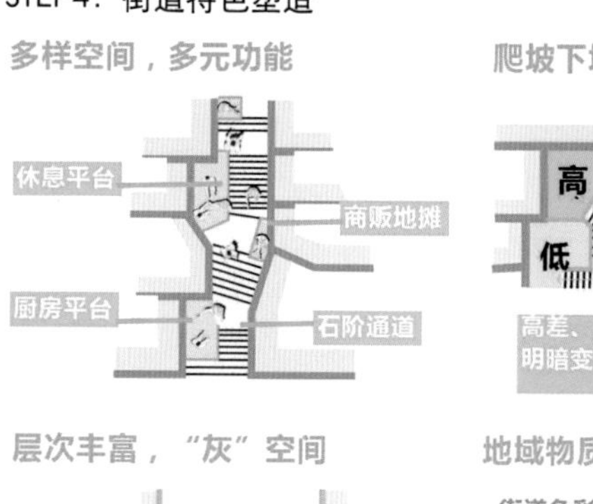

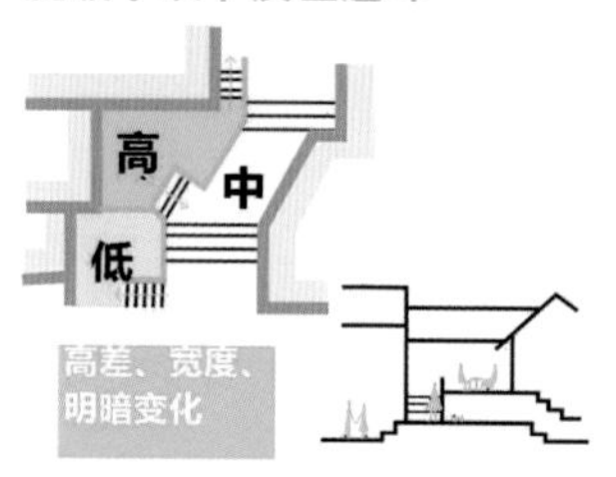

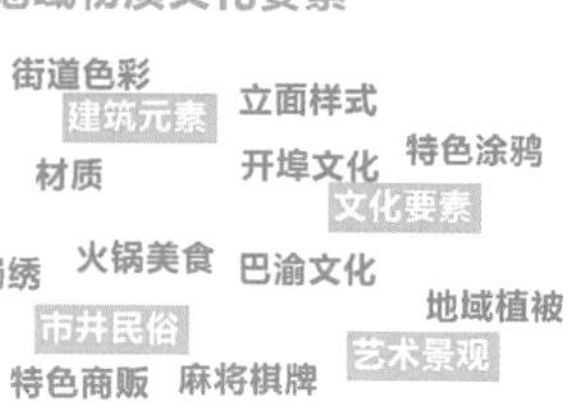

历史文化场域再生：十八梯片区详细设计

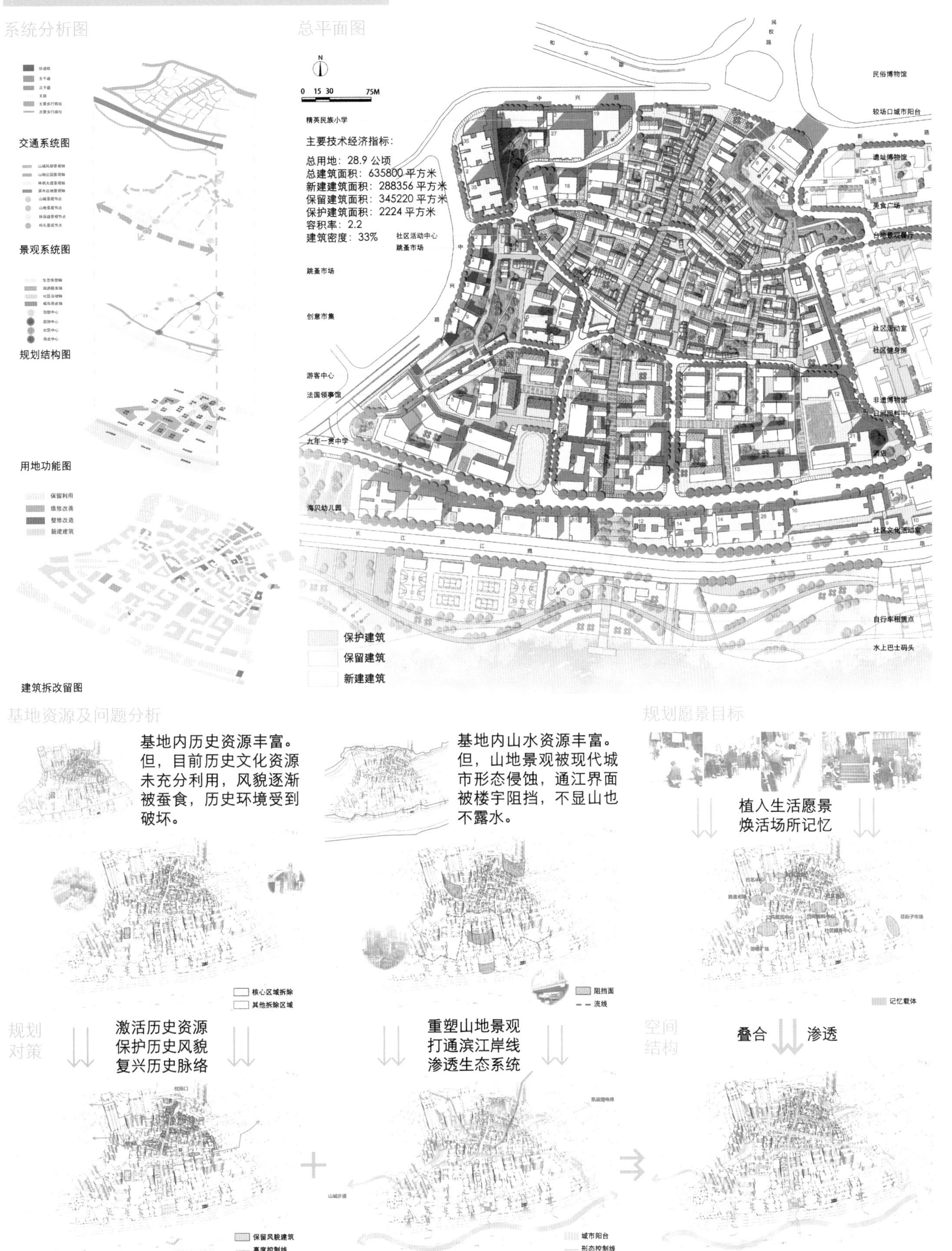

历史文化场域再生：十八梯片区详细设计

空间生成与设计策略

1. 肌理修补、尺度延续

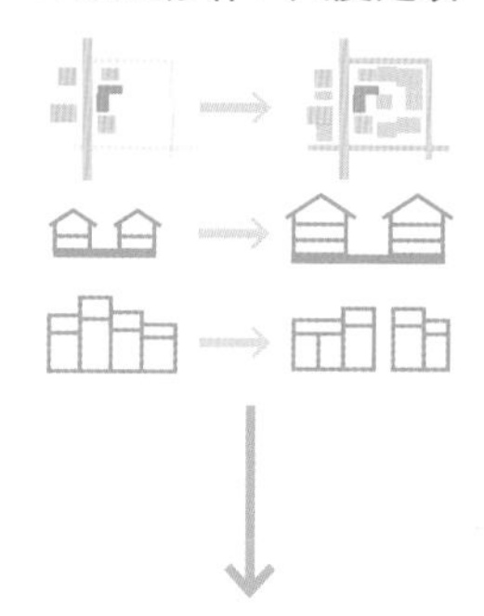

（1）以原有梯道、街巷为结构重生正在被项目导向的城市更新所吞噬的街巷格局，同时形成适宜步行的环境体验丰富的小街区模式。

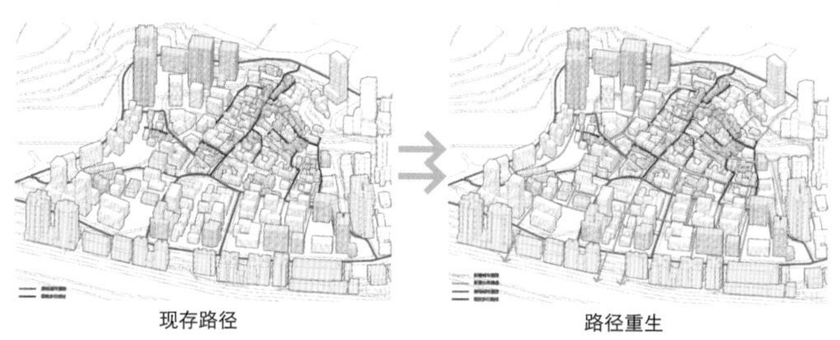
现存路径　　路径重生

（2）以原有肌理与比例为依据进行肌理新生，融合新旧肌理。

（3）以人的感受体验为依据的尺度延续过渡，保持街巷空间比例及小开间界面。

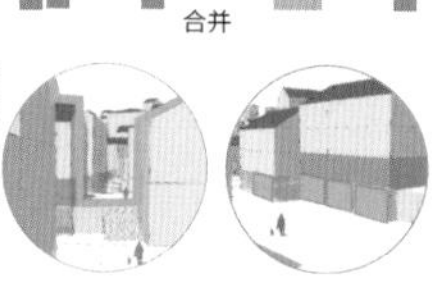

2. 功能植入、有序融合

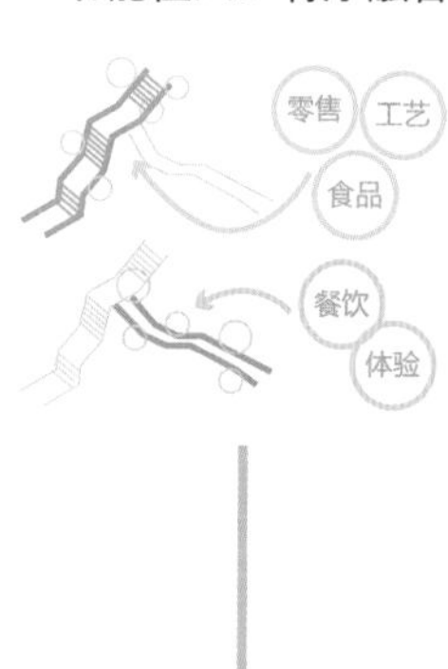

（1）以人群流线为导向，对不同人群使用需求进行考量，并通过设施的设置来满足其需求。例如，针对游客来说，在其主要流线附近进行可开店铺的空间资源的挖掘，并通过环境的整治、游览设施的配置并辅以政策的导向，使其形成民俗文化体验的主要场所。而在居民流线之上，除重要的社区活动环线上的设施设置，对于次要的居民流线之上完善活动设施、小型绿地并辅以适老化改造，满足多年龄不同需求居民均在居所不远处就能有相应的邻里活动空间。

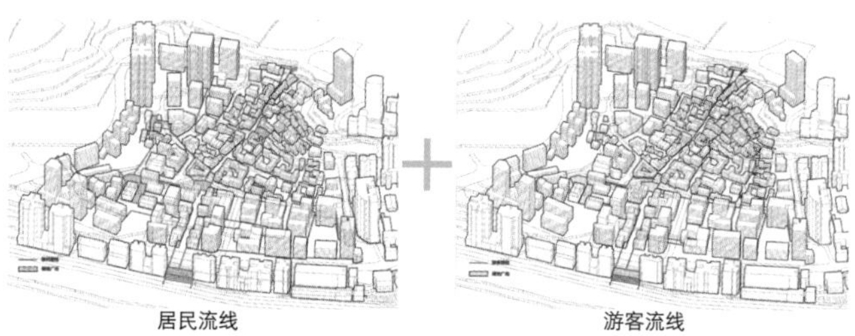
居民流线　　游客流线

（2）以路径的特征为导向，合理并有所侧重地考虑路径空间设计。针对南北向高差较大、梯段较多的流线，进行暂时性的活动空间设计，如观景、零售消费等；针对东西向位于台地之中及边缘的街巷安排民俗工坊体验，美食一条街，形成停留性活动的载体。

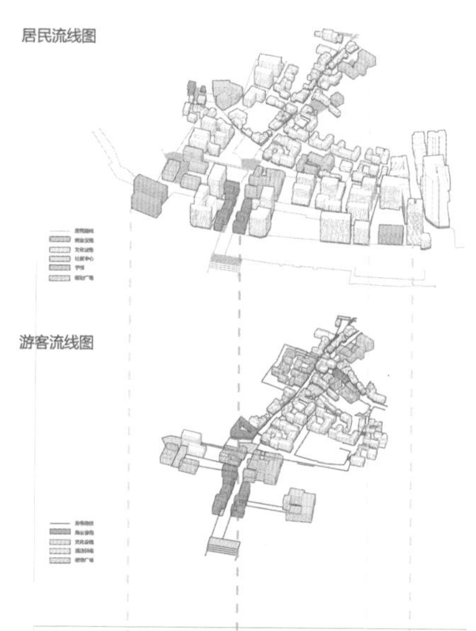

3. 节点激活、强化提升

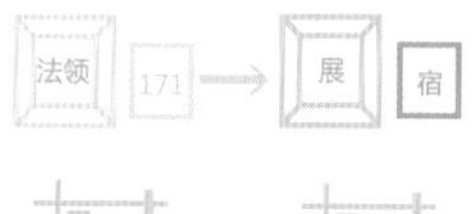

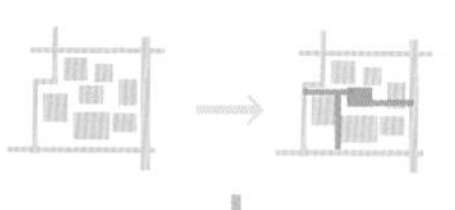

通过对十八梯主要步道、环十八梯绿带、社区活动带上的重要节点进行场所设计，以人流的体验为导向形成具有引导性的节点，同时利用保留建筑的改造提升，形成同地形地势以及公共空间网络相互融合的建筑空间。

风貌建筑改造示意图

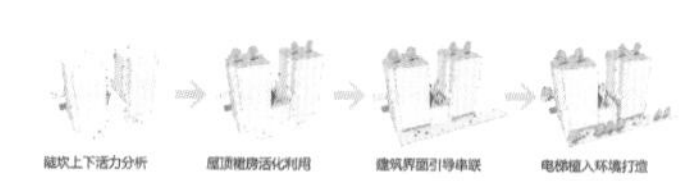
坎边住宅改造示意图

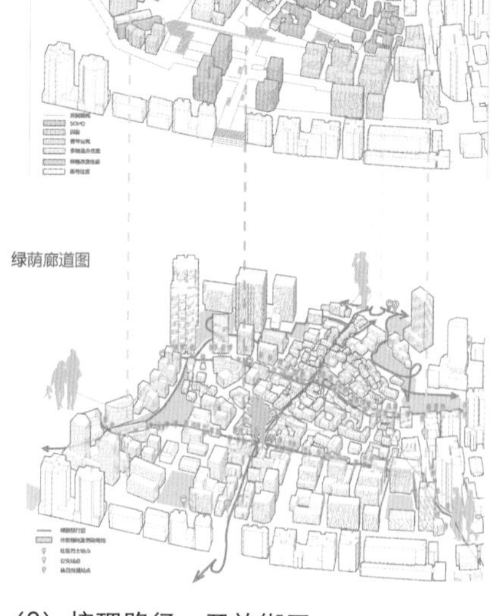

4. 活力空间、差异塑造

（1）梯道重塑、碎片利用

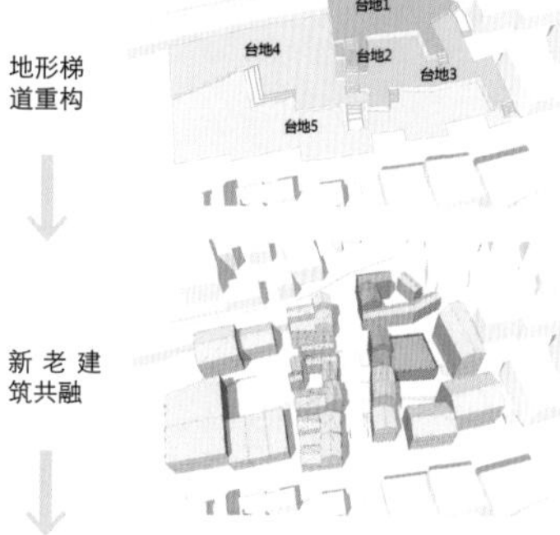

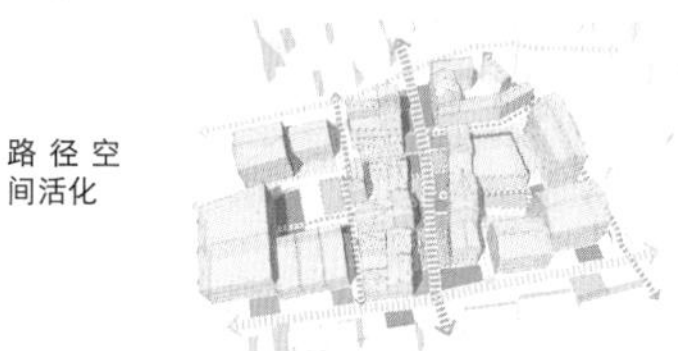

（2）台地重生、动静分离

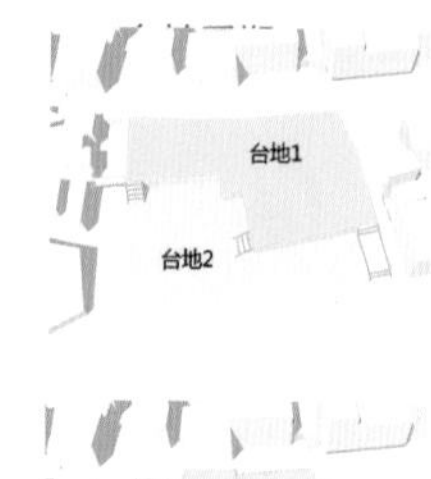

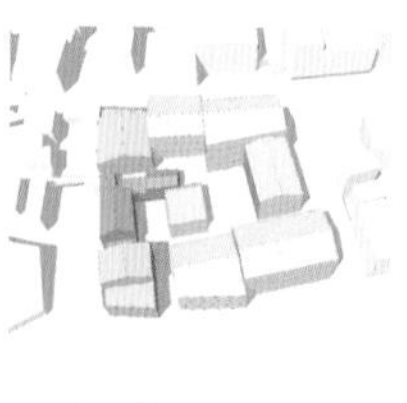

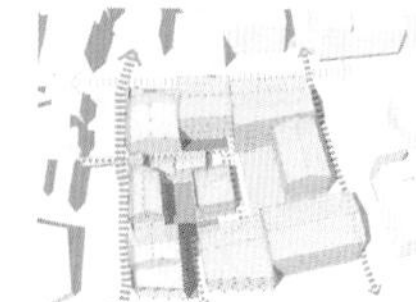

（3）梳理路径、开放街区

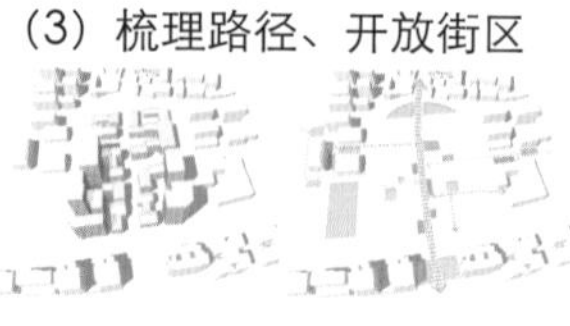

（4）资源外化、城市共享

历史文化场域再生：十八梯片区详细设计

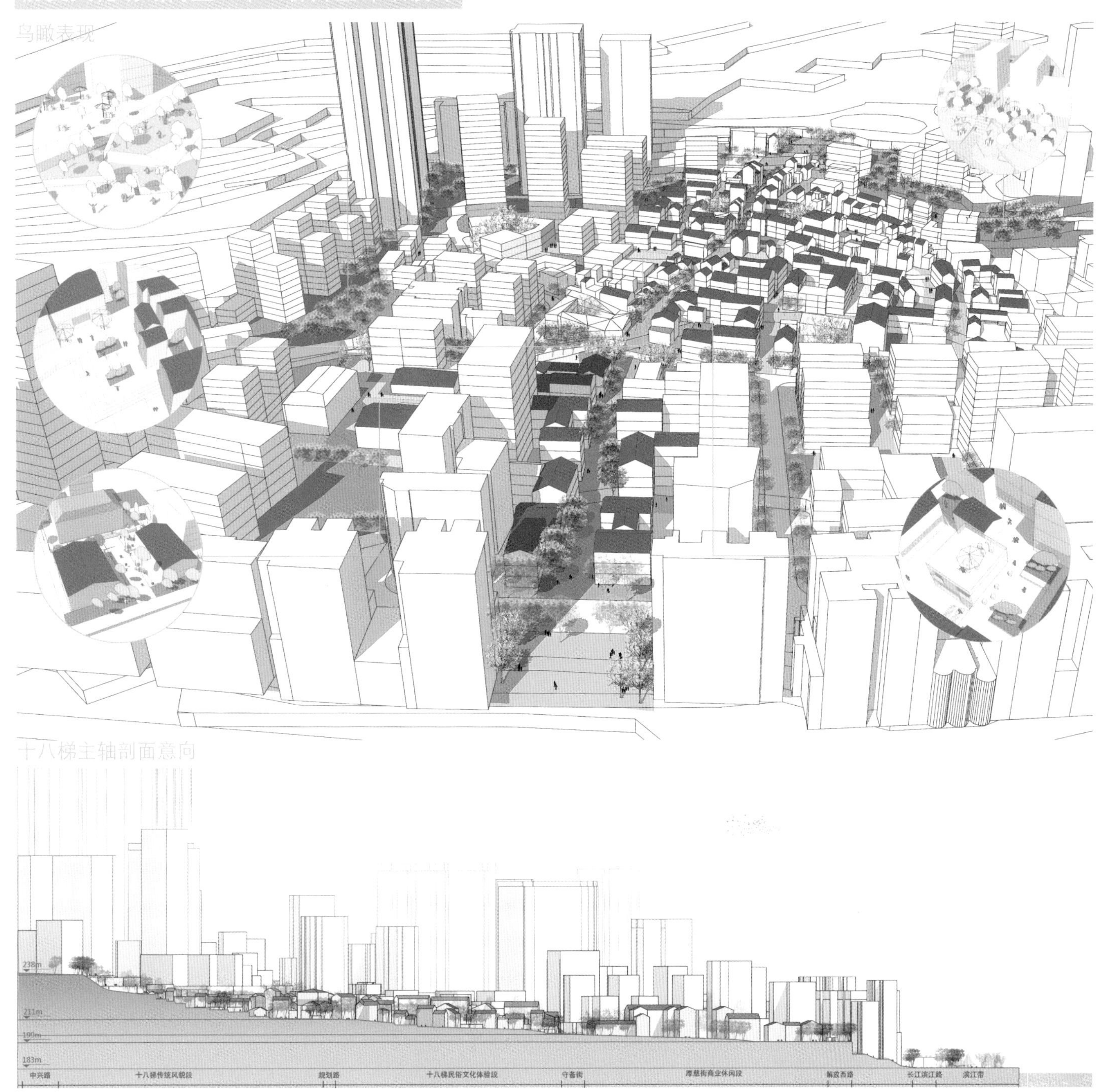

场景透视

十八梯守备街交叉口广场

通江大台阶观景台

规划路共享街道路口

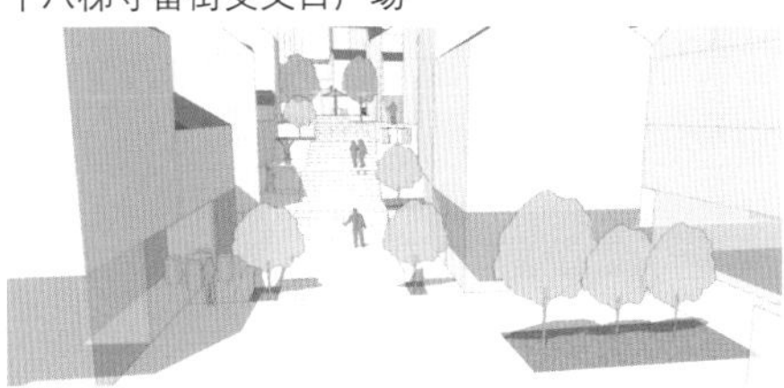
十八梯中段梯道多样界面

台地公园丰富空间体验

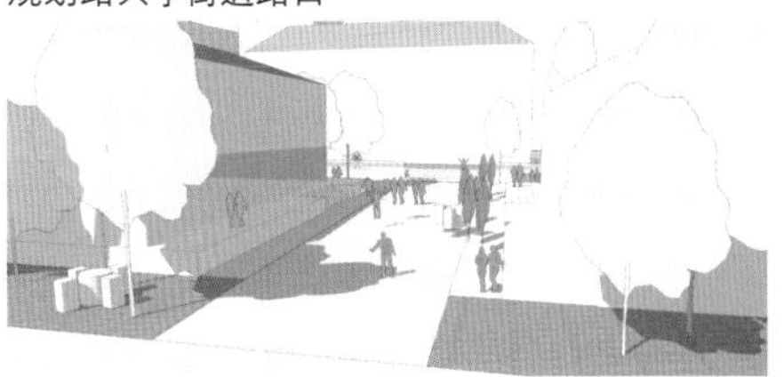
法国领事馆入口通道

历史文化场域再生：凯旋路片区详细设计

区位及基地现状

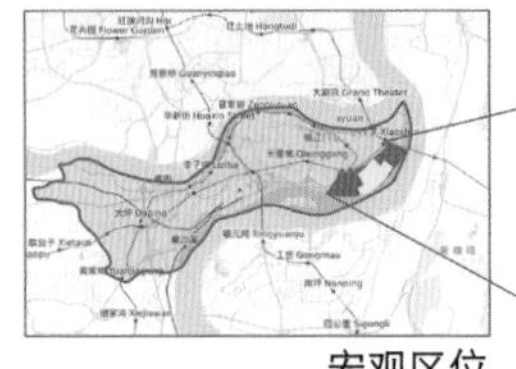

宏观区位

中观区位

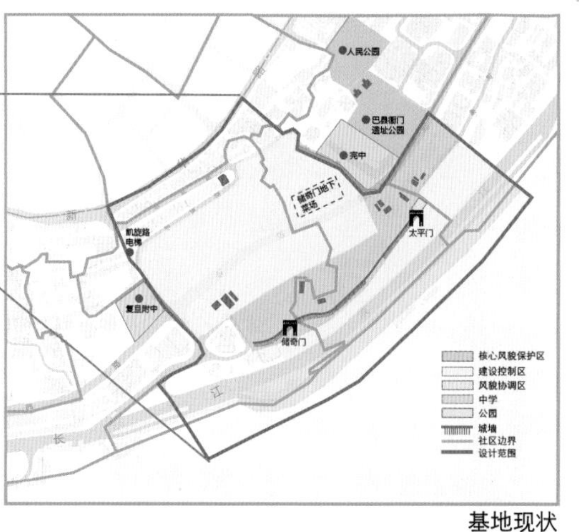

基地现状

结构生成

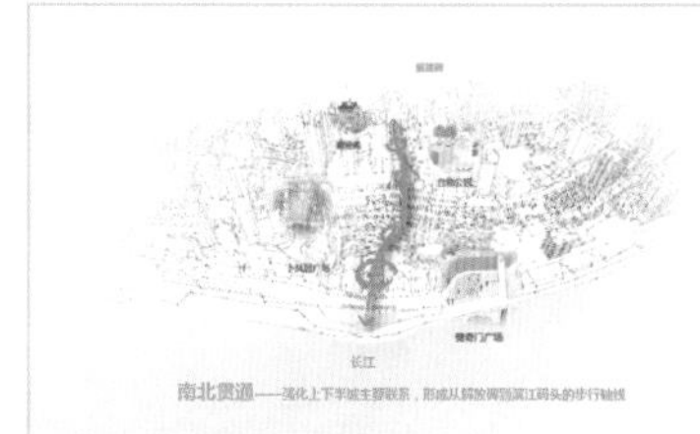

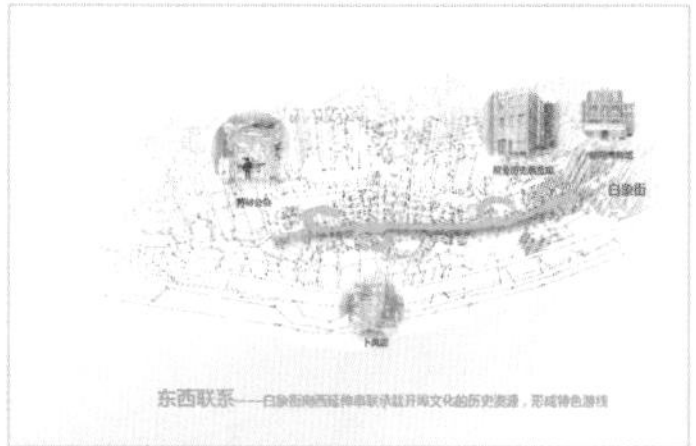

基地背景

基地位于总体设计范围中部，以凯旋路—文化街—解放东路—滨江岸线为边界，包含凯旋路、邮政局和白象街三个社区的部分范围，占地 22 公顷。基地涵盖重庆开埠文化区的全部范围，有包括储奇门、开平门、城墙遗址及九处文保单位在内的丰富历史资源。除文保单位和历史建筑外，基地中的传统老旧住宅已全部被拆除，以 CBD 为功能定位的融创白象街项目前正处于实施建造阶段。

现有实施方案评价

主要面向群体：企业家等精英阶层，空间的开放度和共享性不足。出现过度“绅士化”的现象。

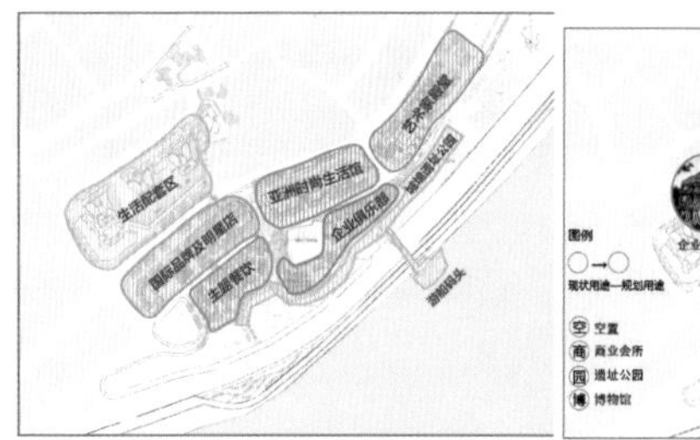

原方案功能分区

原方案历史资源利用分析

设计目标及策略

设计目标：考虑文脉延续，依托城墙、城门、文保单位等资源，营造多样的共享空间，建设功能复合的下城文化商贸区。

增强文脉的延续性
保持空间的多样性

城墙空间重塑焕活
文保单位功能置换
山城步道路径串联
滨江水岸激活再造

空间生成

1. 建筑保留——保留文保单位、历史建筑和其他有价值的建筑

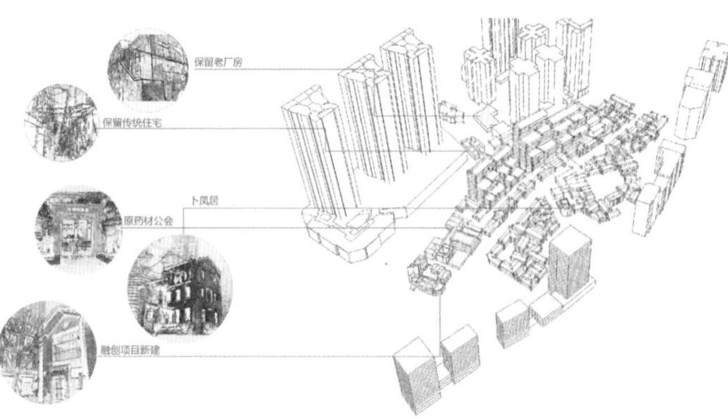

2. 簇群再生——梳理原有肌理，顺应地形关系新建建筑

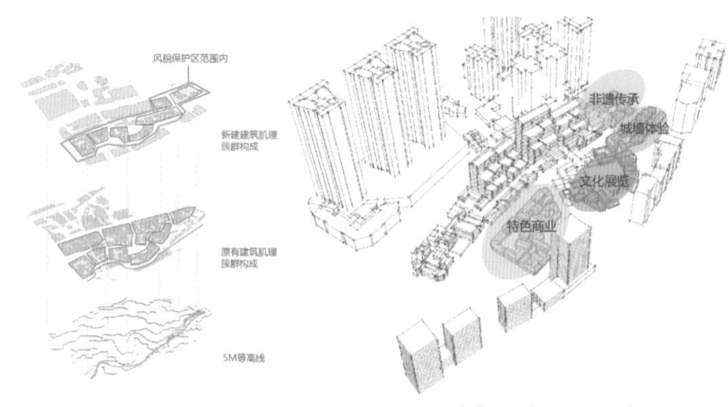

3. 街区缝合——高层建筑片区和风貌保护区间新建

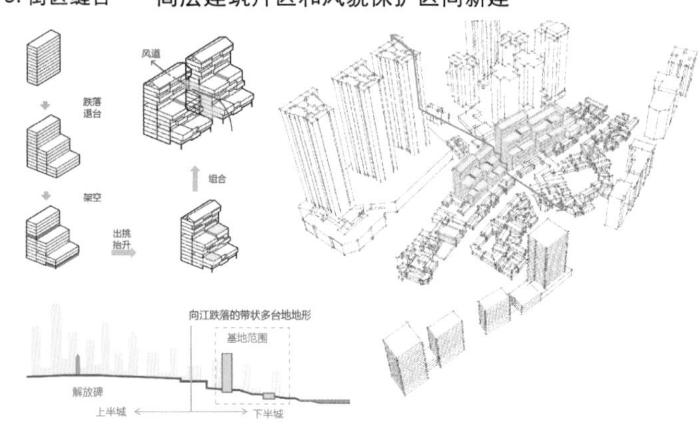

4. 系统贯通——植入二层活动平台和文化广场等实现空间联系

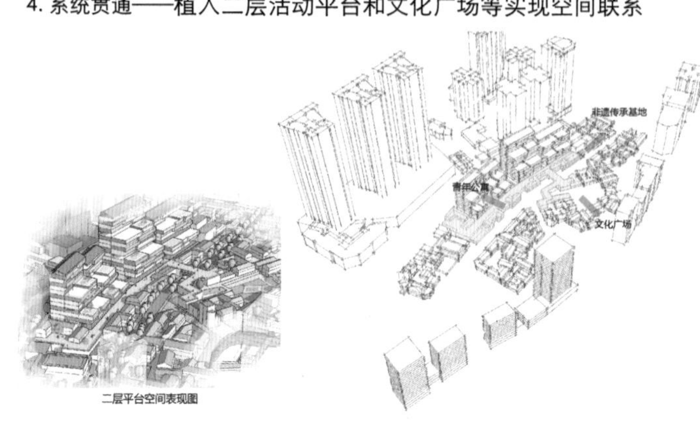

二层平台空间表现图

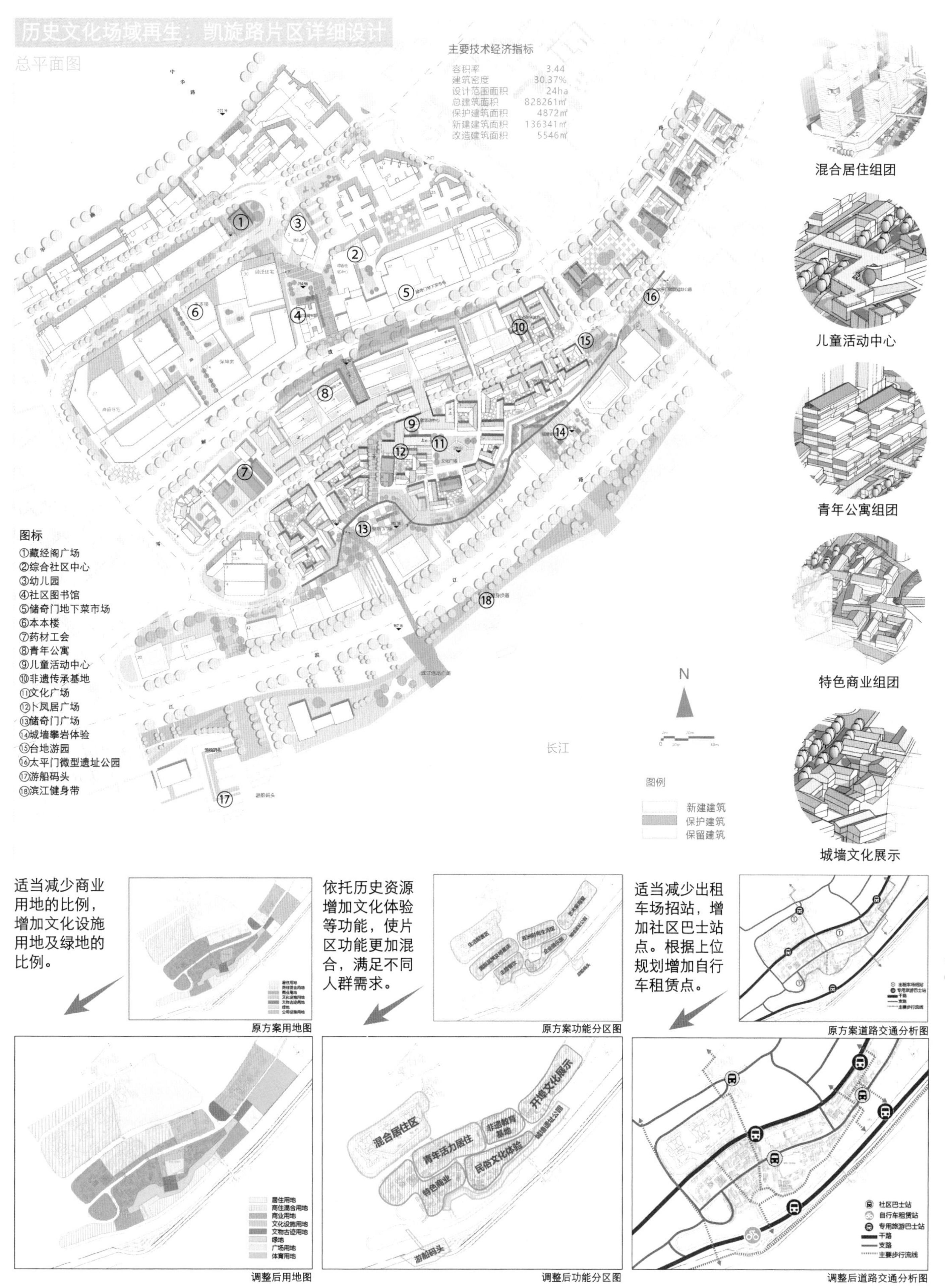

历史文化场域再生：凯旋路片区详细设计
总平面图
主要技术经济指标
容积率 3.44
建筑密度 30.37%
设计范围面积 24ha
总建筑面积 828261㎡
保护建筑面积 4872㎡
新建建筑面积 136341㎡
改造建筑面积 5546㎡
图标
①藏经阁广场
②综合社区中心
③幼儿园
④社区图书馆
⑤储奇门地下菜市场
⑥本本楼
⑦药材工会
⑧青年公寓
⑨儿童活动中心
⑩非遗传承基地
⑪文化广场
⑫卜凤居广场
⑬储奇门广场
⑭城墙攀岩体验
⑮台地游园
⑯太平门微型遗址公园
⑰游船码头
⑱滨江健身带
N
长江
图例
新建建筑
保护建筑
保留建筑
混合居住组团
儿童活动中心
青年公寓组团
特色商业组团
城墙文化展示
适当减少商业用地的比例，增加文化设施用地及绿地的比例。
原方案用地图
依托历史资源增加文化体验等功能，使片区功能更加混合，满足不同人群需求。
原方案功能分区图
适当减少出租车场招站，增加社区巴士站点。根据上位规划增加自行车租赁点。
原方案道路交通分析图
居住用地
商住混合用地
商业用地
文化设施用地
文物古迹用地
绿地
广场用地
体育用地
调整后用地图
混合居住区
青年活力居住
非遗教育基地
开埠文化展示
民俗文化体验
特色商业
游船码头
调整后功能分区图
社区巴士站
自行车租赁站
专用旅游巴士站
干路
支路
主要步行流线
调整后道路交通分析图

历史文化场域再生：凯旋路片区详细设计

城墙带详细设计

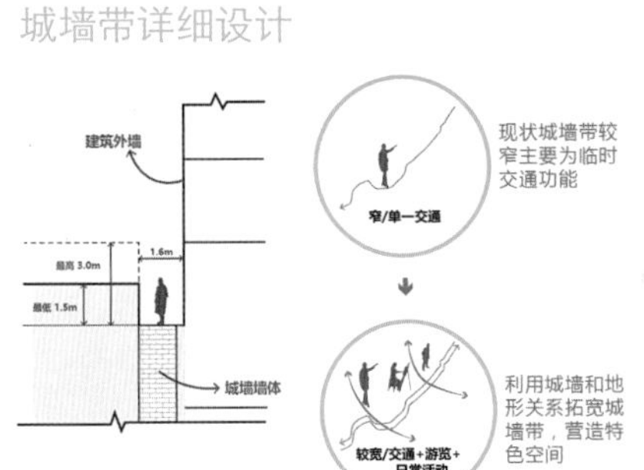

原有城墙断面示意

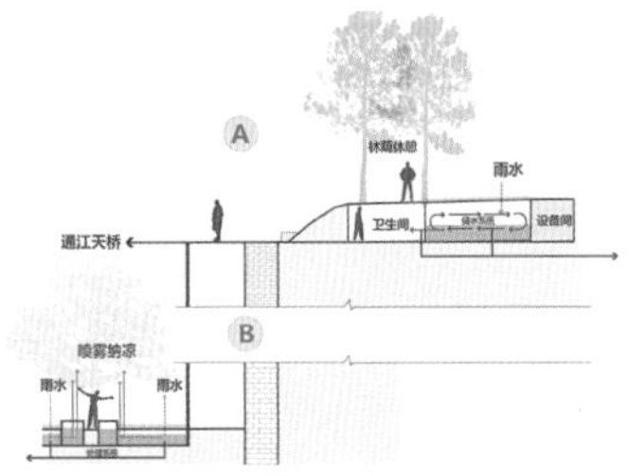

充分利用雨水生态处理技术，回用做喷雾；纳凉和卫生清洁并考虑雨水花园、台地互动水景的多用性。

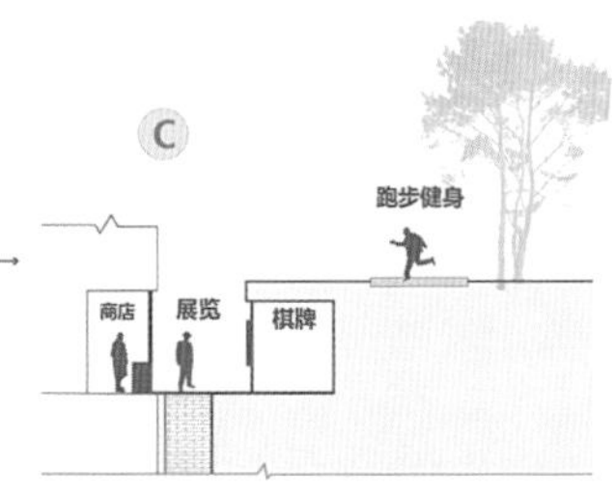

充分利用城墙和住宅相接的部分，观江视线差，基于日常生活考虑设置棋牌休闲空间以营造游客和居民共享的户外活动空间。

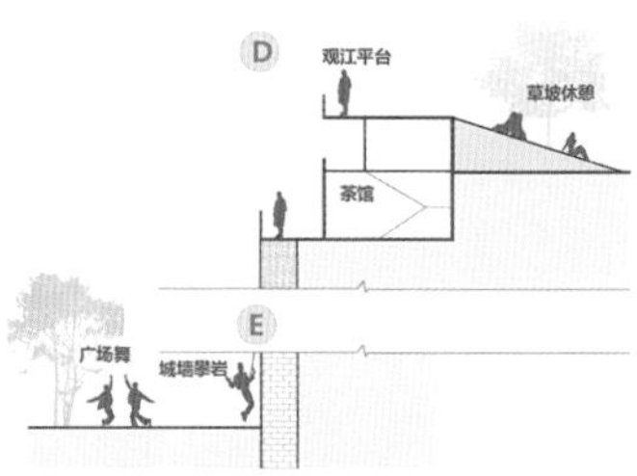

利用高差关系形成城墙商业界面，二层设置观景平台，并通过休憩草坡过渡缝合断裂部分，植入城墙攀岩项目提升活力。

城墙带节点表现图

鸟瞰表现

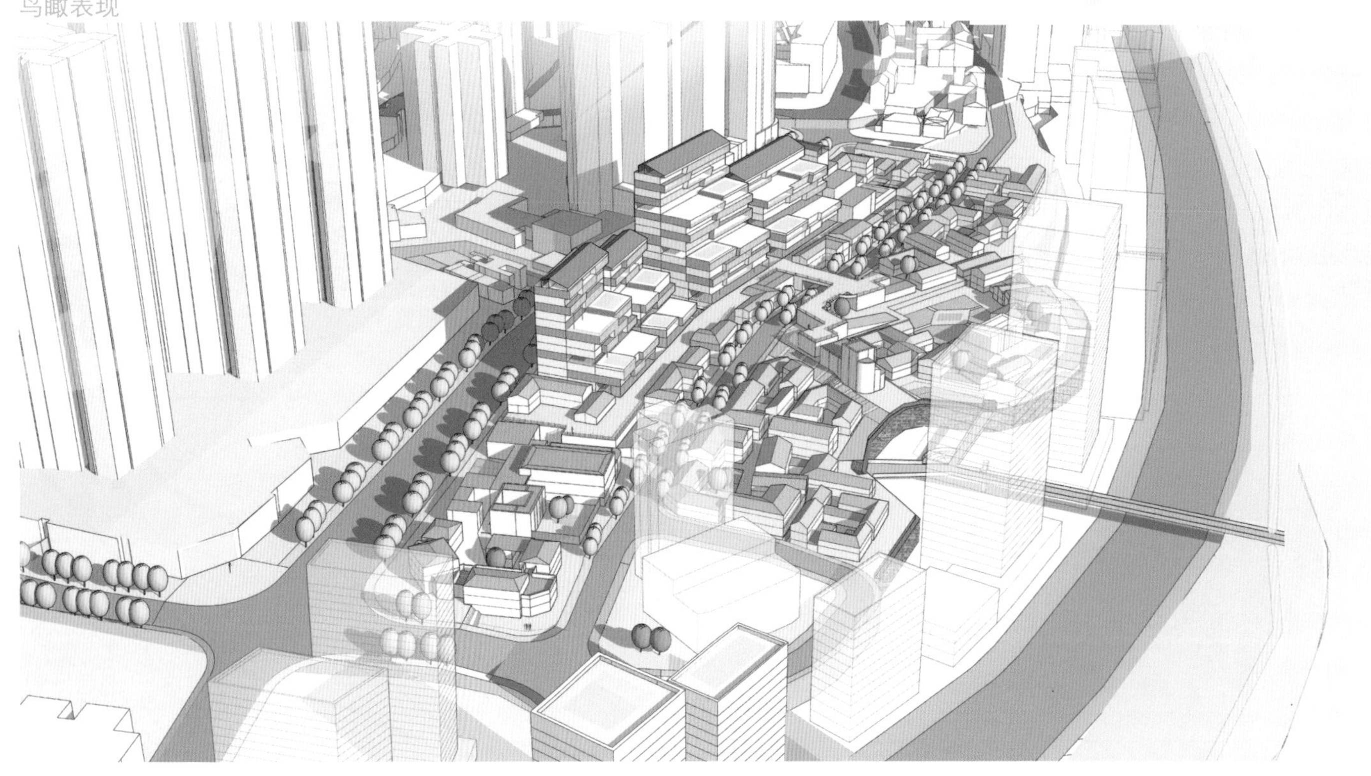

文化网络交织：公园轴线详细设计

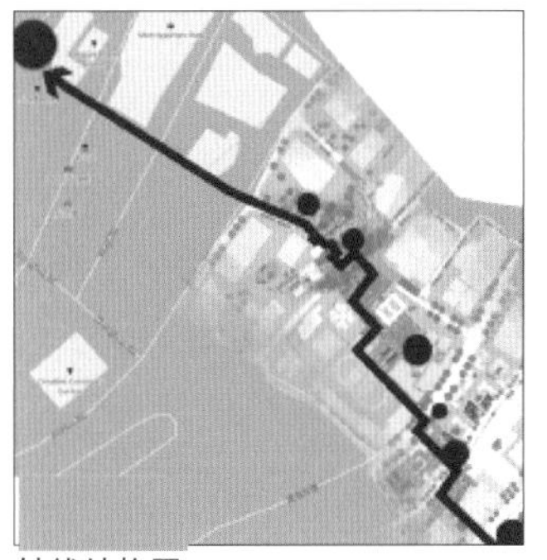

轴线串联解放碑、人民公园、南宋衙署遗址公园、太平门遗址公园、滨江公园等重要节点，形成一条连续的通江绿带

轴线结构图

依次串联休憩娱乐、休闲健身、遗址文物展示、遗址观览、商贸文化展示、滨江休闲健身等功能，形成多样化的公共活动空间

功能分区图

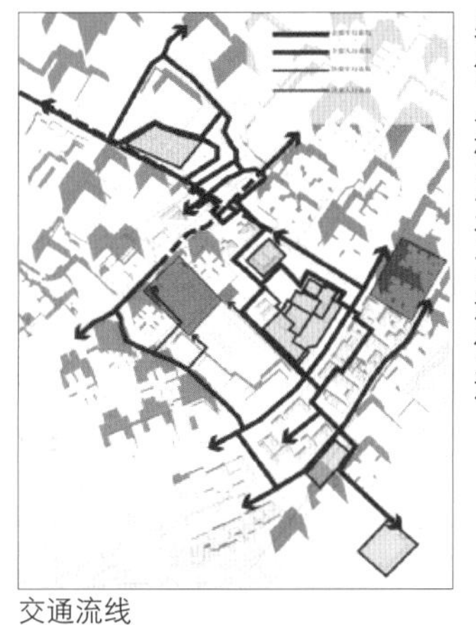

基于地形条件，纵向以人行道为主，横向为车行主要方向，在交叉的地方借助地形进行分离，保证步行的连续性

交通流线

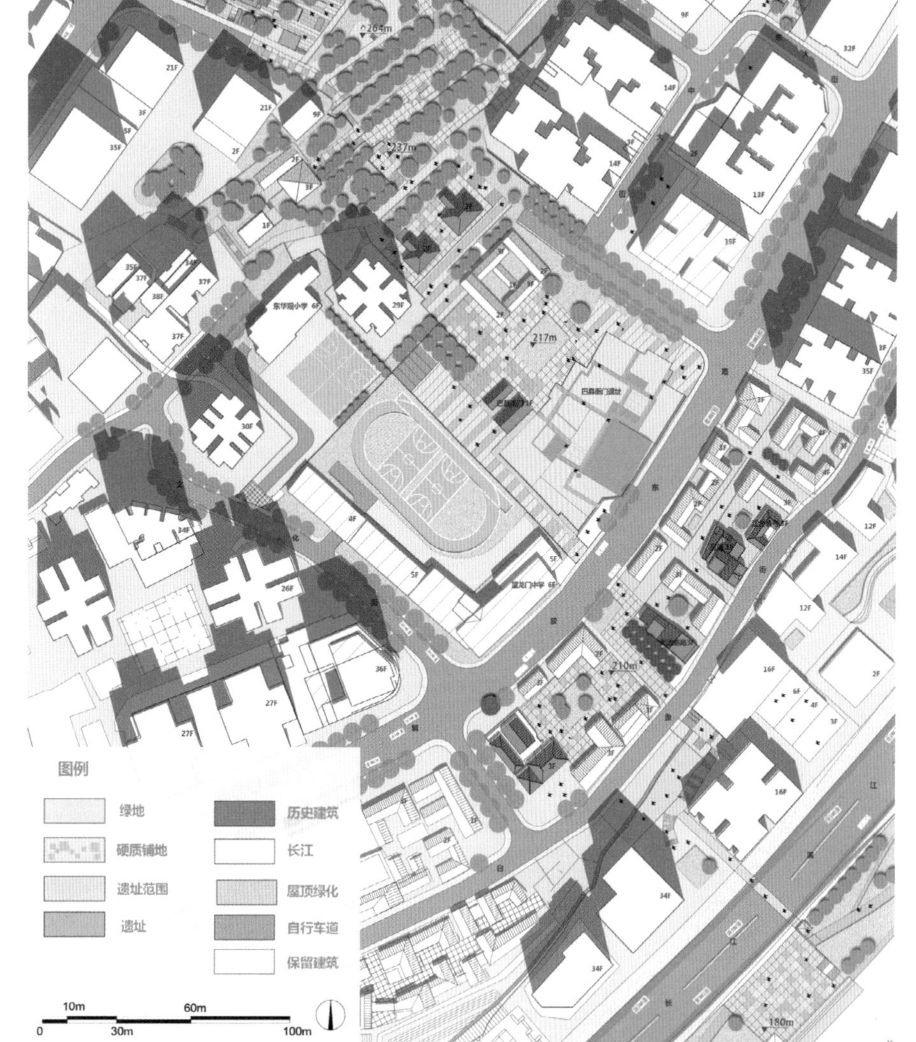

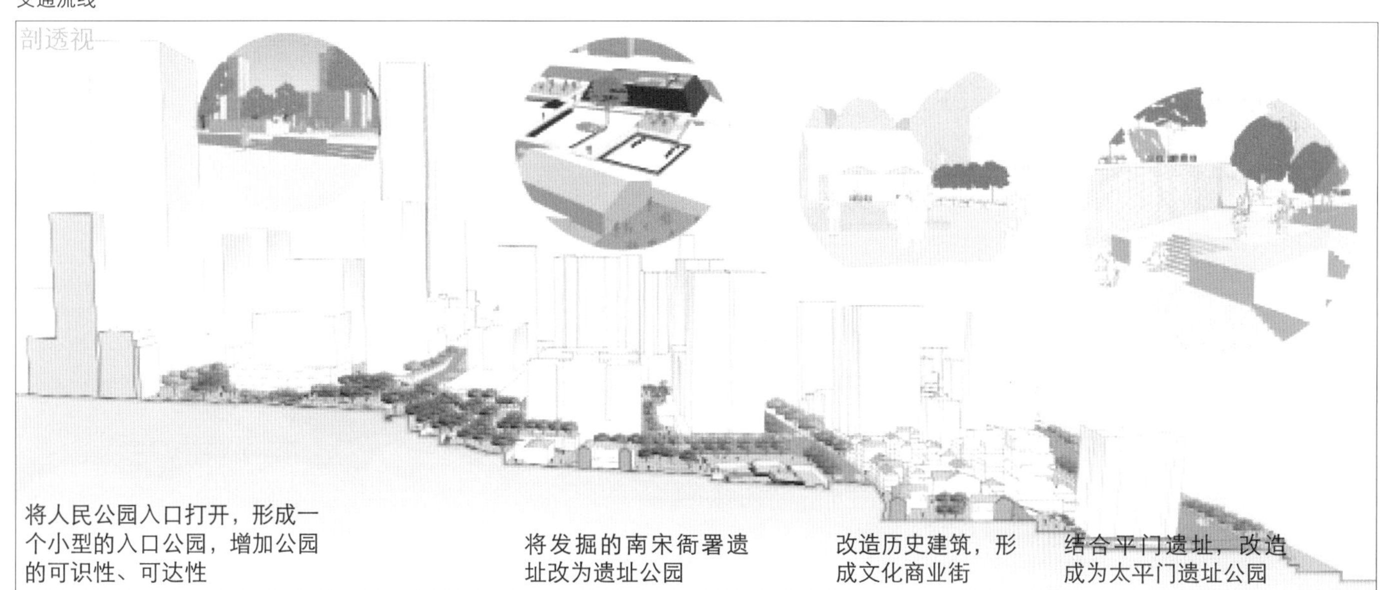

将人民公园入口打开，形成一个小型的入口公园，增加公园的可识性、可达性

将发掘的南宋衙署遗址改为遗址公园

改造历史建筑，形成文化商业街

结合平门遗址，改造成为太平门遗址公园

多元立体绿色交通：二府衙——望龙门片区详细设计

基地背景

节点地处望龙门——二府衙文化的核心地段，辖湖广会馆、二府衙两个社区，具有湖广会馆、望龙门缆车旧址、长江索道等丰富的历史资源。湖广会馆西侧的东水驿传统街区目前则处于更新在建状态，规划将设置传统商业、文化展览、文化创意产业等功能，未来将成为下半城重要的创意产业园区与城市公共空间。

但目前区域内历史资源间联系不畅，二府衙传统民居、望龙门缆车旧址等历史资源价值未被挖掘，景观视线受阻，整体缺乏活力。如何通过待建区域的设计重新建立历史资源间的联系，实现周边场域再生，并通过创造交往空间激发地区活力，这一问题是地块详细设计的出发点。

设计说明

方案在望龙门缆车旧址旁引入新的地面缆车，延续城市历史记忆，并在缆车线路南北段依托目前有待更新利用的缆车旧址和特色民居塑造望龙门文化广场和二府衙文化长街。同时，方案在南北通廊中设置了大台阶、空中走廊、文化长梯、健身坡道等多样交通设施及构筑物，并沿线设置了青少年活动中心、缆车博物馆等公共设施，塑造了一条城市公共活动长廊。通过长廊加强区域内历史资源联系，结合长廊上一系列公共活动实现周边场域再生，激发城市活力。

- 增加空间的包容性
  - 丰富山城特色多元交通
- 增加文脉的延续性
  - 历史建筑功能激活，周边场域再生
  - 延续城市格局，文化网络延续交织

方案轴测分析

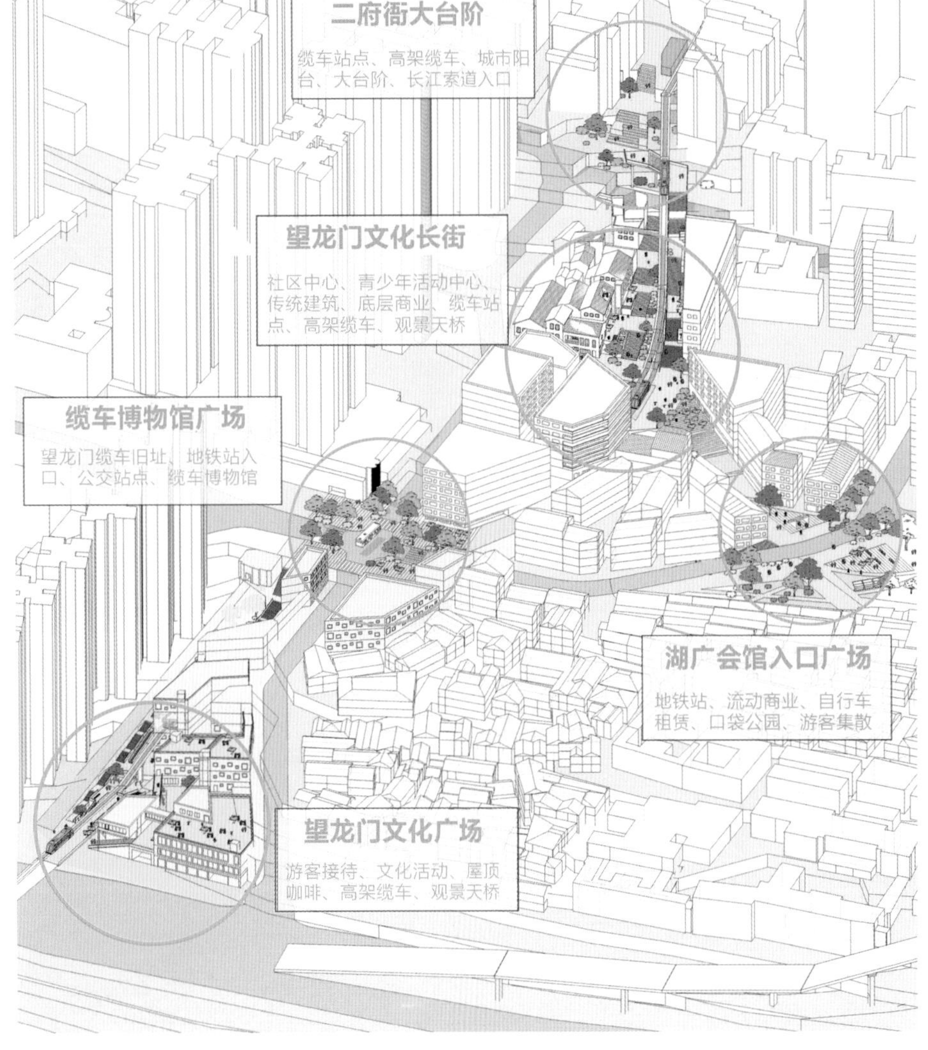

设计生成

1. 创造上下半城通廊、打通历史资源通道

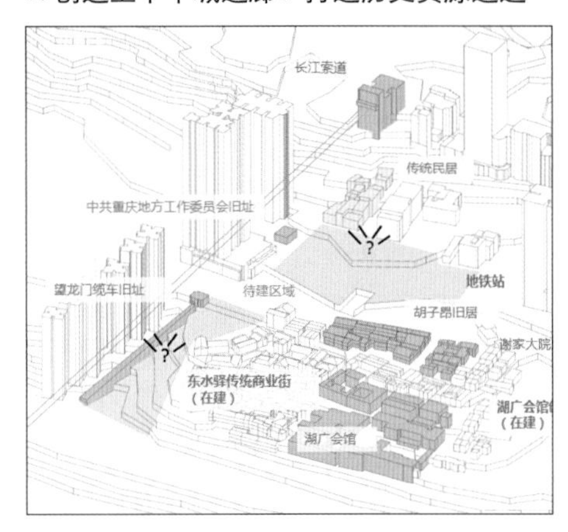

2. 展示区域历史文化，引入青年居民

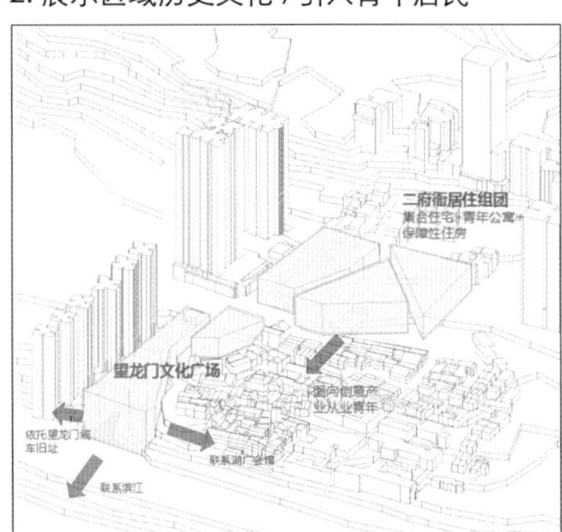

3. 协调城市形态，创造良好视线与空间

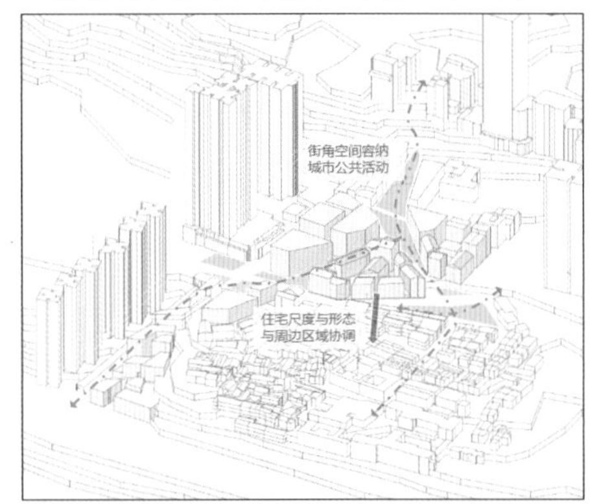

4. 引入地面缆车，增加空间凝聚力

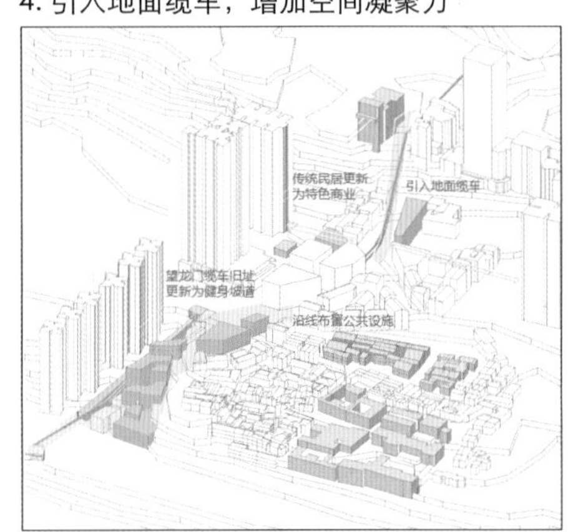

多元立体绿色交通：二府衙——望龙门片区详细设计

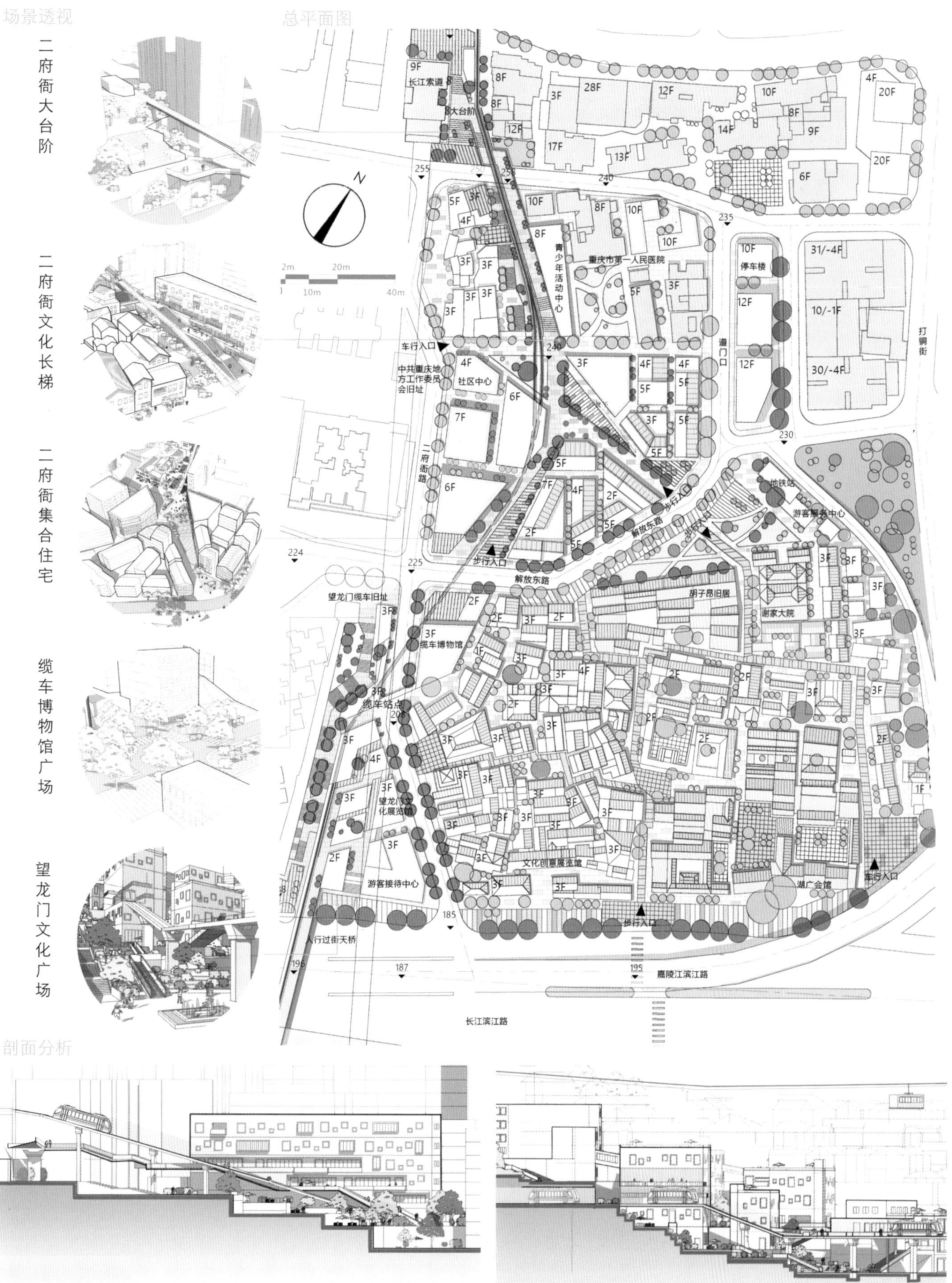

二府衙文化长街剖面图

望龙门文化广场剖面图

多元立体绿色交通：二府衙——望龙门片区详细设计 活力空间营造与多元交通方式

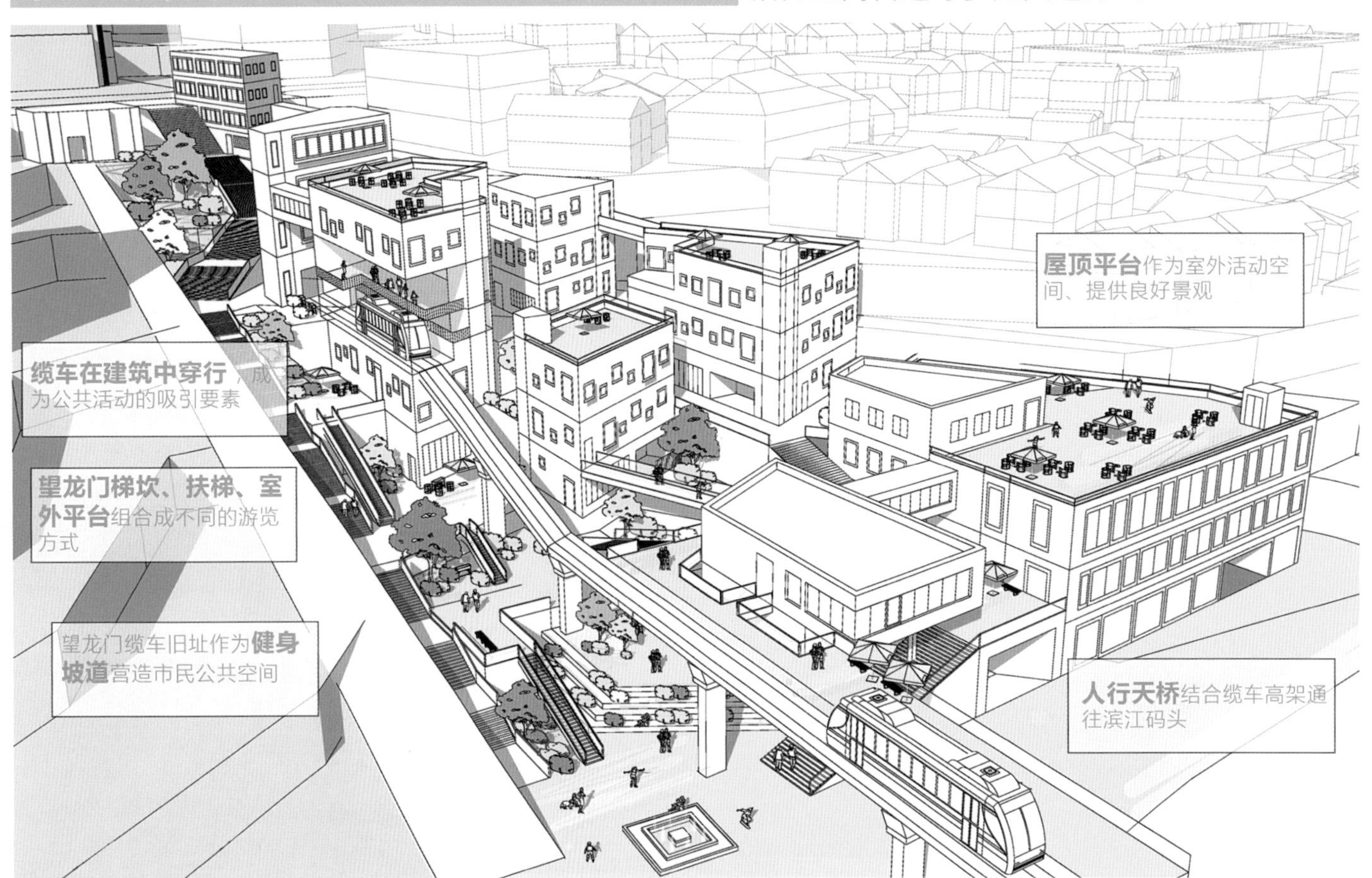

望龙门文化广场透视图

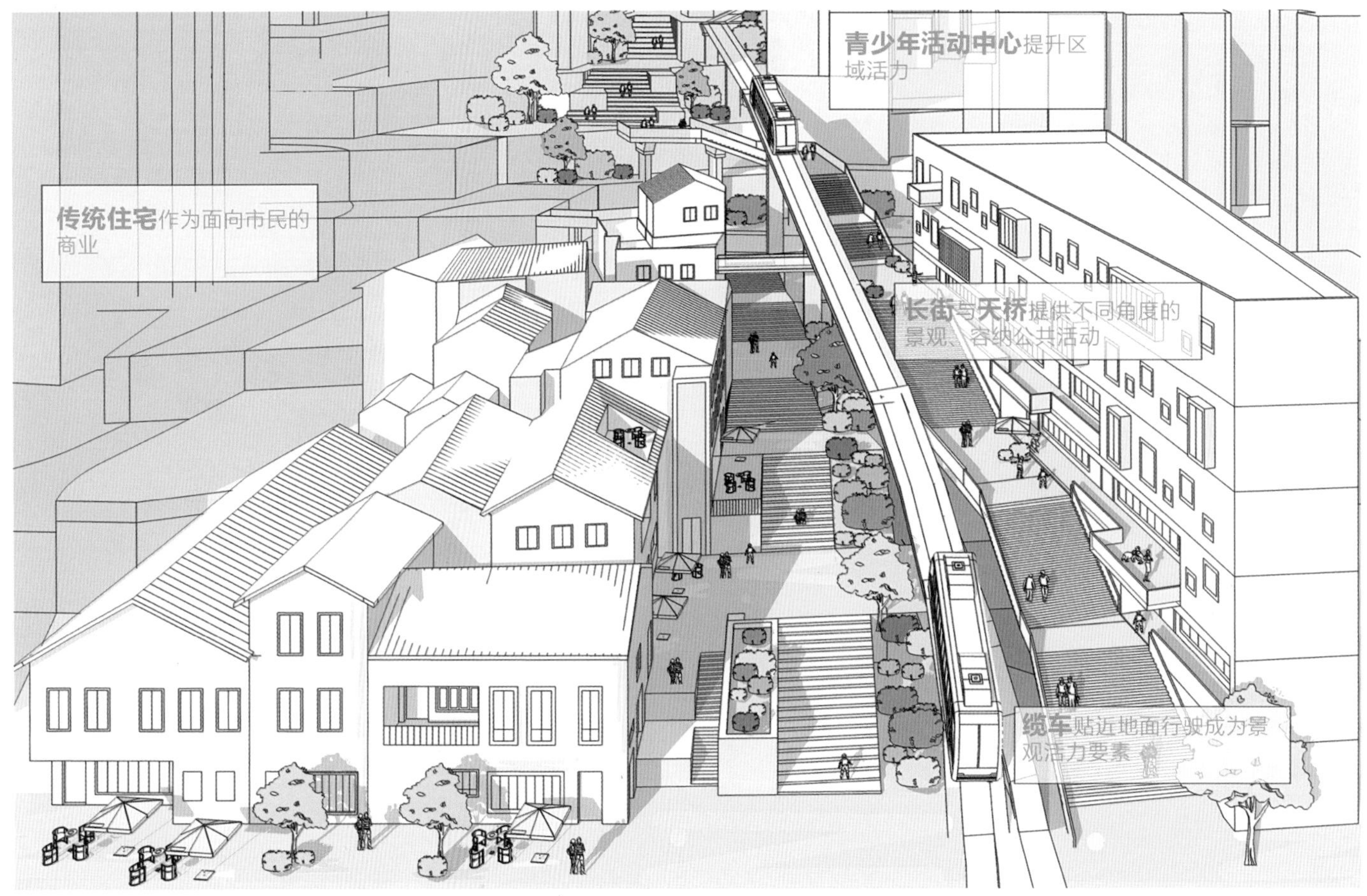

二府衙文化长梯透视图

解放西路社区旧住区更新设计

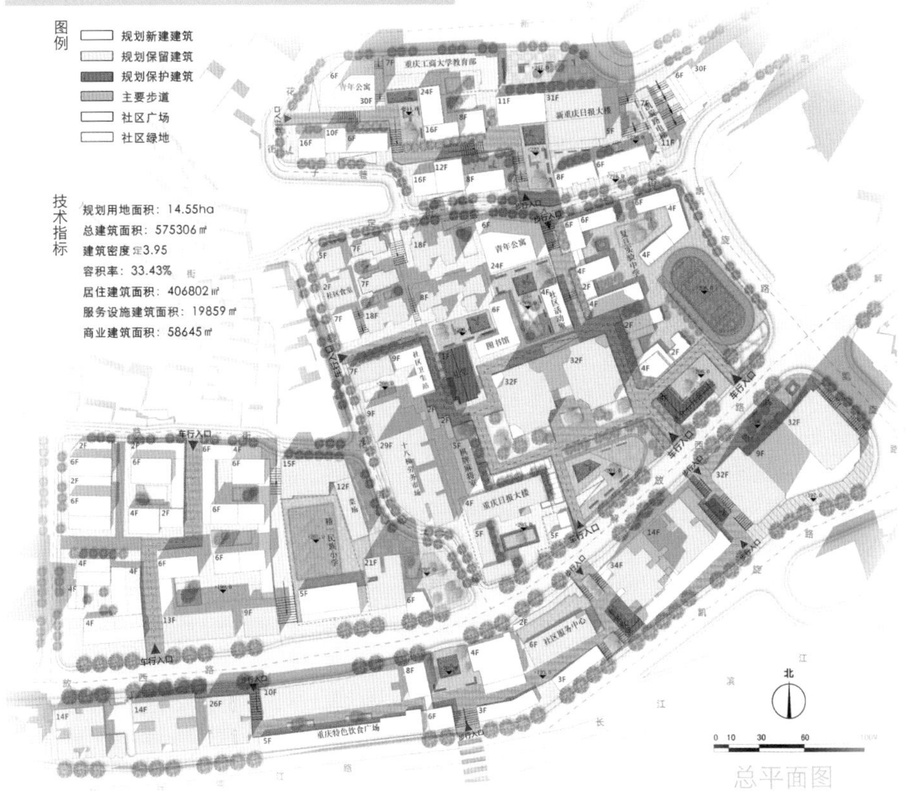

总平面图

设计说明：方案考虑新老建筑的协调关系，增加支路网密度将街区控制在合理的尺度范围内，总体功能以居住为主，结合区位、现状确定各居住组团未来发展方向。通过对潜在空间的发掘利用，丰富活动场地的类型与功能，并梳理三条主要的山城步道并以步道为主线将其串联成网。

生活设施分布

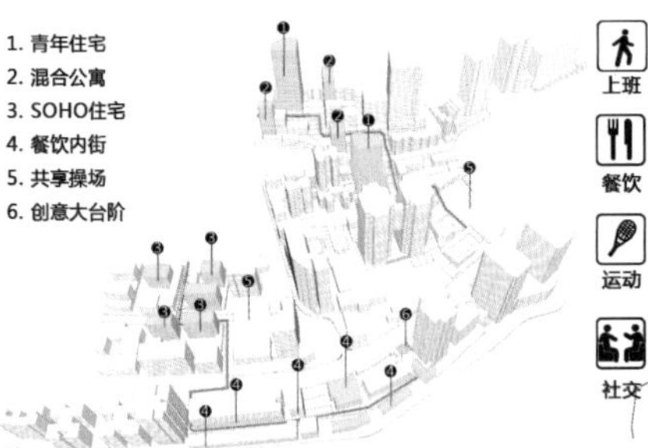

青年人群生活设施分布

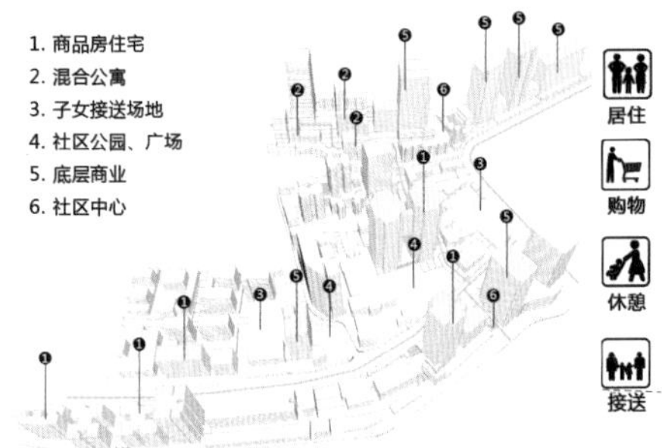

壮年人群生活设施分布

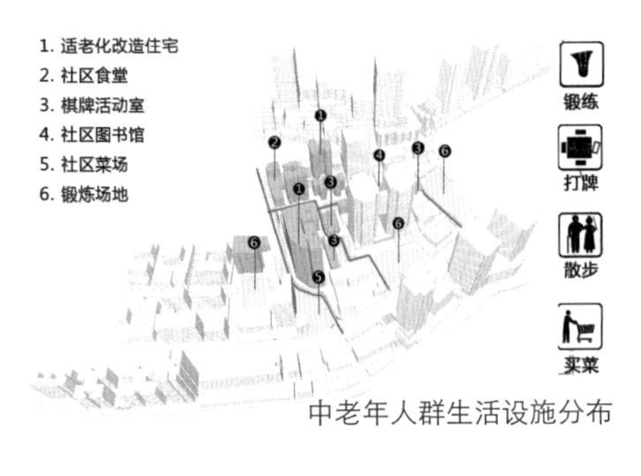

中老年人群生活设施分布

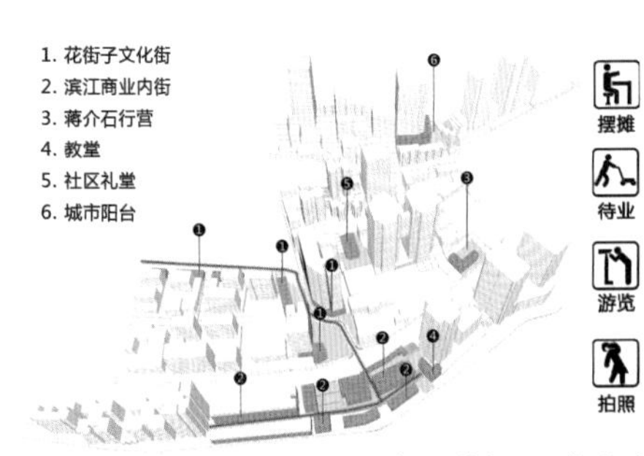

外来人群生活设施分布

多样社区公共空间植入

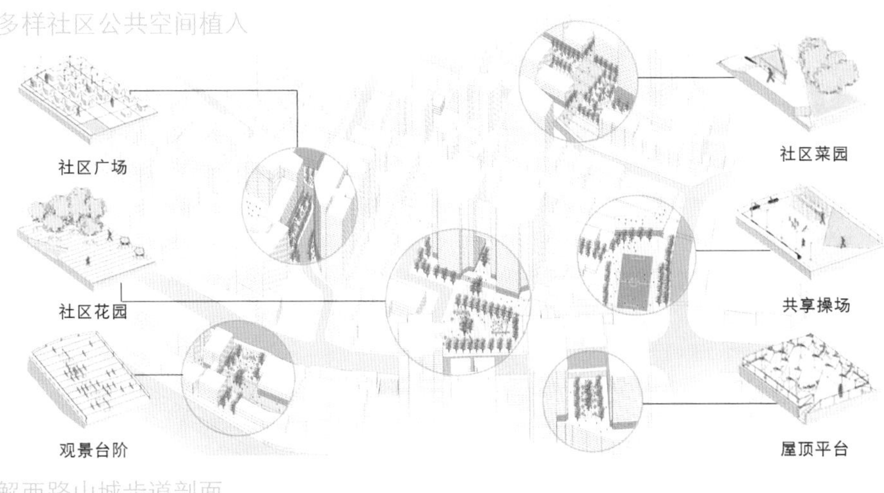

解西路山城步道剖面

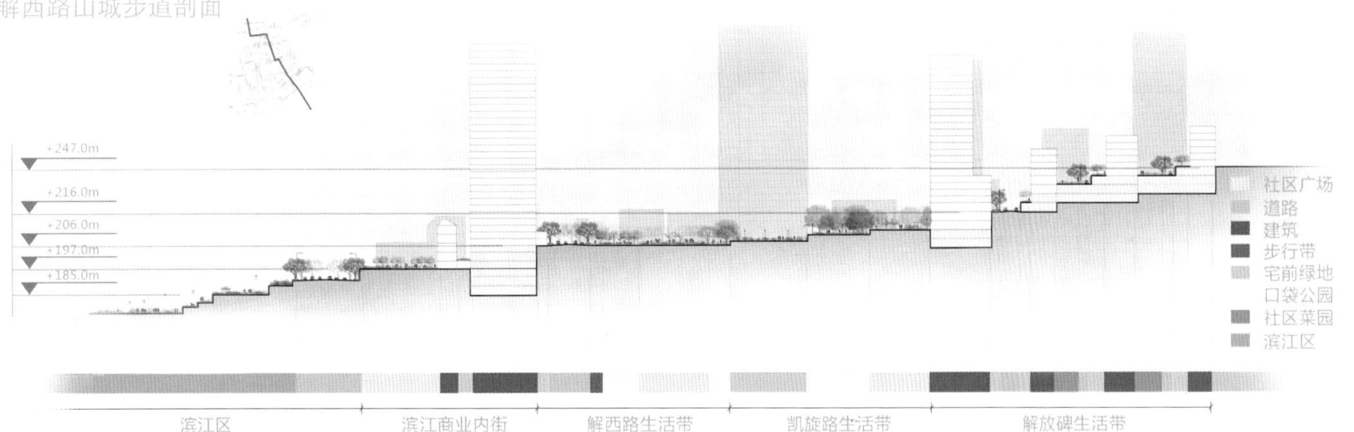

白象街社区微更新设计

设计理念

结合基地的发展定位——协同文化传承与环境品质提升的可持续社区，提出白象街社区的设计策略：搬迁排水公司，结合社区内的历史资源和山水资源对社区功能进行重新规划，植入旅游与创新产业成为社区触媒点；对于现状的居住用地，采取微更新的方式，重点对垂直交通空间进行设计。

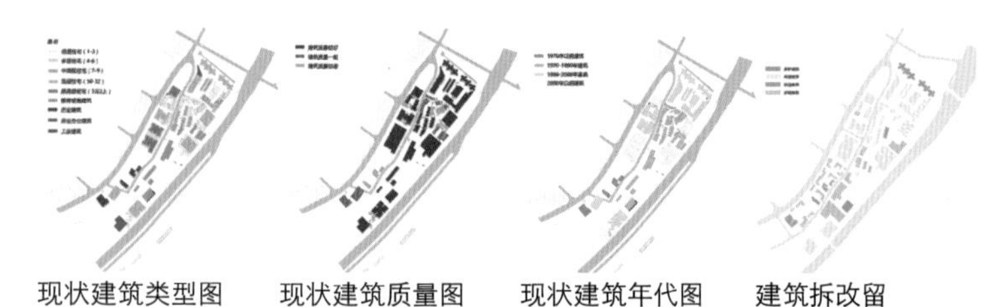

现状建筑类型图　现状建筑质量图　现状建筑年代图　建筑拆改留

白象居改造

增加白象居垂直电梯，增加外部场地绿化，在12 层公共通道层增加服务设施。

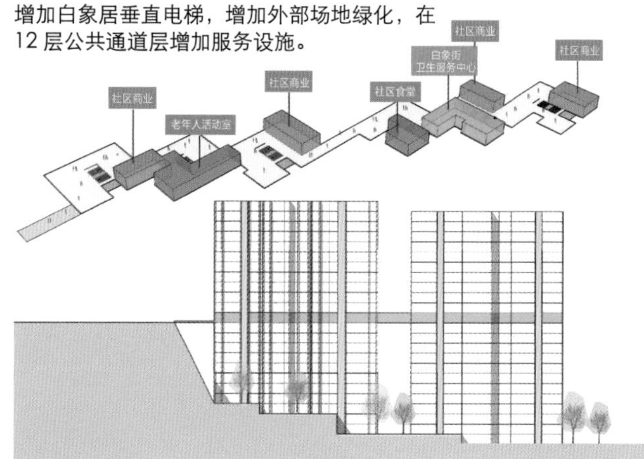

白象居立面图

总平面图

白象街游客观光中心设计

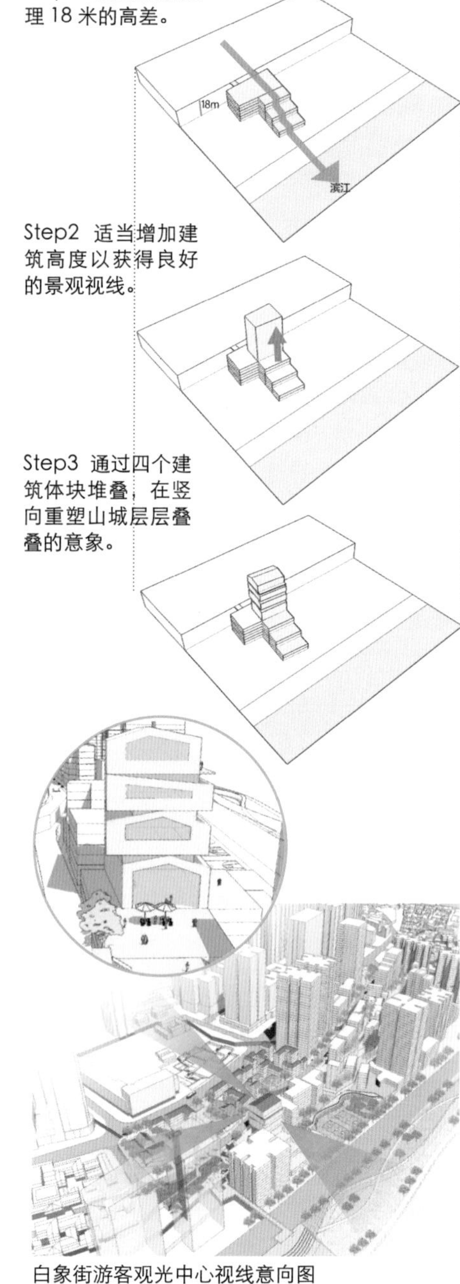

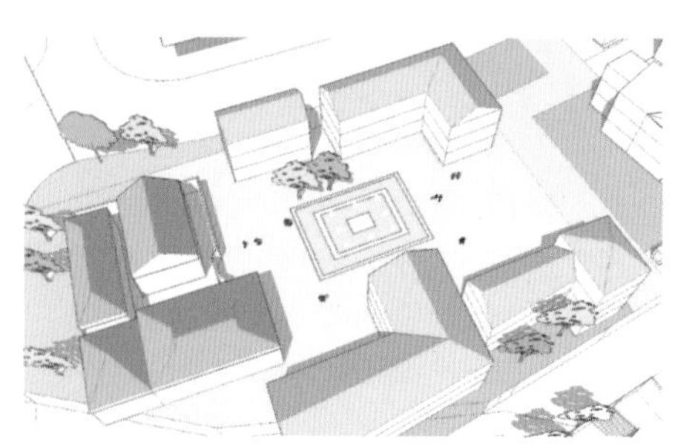

海关监督公署旧址节点场景

太平门遗址公园节点场景

白象街游客观光中心视线意向图

公共空间活化营造：滨江岸线整体设计

STEP1：功能置换

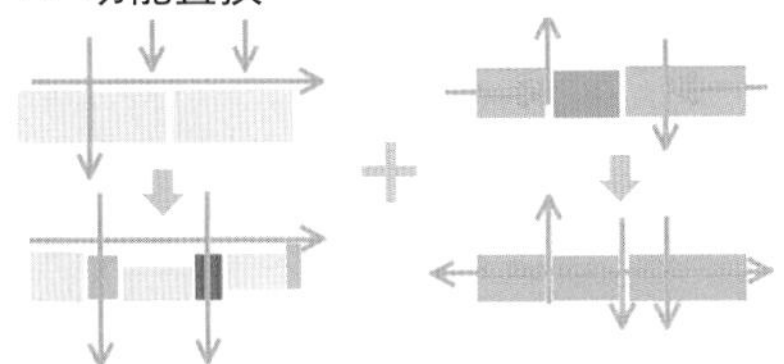

迁出仓储物流设施将滨江连成完整的绿带，丰富临江居住区的用地功能，打破封闭界面。

STEP2：断点贯通

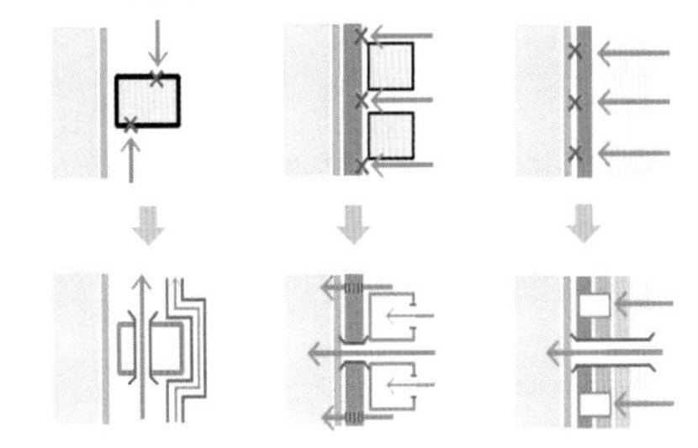

打通各类断点，完善滨江活动路径。

STEP3：活力植入

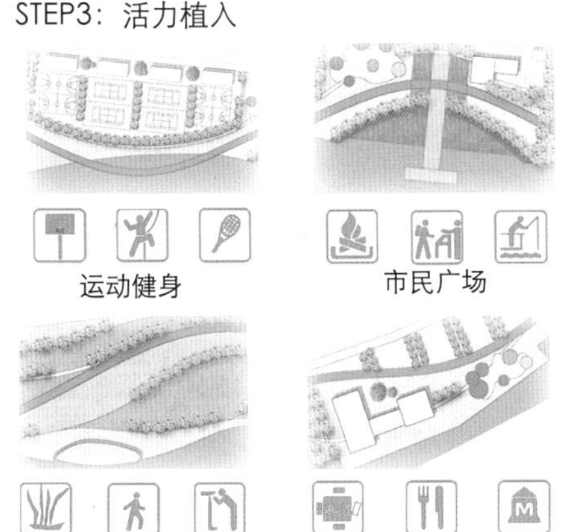

避免过多的商业开发，将滨江空间更多地向社区开放，植入各类活动场地，丰富居民日常生活。

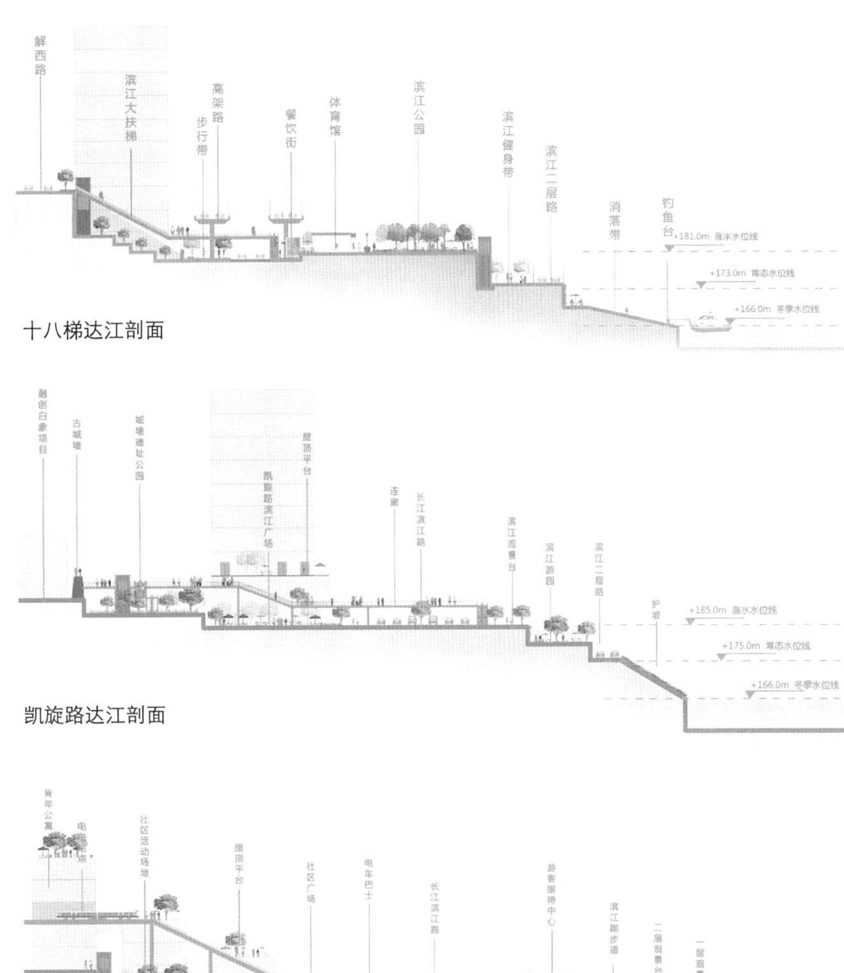

十八梯达江剖面

凯旋路达江剖面

湖广会馆达江剖面

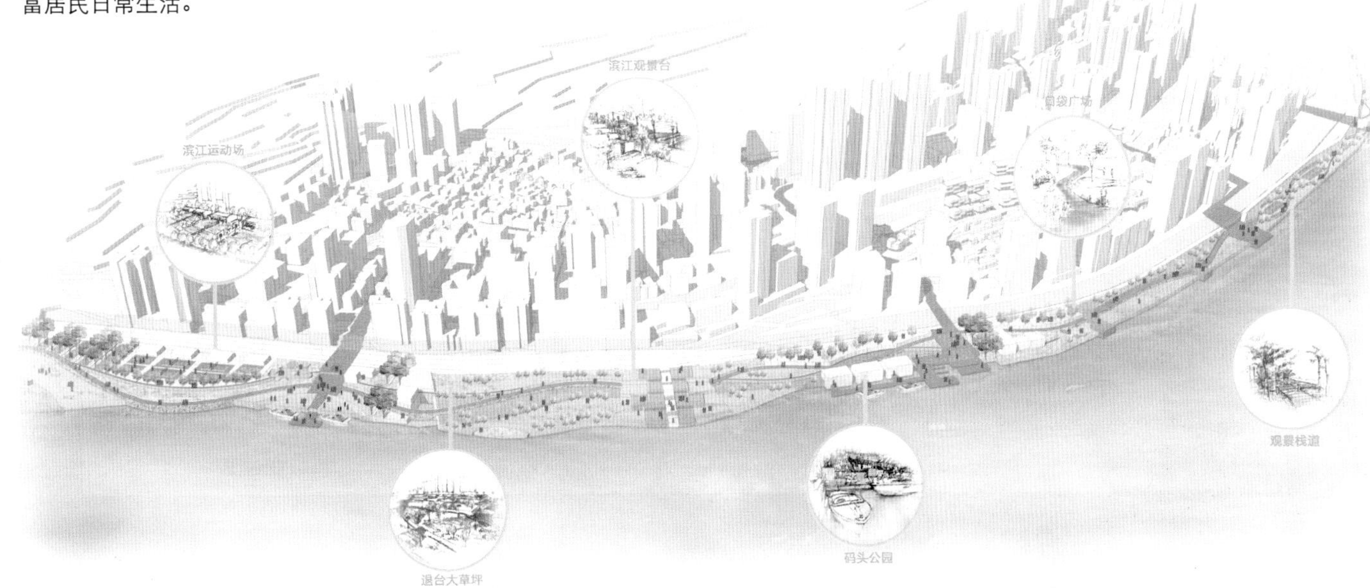

滨江鸟瞰图

山野都市：原生之城，秩序之城

穿过拥挤的十字金街，扒开咄咄逼人的混凝土群落，从上往下，与薄雾氤氲的山野对话，寻求原始的土地命脉，看原始鲜活的生活，寻乡土泥土的味道。面对资本驱动的城市必经路，我们呼唤山野原生，直面都市秩序，为未来的生活寻求新的可能。

山野都市 & 通向明日的复兴之城

Wild City & Access to Revive

重庆大学建筑城规学院
吴礼维　廖自然　周丹妮　李洁源　龙　香　陶　影　张岚珂
欧小丽　何　博　李　伟　赵春雨　余海慧
指导教师：李和平　黄　瓴　肖　竞

渝中是重庆发展演变的“母城”，下半城片区更是孕育了重庆的“根”和“源”，浓缩了山城、江城、不夜城的精华，文化底蕴深厚。本次毕业设计以“更好的社区生活”为题，聚焦重庆渝中区下半城片区的更新发展问题，同学们基于目标导向和过程分析，在系统识别下半城既有矛盾与潜在价值的基础上，提出两种更新思路：一组以“山野都市”为目标愿景，紧抓住下半城山地空间、街巷生活、历史遗存等原生特征与要素，并结合现代城市社区生活的需求进行重新组织、演绎，提出总体更新策略，并划分出 6 个各具特色的城市更新单元进行了详细设计。另一组以“Access to Revive”为主题，重点从产业、文化和生活三个方面，探索下半城的复兴路径，并通过植入空轨交通及滨江全步行方式串接城市公共生活，重点强调更新途径的可行性。两个方案以不同的应对策略与不同的形态手法将渝中下半城自然、历史文脉的传承与城市转型过程中社会居民的现实诉求相结合，并提出了相应的城市及社区治理策略，为下半城的可持续发展提出了建设性的方向指引。

Yuzhong District is the “mother city” of Chongqing, and its Lower City especially breed the “root” and the “source” of Chongqing, where concentrated the essence of the Mountain City, the River City and the Sleepless City with so much profound cultural heritage. As the topic of the graduation design, “Better community, Better life” focus on the problems in renovation and development of the Lower City. Based on goal-oriented and process analysis, the potential values and the existing conflicts of system identification in this area, students of Chongqing University proposed two regeneration ideas. One group with “Mountain Wild City” for the vision, holding tightly the mountain spaces, street life, historical relics and other primary features of the Lower City, combined with the needs of the local modern urban community life to reorganize, interpret, formulate an overall redevelopment strategy and divide into six distinctive urban regeneration units with the detailed design. Another group with “Access to Revive” as the theme, focusing on three aspects of industry, culture and life, to explore the revival approach of the Lower City, and by bringing in the Air Train system and the Riverside walking system to connect the urban public life. It emphasizes much more on the way of feasibility. Two proposals with different tactics and different technological form, combined the nature and inheritance of historical context with the realistic social appeal of local residents in urban transformation, and suggested appropriate governance strategies of urban and community, put forward constructive direction guidelines for the sustainable development of Lower City in Yuzhong District .

方案解读
PROJECT INTERPRETATION

山野都市：原生之城，秩序之城

穿过拥挤的十字金街，扒开咄咄逼人的混凝土群落，从上往下，与薄雾氤氲的山野对话，寻求原始的土地命脉，看原始鲜活的生活，寻乡土泥土的味道。面对资本驱动的城市必经路，我们呼唤山野原生，直面都市秩序，为未来的生活寻求新的可能。

成员介绍
MEMBERS INTRODUCTION
指导老师
李和平
黄瓴
肖竞
小组成员
余海慧
赵春雨
李伟
张岚珂
欧小丽
何博

背景研究

历史沿革

下半城曾经是重庆的中心，如今却面临衰败，在渝中区新一轮城市功能结构调整过程中，获得了历史性机遇，下半城应整合存量资本，重现繁荣原生之城。

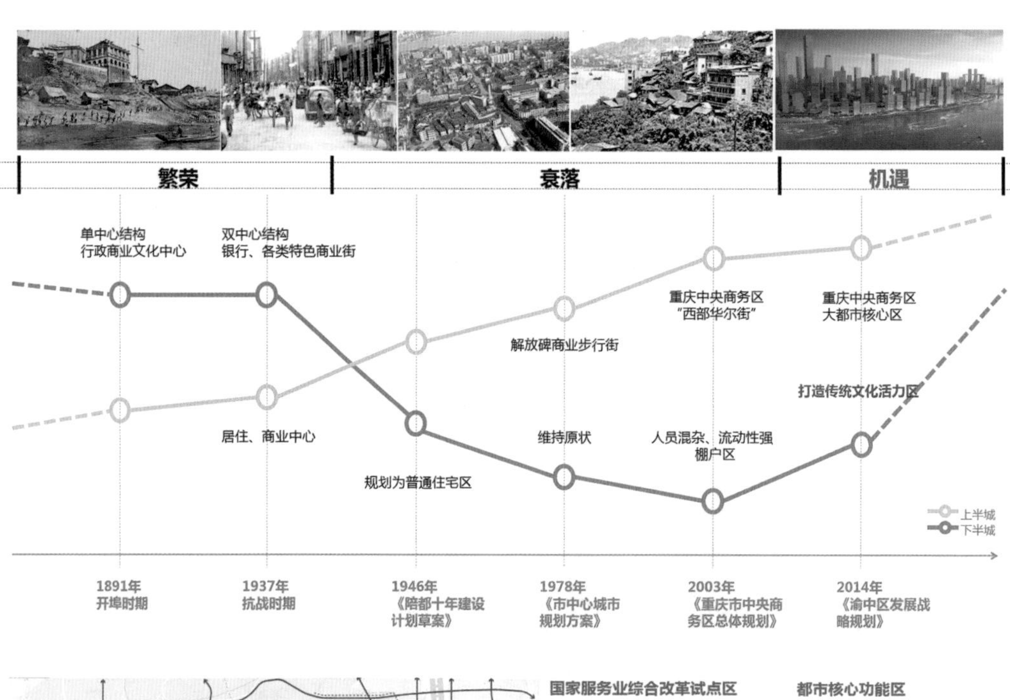

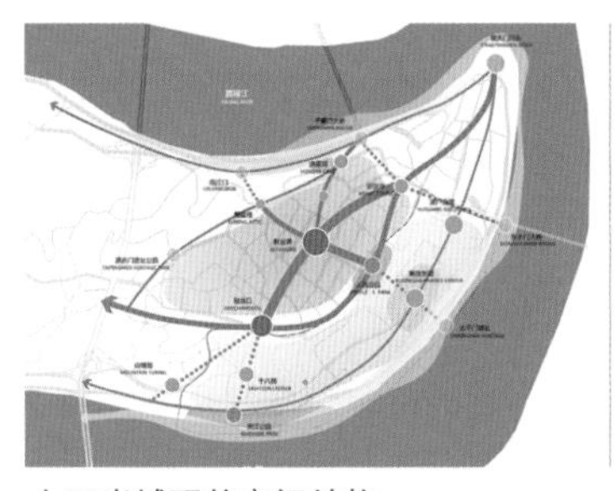

上下半城现状空间结构

重庆发展框架下的下半城

重庆市实施主体功能区战略，处于重庆市大都市中心区的渝中区应进行优化提升，传承历史，深抓服务业改革，建设更加高效秩序的城市系统。

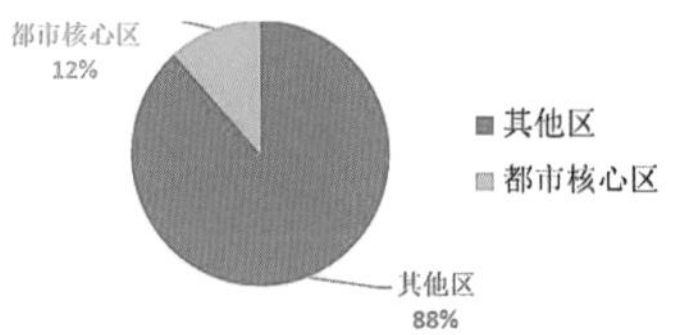

都市核心区 GDP 占比

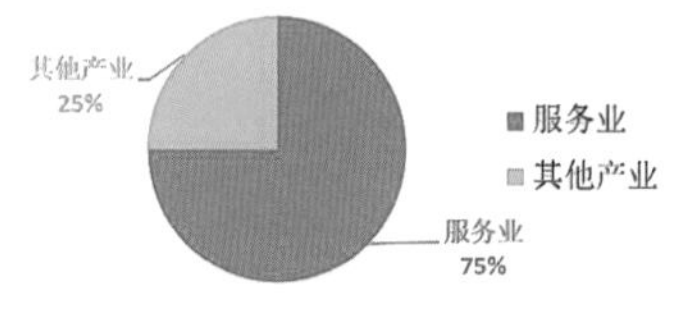

全市现代服务业占比

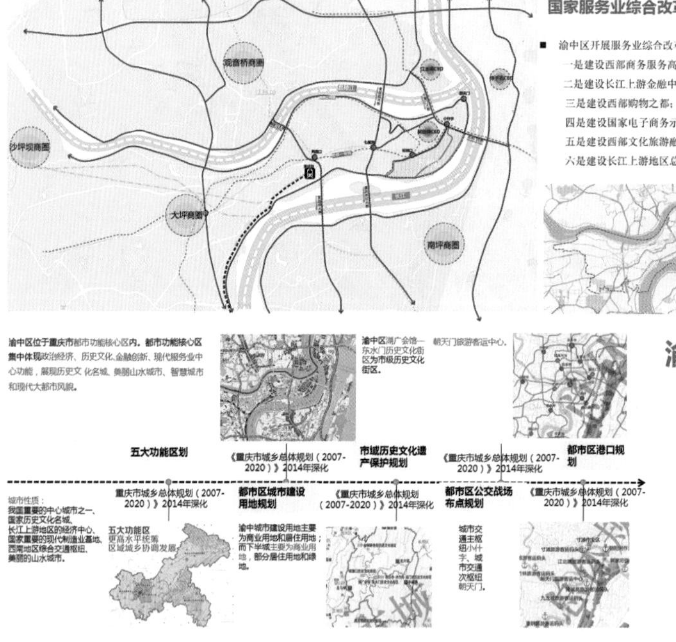

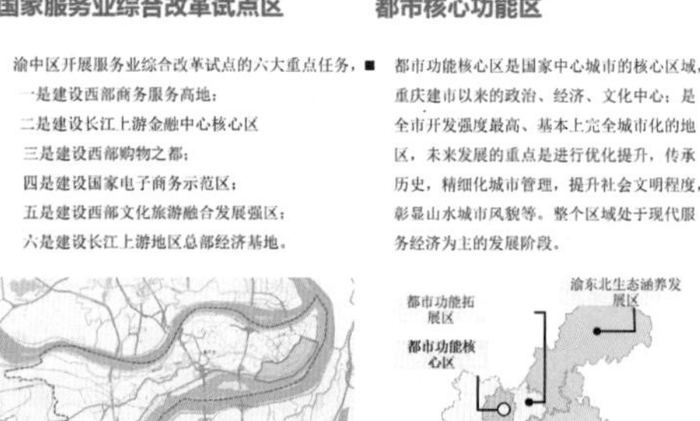

国家服务业综合改革试点区

■ 渝中区开展服务业综合改革试点的六大重点任务，一是建设西部商务服务高地；二是建设长江上游金融中心核心区；三是建设西部购物之都；四是建设国家电子商务示范区；五是建设西部文化旅游融合发展强区；六是建设长江上游地区总部经济基地。

都市核心功能区

■ 都市功能核心区是国家中心城市的核心区域，重庆建市以来的政治、经济、文化中心；是全市开发强度最高、基本上完全城市化的地区，未来发展的重点是进行优化提升，传承历史，精细化城市管理，提升社会文明程度，彰显山水城市风貌等。整个区域处于现代服务经济为主的发展阶段。

渝中区定位：

渝中区发展框架下的下半城

下半城曾经是重庆的中心，如今却面临衰败，在渝中区新一轮城市功能结构调整过程中，结合上位规划和各部门要求，下半城承接了传统文化活力区、历史文化风貌区、母城文化区等重要定位，并作为渝中区的重要交通枢纽对渝中半岛的交通系统的完善起到至关重要的作用。在步行方面，下半城是山城步道规划的重点实施区域，更是渝中区景观重点改善区。

在这样一个背景下，下半城承接的定位可总结为以下五点：

历史文化风貌展示区
下半城传统文化活力区
滨江文化休闲带
渝中半岛东部开放门户
现代服务业核心区

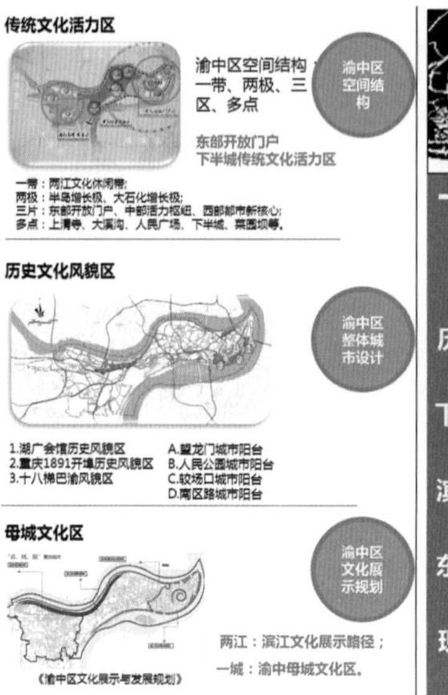

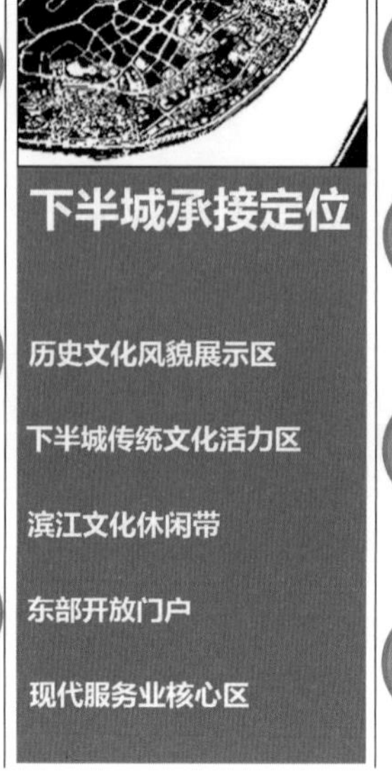

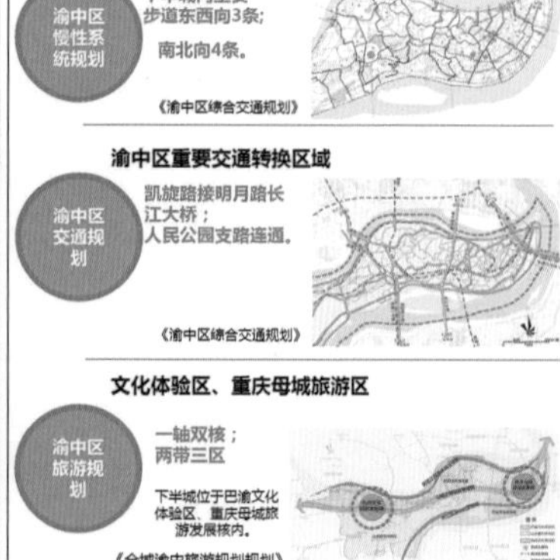

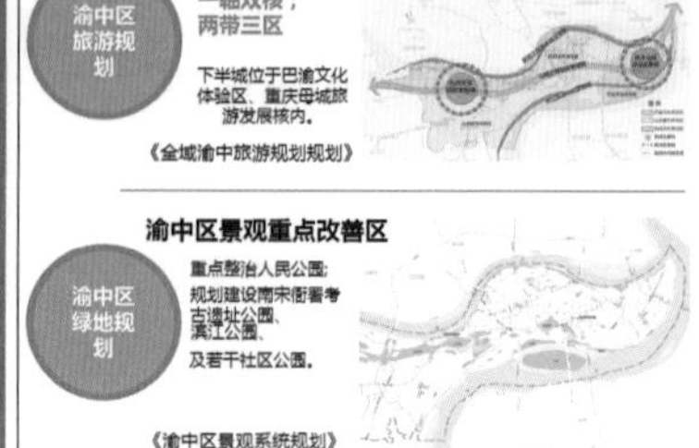

山野原生

重庆地形和建筑是密不可分的，还决定着居住群落的形态，决定景观和公共空间的组织，体现着生活的地域性。但从过去到现在，这种密切的关系却被弱化了。

都市秩序

都市则意味着秩序之城，各种系统有序运行，城市要素合理流动，历史告诉我们保证城市各系统有序运行极为重要。秩序是现代化城市运行之本。

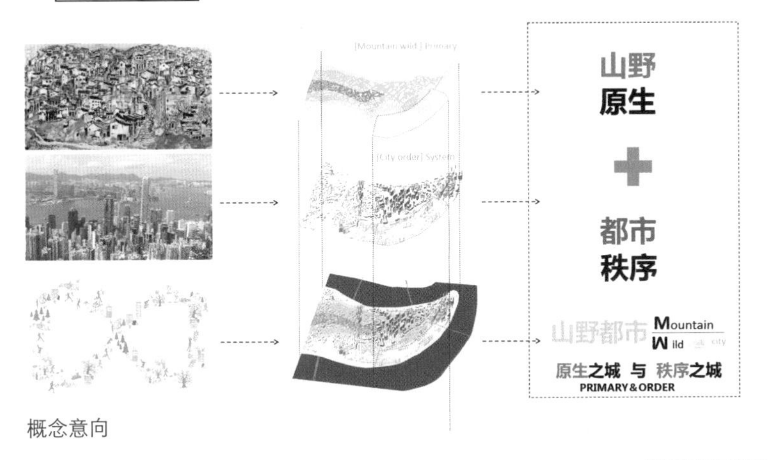

概念意向

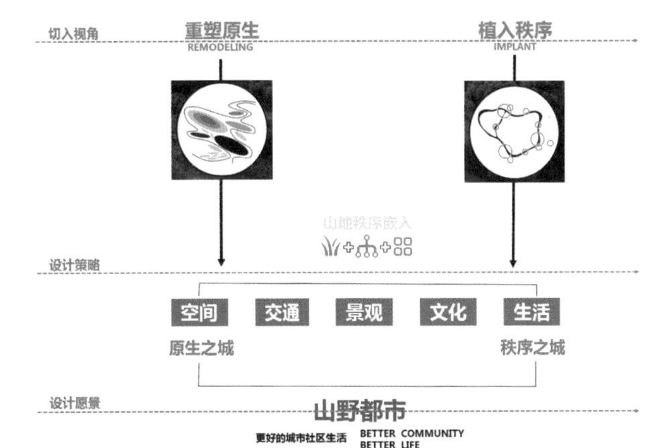

概念解析

在重庆的发展过程中，上下半城逐渐脱节，上半城焕然一新成为重庆高端金融商业中心，下半城则杂乱不堪，依旧原生，但各种久违的重庆地域文化生活还在这里演绎。原生，是一种自下而上的自然生长，市井、野性、草莽，但是却散漫；而秩序，是一种自上而下的人工植入，强权、机械，却可控、效率、立竿见影。就这样，山野与都市，原生之城与秩序之城在重庆下半城相遇而生……

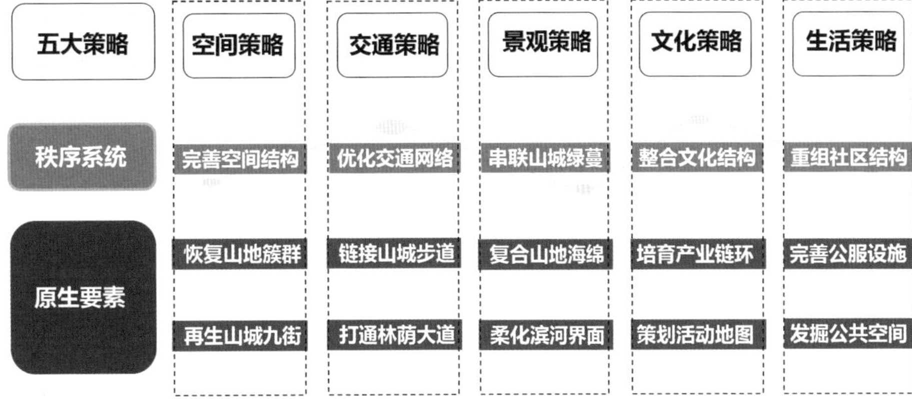

设计要素

山城九街

林荫大道

通江绿脉

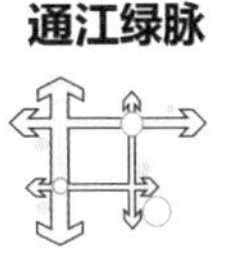

文化五碑

生活之心

系统策略

研究框架

对场地相关背景和场地现状进行分析，提炼出两个核心问题“逐渐消逝的山地原生脉络”与“缺乏秩序的现代城市体系”；并通过对这两个核心问题的提炼，得到了我们的研究课题框架，并在框架基础上，提出我们对下半城发展目标的愿景和展望，即——重现山地原生，重构都市秩序。我们希望通过梳理场地原生要素，植入高效都市秩序，来建立山野都市。

以重塑原生，植入秩序两方面切入，找寻、提取原生要素，植入完善五个方面的系统，共同构建起一个既有生活性、地域性又有序运转的山野都市，支撑起更好的城市社区生活。

从空间、交通等五大方面针对缺乏秩序的现代城市体系提出重构秩序系统，对逐渐消失的山地原生脉络提出恢复原生要素，并提出山城九街、林荫大道等五大设计要素。

重现山地原生，重构都市秩序

空间：回归山地街巷	构建立体都市	——空间系统图
交通：激活特色交通	复合山行系统	——交通系统图
景观：维护自然本底	编织生态绿网	——景观系统图
文化：延续母城文脉	根植产业链环	——文化系统图
生活：重现公共生活	再育社区网络	——生活系统图

十八梯更新单元　白象街更新单元　人民公园更新单元　湖广会馆更新单元　林荫大道更新单元　滨江更新单元

研究框架

空间策略

我们遵循原生山地地形，沿用山地建筑手法，打造山城九街，实现“九街曲转歌且乐，梯坎坡湾竟欲言”的情境。

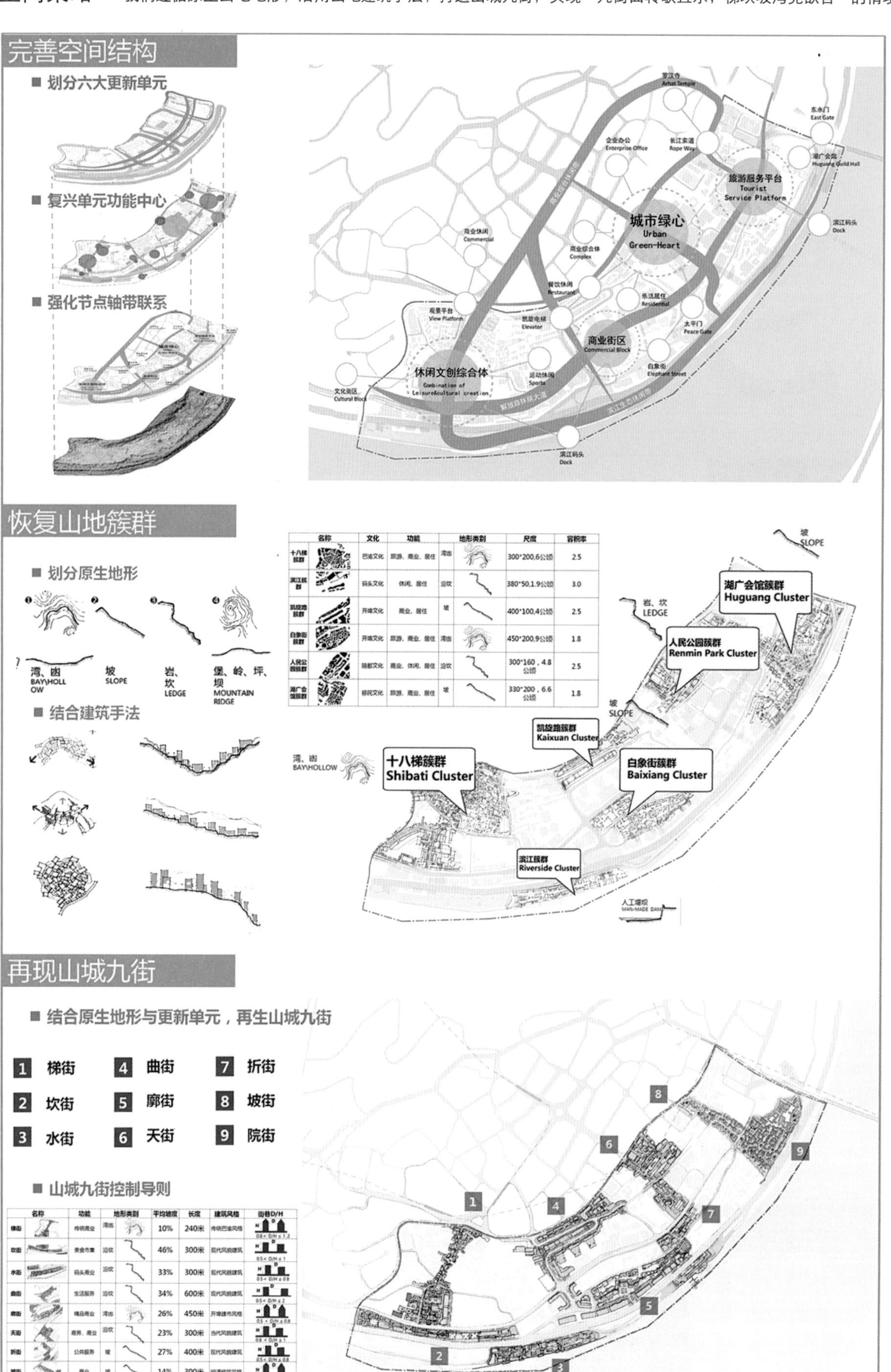

名称	文化	功能	地形类别	尺度	容积率
十八梯簇群	巴渝文化	旅游、商业、居住	湾凼	300*200,6公顷	2.5
滨江簇群	码头文化	休闲、居住	岩坎	380*50,1.9公顷	3.0
凯旋路簇群	开埠文化	商业、居住	坡	400*100,4公顷	2.5
白象街簇群	开埠文化	旅游、商业、居住	湾凼	450*200,9公顷	1.8
人民公园簇群	陪都文化	商业、休闲、居住	岩坎	300*160，4.8公顷	2.5
湖广会馆簇群	移民文化	旅游、商业、居住	坡	330*200，6.6公顷	1.8

名称	功能	地形类别	平均坡度	长度	建筑风格	街巷D/H
梯街	传统商业	湾凼	10%	240米	传统巴渝风格	0.8＜D/H≤1.2
坎街	美食市集	岩坎	46%	300米	现代风貌建筑	0.5＜D/H≤1
水街	码头商业	岩坎	33%	300米	现代风貌建筑	0.5＜D/H≤0.8
曲街	生活服务	岩坎	34%	600米	现代风貌建筑	0.5＜D/H≤2
廊街	精品商业	湾凼	26%	450米	开埠建市风格	0.5＜D/H≤0.8
天街	商务、商业	岩坎	23%	300米	当代风貌建筑	0.8＜D/H≤1
折街	公共服务	坡	27%	400米	现代风貌建筑	0.5＜D/H≤0.8
坡街	商业	坡	14%	300米	明清移民风格	0.8＜D/H≤1.2
院街	旅游服务	坡	23%	350米	明清移民风格	0.8＜D/H≤1.2

依据空间特征将下半城划分为五大更新单元，复兴各单元的功能中心、强化联系，最终形成“三带四脉四心”的空间结构。

其次依据湾、坡等四类原生地形，结合筑台、架空等七种山地建筑手法，恢复六大山地簇群。用导则对六大簇群的文化类型、功能、容积率等进行控制。

最后依据原有山地街巷、原生地形，我们再生了山城九街。用导则对山城九街的功能、尺度、建筑风格等进行控制，严格控制高宽比。

交通策略

遵循山地地形和特色交通，打造山城步道和林荫大道，呈现“云接山道三千丈，梯坎林荫闲浮生”的意境。

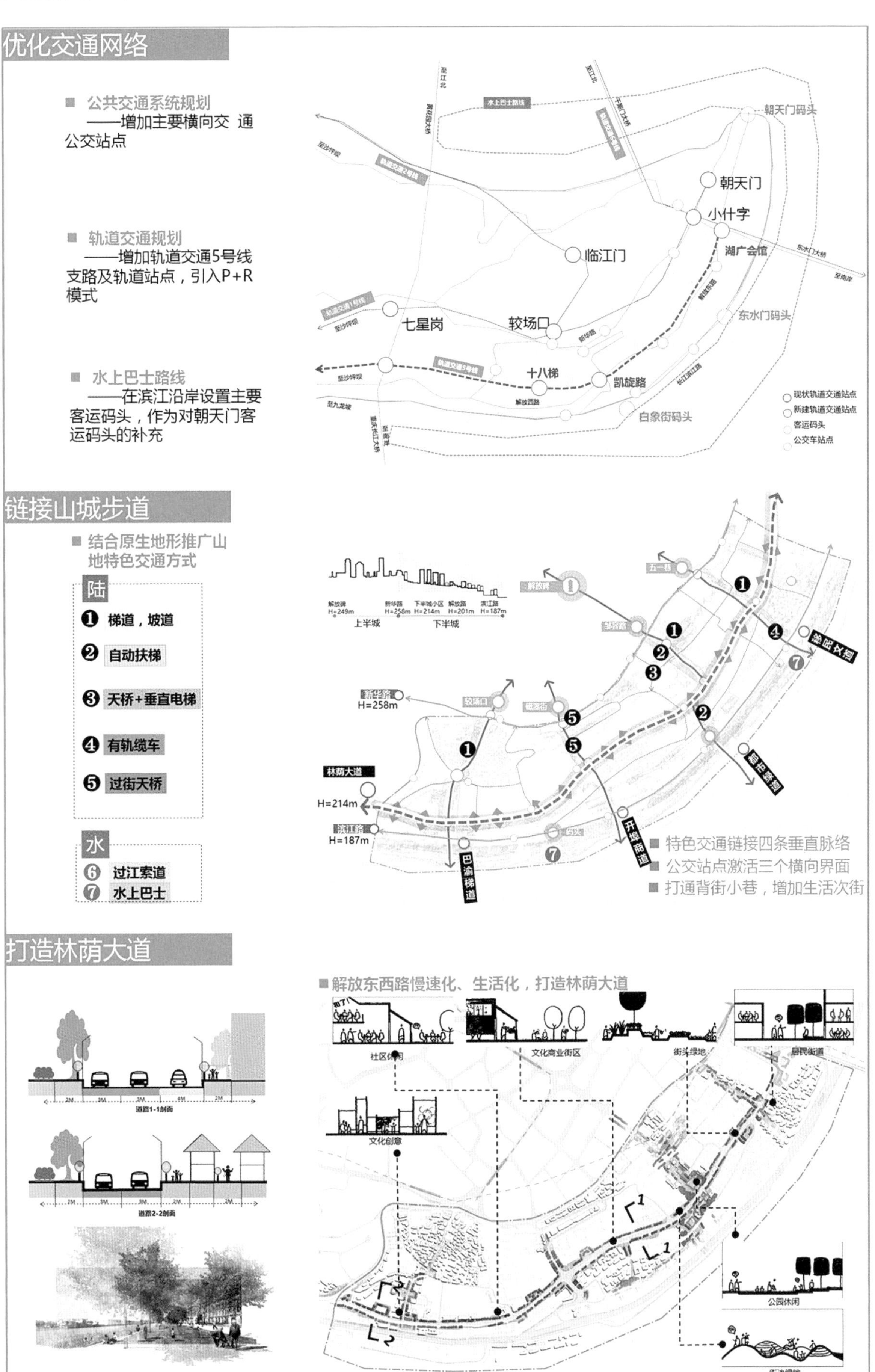

通过强化公共交通系统，尤其是增强轨道交通的辐射范围，整合水上巴士线路来达到优化公共交通的目标。车行，保留现状主要道路，结合地形增加支路密度，在完善车行网的支撑下，将解放路慢速化、生活化。

以现状山城步道为契机，构建四纵三横的交通脉络，连通背街小巷，形成完善的慢行网络。结合现状特色交通和地形推广天桥、垂直电梯等五种陆生特色交通方式，以及索道、水上巴士两种水生特色交通方式。

通过速度管制与断面设计，将解放路打造为人性化、生活化的林荫大道。

景观策略 通过打通视线通廊，编织生态绿网，呈现“都市繁景俯青郊，绿脉通江接云霄”的情境。

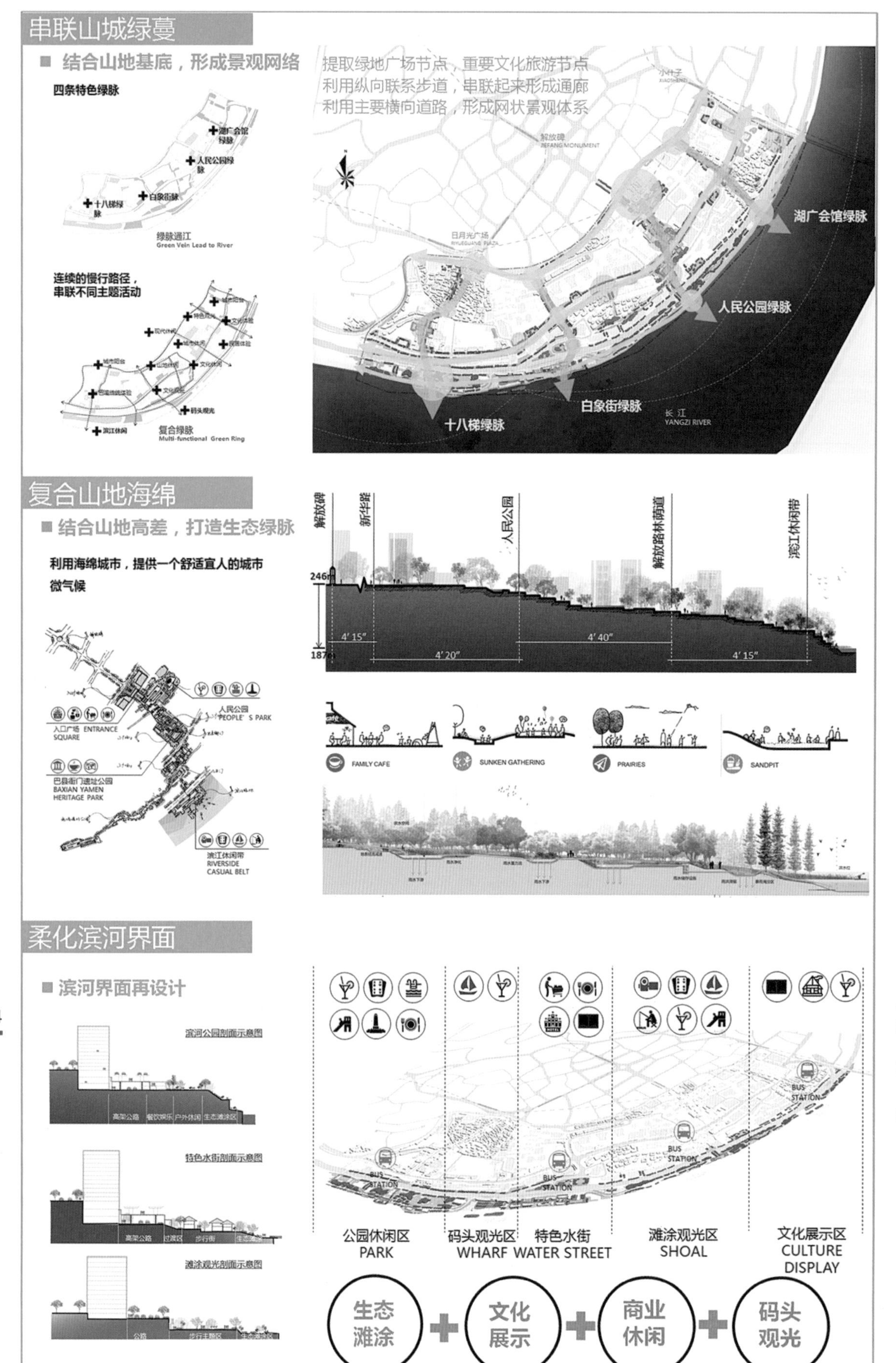

提取绿地广场及文化旅游节点，结合景观通廊和山城步道，打造4条绿脉，形成“绿脉通江”的意境，同时串联主题活动，形成山城绿蔓体系。

由解放碑至人民公园抵达滨江的景观绿脉，高差59米，平均坡度10%，形成的通风廊道改善了局部微气候。

滨江空间方面，柔化滨江界面，恢复生态滩涂，为满足旅游休闲需求，形成公园休闲、码头观光等四大滨河休闲区。同时提出多种跨越滨江快速路的方式。

文化策略

通过延续母城文脉，根植产业链环，打造文化五碑，呈现“漫漫母城三千年，依稀五碑几度春”的情境。

整合文化结构

■ 梳理现状文物点，分等级保护

类别	数量
国家级文物保护单位	6处
市级文物保护单位	10处
区级文物保护单位	2处
历史建筑	4处

■ 根据文物点类型，划分主题片区

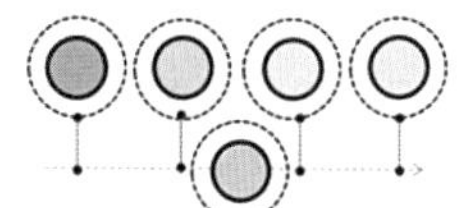

■ 基于主题片区，植入纪念碑

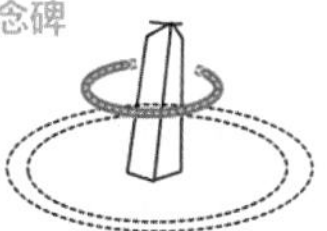

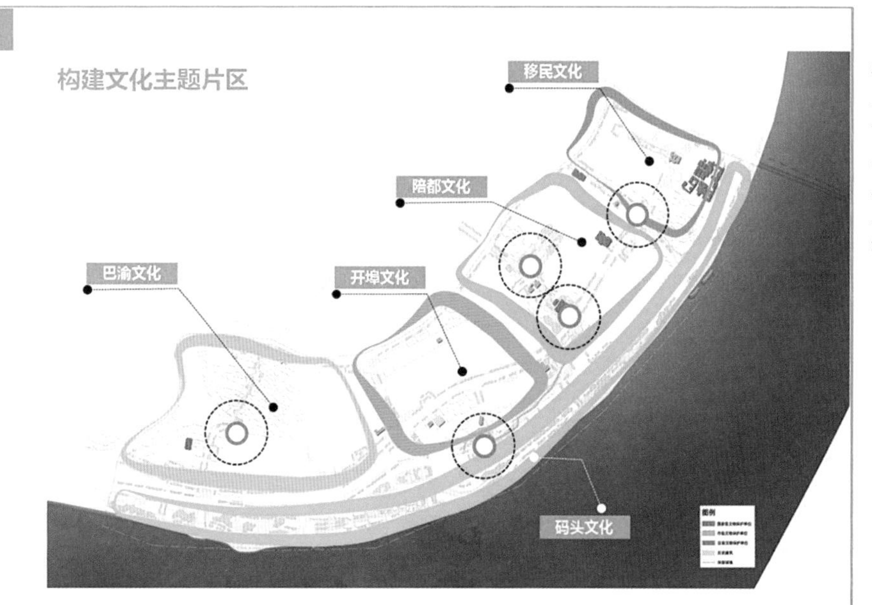

梳理整合21处现状文物点，根据文物点类型，划分巴渝文化、开埠文化等五大主题片区，并创立五座文化纪念碑。围绕五碑策划特色文化活动，激活特色街区。

培育产业链环

■ 原生文化产业评估

■ 新兴产业置入

■ 产业链培育，四大文化产业平台形成

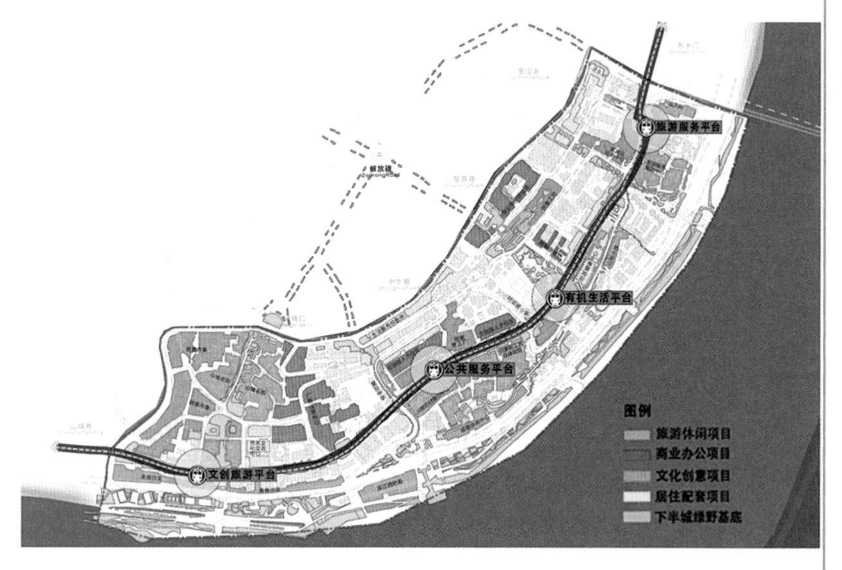

围绕五碑策划特色文化活动，激活特色街区。

策划活动地图

■ 基于文化策划五大主题节庆日，十大主题活动

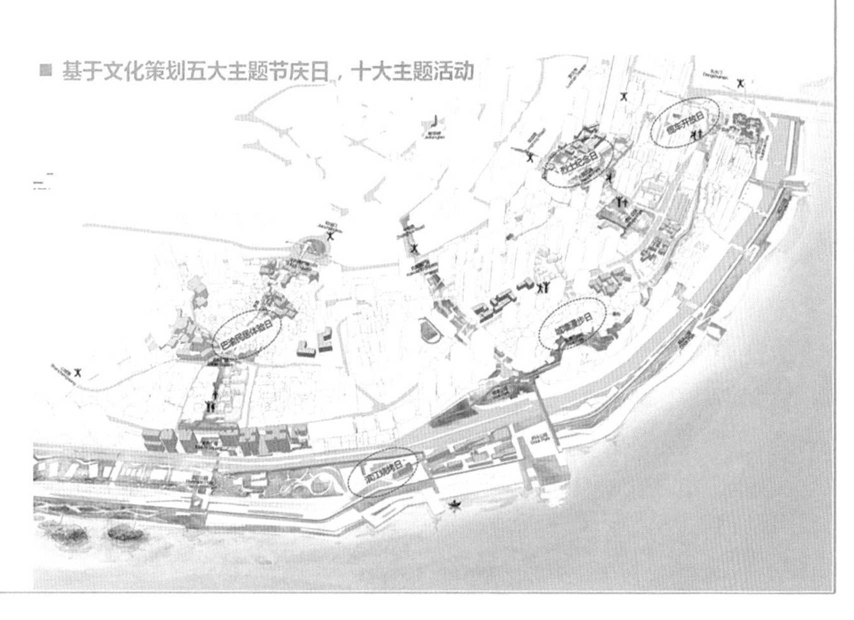

十大主题活动
同乡会、舞龙赛、火锅大比拼、棒棒运动节、茶会、庙会、花鸟交流会、川江号子大比拼、坝坝舞会、麻将大赛

五大主题节庆事件
烈士纪念日、缆车开放日、城墙漫步日、滨江烧烤日、巴渝传统民居体验日

联系上半城的解放碑、罗汉寺等旅游点，打造民俗文化、历史文化等4条游览路线。策划巴渝民居体验日、滨江烧烤日等五大主题节庆和十大主题活动。

生活策略

通过“重现公共生活，再育社区网络”来实现“踏月轻敲街巷石，码头濯足逸且兴”的情景。

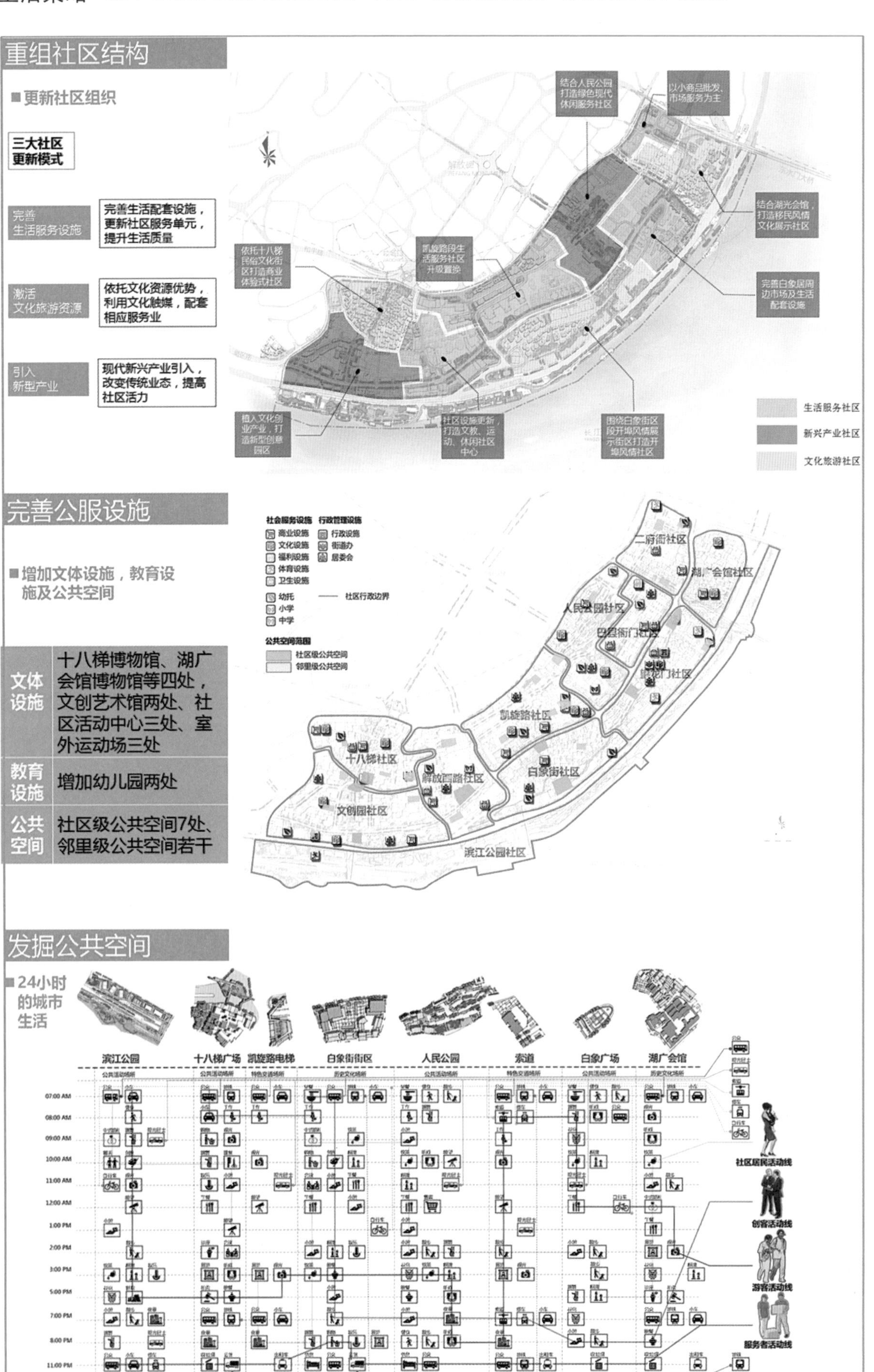

将常住人口比例从58%提升到75%，降低老龄人口比例到20%，提升下半城的活力，同时重划社区边界，结合空间更新单元进行落实。将社区分为生活服务、新兴产业、文化旅游三类，提出与之适应的完善生活设施、激活文化旅游资源、引入新型产业三大更新模式。

公服方面，新增十八梯博物馆等四座博物馆，两座艺术馆，及三处社区活动中心和运动场，两处卫生服务站和两处幼儿园。同时增加社区级和邻里级公共空间。根据重要公共空间节点，联系社区居民、游客等四类人群活动线以及公交、索道等七种交通方式，形成24小时的城市生活。

根据城市级、社区级、邻里级打造多层次、多类型的生活之心，城市级生活之心主要有商业休闲生活之心、滨江休闲生活之心等。

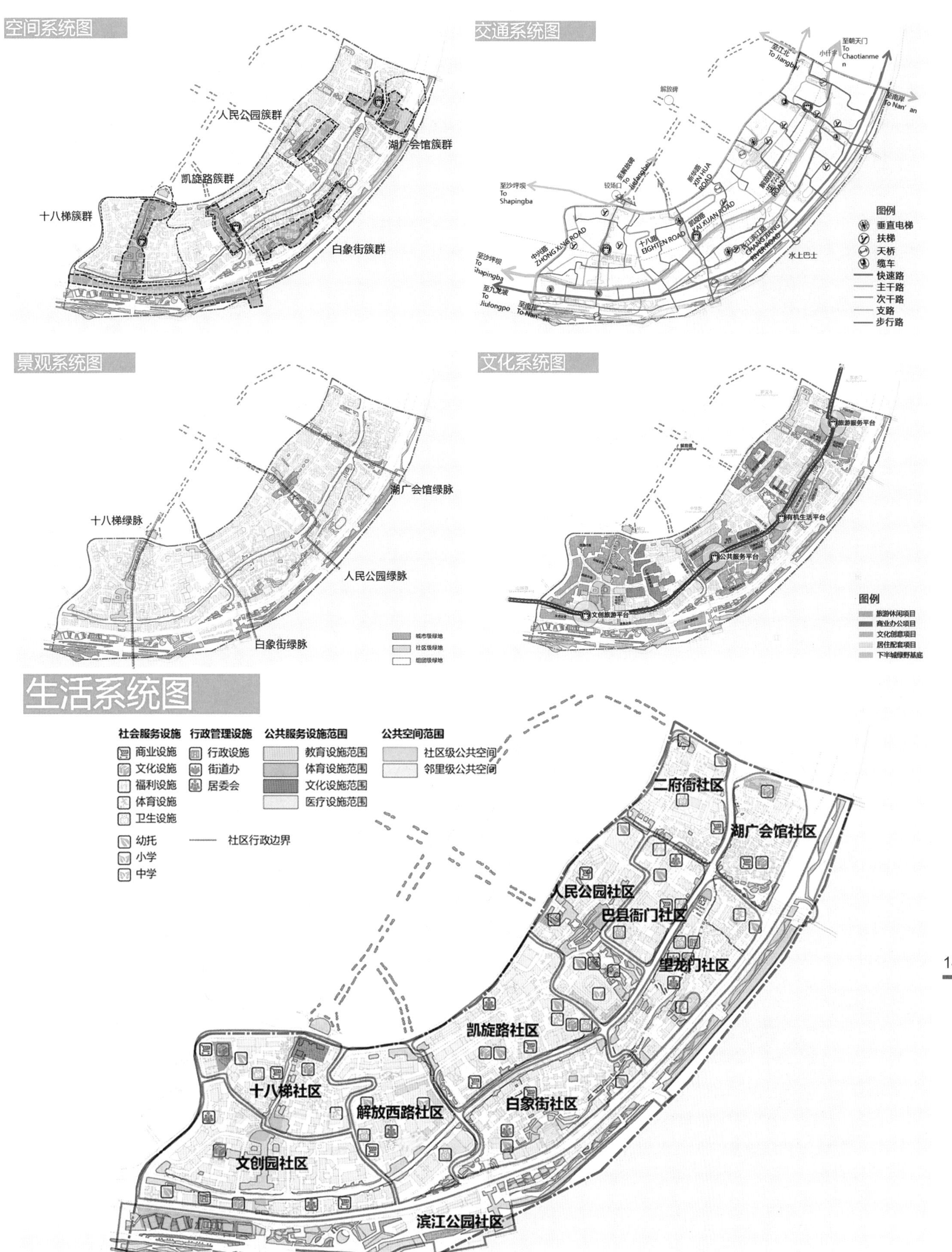
空间系统图
人民公园簇群
湖广会馆簇群
凯旋路簇群
十八梯簇群
白象街簇群
交通系统图
至江北 To Jiangbei
至朝天门 To Chaotianmen
至南岸 To Nan' an
解放碑
至沙坪坝 To Shapingba
至九龙坡 To Jiulongpo
至南岸 To Nan' an
水上巴士
图例
垂直电梯
扶梯
天桥
缆车
快速路
主干路
次干路
支路
步行路
景观系统图
湖广会馆绿脉
十八梯绿脉
人民公园绿脉
白象街绿脉
城市级绿地
社区级绿地
组团级绿地
文化系统图
旅游服务平台
有机生活平台
公共服务平台
文创旅游平台
图例
旅游休闲项目
商业办公项目
文化创意项目
居住配套项目
下半城绿野基底
生活系统图
社会服务设施
商业设施
文化设施
福利设施
体育设施
卫生设施
幼托
小学
中学
行政管理设施
行政设施
街道办
居委会
社区行政边界
公共服务设施范围
教育设施范围
体育设施范围
文化设施范围
医疗设施范围
公共空间范围
社区级公共空间
邻里级公共空间
二府衙社区
湖广会馆社区
人民公园社区
巴县衙门社区
望龙门社区
凯旋路社区
十八梯社区
解放西路社区
白象街社区
文创园社区
滨江公园社区

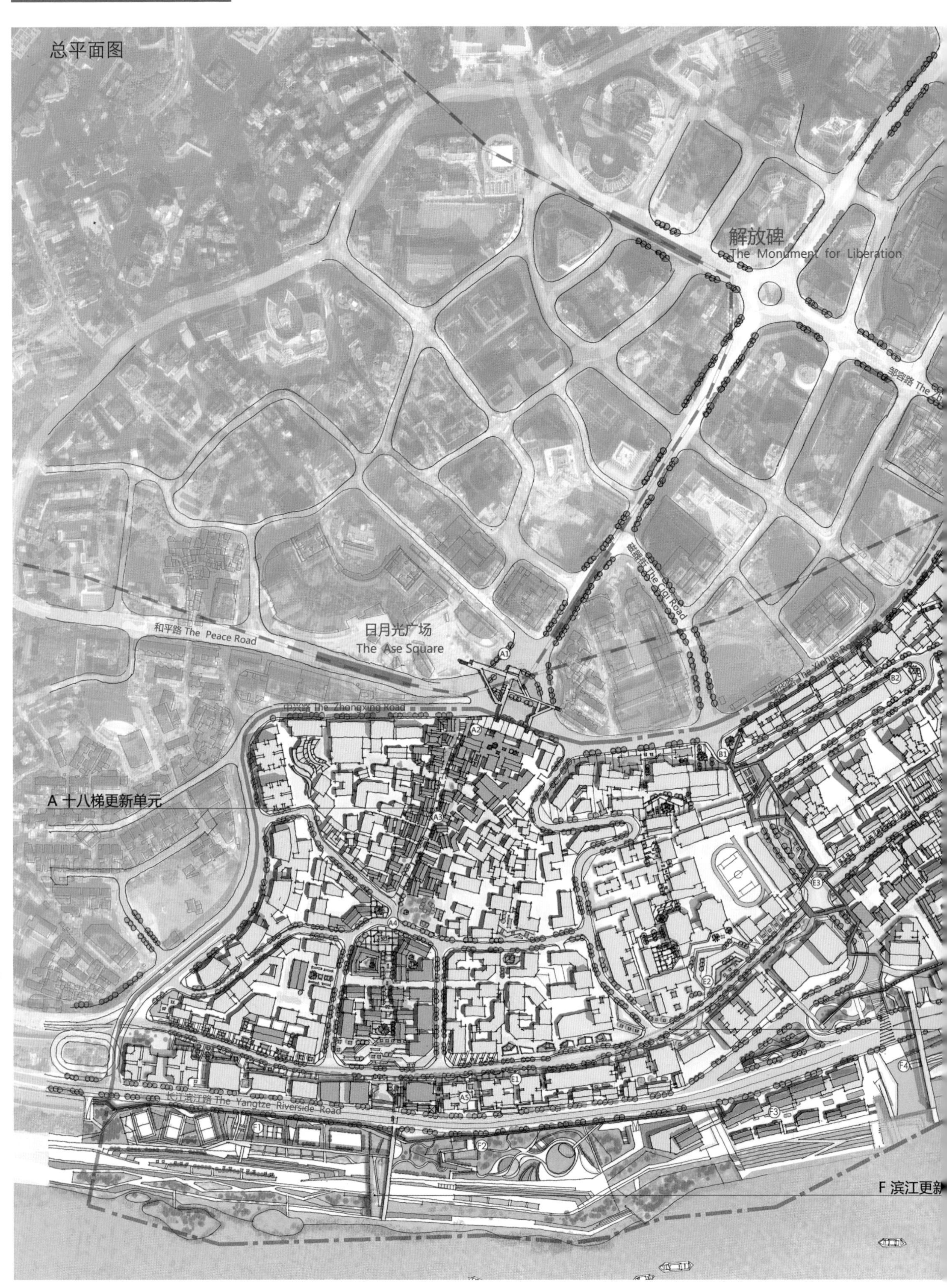
总平面图
解放碑
The Monument for Liberation
和平路 The Peace Road
日月光广场
The Ase Square
中兴路 The Zhongxing Road
A 十八梯更新单元
长江滨江路 The Yangtze Riverside Road
F 滨江更新

打铜街 The Copper Road
陕西路 The
东水门大桥 The East Gate Bridge
D 湖广会馆更新单元
C 人民公园更新单元
B 白象街更新单元
E 林荫大道更新单元
解放路 The Liberation Road
长 江 The Yangtze River
N
0 20 40 100m
图例
A 十八梯更新单元
A1 较场口观景天桥
A2 十八梯博物馆
A3 山城梯街
A4 十八梯公园
A5 山城坎街
B 白象街更新单元
B1 凯旋路电梯
B2 山城曲街
B3 文化创意产业园
B4 山城郭街
B5 城墙遗址公园
C 人民公园更新单元
C1 山城天街
C2 人民公园
C3 巴县衙门遗址公园
C4 山城折街
C5 白象街特色簇群
D 湖广会馆更新单元
D1 长江索道
D2 山城院街
D3 城市阳台
D4 移民文化博物馆
D5 湖广会馆
D6 山城坡街
D7 望龙门缆车
E 林荫大道更新单元
E1 口袋公园
E2 社区公园
E3 坡地公园
E4 白象街公园
E5 缆车公园
F 滨江更新单元
F1 滨江公园
F2 老年活动中心
F3 山城水街
F4 码头文化碑
F5 移景公园
F6 滨水公园

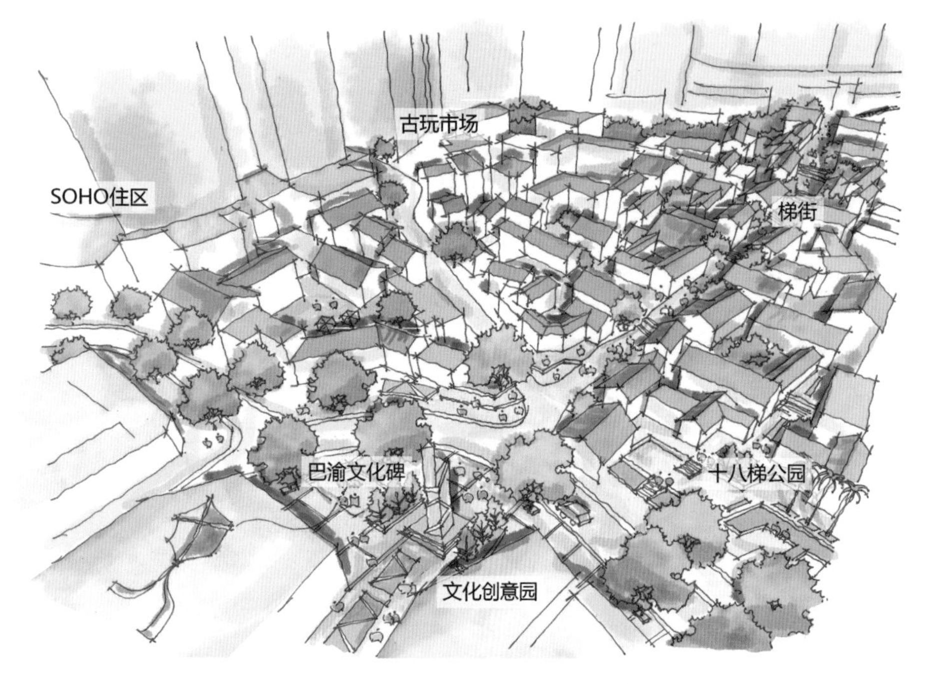

详细城市设计——十八梯更新单元

设计者：赵春雨

地块面积：23.2 公顷

区位条件：北至较场口日月光广场，南至滨江路，西接山城巷

地块特点：街巷空间、市井生活

地块定位：旅游休闲、文化创意

人口规模：3.1 万人

重点实施项目：

空间—梯街、坎街（山城九街）、巴渝文化碑（文化五碑）、十八梯广场（绿脉节点）

生活—调整社区组织模式、增减公共服务设施、完善公共空间体系

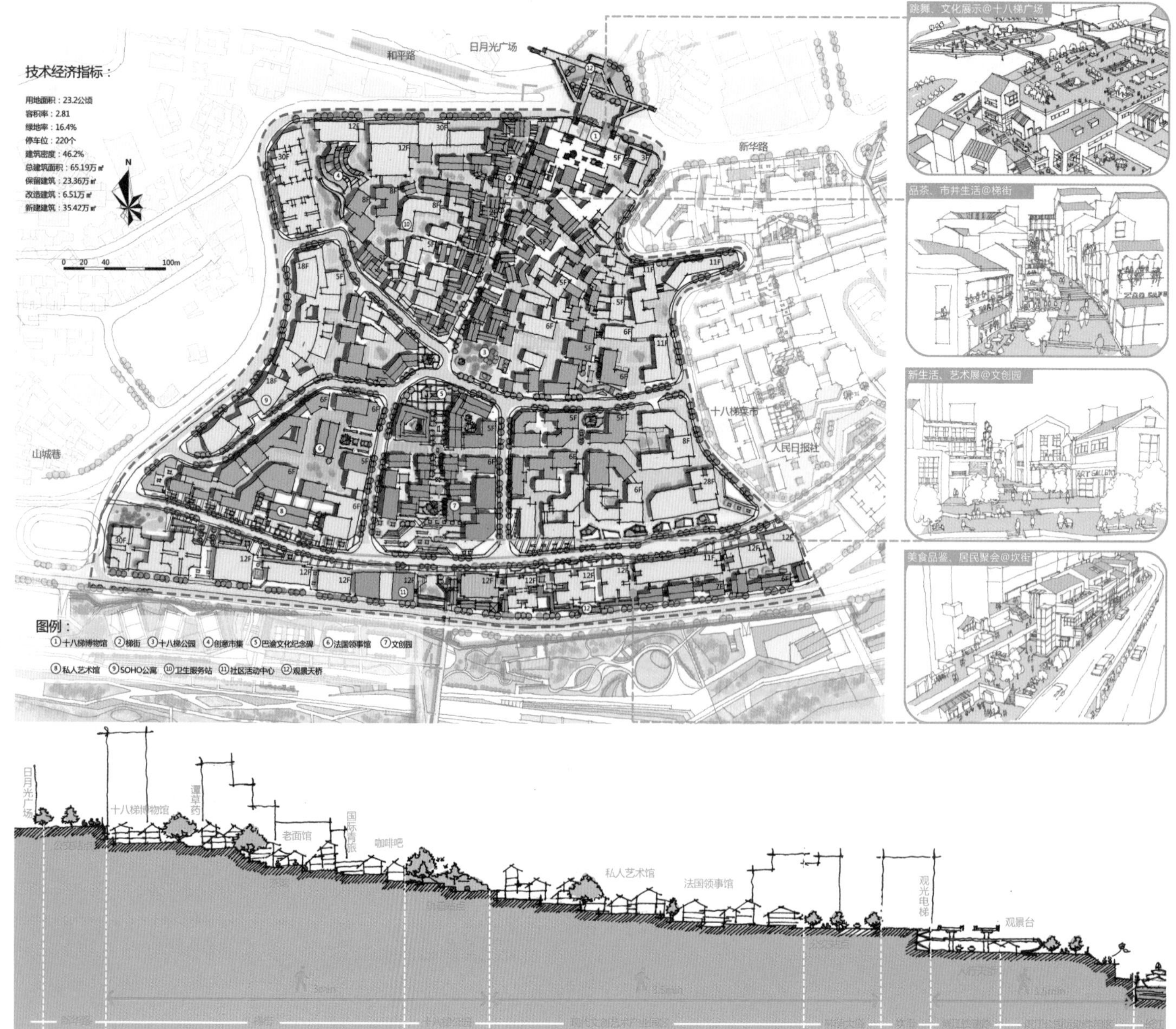

生活方面，降低老龄人口到15%以下，同时重整社区边界，形成十八梯、文创园两个社区。

增减公共服务设施：公服设施方面，增加十八梯博物馆、创意市集、十八梯公园等文体设施，同时增加社区卫生服务站、社区活动中心、幼儿园各一处。

调整社区组织模式：将国资开发平台和艺术机构引入社区开发建设中，同时提升公众参与度。

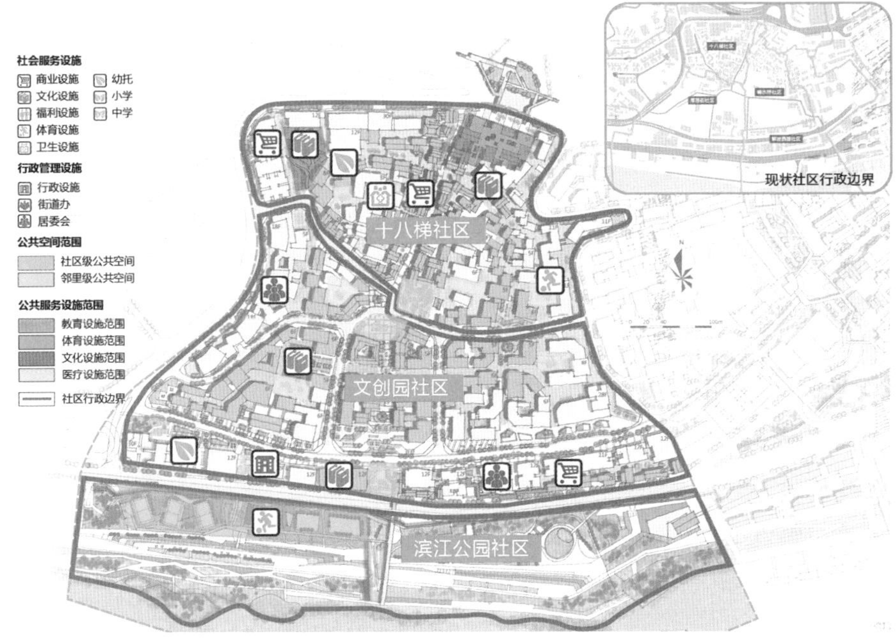

十八梯更新单元公服设施、公共空间分布图

社区名称	公服设施	文体设施
十八梯社区	新增社区卫生服务站（0.2万㎡）	新增十八梯博物馆（2.5万㎡）、创意市集（0.4万㎡）、十八梯公园（0.2万㎡）
文创园社区	幼儿园（0.1万㎡）、社区商业（0.3万㎡）	艺术展示馆（0.3万㎡）、社区活动中心（0.1万㎡）

十八梯更新单元设施调整表

社区名称	十八梯社区	响水桥社区	厚慈街社区	解放西路社区
现状人口	9046	9280	10250	11826
社区面积	5.8公顷	6.5公顷	15.9公顷	12.32公顷
人口特征	42%常住人口、39%老龄化	55%流动人口、36%老龄化	55%常住人口、32%老龄化	60%常住人口、37%老龄化
住房特征	高层、低层	低层	高层、低层	中高层

社区名称	十八梯社区	文创园社区	滨江公园社区
现状人口	14300	16000	
社区面积	8.6公顷	13.7公顷	11.5公顷
人口特征	70%中青年居民、创业者	80%中青年居民、文创产业者	
住房特征	混合社区	混合社区	

58% 75% 46% 20%
常住人口比例 老龄人口比例

社区人口结构调整前后对比

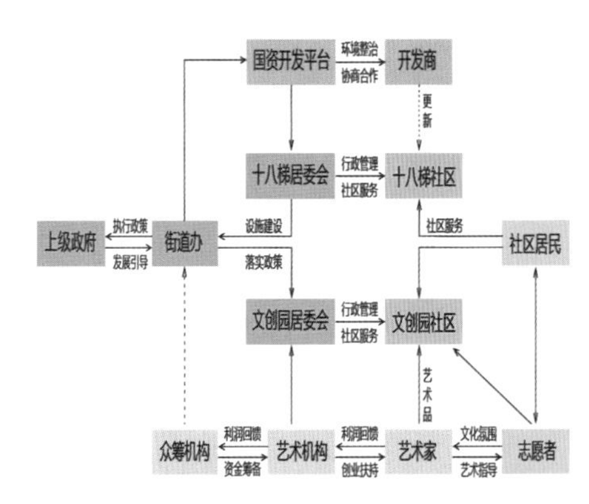

规划社区组织模式

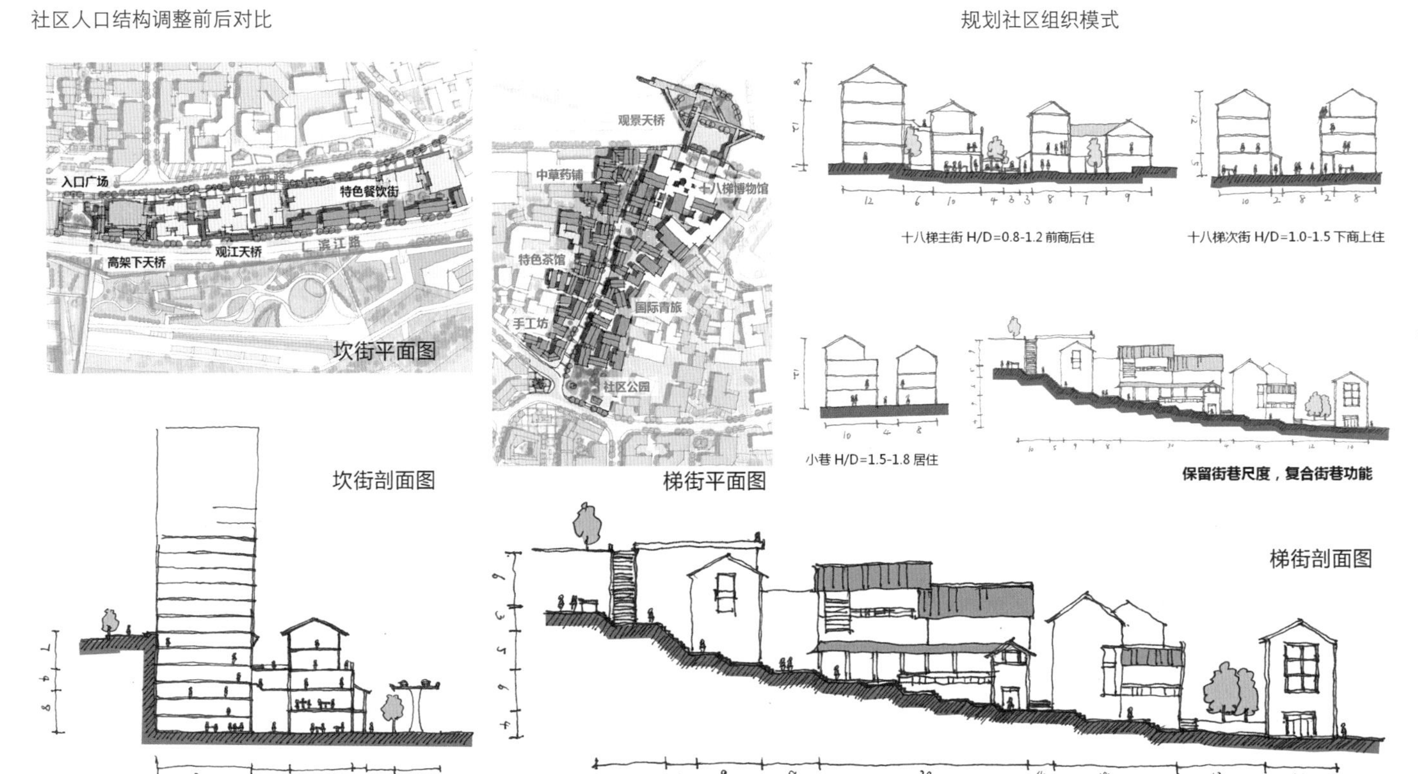

详细城市设计——白象街更新单元　设计者：余海慧

承接总体城市设计

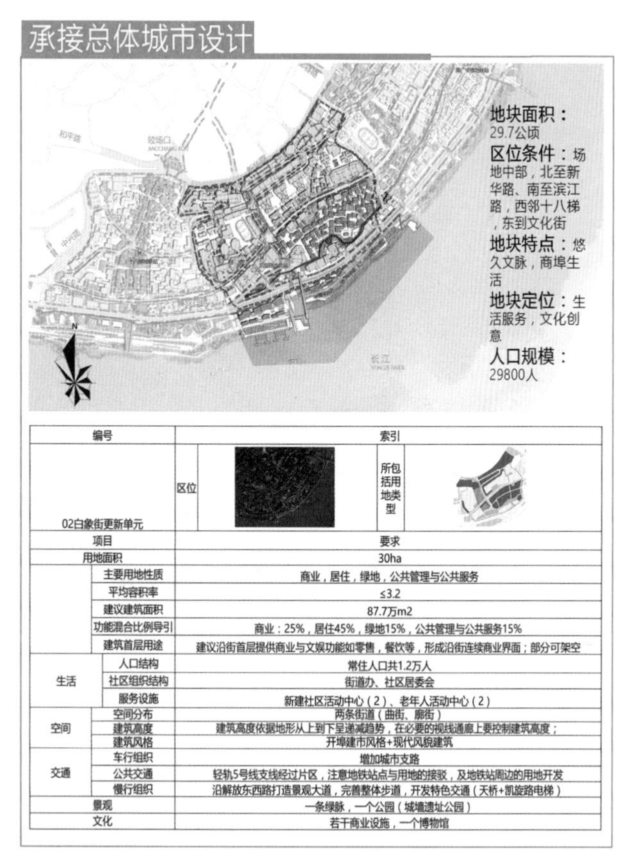

编号		索引			
02白象街更新单元		区位		所包括用地类型	
项目		要求			
用地面积		30ha			
	主要用地性质	商业，居住，绿地，公共管理与公共服务			
	平均容积率	≤3.2			
	建议建筑面积	87.7万m2			
	功能混合比例导引	商业：25%，居住45%，绿地15%，公共管理与公共服务15%			
	建筑首层用途	建议沿街首层提供商业与文娱功能如零售，餐饮等，形成沿街连续商业界面；部分可架空			
生活	人口结构	常住人口共1.2万人			
	社区组织结构	街道办、社区居委会			
	服务设施	新建社区活动中心（2）、老年人活动中心（2）			
空间	空间分布	两条街道（曲街、廊街）			
	建筑高度	建筑高度依据地形从上到下呈递减趋势，在必要的视线通廊上要控制建筑高度；			
	建筑风格	开埠建市风格+现代风貌建筑			
交通	车行组织	增加城市支路			
	公共交通	轻轨5号线支线经过片区，注意地铁站点与用地的接驳，及地铁站周边的用地开发			
	慢行组织	沿解放东西路打造景观大道，完善整体步道，开发特色交通（天桥+凯旋路电梯）			
景观		一条绿脉，一个公园（城墙遗址公园）			
文化		若干商业设施，一个博物馆			

建筑评价

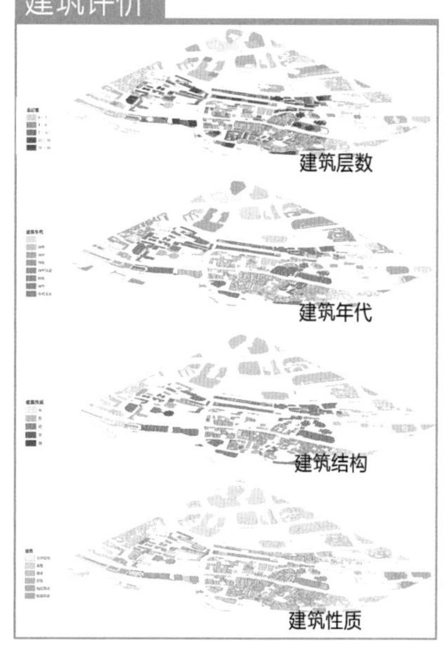

本地块面积 29.7 公顷，位于场地中部，北至新华路、南至滨江路，西邻十八梯，东到文化街；地块特点为悠久文脉，商埠生活；地块定位为文化创意，生活服务。总体城市设计将其定位为生活服务，文化创意。人口规模为 29800 人。落实特色空间要素，根据总体设计要求，重点从文化和生活两个方面来实现地块的原生与秩序。

1. 文化措施

1）评估现状文化资源；2）保护修缮传统文化资源点，复兴濒危文化资源；3）以文物资源点为触媒点带动周边产业发展。

2. 生活措施

1）通过调整人口结构，更新社区组织，重组社区结构；2）通过增加商业设施和公服设施，完善服务设施；3）通过挖掘闲置空间，重塑不同级别的公共空间。

核心问题

核心问题1：文化资源破碎式分布，保护利用不善（文化）

核心问题2：居民公共活动空间缺乏（生活）

总平面图

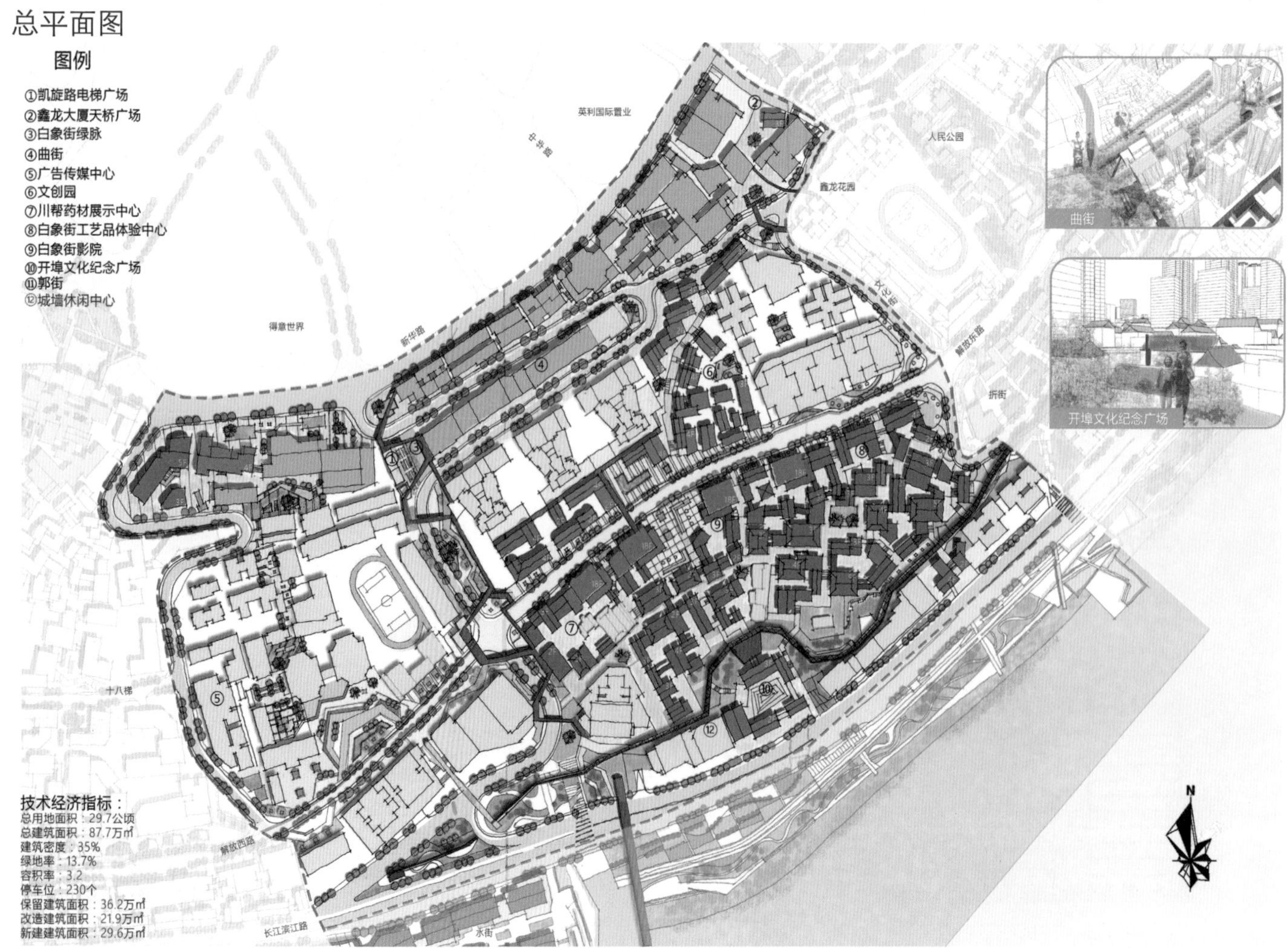

文化措施

以文化资源为触媒点带动周边产业发展

Step1:评估现状文化资源

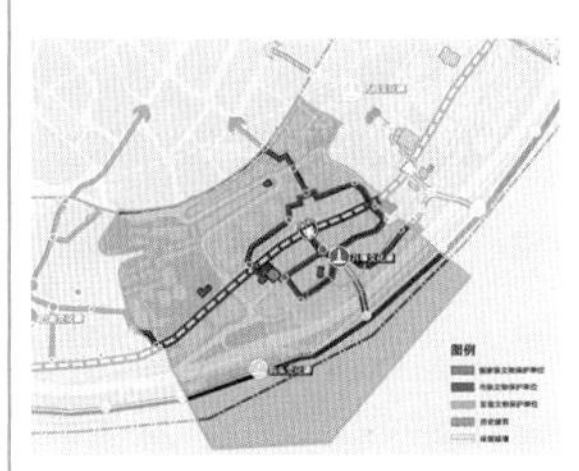

名称	等级	保护程度
东华观藏经楼	市级文物保护单位	较好
药材工会旧址	市级文物保护单位	较好
国民政府军事委员会委员长重庆行营旧址	市级文物保护单位	较好
李耀庭公馆旧址	市级文物保护单位	较好
私立新华小学旧址	历史建筑	一般
人和门城墙	历史遗址	差

Step2:保护修缮传统文化资源点，复兴濒危文化资源

保护措施	等级 保护程度
保护修缮	东华观藏经楼、李耀庭公馆旧址、药材工会旧址、国民政府军事委员会委员长重庆行营旧址
维修改善	私立新华小学旧址
复兴重建	人和门城墙

Step3:以文物资源点为触媒点带动周边产业发展

通过现状文化产业评估，植入商业办公项目、旅游休闲项目、文化创意项目，整合产业结构，丰富产业类型，通过植入居住配套项目与上半城衔接，来培育产业地图。

商业办公项目

旅游休闲项目

文化创意项目

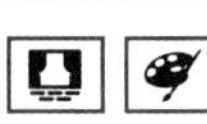

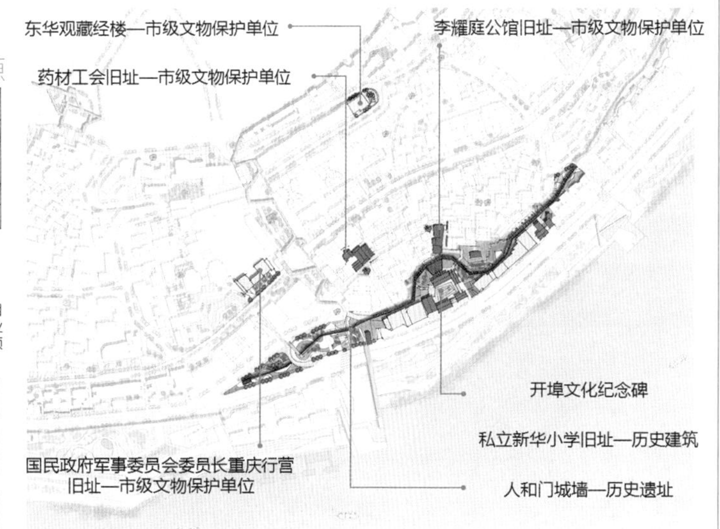

生活措施

Step1:通过调整人口结构，更新社区组织，重组社区结构

■ 调整人口结构

原住居民 | 青年创业人群
外来务工人群 | 中年精英人群

年龄老龄化 → 年龄结构平衡
原住居民与外来务工者为主 → 引入外来精英和创业人群
人群结构单一 → 人群结构平衡

■ 更新社区组织

社区更新模式

完善生活服务设施：完善生活配套设施，更新社区服务单元，提升生活质量

激活文化旅游资源：依托文化资源优势，利用文化触媒，配套相应服务业

社区名称	解西路社区	凯旋路社区
社区性质	居住社区	居住社区+商业社区
现状人口	11800人	11300人
五年后人口参考值	11800人	13000人
规划人口变化趋势	基本不变	增加
规划人口特征	本地居民为主，老龄化严重	本地居民+外来人口为主，青年人占大多数

■ 秩序问题：人口结构失序，公共服务设施组织散乱

社区面积：19.43公顷 现状人口：11300人

社区面积：17.5公顷 规划人口：13000人

凯旋路社区

生活服务社区+文化旅游社区

生活服务社区

解西路社区

社区面积：12.2公顷 规划人口：11800人

社区面积：12.32公顷 现状人口：11800人

Step2:通过增加商业设施和公服设施，完善服务设施

■ 商业设施——曲街

生活服务综合体

餐饮 超市 地产 + 五金 零售 家电

■ 公服设施

公共文化设施　运动健身设施　医疗卫生设施

社区名称		解西路社区	凯旋路社区
商业设施		底商	生活服务综合体——曲街
公共服务设施	公共文化设施	解西路社区服务中心、老年人活动中心	凯旋路社区服务中心、老年人活动中心白象街剧院、白象街文化中心
	运动健身设施	解放西路健身广场	白象街健身广场
	医疗卫生设施	解西路社区卫生服务站	凯旋路社区卫生服务站

Step3:通过挖掘闲置空间，重塑不同级别的公共空间

社区结构示意图

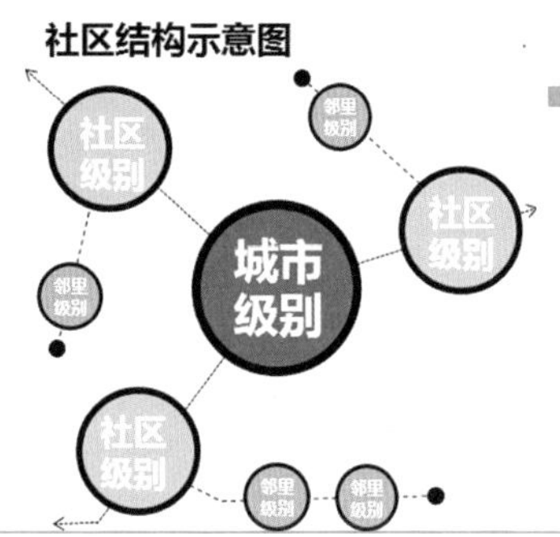

■ 通过挖掘重庆特有生活特色，社区丰富的公共生活，打造城市级别的文化休闲生活之心、城市绿脉、城墙遗址公园；社区级别的交通广场、社区休闲绿地等。

详细城市设计——人民公园更新单元　设计者：欧小丽

本地块面积 25.9 公顷，北接邹容路至解放碑，南至滨江路，地块特点为下城山野，半岛绿心，总体城市设计将其定位为绿色游憩，生态宜居，人口规模为 2.53 万人。

落实特色空间要素，根据总体设计要求，重点从景观和交通方面来实现地块的原生与秩序。

1. 景观措施

1）利用原生景观特色，链接主要景点，连续通江绿脉，营造都市野趣。

2）结合地形高差，嵌和生态本底复合山地海绵，实现生态宜居。

2. 交通措施

1）加密公交轨道站点，形成便捷的交通纽带。

2）激活天桥电梯系统增强纵向联系。

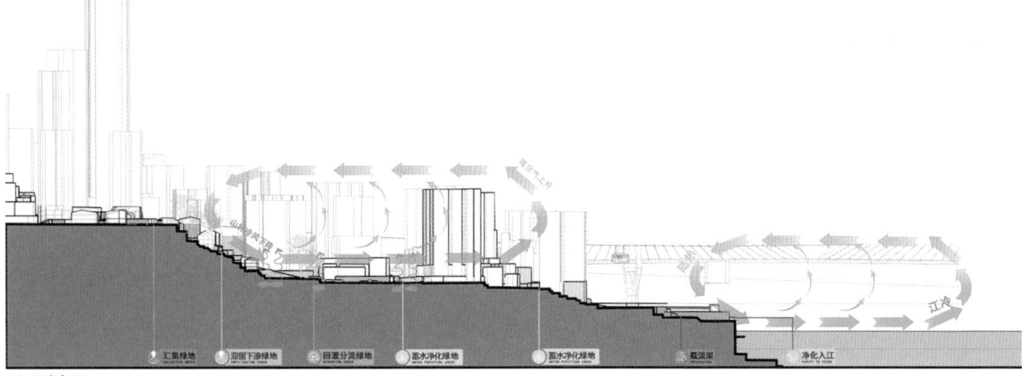

景观剖面

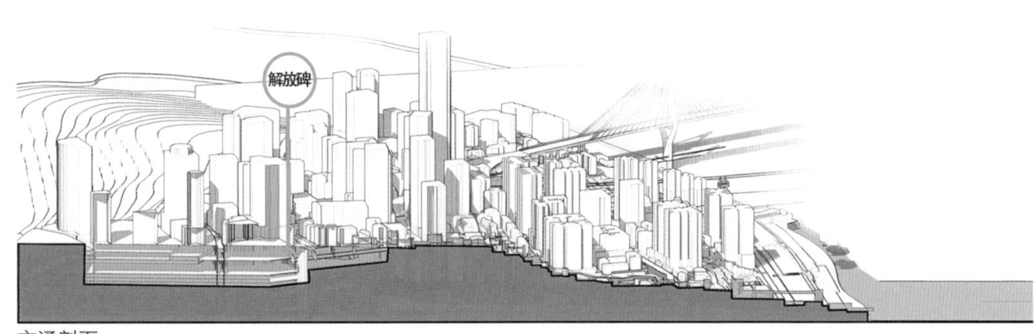

交通剖面

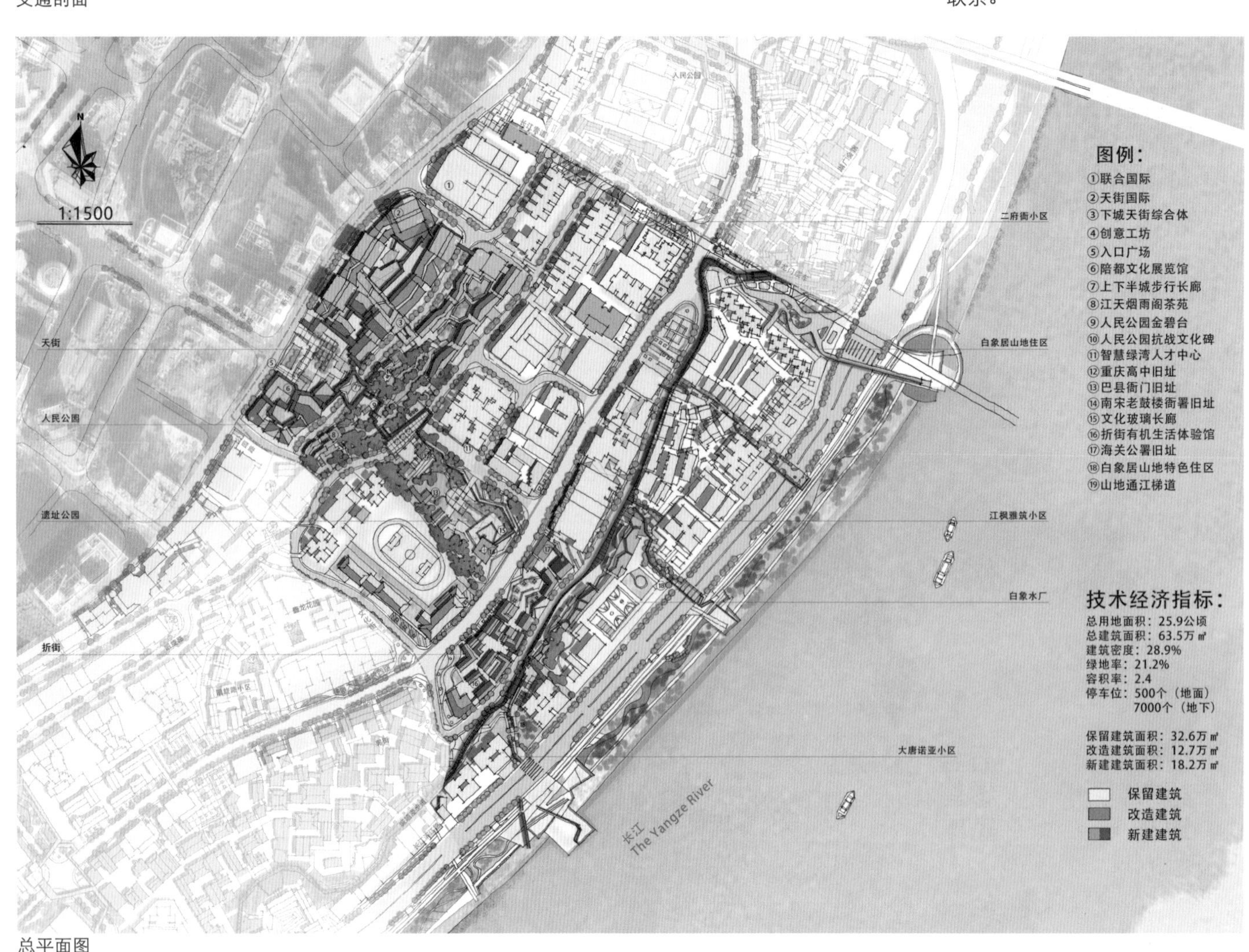

总平面图

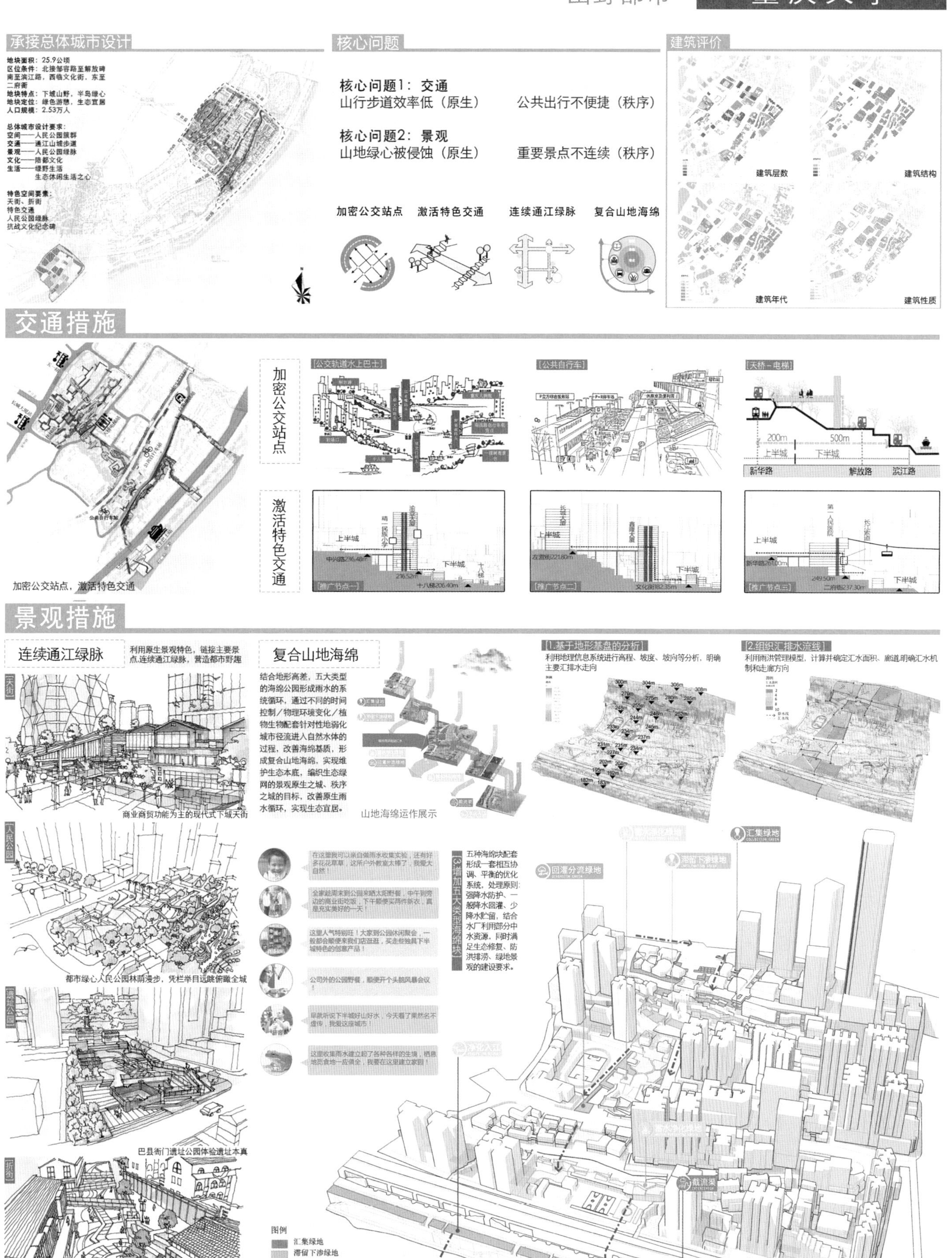
承接总体城市设计
地块面积：25.9公顷
区位条件：北接邹容路至解放碑南至滨江路，西临文化街，东至二府衙
地块特点：下城山野，半岛绿心
地块定位：绿色游憩，生态宜居
人口规模：2.53万人
总体城市设计要求：
空间——人民公园簇群
交通——通江山城步道
景观——人民公园绿脉
文化——陪都文化
生活——绿野生活
生态休闲生活之心
特色空间要素：
天街、折街
特色交通
人民公园绿脉
抗战文化纪念碑
核心问题
核心问题1：交通
山行步道效率低（原生）
公共出行不便捷（秩序）
核心问题2：景观
山地绿心被侵蚀（原生）
重要景点不连续（秩序）
加密公交站点
激活特色交通
连续通江绿脉
复合山地海绵
建筑评价
建筑层数
建筑结构
建筑年代
建筑性质
交通措施
加密公交站点，激活特色交通
加密公交站点
[公交轨道水上巴士]
[公共自行车]
[天桥-电梯]
200m
500m
上半城
下半城
新华路
解放路
滨江路
激活特色交通
上半城
下半城
[推广节点一]
[推广节点二]
[推广节点三]
景观措施
连续通江绿脉
利用原生景观特色，链接主要景点,连续通江绿脉，营造都市野趣
[天街]
商业商贸功能为主的现代式下城天街
[人民公园]
都市绿心人民公园林荫漫步，凭栏举目远眺俯瞰全城
[遗址公园]
巴县衙门遗址公园体验遗址本真
[折街]
白象折街有机生活中心，体验山巷原味
复合山地海绵
结合地形高差，五大类型的海绵公园形成雨水的系统循环，通过不同的时间控制/物理环境变化/植物生物配套针对性地弱化城市径流进入自然水体的过程，改善海绵基质，形成复合山地海绵，实现维护生态本底，编织生态绿网的景观原生之城、秩序之城的目标，改善原生雨水循环，实现生态宜居。
山地海绵运作展示
[1.基于地形基盘的分析]
利用地理信息系统进行高程、坡度、坡向等分析，明确主要汇排水走向
[2.组织汇排水流线]
利用雨洪管理模型，计算并确定汇水面积、廊道,明确汇水机制和走廊方向
3.增加五大类型海绵块
五种海绵块配套形成一套相互协调、平衡的优化系统，处理原则：强降水防护、一般降水回灌、少降水贮留，结合水厂利用部分中水资源，同时满足生态修复、防洪排涝、绿地景观的建设要求。
汇集绿地
回灌分流绿地
滞留下渗绿地
蓄水净化绿地
截流渠
图例
汇集绿地
滞留下渗绿地
蓄水净化绿地
回灌分流绿地
截流渠
雨水流向
人民公园绿脉山地海绵块

详细城市设计——湖广会馆更新单元　设计者：李伟

承接总体城市设计和五大系统策略，湖广会馆更新单元是以湖广会馆历史建筑群为主要依托的地块，拥有着丰富厚重的历史文化遗存，包括湖广会馆、长江索道、古城墙遗址、望龙门缆车等。虽然文化景观资源较多，但存在文物资源利用低，重要文物不连续，传统空间肌理消逝，公共空间缺乏等问题。本设计主要通过空间与文化层面的整合与更新，实现文化生活，进而为实现下半城生活的重构提供可能。

(1) 空间层面：保留已拆除群落的主要路径，沿用传统肌理，打造依附于场地原生山地地形的“坡街”、“院街”。

(2) 文化层面：评估现有文化资源，改善现状利用并加入欠缺的功能，最后植入文化活动，形成三条文化旅游线路。

空间定位	交通定位	景观定位	文化定位	生活定位
两街 坡街、院街 一簇 湖广簇群	特色交通展示带	湖广会馆 绿脉	旅游服务平台 移民文化展示	旅游生活 公共服务

现状梳理

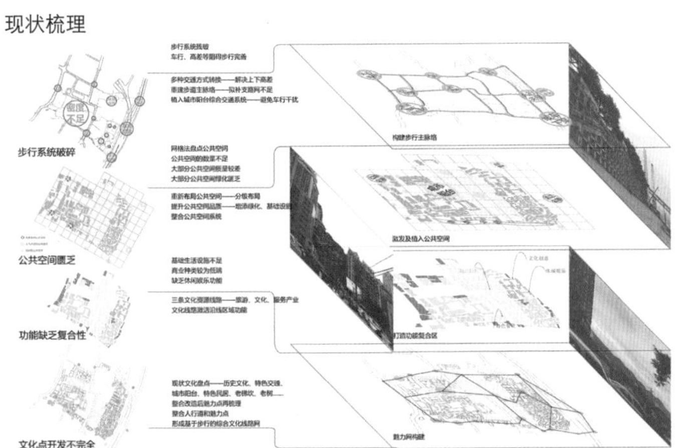

节点展示

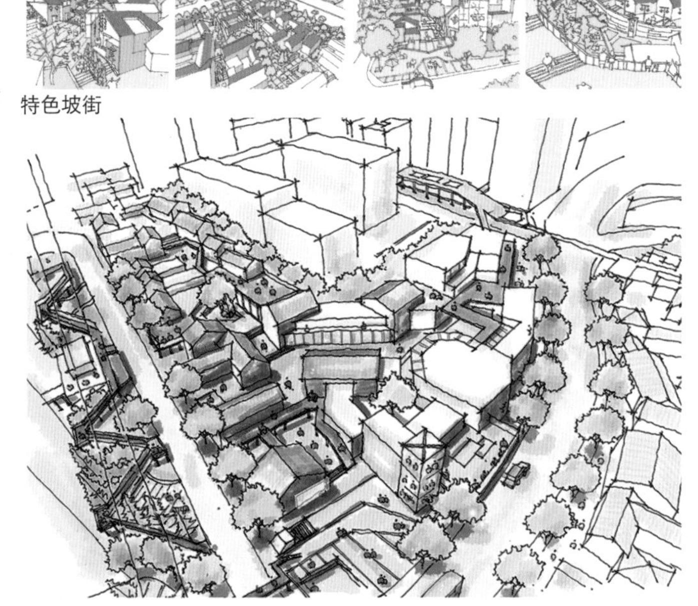

特色坡街

湖广会馆更新单元总平面图

湖广会馆更新单元总体鸟瞰图

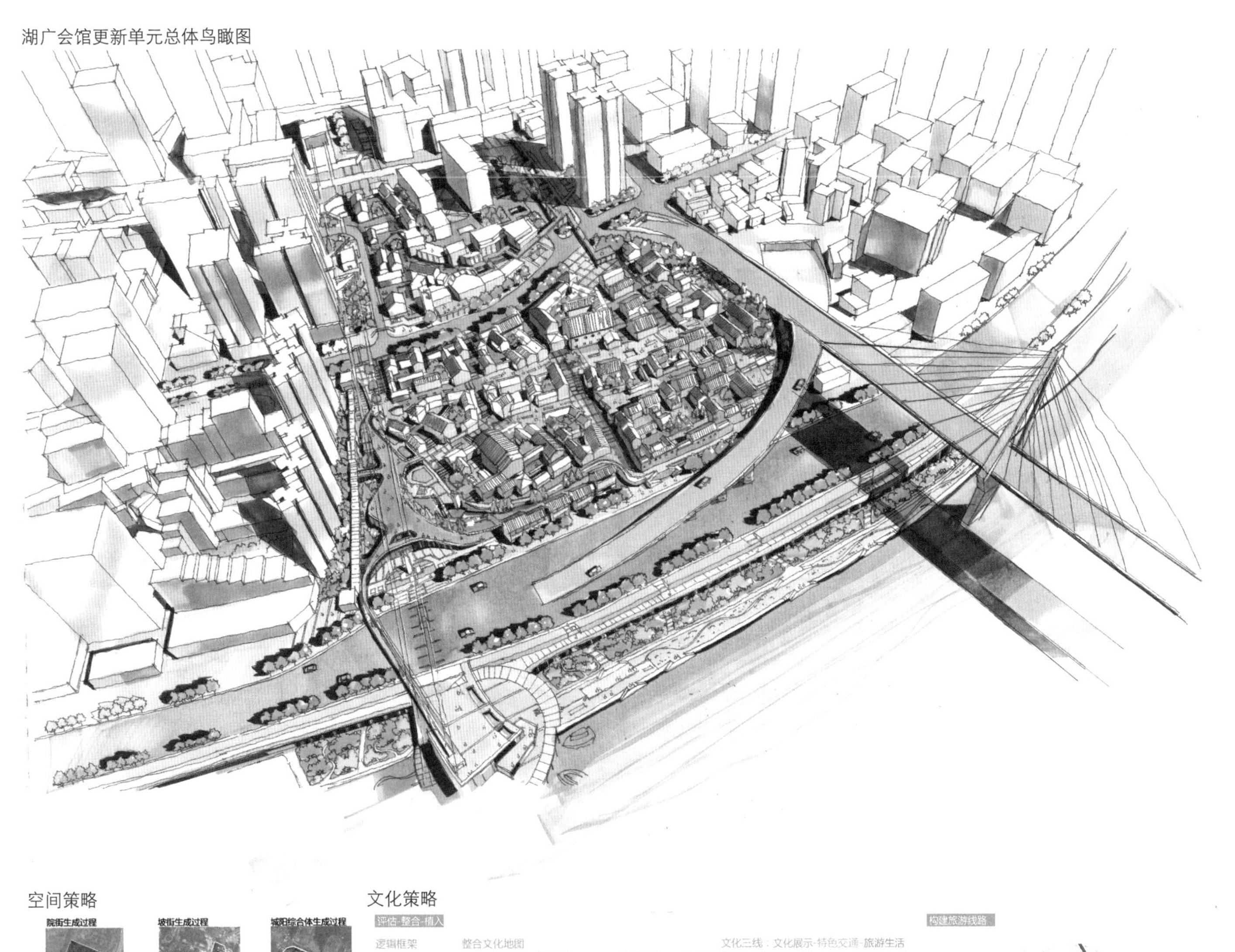

空间策略

文化策略

名称	级别	类别	完整性	识别性	资源评价	保护更新导则
湖广会馆	国家级保护单位	公共展览类	高	高	现存建筑16幢。下半城历史资源的标识，资源价值高，规模大，与周边建筑风格冲突，环境待改善。	文化资源保护的核心，应定时修缮更新，周边划定为历史风貌协调区并引入多样化活动
长江索道	区级保护单位	特色交通类	较高	高	现存建筑1幢。城市名片，客运与观光的结合，资源价值高，现有设施老旧化	城市名片与标志，应提升索道沿线景观品质，并从多视点控制视线。
古城墙遗址	国家级保护单位	旅游生活类	低	高	现存城墙1条。重庆的历史和文化承载，资源潜力价值高，目前处于废置状态。	复兴城墙，沿线植入绿化与广场，将城墙公共化与景观化
望龙门缆车	市级保护单位	特色交通类	低	高	现存缆车线1条。重庆的特色交通的标识，资源潜力价值高，目前处废置状态。	复兴缆车，结合缆车沿线打造景观带
谢家大院	市级保护单位	旅游生活类	较高	较高	现存建筑7幢。谢子号私人公馆，资源价值较高，周边环境待改善。	改善周边环境，使之公共化，提高辨识度。
地方委员会旧址	市级保护单位	旅游生活类	高	较高	现存建筑1幢。重庆地方委员会旧址，已修缮更新，但标志性差，引导性低	改善周边环境，提升可达性与辨识度
胡子昂故居	区级保护单位	旅游生活类	较高	较高	现存建筑1幢。名人故居，已修缮更新，但标志性不强。	改善周边环境，使之公共化，提高辨识度。
下洪学巷客栈	区级保护单位	旅游生活类	较高	较高	现存建筑4幢。明清风格客栈，已修缮更新，目前为未开放状态。	市场主导，政府引导，功能复合。

场地剖面

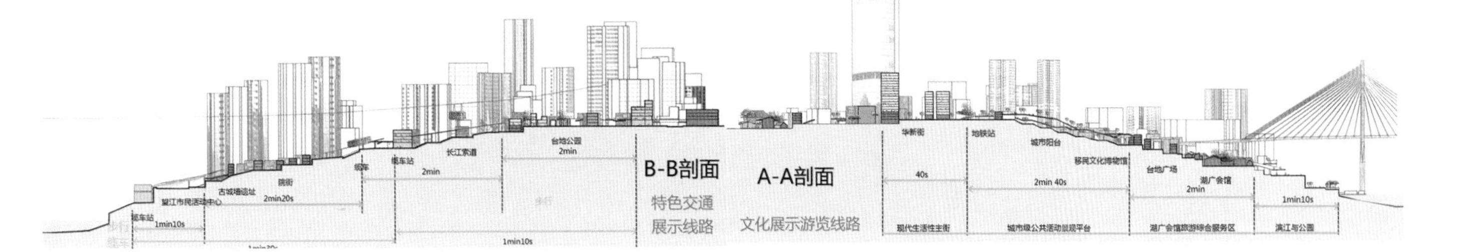

详细城市设计——林荫大道更新单元　设计者：张岚珂

1. 激活五大核心区——通过打造十八梯文创园区段、社区公园段、白象街文化商业街段、巴县衙门公园段、湖光会馆段五段主题街道，优化林荫大道结构，并串接起五大更新单元。使街道重新焕发出活力。同时，赋予街道更多的功能属性，使道路属性更加多元协调。以此激发带动沿线五大核心功能区，使街道生活更好的融入社区中去。

2. 优化现状交通——对道路断面重新设计，并以此加入游览巴士观光线路，使下半城的游览线路更加多元。同时，增加自行车骑行线，运动生活线等线路，复合道路功能，使道路承载功能增加，并对人行过街、交通设施等进行具体设计。

3. 串联通江绿脉——通过节点设计，串接四条绿脉。上位规划的四条通江绿脉均穿过林荫大道。林荫大道起到了串接绿脉的重要作用。将林荫大道上的节点公园重新激活设计，并引入海绵生态体系。通过节点的完善，激发林荫大道的生态属性，使通江四脉更加顺畅。设计文创园街边公园、特色口袋公园、社区公园、坡地公园、巴县衙门公园、口袋公园等多个沿线公园，打造林荫大道的街道名片和符号。

4. 带动沿线生活——通过对沿线的界面更新设计来带动片区的街道生活。对周边业态进行更新设计，更好地完善服务设施，激发街道活力。同时对街道景观进行更新设计。设计座椅、花池等景观小品，完善街道周边景观品质，使街道的停留性增加，吸引更多的人群，焕发街道活力。

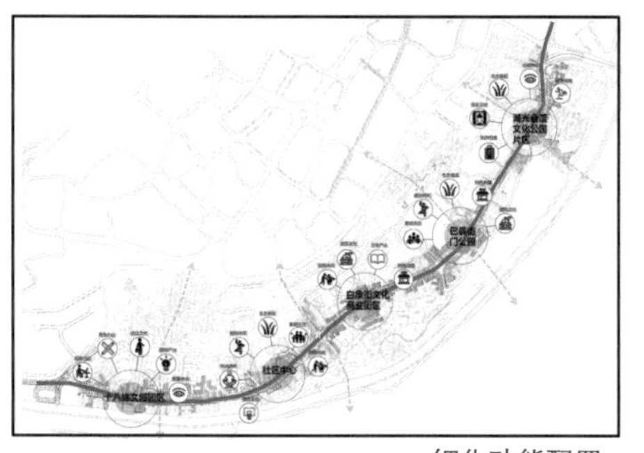

细化功能配置

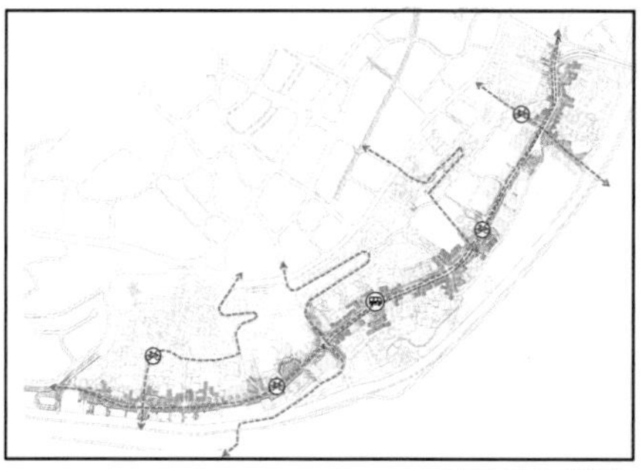

新增特色线路

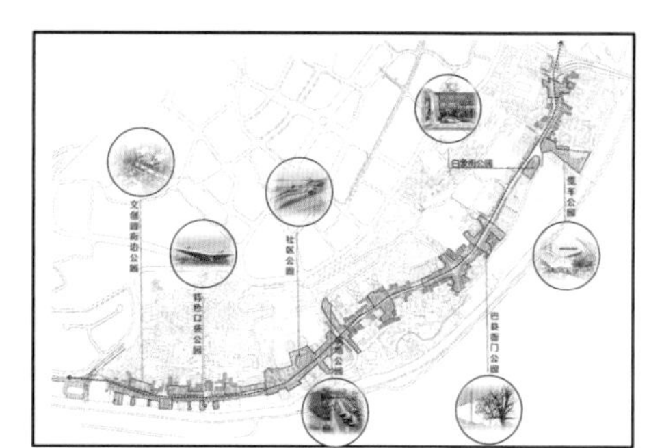

设计沿线公园

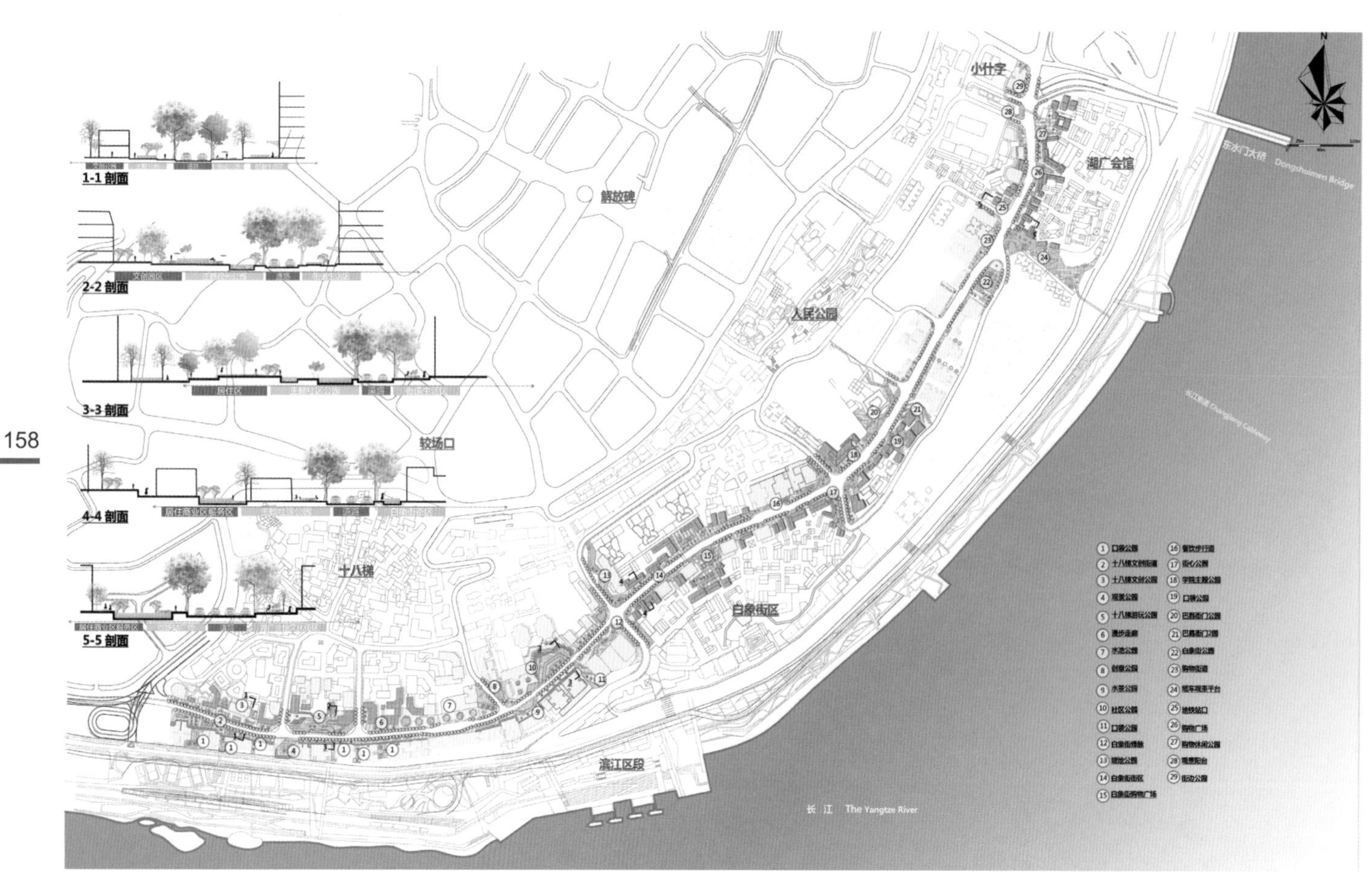

总平面图

底商更新示意

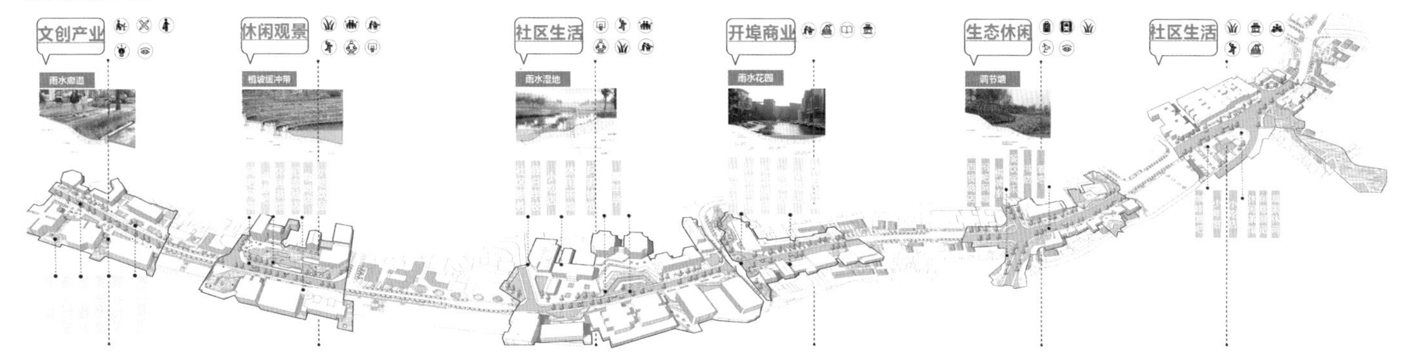

设计手法

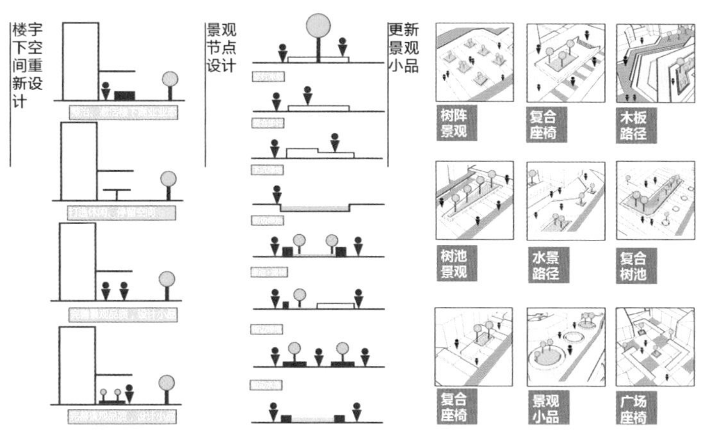

海绵生态示意

解放西路社区公园

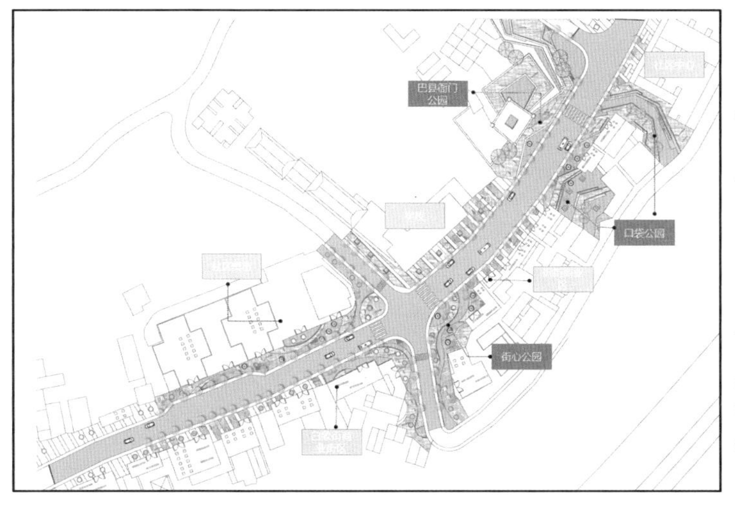

白象街至巴县衙门段

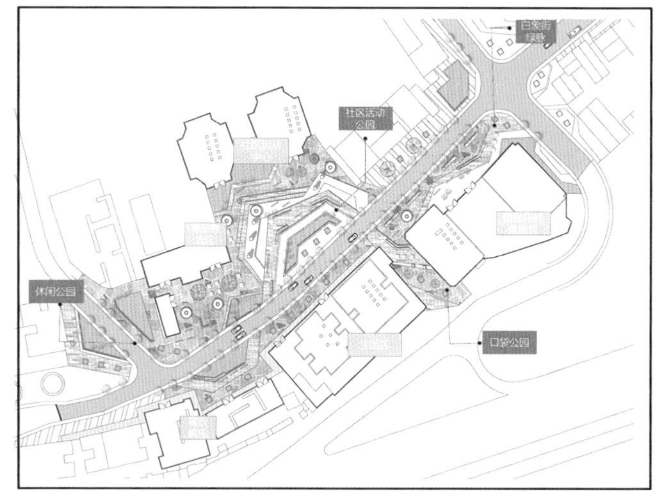

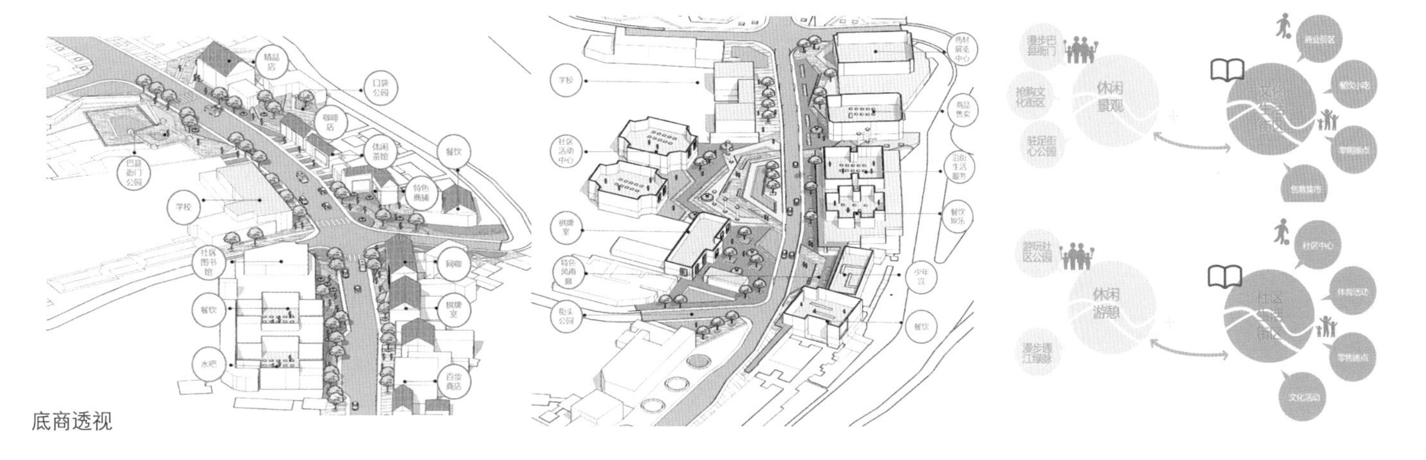

底商透视

详细城市设计——滨江更新单元 设计者：何博

滨江更新单元，位于渝中半岛南部，长江北岸，岸线总长 2.5 公里。场地承接通江四脉、水街等总体设计要素，需修复生态，传承码头文化。总规要求该地块需通过修复生态，观光休闲带，社区公园，码头城墙文化展示，通江绿脉重要节点打造等方面的构建来实现原生之城，秩序之城和山野都市的愿景。根据总体城市设计要求、核心问题提炼，为构建山野都市，提出了以下四点措施：衔接通江绿脉、复兴码头文化、修复滨江生态、激活沿线生活。

1. 衔接通江绿脉：分别打造四大主题片区，在功能结构上与四条绿脉相衔接。
2. 复兴码头文化：通过重点要素的串联激活，来打造城市级的休闲码头。具体，结合码头舞台和水街等空间，植入文化餐饮等产业，形成具有下半城文化、生活地域性原生特色的休闲码头。
3. 修复滨江生态：分别打造三种驳岸以整合岸线资源。
4. 激活沿线生活：就近结合社区，完善功能，形成一带四脉四心空间结构。

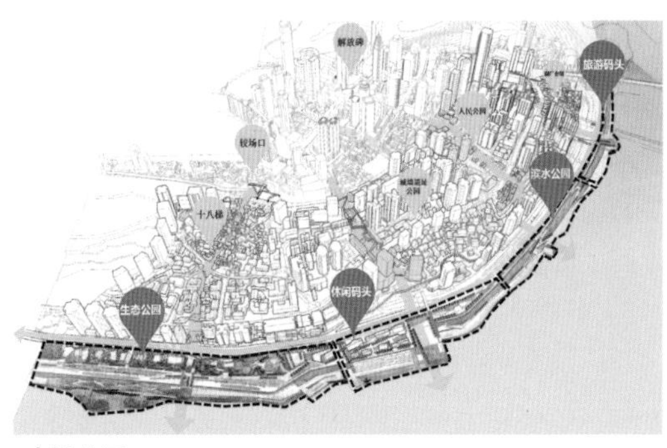

功能分区

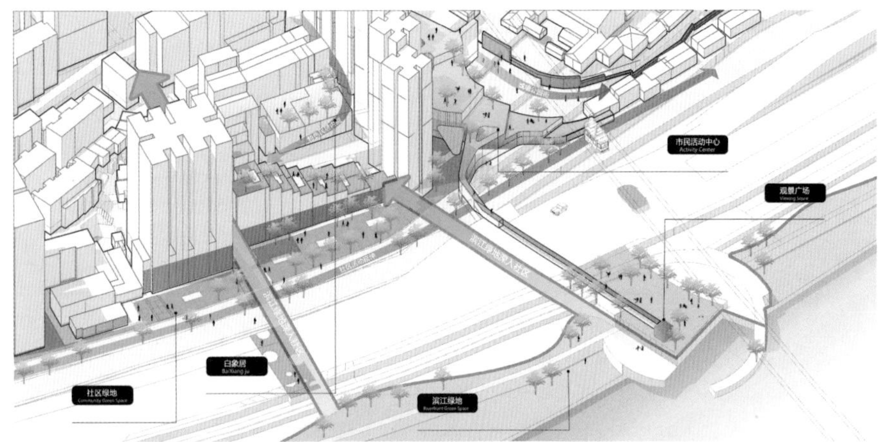

滨江公园深入社区

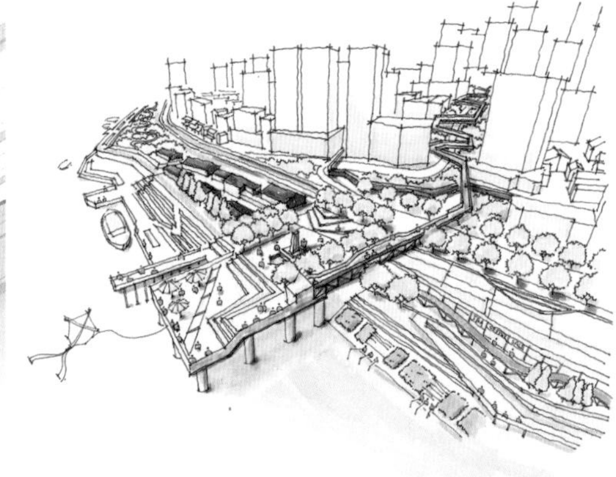
码头公园

总平面图

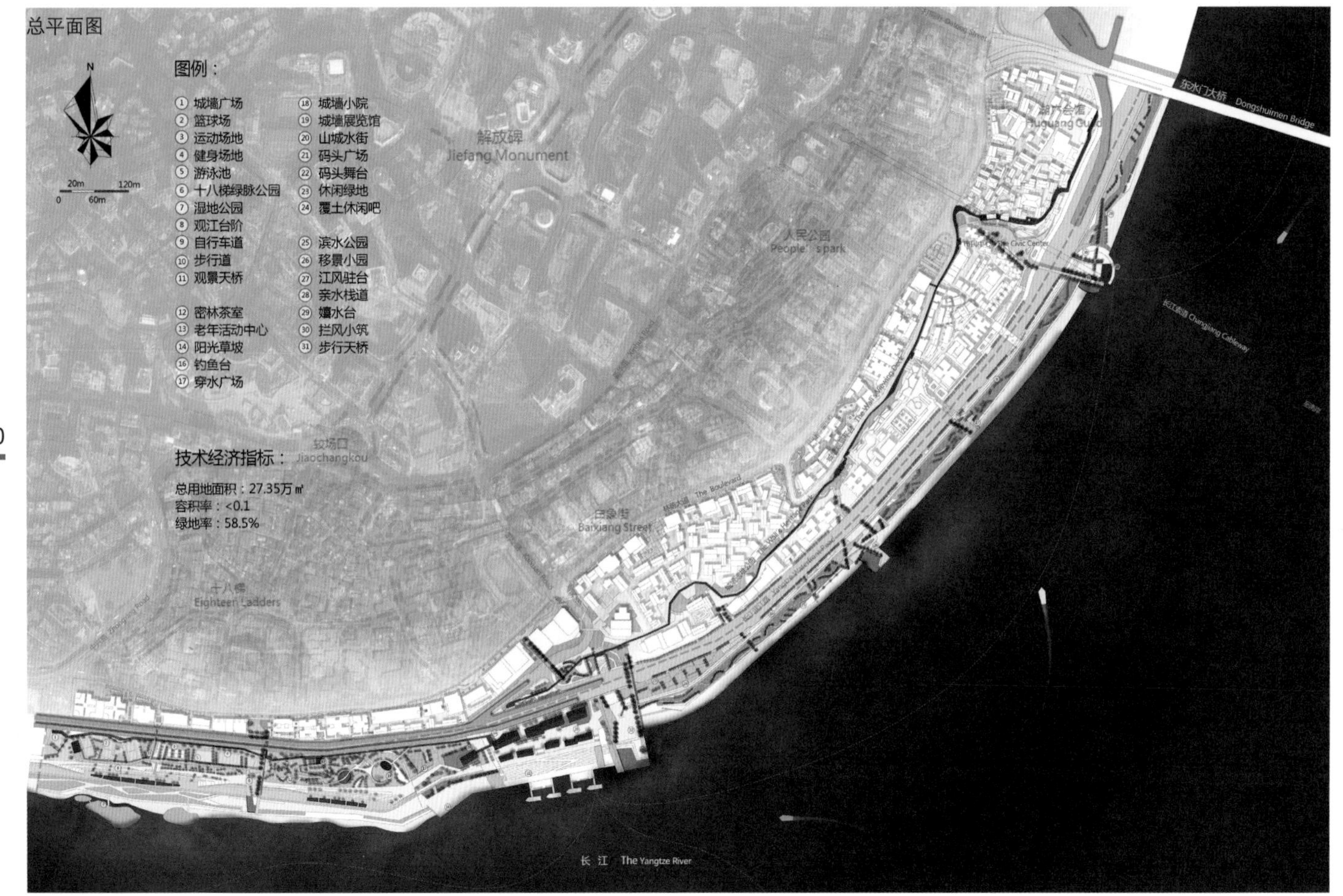

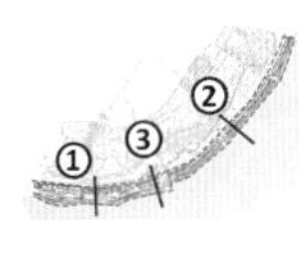

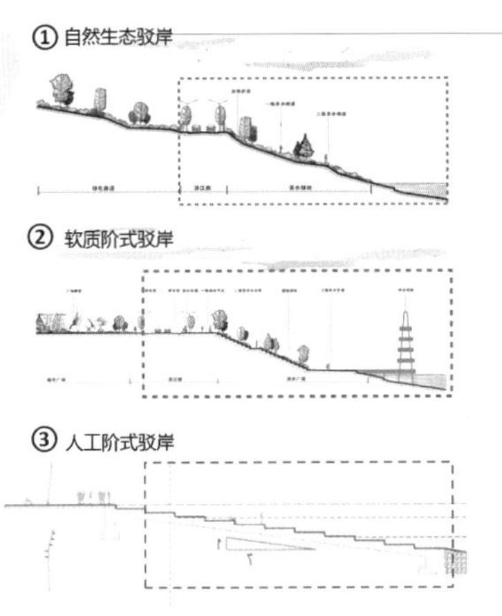

根据不同驳岸处理，进行消落带的处理，如自然生态驳岸，主要在现有滩涂上种植、固定耐淹植被，形成湿地景观，在保育水土的同时，体现滨河岸线的景观性。

消落带处理

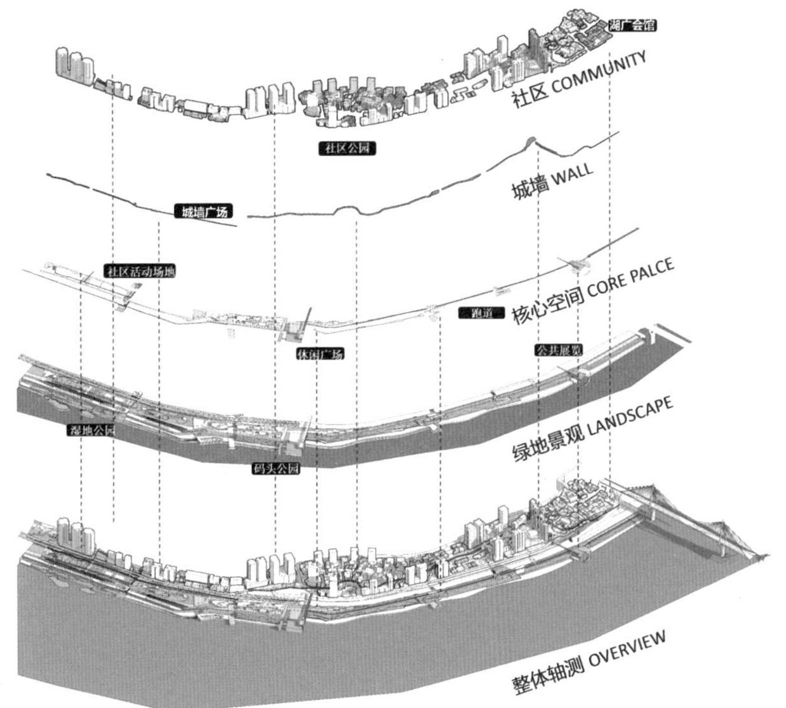

社区舞台

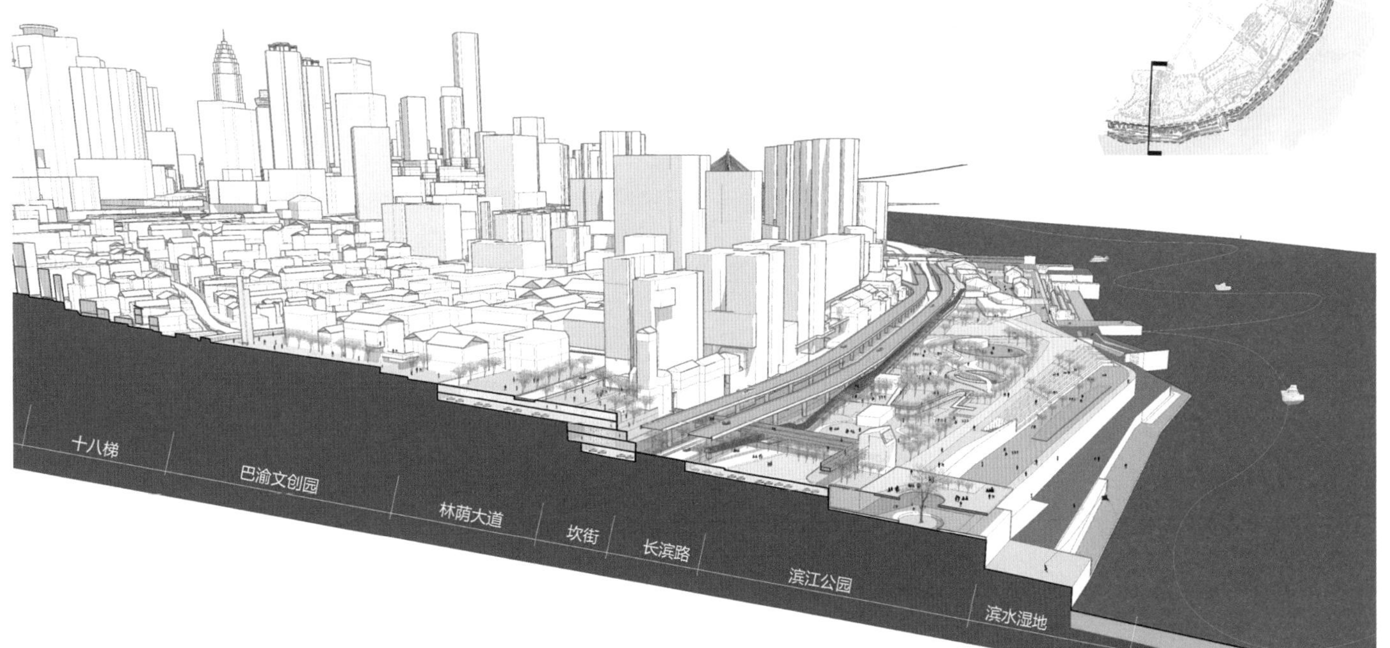

十八梯绿脉剖面图

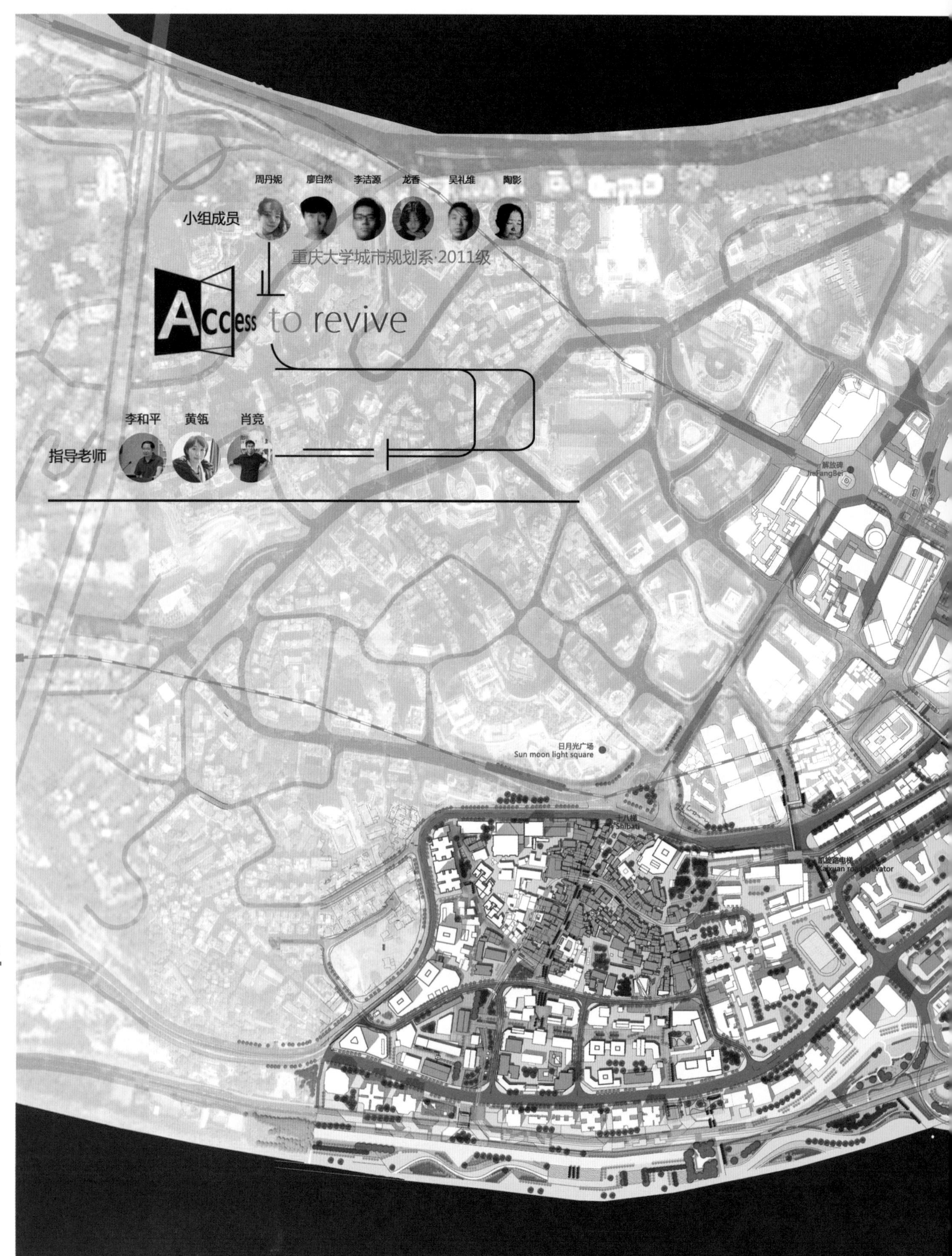
小组成员
周丹妮
廖自然
李洁源
龙香
吴礼维
陶影
重庆大学城市规划系·2011级
Access to revive
指导老师
李和平
黄瓴
肖竞
解放碑
JieFangBei
日月光广场
Sun moon light square
十八梯
Shibati
凯旋路电梯

N

0 20 60 300 500 m

罗汉寺
Arhat temple

湖广会馆
Huguang guild hall of chongqing

人民公园
People park

东水门码头
Dongshuimen pier

太平门码头
Taiping pier

储奇门码头
Chuqimen pier

课题解读

PROJECT INTERPRETATION

本次设计的主题是“通路”。我们之所以关注并且采用这个概念，是因为通过我们对于场地的详细调研和分析，我们深刻地认识到场地的问题并不是资源缺乏或是文脉衰落，而是历史与发展之间联系与纽带的断裂。因此，我们着力于通过处理文化、生活、产业三条具体的空间上的通路，使得其最终合并成一条沟通历史资源与下半城发展契机的纽带，让下半城的复兴能以空间为载体，继承过往的历史与资源，通向繁荣与和谐的明天。

图例

空中缆车线

地面缆车线

电梯

1 背景解读

渝中是重庆发展演变的“母城”，3000 年江州城、800 年重庆府、100 年解放碑，积淀了巴渝文化、抗战文化、红岩精神等厚重的人文底蕴，孕育了重庆的“根”和“源”，浓缩了山城、江城、不夜城的精华。渝中区同时也是重庆的金融、商贸和文化中心。

本次设计的地区——下半城片区占地 120 公顷，辖 10 个社区（属 2 个街道），是渝中半岛东部门户，背靠半岛山脊、依傍长江、远眺南山，紧邻解放碑中央商务区，具有核心的区位条件和优越的山水地貌。片区内拥有大量的历史文化资源，共有国家级文保单位 6 处、市级文保单位 10 处、区级文保单位 2 处，形成深厚文化底蕴，是重庆母城中的母城。由于下半城地区历史建成环境较密集，长期以来未经过大规模改造更新，近年来愈发呈现衰落、破败之势。

第一层面 10 平方公里
重庆中央商务区

解放碑CBD
江北嘴CBD
弹子石CBD

第二层面 3.5 平方公里
解放碑CBD

上半城
下半城

第三层面 1.2 平方公里
本次规划设计用地

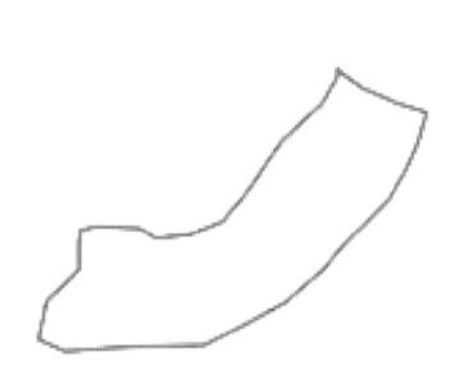

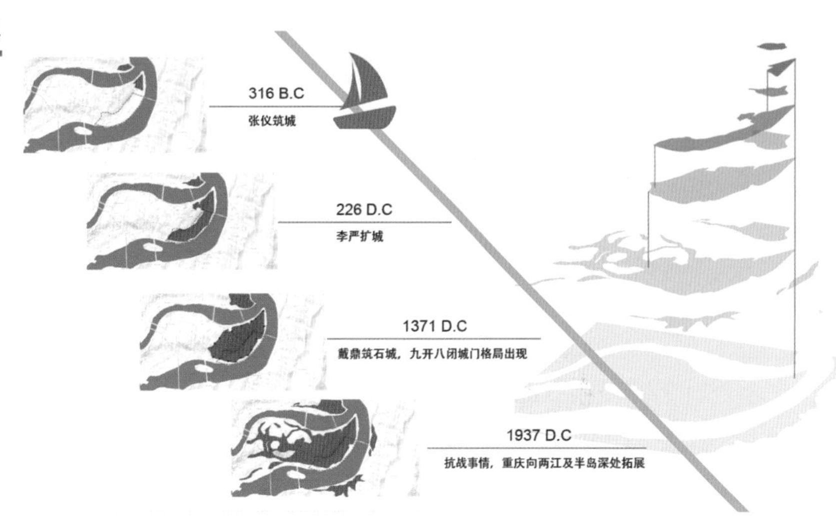

根据文献资料所得，重庆下半城有着 2000 多年的悠久历史，经历过开埠、移民、陪都等重大变迁。城市格局不断由江边向内陆发展。同时沉淀了独特的文化，留下了“九开八闭”的城门格局、民国建筑等历史文化遗产。

曾经作为中心的下半城在经历了从繁盛到衰落的过程后，在渝中区新一轮城市结构调整过程中，获得了一个历史性的机遇。不论是作为国家中心城市的重庆市，还是重庆核心圈层的渝中区都对下半城的未来发展给予了支持。

通过对场地的实地调研，我们发现下半城的问题可以总结为三个方面：即，经济衰退、文化消逝和生活闭塞。而这三方面又共同反映了上下半城之间的割裂，及资源与利用的脱节。

在我们正陶醉在下半城历史繁盛的时候，猛一回头，船已到岸，却只留下了一堆失落的城市背影。

城市衰落了，人还奋斗着；房子倒下了，人的希望依然坚守着，都在等待着我们的回应。

一片土地，一种期待，一处念想，一绪思愁。不变的是城市发展的渴望，崭新的是故土延续的记忆。

1.1 问题导入

通过对场地的实地调研，我们发现下半城的问题可以总结为三个方面：即，经济衰退、文化消逝和生活闭塞。而这三方面又共同反映了上下半城之间的割裂，及资源与利用的脱节。

为此，构建了如下的工作技术路线。即分为调研梳理、策略结构、总体设计、详细城市设计四个阶段来逐步深入我们的设计，以期完成母城复兴的目标。

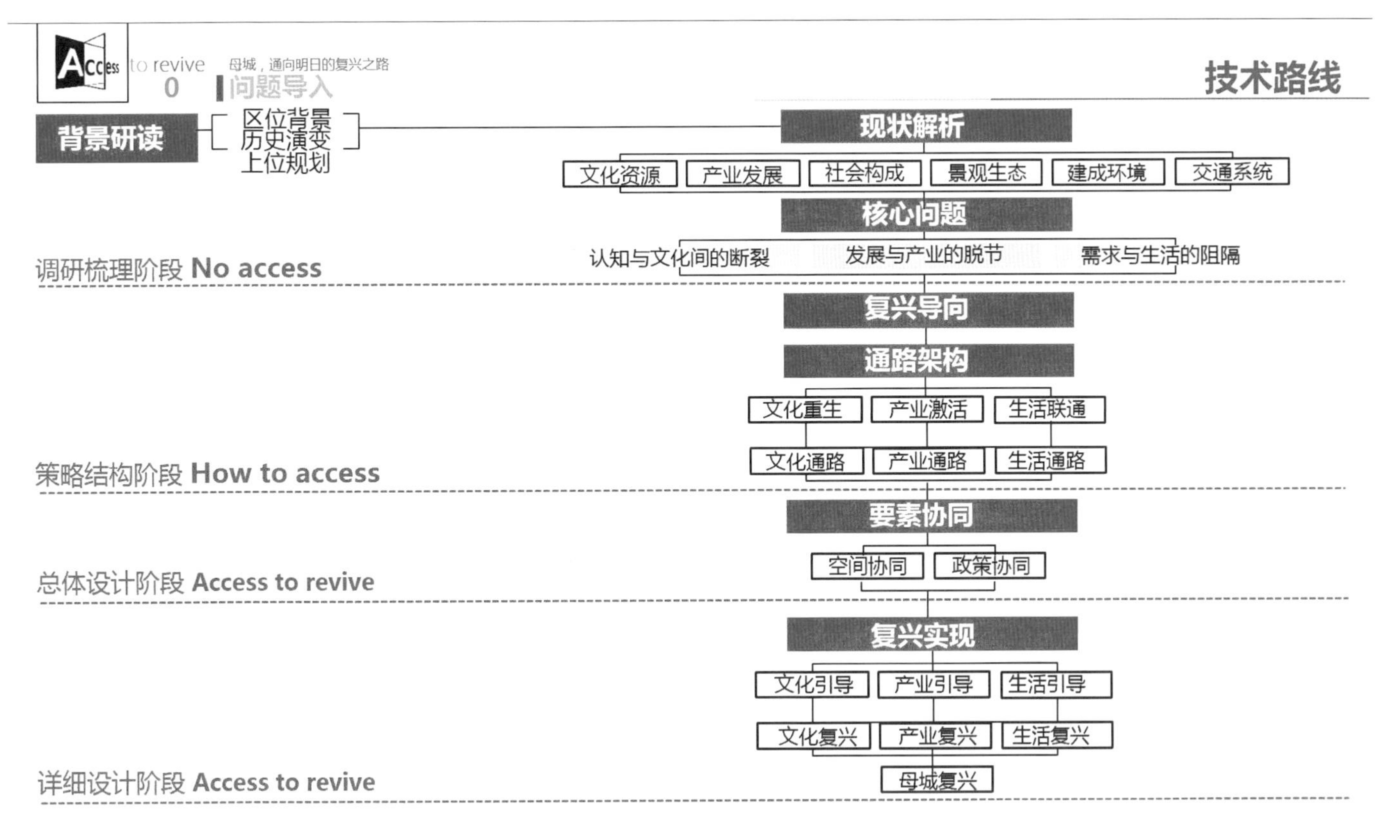

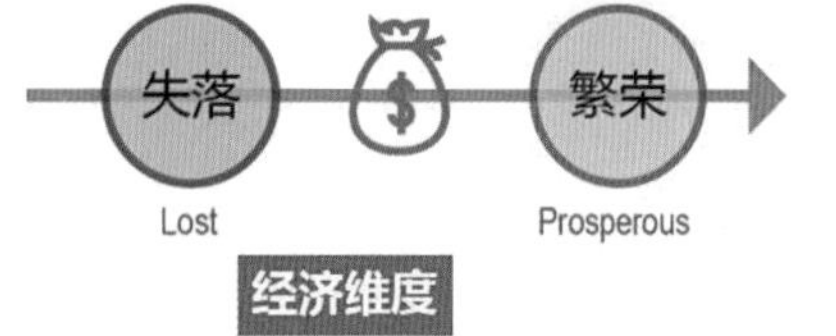

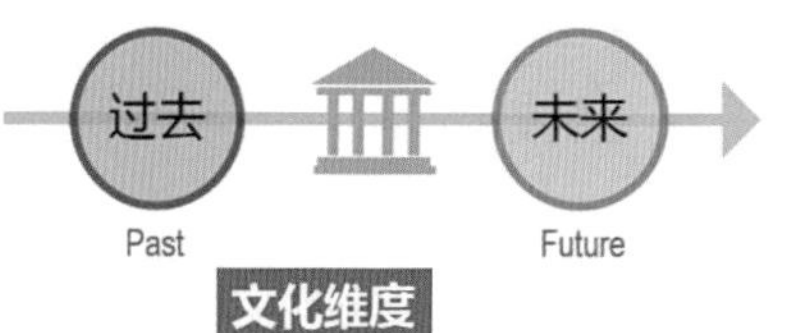

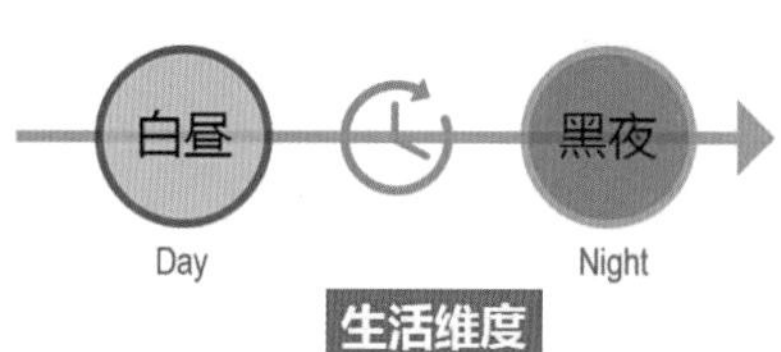

Access 通路的要素

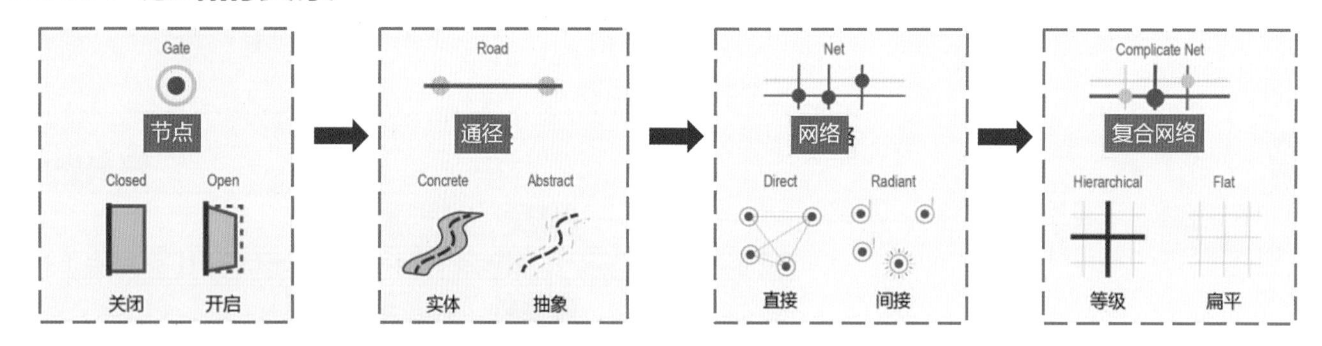

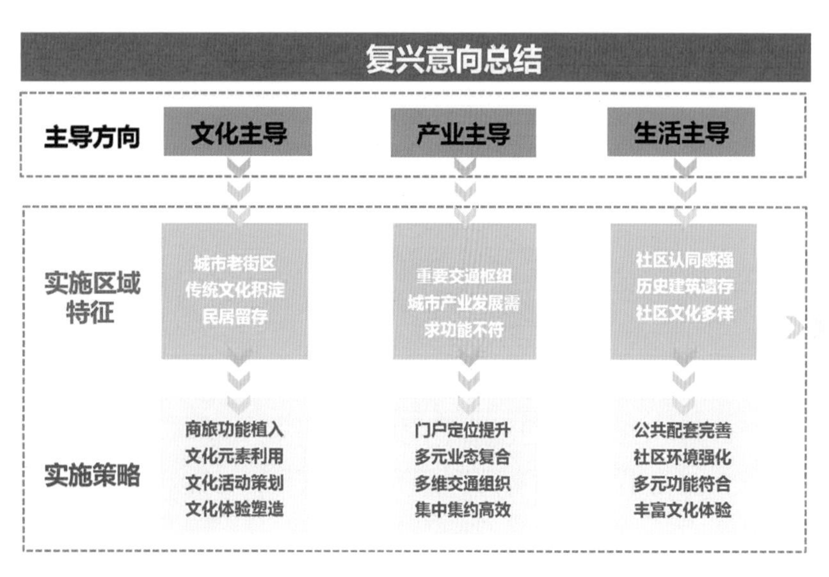

1.2 概念阐释

因此，我们借“access”通路，也即是方法的概念，通过重新弥补发展与产业，文化与认知，需求与生活之间的断裂，实现资源与利用的合理连接，重塑通路，以便最终通向母城明日的复兴之路。

这样的通路，具有经济、文化和生活等多个维度。同时其也将从节点、通径到网络和最终的复合网络在各个层面发挥作用。

2 基地分析

（1）产业现状：产业结构老化，以传统批发业为主。区位优势明显，与周边产业脱节。

（2）人口现状：人口密度大，人口老龄化。流动人口多，受教育水平偏低，人均收入低。

（3）公共服务设施现状： 公共服务设施基本覆盖，但设施老旧。

（4）历史文化资源现状 ： 历史文化资源丰富，但受到现代城市发展的冲击，文物保护现状差，开发利用率低。

（5）土地利用现状：用地状况复杂，以居住用地为主，部分用地待拆迁。

（6）建成环境现状：建筑密度大，凯旋路、白象居片区高层密集。建筑老旧，建筑风貌多样。

（7）交通系统现状：车行道路呈现出“三横三纵”的体系，慢行系统纵向联系差，公共交通站点密度低。

（8）绿地景观现状：滨江资源利用率低，视线受阻，滨江通道被滨江快速路阻断。人民公园作为城市级公园可达性差。

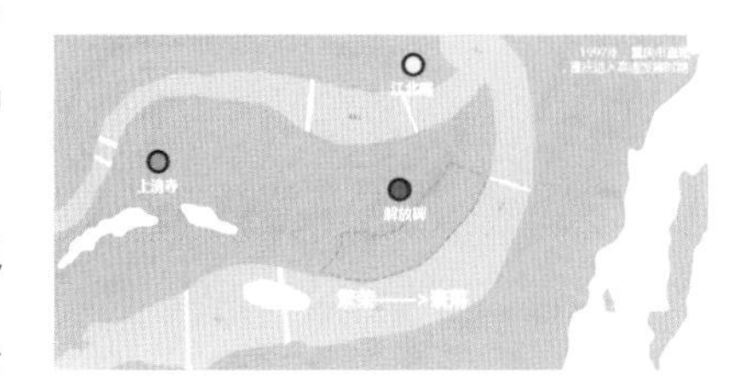

半岛核心地段，区位优势明显

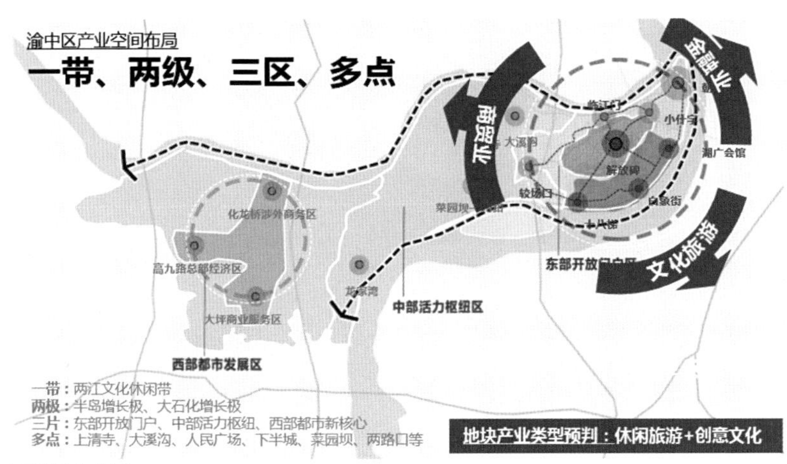

区域产业分析

场地产业分析

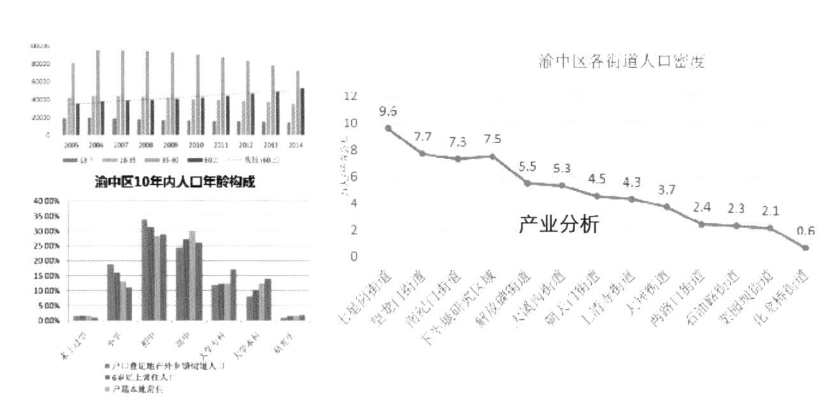

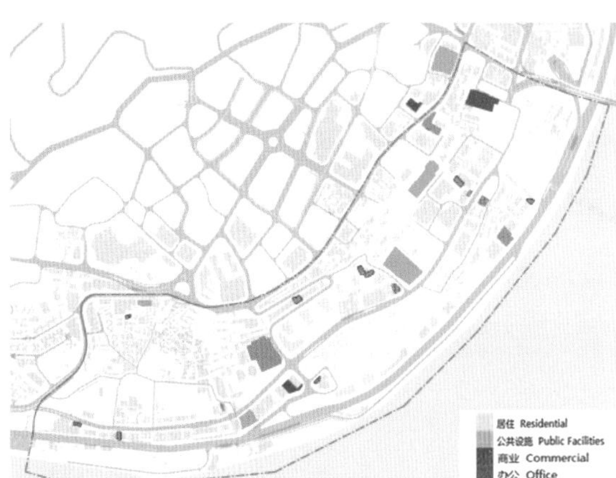

人口分析

公共服务设施

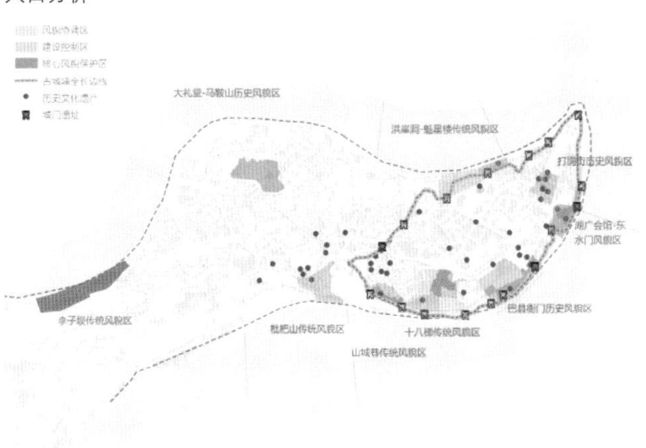

周边历史文化资源

内部历史文化资源

土地利用分析

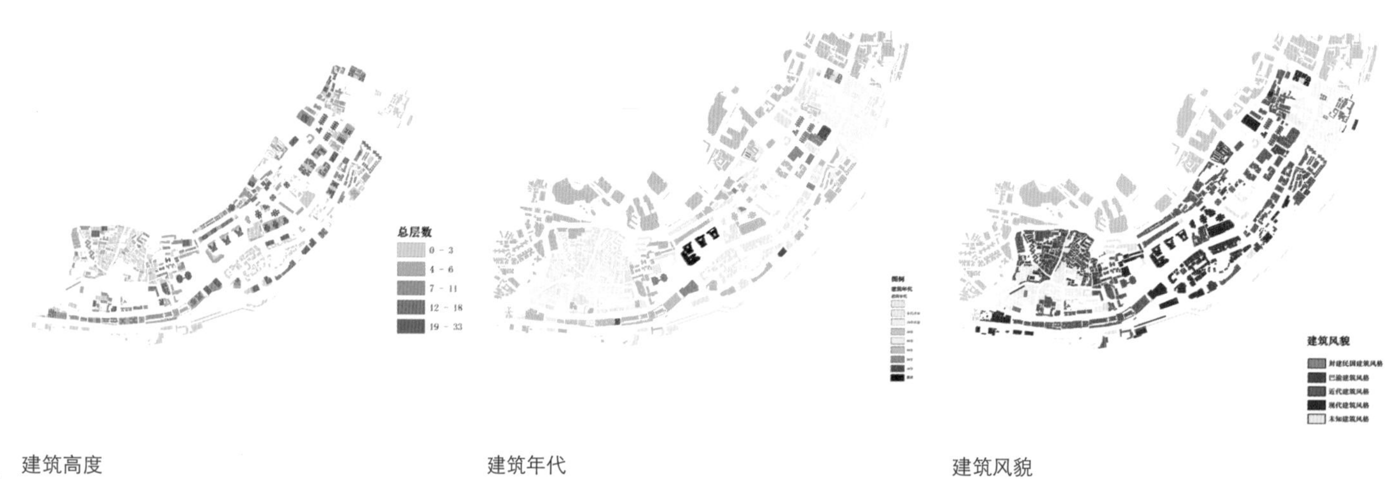

建筑高度　　建筑年代　　建筑风貌

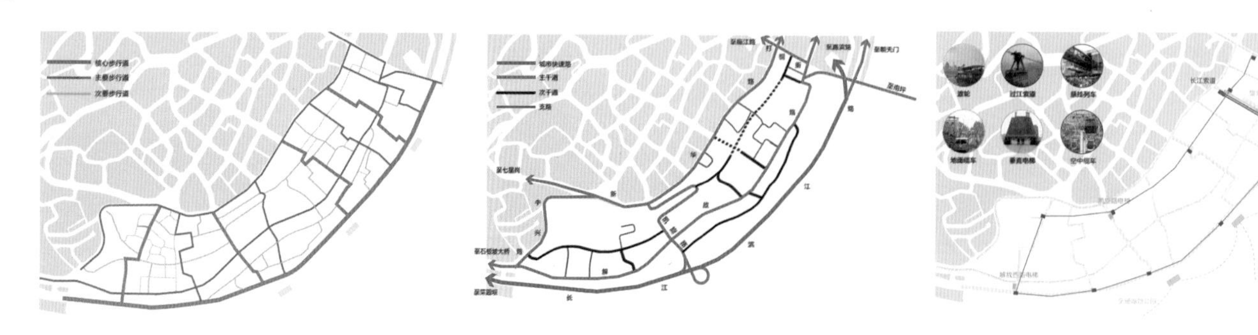

慢行交通　　机动交通　　特色交通

3 通路架构——概念策略阐述

设计通过构建产业、文化、生活三个通路，并用节点 - 通径 - 网络的分析设计手段来解决三个核心问题进而形成我们设计的产业结构、文化结构、生活结构。

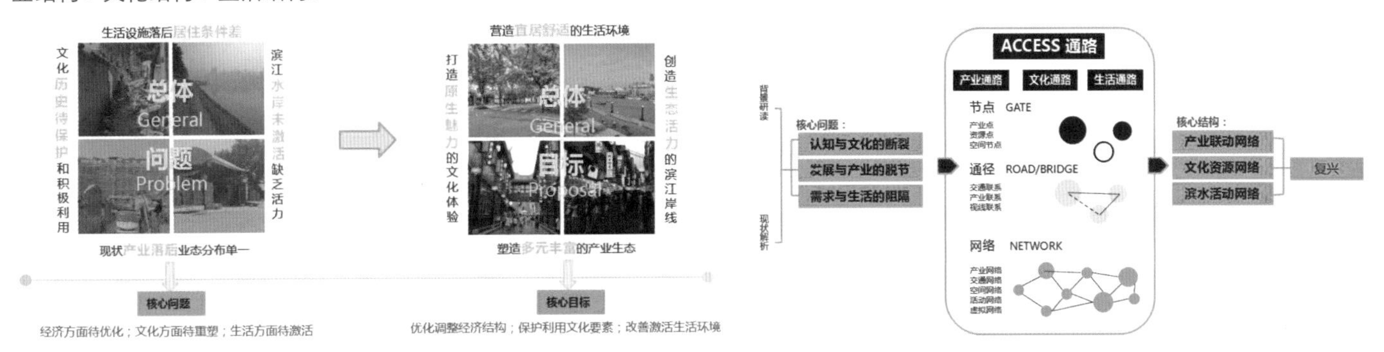

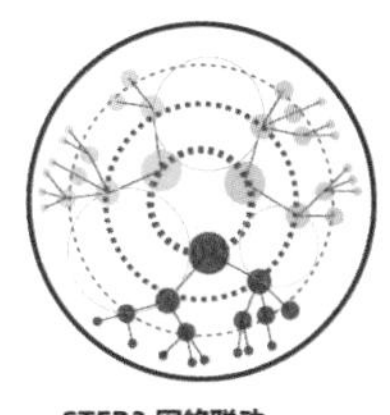

3.1 产业通路策略

在产业通路这个角度下，产业的通路最需要解决未来场地的增长及缺失的问题。经济如何激活，我们用“活点、引链、网络联动”三步进行结构的组织。

第一步，活点。我们对场地中现有的产业点进行梳理，并对有潜力的点进行产业升级、延伸。在此基础上植入创意产业、历史文化旅游展览、滨江消费休闲等新产业点。使得场地内产业总体由生存型向消费型提升。

第二步，引链。场地内产业点建立后，建立上下游产业链关系，如强化新华路产业以餐饮服务为主来与解放碑商务办公进行联系，进一步形成产业带和产业集群。叠合交通系统，形成以休闲生活消费主导，文化创意体验复合的产业轴。

第三步，网络联动。小区域内与现商业中心解放碑、金融中心小什字、未来的城市门户朝天门形成协同与互补，并利用场地资源优势形成更大网络的节点，在大区域内与重庆市其他片区中心进行基于历史文化的差异化发展。同时网络社区、数据库、管理平台同步建立，便于下半城产业布置，互动更新。

这样，通过产业点到产业链，再形成产业集群和互动网络，逐步形成整个产业通路的总结构。

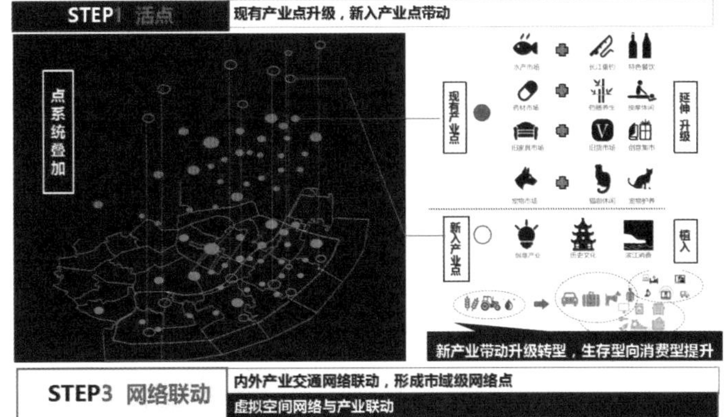

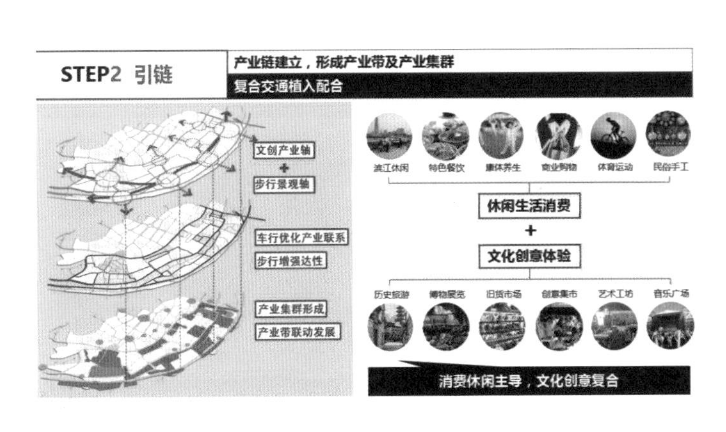

3.2 文化通路策略

在文化角度，其核心点在于如何合理利用现在破败的历史文化资源，以及如何面对未来构建更开放多元的文化物质基础。设计通过点状重塑，串线整合，活动网络三个步骤来完成对文化的重生。

对场地内的历史资源点进行梳理，将其分为存留点和消失点，对存留点，例如鼓楼遗址、法领事馆遗址、太平门遗址等我们进行修缮，并叠加不同角度的利用方式，使得各个资源能有差异地使用起来。而对于消失点，我们希望对消失的原始意向进行全新的表达，如已经消失的凤凰门和储奇门。

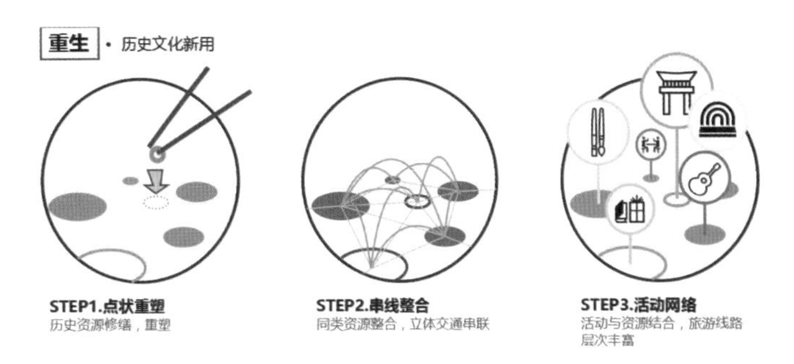

可以邀请艺术家进行全新的创作，进而促进新的文化和城市活力的产生。

在四大片区、一横三纵的结构基础上，叠合山地特殊交通，建立整个场地的老重庆体验旅游线路，并将各类文化活动植入到网络之中。最终，通过对文化资源点进行塑造，并通过联系这些资源点整合成旅游片区，最终通过交通和活动网络植入，综合形成文化通路的复合网络。

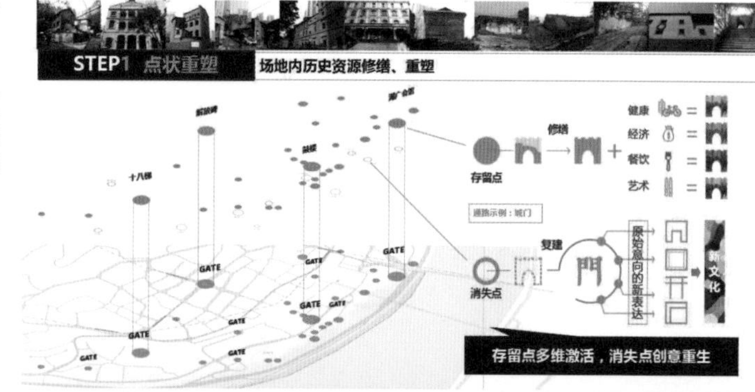

3.3 生活通路策略

生活通路的建构针对生活上基础设施、公共活动、交通出行三大障碍，将从通服务、通便捷、通山水三步来打通生活的阻碍。

第一步，通服务，我们对场地内现有设施进行整理，对老旧设施进行修缮，并增加社区层面的文化、教育、福利、体育、医疗等基础设施用地，保障社区居民的日常使用，为社区更新，建立社区认同打下物质基础。

第二步，在完善服务设施后，对交通出行进行改善，首先优化现有联系上下半城的纵向步道，从可识别、可通达、可活动三个方面来强化步道的使用品质。

第三步，通山水，我们将滨江快速路整体架空，一方面让纵向上到达滨江更加便捷，同时架起的桥下空间成为新的商业、体育、休闲活动场地，形成滨江休闲生活活力带，为滨江空间带来新的活力和价值。

联通 • 便捷绿色生活

STEP1.通服务
公共服务设施完善，实现社区共享服务平台

STEP2.通便捷
立体公共交通叠合，特殊交通便捷出行

STEP3.通山水
打通山水健康脉络，加强空间复合功能

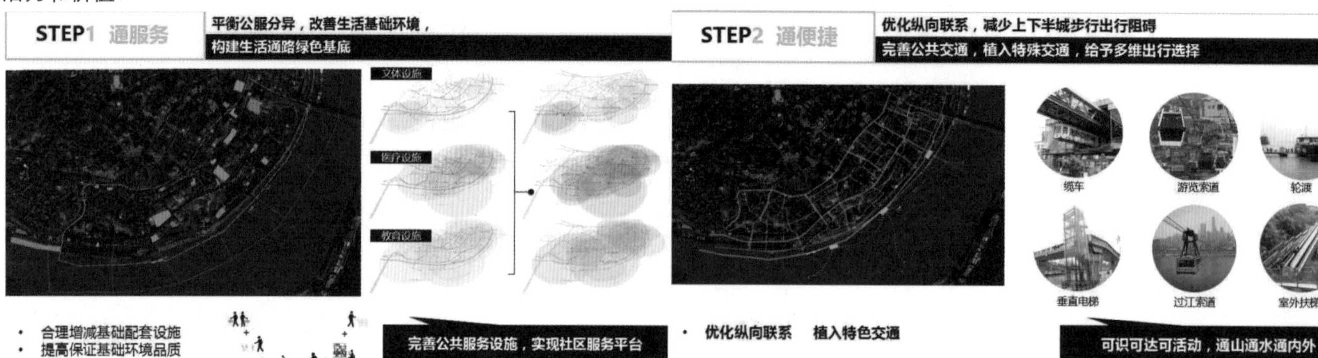

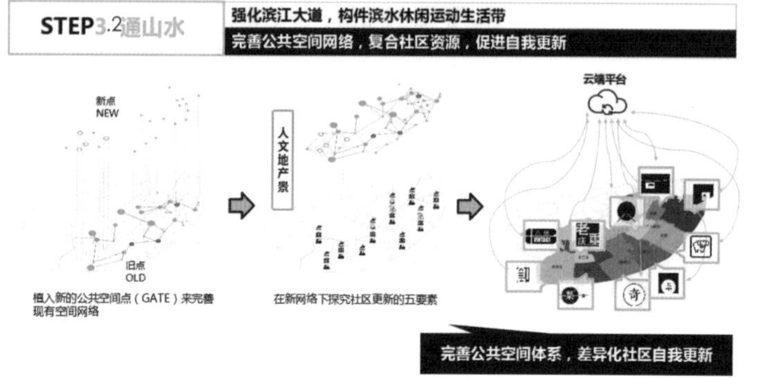

4 总体城市设计

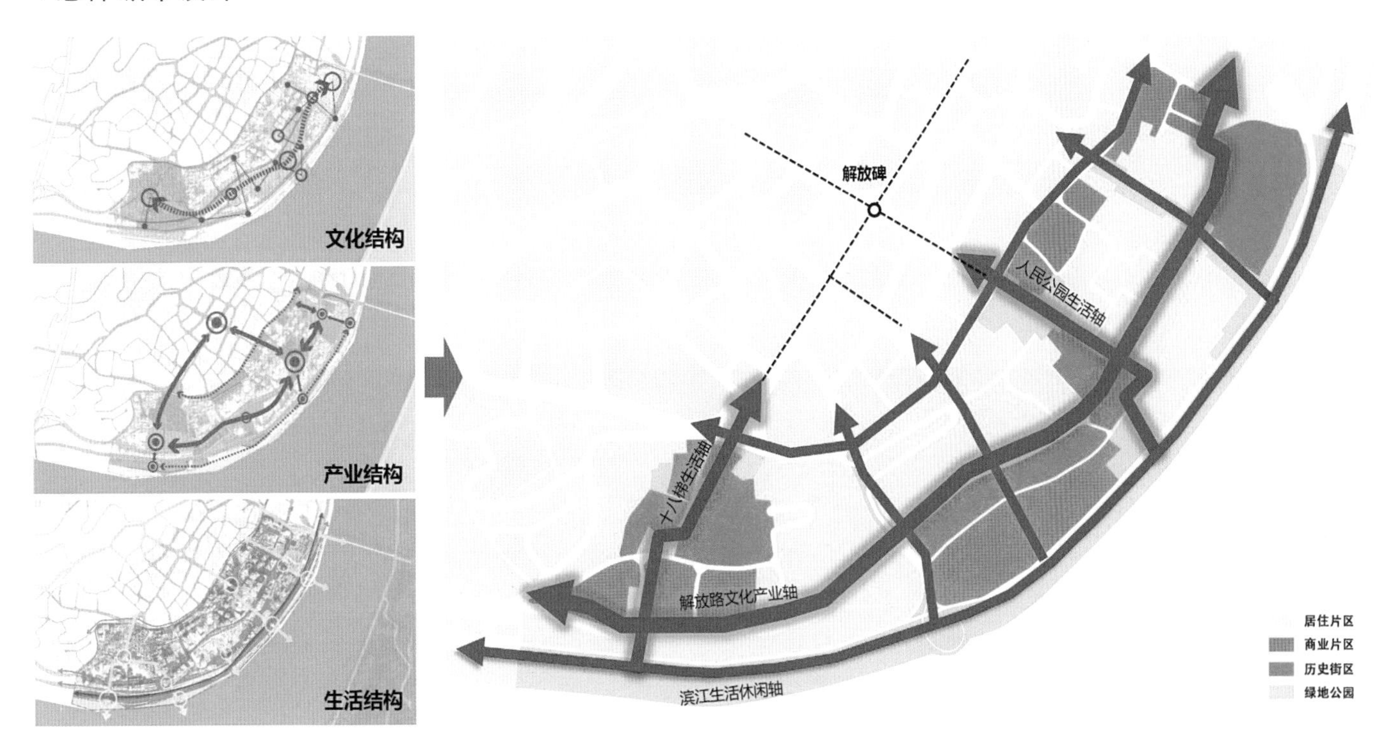

以通过对文化、产业、生活资源的梳理：形成以解放路为骨架的文化结构，串联十八梯历史街区，白象街开埠文化街区和湖广会馆历史文化街区；顺应解放碑十字金街的产业结构，重点打造十八梯文化产业区及小什字金融服务产业区；以滨江生活带为核心，十八梯、凯旋路、文化街、人民公园 - 遗址公园、湖广会馆 - 长江索道五条纵向步行绿廊为纵向骨架的生活结构。各功能轴带复合，形成总体城市功能结构。

4.1 总体城市设计土地利用规划

根据总体城市功能结构，结合土地利用现状及总体城市设计要求，采用微更新的方式构建起总体城市设计土地利用规划。重点改造十八梯、凯旋路、人民公园、湖广会馆、白象街和滨江六个片区。构建起以滨江生活带为中心的新格局，依托纵向步行绿廊联系解放碑，码头、索道等特色交通串联两江四岸。

用地平衡表

用地代码	用地名称		用地面积(hm²)	占城市建设用地比例(%)
			规划	规划
R	居住用地		26.00	27.94
A	公共管理与公共服务设施用地		14.53	15.62
	其中	行政办公用地	0.00	0.00
		文化设施用地	2.48	2.66
		教育科研用地	4.25	4.57
		体育用地	0.40	0.43
		医疗卫生用地	2.03	2.18
		社会福利用地	0.00	0.00
		文物古迹用地	5.37	5.77
		外事用地	0.00	0.00
		宗教用地	0.00	0.00
B	商业服务业设施用地		27.49	29.55
M	工业用地		0.00	0.00
W	物流仓储用地		0.00	0.00
S	道路与交通设施用地		2.42	2.60
	其中：城市道路用地		0.00	0.00
U	公用设施用地		0.63	0.67
G	绿地与广场用地		21.97	23.61
	其中：公园绿地		19.40	20.85

4.2 总体城市设计系统规划

进一步规划城市各个系统，落实城市功能结构。

车行道路系统：对现有道路系统进行梳理，加强与上半城的道路联系。抬高滨江快速路，以便重塑滨江景观。

特色交通系统：梳理场地内现状及规划的特色交通体系，包括现存的长江索道、凯旋路电梯，计划复原的望龙门缆车、长江轮渡，和规划的地铁 5 号线支线。结合滨江路的抬升计划新建一条空中轨道，串联起多样的特色交通方式，连接上半城、下半城及滨江。

绿地景观系统：长江滨江区域作为感知重庆地域特色的场所、人与自然连接的纽带，环境优化的重要依托，我们通过滨江路的抬升，现代功能的植入，自然生态的改善，将滨江重塑为公众运动休闲的场所。结合空轨系统，同时构建 5 条纵向廊道，增强滨江区域可达性，扩大服务范围。

公共服务设施系统：完善公共服务体系，提升社区品质。

同时，对建筑高度及开发强度进行分地段的控制，引导城市风貌建设。

车行道路系统规划　　　　特色交通系统规划

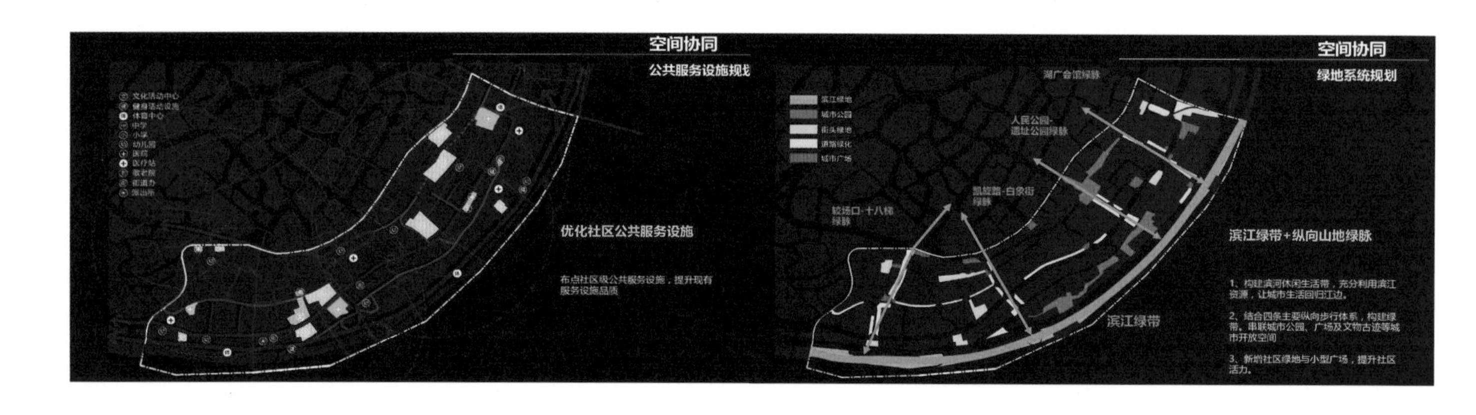

公共服务设施规划　　　　绿地景观系统规划

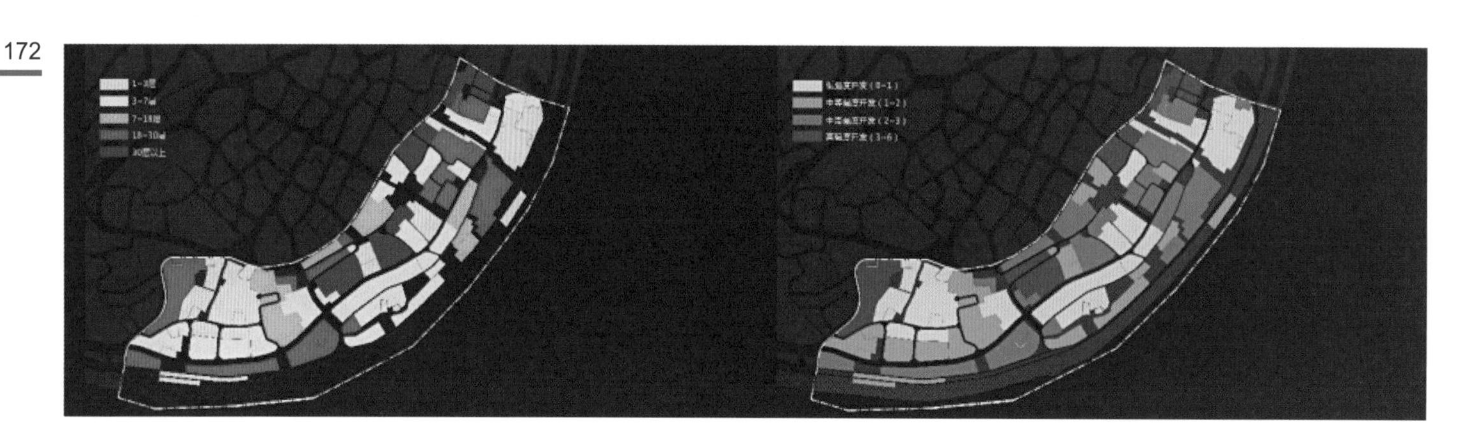

建筑高度控制规划　　　　开发强度控制规划

4.3 城市设计导则

对地块进行分类分区以及分系统的城市设计导则制定来引导详细城市设计。

产业系统导则

位置	类型	更新方式	触媒项目类型	开发主体	模式参考	限高
	十八梯民俗历史风貌区	民居整体保留修缮，原住民保留，底商上居，商业类型统一	民俗手工、古玩商品、药材展销、特色咖啡、茶馆、特色民俗小吃、中高端餐饮	政府、居民	上海田子坊、成都宽窄巷子、磁器口	16m
	十八梯创意文化产业区	无特色风貌的居住区拆迁，特色楼栋更新利用，整体规划和十八梯风貌特色融合的创意产业园，及适宜低收入创业者的新居住小区	艺术、摄影、广告、游戏动画、创意产业 生活服务性配套设施、社区商业街、社区公共设施、公共活动空间	政府、运营方	U73创意仓库、798艺术工厂 北京、上海青年居住区	24m
	滨江商业区	两个复合点：1、桥下开发空间和运动步道，2、滨江休闲步道、码头	滨江茶馆、咖啡吧、酒吧、公共图书馆、wifi共享区	政府、运营方	洪崖洞、纽约水上巴士	16m
	白象街历史商业街区	原历史建筑复原、广场、街巷空间复原，博物馆文化纪念场所修建，加入商业开发	白象街博物馆、储奇门纪念碑、白象街商业街	政府、运营方	上海新天地	16m
	湖广会馆历史街区	现有街巷空间肌理保留，原建筑拆迁后，复建建筑须保持更新风貌与湖广会馆风貌相契合	滨江茶馆、咖啡吧、酒吧、公共图书馆、wifi共享区	政府、运营方	上海新天地、成都宽窄巷子	16m
	洋商历史金融区、商业街	现有建筑拆迁、原风貌建筑复原、建立商业街、文化区、博物馆等	洋商商号纪念博物馆、江全泰号复建	政府、运营方	上海南京路、德国都柏林坦普尔酒吧区	48m
	人民公园文化商业区	业态更新、原花鸟市场整容升级，植入文化商业设施、艺术展览馆	人民公园艺术展览馆、城市级宠物花鸟市场	政府，业主，公园建设委员会，运营商	上海人民公园、纽约泪珠公园	24m
	小十字互联创意园、商务中心	原地区拆迁、整体地块更新开发，修建与周边联合国际、威斯汀等高楼风貌相符合的商务商业楼宇	互联网创业区、金融商务区	政府、运营方	东京六本木	200m
	中兴路古董交易市场	空间整合，扩大交易市场规模，培育完善，复合开发	字画古董交易第一大市场，直接承接创意园输出	政府、业主、运营方	西安大唐西市、北京古玩城	80m
	西三街水产市场	空间整合，将街边店铺整合入综合水产市场大楼，保障环境卫生。货运仓储和餐饮销售店铺分开	24h海鲜大排档，重庆市最大的海鲜交易市场	政府、业主	美国波士顿昆西市场	80m
	旧服装买卖市场	现有街巷空间肌理保留，原建筑拆迁后，复建建筑须保持更新风貌与湖广会馆风貌相契合	综合批发市场楼建立，创新市场、潮流品牌聚集地	政府、业主、运营方	韩国东大门、成都春熙路	80m

文化系统导则

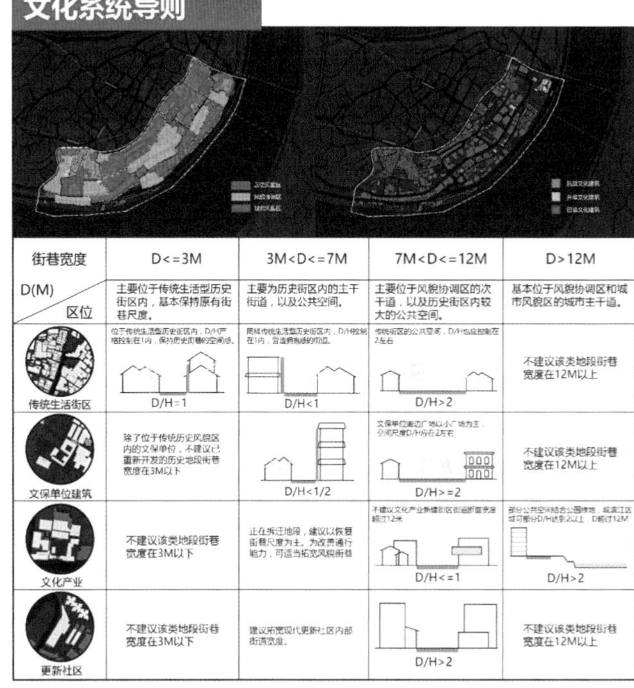

街巷宽度 / D(M) / 区位	D<=3M	3M<D<=7M	7M<D<=12M	D>12M
	主要位于传统生活型历史街区内，基本保持原有街巷尺度。	主要为历史街区内的主干街道，以及公共空间。	主要位于风貌协调区的次干道，以及历史街区内较大的公共空间。	基本位于风貌协调区和城市风貌区的城市主干道。
传统生活街区	位于传统生活型历史街区内，D/H严格控制在1内，保持历史街巷的空间感。 D/H=1	同样传统生活型历史街区内，D/H控制在1内，营造[illegible]的街道。 D/H<1	传统街区的公共空间，D/H也应控制在2左右 D/H>2	不建议该类地段街巷宽度在12M以上
文保单位建筑	除了位于传统历史风貌区内的文保单位，不建议已重新开发的历史地段街巷宽度在3M以下	D/H<1/2	文保单位周边广场以小广场为主，空间尺度D/H应在2左右 D/H>=2	不建议该类地段街巷宽度在12M以上
文化产业	不建议该类地段街巷宽度在3M以下	正在拆迁地段，建议以恢复街巷尺度为主。为改善通行能力，可适当拓宽风貌街巷	不建议文化产业新建街区街道断面宽度超过12米 D/H<=1	部分公共空间结合公园绿地，或滨江区域可部分D/H达到2以上，D超过12M D/H>2
更新社区	不建议该类地段街巷宽度在3M以下	建议拓宽现代更新社区内部街道宽度。	D/H>2	不建议该类地段街巷宽度在12M以上

公共空间设计导则

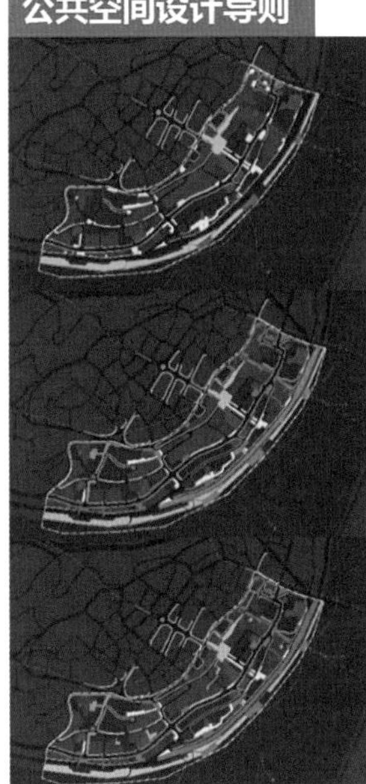

城市公园及广场设计总则：

1.人民公园应与解放碑广场有相对明确的引导性联系。

2.景观性好，有重要功能节点处应设城市广场。

滨江路—滨水生态公园设计导则：

设计能够实现滨江过渡带的人车分流，通过左侧剖面图看到，将原本只有部分高架的车行道路继续架起，抬升12m左右，从而释放更多步行空间和提供更多维复合的活动空间

交通、商业、文化性公共空间设计总则：

1.重塑山地特色文化缆车激活地段公共空间，提供多层次、便捷的生活通路和历史文化通路。

2. 在梯道、坡街节点处设置了便捷的空中缆车，在起点到终点构建了富有活力的公共活动。串联各个产业文化功能分区，最后形成了一个连续性高、功能复合度高的传统风貌的商业街区。

3.在文化遗址地段，设计引导性开放流线

社区公共空间设计总则：

优化现有的联系上下半城的纵向步道，从可识别、可通达、可活动三个方面来强化步道的使用品质。然后利用山地特殊交通网络，给予居民多维的出行选择，完善对内，对外交通联系，便捷居民出行。

道路交通系统导则

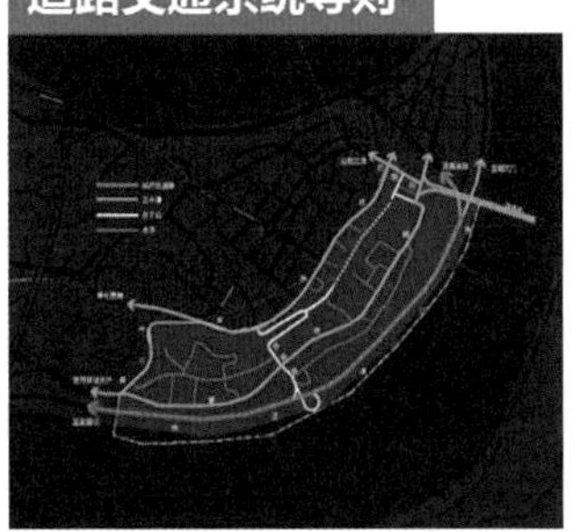

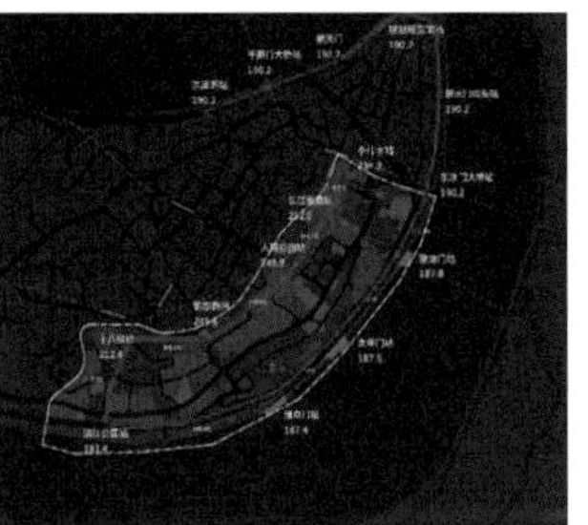

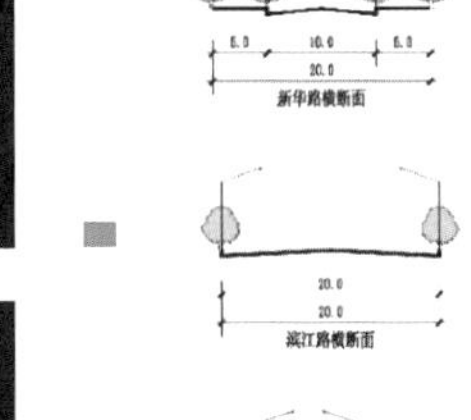

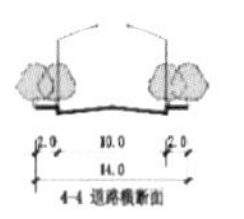

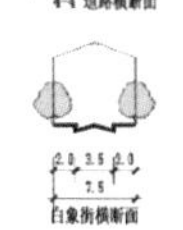

白象街横断面

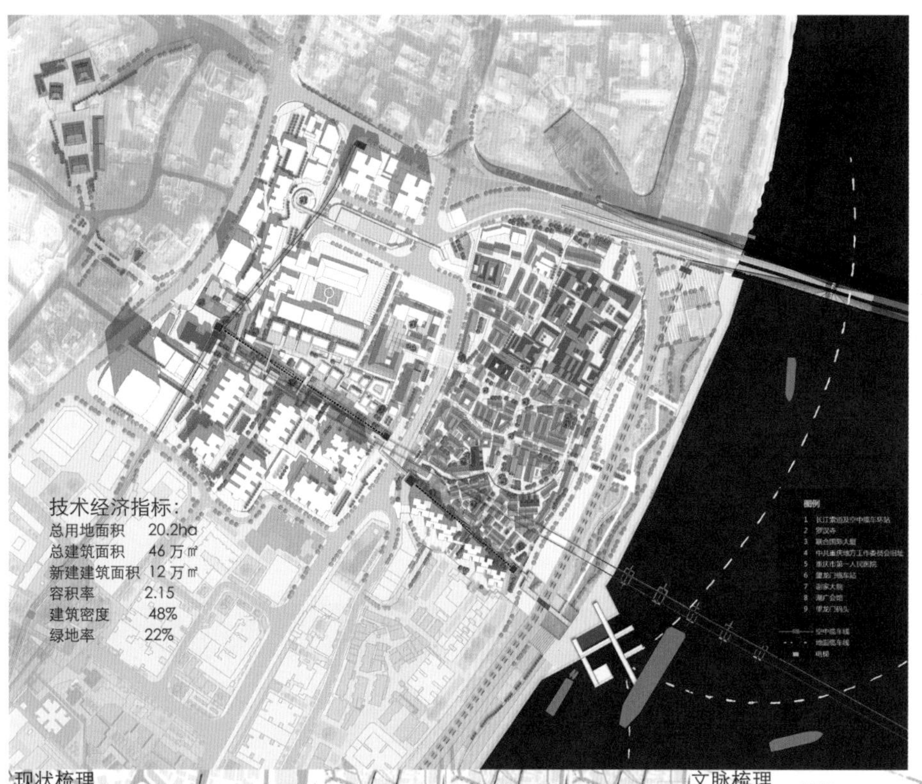

5 详细城市设计

5.1 文化通路——湖广会馆、二府衙单元详细城市设计

设计者：龙香

片区位于场地东北部边缘，面积 20 公顷，现人口 2 万 2 千人。

通过对总体城市设计的承接，提出了文化、生活及产业方面的基本要求，明确了该地块文化展示、休闲娱乐及传统商业片区的发展定位。

再根据导则要求，通过特色交通的多维搭接，强化湖广会馆等文化要素在该区内的控制作用，逐步构建起一条能带动周边产业及社区生活积极发展的文化通路。

5.1.1 现状条件

上下片区人群活动分布不均，整体缺乏交通协作和公共空间上的组织引导。

文化价值也未被充分挖掘。区内文化资源存量集中，在湖广会馆片区原本包含有大量明清等时期的传统肌理，但与生活和配套产业的脱节，导致大量拆除，或是存而不通。

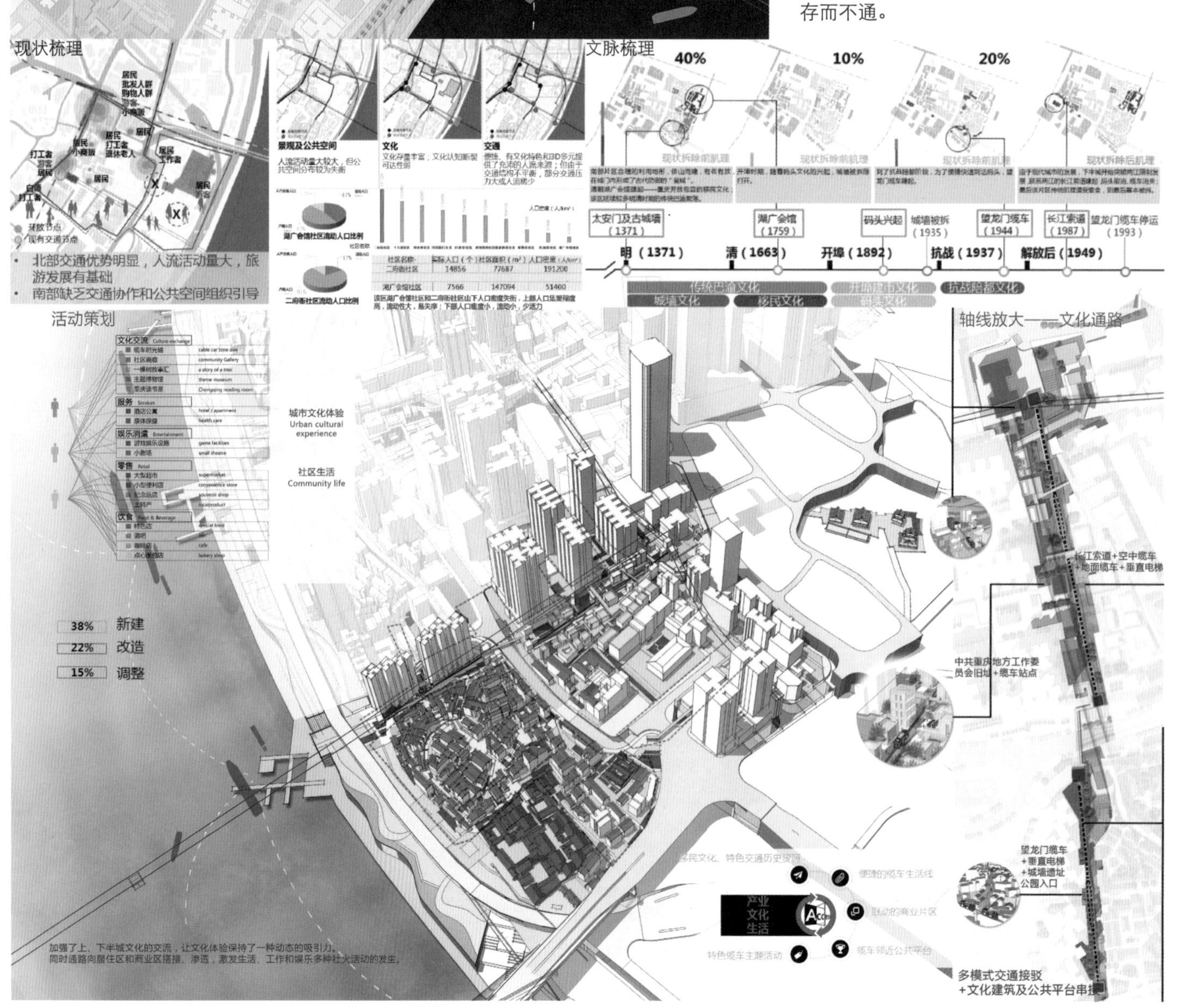

5.1.2 设计概念

湖广会馆及二府衙单元叠合了众多历史文化要素，并具特色的交通性及多维性，他应保留延续原生的传统肌理及空间魅力，结合复合的交通载体，酿造一个社区、文化、产业多融合的共荣场景。

5.1.3 设计推演

具体设计上，首先对现有文化资源和公共空间进行协同整合，激活触媒，再通过特色交通的统领组织，形成罗汉寺到湖广会馆这一带体现重庆传统文化特色的通路主轴；进而延轴辐射，规划景观公共空间，优化向片区的步行通路；逐步形成二府衙区的文创产业休闲带和湖广会馆片区的传统风貌商业街区。

最后得到一主轴一文化中心三功能区的空间发展结构。

5.1.4 设计策略

首先，我们的城市设计基于理念下仍有众多空间形态的选择，因此我们需遵循一定的设计导则，即：1. 湖广会馆历史街区需保留传统空间肌理，复建建筑须保持更新风貌，并与湖广会馆风貌相契合，建筑限高 16 米；对于文化产业区不建议该类地段街巷宽度在 3 米以下，也不建议街道断面宽度超过 12 米；文保单位建筑上，除了位于传统历史风貌区内的文保单位，不建议已重新开发的历史地段街巷宽度在 3 米以下。

进而为了使文化通路能真正构建起与人、社区生活、城市之前的联系。我们加强了文化通路在空间上的激活。即是通过多模式的接驳方式和特色交通的串联，加强了上、下半城文化交流，让文化体验保持一种动态的吸引力。同时通路向居住区和商业区搭接、渗透，激发生活、工作和娱乐多种社会活动的发生。

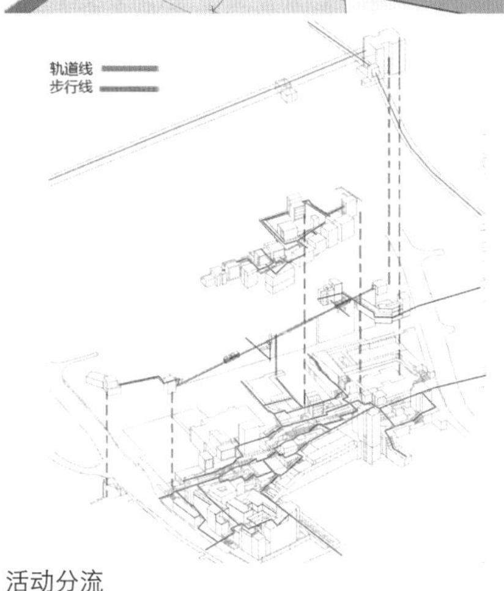

活动分流

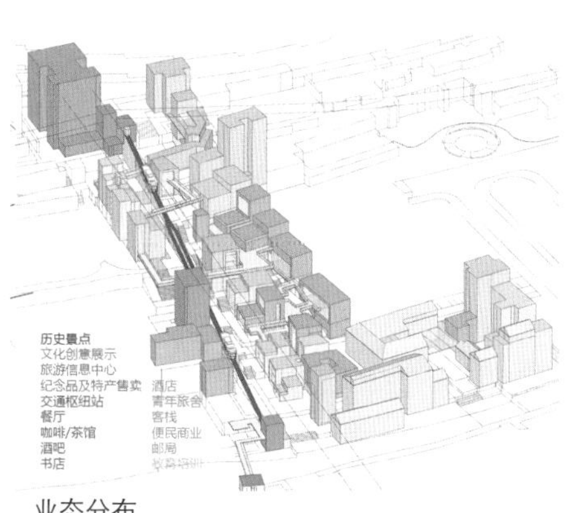

业态分布

二府衙片区：

二府衙文创产业区部分，首先通过文化公共空间的强化，打开上下半城交互接口，再组织系列文化及产业触媒，改造原传统居住住房为创意工坊和休闲商业街区。为了减弱地形对步行体验的影响，在商业空间组织二层连廊系统，立体分流，将活力渗透。

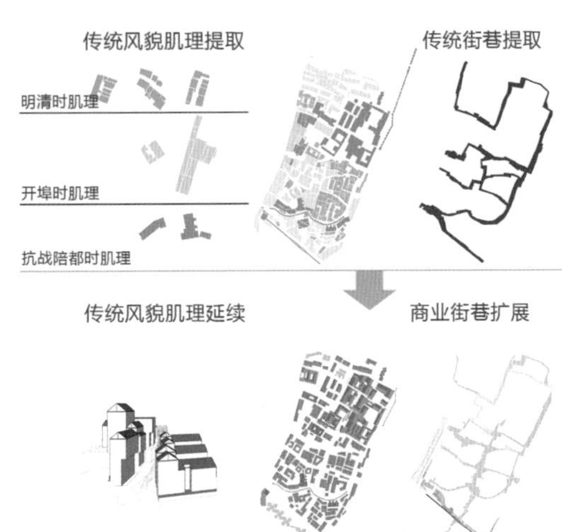

湖广会馆片区：

对于湖广会馆旁的商业的空间则是融合了文化的历史资产、公众的开放空间，及山地的自然环境。

提取了传统风貌肌理，将明清、开埠等时期的文化延续，打造特色山城商业空间。同时复原了太平门至东水门间的古城墙带，和 7 条传统的主要街巷。

另外，为了强化与湖广会馆的联系，和衔接置换的商业功能，中部打造横向的商业主轴，形成开放多元的活动长廊；建筑则延续明清、开埠、抗战陪都等时期的风貌肌理，与山地地形充分结合，并赋予信息化的文化时光隧道、民俗纪念馆、山城集会等功能承载活动。

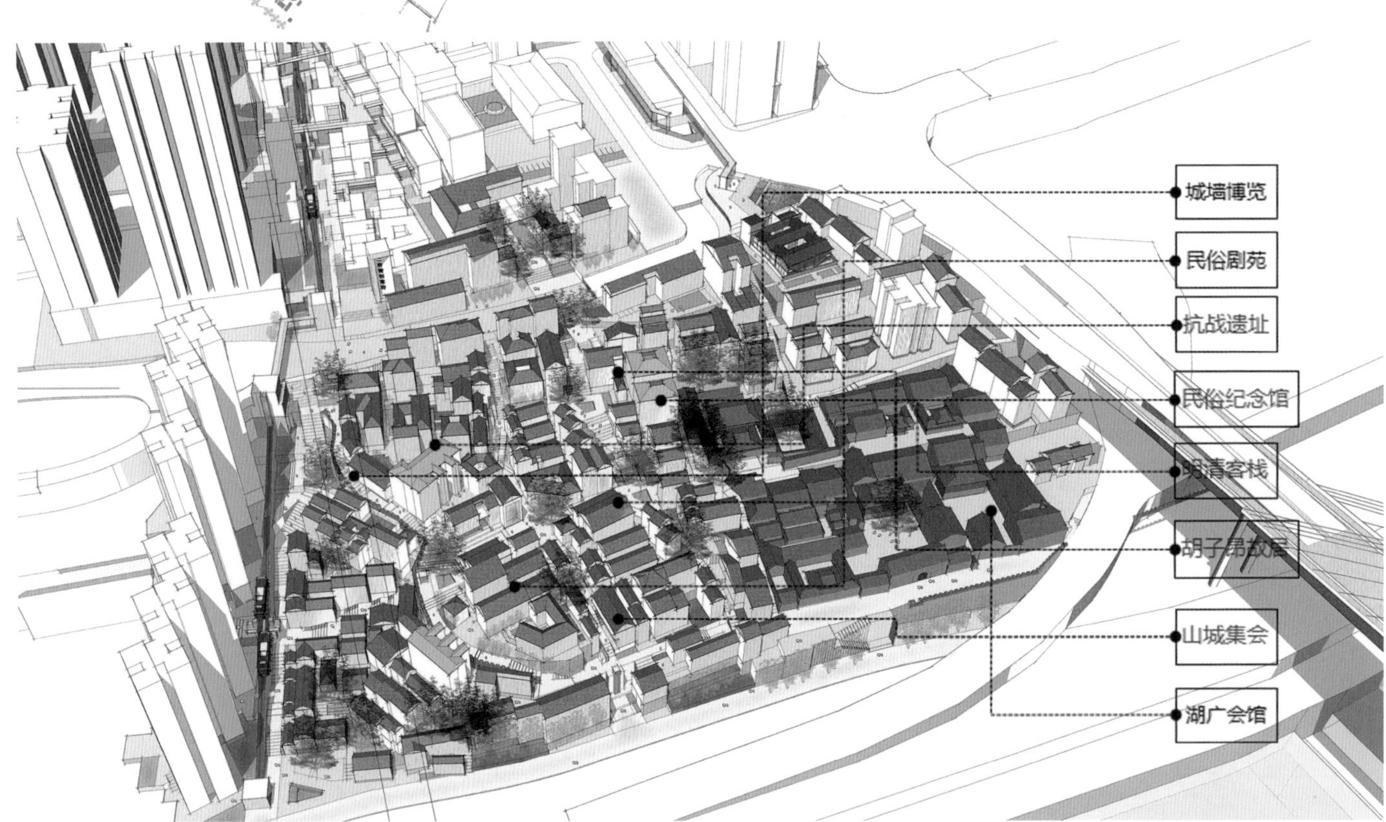

最后社区生活，则梳理组织出社区、城市空间对应的共享平台，进行文化遗产保育和城市交流等开放活动，创造出社区共融，文化体验的生活场景。

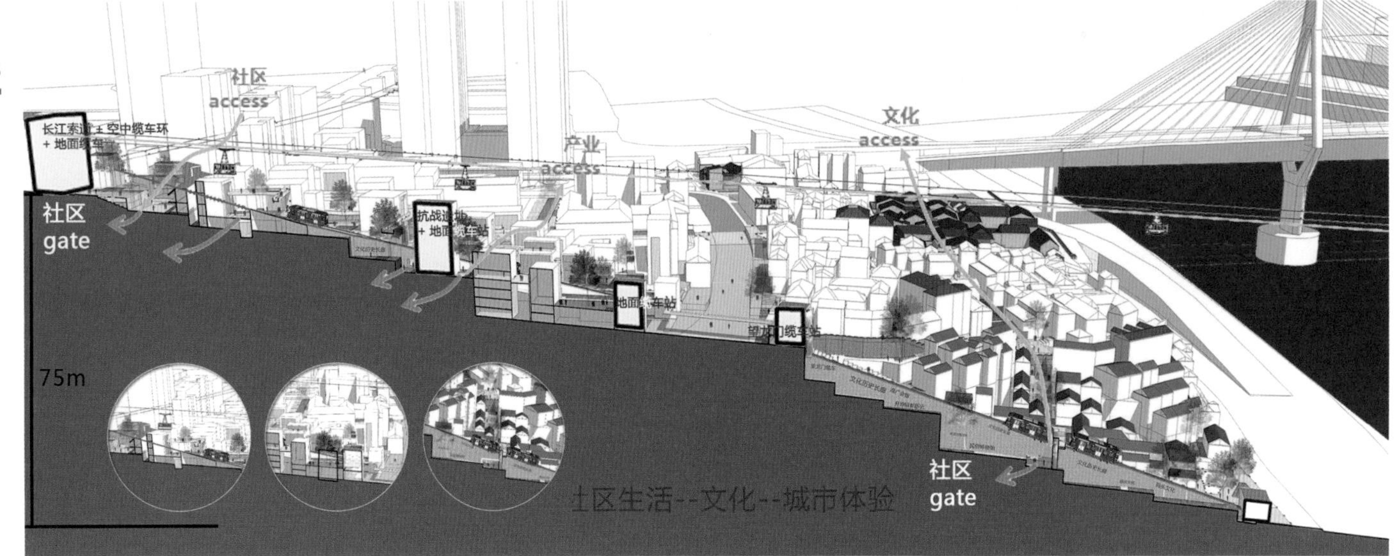

5.2 产业通路——白象街单元详细设计

设计者：吴礼维

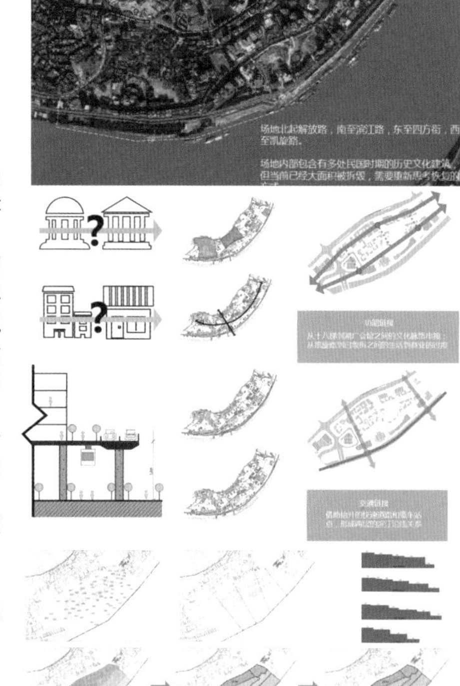

设计说明：

以特色商业为主的十八梯单元，位于整个下半城的中部。总体城市设计对场地的要求除构建横向的交通联系和生态休闲外，重点在以产业为中心目标来构建 24 小时文创旅游消费圈的建立。

从现状建成环境看到，场地北高南低，原始最大高差 53 米，在同高架桥平接后，高差控制在 10 米左右。内部用地主要为商业用地，辅以少量的绿化休憩用地。同时，总体城市设计导则在该地段重点在于以商业产业为主导目标的同时，注重对于民国传统文化氛围的塑造和培育。除了 100% 被拆除的原有建筑外，该地块另外存在的一个问题是几乎没有公共绿地：一方面是所有的建筑都被拆除，另一方面是公共空间的匮乏，这两面共同构成了该地块的主要问题。

本次设计主要关注于怎样从产业角度出发实现 24 小时文化休闲消费圈的建立；另一方面从生活角度出发，提升传统历史文化氛围和居民的公共空间质量。具体来讲，即是关注两方面的链接：一方面是交通方面的链接，即怎样做好滨江路高架后与片区内的联系；另一方面是功能的链接，即怎样做好十八梯历史片区和湖广会馆历史片区之间的横向过渡的同时，做好从凯旋路这一生活片区向商业片区的过渡。

设计整体参照民国建筑的尺度和肌理，整体以底层和小体量建筑为主。

主要是围绕现代商业和传统文化商业街来实现主要的横向交通联系，同时结合绿地和公共空间打造纵向的交通连接。

功能分区策划

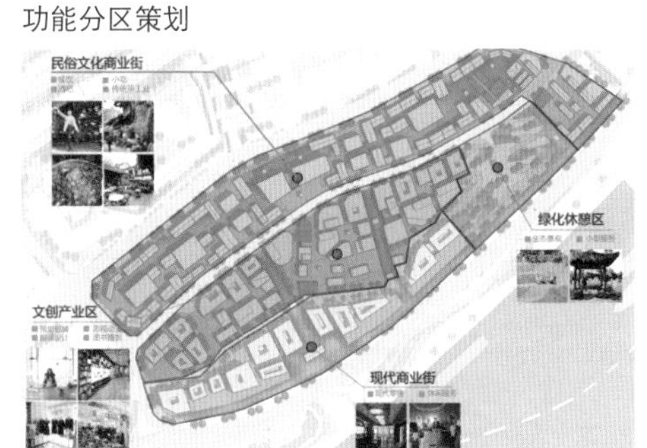

交通流线组织

公共空间结构

5.3 产业通路——十八梯响水桥单元详细设计

设计者：廖自然

设计说明：

总体城市设计建立的产业通路，希望利用文创旅游和休闲消费产业，与上半城解放碑形成联动互补，整体形成更大层面的 24 小时消费圈，我们将通过十八梯单元和白象街单元来主要体现产业通路的详细设计。

首先是文创旅游为主的十八梯单元，位于整个下半城的南部。其总体城市设计对场地的要求除了打通南北通江廊道、强化场地内部步行体验外重点在建立以文创产业主导，旅游休闲结合的产业结构，并通过一系列的产业触媒的植入，逐步构建场地的产业通路。

总体城市设计导则在该地段重点在以十八梯主街为核心骨架，并结合空轨站点，布置周围的产业触媒项目，同时符合文化导则对街巷尺度的限定。

而对于场地内的核心问题，总结为三点：①残留的历史街区改造；②滨江通道断裂；③伴随拆迁带来的原居住民离开，原有社区生活情景消失。那么，在方案设计中，首先对场地内的拆改留进行分析，在建筑质量年代评估的基础上，确定保留、改造、进一步拆迁的建筑及其面积。

接下来，根据总体城市设计对该地段提出功能要求，进行功能分区，并进行细化某些重要活动与功能，并确定实现产业通路的关键触媒建筑以及重点公共空间。功能活动建立后，确定场地内空间结构，形成两条商业老街，一条文创新街，两条通江廊道的空间骨架，同时从交通和景观上回应总体城市对生活通路的架构：交通上，强化与北部 1 号地铁线较场口站，东部规划 5 号线十八梯站步行，便捷外部交通，内部空轨站设置，形成下半城生活环线；景观上，优化现有较场口一级城市阳台，开发南部凤凰门、金紫门等二级城市阳台。重点塑造音乐草坪、梯坎剧场、领事馆绿廊等绿地空间。

地形地貌分析

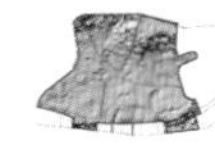

场地北高南低，最大高差47M,北部坡度较为陡峭

场地核心问题

1. 场地现存历史区改造

历史建筑面积 36563㎡

历史街巷面积 20649㎡

2. 通江廊道的阻断

滨江界面封锁 可视性差

街巷阻碍 可视性差

慢行阻碍 可达性差

3. 社区离开、生活场景消失

原有人口 18326人
常住 14241人
流动 4085人
搬迁人口 8523人

伴随拆迁带来的原住民离开，原有社区生活情景消失

原始场地拆改留分析

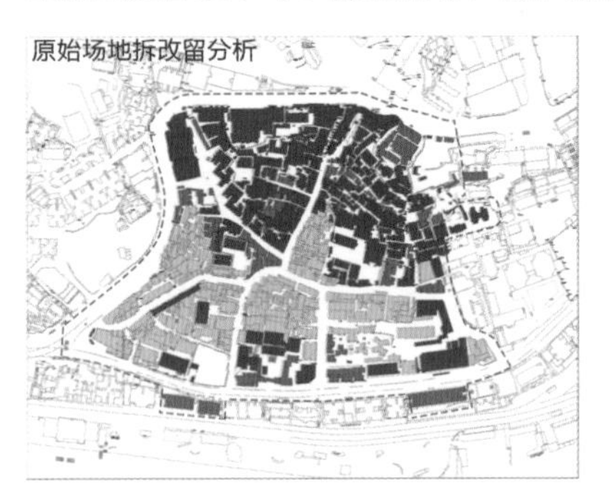

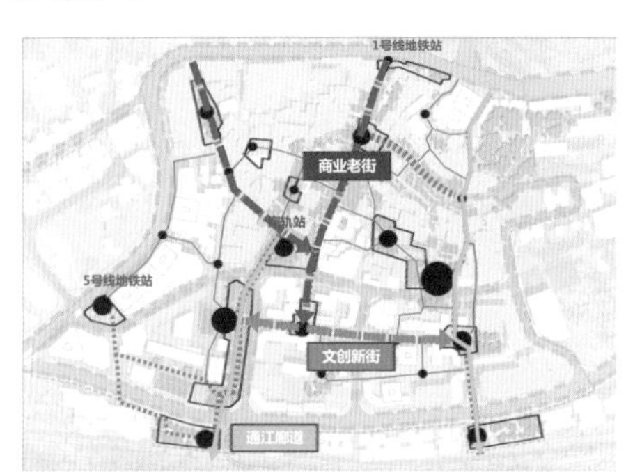

保留建筑区采取微更新的方式，在保证原始街巷格局同时，通过功能置换和部分触媒建筑带动片区活力。南部新建文创区则采用现代与传统混合风格建筑，保证主要街道的界面完整，给予良好的步行体验。

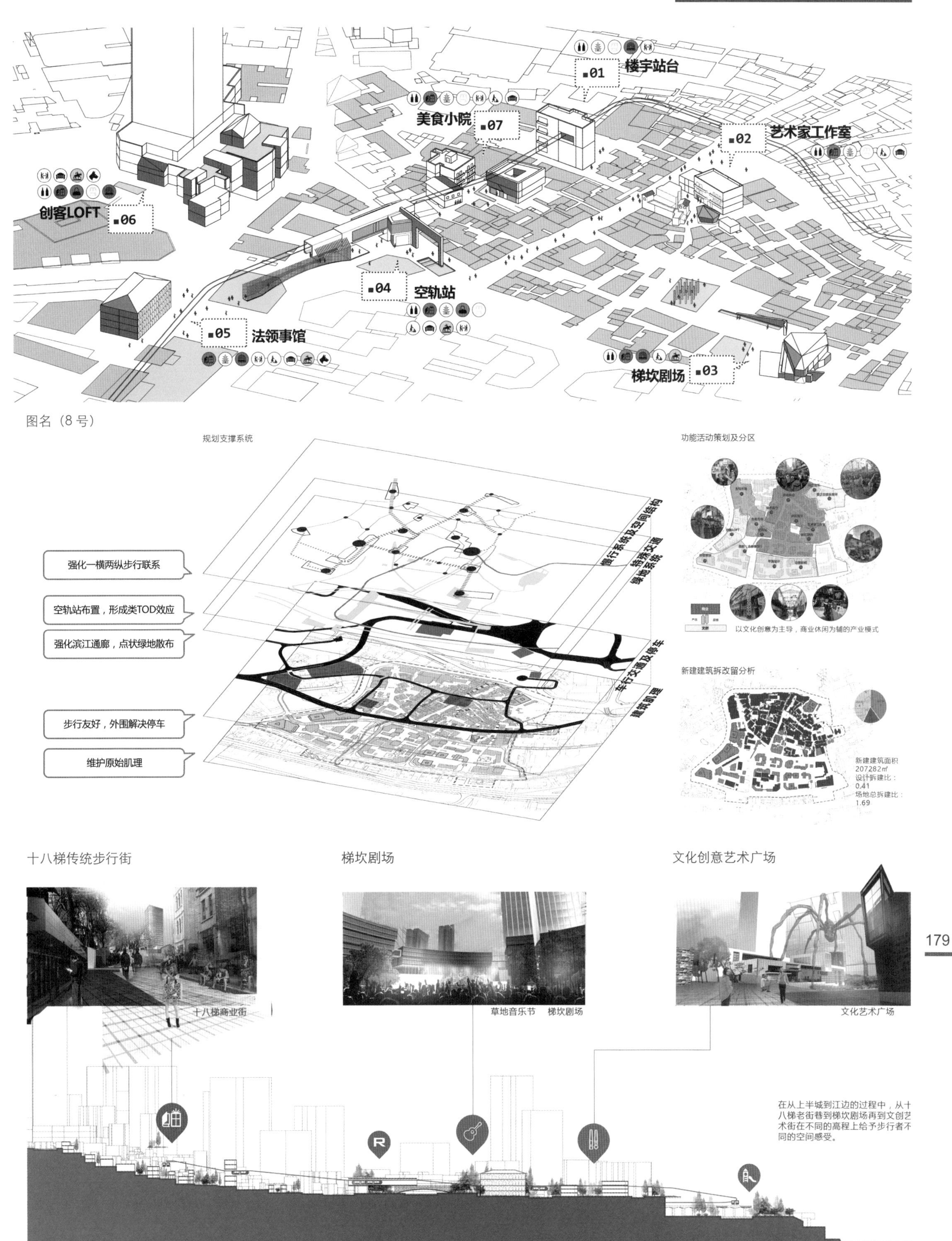
楼宇站台
01
美食小院
07
02
艺术家工作室
创客LOFT
06
04
空轨站
05
法领事馆
梯坎剧场
03
图名（8号）
规划支撑系统
强化一横两纵步行联系
空轨站布置，形成类TOD效应
强化滨江通廊，点状绿地散布
步行友好，外围解决停车
维护原始肌理
慢行系统及空间结构
轨道交通
绿地系统
车行交通及停车
建筑肌理
功能活动策划及分区
以文化创意为主导，商业休闲为辅的产业模式
新建建筑拆改留分析
新建建筑面积
207282㎡
设计拆建比：
0.41
场地总拆建比：
1.69
十八梯传统步行街
梯坎剧场
文化创意艺术广场
十八梯商业街
草地音乐节 梯坎剧场
文化艺术广场
在从上半城到江边的过程中，从十八梯老街巷到梯坎剧场再到文创艺术街在不同的高程上给予步行者不同的空间感受。

5.4 生活通路——人民公园单元设计

设计者：周丹妮

人民公园单元的详细城市设计，从公共空间重塑角度构建生活通路。

通过对总体城市设计及系统导则要求的承接，明确了该地块以公园景观、文化展示、休闲娱乐商业片区的发展定位。要求构建特色城市级公园轴，打通上半城核心到滨江的步行联系，明确该地块以公园景观、文化展示、休闲娱乐商业片区的发展定位。要求构建特色城市级公园轴，打通上半城核心到滨江的步行联系。场地设计目标为联通轴线，激活界面，以公共景观串联文化产业资源，带动社区生活。

（1）首先联通城市公园轴，形成一横二纵四公园的结构体系，将人流从上半城引导至场地 。

（2）再植入空轨列车、垂直电梯、室外扶梯等基础设施，提升步行环境，便捷纵向可达性，构建具有山地特色的交通骨架。

（3）进而辐射周边社区，形成一轴二带三横的社区公共联系界面，激活空间；最后界面活化，增加互动，提升界面舒适性，使公共生活和社区生活交融共享。

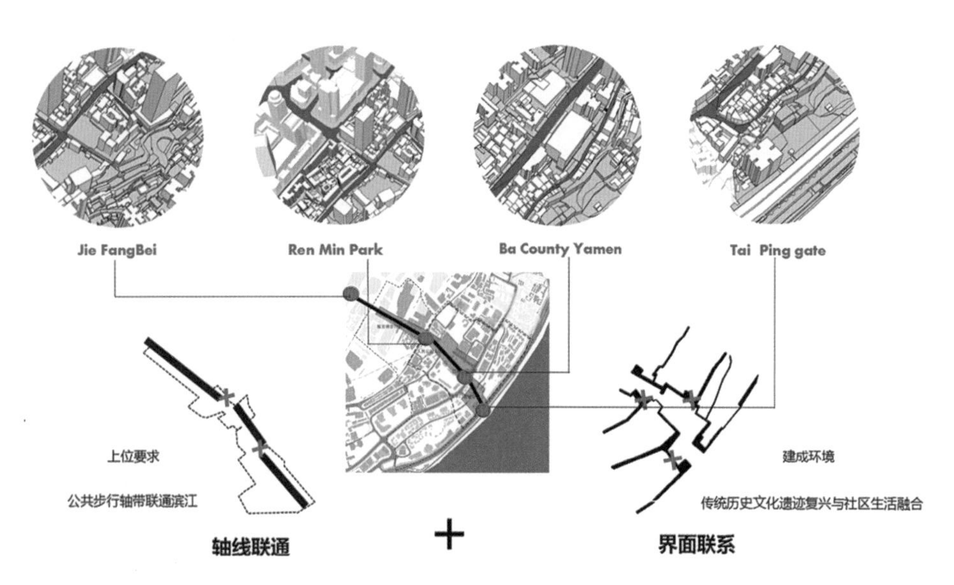

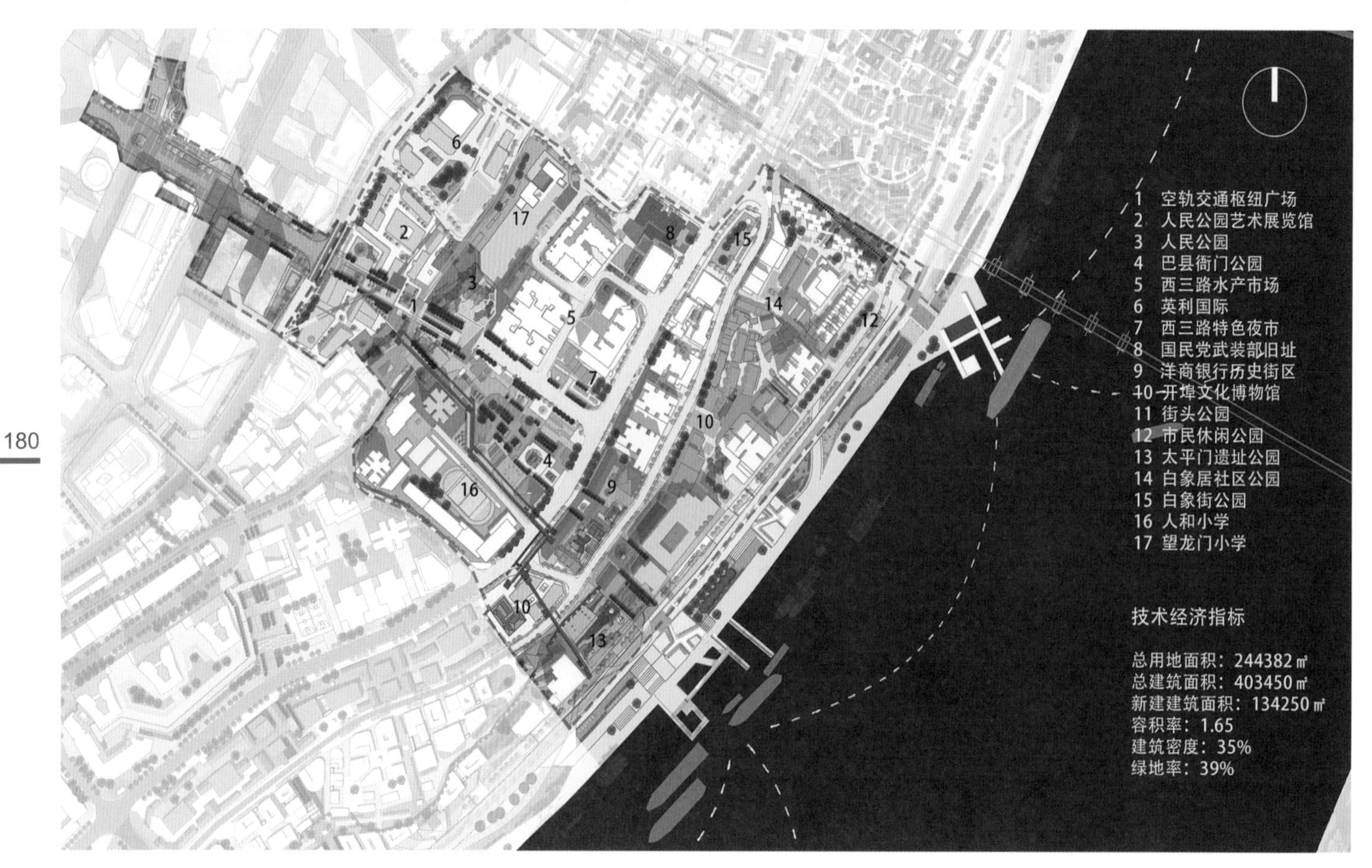

详细设计总平面图

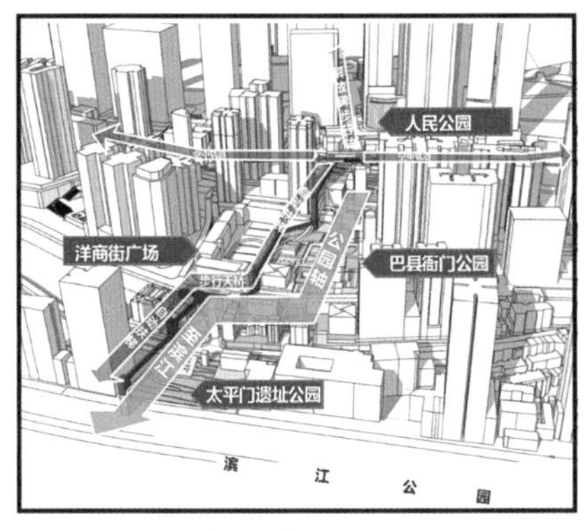

step1 联系城市公共轴线

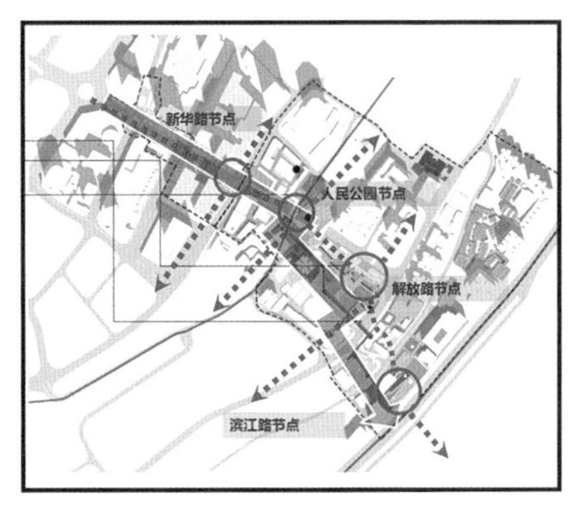

step2 提升步行环境

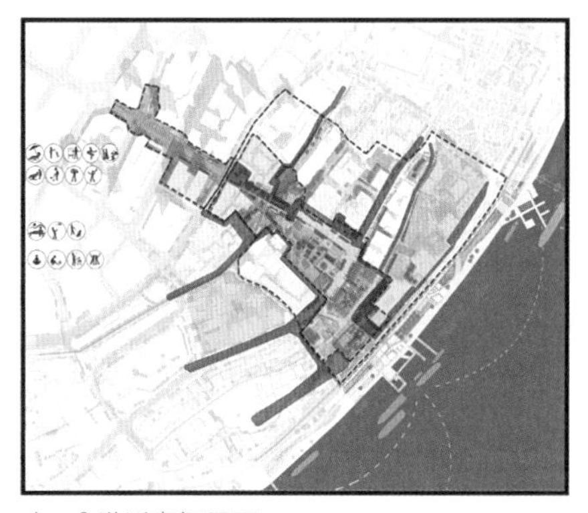
step3 激活空间界面

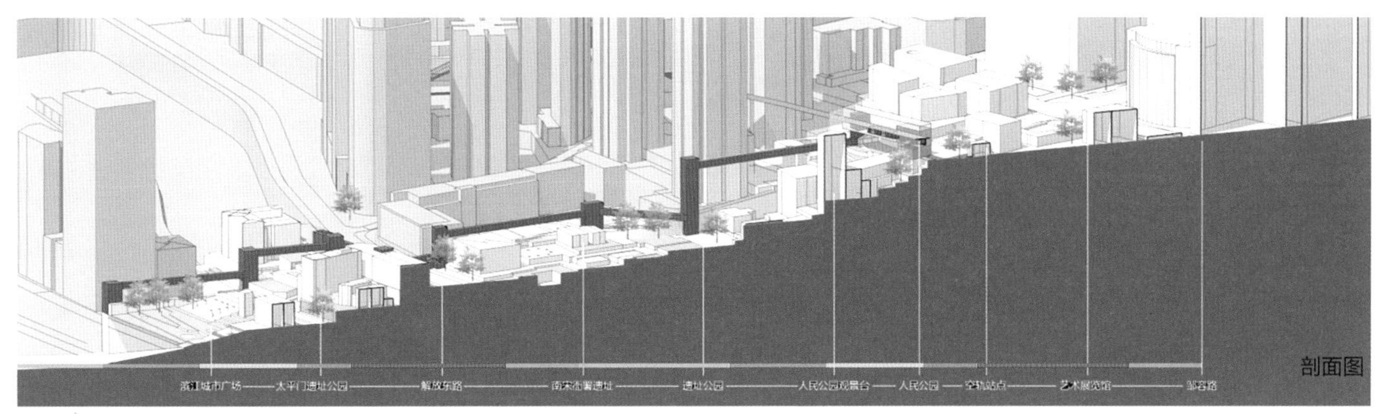

剖面示意图

详细设计鸟瞰图

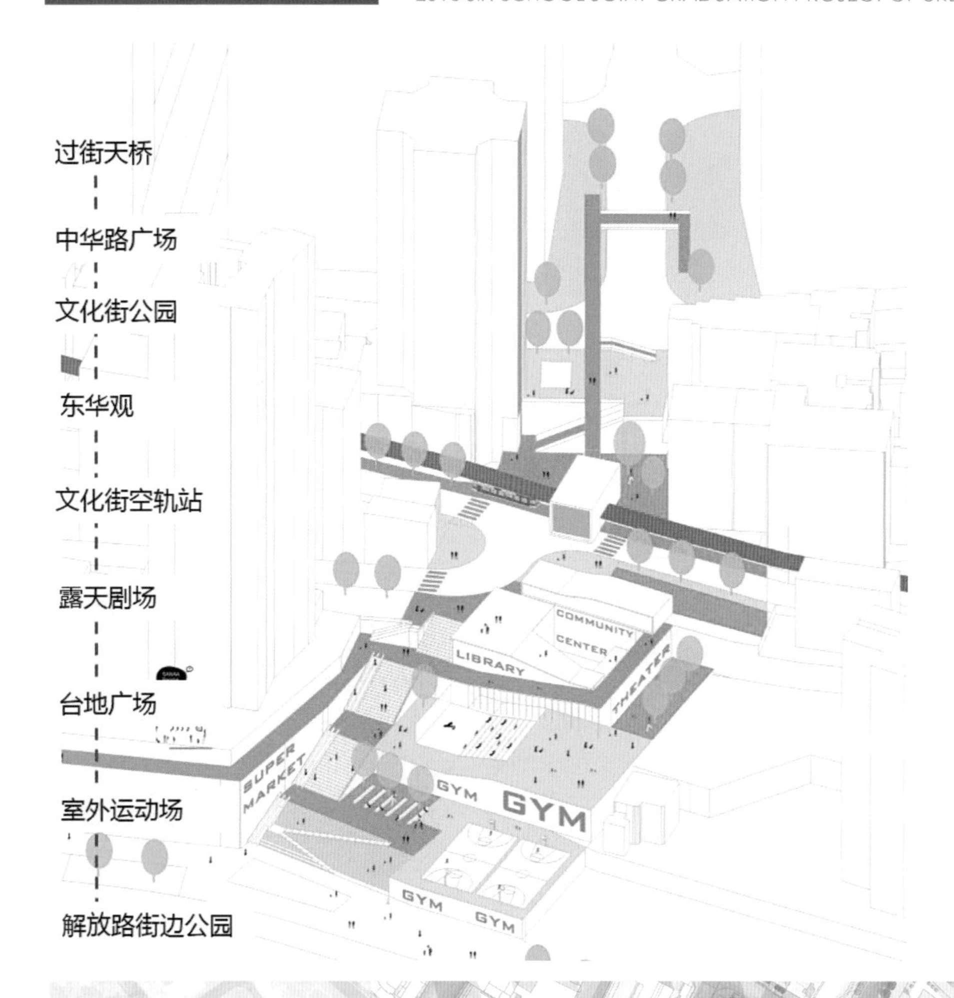

5.5 生活通路

——凯旋路单元设计

设计者：李洁源

凯旋路单元的地块设计，从交通的角度构建生活通路。

在交通系统中，空轨作为特色交通体系中最重要的一环，轨道全长 6.1 公里，起小什字，经人民公园、十八梯、滨江公园、朝天门等 12 个站点，终到洪崖洞。作为居民生活、游客游览的具有山地特色的新型交通方式。同时成为下半城特色的景观及名片。

通过对总体城市设计及系统导则要求承接，明确了该地块社区更新的目标。设计依托场地的中心地位以及空轨建设为契机，结合社区对公共空间的需求，构建起富有活力的公共空间与交通联系。

最终形成以交通为先导、站点为触媒具有山地特色的一横两纵公共生活带，带动周边多样的混合住区发展。

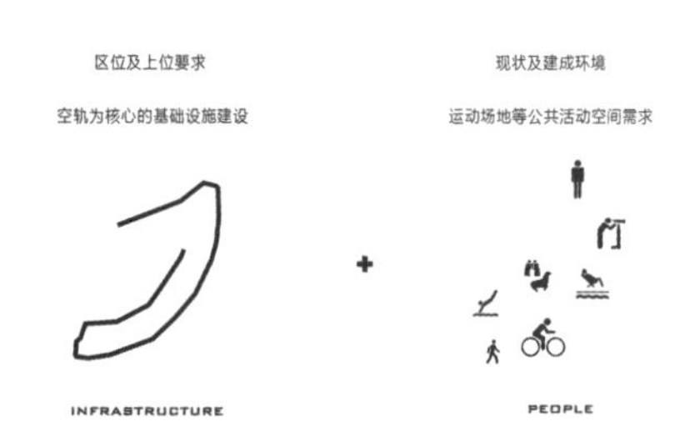

详细设计总平面图

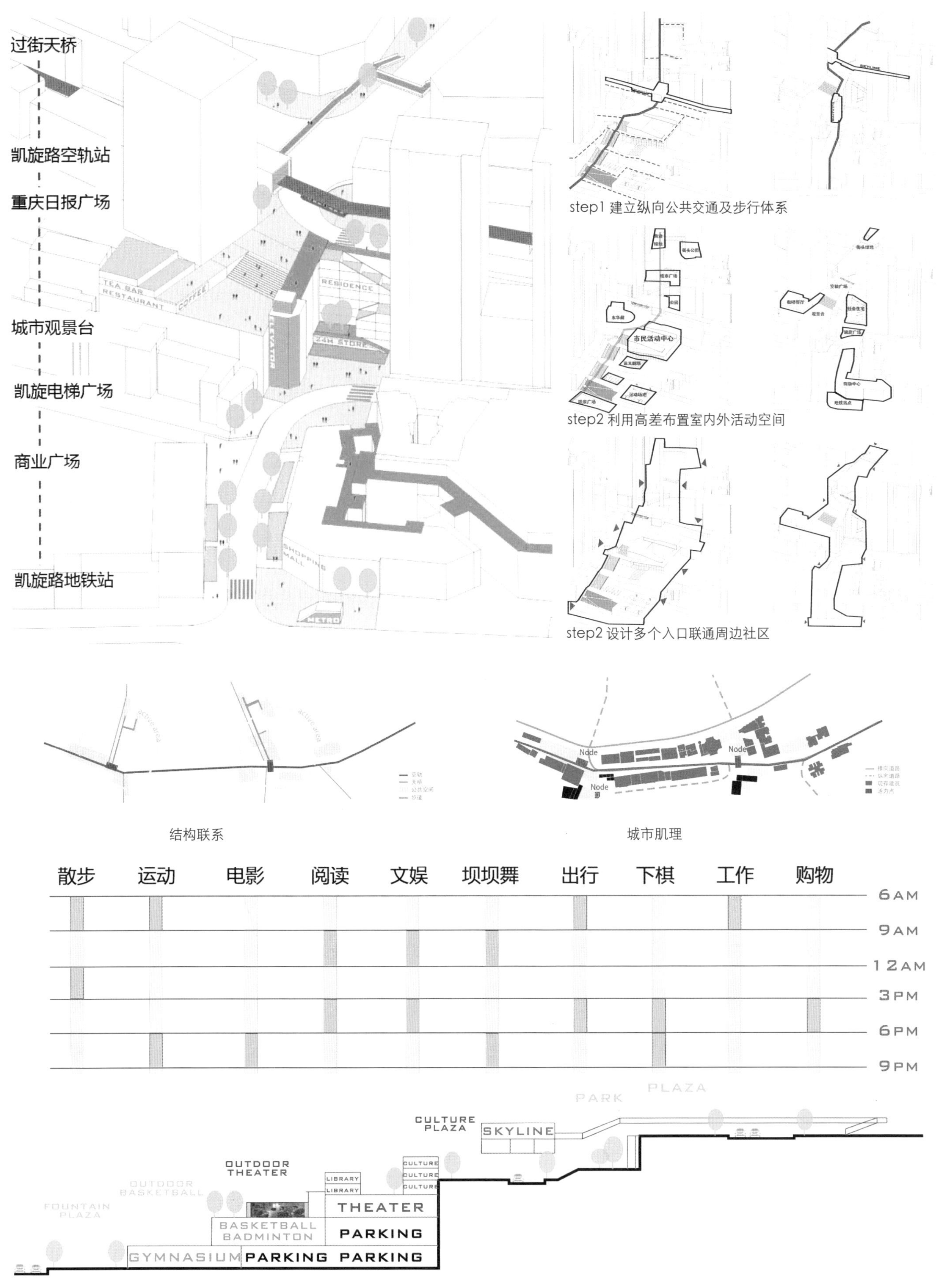
过街天桥
凯旋路空轨站
重庆日报广场
城市观景台
凯旋电梯广场
商业广场
凯旋路地铁站
TEA BAR
RESTAURANT
COFFEE
RESIDENCE
ELEVATOR
24H STORE
SHOPPING MALL
METRO
step1 建立纵向公共交通及步行体系
step2 利用高差布置室内外活动空间
市民活动中心
step2 设计多个入口联通周边社区
active area
Node
结构联系
城市肌理
散步
运动
电影
阅读
文娱
坝坝舞
出行
下棋
工作
购物
6AM
9AM
12AM
3PM
6PM
9PM
PARK
PLAZA
CULTURE PLAZA
SKYLINE
OUTDOOR THEATER
CULTURE
LIBRARY
OUTDOOR BASKETBALL
FOUNTAIN PLAZA
THEATER
BASKETBALL BADMINTON
PARKING
GYMNASIUM
剖面示意图

5.6 生活通路——滨江公园 - 城墙遗址单元

设计者：陶影

本地块设计范围 30 公顷，包括滨江公园，以及城墙公园。反映了山地特色滨江活动空间，与母城文化城墙空间。

本次设计以构建功能复合、站点激活的生活通路为核心目标，通过构建滨江公园的景观基础设施，在较为单一的公园活动中，植入社区生活活动，公园与社区相互融合共生，并进行重要公共空间节点设计，恢复其生活服务性功能，以实现滨江生活的重构。

1. 桥下漫游公园
2. 城墙主题活动区
3. 创意集市
4. 老年人文化活动区
5. 跳蚤市场区
6. 手工艺展品售卖
7. 码头主题活动区
8. 游客接待中心
9. 餐饮美食街
10. 老年人棋牌活动区
11. 青少年活动中心
12. 城墙博物馆
13. 创意展览馆
14. 社区图书馆

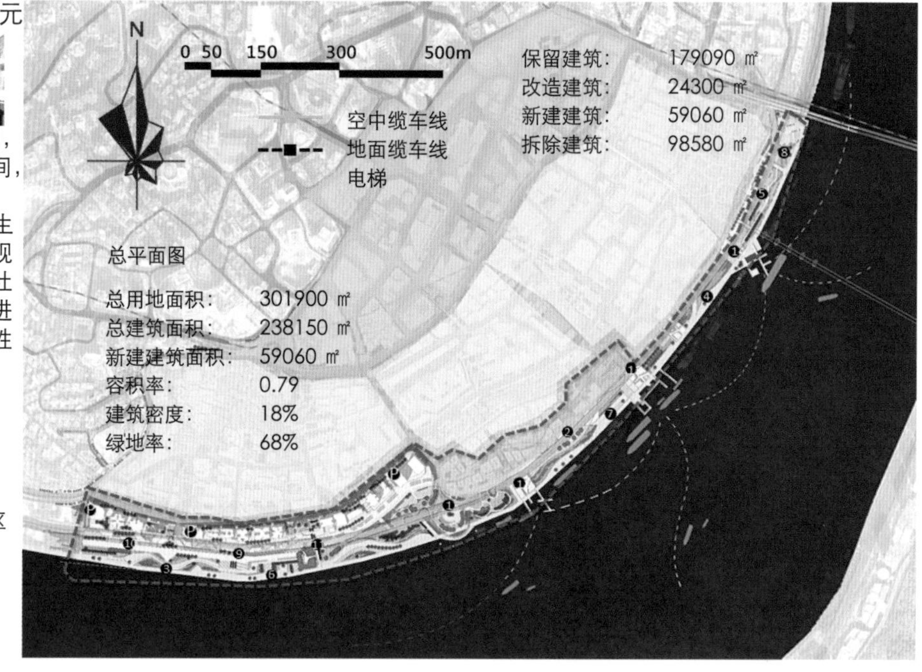

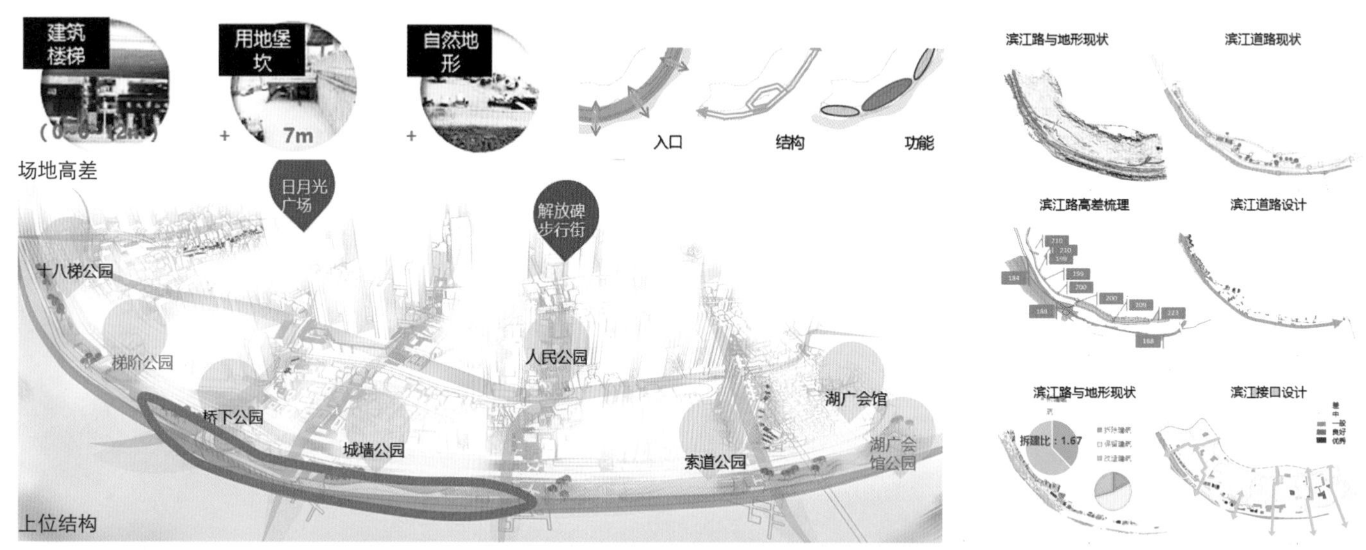

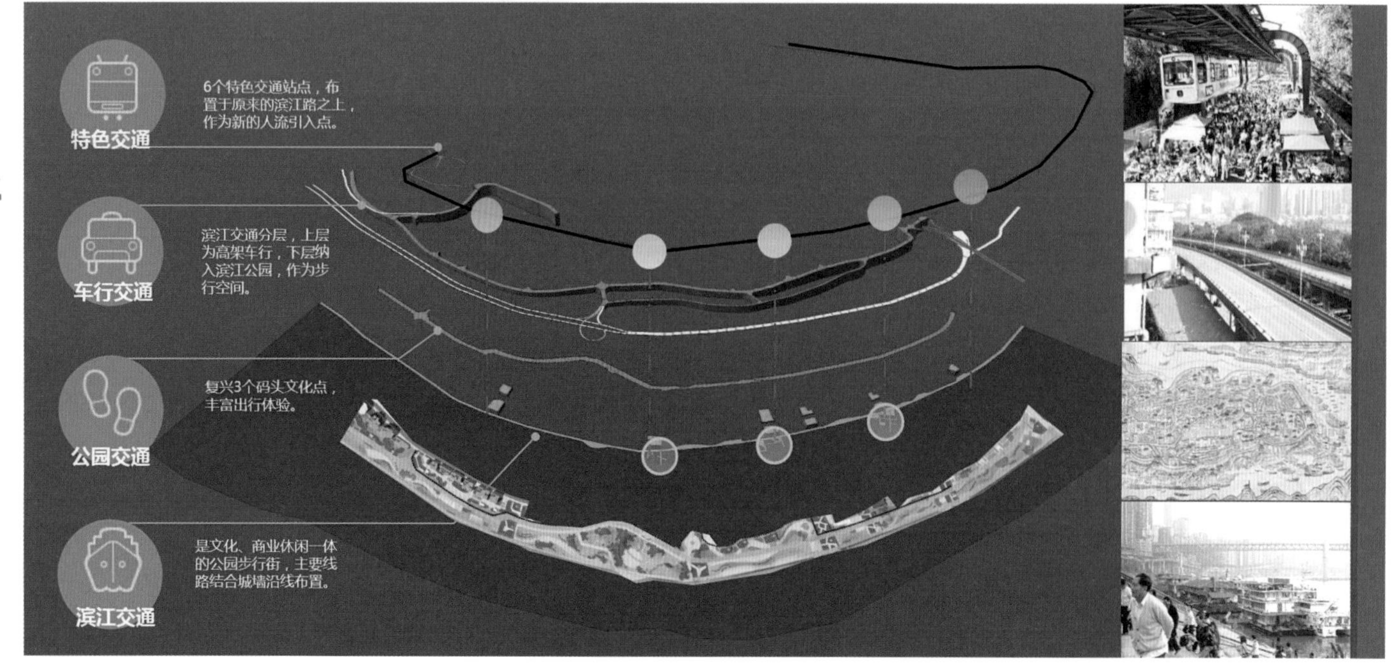

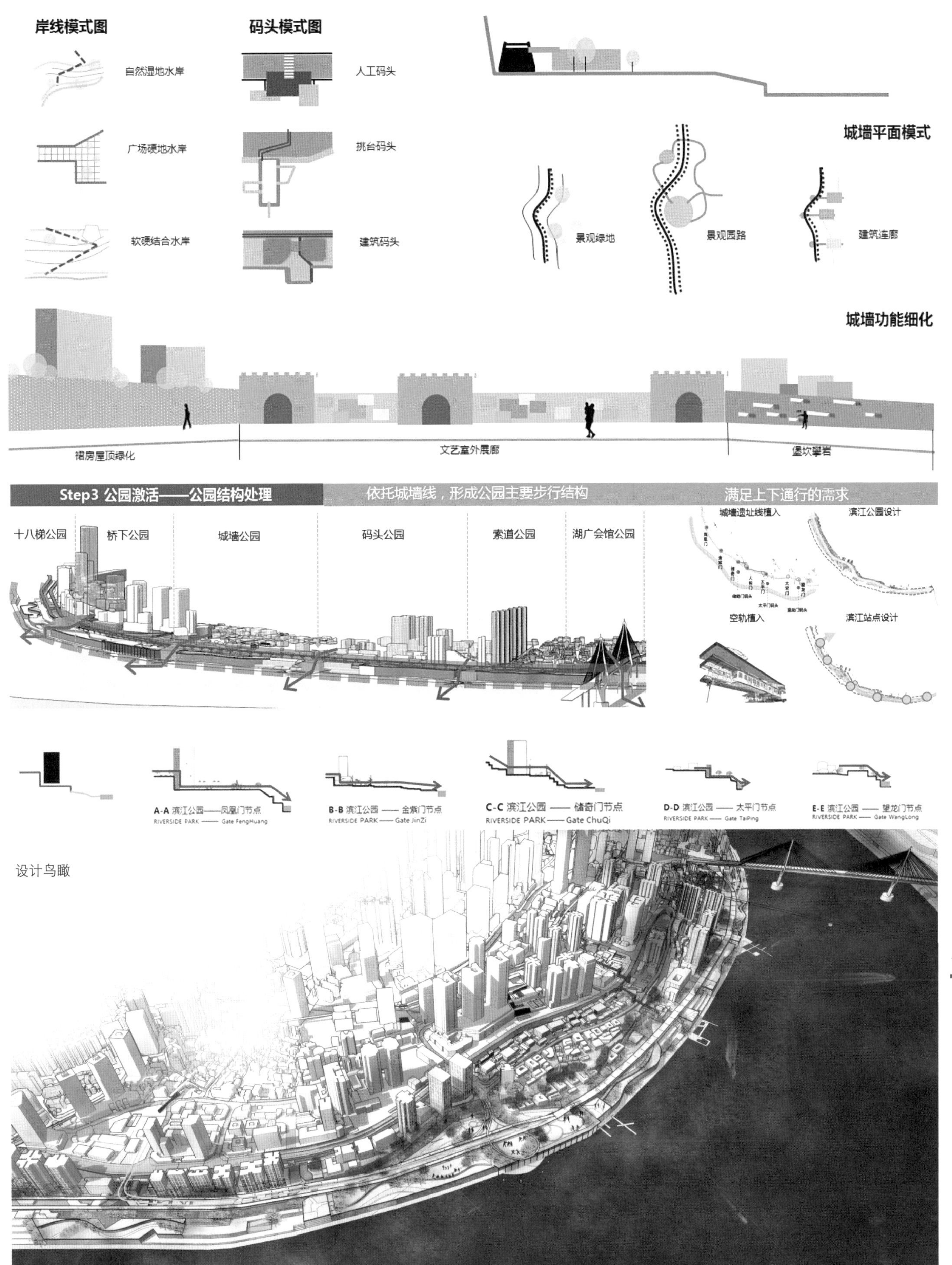
岸线模式图
自然湿地水岸
广场硬地水岸
软硬结合水岸
码头模式图
人工码头
挑台码头
建筑码头
城墙平面模式
景观绿地
景观园路
建筑连廊
城墙功能细化
裙房屋顶绿化
文艺室外展廊
堡坎攀岩
Step3 公园激活——公园结构处理
依托城墙线，形成公园主要步行结构
满足上下通行的需求
十八梯公园
桥下公园
城墙公园
码头公园
索道公园
湖广会馆公园
城墙遗址线植入
滨江公园设计
空轨植入
滨江站点设计
A-A 滨江公园——凤凰门节点
RIVERSIDE PARK —— Gate FengHuang
B-B 滨江公园 —— 金紫门节点
RIVERSIDE PARK —— Gate JinZi
C-C 滨江公园 —— 储奇门节点
RIVERSIDE PARK —— Gate ChuQi
D-D 滨江公园 —— 太平门节点
RIVERSIDE PARK —— Gate TaiPing
E-E 滨江公园 —— 望龙门节点
RIVERSIDE PARK —— Gate WangLong
设计鸟瞰

TRACK

RONG| 融·容·荣

Renovate Organize Nurture Generate

清华大学建筑学院

裴 昱 张雅敬 刘梦瑶 王川小雨 罗哲焜 张恒源 常 浩 邢 霄 聂 聪

指导教师：吴唯佳 刘佳燕 周政旭

渝中区下半城钟灵毓秀，具有得天独厚的地理优势，也蕴含了重庆这座城市最富有代表性的气质。在梳理下半城独有的山江城市特色、历史遗存建成环境和市井风味人文余韵三方面价值的基础之上，我们归纳出三个主要的视角：文化视角、人居视角和发展视角，深入地段进行问题审视，继而基于不同视角所发掘的核心问题分别提出对应的目标和解决策略，并给出空间的应答。

如何从历史文化传承断裂走向价值承续，如何从山水人居相对隔离走向有机共生，如何从经济社会分异极化走向和谐演进，结合下半城的自然资源、人文资源、发展潜力，本次设计提出了 RONG 的概念，包含“融·整合”、“容·重塑”、“荣·激活”三个维度，分别从宏观、中微观两个层面切入规划设计。通过在宏观结构上构建空间骨架再组织历史文化资源、调整建筑空间再重塑山水景观格局、激活空间节点再营造活力生态社区，构建起三个层面的空间规划控制导则。基于宏观导则在地段中划分出滨江园、十八梯、白象街、巴县署和望龙门五个具有不同地段气质、发展特色的中微观片区，保持 RONG 的剖析与设计思路，将宏观导则和构想进一步细化和落实，让城市社区生活“更好”。

The Lower City of Yuzhong district in Chongqing is full of nature bestows. It enjoys exceptional locational advantages and highly represents the unique character of Chongqing. Based on its unique mountain-river relationship, its rich cultural history resources and its chaotic while vibrant street life, we promote three main perspectives for our design. They include cultural perspective, human settlements perspective as well as development perspective. Then we analyze our site and define key problems and challenges following these three principles. Facing those challenge, we set values and goals, propose development strategies and then give spatial solution.

The key concept of our design is RONG, which contains three perspectives of “RONG Integration” “RONG Remodeling” and “RONG Activation” . Our design focuses on the macro and medium-micro level. At the macro level, we propose a delicate space-framed construction to reorganize the cultural and history resources. Urban space is moderated to reshape the landscape pattern and many public spaces are redesigned as key nodes to activate the current lifeless space. These three main strategies lead to our planning guidelines. Once the guidelines are set up, we divide our site into five different areas, inducing Binjiang garden, Shibati area, Baixiang street, Baxianshu area and Wanglongmen area. All these areas have different spatial characters while face different development challenges. At medium-micro level, we make detail design following the key idea Rong and the macro level guidelines to encourage a better life.

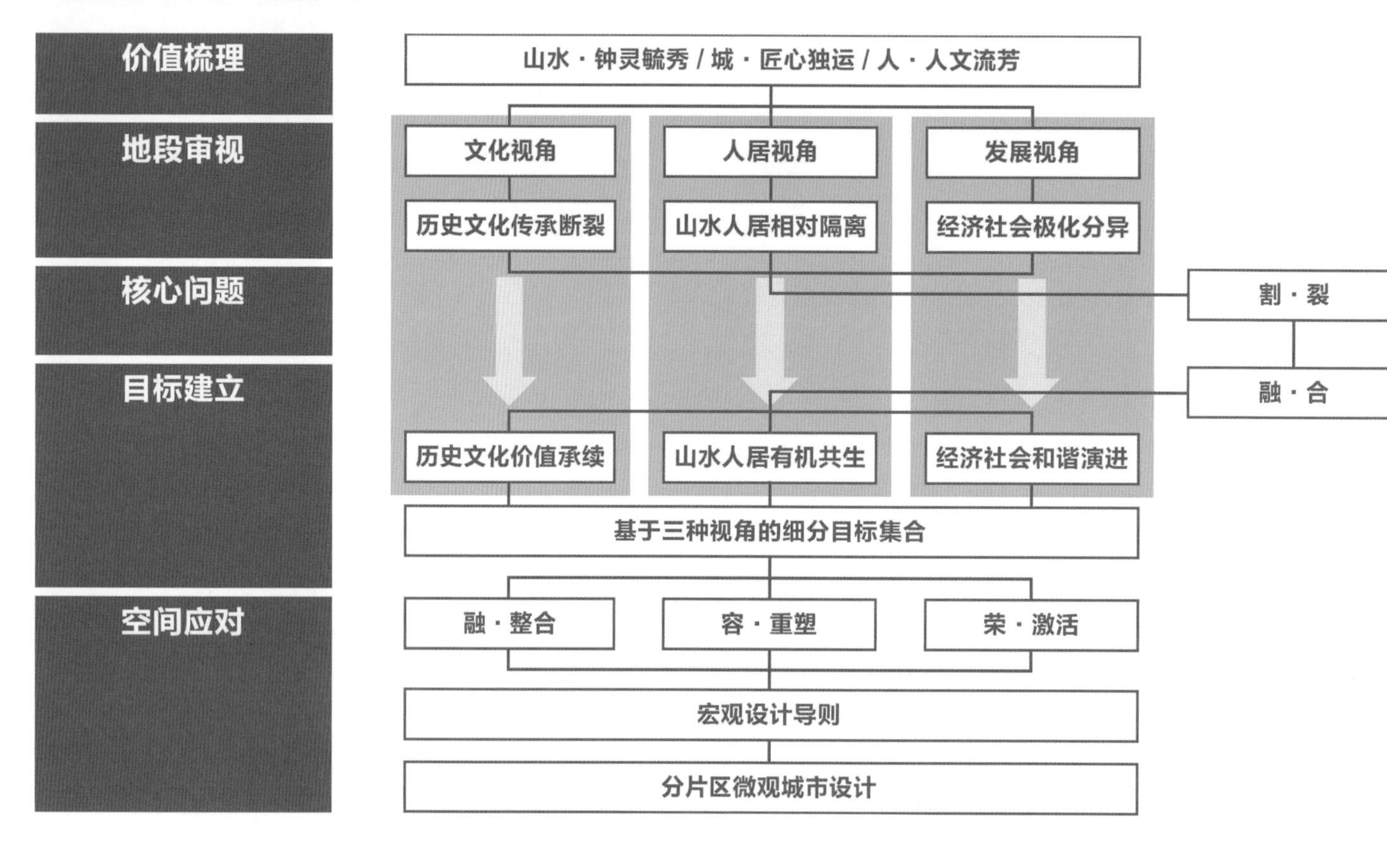

山水•钟灵毓秀

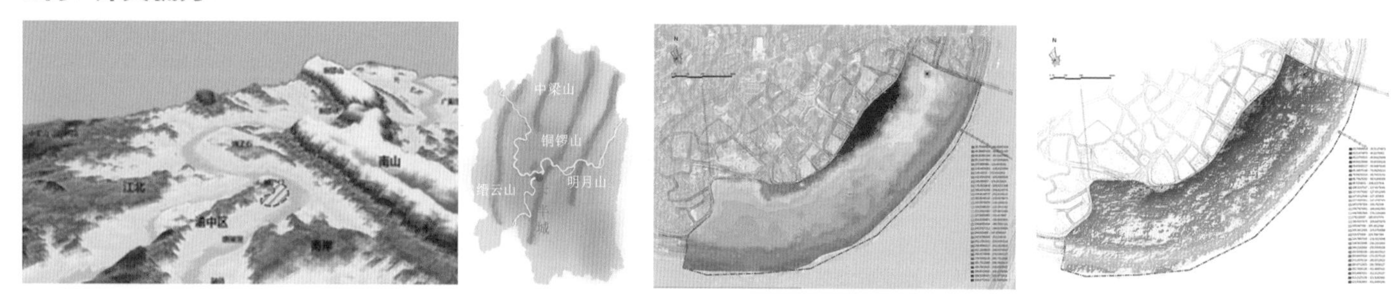

城•匠心独运

人•人文流芳

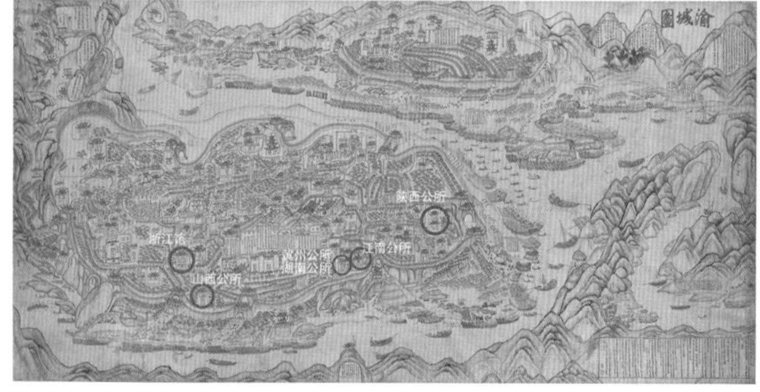

来到下半城热闹码头区域
市井生活从水边码头开始
棒棒，贵妇人,茶馆，烟店

下半城热闹的城市景观
人力车，乘客，商贩，购物的人流，热闹的街道

文化视角·历史文化传承断裂

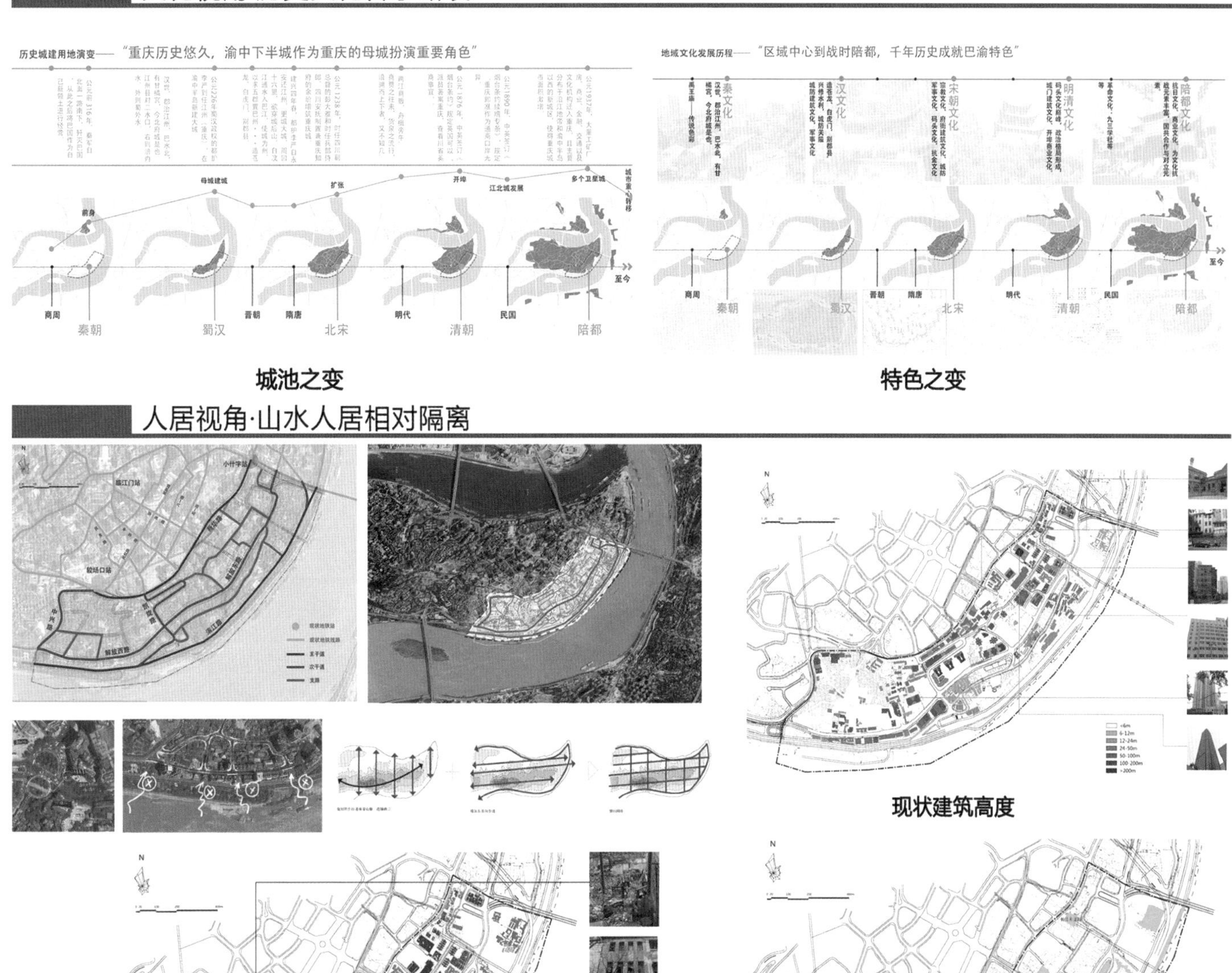

人居视角·山水人居相对隔离

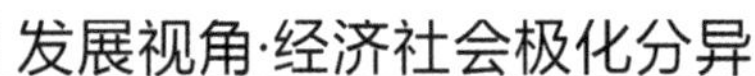

现状建筑高度

现状建筑质量

现状公共空间

发展视角·经济社会极化分异

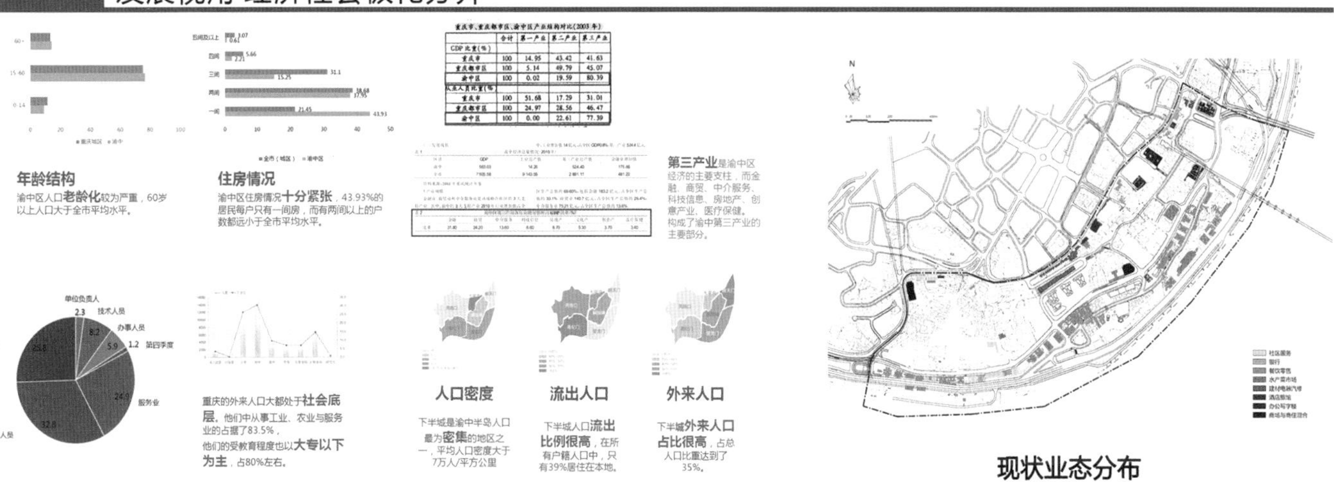

	合计	第一产业	第二产业	第三产业
GDP比重(%)				
重庆市	100	14.95	43.42	41.63
重庆都市区	100	5.14	49.79	45.07
渝中区	100	0.02	19.59	80.39
从业人员比重(%)				
重庆市	100	51.68	17.29	31.01
重庆都市区	100	24.97	28.56	46.47
渝中区	100	0.00	22.61	77.39

年龄结构
渝中区人口**老龄化**较为严重，60岁以上人口大于全市平均水平。

住房情况
渝中区住房情况**十分紧张**，43.93%的居民每户只有一间房，而有两间以上的户数都远小于全市平均水平。

第三产业是渝中区经济的主要支柱，而金融、商贸、中介服务、科技信息、房地产、创意产业、医疗保健，构成了渝中第三产业的主要部分。

重庆的外来人口大都处于**社会底层**，他们中从事工业、农业与服务业的占据了83.5%，他们的受教育程度也以**大专以下为主**，占80%左右。

人口密度
下半城是渝中半岛人口最为**密集**的地区之一，平均人口密度大于7万人/平方公里

流出人口
下半城人口**流出比例很高**，在所有户籍人口中，只有39%居住在本地。

外来人口
下半城**外来人口占比很高**，占总人口比重达到了35%。

现状业态分布

上位规划总结与评价

功能定位 下半城属都市功能核心区；特色有现代服务业核心区、历史文化展示区、山水城市形象区。 → **山-水-城格局特色有待明确**

发展战略 下半城属东部开放门户、下半城传统文化活力区。

交通规划 下半城优先发展公共交通；
下半城新增桥梁和打通公园支路；
扩大地铁5号线影响力；
下半城新增七条纵向步道； → **步行系统规划地形考虑欠妥**
下半城部分接入解放碑地下空间开发二期工程。

生态规划 加强山体生态屏障、两江生态廊道和生态控制区保护。

保护规划 对太平门、东水门遗址整体保护，保护渝中半岛“九开八闭”的城门格局及城墙系统。
下半城的南宋衙署遗址，将打造南宋衙署遗址公园。 → **传统格局有待整体挖掘提炼**

产业发展 下半城重点发展现代服务业；
加快推进现有市场和工业项目搬迁和升级改造。

文化结构 下半城属滨江文化展示带。 → **文化指代宽泛亟待深入挖掘**

旅游发展 下半城属巴蜀文化体验区。

城市设计 湖广会馆、重庆1891开埠、十八梯巴渝三处历史风貌区；
下半城望龙门、人民公园、较场口、南区路四处城市阳台。

目标策略框架

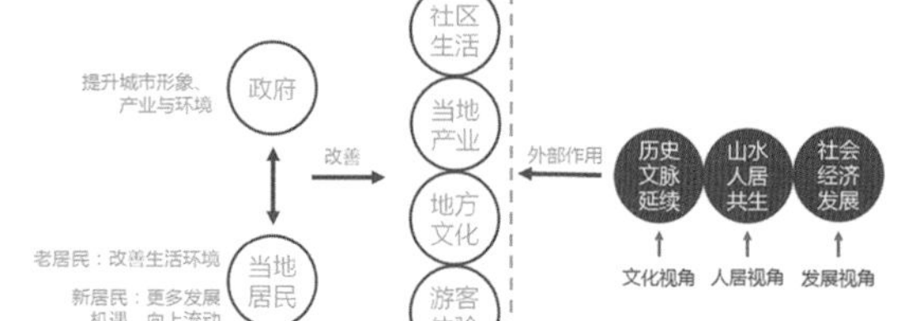

文化带
山水带
商业带
十八梯·文创巷子
滨江园·宜居生活
白象街·老字街坊
巴县署·古迹今辉
望龙门·会馆韵悠
活力点

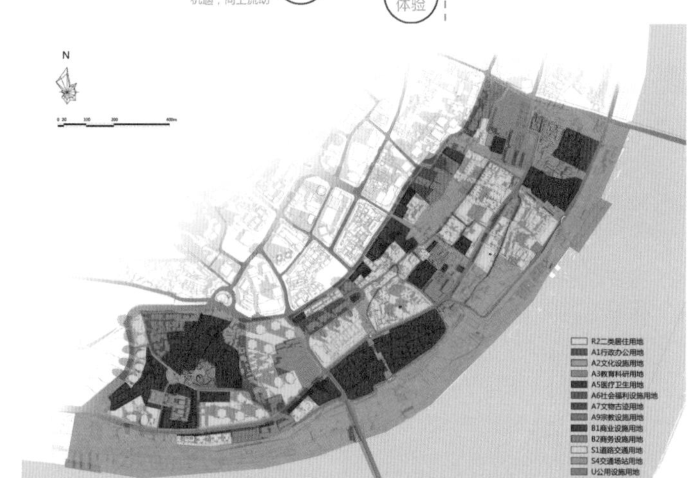

文化视角·历史文化价值承续

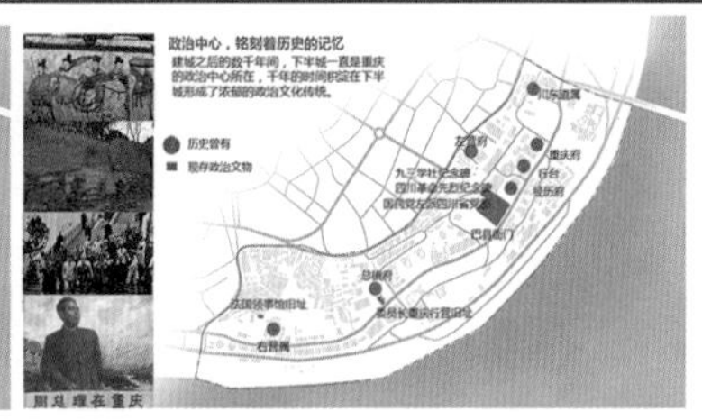

商贸+政治+市井

码头商贸在历史上的兴盛使得下半城极富活力，随着交通方式的陆地化，码头文化也渐渐淡薄。在设计中，拟对码头文化进行再度挖掘利用，承续码头文化背后的历史价值。与此相紧密联系的城门城墙等政治文化遗迹，在下半城城市更新进程中无疑也是值得关注的文化价值。此外，作为历史上重庆市井文化最为丰富和集中的区域，对其进行再度挖掘也是下半城城市更新中不可或缺的一环。

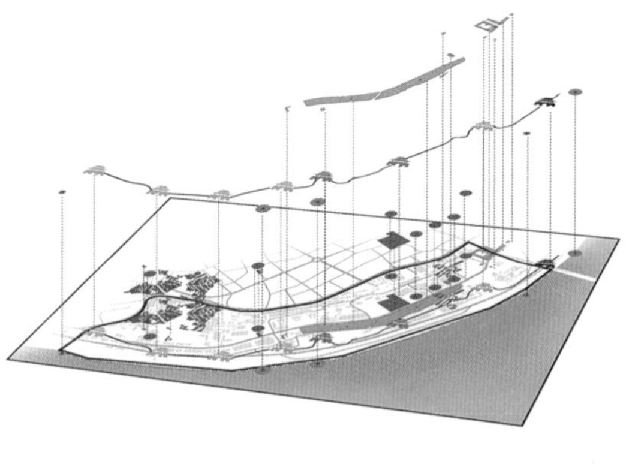

多元文化相互融合

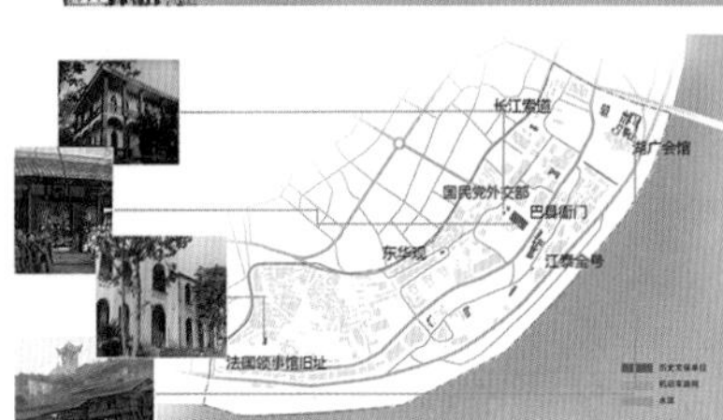

通过点线面整合保护地段内部的历史资源，并且从空间上梳理出古今融合的点，对地段内部的历史资源进行系统的、整体的保护，力争重塑重庆山城特色

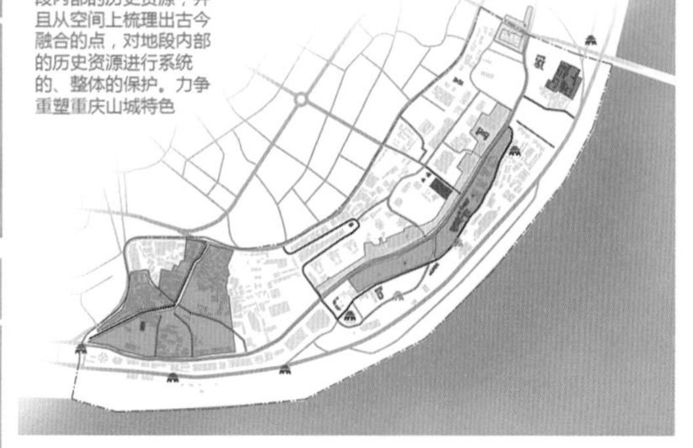

历史资源综合利用

人居视角·山水人居有机共生

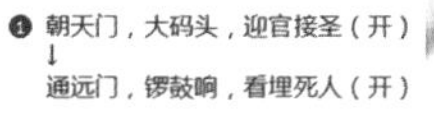

❶ 朝天门，大码头，迎官接圣（开）
↓
通远门，锣鼓响，看埋死人（开）

❷ 东水门，有一个四方古井，正对着真武山，鲤鱼跳龙门（开）

❸ 金紫门，恰对着，镇台衙门（开）

❹ 太平门，老鼓楼，时辰报准（开）
↓
临江门，粪码头，肥田有本（开）

❺ 金碧台（崇因寺）→太安门（近望龙门）→龙门浩

❻ 文峰路→文峰塔

❼ 南纪门→黄葛渡→南坪山

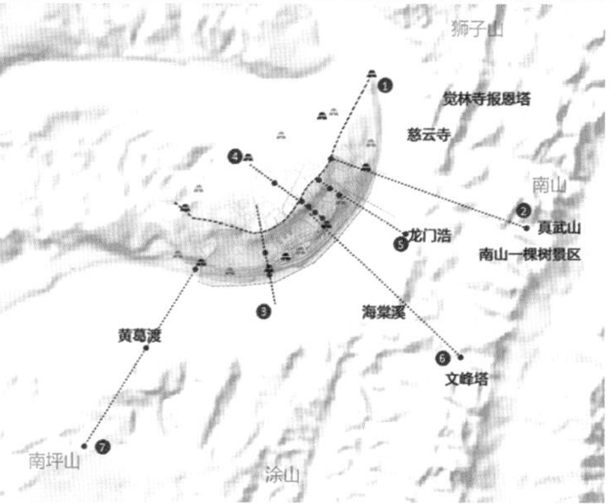

❶金碧台
“巴山之顶名金碧山，即县学后山之祖峰也。府署左岩上有金碧台，明郡守张希召于台上建金碧山堂。俯瞰江城，饮虹览翠，每轻风徐过，馥馥然袭袂香流，寻之并无花木，岂心清闻妙香耶？”

❷望江书屋
王尔鉴望江书屋建在巴县署左山腰，与海棠溪口隔江相对。王尔鉴诗：“溪瑗怜香国，山容映海棠。轻烟笼晓售，细雨点新装。娟秀宁工媚，幽清却养藏。每望望江屋，独立临苍茫。”

❸望龙门
“大江对岸涂山麓水中二巨石，宋绍兴中刻有‘龙门’二字”。

❹南纪门
王尔鉴《小记》：“南纪门外大江对岸南城坪有黄葛古树，偃盖渡旁。江横大洲曰珊瑚坝。舟子曲折行乃达彼岸。雨余月际，理睎江烟苍茫间。价巡往来，飘如一叶，亦佳趣也。”

❺较场口
“校场坝的土地，管得宽。”

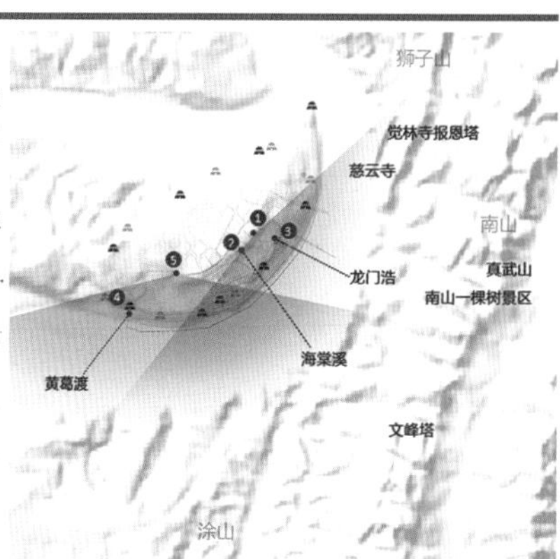

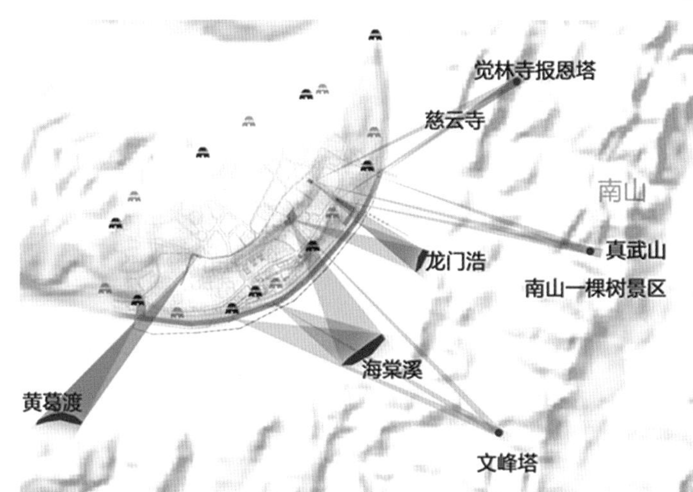

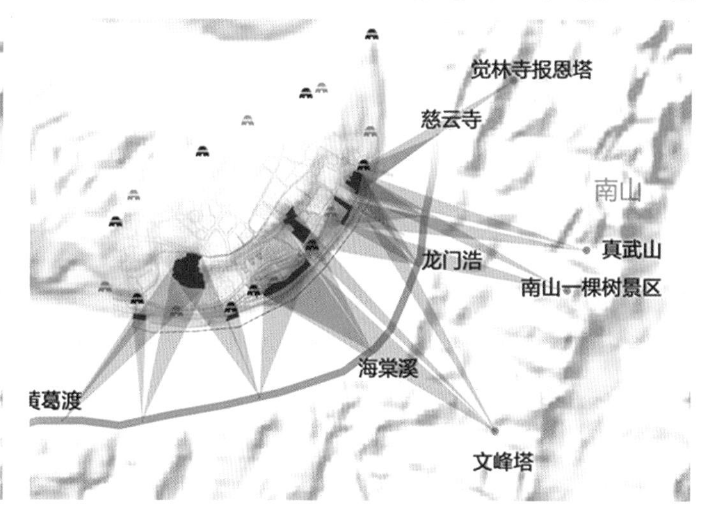

发展视角·经济社会和谐演进

总用地范围：10平方公里
居住用地1.98平方公里，建筑量1087万平方米
商业商务用地2.36平方公里，建筑量1547万平方米

江北嘴地区：350公顷
居住用地80公顷，建筑量316万平方米
商业商务用地77公顷，建筑量512万平方米

弹子石地区：300公顷
居住用地40公顷，建筑量136万平方米
商业商务用地74公顷，建筑量253万平方米

解放碑地区：350公顷
居住用地78公顷，建筑量635万平方米
商业商务用地85公顷，建筑量782万平方米

重庆中央商务区空间结构

重庆的CBD商务产业结构是由“解放碑-江北嘴-弹子石”三大板块形成的多中心结构模式。

根据规划，重庆渝中区解放碑地区将由原来的0.92平方公里拓展到3.5平方公里（78公顷居住用地+85公顷商务用地），被扩大的解放碑CBD将囊括渝中下半城地区。

下半城将面临解放碑商务区扩张的形势影响。

北京
朝阳CBD
用地面积：
4平方公里
（+东扩区：3平方公里）

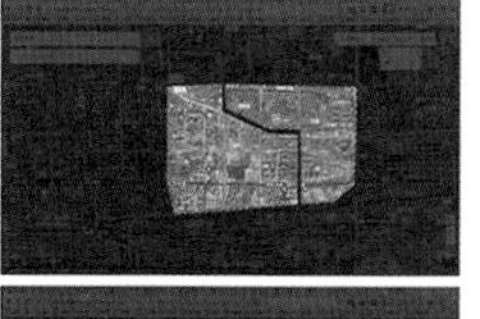

上海
陆家嘴
CBD
用地面积：
6.8平方公里

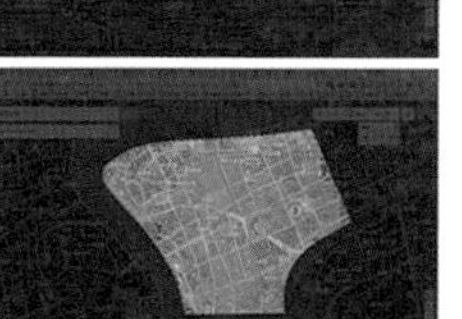

重庆
解放碑CBD
用地面积：
3.5平方公里

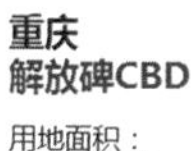

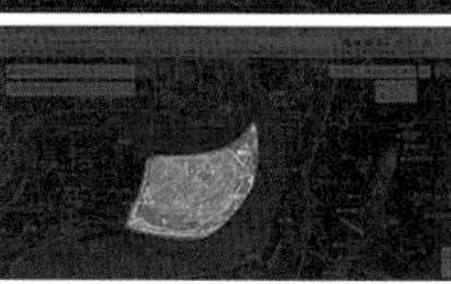

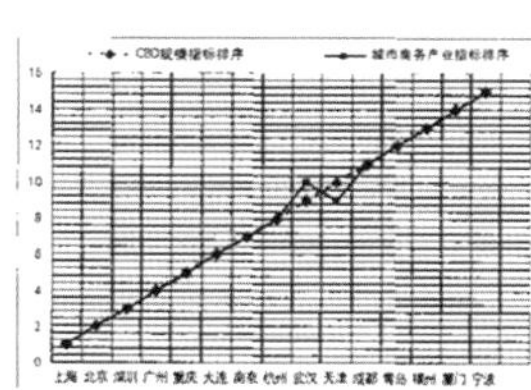

CBD与城市商务产业规模排序对比 - 2006年

重庆在2013年的CBD扩建规划方案中将CBD扩大至10平方公里。

下半城在解放碑CBD中主要承担商务服务与居住配套需求。

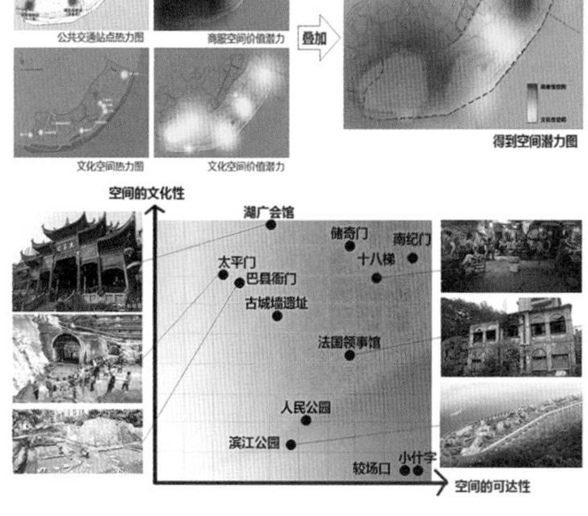

策略模式A：
适用于：兼具空间的文化性和商业价值。
整体保护，小规模更新，社区运动。
更新案例：南锣鼓巷，白塔寺街区。

策略模式B：
适用于：空间具有高文化属性，但商业性较差。
文化景点开发，作为公园或遗址带动旅游经济。
更新案例：皇城根遗址公园，天坛等。

策略模式C：
适用于：空间缺乏文化资源，商业性较强。
在文化的语境背景中，适当运营开发，策划活动；或（在缺乏文化资源的情况下）高强度开发。
更新案例：众多地铁站点附近的开发模式（如五道口）。

经济技术指标

片区	滨江路·宜居生活	十八梯·文创巷子	白象街·老字街坊	巴县衙·古迹今颜	望龙门·会馆韵悠
用地面积	28.18ha	22.47ha	8.13ha	6.79ha	13.31ha
规划容积率	0.17	3.86	2.52	1.9	2.1
规划建筑面积	17952㎡	867366㎡	204876㎡	129010㎡	279421㎡
规划绿地率	0.82	0.35	0.318	0.32	0.4
规划建筑密度	-	31.90%	52.80%	26%	35%

融·整合|文化网络串接交织

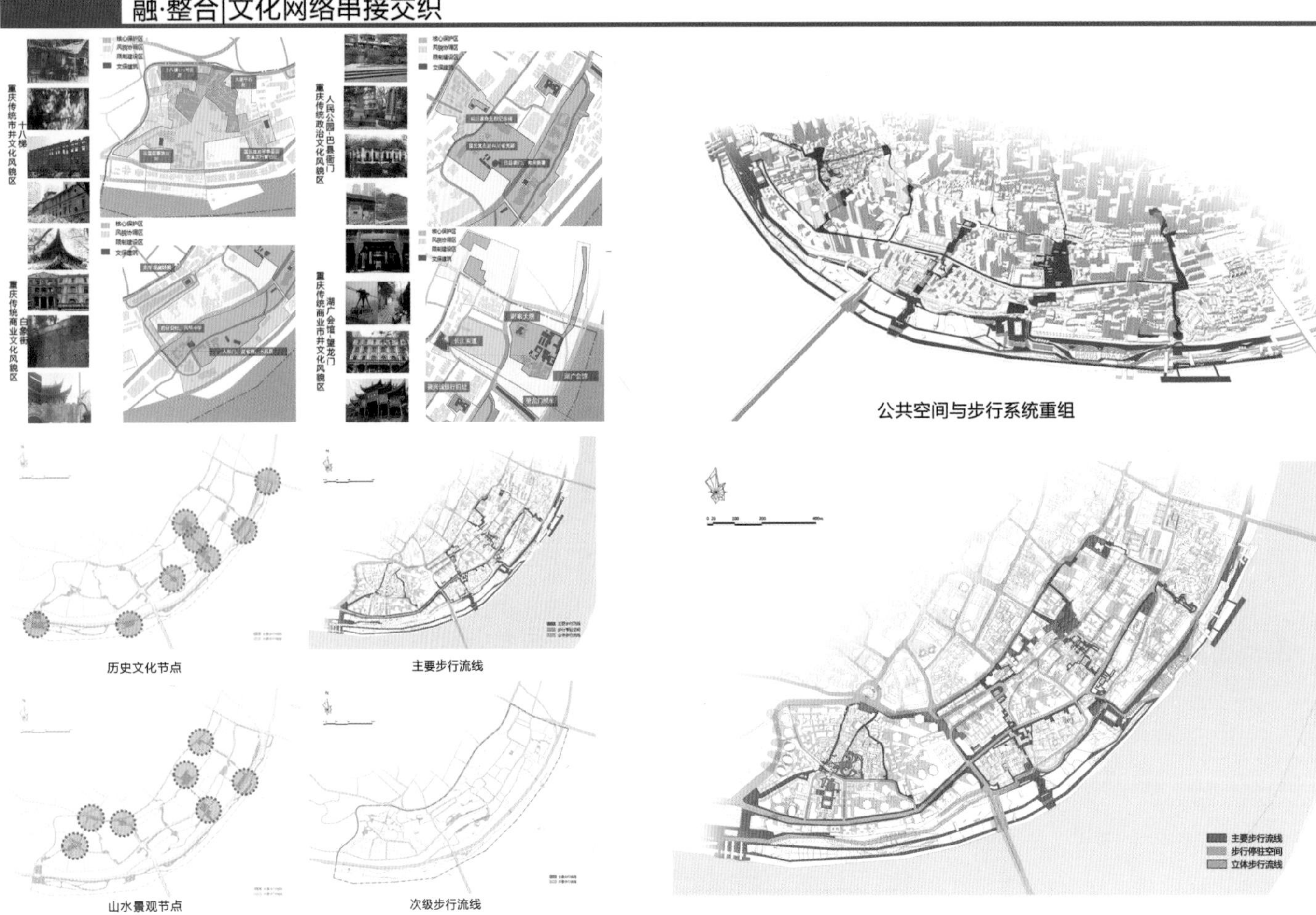

公共空间与步行系统重组

历史文化节点

主要步行流线

山水景观节点

次级步行流线

融·整合|上城活力承接渗透

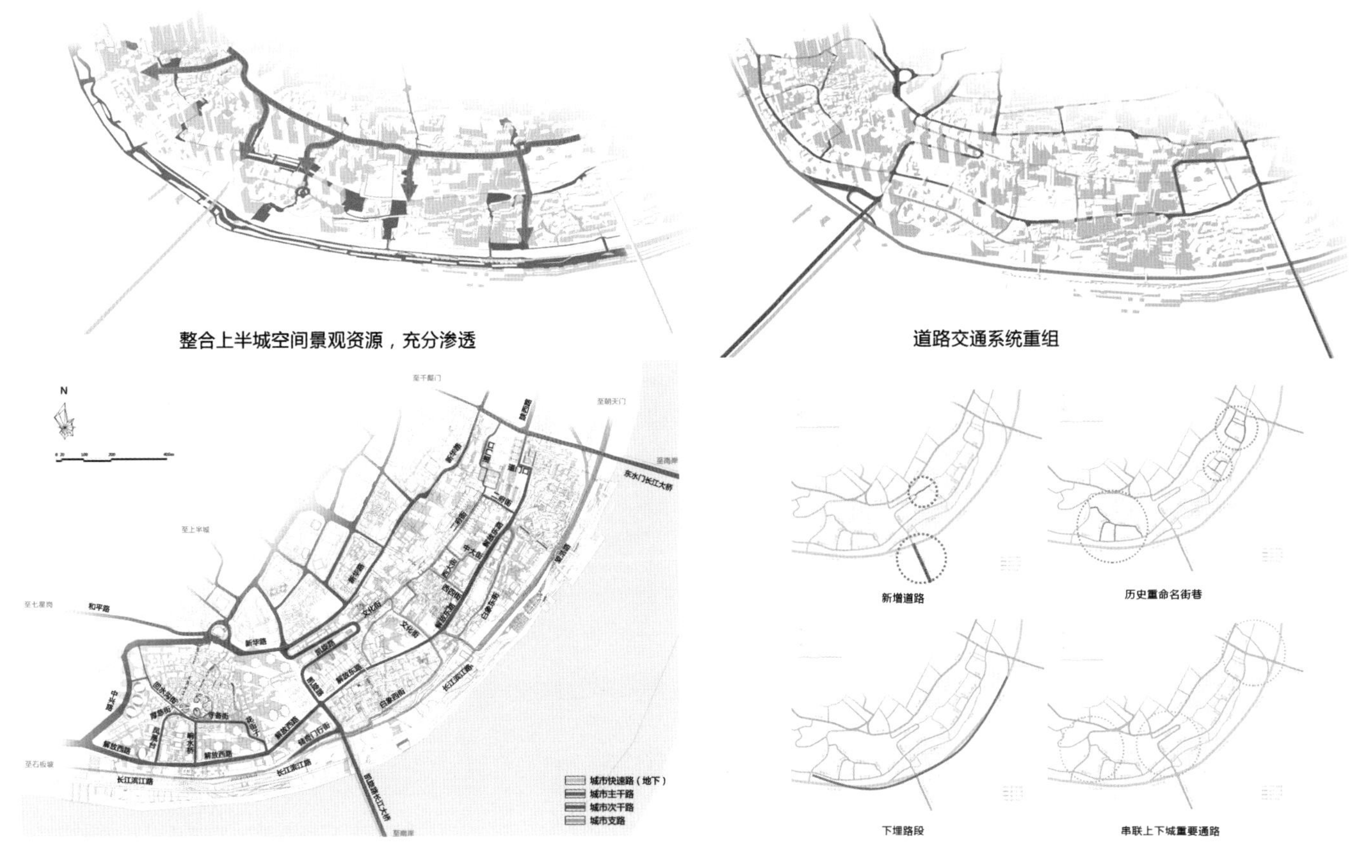

融·整合|滨江资源内外延伸

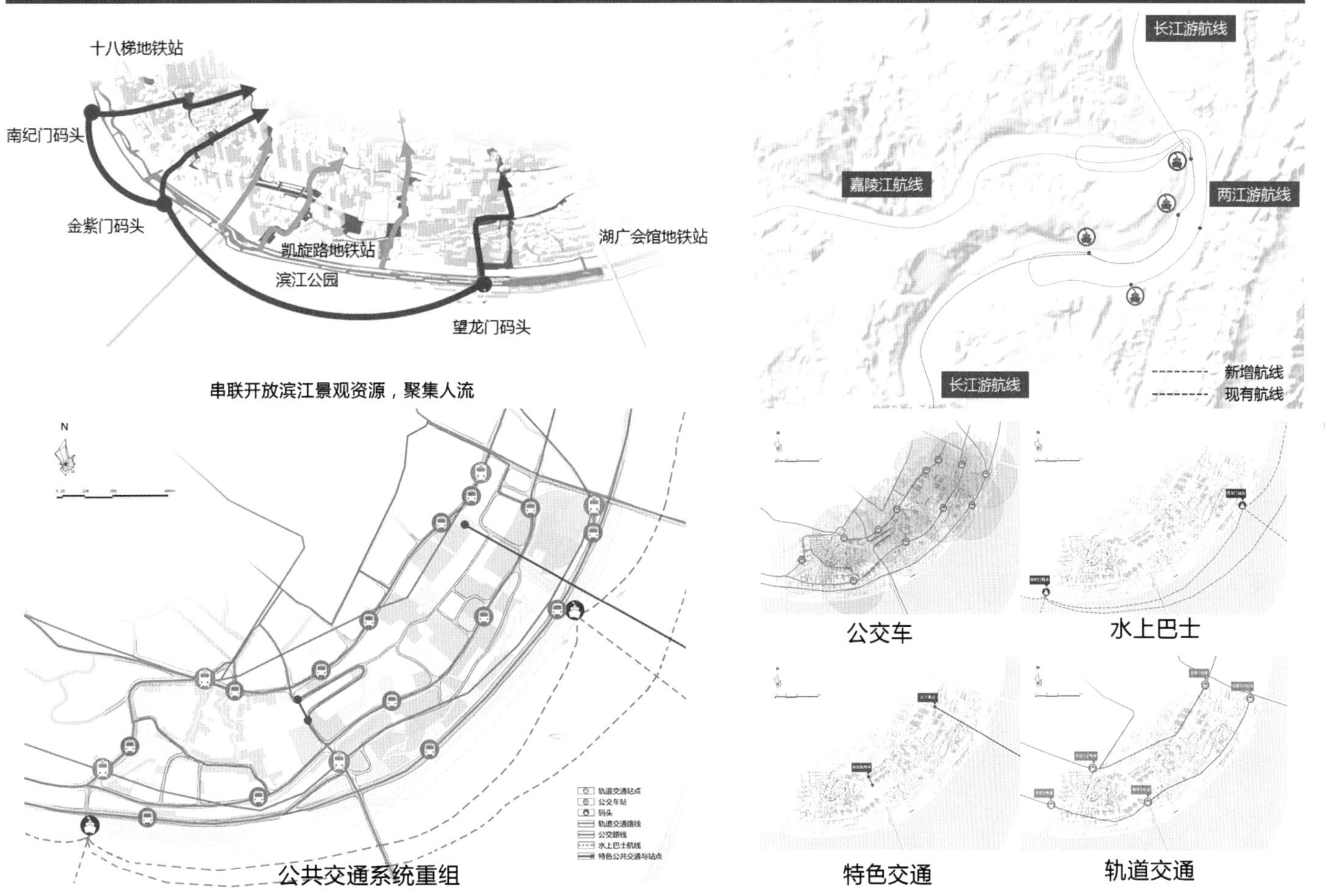

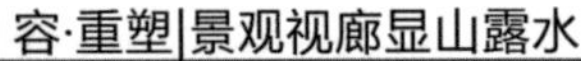

容·重塑|景观视廊显山露水

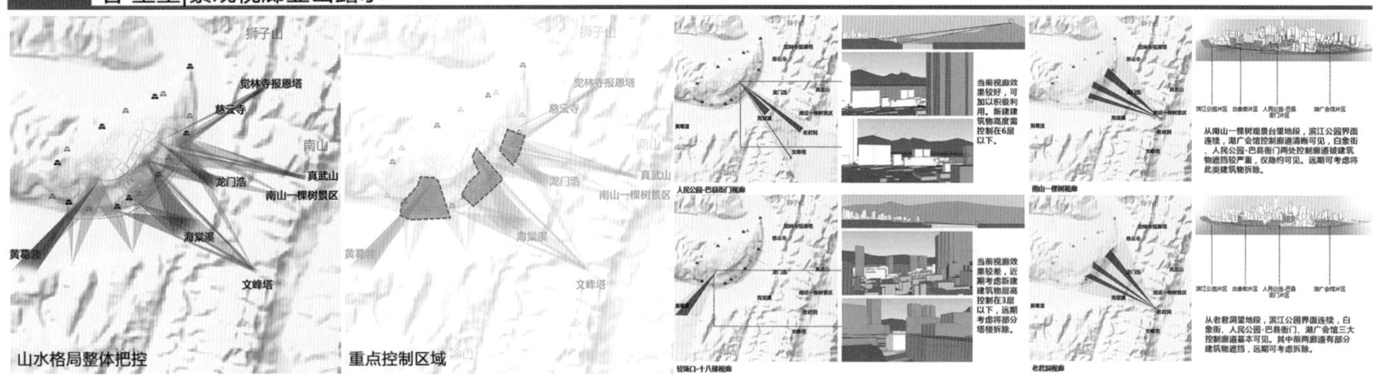

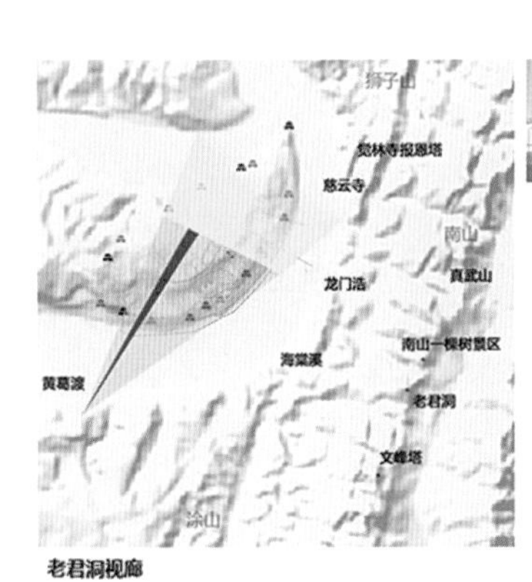

滨江公园片区 十八梯-解放碑片区 白象街片区

从黄葛渡望地段，滨江公园界面连续，十八梯-较场口-解放碑廊道可见，但较为局促。由于有部分建筑物遮挡，远期可考虑拆除。白象街片区廊道局部可见。

基于视廊分析的高度控制

容·重塑|半岛立面景致叠韵

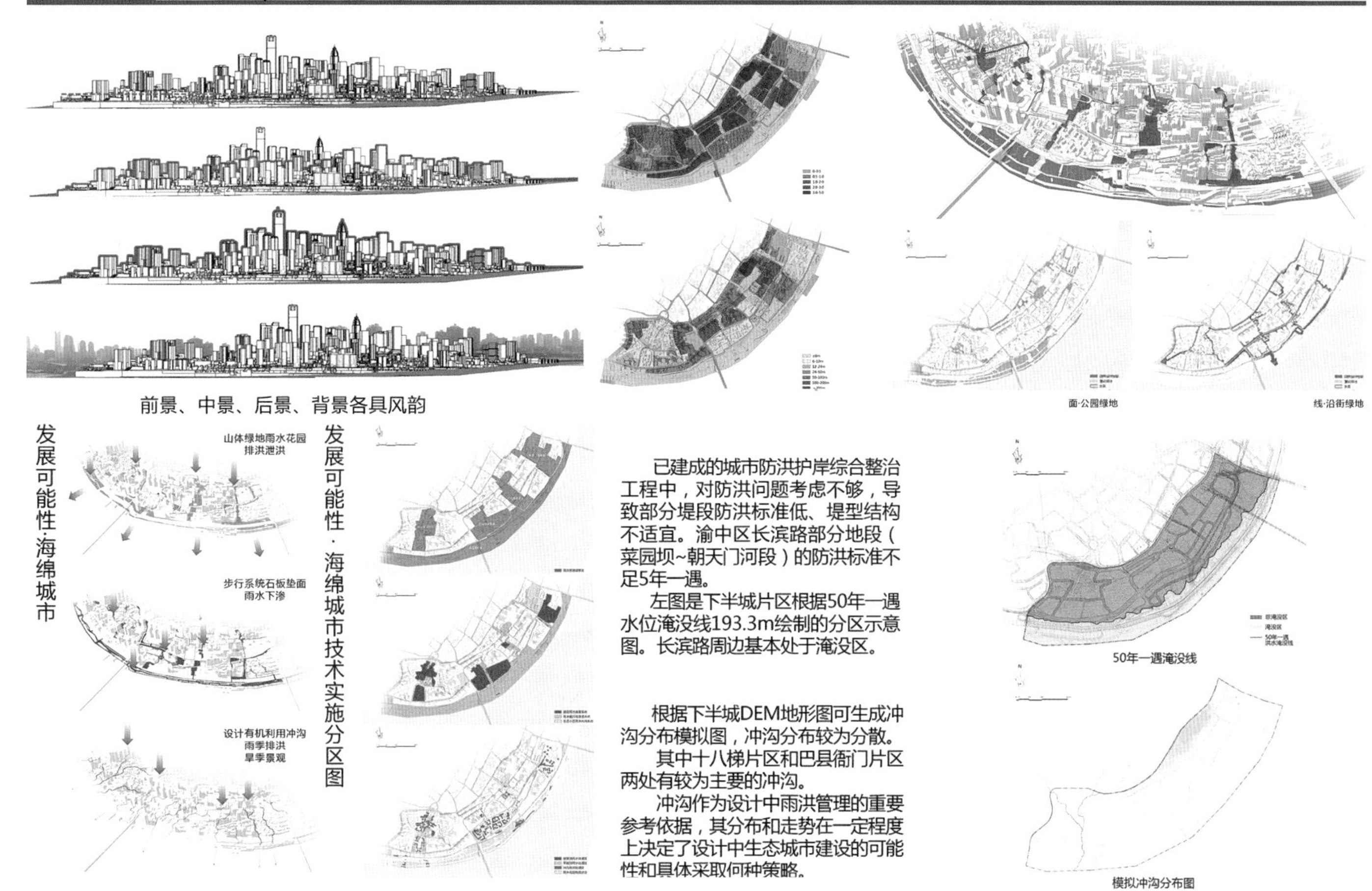

已建成的城市防洪护岸综合整治工程中，对防洪问题考虑不够，导致部分堤段防洪标准低、堤型结构不适宜。渝中区长滨路部分地段（菜园坝~朝天门河段）的防洪标准不足5年一遇。

左图是下半城片区根据50年一遇水位淹没线193.3m绘制的分区示意图。长滨路周边基本处于淹没区。

根据下半城DEM地形图可生成冲沟分布模拟图，冲沟分布较为分散。

其中十八梯片区和巴县衙门片区两处有较为主要的冲沟。

冲沟作为设计中雨洪管理的重要参考依据，其分布和走势在一定程度上决定了设计中生态城市建设的可能性和具体采取何种策略。

容·重塑|山地特色再现凸显

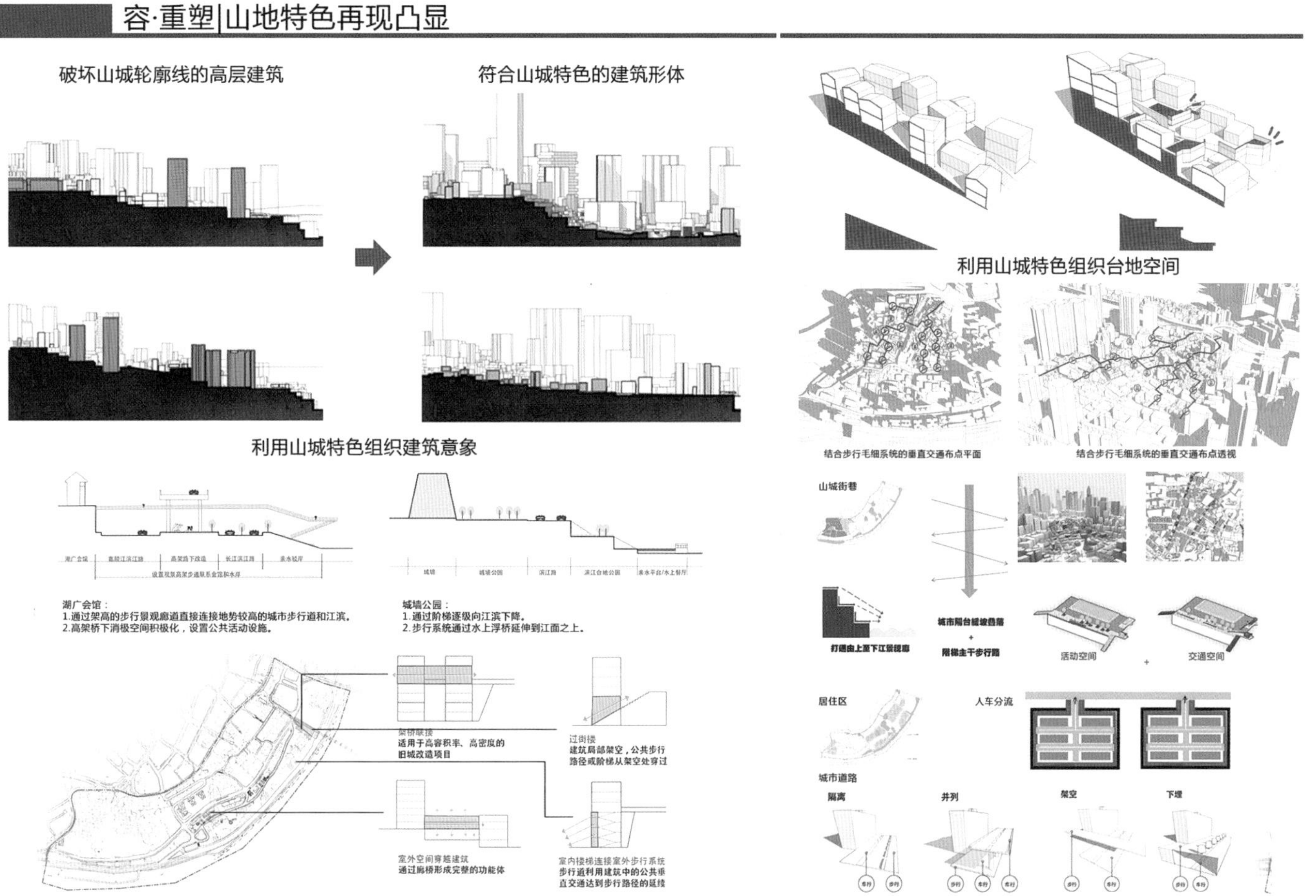

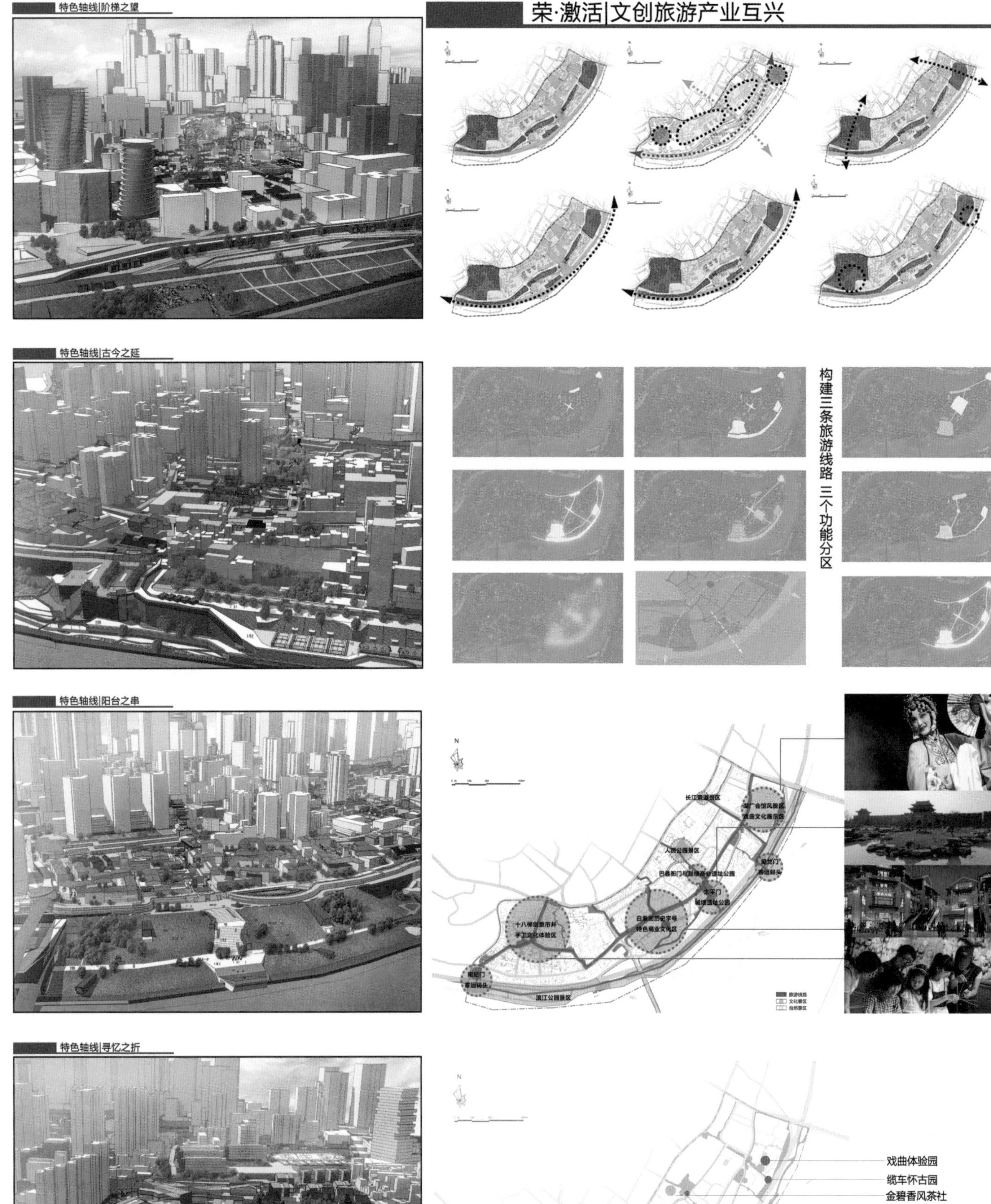
特色轴线|阶梯之望
荣·激活|文创旅游产业互兴
特色轴线|古今之延
构建三条旅游线路 三个功能分区
特色轴线|阳台之串
N
湖广会馆风貌区
戏曲文化展示区
人民公园景区
太平门
城墙遗址公园
白象街历史字号
特色商业文化区
手工文化体验区
滨江公园景区
旅游线路
文化景区
自然景区
特色轴线|寻忆之折
N
戏曲体验园
缆车怀古园
金碧香风茶社
巴县文化博物馆
十八梯虚拟现实体验馆
白象街老字号文化影像馆
白象街老字号文化街
十八梯记忆画廊
法国领事馆旧址博物馆

荣·激活|多元共生人群交融

居民群体

老旧住宅区居民

中低端商服人员

新生代高知居民

从业群体

行政办公群体
商务办公群体
文教办公群体
文创产业工作者

游客群体

本地游客
外地游客
·热衷历史记忆的游客群体
·富有文创情结的游客群体

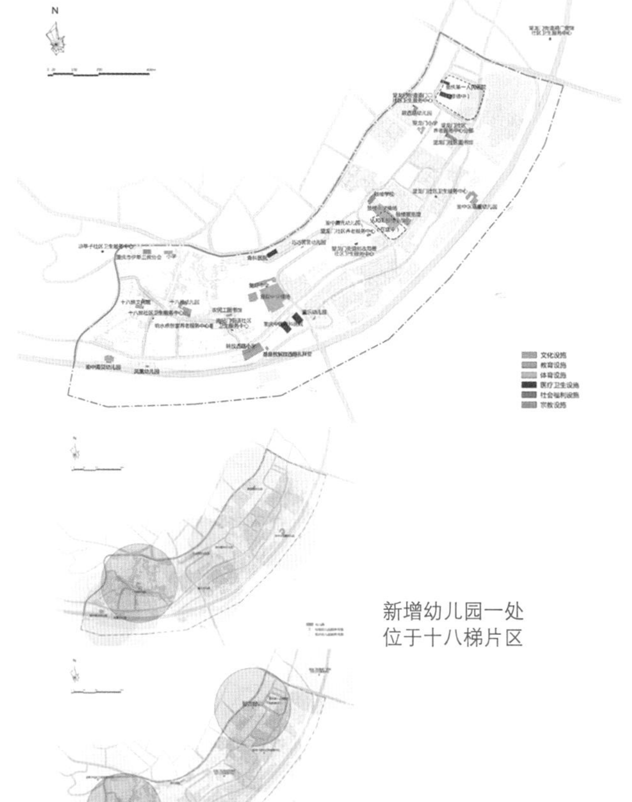

新增幼儿园一处
位于十八梯片区

新增社区医疗卫生服务站两处

新增医疗卫生服务站两处
位于十八梯、望龙门片区

基于产业发展可能性，构想潜在人群多元性

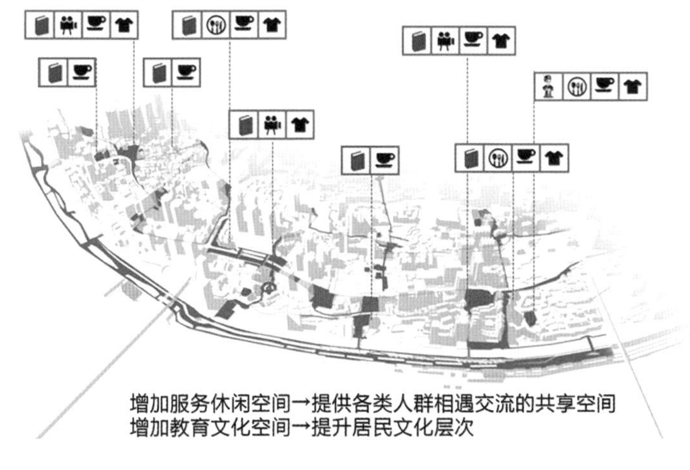

增加服务休闲空间→提供各类人群相遇交流的共享空间
增加教育文化空间→提升居民文化层次

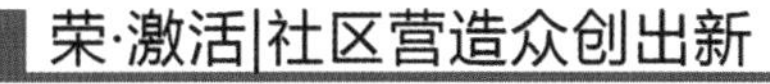

荣·激活|社区营造众创出新

下半城的发展路径与上半城的大资本、大开发不同，旨在推动社区内部自发性营造的众创出新。利用社区内部建筑空间的多功能利用和组织（如前商后工、下商上住），在宜人的尺度体验内融入更多文化创意元素，同步激活和打通社区内外空间。

传统的社区管理

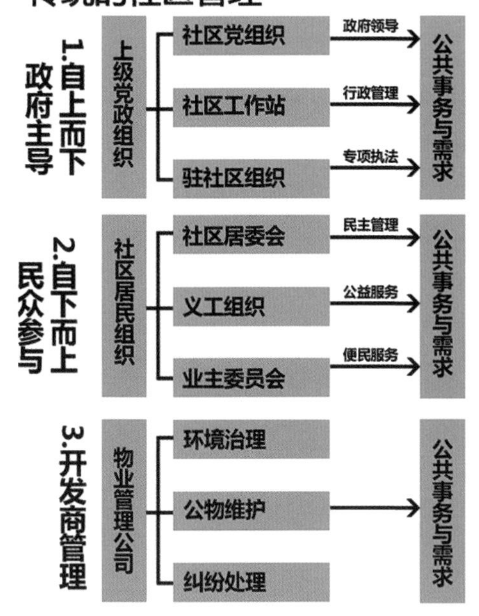

全新的社区管理

政府职能再定位

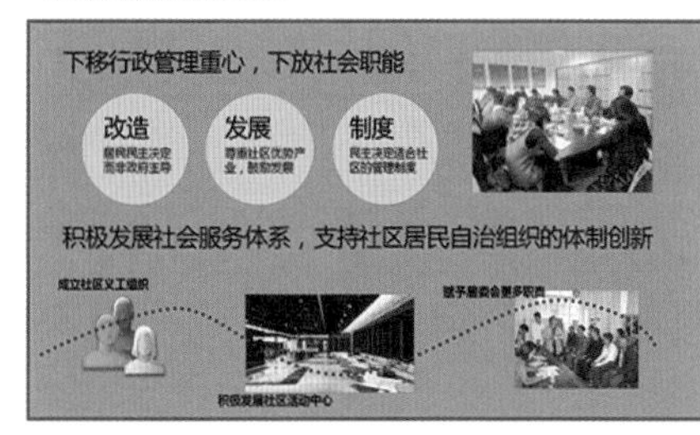

社区资本的重建

转变工作视角

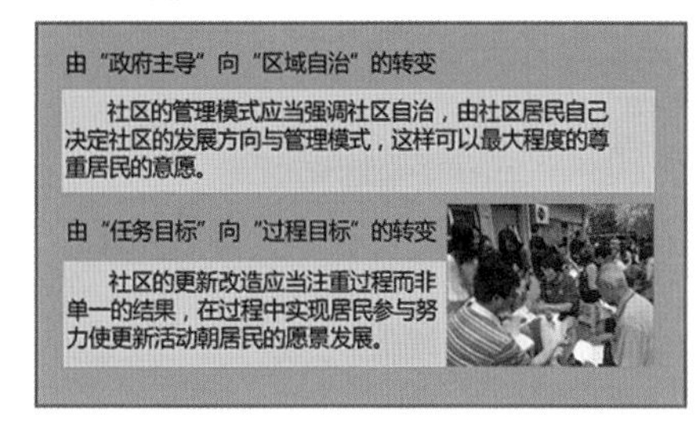

社会支持体系的建立

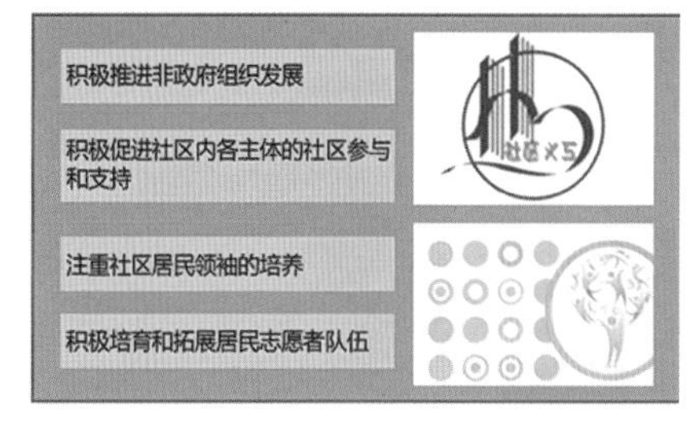

融·整合

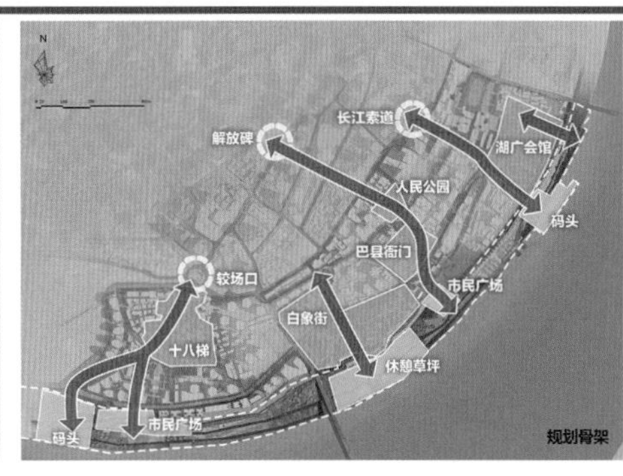

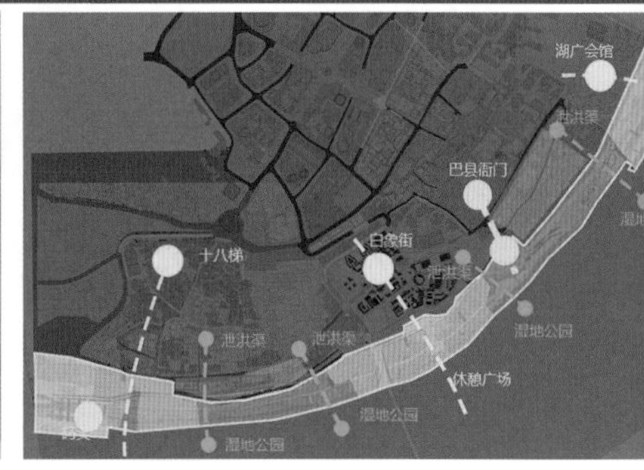

规划策略

滨江地段与下半城住区相连，分别形成连接十八梯、湖广会馆的旅游功能带，服务周围住区的社区服务带和结合地形冲沟设置的雨水公园带三个不同的功能区。
旅游功能带以服务游客为主，连接码头，商铺，延续旅游线路，让下半城原本零散的旅游资源能集中起来，形成一个综合立体的旅游网络。
社区服务带针对重庆下半城地方有限，户外活动场所相对不足的特点，服务临近住宅小区，形成邻里中心。既给居民提供一个健身娱乐的场所，又能促进居民之间的交流。
雨水公园带结合地形设置，让雨水分级流下来，再逐级处理，追踪汇入长江。其生态功能不仅是下半城生态设计的重要节点，更是规划中的一大亮点，湿地景观能够对市民有科普宣传作用。

容·重塑

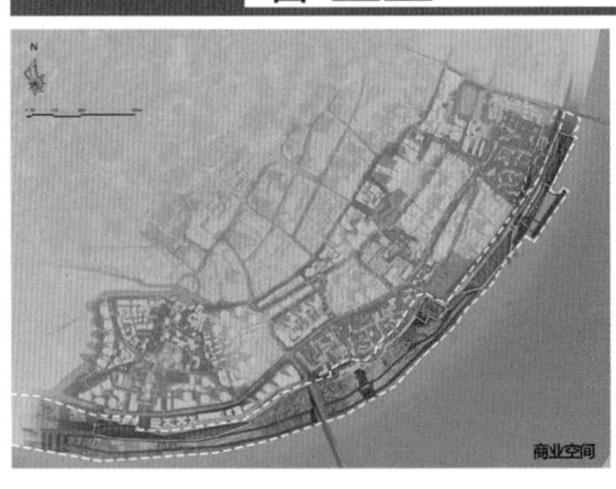

商服空间

沿着堤坝的横向骨架，纵向连接有十八梯、湖广会馆旅游地段延续而来的旅游商业核心地段，设置有商业区和游船码头，激活整个滨江地段。既能更好地连接旅游资源，服务游客，又能形成沿江商业带，促进经济增长。

荣·激活

运动中心剖面图

码头剖面图

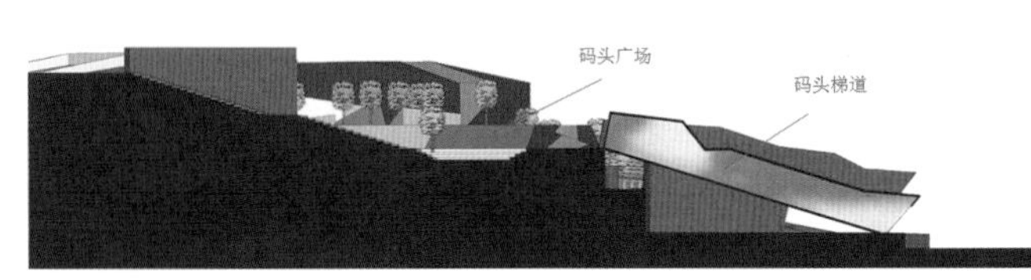

湿地公园
结合地形形成的冲沟，在地段中建构生态的湿地公园，让雨水景观净化以后再流入长江中。景观本身发挥着其生态功能，又能成为一个科普场所，向人们宣传生态城市的理念和相关技术手段。

运动地道
结合周围住区的需求，在滨江公园设置运动设施带。由东到西是连续的运动跑道，以跑道为中心形成核心运动设施带，围绕设置游泳池，篮球场，滑板地带，溜冰场，网球场等

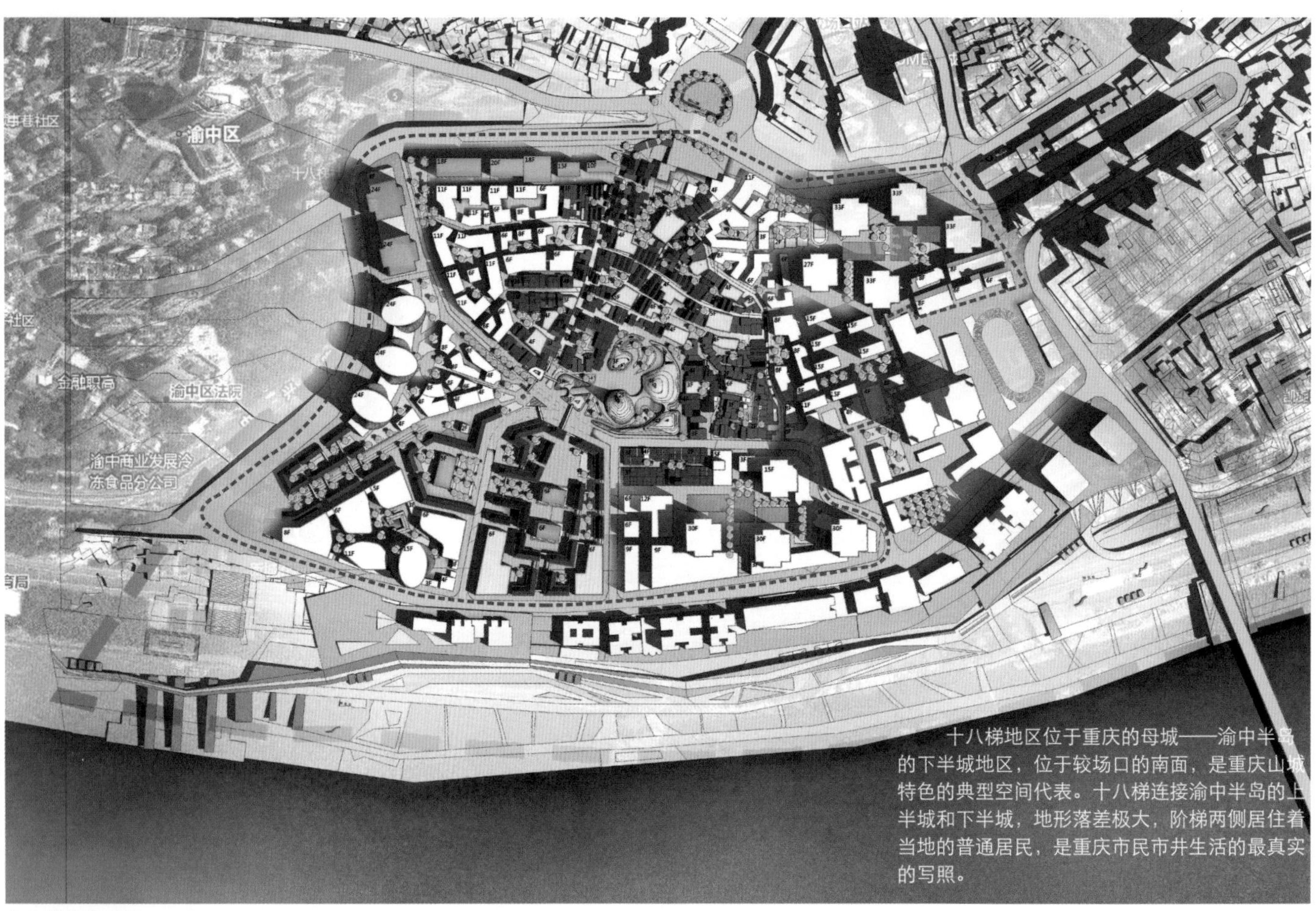

十八梯地区位于重庆的母城——渝中半岛的下半城地区，位于较场口的南面，是重庆山城特色的典型空间代表。十八梯连接渝中半岛的上半城和下半城，地形落差极大，阶梯两侧居住着当地的普通居民，是重庆市民市井生活的最真实的写照。

十八梯地区规划

十八梯地区规划鸟瞰效果

交通分析图

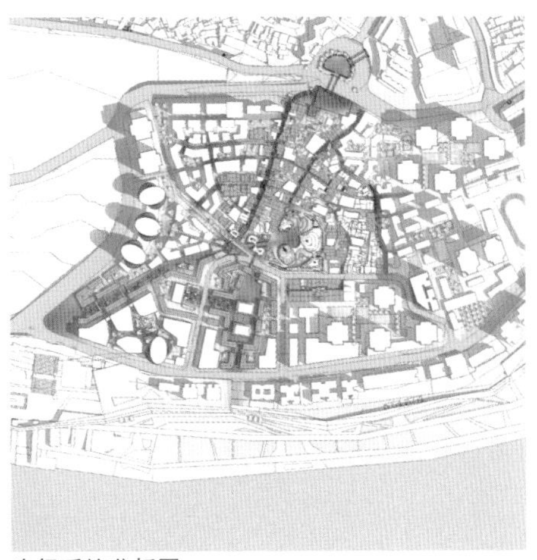

步行系统分析图

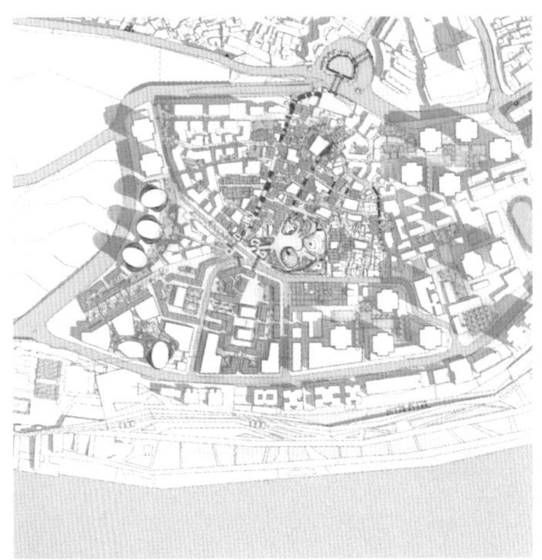

绿化景观分析图

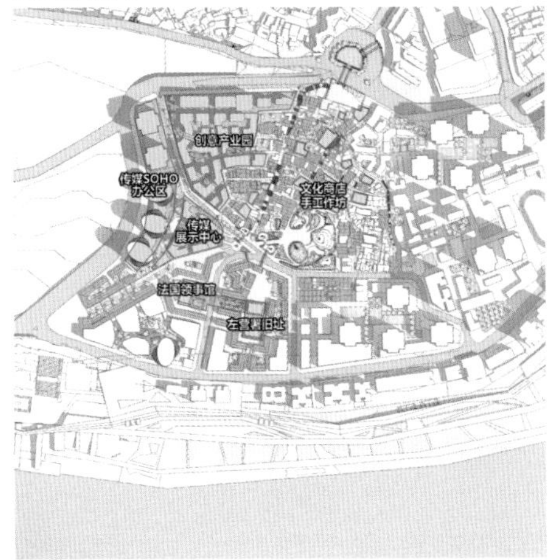

文化功能空间

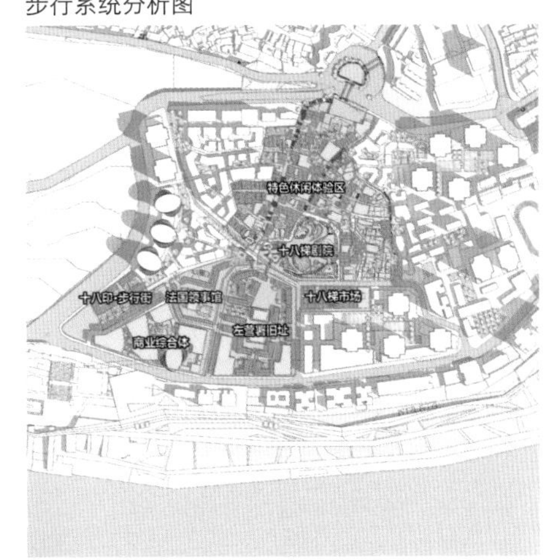

休闲体验功能空间

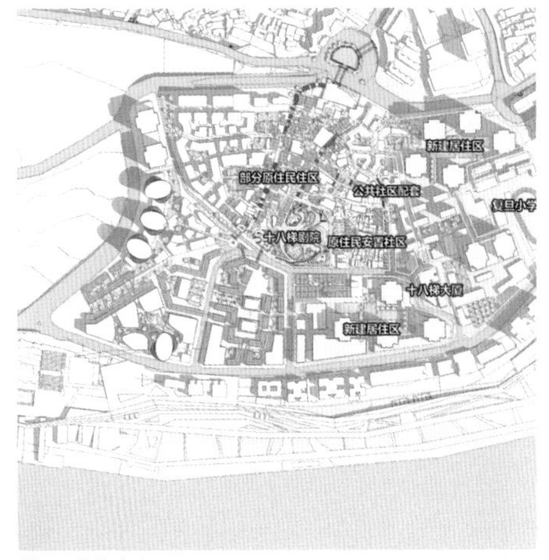

社区功能空间

▲ 场景 1/ 青年旅社、茶馆

融 · 策略

▲ 场景 2/ 文化景点，展示中心

文化产业	休闲体验	社区
	文化 酒店 家庭旅馆	原住民原住址 原住民安置房
创意工作室	文化商店 手工作坊	新建居住区
SOHO办公区 传媒展示中心	博物馆 剧院 观景塔	
	法国领事馆 左营署旧址	幼儿园 超市
	餐馆 公厕 购物中心 茶馆	

▲ 场景 3/ 剧院广场表演

▲ 场景 4/ 文化商店，手工作坊

十八梯地区将迎来新一轮城市开发建设，其空间将会有新的产权主体和运营单位，因此提前规划确定一套空间管控办法非常必要，这将有助于在不同主体策划的城市开发下十八梯地区的空间风貌能可持续的保持良好，否则将呈现出无序建设的状态，这将极大破坏十八梯的空间风貌特色和山地资源优势。

这里将为“十八梯地区建设高度的管控导则”的制定提出四个依据，作为控制城市建设高度的研究策略供参考。

“发展管控”

对十八梯及周边地区实行建设高度管控，以保证山城形态特色可持续发展

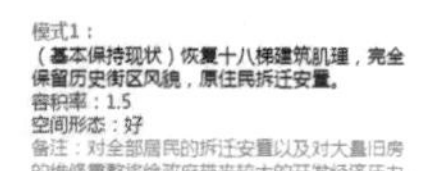

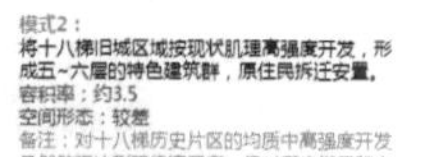

模式3：
基于视线分析，进行不同区域不同开发强度的控制，新建塔楼提高容积率，原住民选择自主更新或安置至新建塔楼。
容积率：约3.5
空间形态：较好
备注：既达到了经济平衡，又在保证了旧城风貌的控制。但需要严格推敲各区域的开发强度，来保证山容城貌良好。

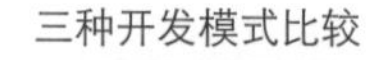
三种开发模式比较

十八梯城市阳台系统规划

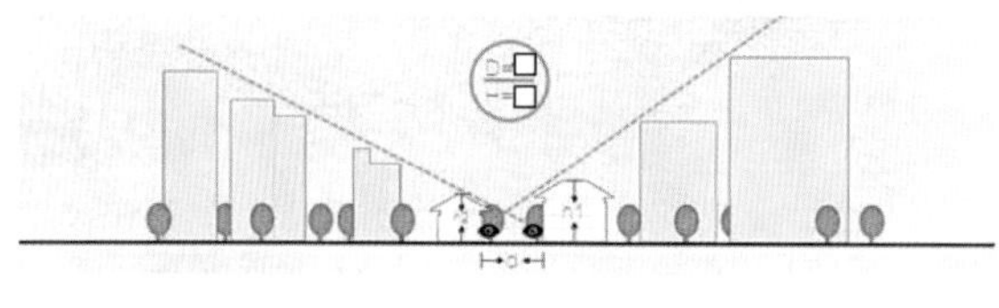

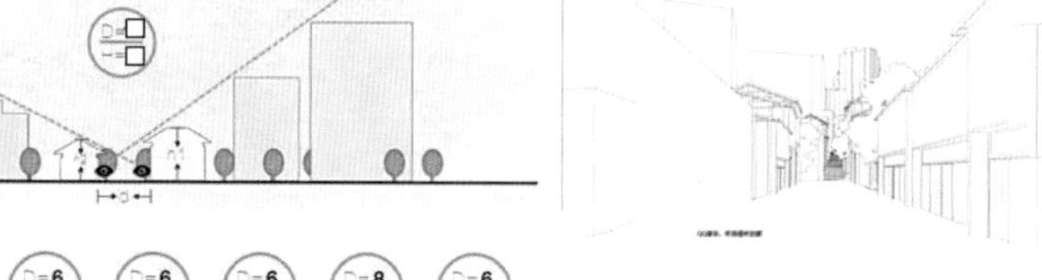

依据 1/ 核心历史街区的风貌控制

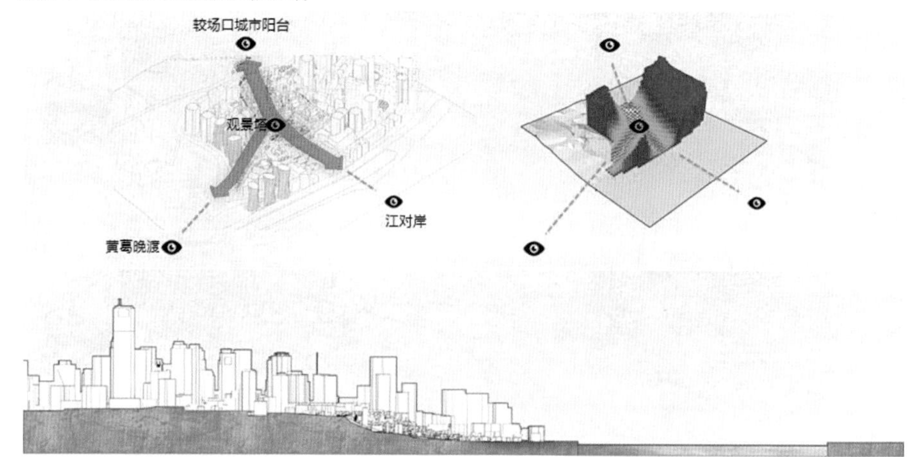

依据 2/ 视线廊道控高

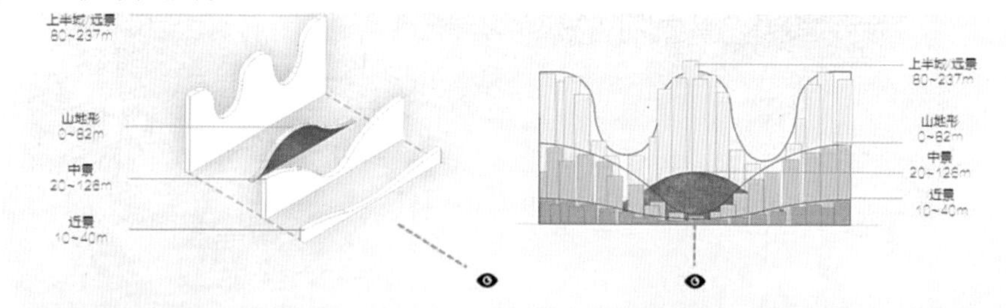

依据 3/ 向江的界面景观呈现

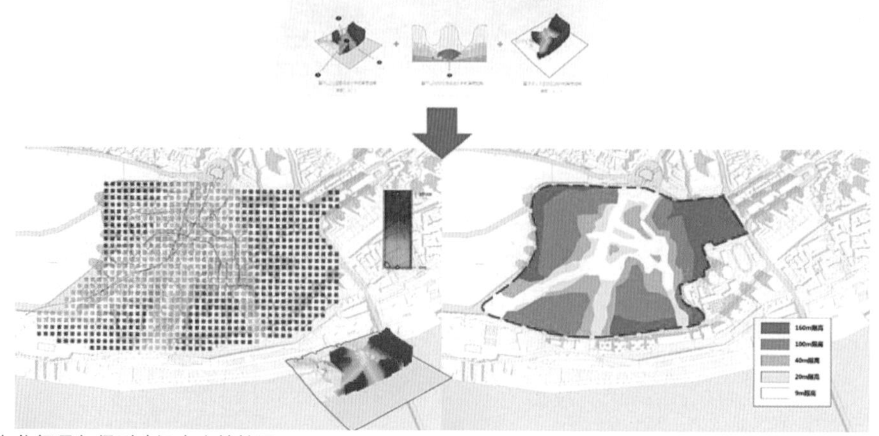
各依据叠加得到建设高度管控图

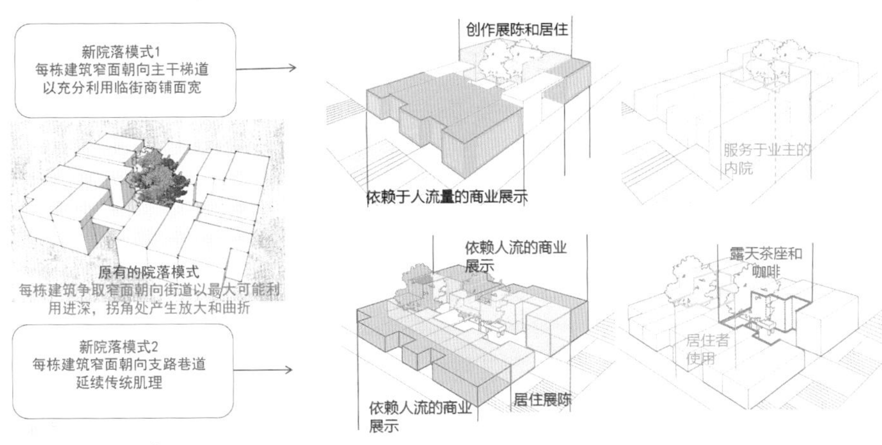

两种院落单元的模式

尊重现有山城巷道的格局

山城巷道的格局比建筑物的历史文化价值更大

梳理空间肌理，从用地层面保护街巷格局，用地跟着街巷和叠合走

本着“原位置、原尺度、原面积”原则先拆除后复建

尊重原居住民，发挥原居住民的能动性和激活作用

居民自愿腾退后再整合用地进行开发

图名（8号）

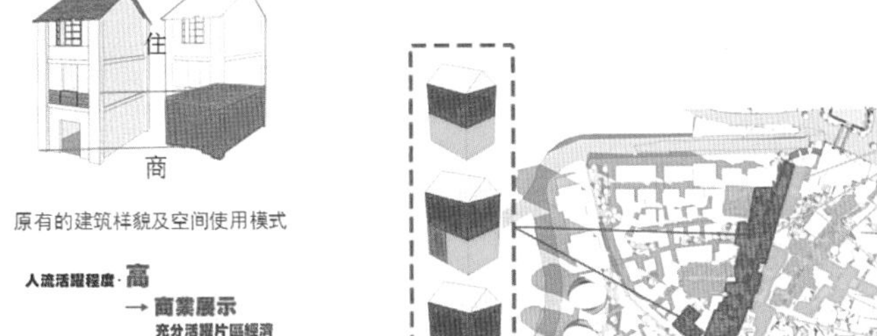

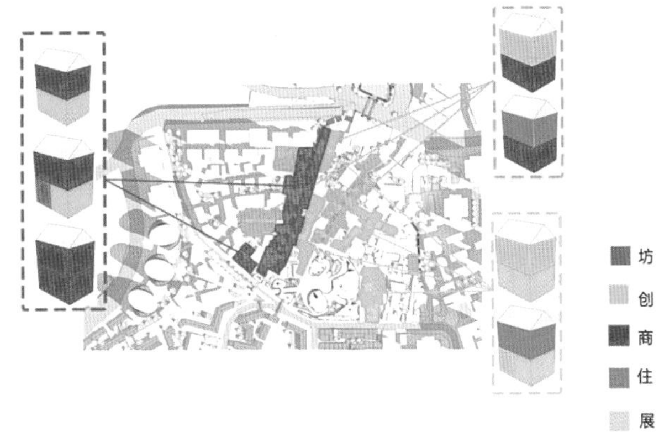

业态分布规划意向

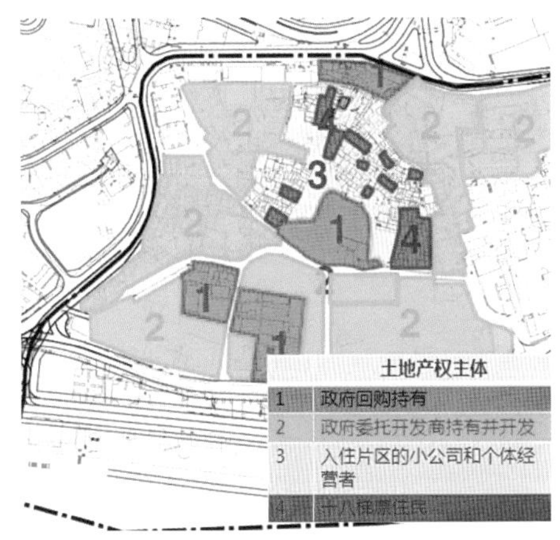

土地产权主体

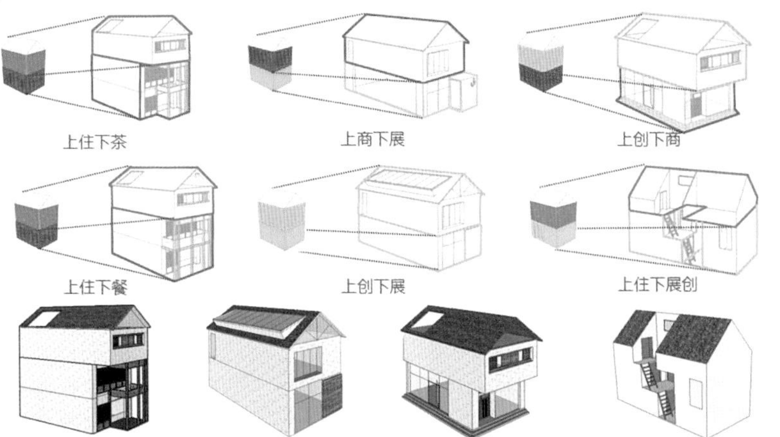

建筑单元不同业态形式的设计

原居住民安置政策

院落单元鸟瞰图

腾迁安置区

白象街·老字街坊

1. 地段现状

1. 地段优势

1) 代表开埠文化的重要商业街区

重庆开埠后，白象街背靠巴县衙门等行政机构驻地，同时距离太平门较近，成为“南滨路外国洋行—太平门—白象街—巴县衙门”传统流线的重要一环，孕育了药材公馆等重要的行业机构。白象街承载了开埠时期大量宝贵的历史文化记忆。

2) 大量历史文化资源保留

长期历史的积淀在白象街留下了众多以城墙和文保建筑为代表的历史文化资源：自人和门至太平门一段的城墙和城门正在挖掘当中；以药材公馆，江全泰号为代表的历史商业建筑；以反省院，重庆海关为代表的政治建筑都记录了白象街的悠久历史

3) 滨江联系

白象街由紧邻长江水道而兴，和长江水道联系紧密。既可眺望江面和对岸的良好景色，也可以通过步行迅速到达江面。

2. 现状问题

1) 历史资源保护潜力有待发掘

各历史文化资源之间却既无步行交通联系也无视线联系，没有形成统一的历史文化氛围。

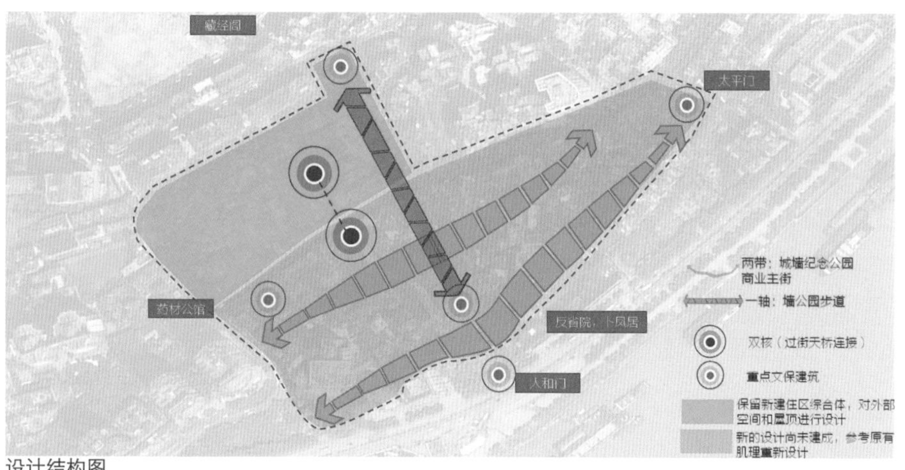

设计结构图

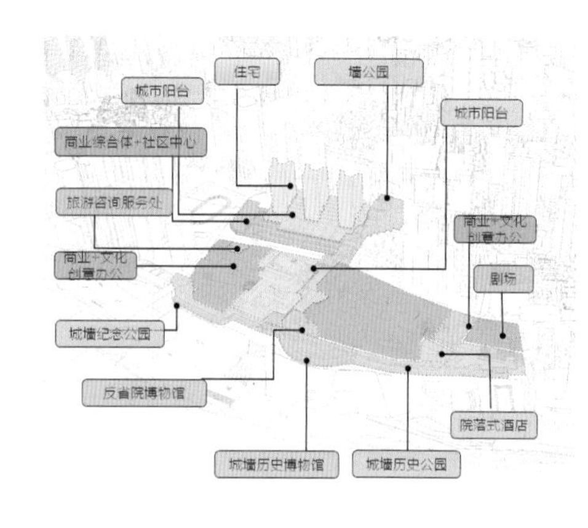

设计功能分析

1.原有历史肌理被破坏，历史建筑现状堪忧。

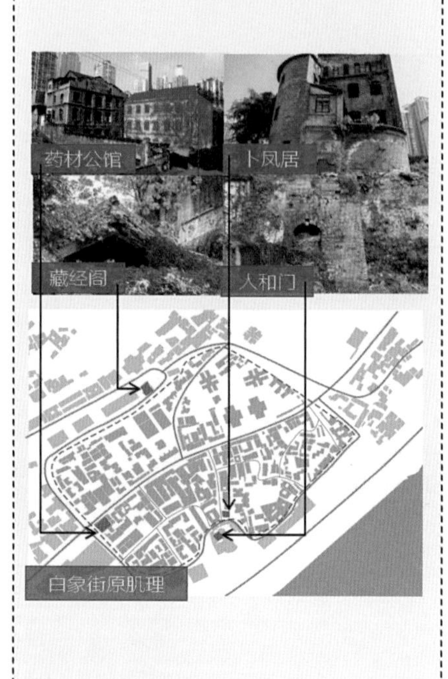

2.原有的街巷尺度难以承担新的功能，原有的街巷生活环境不佳，与江滨视线联系弱，可达性差。

3.现有的设计由资本主导，建设大量商业，缺乏满足周边居民的需求的绿地，公共空间。

地段现状问题

白象街·老字街坊

2) 社区与地段结合不够，环境不佳

白象街周边有大量的小区，由于开发不利导致其和周边社区的结合严重不足，地段内部的绿化严重不足，环境整体质量差，难以吸引游客和居民有效使用。

3）地段现有更新设计由资本主导，缺乏对周边居民可以免费使用的公共空间

2. 设计说明

由于白象街路北的更新建筑已经建设完成，设计中选择保留并只做公共空间和屋顶设计。在路南则以原有肌理为参考重新设计。以五大文保建筑为设计的出发点，设计中采用北自藏经阁南至人和门的“墙公园”轴串联整个设计，同时在东西方向上设计商业主街和地段最南端的城墙纪念公园作为出发点进行串联。而为了保证地段为周边的社区居民提供足够的活动空间，在地段中部设计了两个城市阳台作为地段空间核心，一个在路北的商业综合体屋顶，另一个在路南的综合体屋顶，相互呼应，是一个周边居民休闲观景的好去处。

设计混合功能，让片区在一天内长时间充满活力。通过马路下穿和临时道路创造良好人行环境。设计院落式半封闭公共空间和开放式公共空间并创造联系，增加绿化，让片区融入城市的绿化网络。

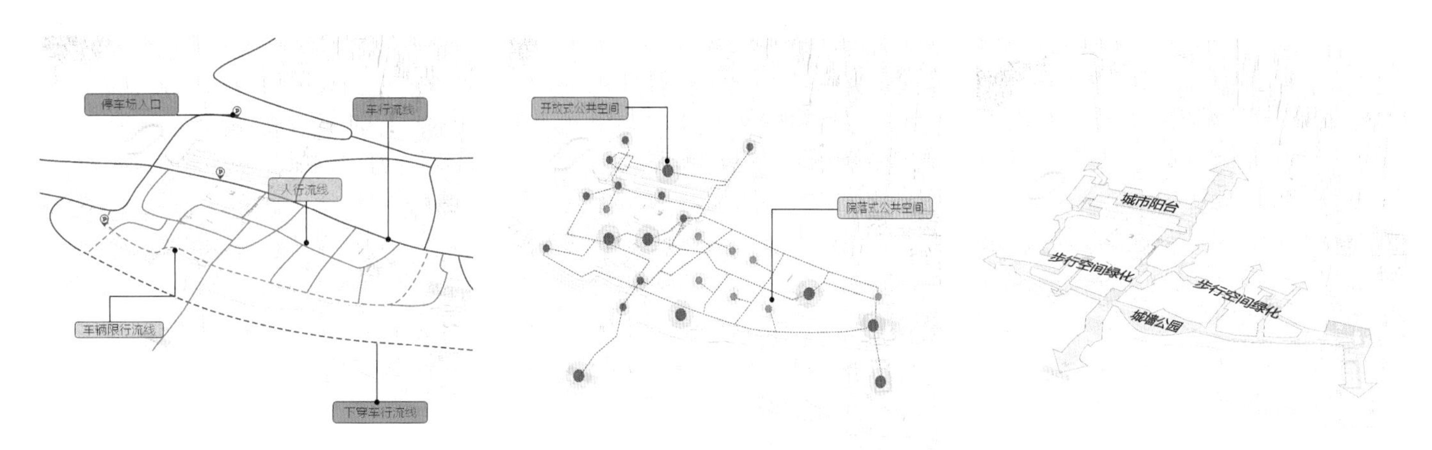

设计交通分析　　设计公共空间分析　　设计绿化系统分析

设计整体鸟瞰

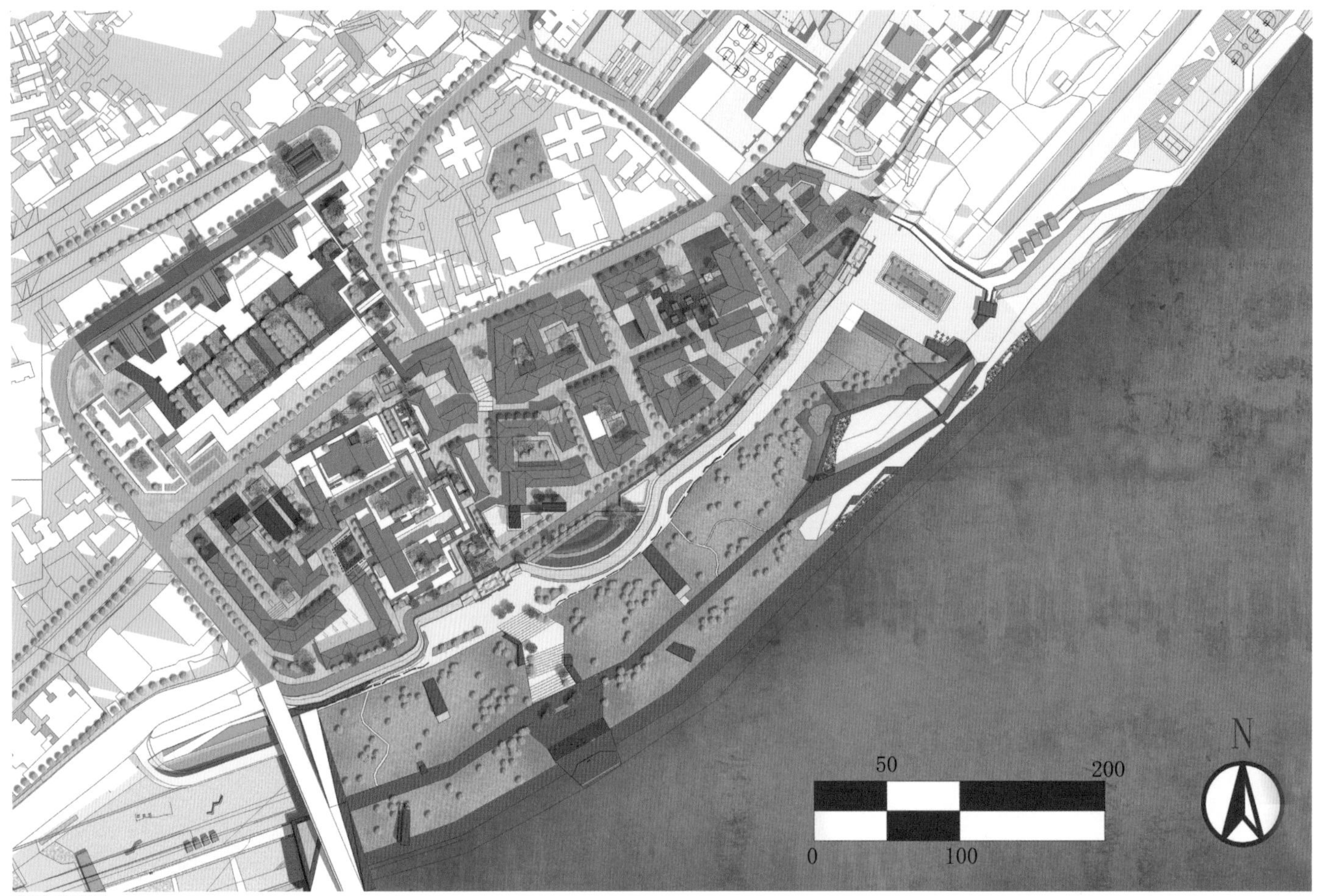

设计总平面

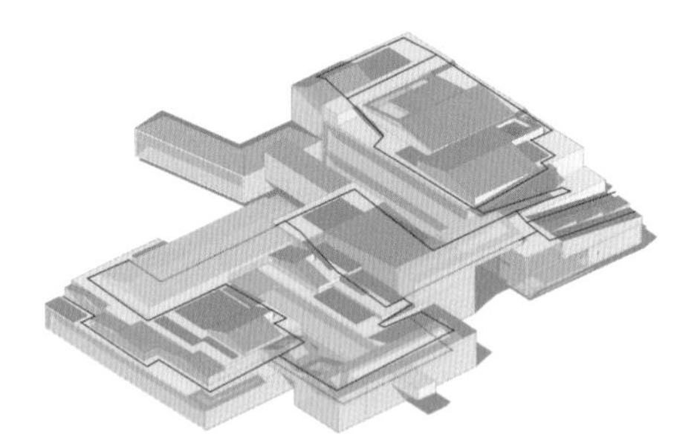

城市阳台流线分析

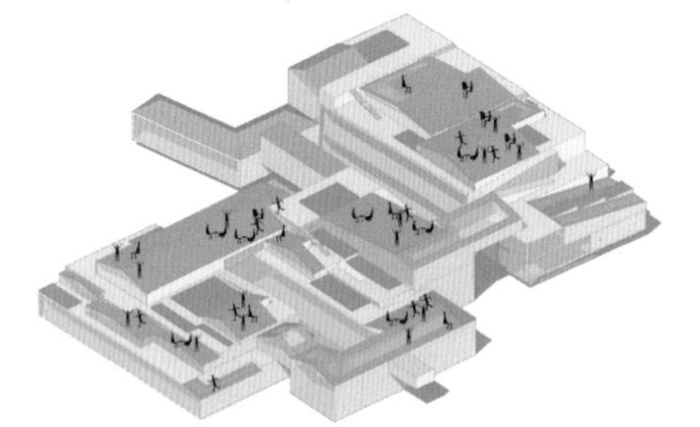
城市阳台可攀登屋顶分析

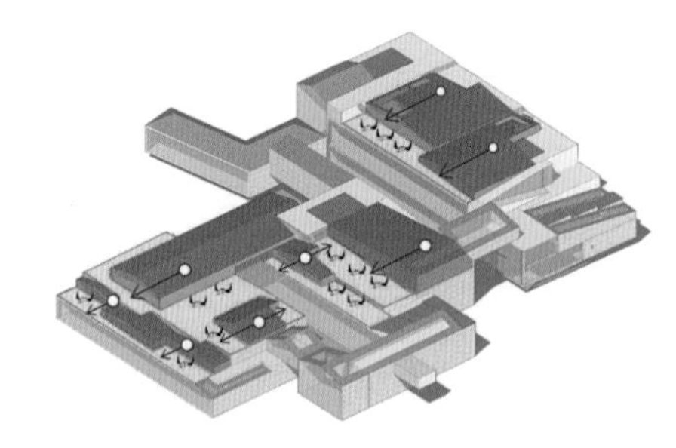
城市阳台屋顶商业分析

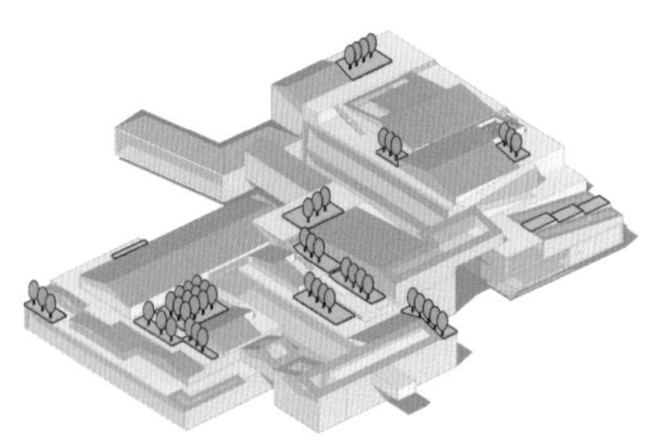
城市阳台绿化分析

设计整体剖面

局部透视 . 藏经阁望向江面

局部透视 . 城市阳台综合体望向江面

局部透视 . 墙公园漫步

局部透视 . 商业街东入口

五大公共资源

人民公园；国民党外交部旧址；巴县衙门遗址；钟鼓楼挖掘遗址；太平门旧址

一条水系

两项公共设施

地段内新增小学，可以提供给社区更好的教育资源。

新鱼市口在老地址上翻新，延续其在渝中区下半城重要的水产市场的作用，提升其活力。

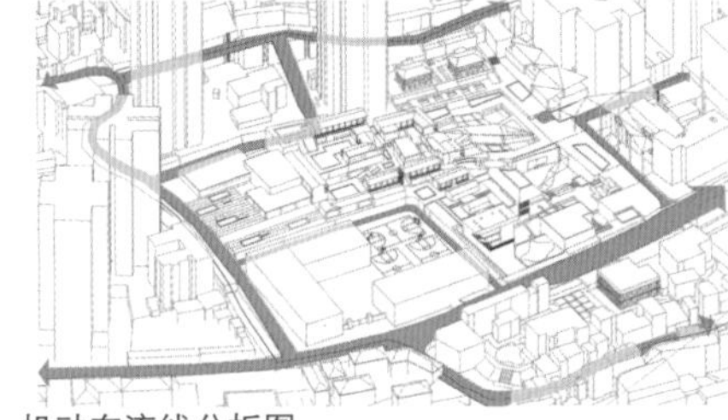

机动车流线分析图

步行流线分析图

绿化结构分析图

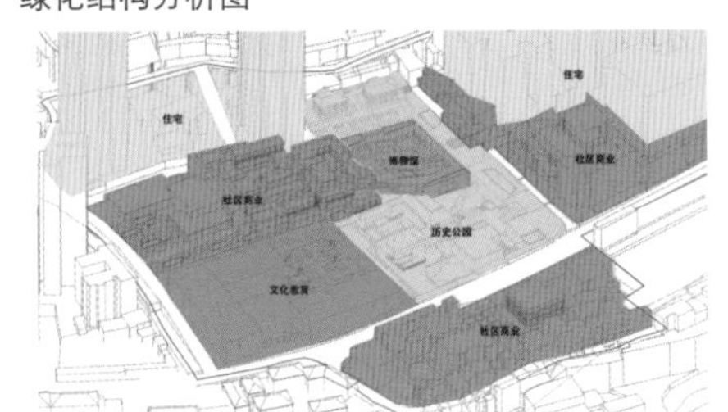

功能分区图

巴县署地段的历史和优势资源分析

1. 重要的行政地位

据史料记载，公元 1238 年，时任四川副总督的彭大雅和时任兵部侍郎、四川安抚制置兼重庆知府的余玠增筑重庆城，将重庆城的范围从渝中半岛南麓扩展到渝中半岛前半部的全境。而当时兴建的重庆总督府，巴县衙署就在这一带。

2. 重要的城市绿肺

地段上承人民公园，人民公园是整个渝中区下半城最大的城市公园和都市绿肺，而这个地区可以作为人民公园城市绿肺的延伸，起到城市核心绿肺，平衡建设的多重作用。

3. 优秀的联系通道

地段往上走直达人民公园和解放碑，向下便是太平门，左侧是白象街历史街区，右侧则直通湖广会馆。是整个地区内联系景点最多的地区，也是步行体验最优秀的地区。

4. 优秀的历史资源

地段内部有国民党外交部旧址，巴县衙门旧址、钟鼓楼遗址、还有挖掘中的南宋时期巴县衙门遗址，具有丰富的历史资源和底蕴。

巴县署地段的现状与劣势分析

1. 重要历史资源的破坏

目前地段内部，旧时的钟鼓楼已经只剩下残破的基台，巴县衙门旧址只剩下了最后一栋建筑，挖掘的遗址中所能找到的只有简单的交错着的地基，国民党外交部旧址也并未得到很好的利用与保护。

2. 未能激活社区

由于目前整个地段处于挖掘的过程中，并不能通行，因此坐拥良好的区位却并未很好的利用自己的优势达到连接与激活社区的情况，反而成为阻隔上下城联系的一道鸿沟。

3. 历史资源的保护并未形成体系

尽管地段内部拥有丰富的历史资源，但是它并没有形成足够的保护体系。除此之外，这个地段与周边地段的文保单位也没有形成足够的体系，整体上支离破碎。

总结

巴县署地区拥有着丰富的资源、优秀的区位却近乎是一块白地，因此如何利用优秀的历史资源，构建起上下城的联系，营造怡人的公共空间，激活周边的几个社区是这个地段的重中之重。同时如何将文保单位组织成体系也需要慎重的思考。

地段建设目标

1. 重要的历史文物保护用地（成体系）
2. 重要的上下城联系通道
3. 激活周边社区
4. 建设社区核心公共场所
5. 建设核心城市绿肺

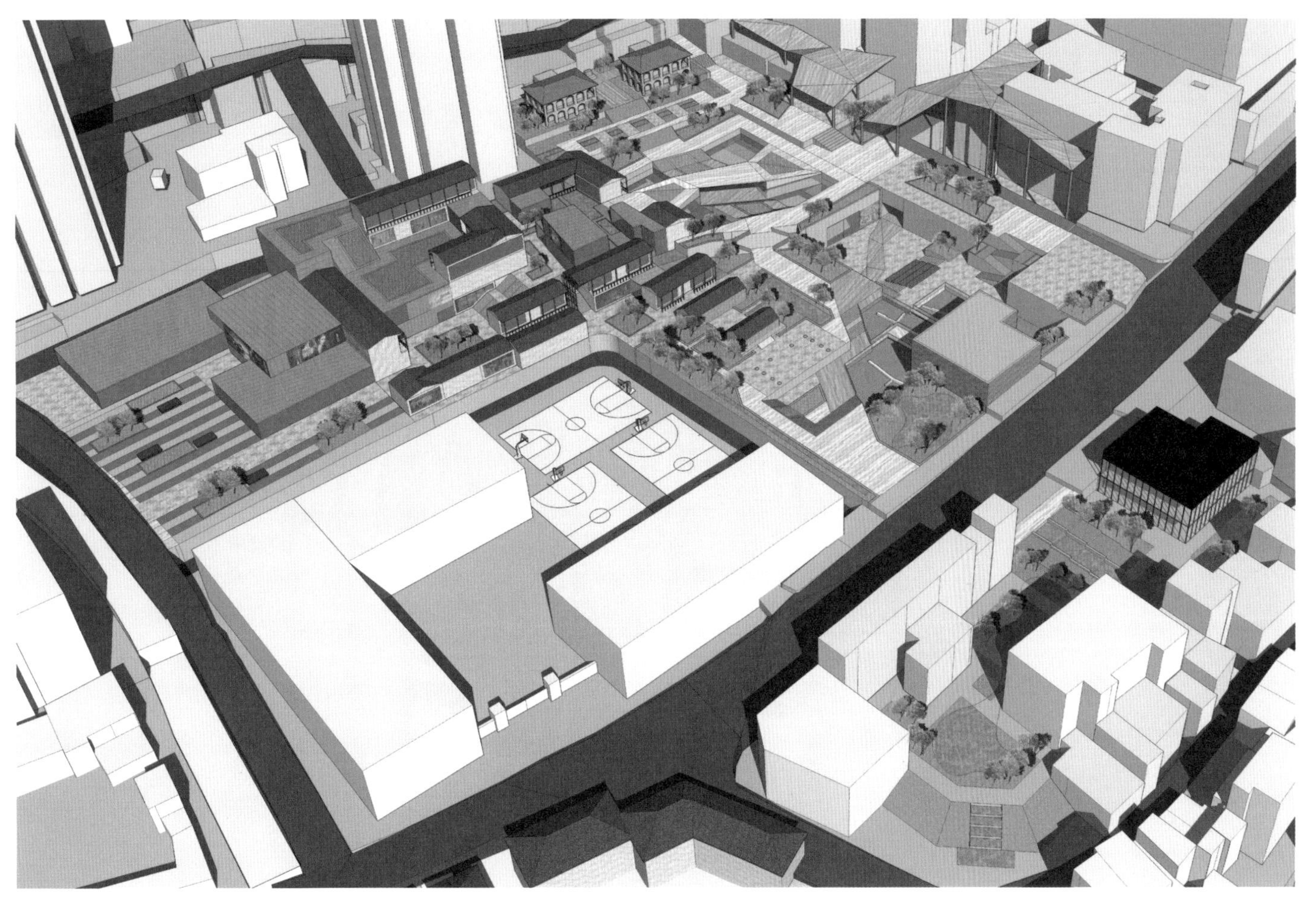

融·府衙旧景

入口广场

鼓楼旧景

博物馆花园

外交部旧址

巴县衙门旧址

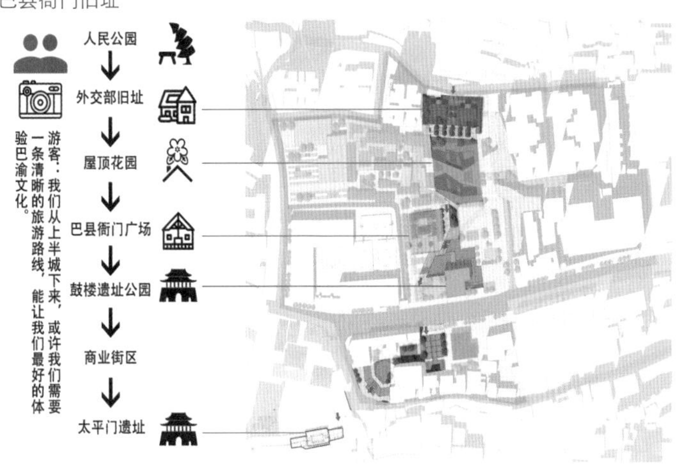

游客流线示意图

南北向流线的设计服务于旅游人群，沿途纵览太平门遗址、钟鼓楼遗址、巴县衙门遗址国民党外交部旧址等历史景点。而且上接解放碑商圈，下接滨江公园，打通了上下城的联系通路。

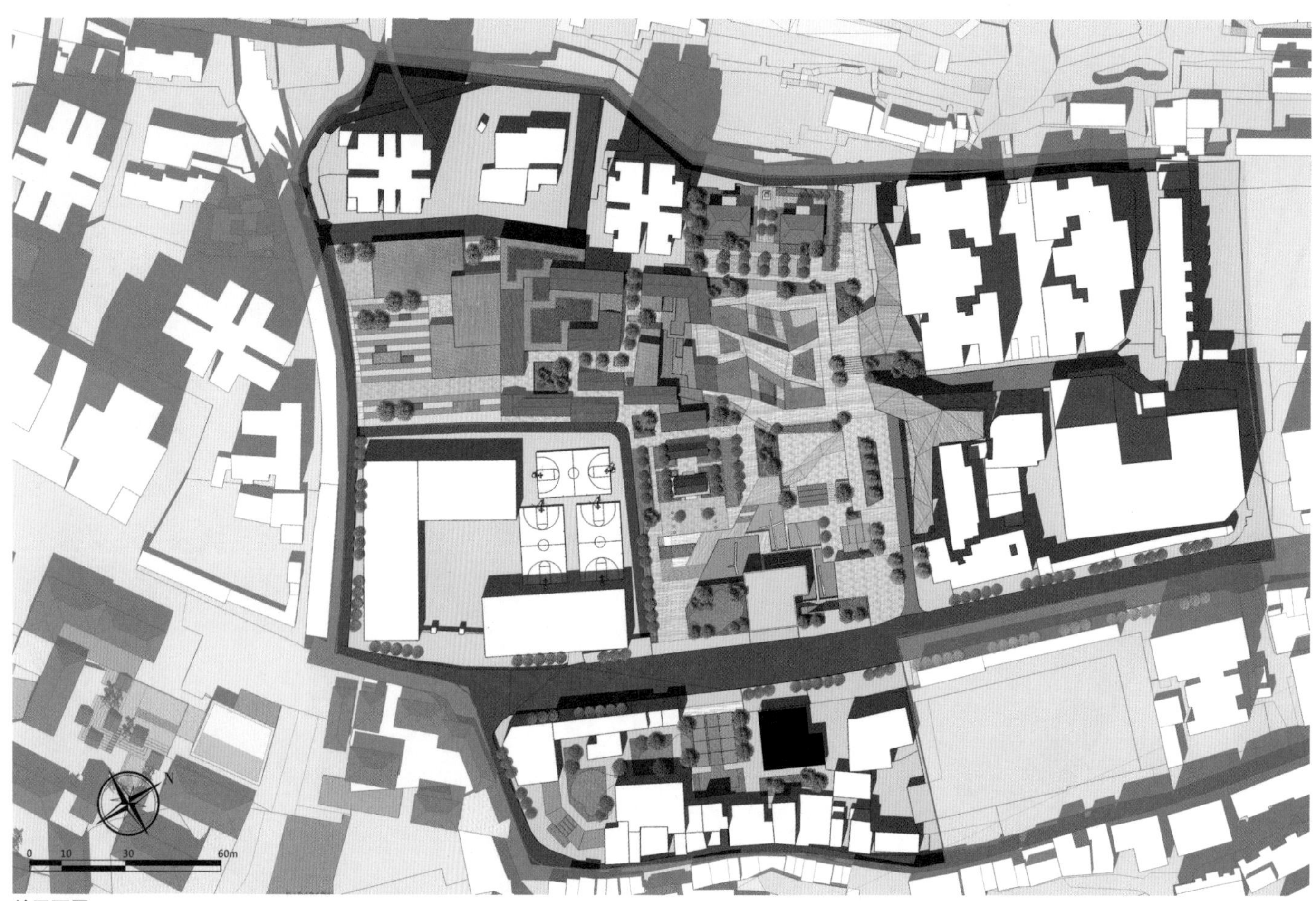

总平面图

巴县后院

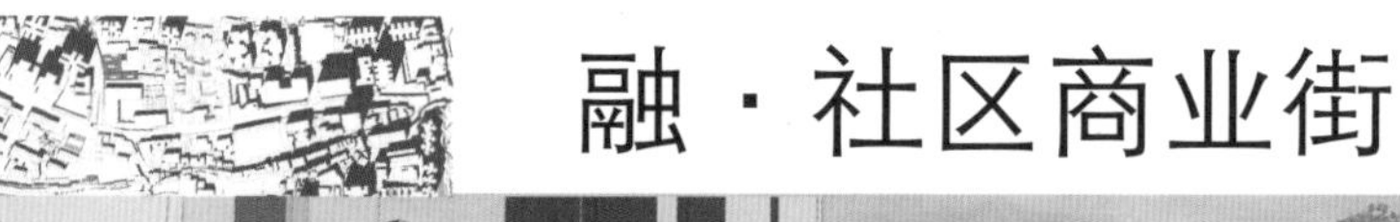

融 · 社区商业街

社区商业街

水的广场

巴县博物馆

新鱼市口

社区流线示意图

东西向流线主要服务于社区居民，目的是更好地串联社区与商业，使得社区居民的出行生活更加便捷。流线串联商业街与新鱼市口，途径地段内小学，对社区的服务功能增多，区民的出行距离也得以缩短。

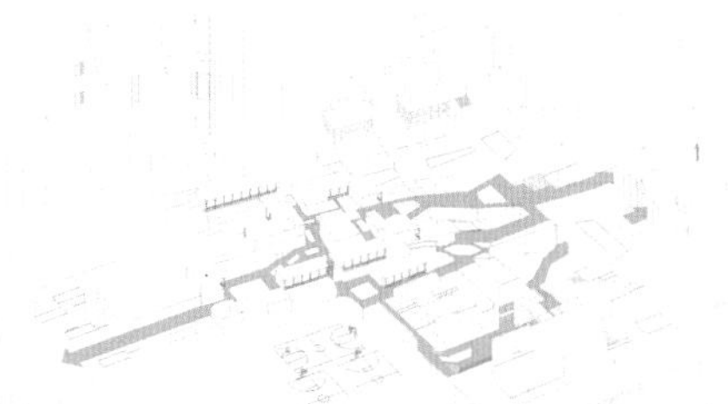

历史化功能片区　社区行人流线　整合地段内的历史资源片区

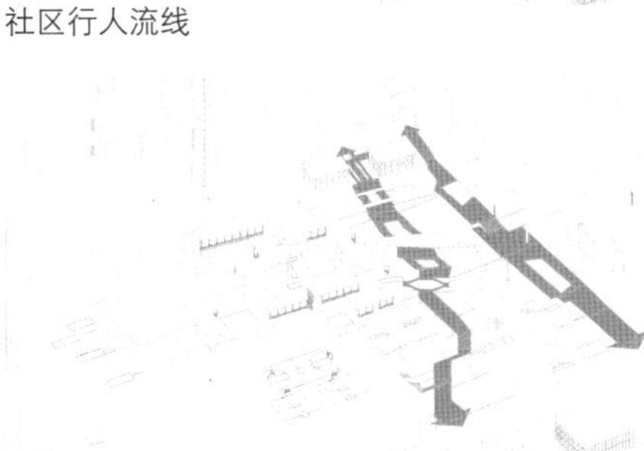
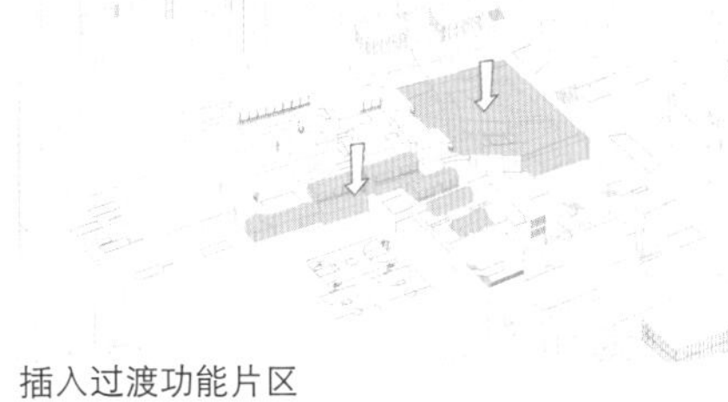

插入过渡功能片区　旅游行人流线　改造由冲沟形成的景观涵养水系

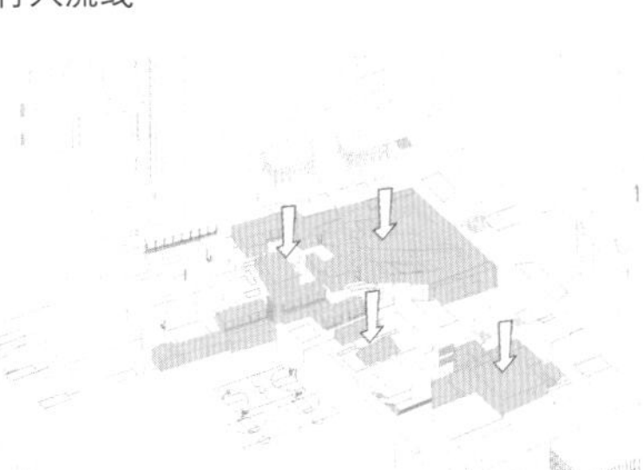
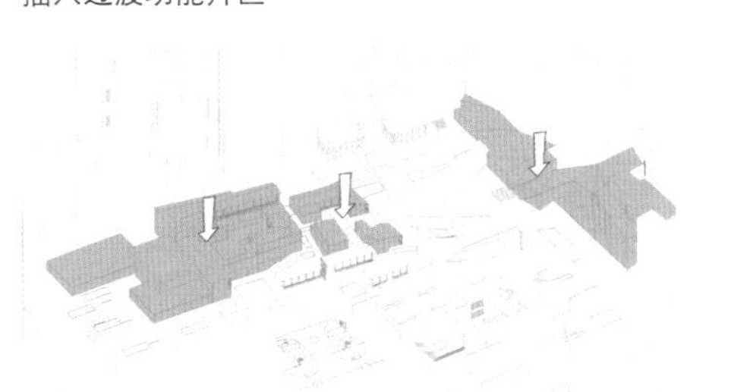

现代化的功能片区　插入多元化功能片区　在水系周围插入新的功能片区

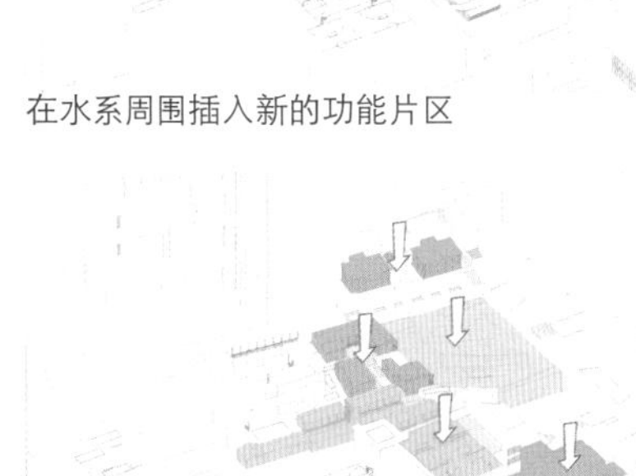
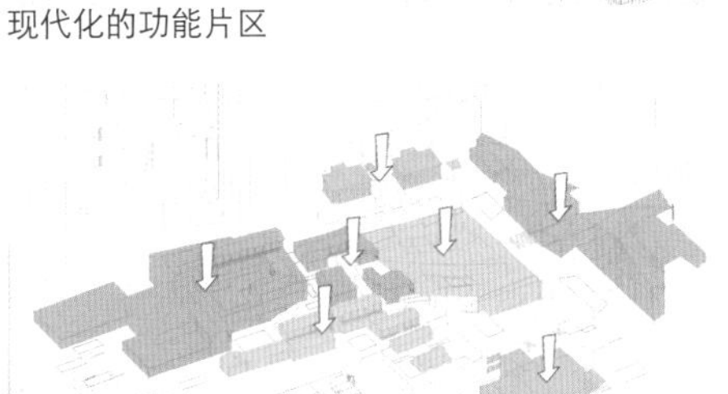
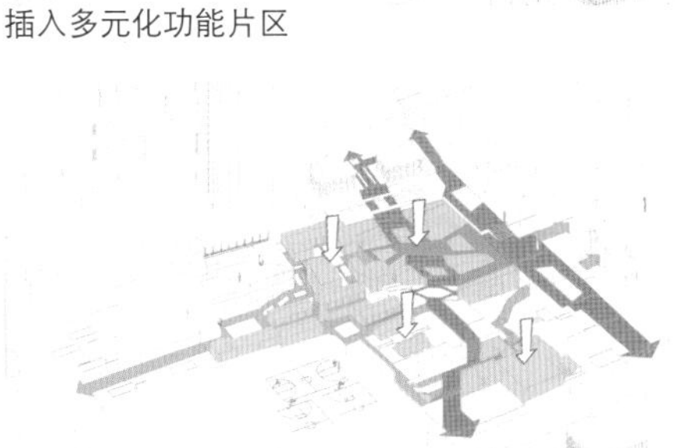
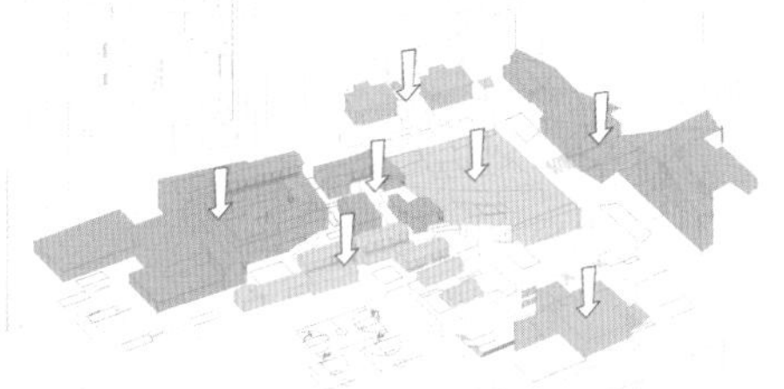
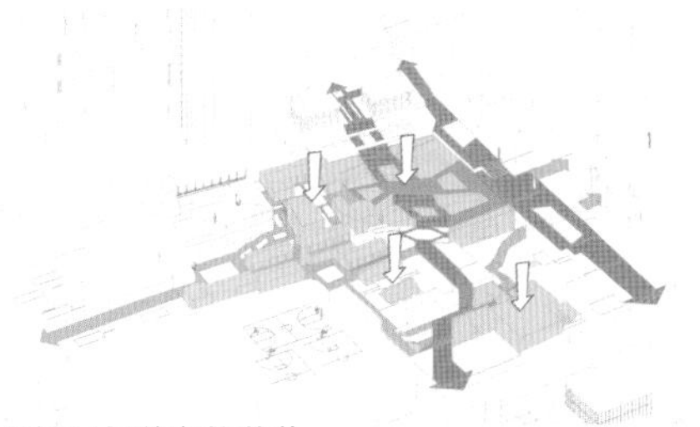
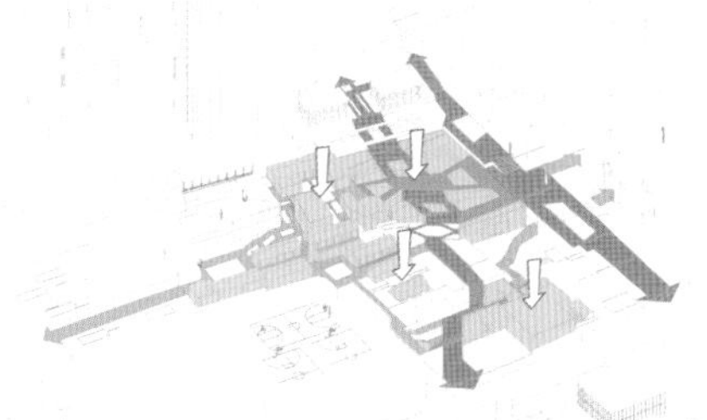
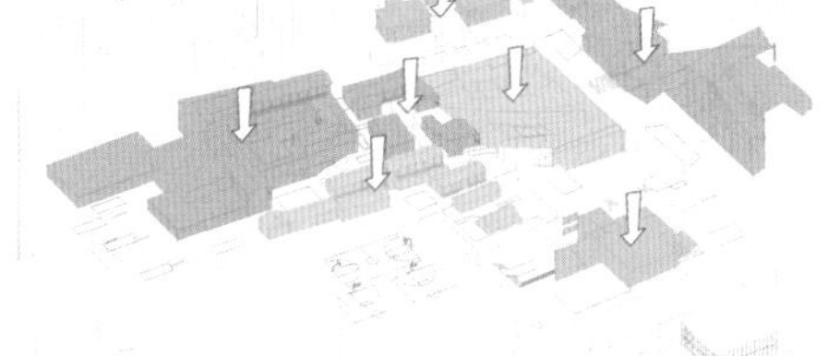
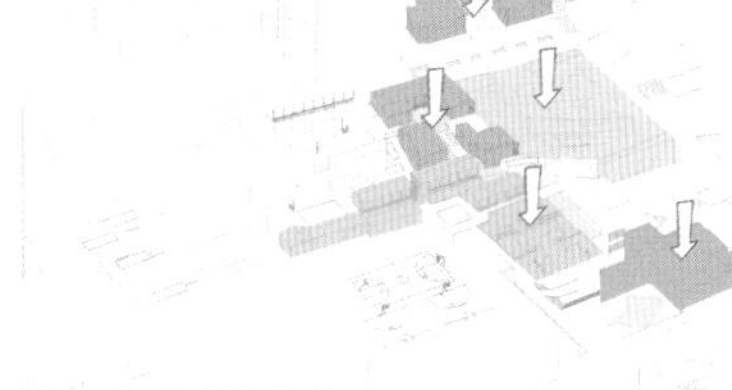

实现古今共荣　实现社区与游客的共荣　实现山水城的共荣

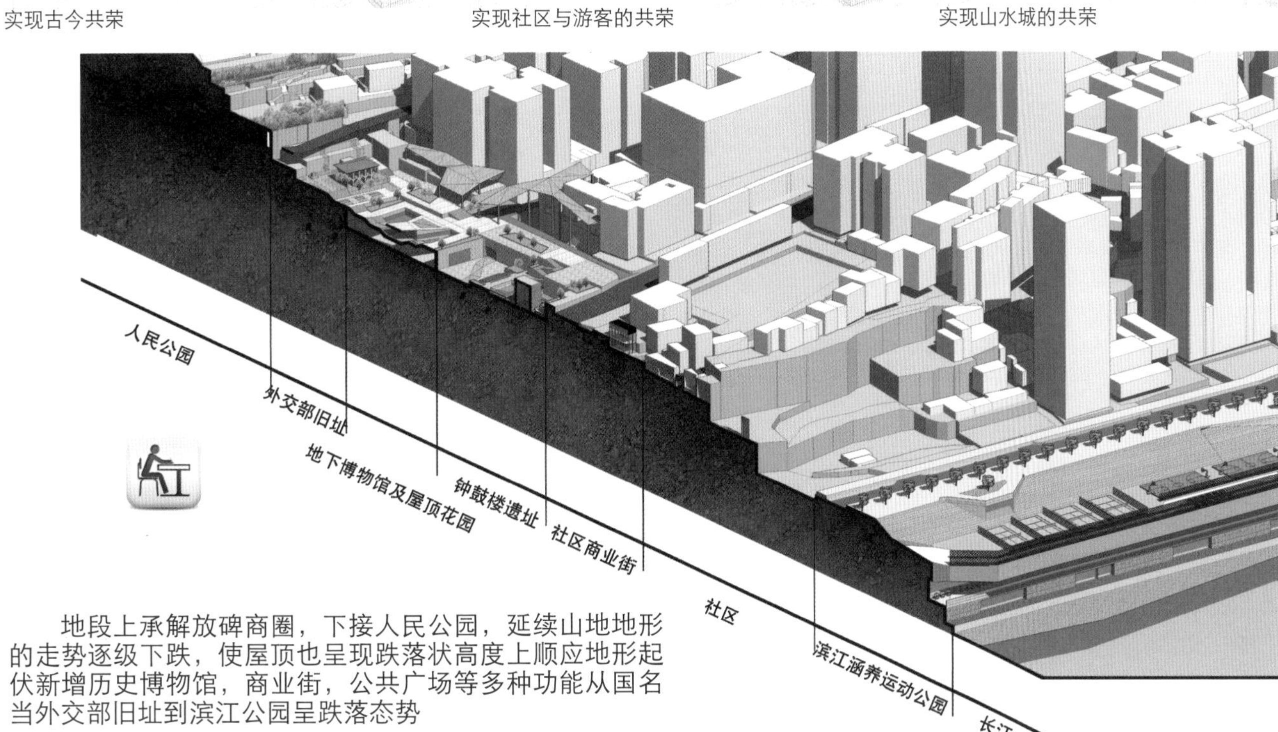

地段上承解放碑商圈，下接人民公园，延续山地地形的走势逐级下跌，使屋顶也呈现跌落状高度上顺应地形起伏新增历史博物馆，商业街，公共广场等多种功能从国名当外交部旧址到滨江公园呈跌落态势

地段轴剖图

历史资源缺乏整合

人群缺乏互动 逻辑不清

交通组织不明确 缺乏慢行空间

现状问题分析

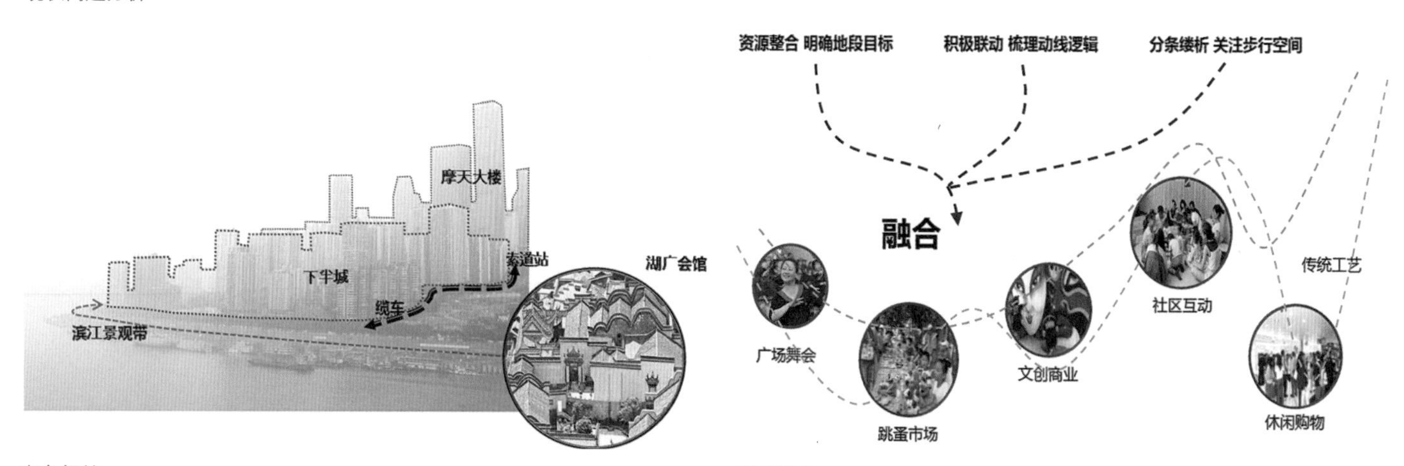

意象提炼

应对策略

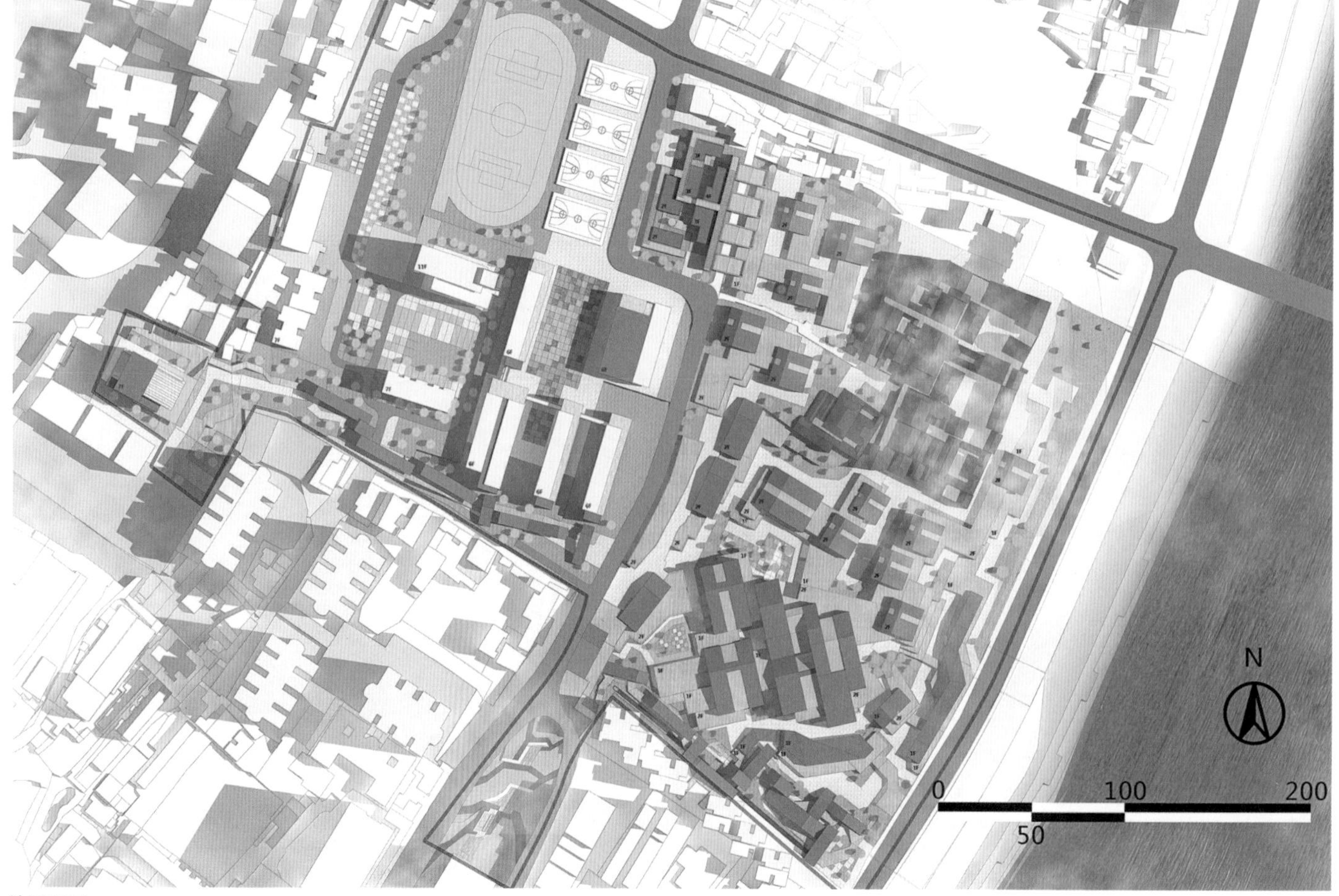

总平面图

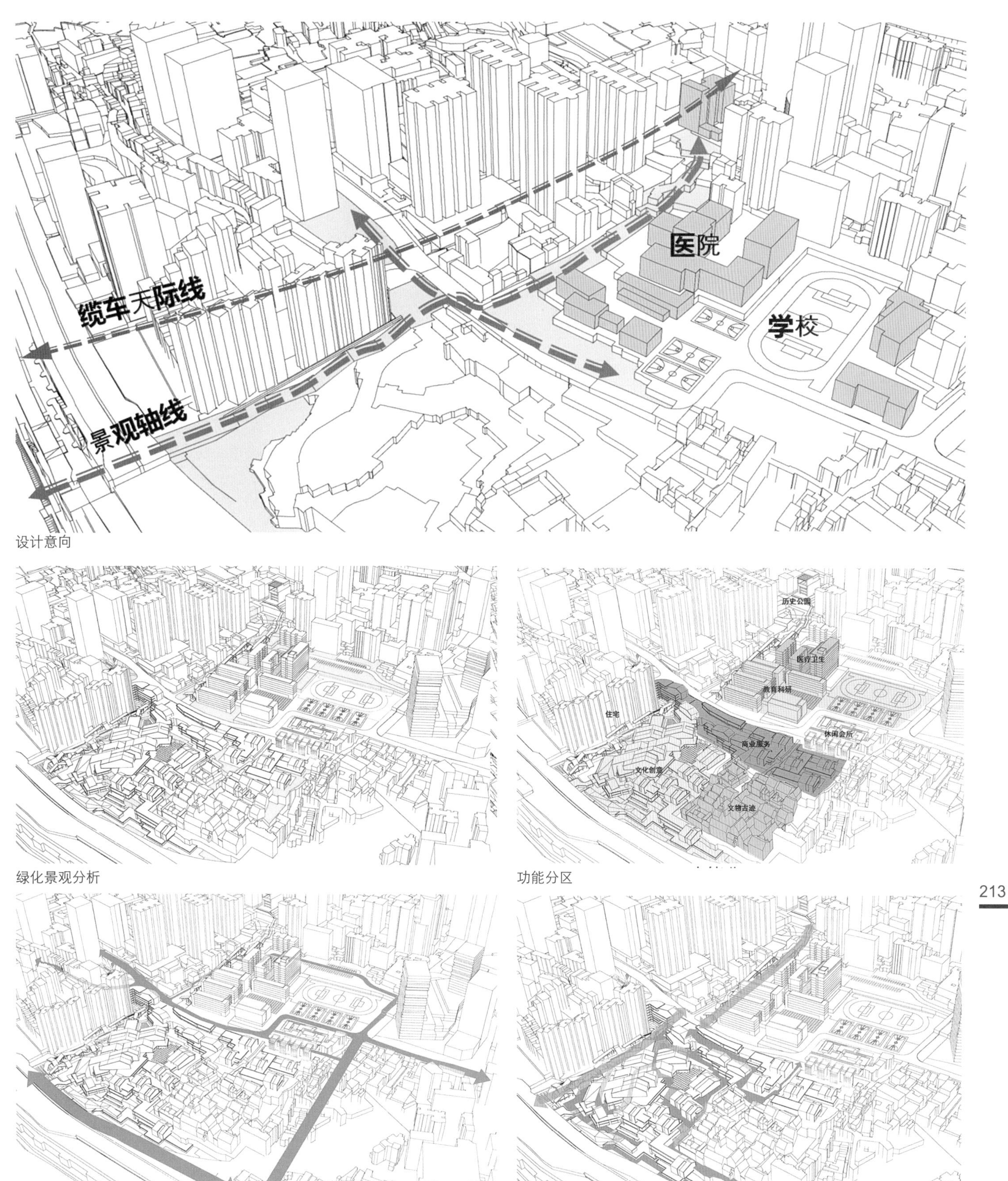

设计意向

绿化景观分析

功能分区

机动车交通分析

步行交通分析

总体透视图

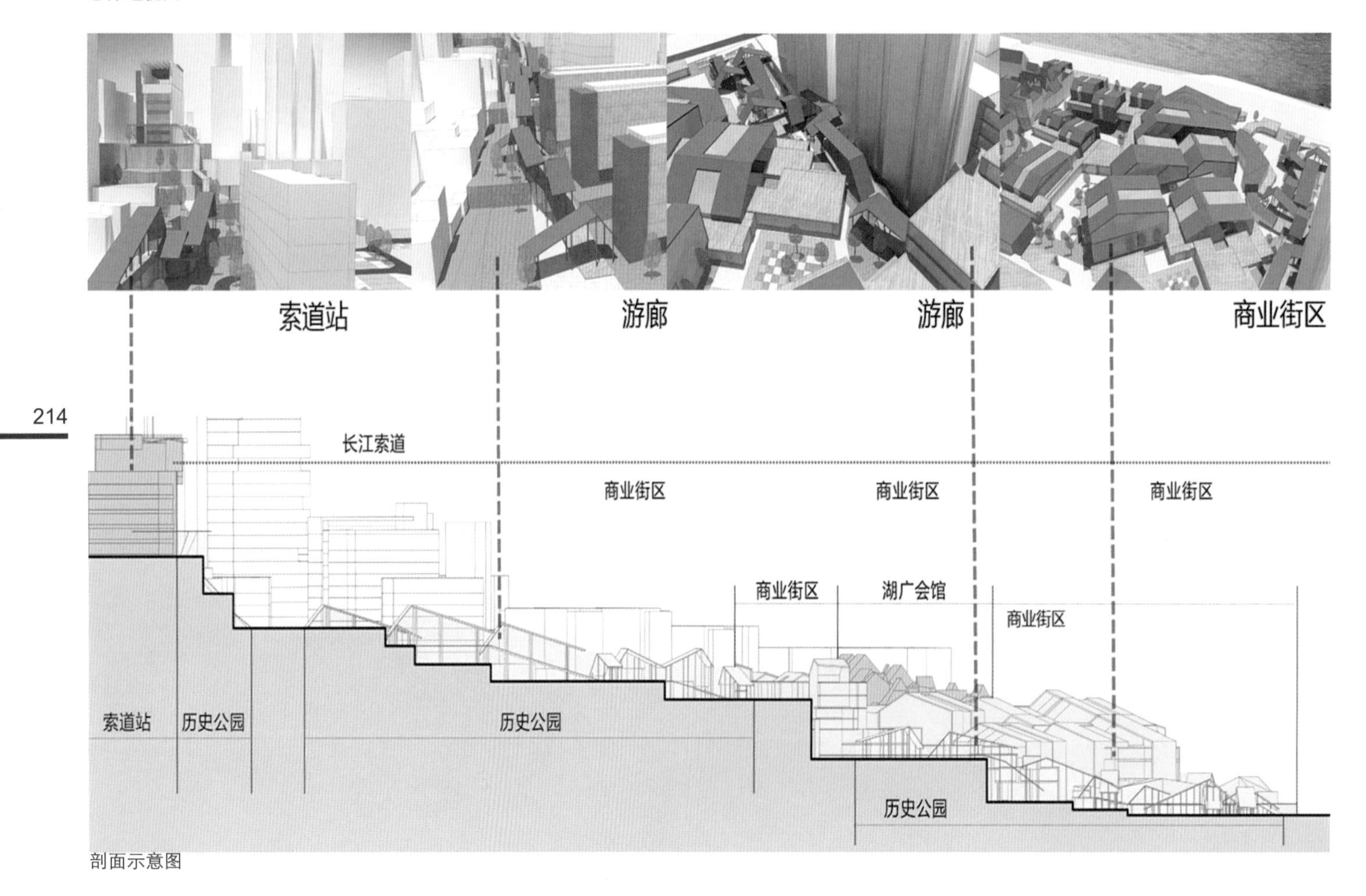
索道站
游廊
游廊
商业街区
长江索道
商业街区
商业街区
商业街区
商业街区
湖广会馆
商业街区
索道站
历史公园
历史公园
历史公园

剖面示意图

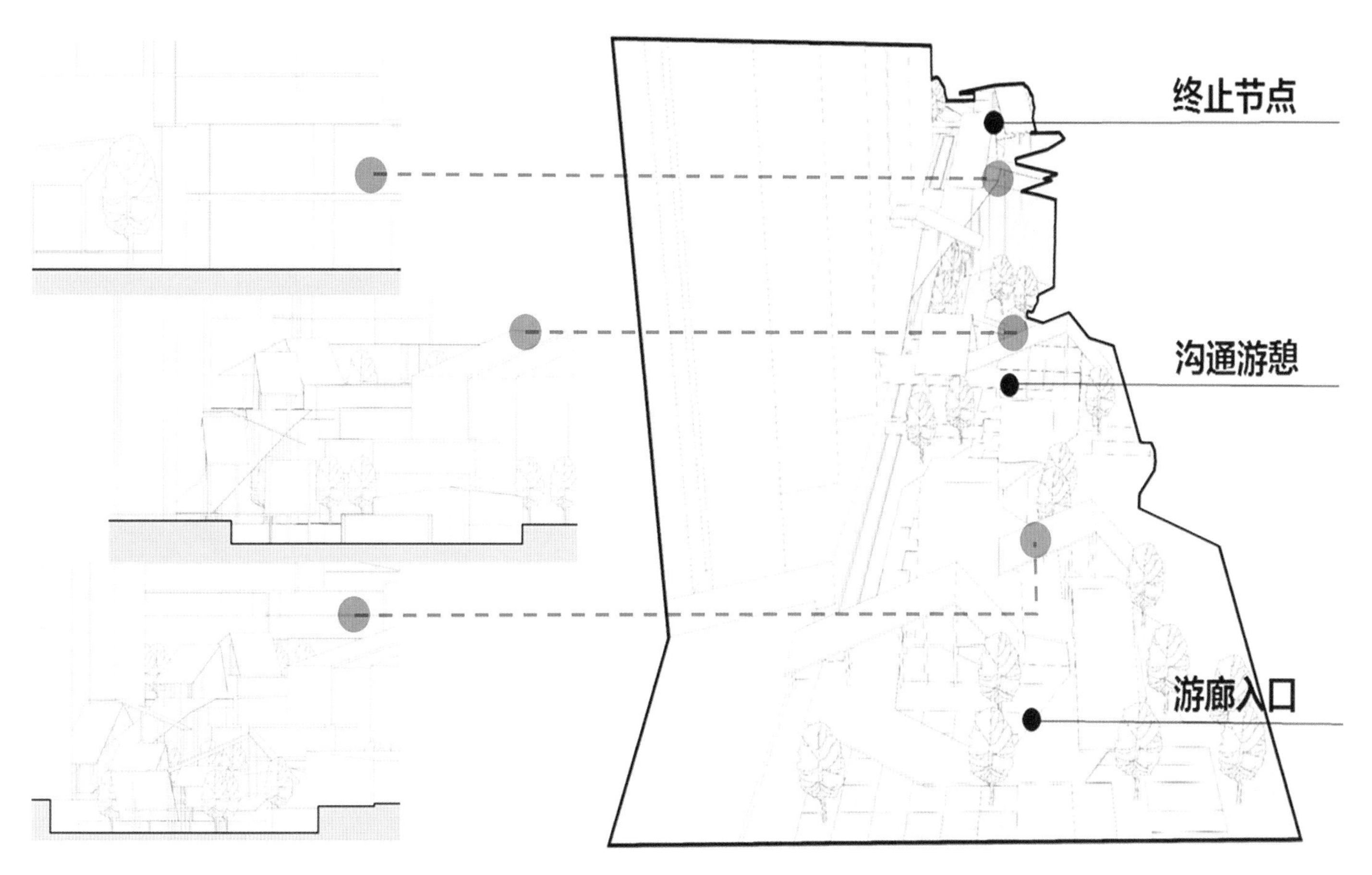

节点透视图

局部透视图　局部透视图

局部透视图　局部透视图

2016/3/2 重庆大学建筑城规学院 · 重庆

- 现场踏勘
- 教学准备会

2016/03/3-6 重庆大学建筑城规学院 · 重庆

- 规划地段现场集体调研
- 课程讲授
- 规划地段六校混合编组调研
- 调研成果交流

2016/04/6 重庆大学建筑城规学院 · 重庆

- 中期成果交流
  点评专家：
  王富海　马向明　王引
- 补充现场调研

2015/06/05 天津大学 · 天津

- 最终成果交流
  点评专家：
  石楠　王富海　马向明　王引　黄晶涛
- 设计成果展览

CANNES

马向明

广东省城乡规划
设计院总工程师

同样的下半城，不一样的缤纷世界

青春的演绎总是动人的。感谢学会提供的机会，让我能够近距离地体会新生代的精彩。

本次联合毕设以重庆渝中区的下半城更新为题。重庆是一座十分让人着迷的城市，起伏的地形在勤劳的人民手下，在你面前展现出各种各样的可能。那天坐在重大的报告厅听着中期汇报，感觉就像在逛重庆城：面对同样的一个下半城，每个团队都有自己的独特切入点和主题；听着各个团队的汇报，就宛如在步移景异地逛山城。

终期的答辩在天大举行，六校的师生则展现出在同样的一个下半程，如何演绎出各自精彩的故事。各队对方案的提升和完善幅度之大出乎我的预料，汇报的形式和水平更是彰显了年轻人的活力。如果说中期汇报展示了各队知识背景的特色，那终期的汇报则显现了各队在下半程的团队协作能力和对新知识学习应用的能力。

站在终期汇报厅的楼廊往外看，天大的中轴尽收眼底。彭老先生如何妙笔生辉地重构出中轴的故事令人敬佩。六校的师生同台竞技，相互激励、相互学习却又能够学而不同，显示出了各自学校的丰厚底蕴和新生代对自身知识和能力的充分自信，这是这次评委工作最令我印象深刻的地方。期待着每个同学未来都能够构建出属于自己的知识之山，也祝愿六校城市规划联合毕业设计活动越办越好！

王　引

中国城市规划学会
常务理事

北京市规划院
总规划师

本次六院校联合毕业设计圆满结束。面对各校的成果，感慨颇多，简言之：

1. 选题恰当

“更好的社区生活”，直接抓住了城市规划学科的研究主体——城市中的人。

百年的现代城市规划学科，从关注物质要素到关注精神要素，顺应着人类社会与经济的发展，成为现代人类文明的重要组成部分。

我国现代城市规划，借鉴于苏联，历经社会主义计划经济体制与社会主义市场经济体制，在社会变革中成长，由“城市”过渡到“城乡”，正由“物质”过渡到“精神”。“城市社区生活”关注的正是城市中人的基本活动，不论是生活活动还是生产活动。

2. 教师负责

从学生精彩的汇报中可以推测出教师的幕后工作。在我国城乡规划转型时期，教师对城乡规划的认识也在不断完善，如何把对城乡规划的再认识传授给学生，需要有高超的技巧。同时，也能清晰地看出，毕业设计是各校整体教学系统的组成部分，不因多校联合行动而更改原有的教学计划，同济大学的“微观式”与东南大学的“宏观式”教学即为例证。这样的选择，对于各名校而言，教师要承担起为名誉“担责”的责任。

3. 学生认真

联合毕业设计获益最大的当属学生。在整个毕业设计过程中，他们既系统地接受本校教师的教授，又学习到其他学校的教学内容，还了解到部分实际工作的要求；既自己独立完成部分设计工作，又培养了团队精神，还演练了如何介绍方案。这些点滴的收获将有助于学生毕业后在社会大熔炉中潜行与升华。

王富海

中国城市规划学会常务理事

城市设计学术委员会委员

深圳市蕾奥城市规划设计咨询有限公司董事长

第二次参与六校联合毕业设计，从初体验时的好奇兴奋慢慢入道，应了那句“越懂越胆小”的老话，点评时反而在程度的把握上出现了困惑：一个 30 年工作经验的过来人，用什么尺度评判本科生的毕业设计？我用了一个小方法，尽量回忆自己毕业设计时的情形，与台上同学的状态作对照，以此找到尺度感。尽管如此，还是摸不准，于是耍了个滑头，少评价，多建议，中评时建议调整补充，终评时建议毕业后注意或进一步研究，算是应付了差事，可能得罪可能伤人，还请同学们谅解。

为什么采用对照方式还是摸不准？因为条件变化太大！这 30 年中国城市规划的理论、实践、氛围，教学方法、手段、内容，学生的基础、见识、知识体系和综合能力等等等等，都有很多进步，当我回忆自己毕业设计时，不禁产生了诸多感慨。借这本比较轻松的纪念册子，不妨做个记录。

我的毕业设计在 1985 年，同济规划专业那时是一个老师带一组学生，一组中又分好几个题目。阮仪三老师的组中有四个同学在绍兴，两个女生的题目是府前街详细规划，我和一位男同学的题目是“绍兴东湖新城研究与规划”。这一年，阮仪三老师和张庭伟老师分别有出国任务，两个组又拼成大组，两位老师共同指导。

我的题目比较大，不巧的是合作的那位同学当时身心俱疲不在状态，调研工作几乎由我独立承担。好在当时绍兴市建委规划处陈处长是刚从导弹部队转业回来的技术干部，对新岗位新专业热情很高，特别喜欢跟我聊规划聊绍兴，主动帮我找了不少资料。在研究和方案中，两位导师都给了我许多关键的指导，也许是对我还比较放心吧，他们给我指导的时间并不多，我自己摸索着写了近 3 万字的论文，做了 5 个结构性方案请求宋小冬老师帮我用电脑编程做了方案比较，选出一个方案进行了深化。

所有的图当然是手绘，而文字打印的费用较高，系里当然没有这个经费，我自己也出不起，于是我决定手抄。先用白纸打好格子，裁出一批硫酸纸衬在格纸上，用工程字一字字一页页地抄，整整抄了从早到晚的 5 天！其间由于格纸的每个格子都凹了进去，不得不重新画过两张，而我的右手食指因为不停顿握笔，每天晚上都出现一条难以复原的凹槽！抄完后，复印的费用又成了问题，恰好陈处长来学校看成果，就把我的底稿带回去帮我复印了 10 本，解了燃眉之急。

答辩的环节，每个人给 10 分钟，张庭伟老师知道我的内容多，提前告诉我可以讲 15 分钟，然而由于那时很少汇报训练，当然也没有 PPT，又不好写稿照念，我紧张得把写在提纲上的内容忘了大半，草草讲了大概 6 分钟就结束了。虽然事后得知自己得了高分，但毕业设计毕竟是在答辩的沮丧中结束的！

对比今天的毕业设计，一组老师带，团队合作，六校交流，规划学会组织，加上设备、信息、软件，还有到遥远的城市，六校同学联谊，虽然时间有些紧张，方式有些挑战，还要接受如我这般不知深浅的批评，各位同学还是应该感到幸福，留下的记忆越往后越深刻，祝福同学们！

城市需要年轻的规划力量

黄晶涛

中国城市规划学会理事

天津市城市规划设计研究院院长

有幸参与六校联合毕设的终期答辩，让我体会到了来自不同地区和大学的年轻学子在城市更新规划中所迸发出来的青春与激情。本次联合毕设以重庆渝中区下半城的城市社区更新为题，在这样一个年轻、充满活力的城市中，一群年轻的规划学子将通过何种年轻的设计手段来激活存量社区，是本次联合毕设最吸引我的地方。

终期汇报时，六校师生针对命题都提出了饱含年轻人独有创意与想象力的规划方案，通过成果的充分展示与汇报，匠心独运地演绎出了各自的思考与路径。在他们方案的背后，我看到了年轻规划师对于他们自身能力与思维的自信，看到了年轻规划师对于城市问题及策略敏锐的捕捉能力，也看到了将年轻的规划力量注入城市存量社区更新的重要意义。

经济社会格局的快速变化以及城市发展从总体上逐渐步入“存量规划”，迫使我们开始思考规划行业转型的更多可能性。在未来城市存量更新规划中应该更加大胆地引入年轻人的力量，是本次联合毕设给我的最大触动之一。我在年轻人身上看到了这个时代的脉搏与城市的未来，他们能更加敏锐地发现城市中不同群体的需求，他们能通过互联网等一系列新的工具为包括存量社区在内的城市更新与发展提供无限多的可能性，他们是城市活力的来源。

我期望更多的年轻规划师能够更加积极地关注城市存量社区的更新与发展，更加大胆地构建自己对于城市未来的思考，我也期望六校联合毕设这一活动能够为更多的年轻学子提供更宽广的舞台。

运迎霞
天津大学建筑学院

本次六校联合毕业设计的选题以重庆渝中区下半城片区为具体对象，以实现更好的城市社区生活（Better Community, Better Life）为目标切入点，进行城市更新规划方法、思路的训练。感谢城乡规划学会和承办方重庆大学给出了这样一个具有复杂性和挑战性的城市更新问题研究样本，以此为契机让六所学校的优秀毕业生们在本科学习生涯的总结阶段能够充分运用所学所得，在一个真实的城市背景下思考城市发展模式转型和旧城渐进式更新改造。这次设计题目的选地最不同于以往三届之处在于重庆的城市山地地形，相对于平原城市的平坦开阔，山地城市的城市空间更加多样，人群活动也因空间多变而有其特点。针对这些特殊性，各所学校的同学们把握住了山城空间特色，将人群需求和社区生活作为了重要的关注点，体现了规划师的专业素养和价值观。再次感谢各校师生，通过四个月的努力，在基地调研、问题解析、框架梳理、成果汇总之后，为本次六校联合毕业设计交出了圆满的成果，也预祝明年的六校联合毕业设计可以延续往年的精彩，展现更多优秀学子的风貌。

陈　天
天津大学建筑学院

六校毕设又走过一年，从春天树梢萌芽开始，到绿意浓浓的盛夏结束，每个团队，每个参与者都收获颇丰。今年的六校毕设是在特殊的时间段开始启动，为什么？过去一年里，中央政府都给予了城市规划最大的关注。中央城市规划工作会议在 37 年之后再次召开。我们的城市迈入了与经济转型同步的存量更新时代，城市规划界同仁面临着前所未有的新课题、新思路、新方法的考验。在这样一个背景下，六校毕设来到了重庆渝中区，接受了这样一个现状构成复杂、地形变化多端、社会层级多样、文化元素丰富的城市代表性片区的城市设计任务，对于每个团队都是一个真实的挑战。可喜的是，各校毕业设计团队都以自己独特的构思，全面展示了山地城市更新、社区再造的目标下，让“城市社区更美好”这个主题的规划思想、思路、方法和创意。在每一个设计阶段的交流中，各个团队各显其能，通过老师们的精心辅导，其设计成果全面反映了同学们的才思与智慧；评审专家们则口吐莲花，抛砖引玉，从不同的视角，以生动精彩的点评，让大家获得专业层面全方位的学习与领会。各个学校团队们的设计成果也展示了学校教育的特色，比如：东南大学的周密性，逻辑性；西建大的文化性，诗意性；同济大学的条理性，层次性；天津大学的整体性，全面性；清华大学创意性，哲理性；重庆大学的人本性，在地性等，不一而足。总之，四个月的紧张的设计过程让每个人都拥有许多斑斓的收获和记忆。感谢老师们，用不辞辛劳、认真踏实的态度为学子们提供知识的传播，生活的帮助。感谢专家们，百忙之中，为学子们提供了最有专业视角的评价与建议。感谢中国城市规划学会的支持，感谢重庆大学建筑学院师生们周到的组织与接待。2017 年，天津大学将在渤海之滨，北洋校园青年湖畔欢迎大家，期盼明年的相聚！

李津莉
天津大学建筑学院

在规划行业的冬天里，第四届六校联合毕业设计选择了重庆渝中下半城这一衰退中的老城中心地区再发展再复兴的难题，让学生们充分感受着城市更新、存量规划的复杂性与高难度。在重庆花香四溢的春天里，六校师生齐聚重大，奔波在下半城十八梯的高差变化与市井风烟中，搜寻着古往今来发展的脉络与渊源，在调研、访谈、交流中相互激发、相互学习，学生们倾尽本科所学到的规划知识、技术与方法，老师们倾其所有、各显其能，建构出六校团队各具特色的解决思路与框架，在天津大学热情似火的初夏里，六校师生彻夜鏖战；学生们在汇报中智慧的火花四溅，精妙的设计闪现、曼妙的语言流淌；专家大咖们的点评中肯、幽默、切中要害；这一切组成了无法淡忘的终期。又是一年毕业季，看着一张张年轻的面孔，一个个朝气蓬勃的身影，体验感悟着精益求精、拼搏创新、教学相长……，感谢所有参与的专家师生们，祝福每一个即将毕业的莘莘学子。

许熙巍
天津大学建筑学院

2016 年春，山城重庆，我们迎来了一年一度的六校联合毕业设计。此次城市设计题目选址是重庆十八梯及其周边区域，以更好的城市社区生活为题，寻求一个为烙着山城印记的十八梯注入新生活力的方法。从调研后的现状汇报，到清明节后的中期讲评，紧锣密鼓的节奏中我们渐渐摸络着十八梯的脉息，从宏观到中观，从社区修治的制度设计，到城市设计的空间落实，小伙伴们打着云手将经济、社会、人文、空间几大气场慢慢聚拢于怀，心下想着够你们烧脑的了吧，嘿嘿……时近五月，各种繁冗纷至沓来，拨出时间讨论社区重构，见缝插针查看进度，参与毕设指导却是半年来带给我最大成就感的事。收获的六月，各校队伍在答辩的舞台上尽情挥洒才华，东南大学的社区营造、西建大扎实的历史保护、同济大学成熟的规划设计、天津大学的摇滚模型、清华大学的藏头诗、重庆大学的山野，同学的激情搭配评委专家的连珠妙语，六校毕设的真正魅力被尽数释放。这是我们热爱着的联合毕设，为规划思维的交流碰撞提供空间，为规划的青春力量提供舞台。感谢中国城市规划学会的倾力组织，感谢重庆大学师生的辛苦工作，期待明年的相聚！

张　赫
天津大学建筑学院

记得第一次到重庆的时候，我就爱上这座山城，爱这里的山山水水，爱这里的梯梯坎坎，更爱这里的人和生活。当知道今年的联合毕设选地定在下城这样一个重庆发源地的时候，不免几丝兴奋。从调研走访到中期汇报，真当我们走遍这里的每一个角落时，我又再一次体会了这座城市的美好与复杂。也让我在最后汇报的时候，说实话，挺佩服六校的同学们，能把这样的城市、这样的生活和这样的他们自己都记录在方案里，记录在他们的青春里。回想四年，联合毕设走过了成长、走过了喜悦、走上了收获，是联合毕设搭建了交流的平台，也成为了大家共享的舞台、成长的天台。在这样一种氛围下，我看到了六校同学的亲密无间、取长补短和各自风采，也非常羡慕他们的未来，在这样的年纪就有了一群顶尖的伙伴。相信这里发生的一切都会是他们今后人生路上最好的财富。最后，也要感谢重大的老师们，尤其是日夜操劳的黄老师，用这样一个题目给了我们一个感受重庆，感悟设计的机会。感谢六校的师生们在三次集中交流环节中的辛勤付出。也欢迎大家明年再来天大，再相聚，相信明年的联合毕设一定会更加精彩！

吴　晓
东南大学建筑学院

首先，本次六校联合毕业设计以“更好的社区生活”为主题，以重庆渝中区衰败的下半城为基地，在选题上不但契合了十八大之后我国社会在发展理念、模式和导向上的重大转型，也敏锐而精准地捕捉到了当前存量更新的关键切入点——“社区”视野。可贵的是，我们在计划书所带来的专业挑战之下，还感受到了基地判读的多元可能性和规划操作的发挥空间。其次，毕业设计作为本科阶段教与学的集成式展示和成果汇演，我们认为其教学重点除了传统的物态空间塑造、形体环境设计等之外，还需要有所拓展、更上一层，在价值评判、逻辑框架、分析思路甚至表达技巧等方面给予以更多的关注和培育，使学生在应对复杂环境条件的规划教学中，知识结构、专业素质和综合能力能有一个较为明显的提升和优化。欣慰的是，我们也看到了这一点变化。最后，感谢六校联合毕设的高端平台和城市规划学会的鼎力扶持！因为肯定的是，毕业设计这团结协作的半年、这校际切磋交流的半年，将成为师生漫漫求索路上一笔难以磨灭的宝贵财富！

巢耀明
东南大学建筑学院

2016年六校联合毕设的选题是“更好的社区生活——重庆渝中区下半城片区城市更新规划”。现状的下半城地区，经济萧条，空间破败，成为中低收入人群聚居之所。面对这样一个现状复杂而又带有典型性的老城更新地段，如何指导已经过近五年城市规划本科专业训练的毕业班学生，在原有侧重于城市物质空间形态学习与训练的基础上，进一步提升学生对隐藏在复杂的城市现象背后的社会人群、经济产业等关系的理解，从而对本次毕设选题作出更为全面深入的规划求解，是指导教师需要解决的重要问题。在三个月的毕业设计过程中，指导教师循序渐进地进行引导，毕设小组以“社区 +”为规划求解的突破点，提出社区更新的目标是更和谐的社会、更发展的经济、更提升的环境，只有这样才能形成“更好的城市社区生活”。毕业设计以社会阶层的容融、产业层次的整合、山地空间的更新这三条主线，社会性、经济性、空间性三个层面并重，对下半城地区进行专题研究，剥丝抽茧，层层深入，形成多情境、多时阶的规划设计方案。通过毕业设计的教学，我们努力让学生树立正确的城市规划价值取向，关注弱势群体，维护文化多元性，保持社会与文化的可持续发展，在更高标准上培养学生解决复杂城市问题、社会问题及经济问题的设计思维能力。

殷　铭
东南大学建筑学院

城乡规划专业六校联合毕业设计已经举办了四年，主办城市在变、题目在变、老师在变、同学在变，但不变的是大家对规划的热情和追求。本次毕设的题目，更好的城市社区生活——重庆下半城片区城市更新规划具有极大的内涵深度和包容性，与重庆这一山上之城让师生们迷惘、苦恼、兴奋、沉思。从选题和成果看，在城市规划专业层面，这一选题十分贴切存量规划城市更新的发展趋势；在规划教学，这个题目的复杂性已经远远超越了学生五年来所学到的知识。毕业设计不仅仅需要系统运用五年来所学到的各类知识，还为学生打通了一条校园生活与社会工作的一个通道。通过毕设的预热，让学生充分认识到规划的复杂性、弹性、可操作性等系列因素。当然最后六校呈现的结果也达到了教学的目的。

任云英
西安建筑科技大学
建筑学院

转眼之间，六校联合毕业设计画上了圆满的句号。但此刻，心绪却还停留在阳春三月，沐浴在阳光下的十八梯、白象街、湖广会馆——下半城。六校携手在重庆山城，谱写了一曲回忆满满、青春激荡、意气风发的毕业歌。这不是结束，而是一个朝气蓬勃的开始，同学们将融入新的征程，老师们将继续起航，开启新一轮的耕耘，期盼下一个收获。而真正最为难忘的是中国城市规划学会搭建的这个教学平台，激发了师生们的热情、激荡了一代人的青春。六校联合毕业设计从选题、组织到成果展示，紧紧围绕城乡规划发展趋势，面对国家需求，面对“更好的社区生活”的诉求，选题是典型而富有挑战性的，需要同学整合五年所学，面对自己从未面对过的复杂对象和问题，深入调研、抽丝剥茧、层分缕析，废寝忘食；老师把握方向、鞭辟入里、悉心引导，夜以继日。踏勘调研—中期汇报—终期汇报，环节丝丝紧扣，时间刻不容缓。带着初生牛犊的豪情、带着上下求索的热情，这种投入、这种积极主动令人备受感染，让人不由感慨“得天下英才而教之，不亦说乎！”六校联合毕设，不仅提供了平台，也是一个标本和示范，成为各个院校毕业设计阶段交流、沟通、提升发展的蓝本，其意义深远。感谢西安建大十二位学子，感谢教师组全体成员，感谢这段难忘的时光。

李小龙
西安建筑科技大学
建筑学院

2016，从3月到6月，从重庆到天津，六校毕设的第四个年头圆满告终了。围绕着“重庆下半城”的精彩命题，从开题研讨、集中调研、头脑风暴、中期交流到期末答辩，我这名六校毕设的“四朝忠实”青年教师有幸又一次经历了与学会专家、各校名师及同学精英们的互动交流，有幸又一次经历了学术充实与洗礼，而从“识、脉、困、机、策”等方面系统思考规划设计与实践教学过程，并激发了对于“历史文化富集、物质遗存贫瘠”背景下城市历史片区更新规划的深入思考。最后，十分感谢中国城市规划学会及专家的学术指导，感谢重庆大学、天津大学的精心组织，感谢六校师生的热情交流！六校桃李罗堂前，联合毕设又一年，千谋万绪六家策，半城风雾半城缘！

李欣鹏
西安建筑科技大学
建筑学院

这是我第二次参与六校联合毕业设计的教学活动。比起去年，今年我有了更多的感触和思考。六校联合毕业设计是一场各校师生一起交流的盛宴，这里的交流不仅仅是学科的交流，更是情感的交流。我想无论是老师还是学生都在这次活动中能有不少的收货。不同地域的学生，不同学校的老师能够借此机会彼此认识，共同学习，这是一次非常难得的机会。当每个学校的师生坐在台下聆听其他学校精彩的汇报演讲时，大家都能体味到彼此对于这场活动的重视、执著和虔诚。这里学生们所展示的，不仅仅是各自之于这次课程题目的思考，更是对于毕业设计本身的热情和坚持。六校联合毕业设计给六校学生本科的学习生涯画上了一个非常圆满的句号，我为他们喝彩。

朱　玲
西安建筑科技大学
建筑学院

今年我非常有幸参与六校联合毕业设计的教学活动，切身体验了这场校际间交流的学术盛宴，同时也十分感谢中国城市规划学会与各个院校所共同搭建的各个平台。首先，六校联合毕业设计为各个学校提供了自由讨论的机会，各校老师在这里可以彼此交流，各校学生在这里可以共同学习、共同进步，在毕业的最后几个月，收获知识与进步。其次，六校联合毕业设计又是一场难得的学术体验，为各校园本科学生展示了行业前沿、热点、专业的学术观点，这对于本科阶段学习而言，可谓弥足珍贵。最后，六校联合毕业设计对于学生而言更是一份收获与感动，通过几个月的课程设计，让学生们在毕业之际更加理解了执着、责任、情怀与热情，在各个学校共享的舞台之上，一起迸发、共同释放、互相激励、收获成长，为自己的本科期间灿烂收尾，为自己的大学时代交上一份满意的答卷。

张　松
同济大学
建筑与城市规划
学院

第二次参加城市规划专业六校联合毕业设计了。与往年一样，主办学校所拟定的设计课题和基地都很有意思，也很具挑战性。今年的毕设选题为“更好的城市社区生活——重庆渝中区下半城片区城市更新规划”，涉及“社区生活”、“城市更新”、“历史保护”、“城市设计”、“低碳生态”等热点关键词。当然，渝中区下半城这个文化积淀丰厚和城市问题多元的地区，其调研分析、策略制定、方案推敲都充满挑战性。经过一学期的努力奋斗，六校的同学均圆满地完成了课程任务，在重大和天大举行的三次集中交流环节，清华设计小组的逻辑性和创新性，东南设计小组的严谨分析和研究框架，天大设计小组的空间形态设计能力，重大设计小组的人文情怀和艺术追求，西建大设计小组的历史研究和激情投入，同济设计小组多途径求解设计难题的努力，这些都给我留下了很深刻的印象。期待同学们在研究生学习和实际工作期间有更多的创造和更美好的生活，在今后的规划设计生涯中能够保持这样的青春活力，并走出自己的学术轨迹。

黄健中
同济大学
建筑与城市规划
学院

三个月的时间转瞬即逝。时间虽短，但收获颇丰。作为教师，最大的收获当然是看到学生们的成长与进步。今年的毕设选题聚焦于具有悠久历史传统而又充满各种困境和矛盾的重庆市渝中区下半城区，以“更好的城市社区生活”为主题，无论是规划涉及的广度还是思考的深度，都是非常有难度和挑战性的。值得欣慰的是，同学们面对这样一个复杂而陌生的城市环境，顺利完成了包括现场调研到框架搭建、策略提出到详细设计的学习过程，并从关注物质空间到关注人的生活、从简单片面的批判到多元包容的评价、从繁杂纷乱的纠结到理性而不失创意的思考、从紧张磕巴的念稿到自信流畅的阐述，都体现出大家在专业知识和技术能力、规划理念和价值导向等方面的综合提升。本次毕设更因“联合”而精彩。六所院校的师生在一起围绕同一个主题，展现出多样化的视角和各具特色的成果，在相互启迪、拓宽视野和取长补短的同时，也收获了满满的友谊。两次集中交流会上特邀专家的点评，更是让大家收获到与校内毕业设计不一样的教益。相信这样的毕业设计会对同学们今后的专业学习和职业发展产生积极深远的影响，祝愿六校联合毕业设计活动越办越好！

王　骏
同济大学
建筑与城市规划
学院

在存量规划的背景下，本次重庆渝中区下半城的选题“更好的社区生活”显得别有韵味，对同学们的挑战和要求也更高，他们得以更深入地感知社区生活的丰富多彩、不同特征、多种冲突和现实困境，尝试去理解城市发展的不同模式和路径。从各校学生的表现来看，不仅反映了他们多样化的视角、严肃的思考、大胆的尝试甚至是稚嫩的手法，而且中间过程的相互交流也越来越有味道，这个过程本身将会是值得他们长久回味的一种记忆。学生们倾力投入现场调研，反复雕琢概念逻辑和设计推导，不避繁嫌地争议辩论，创新尝试包括“扫一扫”、第三人称叙事、VR 技术在内的多种表达手段，屡屡让我们眼前一亮。作为指导教师，我也很希望今后能看到更多更有情怀的设计理念和更有个人特色的方案。感谢中国城市规划学会、特邀点评专家和各高校的倾力支持和参与，希望学生们越来越喜欢这项教学活动，祝愿六校联合毕业设计活动越办越好。

李和平
重庆大学
建筑城规学院

重庆市渝中区下半城是一个充满着复杂性和矛盾性的特殊的城市区域，作为重庆的母城，它承载了丰厚的历史文化，但是其历史街区和建筑却已经和正在遭受拆除的命运；作为重庆传统山地城市空间的代表，它呈现出鲜明的山地特色，但是现代城市更新手段正在逐步抹去这些特色……。这个选题给同学们带来了严峻的挑战，同时也提供了丰富的创造空间。

我欣喜地看到，经过深入的调查和分析，同学们能够洞悉下半城在社会经济发展和空间环境更新中的核心问题，并充分发挥出各自的想象力，从不同的视角提出城市更新发展理念和技术方案。这使得六所学校所提出的七个方案各有特点，异彩纷呈。我更为欣慰的是，同学们在设计过程和方案中所表现出的价值观，他们关注社会问题和社会生活、关注历史文化的保护和传承、关注环境污染和生态建设、关注弱势群体和平民需求，这正是我们规划师应该秉持的职业操守。

黄　瓴

重庆大学
建筑城规学院

记忆的下半城，梦幻的下半城，衰落的下半城，消失的下半城……总之，下半城牵动着重庆人的痛神经。伴随着三千年的历史脚步，重庆渝中区下半城面临着尴尬的发展困境：产业衰退、文化断裂、社会隔离、空间破碎、交通不畅……一条新华路、一条解放路、一条长滨路，将上、下半城及长江日渐疏离。尽管如此，下半城的市民生活仍然别有风味：高架桥下的餐饮、长江边上的茶座、居民区的院坝、熙熙攘攘的街巷……如何复兴渝中下半城？如何营造更好的社区生活？面对这样的难题，参加今年六校联合毕业设计的同学们在老师的指导下使出了浑身解数，给出了各具特色的解答，从价值判断、规划理念、技术方法到空间呈现及政策探讨，无不展示出新一代规划师应有的社会责任感和优异的专业素质。从年前的选题选址，到 3 月六校师生齐聚重庆踏勘地形和调研汇报，再到 4 月重大中期答辩及 6 月移师天大的终期汇报，弹指一挥间，一切已经成为非常美好的回忆。期间的辛苦劳顿皆化作激烈争论后的共识、独立思考后的坚持、专家点评后的领悟以及六校师生间的友谊。无论你爱与不爱，青春就在这里；无论你念与不念，记忆就在这里。衷心感谢中国城市规划学会搭建的六校联合毕设平台！衷心感谢六校师生们对渝中下半城的贡献！感谢这次作为指导教师的机会，让我个人收获良多。

肖　竞

重庆大学
建筑城规学院

作为一名青年教师，很高兴能够加入到六校联合毕设的大家庭中，同各校老师交流探讨，与各校同学并肩成长。而作为一个在渝中半岛出生、长大的原生土著，以“渝中区下半城片区更新规划”为题的这次毕设也让我透过各校师生们的视角重新认识了自己生长于斯的这片土地。在思想的交流与碰撞中，自己深感受益良多，特别感谢中国城市规划学会搭建了这个平台，也感谢六校师生们的全情投入与辛勤付出。联合毕设不仅为六校师生提供了交流的机会，也为那些怀揣梦想并为之奋斗的年轻人提供了一个展示才华和释放情怀的舞台。“城市让生活更美好！”对于每个规划从业者来说，这既是一种理想也是一份责任。秉持着这样的信念，规划学子们勤勉学习、坚韧历练，不断提升着自身的专业技能和素养。在收获的季节，他们带着多年的知识储备与能力积累来到毕设的舞台上，通过异彩纷呈的方案践行着各自原初的理想。规矩之下方显格局，情怀之内自有天地。很高兴看到同学们在欢快的畅想中仍不忘以审慎的态度对当前我国城市发展中各种严峻的现实问题作出建设性的回应，并以这样的方式为各自五年的专业学习画上了圆满的句号。通过这次毕设，年轻的规划师们收获了满满的经验与友谊，而这次宝贵的经历也将为他们未来的人生注入一份笃定、一种昂扬。

吴唯佳

清华大学建筑学院

城市规划学会指导的六校联合毕设已经走过四个年头。四年来，各参与学校之间的联系比以往更紧密，教学方法和理念的交流更频繁，毕设水平显著提高。记得最初宋庄课题中，西建大同学给出的解决方案，是一个城中村中的超大建筑群体。那时的清华学生还只是建筑学城市规划方向的毕业生。这次联合毕设，我们的团队是规划本科毕业生，西建大的城市设计充满山城特色。六校毕设的规划方法更趋规范，理念更趋成熟；为谁服务的价值观，更注重多样化的社会需求。评委老师对毕设的要求，也不仅限于规划设计方案自身，还要求考虑规划的实施可能，包括资金来源、吸引投资业主、地方政府项目落地的可行性等。六校联合毕设教学的高度融合，需要我们更进一步，思考如何在现有平台上，更能够挖掘发挥六校的教学特色。

刘佳燕

清华大学建筑学院

感谢六校联合毕设，在 2016 春夏之际再次开启六校师生的交流盛会，于山城重庆创造了这样一次难忘的学术与实践的对话。设计地段选址重庆下半城，1 万多平方公里的狭长地段内高度叠加了复杂的历史文脉、山水人居、产业转型和社区发展等问题。选题定位“更好的城市社区生活”，让我们回归城市发展与规划设计的本质。何谓之“好”，警醒我们在上下半城风雨飘摇的百年发展路径比照中探求新的发展路径，何又谓之“更好”，督促我们时刻内省规划师的职业理想和人文关怀，在对当前资本与空间的巨构洗礼的反思中重新找寻家园之魂——这就是社区，就是生活。“生活不止眼前的苟且，还有诗和远方的田野”，规划的一大魅力就在于跨越时空的想象。需要回头看看，适度放慢我们今天焦躁的改造步伐，在下半城的点滴记忆和空间映射中抽丝剥茧般地寻觅传统人居的古韵留长；更需要向前看，在全球化的发展浪潮和竞争中找寻地方立足之本和适宜的发展路径，为所有市民和子孙后代营造和谐、可持续和更富想象的城市人居环境。

周政旭

清华大学建筑学院

这是我第二次参与六校联合毕业设计。两年前地段位于南京老城南地区，今年则位于重庆下半城地区，两者都蕴藏着丰饶的历史文化底蕴、包容着当前多元的市民生活、并有着未来多种的发展可能，而今年更具挑战之处在于山城特色的提炼与发扬。本人来自山地地区，但整个求学期间一直在平原地区，山地是一个既熟悉而又陌生的存在，吸引我饶有趣味地去探究其魅力所在。因此，在过程中，我们与同学一道不断地去认识山城、体会其历史与现状的复杂多样，进而明确核心的价值取向，并强调解决路径的多种可能，希望最终呈现出一个具有特色的、与地段气质相符、强调社区生活、面向未来发展的方案。在整个课程接近半年的时间中，我们与九位毕设的同学共同摸索探讨，与六校的师生共同交流琢磨，收获良多，并结下了深厚的友谊。

天津大学建筑学院

安秉飞

大学五年，很高兴自己能在自己毕业前的最后一学期参加六校联合毕设。在此首先感谢那些帮助过、指点过我们的老师还有那些一直和我奋斗在一起的 11 个小伙伴。说实话，能作为队长带领大家一起做设计，是一件无比幸福的事情。当我走马上任的那段时间，我发现自己在整个团队中的最核心作用是协调而非指引。12 个人 12 种不同的思想，如何能让 12 个人很好的沟通且不起冲突显得尤为重要。说实话，我们这个小团队曾经不止一次的争吵，而这些争吵我们都是希望自己能够做得更好。很感谢我们当时有过的争吵，最后让我们提交了一份满意的答卷。我想，若干年以后，我们会回想起来那些年我们有过的争吵，然后莞尔一笑。

最后，感谢业内各界对我们六校联合毕设的大力支持，感谢兄弟院校的老师同学们的共同努力，也感谢母校天津大学的五年栽培，我相信未来我们会在规划这条道路上走很远！

陈学璐

很庆幸自己参加了这次六校联合毕业设计，即使期间任务繁重，忙得焦头烂额，但是收获颇丰，于日后的专业学习和工作都十分有益。也感谢各个学校的老师、同学们，很高兴能有这个开放的平台互相交流学习！在设计初期，我们尚未找到合理的框架逻辑分析现状问题，对于方案主题框架有时意见分歧，有时方向有误，方案几经更改推翻，但也终于在大家的努力和老师们的引导启发下得到一致肯定。这段时间，我们也认识到了规划工作合作的重要性。对于“更好的社区生活”这个题目，我们以前的设计课没有较多的涉及，所以这次的毕业设计确实填补了这方面的知识，并且我也深深赞同在未来规划的发展方向中，城市社区将成为重点的设计对象，而且规划师的角色也会更加转变为社会力量的中间博弈协调者，通过社区来深入到居民群体内，更贴近人民的诉求进行规划。此次毕业设计不仅是对我们大学五年学习质量的检验，也是在最后本科即将结束阶段，启示我们对待专业知识要理性思考、大胆创新、缜密负责，规划师的任务仍然任重道远！

董宏杰

毕业设计是大五也是本科阶段的最后一次设计。六校联合毕设为不同学校的学生提供了一个很好的交流平台，在这里我们共同学习、共同成长、共同进步。六校同时也是检验我们学习成果的一个平台，在这里通过交流我们可以认识到自己的不足，在之后的学习中总结经验，完善自己，弥补自己的不足。

我们团队是由十二名学生组成，在六个学校中是一个相对比较庞大的队伍。我们在进行六校毕设的过程中，总会有意见不一致的时候，这个时候就需要求同存异，尽量理解他人，尊重他人，尽可能最大化地实现所有人的想法，将方案做到最好。

六校联合毕设的过程无疑是充实的、是忙碌的，我们在这里争执过、付出过、努力过，但同时，我们自己也为我们的毕业设计画上了一个完美的句号。

杜孟鸽

三个多月的六校联合毕业设计，从前期准备到最终汇报，身在其中，无时无刻不觉得异常艰难又充满挑战。当一切尘埃落定，回想以前，又觉得为之努力与奋斗的日子是如此让人感动与兴奋。在这三个月，专注于一件事，与小伙伴们在磕磕绊绊中一点点完成最终的成果，我们在争吵中获得灵感，又在互相的支持与鼓励中熬过瓶颈期，与 11 个人的合作是不易的，我很庆幸，我们过得还不错。通过实地调研，我们完成了对于基地的初步认识，由于前期准备不足，在现场汇报的前一天晚上我们还在慌乱地讨论着 PPT 框架，永远忘不了早晨的时候，我紧张的合着最后的成果。第一次优点失败的合作让我们进行了自我反思。到中期的策略总结汇报，我们渐入佳境，通过三个月的磨合，终于在最终的汇报给了自己一个满意的答卷。五年的大学生活即将结束，我很幸运最后的时光有六校陪伴，不管是彷徨、争吵、熬夜还是欢笑、感动，这三个月都是我一生值得铭记的奋斗时光。

龚一丹

很庆幸在大学的最后时光选择了六校联合毕设，荣幸地成为天大团队的一员，开心地与六校其他学校互动交流，理性地接收评委和老师们的宝贵意见。在这个开放的大平台上，同学们跨越校际，交流着生活和学术上的点点滴滴。从最初的相识到最终的惜别，我们不仅在设计研究中互相学习，也共同分享了生活中的喜悦和疑惑。

这次联合设计训练是大学五年来所接触到的最全面最系统的一次方案设计，从基地调研到策略初探到方案推导，以及政策设计。每一次尝试都是最真实最新鲜的体验。同时，和小伙伴们的合作交流也给了我全新合作方式的体验。12 人超大团体共同奋斗一个目标，欢笑与争论交织其中。在若干年后，回想起这段五味杂陈的时光，我们将会对彼此会心一笑，感谢曾经一起奋斗的每一位伙伴和老师。

刘潇雨

2016 年 6 月 5 日，为期 3 个多月的六校联合设计终于圆满结束。回顾起这三个月的毕设生活，不由得非常庆幸自己能够有机会参与到这一盛事当中。在这座美丽的山水重庆中，我们游玩过、调研过、思考过、感悟过。当最终我们从专业角度出发，为下半城的发展留下了我们或许微不足道但包含真情的研究成果时，我们是感动的。从自身所得的角度来看，就如我们设计题目中所提到的“汲”与“涵”一样，初期调研、中期分析、后期设计与汇报，六校联合毕业设计过程中的每一阶段都使我收获了对于自身不同方面上不同程度的完善。特别值得一提的是，联合毕业设计为我们打造了与其他各校同学、老师以及各机构学科专家交流的平台，使我们清醒地认识到了自己的不足，跳出平日相对局限的逻辑开拓了更多的设计思路。感谢 3 个月以来团队内同学、老师的陪伴，是你们帮我在本科生活结束之时画上了一个完美的句号。感谢各校同学、老师、专家们的指点，与各位交流使我受益匪浅。最后要特别感谢重庆大学的老师和同学们，是你们出色而负责的工作保证了我们的毕业设计得以进行得顺利而富有意义。

唐冠蓝

三月到六月，三个月的时间，五年的集成。六校联合毕业设计，给了我们一个充分展现自我的平台。在重庆下半城这样一个精彩的地段，我们尽心竭力，完成了一个让自己感动的作品，这注定将是人生中的高亮点。回想起来，脑海中首先浮现的是这个团队的同学们，调研报告情况紧急，大家不抱怨不逃避，携手战斗整夜。中期汇报顺利，带着欢声笑语畅游祖国大好河山。终期将至之时，虽然有慌张，有害怕，但也咬牙坚持，不离不弃。12 个人，虽性格迥异，但也成为患难之交，这样的友情再难遇求。老师们一开始就提倡我们用自己的力量去面对这个艰巨的任务，老师们最常说的话就是：“我相信你们。”非常感谢老师们，因为他们的信任，我们才发觉自己也有强大的力量。当然老师们在我们有困难时给予的帮助也是无价的。认识了很多其他院校的朋友们，这是这次毕设带给我的豪华礼物。六所学校的朋友们，虽然不在一个地点，但是有共同的目标，因此也建立了深厚的革命友谊，虽然相聚很短暂，亲爱的战友们，望珍重，来日方长，定能再会。

王美介

12 个人合作有时就像电影十二公民一样，需要争吵，需要说服对方，但在这个过程中我学到更多的是如何去真正的倾听对方，让合作得以进行下去。在十二个人分配工作量的时候，必然会存在工作量不均等的情况，在这种情况下我学习到的是要主动去承担额外的工作量，有担当，敢于挑战，不畏惧艰难的任务，不躲避，不等着别人来解决难题而自己缩在后面。这可能是我学到的最重要的东西。我从我的小伙伴身上看到了很多闪光的可贵的品质和他们的才华，我很幸运能够与他们一起工作，我学到了很多东西。第二个方面是这是我第一次做山地的城市设计，之前做过的设计大多是平地的城市设计，所以从这次山地设计，我学到了很多不一样的设计视角以及很多山地设计的知识。第三个方面是平台更高，六校联合毕业设计让我们可以跟其他五所兄弟院校站在一个平台上去比拼，与其他学校的同学分享交流设计想法，跟他们成为朋友，拓宽自己的眼界和视野。最后，我很感恩带队老师和同学们的辛苦努力，六校联合毕业设计为我的大学生涯画上了一个完美的句号。

王艺霖

抱着想在大学的专业课上注入最后一份专注的想法参加了六校联合毕设，六校是一个 12 人的集体，12 个人的合作模式是复杂的，但是最后的圆满结局说明了我们合作的成功。我在这样的合作中最大的感触就是我们有时候是各持己见、有时候僵持不下、有时候想放弃治疗自己或者别人……但是我们的矛盾都仅仅停在学术。说到这里，感谢所有指导老师的指引和教导以及外援指导老师左老师，还要感谢安哥的组织和照顾。对于方案，在做了初期的区位定位、轴线、控规后，我一直在做湖广和二府衙所有阶段城市设计和各种出图，从头跟进一个方案的发展真的很幸福。六校解开了我曾经的一个心结就是对着专业人士的展示。我在平时的演出里，不怕舞台不怕灯光不怕别人的眼睛，但是一直以来无论舞蹈、走秀还是专业汇报，我都很难在专家面前坦然展示自己。我害怕自己的想当然只是幼稚的把戏。这次的汇报帮我跨越了这个障碍，所有领域的这个障碍，我感到一点新生。感谢各界对于六校联合毕业设计的支持，希望读到这篇感言的人能够对六校多一份认可。

王　禹

六校联合毕业设计是我在本科期间的最后一个设计，对我来说并不是画上句号而是新的开始。有幸和 11 位小伙伴共同奋战 4 月的时间，在重庆这个 3D 魔幻城市做一次城市设计，感到新鲜刺激而富有挑战。从前期调研到中期汇报，两次在重庆的短暂停留让我意犹未尽，感受到了这个城市独特的文化魅力。在设计之中，我们将还原当地人的市井生活作为出发点，希望老山城的点点滴滴和消逝中的十八梯能够留存下更多城市符号，而不只是在一代人的记忆之中。这次设计让我能够总结大学期间的所学所得，在更真实的语境下体会以旧城更新、原住民生活、历史文化遗产保护等城市发展与存量更新中的矛盾问题。感谢各位老师对我们的悉心教导，感谢 12 人团队让我对团队合作有了新的认识，感谢六校联合毕业设计让我有一个平台结识许多出类拔萃的同学和严谨治学的老师。最后感谢重庆这座城市，我会视其为第二故乡。

许宁婧

这次联合设计最大的收获莫过于对旧城更新与遗产保护有更深入的了解。旧城更新不是单纯、表面上的改造，而是深入探究其发展机制；同时城市设计也应建立在一套完整的逻辑基础上。而六所学校的同学与老师进行思维的碰撞，在展现自己的同时也汲取了他人的长处，从前期细致的调研分析，到中期缜密的逻辑推理与策略探究，再到最终的城市设计成果展示，都让我受益匪浅。此外，小组成员的磨合与交流教会了我们作为一名规划师如何进行团队协作，把不同的任务分配给最擅长的人，达到事半功倍的效果。规划师仍不能丢掉独自思考的能力，并保持一份规划师的社会责任感。感谢一直帮助我们梳理框架、督促把关的指导老师们，感谢并肩奋斗的 12 名同学们，尽管过程充满了纠结与艰辛，但回忆起来总是有苦有甜，也在本科最后的时光交付了一份令自己满意的成果。

张李纯一

六校联合毕设是一段让我很难忘的经历，在做毕设的这段时间，我对城市规划有了更为深刻的理解，也让我大学五年所学的知识有了一次综合性的应用机会。我在团队合作的过程中，学会了如何与其他人沟通，如何去理解别人的想法以及如何去给其他人阐述自己的想法，这让我更加明白城市规划团队合作的重要性。

感谢这次毕业设计为我们提供了一个与其他五个兄弟院校共同合作、交流、学习的平台。感谢在这三个月一同与我奋斗的 11 位队友，同时也感谢那些给予我们指点与辅导的老师以及朋友。在未来规划的道路上，我会谨遵各位专家、老师以及学长学姐的教诲，做一个合格的、敬业的、专注的规划人。

东南大学建筑学院

吴泽宇

匆匆数月过去，第一次在重庆聚集与调研的种种还历历在目。不得不说的是重庆是一个让人印象极深的城市。不论是多样化的山地城市建设手段，热情好客的重庆市民，亦或是随处可见的重庆美食，都彰显着重庆这座城市的张力。它传统的，也是现代的，具有极大的包容性，这也给了我们这样来自全国各地即将毕业的规划学生一个一展身手的舞台。

此外更值得一提的，是专家们以及各所高校老师们认真负责的态度。作为行业执牛耳者，专家们对我们的毕业设计进行了详尽的点评和指导，使我们收益量多；而各高校的老师们则更是全程陪同学生们完成了本次毕业设计，加强了我们的各项专业素质。

作为个人而言，能与各所久闻其名的知名建筑院校相互交流，进行思想碰撞，是一件既有趣又具有极大挑战性的事情，所谓三人行必有我师，任何一个想法和构思都值得思考和学习，这也极大扩展了我的知识领域，开拓了视野，值得永远回忆。

金琛花

历时三个月的六校联合毕业设计虽已谢幕，却也永远不会简单地结束。因为在这六校的交流学习中，收获的太多。

官方的总结是，对重庆城市的认知，对社会问题的剖析，对自己本科五年的专业知识的检验，兄弟院校的切磋交流，以上种种，都是规划学习中的一段难忘的经历。对于渝中下半城的规划设计，我们提出的解决策略是社区＋，听了评委的点评，总觉得概念有余，操作不足。对于旧称更新中的很多实际操作性的产权，更新的开发组织模式等，浅尝辄止，实在是觉得做得不足的地方太多，而其他院校，如西建大，就研究的很透彻，实在是应该学习。再者，天大的表达和深度，重大对于山地空间的见解，清华的新技术，同济的设计构思，各有特色，值得关注和学习。

非官方的总结就是，去重庆，体味了“渝味儿”，体验了丰富的西南生活，天津收尾，参观到美丽的天大校园；结识了兄弟院校的“兄弟姐妹”，聚在一起的时候会互相吐槽各自的团队。同龄人聚在一起，谈论生活总是比谈论学习更快乐。

其实无论官方版本的总结还是非官方版本的总结，六校联合设计都是我学习、生活中的一段不能轻易忘记的经历。六校的切磋，规划大牛的点评讲解，兄弟院校朋友的交流，点点滴滴，却弥足珍贵。

米　雪

经过三个月的六校联合毕设，首先要感谢重大和天大小伙伴们的热情招待，三个月，收获满满，这次六校联合毕业设计为我们提供了一个很好的平台，让我们有机会能够深入了解重庆下半城以及下半城复杂又多元的城市特色和山地景观。我和小伙伴们也希望能通过五年来掌握的一点专业知识来尝试为渝中下半城来找到出路，在上下半城分异日益加剧的当下，我们秉承自己的规划价值观，决定关注人的视角，提出了“社区＋”规划理念，实际上是对社区更新目标与路径的统一，从而希望实现更好的社区生活。在规划设计过程中，希望社会性经济性空间性三个层面并重，遵循综合性规划原则。同时也有机会看到其他学校小伙伴们的累累硕果，受益良多。其中西建大透彻的制度研究，天大富有深度的表达和设计，重大对于山地景观的巧妙运用，清华超前的技术和方法，同济的丰富空间层次设计都值得我们好好学习。三个月虽已结束，但这仅仅是一个开始，在未来的城市规划工作中，这次六校毕设永远是我们宝贵的经历。

廖　航

回想已经结束的六校联合毕业设计，一路惊喜不断，收获良多。没有想到过的开始：2015 年 12 月的某天在调研结束后，坐着公共汽车返校，正当还在犹豫选报什么毕业课题的时候，忽然偶遇了吴晓老师，和老师一路 high 聊到了学校，那就选择六校联合毕业设计吧——择日不如撞日啊；没有意料到的朋友：16 年 3 月在重庆六校交流的时候，发现同济大学有着一位和我同名同姓的男同学，充满惊喜之余——感叹世界也太小了点；没有体会到的设计：4 月的详细设计一直推进不下去，听取张星宇师兄的讲座，灵感骤现后的不断琢磨和思考，做了一回 COS 版的详细设计，真正把自己当做一个社区规划师去体会如何让社区生活更好。

六校就是这样，在不断和老师同学的交流思考中，寻求设计的火花。

谢相怡

通过这次毕设，总体把握之后进入具体地块设计，设计思路比之前清晰很多。但是对于社区内部个人的需求由于调研时间原因还不是很真实具体，但是毕业设计对于我的知识的扩充和研究的训练确实起到了很大的作用，让我从方方面面思考城市和设计的问题、出发点、进行方式和实施。对于重庆粗略认识，比如地形，人民的热情活力，如何不被后续的研究湮没，我想只能通过不间断的加深对当地了解。一些自下而上，本土化之类的、原来看来口号化，很抽象的事物，有了一些感性的认识。在答辩点评时，听看老师和其他院校的作品，反复体会个人的所识所感所做，发现自己的不足。虽然对于这样一个课题来说，一学期的时间，和短短几天的调研远远不够，但能给我在专业上着许多体会已是十分难得。

王李丽

三个月的时间匆匆而过，毕业设计在盛夏来临之际也接近尾声。我们从初识重庆的好奇新鲜到一次次调研、讨论、汇报、完善后的深入认知，这其中的每一次交流与合作都是对自身能力的提高。感谢老师们的辛苦指导，行成于思，合作过程中的头脑风暴和灵感交流不仅拓宽了我的思维方式，也使得我对事物的思考更为成熟。此次的毕设对我而言具有非常的意义，不仅提升了自身视野及能力，结识了其他院校志同道合的朋友，最重要的是它让我明白规划师存在的意义与价值。未来的路还有很长，在成长的路上我会一直记得并且不忘初心。

西安建筑科技大学建筑学院

韩会东

三个月的时光转瞬即逝，仿佛昨天还在山城重庆下半城调研，今天就在海河边的天津大学进行了终期答辩，为自己本科五年的学习画上了最后一笔。

一场毕设，两个城市，三次答辩，让人记忆犹新；四位老师，六个学校，十二名同学，令人终生难忘。这就是毕业设计给我的最大感触与收获，它不仅仅是本科最后一次的专业课程设计，也不只是知识技能的总结运用与复习提升，而它是一次思想、能力、特点的碰撞，是各个学校老师、同学，甚至是和评委专家们的交流探讨。让我们在大学的最后上了一课，教会我们的不仅是专业知识与设计能力，更是将来走上社会、走上岗位后，如何为人处世、团队合作的一种演练。

吴倩宜

六校联合毕设是我大学生活的终点，却是我人生的新起点，这是一次终生难忘的学习经历。两次重庆之游，深深地被这座美丽、热情的城市所吸引。几天的下半城调研，我们更是陶醉在它独特的山城文化特色里，更加深层地体会到了重庆的人文底蕴而不仅仅是九曲十八弯的山城印象。下半城，正是这样一个充满着魅力，但同时也充满着重重矛盾的地方。重庆下半城丰富的文化积淀与衰颓的文化遗存的冲突，复杂地形条件与便捷交通需求的冲突，有限空间增量与多样空间需求的冲突，近城市核心区位与低下人居环境的冲突，城市更新需求与落后更新机制的冲突正是我们此次毕设需要解决的难题。

肖宇泽

首先我要感谢四位指导老师，任云英老师，李小龙老师，李欣鹏老师，朱玲老师，他们严谨的治学态度、良好的工作作风以及高尚的人格都感染着我，要做学问先做人，老师们这样广阔的内心和高尚的修养是我们这些浮躁的年轻人迫切需要学习的。

其次我要感谢调研期间给我无私帮助的老师、同学、朋友，他们所提供的一切是我们做好毕设调研的基础，尤其是我可爱的十一位小伙伴，与你们相遇是我的小幸运，对这一切我将永远珍藏在心。

孙佳伟

在做毕业设计的过程中，遇到了很多困难，而且很多是以前没遇到过的问题，如果不是自己亲自做，可能就很难发现自己在某方面知识的欠缺，对于我们来说，发现问题，解决问题，这是最实际的。在遇到自己很难解决的问题的情况时，在查阅了一些资料和经过老师与同学的帮助下，这些问题才得以解决，从而顺利地完成这份毕业设计。在此对于我的指导老师和同学们表示衷心的感谢，感谢他们在这毕业设计过程中给我的帮助！

张　琳

这次毕设让我获益匪浅。两次重庆之游，深深地被这座美丽的城市所吸引。重庆由于独特的自然环境特色，其夜景、桥景、山城建筑，道路都特色显著。衍生的方言文化、火锅文化、棒棒文化等充满独特趣味。十几天的调研我们更是陶醉在它独特的山城文化特色里。我们所调研的地块下半城，正是这样一个充满着魅力，但同时也充满着重重矛盾的地方。重庆下半城丰富的文化积淀与衰颓的文化遗存的冲突，复杂地形条件与便捷交通需求的冲突，有限空间增量与多样空间需求的冲突，近城市核心区位与低下人居环境的冲突，城市更新需求与落后更新机制的冲突正是我们此次毕设需要解决的难题。各种复杂问题，对我们来说都是巨大的挑战，通过学习和交流，也使得我们收获良多。

李晨黎

在这次三个多月的毕设当中，不仅见识到了山地城市重庆，在城市更新与设计中与西安这种平原城市的差异。比如如何将渝中下半城的历史文化精髓传承与当下城市转型发展及人的需求结合起来，从而探索提升城市生活品质的创新规划理念与地方途径，如何立足于地理高差与文化经济发展双高差的现状，为下半城发展找到一体合理可行的道路是我们的本次课题的最终目的。与其他五个学校同学们的交流中，不仅针对对同一个设计的，在不同视角下的不同可能性的探讨；更在闲暇聚餐与聊天中结交了许多有见解，有思想的新的朋友，希望在以后的学习与生活中继续相互切磋，相互鼓励。

王瑞楠

我们是最好的团队，从重庆中期答辩凯旋，我们在学校进行了一场内部的观摩教学。现场座无虚席，我有幸登场汇报，我想这对我来说是一次巨大的考验，在老师和队友们的鼓励和支持下得到了掌声，我亦成长。我想这次成功是我们十二个同学和四位老师拼出来的结果，我们在乎这一切，所以才会全情投入，为了同一个目标而共同努力。短短一个多月时间里我尝试达成这三个目的（目的一：学习城市社会 - 空间分析与城市问题诊断的综合能力；目的二：系统掌握城市更新理论与城市设计实践结合的能力；目的三：培养体察社区生活，独立设计研究与团队协作的工作能力。）深切感受了规划思维严密的逻辑和理性的思考。

张淑慎

这个毕设是我大学本科期间的最后一个设计，也是一个完美的句号。它在最后强化了我的逻辑体系，让我在回顾五年所学的同时，建立了我自己的规划思维模式。但是它带给我的却不仅仅是一个方案，一个分数；而是一段难忘的回忆，一群志同道合、无话不谈的好朋友。这最后一个学期，可以说是最辛苦的学期，但也是最幸福的学期。毕设将我们这个来自不同班级的师生小群体牢牢地捆绑在一起，我们可以一起在教室一言不发地赶图，也可以一起夜游压马路在过山车上尖叫表情包大战 即使大家的性格不同，未来的方向不同，但仍可以包容彼此，欣赏彼此。最后，非常感谢我们的老师们。

林之鸿

作为大学生涯最后也是最为重要的一个设计，我非常荣幸能够参与这次六校联合毕设。非常幸运能加入西安建筑科技大学六校毕设组这个优秀的团队，也为能够与其余五个学校老师和同学们交流而兴奋。现在回想起这三个多月，一路走来，感受颇多。学习过程中，在指导老师们带领下，不断地穿梭于新兴思想潮流之中，寻求灵感的火花。设计的过程难免有反复，在不断的反复中走过来，有过失落，有过成功，有过沮丧，有过喜悦，但当一切结束这已不重要了，重要的是一路走来，见到了许多人，认识了一座城，从不同人和事中学习到很多，结识了性格各异但都非常优秀的朋友。

朱　乐

多少个日日夜夜，与老师和小伙伴们朝夕相处，我们会为停滞不前而焦急，也会为有突破性进展而兴奋不已。规划思维的训练，规划目标的确定，逻辑框架的构建，空间设计方法的落实，大学五年的知识在一次次讨论中温故而知新。这次毕业设计，让我对合作拥有了更深入的认识，一个人的力量是有限的，但是当涓涓细流汇合起来，将会奔向大海，不可限量！感谢大学期间教过我的所有老师，感谢我所有同学，感谢一直在默默支持我的亲人们。没有你们，就不会有今天的我。希望在未来的人生道路上，我可以做自己喜欢做的事，为自己的人生理想而奋斗！

吴　哲

首先我要感谢四位指导老师，任云英老师，李小龙老师，李欣鹏老师，朱玲老师，在生活上亲密的关怀，历历在目，记忆犹新。从老师身上，我不仅学到了宽广的专业知识，懂得了如何自学研究，也学到了做人的道理。尤其在我毕业设计的关键时期，也是困惑之时，给予我精神上极大的关怀与设计上醍醐灌顶的指导。

我还要感谢六校毕设所有悉心教导过我的老师和互相讨论的同学们，你们的支持与建议，帮助我进步良多，也知道了自己很多的不足，也看到了你们很多亮点。谢谢你们。

任瑞瑶

毕业设计的结束为本科的学习画上一个完美句号。在这短暂却又无比充实的三个月，我不仅在专业学习上得到了又一次的提升，也在专业之外的方方面面有了很大的进步，同时也看到了自己的不足和努力的方向。其中最大的收获：对城市设计的手法和意义有了更深刻的认识，尤其这次我们小组努力尝试研究城市设计导则的制定，以指导下一步示范性设计，在突破以往相对固化缺乏强指导和针对性的基础上，强调对对象的“特殊识别”和“量身定做”。让我强烈感受到规划的控制和理性，同时也在思考如何才能让规划更好落地，如何从策略到设计更合理的衔接。

同济大学建筑与城市规划学院

胡 淼

六校联合毕业设计对我来说是一次非常特殊的经历，过程充满困难与挑战。在三位指导老师的悉心指导和九位小组成员的热心帮助下，从最初的毫无头绪到最后能够完成完整的研究与设计，历经迷惘与艰辛，我丰富了自己的知识、磨练了意志品质，成长、收获了许多。

感谢张松、王骏、黄健中三位老师循循善诱的指导及生活方面的鼓舞，感谢重庆大学与天津大学师生们的热情接待和对此次活动的精心组织，感谢中国城市规划学会对此次联合毕业设计的大力支持，感谢在各个阶段为方案修改和完善提出宝贵意见的评委老师们，感谢其他院校设计小组提供的宝贵学习经历。

廖 航

在同学和老师的协作下完成整个六校联合毕设实属不易，但回头细想，却又是收获颇丰。在基地调研中迅速发现核心问题，在方案形成中严谨串联推演思路，在详细设计中有针对地解决实际问题。每一个阶段都似乎步履维艰，迈过那道坎后，便豁然开朗。在这反复的折腾当中，最终的成果虽然未尽善尽美，但我们的思考问题、研究问题和解决问题的能力却着实得到了提高。在这场跋涉当中，能够看到各校同学风格迥异的解决方案，能够聆听评委大咖们的犀利点评，最重要的是，能够同学老师彼此协力完成一份团队成果，能够领略到重庆和天津两座城市的风景，真是一次难忘的经历。

朱明明

毕业设计落下了帷幕，经历了初选题目的彷徨，中期确定主题策略的困惑，到终期完成方案设计的确定，三个月的学习交流一晃而过，我收获了太多，也有太多要感谢。感谢张松、王骏和黄建中三位师对我的悉心指导，尤其规范了我进行设计的严谨性，这使我收益良多。感谢来自其他五校的老师和同学，在交流中收到了很大的启发，拓展了我的思路。感谢其他帮助过我的同学和朋友，你们的支持给了我很大的动力。 再过不久我就要进入研究生的学习阶段了，我相信这次联合毕设的经历会对我未来的学业有所启发，我将会保持继续谦虚保持热情！

胡鹏宇

非常有幸能够参加这次六校联合毕业设计，两次重庆之行，最后的天津集结，虽然每一次都是带着压力出发，但能够和各个学校优秀的同学们一起调研、学习和交流，也算是收获颇丰。

第一次面对山地的城市设计，我在一开始感到十分疑惑，无从下手。感谢重大的师生们为我们提供详尽的资料并耐心解答不懂的问题。感谢张松、王骏、黄健中三位老师一个学期不遗余力的认真指导，让我的设计能力和方案表达能力都有了很大的提升。

未来的规划之路还很长，六校联合毕设虽然已经结束，但它必定会激励我更加努力地走下去！

解李烜

为期百天的重庆渝中区下半城片区城市更新规划是我本科学习生涯中一段非常难忘的经历。经过之前三年半实验班的建筑训练，本学期我回到规划系参加六校联合毕业设计，学到很多，感触很多。

专业能力方面，高强度的训练增强了我的设计能力，提升了我的设计素养，六校同学的同台竞技也使我们能够彼此促进，相互提高。

团队合作方面，作为组长的我全程参与组织了本次教学的各个环节，既锻炼了我团队合作的意识，也增强了我的组织分工能力。

人生阅历方面，初次踏足重庆、天津。两种不同的历史，两种不同的文化，既开拓了我的眼界，也增加了我的阅历。

蒋凡东

作为大学四年的最后一次设计课，非常荣幸地参与了本次六校联合设计，与那么多的优秀的同学在同一个平台上完成了一次印象深刻的交流。从负责的历史保护的规划系统到深化进行了重点地段十八梯片区的详细城市设计，同时从框架的设计、规划策略的探讨到城市设计手法的详细落实，从小组合作到个人工作的交叉进行，本学期受益匪浅。

感谢一个学期里与小伙伴的愉快合作、感谢张松、王骏和黄建中三位老师的给力指导。感谢重庆大学提供了一个十分有趣同时也有难度有挑战的课题，感谢六校的同学打开了我对于规划与城市设计认知的新视角、新思路。

李海雄

四年的本科学习以六校的方式结束也算是有始有终。重庆作为一个山城、历史文化名城、直辖市，复杂的地形、悠久的历史、复杂的现状，让方案变得很困难，但也显得妙趣横生。三个月的时间在张松老师、王骏老师和黄健中老师的带领下，通过和队友们的合作以及与六校的交流自己收获很多。张松老师的严谨的学术态度给自己很多的启发和思考，王老师指导方案设计对自己设计能力的提高有很大的帮助；队友的精诚合作更是让我收获满满；六校的同学见仁见智的发挥自己的特长、学校的特色，让我看到同一个基地的不同的可能性，以及对规划的不同的思考方式。

任熙元

重庆渝中区下半城片区的城市更新规划对我们来说是一种前所未有的体验。第一次参加联合设计、第一次接触复杂的地形、第一次进行 10 人以小组为期一学期的团队协作。在这期间我们不断摸索、不断成长，在针对设计能力与逻辑思路方面有所长进的同时更是结交了很多校内外的朋友。

在城市处于创新驱动、转型发展大背景下，旧城更新正成为时代主题，经过本次六校联合毕业设计对下半城所面对的机遇与挑战以及未来发展方向的探索，让我们对这一议题取得了更为深入的认识，也激发了我们进一步研究的热忱。

王雅桐

三个月的毕业设计结束了，四年的大学生活也接近尾声，这段六校联合毕业设计的经历弥足珍贵。通过在下半城的调研、思考、规划和设计，自己对“城市更新”、“社区生活”有了更深的认识，也对“城市规划”本身有了新的思考。三次集结交流，六校思想碰撞，开阔了眼界，也使得重庆、天津两座城市对我来说有了特殊的意义。非常感谢三位指导老师的悉心指导、重庆大学和天津大学给予我们的支持和学会的评委老师给予我们的中肯评价。也感谢同组同学的相互支持和共同努力。祝福六校中遇到的每一位老师和同学，也祝愿联合毕设越办越好！

周笑贞

此次参加 2016 年六校联合毕业设计，对重庆渝中区下半城片区进行更新规划设计是一个艰难而又充满收获的过程，从一开始看到这个题目时充满兴趣与好奇，到走入基地进行实地调研时对基地复杂的情况充满疑惑，在整个设计过程中艰难推进，三次校外答辩有失落有欣喜。然而现在回首，觉得自己经历了此次设计收获远大于付出。感谢六校联合设计这个平台，在这六个学校交流的过程中，我发现了自己的不足，也更了解了自身的特点。感谢在这个过程中悉心教导我们的老师，感谢一直一起奋斗的小伙伴们，感谢这个夏天！

重庆大学建筑城规学院

李　伟

此次联毕感触良多。首先是感谢，感谢规划学会和学院，给我们提供了这样一个难得的交流平台，感谢我们的三位老师，在四个月的学习中给予悉心的指导。下半城，有着厚重的历史遗存和浓郁的人文情怀，此片区的旧城更新是一个有趣也相当有难度的课题，在这个过程中，我对于规划，对于城市更新有了新的认识。在与诸多院校的交流和业界大咖点评中，开阔自己眼界，了解了各院校的规划体系的规划方法，对于规划学界有了进一步的认识。专家提出的“打造”与“酿造”点醒我们去真正关注城市，关注人。亦让我们反思城市规划是什么，能做什么，当做什么。

余海慧

很高兴能参与六校联合毕业设计，与不同学校的老师和同学们一起互动交流感觉非常幸运。谢谢辛勤指导的老师们，谢谢一起合作的小伙伴们，从你们身上我学到了很多。毕业设计是对五年来所学知识的回顾与检验，通过渝中区下半城城市更新规划，我们深刻得认识到旧城更新的复杂性，认识到人才是城市的主体，规划中应该站在居民的角度来观察城市、理解城市、设计城市。

感谢中国城市规划学会的各位评委对六校联合毕业设计的关注，在炎炎的夏日给予我们宝贵的意见。同样谢谢天津大学的老师和同学们，在终期汇报的过程中给大家提供的支持和帮助。

何　博

毕业设计作为本科阶段的最后一个学习环节，六校联合交流设计的过程是对我五年所学知识的一次综合应用。同时，在这样一个过程中，我们需要用心合作、深入探讨、学会交流，这些都是未来作为一个规划师所理应具备的品质。而这次设计的选题更是充满挑战性，在这样一个复杂的题目下面，这些品质的具备就更显得弥足珍贵和必不可少。通过重庆渝中区下半城这块历史悠久、文化深厚、矛盾突出、现状复杂的用地的研究和设计探索，我认识到：想要作为一个好的城市规划师，要将我们的城市建设得更加美好，最重要的是要关注到生活。

龙　香

对我而言，这次设计给了我一次弥足珍贵的学习体验。而对于这5年的规划学习，六校联合毕业设计无疑是一个美丽的句号，在这个过程中，不仅在专业相关的软件或是知识技能上有了巩固，更重要的是让我明白无论何时沟通是生活与工作最有效的钥匙、桥梁，同时更结识了一群共同奋斗，有着相同梦想的伙伴，我们一起奋斗，一起讨论，甚至争论，但最终我们都因团队的目标而携手；另一方面，毕设提供了一个难能可贵的联合平台，在与外校师生的交流当中，我深刻了解到他们的学习模式及专业文化等，认识到方案的多面性，此外专家给予的建议，从更深一层激发了大家的想法，受益良多。最后我一定要感谢我亲爱的母校，感谢这里辛勤的老师，感谢一路走来的朋友和家人。

李洁源

三个月的时光很快就过去了，在毕业之际对重庆、对下半城又有了新的认知。六校联合毕业设计的经历令人难忘，过程虽然很辛苦，但坚持过来结果还是令人满意。希望联合设计能越办越好，成为真正的学校间的交流平台，学生间的交流平台。

陶　影

参加六校联合毕设是前所未有的经历，在大五的这四个月中，我们历经思考的困难、争论的焦躁，熬过一个个赶图的长夜，最终交出答卷，这个过程实在是意料之外的复杂与不易。同样意料之外的是发现六校的平台非常之大，我想此行最大的收获莫过于能与另外五所风格各异的名校同做一个项目。这次，相当于还是通过类似于竞赛的方式，来交流对于规划设计的理解，比较各种规划手段、思维结构、呈现方式的高下。可以说，在四个月之中，得到了相当丰富的知识经验，而这，可能是大学期间的其他课设所远不能及的。

赵春雨

非常荣幸能参加六校联合毕业设计。感谢中国城市规划学会提供的宝贵交流平台，以及作为主场的重庆大学建筑城规学院老师们的悉心指导，和小伙伴们的努力付出。这次毕设让我们重新认识了重庆，认识了下半城，以及老重庆人们的真实生活。联合毕设是一次各个院校之间的比拼，更是一次大家互相学习交流的机会，三个月的过程中有所得，更有反思和体悟。比起全面而系统、看似完美的答案，我们，作为未来的规划师们，更应该做出新的尝试，无论是解决问题的视角也好，方法也罢，应认识到规划的局限性及其真正可作为之处，有所侧重，注重可实施性而非飘在空中的蓝图式规划。未来，我们还有很长的路要走。怀念，这段充实而美好的时光。

周丹妮

毕业设计是专业学习后，第一次真正由自己去设想问题、解决问题的机会。而在此次联合设计，所选课题高度切合时代背景并具有一定难度，让我的思辨能力和设计创造能力都得到很好的训练。同时在学习交流过程中，各校对课题的深入研究，也向我展示了规划研究领域的广度和深度，并使我对规划实践操作方法有了一定的认知。这次设计，是大学阶段很好的收尾，是一次历练也是一次成长，让我重新思考何为规划何为设计，并明确未来学习方向。感谢汗水和付出的三个月，在这个难忘的夏天。

张岚珂

从一开始的排斥、不敢接触六校毕设到现在的怀念和珍惜这半年的累累硕果，自己在这段时间的确成长了很多。成长向来是一件美好的事情，而在毕业的关口上，能和老师同学一起走完这段非凡的历程，实在是收益良多。同时作为组长，又要不断协调同学们内部激烈的辩论，并和老师反馈，肩上的压力实在不小。还好同学们顶住了压力，最终交出了让大家满意的结果。同时，不得不感谢三位老师的悉心帮助，除了方案本身，更对大家的规划视野，人生定位提出了有效的指导。六校毕设的平台也让我认识了其他学校更加优秀的同学，和他们一起调研勘察、汇报方案、头脑风暴、把酒言欢都让我收益颇多。我想当我再回首这段岁月时，也许会有再回到下半城去看看的冲动。

廖自然

短短三个月的时间里，参与这次六校联合，除了方案设计中的探索与创新，发现更多问题和答案。更多的是与同学的协作与沟通，与老师的交流互动中，进一步对城市、对规划加深自己的理解。同时，在与六校的老师同学交流中，扩展了自己的视野，也意识到自己还能学习的方向，对我自己来说是一个很幸运的过程。感谢六校、感谢我的三位导师以及共同奋斗的同学们，因你们这三个月才满是收获，才充实而又精彩。

欧小丽

三个月联合毕业设计匆匆而过，在重庆渝中区下半城片区更新规划这一题中，我们共同探讨地区的出路，人们的安心体验或者是青山绿水的陪伴。我们思考更新的含义，理解破坏与创造共同带来的巨大收益与快感。前路漫漫无涯，青山不改，绿水长流，咱们后会有期。

清华大学建筑学院

常　浩

通过这次设计，我真正走近了这座山水环绕的古城，在充满趣味的巷道中漫游，体味这片土地上的风土人情。而在课程设计中，我得到了机会和其他同学一起思考这片土地的未来，思考如何为这片土地上的人民带来更好的生活。在和其他五所兄弟院校的同学们同台竞技的时候，我也领略到了许多动人的思想，也收获了新的友情。感谢六校联合毕设这次机会，让我看到了更大的世界。感谢我的老师们带领我不断思考，帮助我成为更合格的规划师；感谢我的同学们的奋力合作，克服了重重困难，也给了我许多帮助与启发。相信在我多年之后回望我的大学岁月的时候，我依然会铭记并感激这三个多月的拼搏时光。

刘梦瑶

参加六校毕业联合设计，让我在短短一个学期时间里学到了不少东西。不仅感受到了重庆老山城的魅力，还结交了来自六校的朋友。五年的规划专业学习中，这是第一次有如此跨校规模的交流，第一次如此近距离地聆听规划行业专家前辈们的点评指导，收获颇多。在设计的过程中，与同组同学发展了亲密的友谊和合作精神，我们不断产生新的疑问并尝试找到自己的答案。感谢一起努力、奋斗彼此宽容的同学们，感谢辛勤指导、帮助我的老师们。未来的路上也将更加奋力前行。

罗哲焜

六校联合毕业设计是我们这四年学习生活的检阅，也是一场很盛大的活动。在这个过程中，我们全组同学从毕设调研，中期汇报到期末汇报，都在一起努力。现在回想起这十六周，觉得过得很充实。最后做出来的成果也很不错，在最后的答辩中也受到其他学校的老师和同学的好评。我们就要毕业了，但是规划班的同学友谊不散！多年以后回想起这段岁月，一定会很怀念吧。渝中区下半城是一个错综复杂的地段，在里面有着各种各样的社会问题，经济问题，空间层面的矛盾更是困难重重。通过这十六周的学习，我初步对规划要处理的现实问题的复杂性有了一个直观的感受。

聂　聪

这次毕业设计是一个印象深刻的过程，让我在关于规划知识、团队合作、人际沟通、汇报展示技巧方法、城市设计专题研究等各方面进行了大量有益的思考，同时也让我对城市规划学科和诸如城市经济、社会价值等许多之前从未深入思考的问题有了全新的理解认识。从城市规划分析到地段的详细设计，这次毕业设计的内容也是对本科规划学习的一次全面的考察和梳理，虽然毕业设计的成果中还有不少遗憾和不足，但经过这次从宏观至微观的梳理，使得我对专业的认知更为清晰。马上面临毕业，本科生学习生活即将告一段落，感慨良多。感谢规划二班的全体同学，让我收获一段独特和难忘的本科生经历；感谢建筑学院的所有带过我课程的老师们，对我成长过程中的包容和引导。

裴　昱

非常荣幸能够参加六校联合毕业设计，三个月来与各校老师和同学深入的交流和学习让我受益匪浅，愈发为我的规划学习之路点亮了明灯。从前期资料收集、地段调研，到设计的步步推进，再到终期汇报，重庆渝中区下半城已经深深地印刻在我的脑海里，俨然成为规划学习生涯中不可磨灭的一部分。那些颇具文化渊源的街巷、颇具山城风味的阶梯，那些麻将席、龙门阵，那些在街头院落偶遇而用相机记录下来的感动，那些在方志图里挖掘出的历史记忆和空间格局——一切都历历在目，记忆犹新。三个月的时间白驹过隙，也时常感慨自己才疏学浅，无法真正将方案打造得尽善尽美。一路学习，一路成长，承载着这份毕设的记忆继续在规划的学海泛舟。

王川小雨

六校联合毕设提供了一个合作与竞争平台，让我开阔眼界，提升水平，结识更多的朋友。尤其是重庆大学、天津大学和东南大学的一些同学，我们通过这次毕设相识相知，成为距离无法隔绝的朋友。这堪称是我毕设过程中的最大收获。通过中期汇报和终期汇报的六校比试，我发现还有如此多小伙伴身负绝技，进而深感自己的渺小和不足。同时也感到规划研究和城市设计原来依旧有大量的工作可以做，也对于同等学力的学生的最高水准有了新的认识。从这个角度上来讲，这次毕业设计不仅是我本科四年学术生涯的完美结束，也是研究生生涯的完美开始。

邢　霄

六校联合毕业设计是一个相互学习与相互竞争的舞台，能够在这个舞台中与其他学校的同学切磋，欣赏不同学校的方案是一件幸事。不同的学校着眼点不同，手法不同，设计方案与更新策略也大不相同。因此毕业设计的过程中能够亲眼看着其他各所学校蕴含着不同思路理念的方案一步步的生成对自己也是一种极大的提升，感谢学会能为我们这些毕业生提供这次交流的平台，让我们可以增长见识提升自己。因此这次联合毕设的收获不仅仅是学术，在自己的大学生活中也是一次不一样的体验。最后感谢重庆大学提供这样一个有趣且富有挑战性的地段，让我们可以检验自己大学的学习成果，让我们可以见识到山地城市设计与众不同的美感。

张恒源

这次六校联合毕业设计对我来说是一个非常难得的机会，在这个设计的过程里，我感受到对于一个规划设计来说，对于主要矛盾的把握是至关重要的，对地段的了解，框架的梳理，逻辑的组织，相比于空间的手法更为重要。另外一个比较的收获是看到了自己身上的不足，看到了与兄弟院校的差距，看到了自己与一个执业者之间的差距。有笑有泪，但是从没有放弃，我希望能够沿着自己选择的路，一直走下去。

张雅静

设计是一个愉悦并创造价值的过程。参加本次毕业设计的过程中，将本科学习阶段所学习的知识运用在设计实践之中，充分体会到了创造价值、用设计的手段改变生活的重要意义。同时，联合毕业设计的形式搭建了一个综合性的大平台，帮助我们从更高的角度重新看待自身，认识自身。在和六校同学交流的过程中，我们充分认识到了自己的不足，也见贤思齐，希望能够在今后的学习生活中不断完善自身，以更高的标准要求自己。最后，由衷地感谢毕业设计过程中给我们提供指导的三位老师，在学习时间和设计工作中都跟我们带来了很多启发，使我们获益匪浅。是老师们的无私付出才是我们有了最后的进步。高山仰止，在今后的学习工作中，我们会努力承袭老师们的这种认真负责的精神，努力扮演好自己的角色。

结 语

当这本书即将付梓印刷之际，作为今年的东道主，有很多话想说却又尽在不言中。从选题选址到最终成果编辑出版，半年多的光景飞逝，留下的皆是仿佛如同昨天的回忆。回忆中的苦，是六校师生首次集结重庆，穿梭于渝中下半城的上坡下坎；是每组同学卯足马力，挑灯夜战，努力求解的付出……回忆中的辣，是小伙伴们各抒己见，争执不下的面红耳赤；是专家点评中的高屋建瓴和一针见血……回忆中的酸，是准备4月初再聚重大的中期汇报和6月初移师天大的终期答辩，再累也得坚持再坚持……回忆中的甜，是校际间、师生间建立起来的浓浓情意，是充满乐趣的两个六校联合毕设学生和教师微信群……一切苦辣酸甜，都成为美好的记忆。

依托中国城市规划学会的学术支持和青年托举平台，天津大学、东南大学、同济大学、西安建筑科技大学、重庆大学和清华大学六所规划专业的师生同聚重庆渝中下半城，为其把脉问诊，以"更好的社区生活"为目标，提出了存量条件下的城市更新规划策略；面对新常态下的城市发展转型要求，给出了规划创新的响应；面对老百姓的日常生活空间——社区，显示出最朴素的规划价值观——关怀到人。虽然今年的选题很难，但六个学校的同学们从价值梳理、规划理念、技术方法、更新设计甚至社区治理等不同层面都给出了逻辑清晰、各具特色的答案。

今年已是六校联合毕业设计的第四个年头。从北京、南京、西安、重庆一路走来，六校师生们每年到一座城市，将学校所学运用于城市实践，这不仅仅是经历和学习，更是作为未来的青年规划师对城市和社会的贡献与责任。因此，它的意义将更为深远吧。

最后，再次感谢中国城市规划学会！感谢亲临指导的石楠、马向明、王引、王富海、黄晶涛五位专家！感谢参与联合毕设的六校师生！感谢幕后付出辛苦劳动的重庆大学建筑城规学院的所有师生们！祝愿六校联合毕业设计更上一层楼！

我们不说再见，我们一直在路上……

重庆大学建筑城规学院　2016六校联合毕设指导教师组
李和平　黄瓴　王正　肖竞
2016年7月